J. C. POGGENDORFF

BIOGRAPHISCH-LITERARISCHES HANDWÖRTERBUCH DER EXAKTEN NATURWISSENSCHAFTEN

Unter Mitwirkung der Akademien der Wissenschaften zu Berlin, Göttingen, Heidelberg, München und Wien

herausgegeben von der

Sächsischen Akademie der Wissenschaften zu Leipzig

Band VIIa · Supplement

2. Lieferung

Bearbeitet von

Prof. Dr. Dr. h. c. RUDOLPH ZAUNICK †

AKADEMIE-VERLAG · BERLIN

1970

Erschienen im Akademie-Verlag GmbH, 108 Berlin, Leipziger Straße 3 – 4

Lizenznummer: 202 · 100/406/70
Gesamtherstellung: VEB Druckerei „Thomas Müntzer“, 582 Bad Langensalza
Bestellnummer: 3013/S/2 · ES 18 A
24,–

Briefwechsel Briefe von Georg Samuel Dörffel an Gottfried Kirch in der UB Leipzig: Ms 0333 m.

Biogr. Georg Heinrich Götze: George Samuel Dörffel: In: Götze, Diptycha Exulum, oder Exulanten-Register (Altenburg 1714) 75–77 [14]. — Christian Gottlieb Jöcher: Allg. Gelehrten-Lexicon 2 (Leipzig 1750) Sp. 165 u. Forts. von J. Chr. Adelung 2 (Leipzig 1787) Sp. 724 [3]. — Abraham Gotthelf Kästner: Nachrichten von Georg Samuel Dörfeln, einem Geistlichen zu Plauen im Voigtlande, welcher die wahre Gestalt der Kometenbahnen zuerst entdecket hat. In: Sammlung einiger ausgesuchter Stücke der Ges. der freyen Künste zu Leipzig 3 (Leipzig 1756) 252–263 [3; 14]. — Biographie universelle, ancienne et moderne 11 (Paris 1814) 475 [3]. — Hermann Fiedler: Der Astronom M[ag.] Dörfel. In: Beitr. zur Geschichte der Stadt Plauen (Plauen 1876) 107–112 [14]. — Brückner: ADB 5 (1877) 346 [14]. — Curt Reinhardt: Magister Georg Samuel Dörffel. Ein Beitr. zur Geschichte der Astron. im 17. Jahrhundert: Mitt. Altertumsver. Plauen 2 (1882) 1–77 (m. Titelbildn. u. Faks., 2 Abb.) (Leipzig, Philos. Diss.) [3; 14]. — Hans Siegert: Unsere Heimat, Illustr. Mschr. für das Erzgebirge u. Vogtland 1 (1901/1902) 114–115 (m. Epitaphium in der Kirche zu Weida) [14]; nochmals in: Sachsenpost 6 (1911/1912) H. 33, Nr. 393; S. 1–2 (m. Bildn.) [14]. — Franz Blanckmeister: Altsachsenland 1 (Leipzig [1908]) 36–40 [3]; nochmals in: Weidaer Geschichtsbl. 9 (1932) H. 1, (S. 2–3) [101]. — M. Zschommler: Vogtländ. Anz.-Tagebl. **1915**, Nr. 158, Bl. 5 [14]. — Franz Blanckmeister: Der Himmelskundige [G. S. Dörffel] In: Blanckmeister, Vogtländ. Pfarrhäuser (Plauen i. V. 1917) 34–37 [14]. — Hans Siegert: Vogtland, meine Heimat . . ., Beil. zum Vogtländ. Anz. u. Tagebl. (Plauen) **1938**, Nr. 32 vom 6. 8., S. 126 (m. 1 Bildn. nach einem Gemälde in der Weidaer Kirche) [165]. — Heinrich Mörle: Thür. Fähnlein 8 (1939) 379–380 [3]. — Hans Siegert: Kalender für das Erzgebirge u. das übrige Sachsen 35 (1939) 49–50 [14; 101]. — Angus Armitage: Master Georg Dörffel and the rise of cometary astronomy: Ann. of Sci. (London) 7 (1951) 303–315 [1]. — Rudolf Gerlach: In: Willy Quandt: Bedeutende Männer aus Thüringer Pfarrhäusern (Berlin 1956) 121–132 (Bildn. S. 122 [soll nach Mitt. Dr. Joh. Merkels, Bad Elster u. nach Bestätigung des Verf. nicht Dörffel sein]) (m. Schr. u. Lit.Verz.) [3; 14]. — Rudolf Gerlach: NDB 4 (1959) 30–31 [3]. — Elfriede Lenk-Hahnebach: Die wahre Bahn. Magister Georg Samuel Dörffels Lebensweg (Berlin 1960) 310 S. (m. Titelbildn., 1 Faks., 2 Abb., 1 Tab.) [14; 15]; 2. Aufl. (Berlin 1963) 311 S. (m. Titelbildn.) [101]. — Gerhard Neumann: Der Sonntag, Gemeindebl. Ev. Luth. Landeskirche Sachsen 21 (1966) Nr. 18, S. (4) (m. Bildn.) [14].

Weitere Lit. Erich Ebstein: Aus Chladnis Leben u. Wirken: Mitt. Gesch. Med. ⟨u.⟩ Naturwiss. 4 (1905) 438–460, besonders 440 [3]. — Cornelius Gurlitt: August der Starke. Ein Fürstenleben aus der Zeit des deutschen Barock (Dresden 1924) 2, S. 34 [3]. — Otto Knopff: Die Astron. an der Univ. Jena von der Gründung der Univ. im Jahre 1558 bis zur Entpflichtung des Verf. im Jahre 1927 (Jena 1937) 51–55 (Z. Ver. Thür. Gesch. u. Altertumskde., N.F. Beih. 19) [3; 14]. — Alfred Teucher: Sächsische Bauernastronomen Arnold, Gärtner, Palitzsch (Dresden 1938) 36 [14; 101]. — Herbert Schöffler: Deutsches Geistesleben zwischen Reformation u. Aufklärung. Von Martin Opitz zu Christian Wolff (Frankfurt a. M. [1956]) 171 [101].

I **DOPPLER**, Christian. Physik. — Dr. phil.; 1850 Prof. prakt. Geom. Polytechn. Inst., 1851 Dir. Physikal. Inst. Univ. Wien; 1840 Mitgl. Böhm. Ges. Wiss., 1848 Akad. Wiss. Wien.
*1803, Nov. 29, Salzburg;
†1853, März 17, Venedig.

Nekr. Giorn. Ingegnere Archit. [Mailand] 1 (1853) 124 [7]. — Anton Schrötter: Alm. Akad. Wiss. Wien 4 (1854) 112–120 [Ha 2].

Zum 100. Geburtstag F. S. Archenhold: Weltall 4 (1903) 135–139 (m. Abb. des Denkmals im Innenhof der Wiener Univ.) [15]. — K. Haas: Wiener Abendpost **1903**, 15. 12. [300]. — Eduard Kunz: Mitt. Ges. Salzburger Landeskunde 44 (1904) 257–269 (m. Titelbild [Büste]) [3]. — Anton Michalitschke: Period. Bl. Realienunterr. Lehrmittelwesen 9 (1904) 66–73 [Ha 116]. — Victor Quittner: Prometheus 15 (1904) 113–116 (m. 1 Bildn.) [3]. — Rudolf F. Pozděna: Kultur 4 (1903) 611–621 [15]. — Chr. Doppler: Über das farbige Licht der Doppelsterne u. einiger anderer Gestirne des Himmels. Versuch einer das Bradleysche Aberrationstheorem als integrirenden Theil in sich schließenden allgemeineren Theorie. Hrsg. von F. J. Studnička [Mit Dopplers Porträt] (Prag 1903) 25 S. (m. Bildn. u. Faks., 1 Bl. m. 8 Fig.) [14].

Zum 150. Geburtstag u. 100. Todestag Adolf Doppler: Natur u. Techn. 7 (1953) 68–69 (m. 1 Bildn.) [101]. — Karel Hujer: Amer. J. Physics 23 (1955) 51–54 [7]. — H. Kelly: J. Brit. astron. Assoc. 63 (1953) Nr. 5; 189–190 [1]. — Emil-Heinz Schmitz: Augenoptiker **1953**, Nr. 11, S. 10 [101].

Bibliogr. Selbständige Werke u. einzelne Abh.: Alm. Akad. Wiss. Wien 1 (1851) 169–173 [Ha 2]. — Cat. scient. Papers 2 (1868) 322–323 (35 Nr.) [3]. — [Hrsg.] H. A. Lorentz: Abh. von Christian Doppler (Ostwalds Klassiker

Nr. 161) (Leipzig 1907) 195 S. (m. Titelbildn. u. Faks.) [Ha 2]. — Cat. gén. Bibl. nat. 40 (1910) Sp. 345–346 (3 Nr.) [3]. — Brit. Mus. Gen. Cat. 54 (1960) Sp. 736–737 (11 Nr.) [3].

Biogr. Carl Jelinek: Das ständisch-polytechn. Inst. zu Prag (Prag 1856) 224–227 [300]. — Constant von Wurzbach: Biogr. Lexikon des Kaiserthums Oesterreich 3 (Wien 1858) 370–372 (Lit.Verz.) [3]. — Nouvelle Biographie générale 14 (Paris 1868) Sp. 590–591 [3]. — Lommel: ADB 5 (1877) 345–346 [3]. — Eduard Kunz: Mitt. Ges. Salzburger Landeskunde 33 (1892) 201–206 [3]. — Gustav Jäger: Neue Österr. Biogr. 3 (1926) 72–81 [3]. — Gustav Jäger: In: Festschr. 57. Vers. Dtsch. Philol. u. Schulmänner Salzburg 25.–29. Sept. 1929 (Baden bei Wien 1929) 203–214 [3]. — Heinrich Mache: Österreichs große Physiker u. ihre Spitzenleistungen: Schriften Pädag. Inst. Stadt Wien 13 (1936) (m. Bildn.) — Karl Lichtenecker: Christian Doppler u. Josef Loschmidt: Sudetendtsch. Jahrb. 1938, 243–250 [101]. — Philipp Lenard: Große Naturforscher, 4. Aufl. (München 1941) 296–297, 90, 316 [3]. — Hans Falkenhagen: Die Naturwiss. in Lebensbildern großer Forscher (Stuttgart 1948) 156–158, 206 [3]. — Newcomb-Engelmann: Populäre Astron., 8. Aufl. (Leipzig 1948) 217–218, 252, 261, 565, 580, 597, 640, 690, 698, 873, 881–884, 887, 904, 964 [3]. — Gustav Ortner: Christian Doppler. Ein Wegbereiter für Physik u. Astron.: Österr. Naturforsch. u. Techniker (Wien 1950) 41–43 (m. Bildn.) [101]. — Friedrich Klemm: NDB 4 (1959) 876–877 [3]. — Dieter Herrmann: Erkenntnis u. Irrtum: Christian Doppler: Sterne 40 (1964) 17–23 (m. 3 Bildn.: Doppler, Mädler, Mach) [101].

Doppler-Prinzip u. Doppler-Effekt W. Voigt: Über das Dopplersche Prinzip: Nachr. Ges. Wiss. Göttingen 1887, 41–51 [Ha 2]. — Julius Scheiner: Himmel u. Erde 8 (1896) 260–271 (m. Bildn. u. Faks.) [15]. — Luigi Castoldi: Il fenomeno Doppler per le corde vibranti studiato col metodo delle caratteristiche: Rend. Ist. Lombardo (2) 68 (1935) 625–630 [Ha 2]. — H. Kienle: Naturwiss. 30 (1942) 433–436 [3]. — Julius Kury: Naturwiss. 32 (1944) 74–75 [3]. — F. Bergtold: Orion 4 (1949) 546–548 (m. 3 Abb.) [101]. — Heinrich Manlik: Notring-Almanach. Ideen aus Oesterreich 1954, 128 (m. Bildn.) [101]. — A. Leutgeb: Wir fliegen nach Doppler-Navigation: Austro-Flug [Wien] 7 (1957) H. 12, 13–15 [UB Wien]. — R. W. Schulz: Bord-Funknavigation nach dem Doppler-Prinzip: Luftfahrttechnik [Düsseldorf] 3 (1957) 185–187 (m. 3 Abb.) [61]. — R. T. Doppler-Navigation an Bord von Flugzeugen: Funktechnik 13 (1958) 236–238 (m. 4 Abb.) [101]. — E. N. da C. Andrade: Endeavour 18 (1959) 14–19 (m. Abb. der Büste Dopplers u. 1 Abb.) [Ha 2]. — Herbert Dingle: The Doppler Effect and the foundation of physics (II): Brit. J. Philos. Sci. (Edinburgh) 11 (1960/1961) 113–129 [1].

Weitere Lit. P[ieter] Harting: Das Mikroskop. Theorie, Gebrauch, Geschichte u. gegenwärtiger Zustand desselben 3, 2. Aufl. (Braunschweig 1866) 276–277 [3]. — Ernest Lebon: Histoire abrégée de l'Astronomie (Paris 1899) 155–157, 240 [11]. — Bruno H. Bürgel: Aus fernen Welten (Berlin–Wien 1910) 89 [3]. — Strehl: Doppler, Michelson u. Einstein: Zentral-Ztg. Opt. u. Mech. 42 (1921) 275–276, 377 [101]. — F. Plassmann: Dtsch. Rdsch. 241 (1934) 39 [3]. — Heinrich Konen: Physikal. Plaudereien. Gegenwartsprobl. u. ihre techn. Bedeutung (Bonn [1937]) 93, 353 [3]. — Dieter B. Herrmann: Ernst Mach u. seine Stellung zur Doppler-Theorie: Forsch. u. Fortschr. 40 (1966) 362–365 [3].

Bildn. Das akad. Deutschland 1 (1930) 558 (m. Bildn. 578) [3; 14].

I, III **DOVE,** Heinrich Wilhelm. Meteorol. — Dr. phil.; 1845 o. Prof. Univ. Berlin, 1837 o. Mitgl. Akad. Wiss. Berlin. *1803, Okt. 6, Liegnitz; †1879, Apr. 4, Berlin.

Genealog. Hans Neumann: Liegnitzer Naturforscher II. Doves Vorfahren: Mitt. Gesch. u. Altertumsver. Liegnitz 9 für 1922 u. 1923 (1924) 145–217 (m. 4 Bildn., 1 Abb. u. 1 Faks.) [14]. — Preuß. Statistik 49, 1878 (1879) V–IX [3; 15]. — Hans Neumann: H. W. Dove. Eine Naturforscher-Biogr. nach den Archivalien der Familie Dove u. anderen Quellen (Liegnitz 1925) VII, 88 S. Mit 6 Bildn. (davon 1 Titelbildn), 1 Zeichnung, 5 Faks., 1 Siegel u. 2 Stammtaf. [14]. — Friedrich Dobe: Die Dove-Chronik (Berlin 1963) 83 S., besonders 21–24, m. 1 Bildn. nach S. 24 (Gemälde von F. Keil 1863) [14].

Bibliogr. Alm. Akad. Wiss. Wien 2 (1852) 156–157 [Ha 2]. — Cat. scient. Papers 2 (1868) 329–335 (183 Nr.); 7 (1877) 553–554 (41 Nr.); 9 (1891) 728–729 (4 Nr.); 12 (1902) 203 (1 Nr. Biogr.) [3]. — G. Hellmann: Repertorium der Deutschen Meteorol. (Leipzig 1883) Sp. 93–103 [3]. — Alfred Dove: ADB 48 (1904) 51–69 [3]. — Cat. gén. Bibl. nat. 40 (1910) Sp. 875–877 (13 Nr.) [3].

Zum 50jährigen Doktorjubil. G. Karsten: Im neuen Reich 6 (1876) 381–387 [3]. — Zum 4. März 1876 [50jähr. Doktorjubil., Gedicht]: Kladderadatsch 29 (1876) 43 (m. 1 Abb.) [3]. — J. Löwenberg: Illustr. Ztg., Leipzig 66 (1876) 227, 230 (m. Bildn. 225) [15]. — J. Löwenberg: Das Jubelfest der Berliner Ges. Erdkunde: Illustr. Ztg., Leipzig 70 (1878) 406 (m. Bildn. 408) [14].

Nekr. C. Bruhns: Leopoldina 15 (1879) 132–135, 150–153 [Ha 2]. — A. W[oldt]:

Vossische Ztg. 100 vom 8. Apr. 1879, Beil. 1 [hier auch: Die Trauerfeier für D.]. — Nature [London] **19** (1879) 529–530 [Ha 2]. — Geogr. Nekrologie des Jahres 1879: Petermanns Mitt. **26** (1880) 106 [Ha 2]. — Gaea **15** (1879) 305–311 [Ha 2]. — Dr. M. T.: Die neue Welt **4** (1879) 383–384 (m. Bildn. 377) [14]. — Jber. Böhm. Ges. Wiss. **1879**, LVIII–LIX [Ha 2]. — F. H. W.: Im neuen Reich **9**, 1 (1879) 588 [14]. — R. H. S.: Obituary Notices of deceased fellows: Quart. J. meteorol. Soc. **6** (1880) 71–72 [1a].

Biogr. Unsere Tage **1** (Braunschweig 1860/1861) 742 [7; 11]. — Heinrich Wilhelm Dove: Männer der Zeit. Biogr. Lexikon der Gegenwart. Ser. 2 (Leipzig 1862) Sp. 331–332, Zusatz Sp. 143 [15]. — A. Woldt: Die Gesellschaft für Erdkunde in Berlin. Zu deren Jubiläum am 30. 4. u. 1. 5. (1878): Gartenlaube **1878**, 294–297 (m. 8 Bildn. 295) [14]. — Leonhard Sohncke: Karlsruher Ztg., Literar. Beil. **1879**, Nr. 3, S. 17–19 [16]. — Die Wage **6** (1903) 1124–1126 [300]. — Jugendbriefe von Emil Du Bois-Reymond an Eduard Hallmann (Berlin 1918) 9, 15, 25, 27, 29, 34, 41, 57, 89, 104–107, 115, 123, 140 [3]. — Wilhelm Ahrens: Der „Vater der Meteorologie". Heitere Erinnerungen aus seinem [Doves]Leben: Weltall **25** (1925/1926) 116–125 (m. 3 Bildn. u. 1 Abb.) [3]. — Wilhelm Ahrens: Kleine Geschichten von Astron., Math. u. Meteorol.: Weltall **26** (1926/1927) 37–41, besonders 40 [3]. — Wilhelm Erman: Paul Erman. Ein Berliner Gelehrtenleben 1764–1851 (Berlin 1927) 93–94, 169, 175–176, 177, 186, 212, 215, 217, 219, 234, 242, 248 (Schr.Ver.Gesch. Berlin, 53) [3]. — Zwei große Naturforscher des 19. Jahrhunderts. Ein Briefwechsel zwischen Du Bois-Reymond u. Karl Ludwig (Leipzig 1927) S. VI, 7, 10, 216 [3]. — [Stengel]: Wilhelm von Humboldt-Gedächtnis-Ausstellung im Märkischen Museum. Lebensbilder aus der Geschichte der Berliner Univ., Berlin, 9. Apr.–15. Mai [1935] 37 [101]. — Richard Scherhag: NDB **4** (1959) 92–93 [3].

Bildn. Bildn. berühmter Mitglieder der Deutschen Akad. Wiss. Berlin (1700–1950) (Berlin 1950) 35 (m. biogr. Ang.) [14].

III, V **DRACH,** Carl Alhard **von.** Math. — Dr. phil., ao. Prof. Math. Univ. Marburg.

*1839, Juni 23, Hanau;

†1915, Apr. 30, Marburg.

Todesort Kassel lt. Hanauer Geschichtsbl.

Genealog. Victor Lucas: Die Speyerer Buchdruckerfamilie Drach: Pfälz. Museum **40** (1923) 38 [3].

Bibliogr. Cat. gén. Bibl. nat. **40** (1910) Sp. 934–935 (6 Nr.) [3]. — Brit. Mus. Gen. Cat. **55** (1960) Sp. 456–457 (5 Nr.) [3].

Nekr. Johannes Bochlau: Z. Ver. Hess. Gesch. u. Landeskunde **49** (1916) 1–10 (m. Bildn. u. Schr.Verz.) [3; 14]. — A. Holtmeyer: Hessenland **29** (1915) 337–338 [3].

Biogr. Ernst I. Zimmermann: Die [Alhard] von Drachsche Gemäldesammlung im Museum des Hanauer Geschichtsvereins: Hessenland **29** (1915) 203–204 [3]. — Karl Siebert: Karl Alhard von Drach. In: Hanauer Biogr. aus 3 Jahrhunderten (Hanau 1919) 40–42 (m. Bildn.) (Hanauer Gesch.Bl., N.F. 3/4) [3]. — A. Holtmeyer: Jahrb. Denkmalpflege **1** (1920) 179–186 [3]. — Franz Gundlach: Catalogus professorum academiae Marburgensis (Marburg 1927) 379–380 (Veröff. histor. Komm. Hessen u. Waldeck, 15) [3].

III, IV **DRAGENDORFF,** Johann Georg Noël. Pharmaz. — 1861 Dr. phil., 1872 Dr. med., 1864 Prof. Pharmazie Univ. Dorpat.

*1836, Apr. 20, Rostock;

†1898, Apr. 7, Rostock.

Nekr. Arch. Ver. Freunde Naturgesch. Mecklenburg **52**, 1898 (1899) 2, 42–45 (m. Titelbildn. u. Faks.) [Ha 2]. — Chemiker-Ztg. **22** (1898) 307 [3]. — Leopoldina **34** (1898) 106–107 [Ha 2]. — Amer. J. Pharmacy **70** (1898) 318–320 (m. Bildn.) [UB Basel]. — J. Pharmac. Chim. (6) **7** (1898) 453 [15]. — Nature [London] **57** (1897–1898) 612–613 [Ha 2].

Zum 100. Geburtstag Tschirch: Schweiz. Apotheker-Ztg. **74** (1936) 204–205 [101]. — Edmund Kremers: Pharmacia [Talinn] **16** (1936) 200–201 [LB Bern]. — Am 26. Apr. 1936 fand im Hörsaal des Dorpater Pharmaz. Inst. eine Gedenkfeier statt: Mitt. Gesch. Med. u. Naturwiss. **36** (1937) 143 [3].

Bibliogr. Cat. scient. Papers **2** (1868) 337 (5 Nr.), **7** (1877) 555–556 (29 Nr.), **9** (1891) 730–731 (15 Nr.), **14** (1915) 670 (7 Nr. u. Lit.) [3]. — Cat. gén. Bibl. nat. **40** (1910) Sp. 947–948 (6 Nr.) [3]. — Brit. Mus. Gen. Cat. **55** (1960) Sp. 483–484 (14 Nr.) [3].

Biogr. C. Liebermann: Georg Noël Dragendorff: Ber. Dtsch. chem. Ges. **31** (1898) 806–807 [3]. — G. V. Levickij in: Biografičeskij slovar' Professoro Jurevskago **2** (1903) 239–246 [russ.] (m. Schr.Verz. [dtsch.]) [15]. — Pagel: ADB **48** (1904) 69–70 [3]. — M. A. Bloch: Biogr. spraw. **1** (Leningrad 1929) 160–161 [15]. — J. J. Lewinstein: Farmač. Žurnal **13** (1940) Nr. 2; 33–37. — [Kurt Dragendorff]: Pharmazie **7** (1952) 498–502 (m. Bildn.) [3]. — Wilhelm Katner: NDB **4** (1959) 99 [3].

Weitere Lit. Abraham Grünfeld: Verzeichn. der von der med. Facultät zu Dorpat seit ihrer Gründung veröffentl. Schriften. Nach den Archiven der Univ. zusammengestellt. In: Histor. Studien aus dem pharmakol. Inst. der Univ. Dorpat 3 (Halle 1893) VII–VIII, 135 S., besonders 37, 90, 102, 103, 104, 105, 106, 107, 108, 109, 110, 114, 120, 121 [3]. — B[urkhard] Reber: Gallerie hervorragender Therapeutiker u. Pharmakognosten (Genf 1897) 12–14 (m. Bildn. u. Faks.) [Genf]. — Alfred Adlung u. Georg Urdang: Grundriß der Geschichte der deutschen Pharmazie (Berlin 1935) 454–455 [15].

I **DRAIS** von Sauerbronn, Carl Friedrich Christian Ludwig Freiherr **von**. — — 1800–1803 Schüler der Privat-Forstschule Karlsruhe, dann Studium in Heidelberg; 1810 Forstmeister in Gengenbach (bis 1817 im Forstdienst); erfand 1817 ein zweirädriges Straßenfahrzeug (Vorläufer des Fahrrades); 1818 Titel eines Prof. für Mechanik; 1825–1829 in Brasilien.

*1785, Apr. 29, Karlsruhe;

†1851, Dez. 10, Karlsruhe.

Genealog. Peter von Gebhardt: Deutsche Stammtafeln in Listenform 3 (Leipzig 1930) Sp. 38–44, besonders Sp. 38 [3].

Biogr. M. Cantor: ADB 5 (1877) 373 [3]. — W. Drais: Badische Biogr. 1 (Heidelberg 1875) 194–196 [14]. — Ernst Noetling: Draisine, Velociped u. deren Erfinder Freiherr Carl von Drais aus Karlsruhe. Geschichtl. Darst. nach officiellen u. privaten Quellen geschrieben. 2. Aufl. (Mannheim 1884) 47 S., 15 Abb. [14]. — Th. Cathiau: K. F. Chr. L. Drais von Sauerbronn: Badische Biogr. 4 (1891) 87–88 [15]. — Thomas Cathiau: Freiherr Karl Friedrich Drais von Sauerbronn u. das zweiachsige Zweirad. Festgabe anlässl. der Enthüllung des vom deutschen Radfahrerbund gestifteten Denkmals in Karlsruhe am 24. 9. 1893 (Karlsruhe 1893) 16 S. [16]. — Franz M. Feldhaus: Dtsch. Radfahrerztg. **1903**, 380–381 (m. 1 Abb.: Die älteste Draisine) [17]. — Franz Maria Feldhaus: Mannheimer Geschichtsbl. 4 (1903) Sp. 167–170 [14]. — Franz M. Feldhaus: Forstwiss. Zbl. 26 (48) (1904) 58–59. — Welt der Techn. **1905**, 422–424 [12]. — Franz M. Feldhaus: Deutsche Erfinder. Bilder aus der Vergangenheit heimatl. Handwerke u. Industrien (München [1908]) (m. 73 Abb.) besonders: 102–118, m. 1 Bildn., 2 Abb., 1 Faks. (Lohmeyers vaterländ. Jugendbücherei, 19) [101]. — Franz Maria Feldhaus: Deutsche Techniker u. Ingenieure (Kempten–München 1912) 189 [101]. — F. M. Feldhaus: Geschichtsbl. Techn., Ind. Gewerbe 6 (1919) 166 [15]. — Adolf Kistner: Freiherr von Drais als Erfinder des Periskops: Mannheimer Geschichtsbl. 26 (1925) Sp. 114–115 [3]. — Adolf Kistner: Zur Geschichte der „Fahrmaschine" u. der „Laufmaschine" des Freiherrn Karl von Drais: Mannheimer Geschichtsbl. 34 (1933) 170–182 (m. 2 Abb.) [3]. — -tt-: Mein Heimatland 22 (1935) 188–190 (m. 1 Bildn. u. 1 Abb.) [3]. — Drais u. seine „Laufmaschine": Neuheit 19 (1942) Nr. 8, o. S. (m. Bildn., 2 Abb.) [101]. — Postnachr. Bl. 22 (1942) 203–204, 211 [1]. — Deutschland-Rev. (Hamburg) **1960**, Nr. 1; S. 13–15 [18].

Zum 150. Geburtstag Carl von Klinckowstroem: Umschau 39 (1935) 343–344 (m. Bildn.) [3; 14].

Zum 50. Todestag Fr. Colberg: Über Land u. Meer 87 (1902) 165–166 (m. Bildn. [Büste], 1 Karikatur, 1 Abb.) [14; 15].

Zum 75. Todestag Max Mengeringhausen: Handschrift als geschichtl. Dokument: Umschau 30 (1926) 999–1000 (m. einer Handschriftenprobe von 1833, dem Beginn der geistigen Umnachtung, u. 1 Abb.) [3].

Zum 100. Todestag Sigfrid von Weiher: Des Lahrer hinkenden Boten neuer histor. Kalender 151 (1951) 113–117 [12].

Weitere Lit. F. Mentré: L'attribution et le baptême des inventions: Rev. sci. (5) 3 (1905) 609–614 [15]. — F. M. Feldhaus: Die Schreibmaschine, eine deutsche Erfindung: Tägl. Rdsch. Beil. **1908**, S. 860. — Th. Wolff: Die Entwicklung des Fahrrades: Prometheus 22 (1911) 184–187, 198–202 [3]. — Max Geitel: Entlegene Spuren Goethes (München–Berlin 1911) 17 [3]. — Albert Neuburger: Erfinder u. Erfindungen (Berlin–Wien 1913) 20–27 (m. 1 Bildn., 1 Abb.) [3]. — F. M. Feldhaus: Freiherr von Drais u. Bettina von Arnim: Geschichtsbl. Techn., Ind. Gewerbe 7 (1920) 99–100 [15]. — Louis Liebmann: Bettina von Arnim u. Freiherr von Drais (Frankfurt/M. 1920) 147–159 (m. 1 Abb.) [3]. — Adolf Kistner: Die Laufmaschine des Freiherrn von Drais u. ihre Abänderung durch I. C. S. Bauer (1818): Mannheimer Geschichtsbl. 22 (1921) Sp. 66–70 [3]. — Conrad Matschoß: Männer der Technik (Berlin 1925) 59 [101]. — Artur Fürst: Das Weltreich der Technik. Entwicklung u. Gegenwart 2 (Berlin 1924) 57–58 (m. 1 Abb., 1 Faks. Brief) [3; 14]. — Friedrich Walter: Aus den Gedichten des Oberhofrichters Frhr. von Drais: Mannheimer Geschichtsbl. 26 (1925) Sp. 2–7 [Sp. 5 auch vom Sohn] [3]. — Herbert Stubenrauch: Eine poetische Ehrung Durlachs vom Oberhofrichter von Drais: Mannheimer Geschichtsbl. 30 (1929) Sp. 141–143 [3]. — Friedrich Walter: Scherenschnitte aus der Familie von Drais: Daheim 67 (1931) Nr. 26, S. 12–14 (m. 5 Scherenschnitten von Luise von Drais [Schwester des Fahrraderfinders]) [15]. — Ludwig Croon: Das Fahrrad u. seine Entwicklung: Abh. u. Ber. Dtsch. Mus. 11 H. 6 (1939) 164–167 (m. Abb.) [15]. — Friedrich

Elarth: Kleine Geschichten um große Erfinder: Neue Gartenlaube **1940**, 170–171 (m. 4 Abb.) [101]. — Hans Mühlig-Carolus: Eisenbahn u. Verkehr **3** (1949) 191 (m. Bildn.) [1]. — Schulfunk **3** (1949) H. 7, S. 127–130 (m. 1 Bildn., 2 Abb.) [101]. — dck.: Sprachschöpferisches Karlsruhe: Baden-Württemberg **1957**, H. 6, S. 38 (m. 3 Bildn.) [24]. — Sigfrid von Weyher: NDB **4** (1959) 100–101 [3]. — Rudolf Eger: Genie ohne Erfolg. Schicksale großer Erfinder (Einsiedeln 1957) 78–116 (m. 1 Bildn., 5 Abb.) [101].

Bildn. Das Denkmal Karl von Drais' in Karlsruhe: Illustr. Ztg., Leipzig **101** (1893) 351 (m. Abb.) [14].

DREYSE, Johann Nikolaus (seit 1864: **von**). — Erlernte das Schlosser-Handwerk, kam 1809 nach Paris; seit seit 1814 in Sömmerda; 1824 Fabrik Fa Dreyse u. Collenbusch (kupferne Zündhütchen; 1841 fabrikmäßige Herstellung von Zündnadelgewehren, von ihm 1828 erfunden).

*1787, Nov. 20, Sömmerda bei Erfurt; †1867, Dez. 9, Sömmerda.

Genealog. Semigothaisches genealog. Taschenbuch ari(st)okratisch-jüdischer Heiraten **3** (1914) 104 [101]. — Deutscher Wappenkalender **12** (1938) 491–492 (m. 1 Abb. nach S. 468) [3].

Nekr. Militär-Wochenbl. **53** (1868) 5–7 [1].

Biogr. Das Zündnadelgewehr, die Spitzkugel- u. die Kugelbüchse: Illustr. Ztg., Leipzig **14** (1850) 235–236 (m. Bildn.) [15]. — Illustr. Ztg., Leipzig **47** (1866) 167–168 (m. Bildn.) [14]. — Gartenlaube **1866**, 629–631, 640–643 (m. Bildn.) [14]. — Karmarsch: ADB **5** (1877) 409 [3]. — Militär-Wochenbl. **72** (1887) Sp. 2233–2235 [1]. — Otto Hesse: In: Das 19. Jahrhundert in Bildn. **4** (1900) 587–589 (m. Bildn. Nr. 405) [3]. — Hanns von Zobeltitz: Daheim **46** (1909) Nr. 3, 23–24 (m. 2 Bildn.); von Otto: ebenda Nr. 13, S. 24 [14]. — C. Otto Kronbiegel: Schuß u. Waffe **3** (1910) 254–256 (m. 1 Bildn.) [1]. — Hermann Lorenz: Kyffhäuser-Jahrb. **1925**, 69–70 (m. Bildn. u. Faks.) [3]. — Conrad Matschoß: Männer der Technik (Berlin 1925) 60 [101]. — Siegfried Hübschmann u. Werner Eckardt: In: Mitteldeutsche Lebensbilder **1** (Magdeburg 1926) 95–116 (m. Bildn., Lit.Verz. S. 115, Brief von D. an Brand in Sömmerda aus Paris, 3. März 1813) [3; 14]. — Franz Maria Feldhaus: Männer deutscher Tat. Einige Beitr. von Eduard Ludwig Antz (München [1934]) 30, 208–209 [101]. — Arbeit u. Wehr **6** (1936) 488–489 (m. 1 Bildn., 3 Abb.) [101]. — Karl Fauss: Reclams Universum **53** (1937) 427 (m. 3 Bildn. u. 3 Abb.) [101]. — Wilhelm Franz [d. i. N. v. Dreyse]: Der Waffenschmied von Thüringen. Der Roman eines deutschen Handwerkers (Leipzig 1937) 224 S. [101]. — O. Bessenrodt: Nikolaus von Dreyse. Geschichte eines deutschen Erfinders aus Thüringen (Langensalza 1938) 16 S. (m. 1 Bildn., 3 Abb.) [101]. — Herbert Leisegang: Aufbau **6** (1938) Nr. 8, S. 18–20 (m. 1 Bildn., 4 Abb.) [101]. — Bruno Paul Schaumburg: Männer aus eigener Kraft (Leipzig 1938) 87–102 (m. 1 Bildn., 4 Abb.) [101]. — Trenkle: Jugend am Werk **30** (1939) H. 1, S. 5–7 (3 Abb.) [101]. — Reinh. Wendel: Leipziger Neueste Nachr. vom 10. Dez. **1942** [101]. — Paul Adolf Kirchvogel: NDB **4** (1959) 124–125 [3].

Weitere Lit. Ferdinand Pflug: Nikolaus von Dreyse u. die Geschichte des preuß. Zündnadelgewehrs (Berlin 1866) 32 S., 1 Bildn. [33]. — H. von Löbell: Des Zündnadelgewehrs Geschichte u. Konkurrenten (Berlin 1867) 5–27 [3]. — Moritz Thierbach: Die geschichtl. Entwicklung der Handfeuerwaffen, bearb. nach den in den deutschen Sammlungen noch vorhandenen Originalen. Teil **1–3** (1886–1889); Nachtr. 1899 (Dresden 1899) 52 S.; **3** (1889) 413, 433, 449, 478, 479, 497, 516 [14]. — Max Geitel: Entlegene Spuren Goethes (München–Berlin 1911) 20, 196 [3]. — Wilhelm von Voss: Illustr. Geschichte der deutschen Einigungskriege 1864–1866 (Stuttgart–Berlin–Leipzig [1914]) 43 (m. 1 Abb.) [101]. — Margarete Feldhaus: Das Dreysesche Zündnadel-Patent [1828]: Geschichtsbl. Techn., Ind. Gewerbe **3** (1916) 327–329; Nachtrag von Franz-Maria Feldhaus: ebenda **4** (1917) 117 [15]. — Menges: Das preuß. Gewehr von 1809 bis zur Gegenwart: Arch. Waffen- u. Uniformkde **1** (1918) 1–7 (m. 2 Taf.), besonders 3–4 [101]. — C. Cranz u. O. von Eberhard: Die neuzeitliche Entwicklung der Schußwaffen: Abh. u. Ber. Dtsch. Mus. **3** (1931) 75–126 (m. 19 Abb.), besonders 82–83 [101]. — Ed. A. Pfeiffer: 100 Jahre Zündnadelgewehr: Technik für Alle **27** (1936) 24–25 [3]. — Die Erfindungen von Johann Nikolaus von Dreyse: Feinmechanik u. Präzision **45** (1937) 279–280 (m. 1 Bildn. u. 2 Abb.) [101]. — Artillerie u. Ballistik in Stichworten. Hrsg. von Hans Hermann Kritzinger u. Friedrich Stuhlmann (Berlin 1939) 64 [101]. — Günther Bugge: Schieß- u. Sprengstoffe u. die Männer, die sie schufen (Stuttgart 1942) 64 [101]. — Dtsch. Techn. **10** (1942) 436 [101]. — Josef K. P. Naumann: Allg. Schlosser- u. Maschinenbauer-Ztg. **45** (1944) 11–12 [101]. — Herbert Pönicke: Fortbildung (Berlin) **52** (1944) 27–28 [101]. — A. Baron Engelhardt: Dreyse u. die Erfindung der Metallpatrone: Büchsenmacher **51** (1955) 108–110 [101].

IV, V **DRUDE**, Paul Karl Ludwig. Physik. — 1887 Dr. phil., dann bis 1892

Ass. bei Woldemar Voigt Univ. Göttingen; 1889 PDoz. Univ. Göttingen; 1894–1900 ao. Prof. Univ. Leipzig, 1900 o. Prof. Univ. Gießen, 1905 Univ. Berlin; 1905 o. Mitgl. Akad. Wiss. Berlin.
*1863, Juli 12, Braunschweig;
†1906, Juli 5, Berlin (sd).

Jüngerer Stiefbruder des Botanikers Oscar Drude, IV, VI, VIIa.

Bibliogr. Cat. gén. Bibl. nat. **42** (1910) Sp. 184–185 (4 Nr.) [3]. — Cat. scient. Papers **14** (1915) 684–685 (58 Nr.) [3]. — Brit. Mus. Gen. Cat. **56** (1960) Sp. 9–10 (7 Nr.) [3].

Nekr. Bühring: Z. physik. ⟨u.⟩ chem. Unterr. **19** (1906) 277–279 [3]. — F. Kiebitz: Naturwiss. Rdsch. **21** (1906) 413–415 [3]. — M. Laue: Math.-naturwiss. Bl. **3** (1906) 174–175 [3]. — W. Lorey: Abh. naturforsch. Ges. Görlitz **25**, 2 (1907) 217–222 [Ha 2]. — Max Planck: Ann. Physik (4) **20** (1906) H. 9, I–IV (m. Bildn. u. Faks.) [3]. — Max Planck: Ber. Dtsch. physik. Ges. **4** (1906) 599–630 [3]; dasselbe in: Max Planck, Physik. Abh. u. Vortr. **3** (Braunschweig 1958) 289–320 [3]. — Franz Richarz u. W. König: Zur Erinnerung an Paul Drude. Zwei Ansprachen (Gießen 1906) 48 S. (m. Bildn. u. Schr.Verz.) [1a; 14]. — W. Voigt: Physik. Z. **7** (1906) 481–482 [Ha 2]. — Woche **8**, **3** (1906) 1204 [15].

Zum 100. Geburtstag Hans Falkenhagen: Forsch. u. Fortschr. **37** (1963) 220–221 (m. Bildn.) [3]. — H. Mayer u. M. H. El Naby: Die opt. Konstanten des Kaliums u. die Theorie von Drude: Z. Physik **174** (1963) 280–288 (m. 5 Abb.) [101].

Biogr. Deutsches Zeitgenossenlexikon (Leipzig 1905) Sp. 283–284 [3]. — Biogr. Jahrb. u. Dtsch. Nekrolog **11**, 1906 (1908) Totenliste Sp. 17 [3]. — E. T. Whittaker: A history of the theories of aether and electricity from the age of Descartes to the close of the nineteenth century (London–Dublin 1910) 370, 429, 458, 459 [3]. — E[milie] Drude: Handwörterbuch der Naturwiss., 2. Aufl. **2** (Jena 1933) 1151 [3]. — Friedrich Stier: NDB **4** (1959) 138–139 [3].

Bildn. Aus der Geschichte der Berliner Physik. Bildnis-Sammlung zur Feier des 90jähr. Bestehens der Berliner physik. Ges. Hrsg. von der Bild- u. Filmsammlung Dtsch. Physiker [durch E. Brüche] (Physiker-Bildserie 1) (Leipzig 1935) VIII S. Textheft, 24 Bildn.; S. 20 (m. Faks.) [101]. — Bildn. berühmter Mitglieder der Deutschen Akad. Wiss. (Berlin 1950) 35 [3].

Du BOIS-REYMOND, Emil → **BOIS-REYMOND,** Emil Du

I**DÜRER,** Albrecht. — Maler, Bildhauer, Kupferstecher u. Ingenieur in Nürnberg, Sohn eines Goldschmieds.
*1471, Mai 21, Nürnberg;
†1528, Apr. 6, Nürnberg.

Genealog. War Dürers Vater ein Ungar?: Z. bildende Kunst **14** (1879) 41–44. [Nach Thausings Aufsatz in der Wiener Abendpost vom 14. Okt. 1879, Beil.] [3]. — Theodor Schön: Über A. Dürers adelige Abstammung: Dtsch. Herold **14** (1883) 15; dazu: Entgegnung Leopold Beckh-Widmannstetter, 60–61; ebenda: Theodor Schön 108–109 [15]. — L. v. Beckh-Widmannstetter: Albrecht Dürers Abstammung u. Kunstthätigkeit: Dtsch. Herold **20** (1889) 134–135 [3]. — Karl Koetschau: Zu Dürers Familienchronik: Repert. Kunstwiss. **19** (1896) 20–27 [3]. — Reinhold Schaffer: Dürers Familie: Bl. Fränk. Familienkde **3** (1928) 1–3 [3]. — Adolf Jäger: Unbekannte Verwandte Albrecht Dürers in Nürnberg: Bl. fränk. Familienkde **3** (1928) 122–128 [3].

Bibliogr. Hans Wolfgang Singer: Versuch einer Dürer-Bibliogr. (Straßburg 1903) 98 S. (Studien zur dtsch. Kunstgesch., 41); 2. Aufl. (Straßburg 1928) XI, 198 S. [14]. — Versuch einer ungarischen Dürer-Bibliogr. (Festgabe der Stadtbibl. Budapest) (Budapest 1928) 35 S. (Literatur aktueller Zeitfragen, 42) [14]. — Brit. Mus. Gen. Cat. **56** (1960) Sp. 746–765 [3].

Nekr. Eobanus Hessus: Epicedion in funere A. Dureri Nurembergensis . . . dictum. Somnium de eodem [Nürnberg ?] [1528] 8 Bl. [75].

Biogr. Heinrich Lempertz: Bilder-Hefte zur Geschichte des Bücherhandels (Cöln 1853–1865) Nr. 27, Taf. 2 (1862) (m. Bildn. Vignette aus dem Vitruv von Rivius; das Wappen Dürers u. faks. Brief von Albrecht Dürer an W. Pirkheimer, Venedig, Samstag nach Lichtmeß 1506) [15]. — Johann Gabriel Doppelmayr: Histor. Nachricht von den Nürnbergischen Mathematicis u. Künstlern (Nürnberg 1730) 153–155, 182–190 (m. 4 Abb. von Medaillen, Taf. 14 u. 2 Abb. von Medaillen Taf. 15) [3]. — G. A. Will: Nürnbergisches Gelehrten-Lexikon **1** (Nürnberg-Altdorf 1755) 297–301 [3]. — David Gottfried Schoeber: Albrecht Dürers Leben, Schriften u. Kunstwerke (Leipzig–Schleiz 1769) 5 S., 1 Bl., 164 S. [75]. — Johann Ferdinand Roth: Lebensbeschreibungen u. Nachrichten von merkwürdigen Nürnbergern . . . (Nürnberg 1796) 1–60 [3]. — Fr. Cramer: In: Der Biograph. Darst. merkwürdiger Menschen der drey letzten Jahrhunderte **7** (Halle 1808) 401–468 [3]. — A-s: Dürer: Biographie universelle ancienne et moderne **12** (1814) 360–366 [14]. — Wilhelm Hennings: Deutscher Ehrentempel. Bearb. von einer Gesellschaft Gelehrter (Gotha 1825) Teil 7, S. 110–138 m. Taf. [14]. – Joseph Heller: Das Leben u. die Werke Albrecht Dürers. **1–3**; **2**, Abt. 1–3 (Leipzig 1831) [VI], 1090 S., 3 Abb., 2 Taf. [15]. – Édouard-Marie Oettinger: Bibliographie biographique (Leipzig–Paris 1850) 165, 745 [3]. – A. von Eye: Leben u. Wirken Albrecht Dürers (Nördlingen 1860) VI, 525 S., 1 Taf. [3]. – M. Thausing: Dürers Hausfrau. Ein kritischer Beitr. zur Biogr. des Künstlers: Z. bildende Kunst **4** (1869) 33–42 (m. 1 Abb.), 77–86 (m. 1 Bildn., 1 Abb.) [3]. – Alwin Schultz: Albrecht Dürer vom Standpunkte seiner Zeit aus beurtheilt: Jber. Schles. Ges. vaterländ. Kultur **47**, 1869 (1870) 227–228 [Ha 2]. – Mor. Thausing: Dürer. Geschichte seines Lebens u. seiner Kunst (Leipzig 1876) XVI, 537 S., Titelbildn., 7 Bildn., Abb., 1 Karte [3]; 2. Aufl. **1** (Leipzig 1884) XVI, 384 S. (m. Titelbildn.); **2**, [II], 382 S. (m. Titelbildn.) [14]. – Woltmann: ADB **5** (1877) 475–485 [3]. – Neuestes über Albrecht Dürer: Histor. polit. Bl. kathol. Deutschland **87** (1881) 715–719 [3]. – Leopold Kaufmann: Albrecht Dürer. 2. Aufl. (Freiburg 1887) XII, 184 S. (m. Titelb.) [14]. – Armin Stein (d. i. H. Nietschmann): Albrecht Dürer. Ein Lebensbild (Halle 1892) XII, 239 S. (Deutsche Geschichts- u. Lebensbilder, XX) [3]. – Cornelius Gurlitt: Zur Lebensgeschichte Albrecht Dürers: Repertorium Kunstwiss. **18** (1895) 112–113 [3]. – Joseph Meder: Neue Beitr. zur Dürer-Forschung Jahrb. kunsthistor. Sammlungen Wien **23** (1902/1903) 53–69 (m. Abb.) [UB Wien]. – Richard Bürkner: Dürer (Berlin 1911) 211 S. mit 13 Abb. [davon 1 Selbstbildn.] u. 4 Kopfleisten (Geisteshelden, 59) [14]. – Willy Pastor: Das Leben Albrecht Dürers (Berlin 1916) 307 S., Titelbildn., 3 Bildn., 13 Abb. [3]. – Emil Waldmann: Albrecht Dürer 2. Aufl. (Leipzig 1919) 94 S., 80 Vollbildn. [14]. – A. B.: Über Albrecht Dürers Leben, Wirken u. Wesen: Bes. Beil. Staatsanz. Württ. **1917**, 65–76 [24]. – Otto Fischer: Albrecht Dürers Leben u. Werke (Dachau [1919]) XXIV S., 95 S., Abb., besonders Selbstbildn. S. 49, 50, 82, 83 [14]. – Max J. Friedländer: Albrecht Dürer (Leipzig 1921) 227 S. (m. 115 Abb.). Mit 4 Selbstbildn. u. Relief auf Titelbl. [14]. – H. Knackfuß: Dürer (Bielefeld–Leipzig 1927) 148 S., 146 Abb. (Künstler-Monographien, 5) [3]. – Emil Waldmann: Albrecht Dürer. Sein Leben u. seine Kunst (Leipzig [1933]) 141 S., 5 Selbstbildn., 192 Bildtaf. [14]. – Friedrich Griese: Albrecht Dürer: Velhagen u. Klasings Mh. **50** (1935) 1–16 (m. 1 Bildn., 17 Abb.) [3]. – Wilhelm Waetzoldt: Dürer u. seine Zeit (Wien 1935) 346 S. (m. 8 Farbtaf., 8 Tiefdrucktaf., 78 Abb. von Holzschnitten, 264 Abb. u. Bildn.) (Herkunft u. Stand 11–27, Selbstcharakteristik 28–46) [3; 14]. – Emil Waldmann: In: Die Großen Deutschen, hrsg. von Willy Andreas u. Wilhelm von Scholz **1** (Berlin 1935) 376–386, Selbstbildn. von 1498 in Madrid, 8 Abb. [3]. – Fr. Davis: Personality of Dürer: Illustr. London News **189** (1936) Nr. 5095, S. 1076 (m. 2 Bildn., 1 Abb.) [London, Brit. Mus.]. – Ernst Günter Troche: In: Nürnberger Gestalten aus 9 Jahrhunderten (Nürnberg 1950) 69–73 (m. Selbstbildn. von A. D. 1498) [75]. – H[einrich] Th[eodor] Musper: Albrecht Dürer. Der gegenwärtige Stand der Forschung (Stuttgart 1952) 352 S., Titelbildn. m. Faks., zahlr. Bildn. u. Abb. [3]. – Erwin Panofsky: The life and art of Albrecht Dürer (Princeton 1955) XXXII, 317 S., Titelbildn., 324 Abb. [15]. – Friedrich Winkler: Albrecht Dürer. Leben u. Werk (Berlin 1957) 365 S., 185 Abb., davon 147 auf 132 Kunstdrucktaf. [101]. – Max Steck: Drei neue biogr. Dürer-Urkunden: Forsch. u. Fortschr. **32** (1958) 56–58 (m. 4 Faks.) [3]. – Hans Jantzen: NDB **4** (1959) 164–169 [3]. – Max Steck: Dürer. Eine Bildbiogr. (Text unter Mitwirkung von Wilhelm Rüdiger) (Berlin–Darmstadt–Wien 1964) 146 S., Titelbildn. – Ludwig Grote: Dürer. Biogr.-krit. Studie (Genève 1965) 141 S., Abb. (Der Geschmack unserer Zeit, 43) [101].

Nachlaß, Briefe, Tagebücher Ed. His-Heusler: Ein Brief Albrecht Dürers an Spalatin [1520]: Z. bildende Kunst **3** (1868) 7–11 [3]. – Dürers Briefe, Tagebücher u. Reime, nebst einem Anhang von Zuschriften an u. für Dürer, übersetzt u. mit Einleitung, Anm., Personenverzeichn. u. einer Reisekarte versehen von Moritz Thausing (Wien 1872) XX, 251 S., m. 1 lith. Karte (Quellenschr. Kunstgeschichte u. Kunsttechnik des Mittelalters u. der Renaissance, 3) [3]. – Albrecht Dürers Briefe, Tagebücher u. Reime: Histor. polit. Bl. kathol. Deutschland **75** (1875) 284–295 [3]. – Albrecht Dürers Tagebuch der Reise in die Niederlande. 1. vollst. Ausg. nach der Handschrift Johann Hauers mit Einl. u. Anm. hrsg. von Friedrich Leitschuh (Leipzig 1884) XIII, 207 S. [3]. – M. Zucker: Der Brief Dürers an [Nikolaus] Cratzer vom Jahre 1524: Repertorium Kunstwiss. **11** (1888) 342–343 [3]. – K. Lange u. F. Fuhse [Hrsg.]: Dürers schriftl. Nachlaß auf Grund der Originalhandschr. u. theilweise neu entdeckter alter Abschriften (Halle 1893) XXIV, 420 S. m. 1 Taf. u. 8 Illustr.) [3; 15]. – Albrecht Dürers schriftl. Vermächtnis. Familienchronik - Briefe - Reime. Tagebuch der niederländ. Reise. Aus den theoret. Schriften. Ausgewählt u. eingeleitet von Max Osborn (Berlin 1905) XXVIII, 150 S. (Renaissance-Bibliothek, 3) [11]. – Christ. Meyer: Aus Albrecht Dürers Briefen u. Tagebüchern: Quellen u. Forsch. Dtsch. insbes. Hohenzoller. Gesch. **4** (1907) 86–102 [1]. – Markus Zucker: Albrecht Dürer in seinen Briefen (Leipzig–Berlin 1908) [II], 128 S. m. 20 Abb. im Text u. auf

12 Taf., Titelbildn. (Deutsche Charakterköpfe, 2) [14; 15]. – Albrecht Dürers schriftl. Nachlaß. Familienchronik/Gedenkbuch/Tagebuch der niederländ. Reise/Briefe/Reime/Auswahl aus den theoret. Schriften. Hrsg. von Ernst Heidrich. Geleitwort von Heinrich Wölfflin (Berlin 1910) 364 S. (m. 12 Zeichn. u. 3 Holzschnitten Dürers) [3]. – Albrecht Dürer, Briefe. In 250 Abdrucken hrsg. von A. E. Brinckmann u. Ernst Birkner (Aachen 1911) VII, 51 S. m. 8 Taf. [15]. – Festschr. des Vereins für Geschichte der Stadt Nürnberg zur 400jähr. Gedächtnisfeier Albrecht Dürers 1528–1928. Mit 2 bisher unbekannten Stücken, einem Autogramm u. einer kleinen Zeichnung von Dürer (Nürnberg 1928) VI, 426 S., 45 Taf. u. 3 Abb. (Bildn.) (Mitt. Ver. Gesch. Stadt Nürnberg, 28). – Bericht über die Veranstaltungen u. den Verlauf des Dürerjahres Nürnberg 1928. Hrsg. vom Stadtrat. (Nürnberg 1928) 96 S., Selbstbildn. aus dem Rosenkranzfest nach dem Titelbl., S. 89: Dürermedaille u. Dürertaler, zum Dürerjahre von der Stadt Nürnberg geprägt [14]. – Albrecht-Dürer-Festschr. der internat. Dürer-Forschung. Hrsg. Georg Biermann (Leipzig-Berlin 1928) 132 S., Abb. [14]. – Willibald Pirckheimers Briefwechsel hrsg. von Emil Reicke, **1** (München 1940) LI, 592 S. [Veröff. d. Komm. zur Erforschung der Geschichte der Reformation u. Gegenreformation, Humanistenbriefe 4) A. D. Reg. S. 554 [3]. – Hans Rupprich: Dürers schriftl. Nachlaß u. seine Veröff.: Anz. German. National-Museums **1940–1953**, 7–17 [3]. – Albrecht Dürer, Zijn dagboek van de reis door den Nederlanden in 1520–1521. Door P. T. A. Swillens (Maastricht [1941]) XII, 301 S., 16 Abb. [14]. – Dürer u. die Nachwelt. Urkunden, Briefe, Dichtungen u. wiss. Betrachtungen aus 4 Jahrhunderten. Gesammelt u. erläutert von Heinz Lüdecke u. Susanne Heiland (Berlin 1955) 451 S., 41 Abb. [3]. – Albrecht Dürer. Eine Auswahl aus seinem Werk. Mit einer Einleitung von Heinz Lüdecke (Leipzig 1956) 104 S. m. vielen Abb., farb. Taf. u. m. Lit.-Verz.; 2. Aufl. (1959) 116 S. [14]. – Albrecht Dürer: Schriften, Tagebücher, Briefe, Auswahl u. Einleitung von Max Steck (Stuttgart 1961) VIII, 244 S., 4 Bildn., 7 Abb. u. Faks. [101]. – Albrecht Dürer, Schriftl. Nachlaß. Eine Auswahl. Hrsg. von Hubert Faensen (Berlin 1962) 288 S., 106 Abb.; 2. Aufl. (1963) [14].

Zum 400. Geburtstag G. von Imhof: Albrecht Dürer in seiner Bedeutung für die moderne Befestigungskunst (Nördlingen 1871) VIII, 50 S., XIV Faltbl. [14].

Zum 450. Geburtstag A.: Kunstwart u. Kulturwart **34**, 2 (1921) 129–134 (m. Bildn. u. Abb.) [14].

Zum 400. Todestag Adam Buchreis: Albrecht Dürer. Des Meisters Leben u. Wirken u. seine Zeit (München 1928) 135 S., 42 Abb. [101]. – Pierre du Colombier: La fin d'Albert Dürer: Aesculape **18** (1928) 137–139 [Genf BPU]. – Franz Düllberg: Albrecht Dürer u. sein Werk (Berlin 1928) 128 S., 1 Titelabb., 62 Bildn. u. Abb. [101]. – Anton Graßl: Weg. Mschr. oberen Klassen der höh. Lehranst. **5** (1928) 22–25 [15]. – Friedrich Haack: Albrecht Dürer. Mit einem Bilderatlas (Leipzig 1928) 161 S. (Wiss. u. Bildung, 250) [15]. – August Hagen: Ein Besuch bei Albrecht Dürer: Bücherfreund **15** (1928) H. 4, S. 6–8 (m. 1 Bildn. von 1498 im Prado) [101]. – Theodor Hampe: Albrecht Dürer als Künstler u. als Mensch. 67 S., 5 Taf., 1 Medaille (Aus: Mitt. Ver. Gesch. Stadt Nürnberg **28** (1928)) [14]. – F. Henry: Ein neuentdecktes Selbstbildnis des jungen Dürer: Cicerone **20** (1928) 153–156 [3]. – Eduard Flechsig: Albrecht Dürer. Sein Leben u. seine künstl. Entwicklung. **1. 2** (Berlin 1928, 1931) **1**, XV, 470 S., 30 Taf.; **2**, XI, 630 S., 32 Taf. [3]. – Willy Kurth: Albrecht Dürer (Berlin 1928) 48 S., 93 Taf. Mit 1 Titelbild, 93 Taf. u. 30 Abb. [14]. – Reinhold Lindemann: An der Wende **1** (1928) 109–114 [101]. – André Linzeler: Beaux-Arts **6** (1928) 187–188 (m. 2 Abb.) [3]. – Kurt Pfister: Balder Presse **4** (1928) 59–67 (m. 4 Abb.) [101]. – E. Rhode-Fenner: Therapeut. Ber. **5** (1928) 276–278 (m. 4 Abb.) [101]. – Rudolf Schmellbach: Kristall **1** (1928) 49–61 (m. 2 Bildn., 3 Abb.) [101]. – Franz Servaes: Balder Presse **4** (1928) 77–87 (m. 4 Abb.) [101]. – H[ans] Tietze: Dürer u. die deutsche Nachwelt: Westermanns Mh. Jg. 72, Bd **144** (1928) 125–136 (m. 2 Selbstbildn., 2 Bildn., 10 Abb.) [3]. – Werner Weisbach: Deutsche Renaissance u. Antike: Antike **4** (1928) 108–137 (m. 22 Abb.) [3]. – Heinrich Weizsäcker: Staats-Anz. Württ., Bes. Beil. **1928**, Nr. 3 vom 24. März, 49–58 [24]. – M. Ziegert: Börsenbl. Dtsch. Buchhandel **95** (1928) 261–262 [3]. – Brief Dürers an Jacob Heller in Frankfurt a. M.: Balder Presse **4** (1928) 75 [101].

Weitere Lit. Friedrich Campe: Reliquien von Albrecht Dürer, seinen Verehrern geweiht (Nürnberg 1828) VIII, 190 S., 4 Abb. [75]. – Heinrich Glax: Über die 4 Ausg. der geschichtl. Vorstellungen der Ehrenpforte des Kaisers Maximilian I. von Albrecht Dürer. In: Quellen u. Forsch. vaterl. Gesch., Lit. Kunst (Wien 1849) 259–282 [3]. – Albert von Zahn: Dürers Kunstlehre u. sein Verhältnis zur Renaissance (Leipzig 1866) IV, 116 S. [15]. – Edward Steinle u. M. Thausing: Hüsgens Dürersammlung u. das Schicksal von Dürers sterbl. Überresten: Z. bildende Kunst **9** (1874) 321–323 [3]. – William Martin Conway: Literary Remains of Albrecht Dürer. With transcripts from the British Museum manuscripts and notes upon them by Lina Eckenstein (Cambridge 1889) XI, 288 S., 14 Taf. [15]. — Moritz Cantor: Albrecht Dürer als Schriftsteller: Neue Heidelberger Jahrb. 1 (1891) 17–31 [3]. — Konrad Lange: Dürer-Studien. Mit Taf. 6 (Schriftproben Dürers) (Leipzig 1893) 136–143. Aus: Festschr. für Johannes Overbeck. (Leipzig 1893) III, 206 S. m. 29 Fig. u. 6 Taf. [3]. — [Georg Frhr. von Kress]: Dürers Wohnhaus u. seine Geschichte (Nürnberg 1896) VI, 71 S. m. 29 Abb. u. 1 Urkunde [75]. — Paul Weber: Beitr. zu Dürers Weltanschauung (Straßburg 1900) 110 S. m. 4 Taf. u. 7 Textbild. (Studien zur deutschen Kunstgeschichte, 23) [14]. — C. Wercks-hagen: Der Protestantismus am Ende des 19. Jahrhunderts 1 (Berlin 1900). Darin: Henry Thode: Albrecht Dürer u. deutsche Reformation 117–140 (m. Bildn.) [14]. — Rudolf Wustmann: Dürers Natursymbolik: Grenzboten 63, 2 (1904) 148–157 [3]. — Heinrich Woelfflin: Die Kunst Albrecht Dürers (München 1905) VI, 316 S. m. 132 Abb.; 2. Aufl. (München 1908) VI, 379 S. m. 144 Abb., Selbstbildn. 2, 29, 31; Taf. nach 176 [14]; 3.Aufl. (München 1919) IX, 340 S. m. 143 Abb. u. Faks., Selbstbildn. 2, 27, 29, 154; Medaillen 316, 334 [101]. — Das Skizzenbuch von Albrecht Dürer. In der Öffentl. Bibl. zu Dresden. Hrsg. von Robert Bruck (Straßburg 1905) 40 S., 158 Taf., 2 Taf. Faks. [3]. — Seb. Killermann: Albrecht Dürers Rasen- u. Blumenstücke: Naturwiss. Wschr. 21 (1906) 481–486 [Ha 2]. — Wilhelm Hess: Über einen alten Himmelsglobus [in Schloß Banz]: Z. Bücherfreunde 12, 2 (1908/1909) 257–277 m. 6 Abb., AD: S. 258 [3]. — Eugen Diederichs: Deutsches Leben der Vergangenheit in Bildern 1 (Jena 1908) 86 (vermutlich nicht Selbstbildn., sondern von einem Nürnberger Kunstgenossen nach 1528) [14]. — Harry David: Zur Geschichte der deutschen Tiermalerei. Die Darst. des Löwen bei Albrecht Dürer. Phil. Diss. Halle 1909 (Berlin o. J.) 109 S. [Halle]. — Seb. Killermann: Albrecht Dürers Pflanzen- u. Tierzeichnungen u. ihre Bedeutung für die Naturgeschichte (Straßburg 1910) VIII, 120 S. m. 22 Taf. (Studien zur Deutschen Kunstgeschichte, 119) [3; 14]. — Franz L(dw) Müller: Die Aesthetik Albrecht Dürers (Straßburg 1910) 76 S. (Studien zur Deutschen Kunstgeschichte, 123), ein Teil davon als Phil. Diss. Greifswald 1910, 42 S. [14]. — Reinhard Piper: Das Tier in der Kunst (München 1910) 196 S.; Neubearb. 1922, 302 S. m. 240 Abb., besonders 140–148, 80, 109, 152, 194 [14]. — Adolf Saager: Albrecht Dürer u. die Natur: Kosmos 8 (1911) 27–28 (m. 1 Abb.) [Ha 2; 3]. — Erich Ebstein: Ein mißgebildetes Tier in Babylonien u. eine Zeichnung von Albrecht Dürer: Mitt. Gesch. Med. ⟨u.⟩ Naturwiss. 10 (1911) 128 [3]. — Sebastian Killermann: Albrecht Dürer als Naturfreund: Aar 1 (1911) 751–765 [12]. — Seb. Killermann: Albrecht Dürers Bilder vom Walroß, Wisent u. Elentier: Naturwiss. Wschr. (N. F.) 11 (1912) 785–789 [Ha 2]. — Curt Müller-Klein: Untersuchung des Deutschen Raumgefühls auf Grund ausgewählter Architekturbilder Albrecht Dürers (Würzburg 1912) 119 S. Leipzig, Phil. Diss. 1912 [3]. — J. A. Endres: Albrecht Dürer u. Nikolaus von Kusa. Deutung der Dürerschen Melancholie: Christl. Kunst 9 (1913) 33–52, 78–89, 110–120 m. 2 Abb. [15]. — Erwin Panofsky: Die theoretische Kunstlehre Albrecht Dürers ⟨Dürers Aesthetik⟩ (Berlin 1914) 61 S. Freiburg i. B., Phil. Diss. 1915 [3]. — Erwin Panofsky: Dürers Kunsttheorie, vornehml. in ihrem Verhältnis zur Kunsttheorie der Italiener (Berlin 1915) XII, 209 S., 21 Abb. [3]. — W. Ahrens: Das „magische" Quadrat auf Dürers „Melancholie": Z. bildende Kunst N. F. 26 (1915) 291–301 (m. 3 Fig.) [3]. — Wilhelm Waetzoldt: Dürers Befestigungslehre (Berlin 1916/1917) 92 S. m. Titelbildn., 32 Abb. u. Bildn. [3]. — Georg Habich: Die deutschen Medailleure des 16. Jahrhunderts Taf. X, 5 (Halle a. S. 1916) XX, 290 S., 12 Taf., 18 Textabb. [14]. — S. Killermann: Der Alraun (Mandragora). Eine natur- u. kulturhistor. Studie: Naturwiss. Wschr. (N. F.) 16 (1917) 137–144 [Ha 2]. — Emil Waldmann: Albrecht Dürer. Handzeichnungen (Leipzig 1918) 62 S., 80 Vollbildn. [14]. — Hans Schuritz: Die Perspektive in der Kunst Albrecht Dürers (Frankfurt/M. 1919) 50 S., 36 Fig., 22 Taf. [101]. — Hermann Federschmidt: Albrecht Dürers Krankheit u. Leiden im Licht der heutigen Naturwiss.: Jber. Ver. Gesch. Stadt Nürnberg 42, 1919 (1920) 15–16 [3]; dasselbe: Münchener med. Wschr. 69 (1922) 1123–1125 [3]. — Heinrich Woelfflin: Dürer (Darmstadt 1922) 32 S. [101]. — Otto Mitius: Dürers Schloßhof-Ansichten u. die Cadolzburg bei Nürnberg (Leipzig 1922) 35 S., 8 Taf. [101]. — Emil Waldmann: Dürer u. seine Zeit (Berlin 1923) 10 S., 11 Taf., 5 Bde Abb. (Amtl. Ausg. der Bremer Kunsthalle) [46]. — Hermann Esswein u. Wilhelm Hausenstein: Das deutsche Bild des 16. Jahrhunderts (München 1923) 146 Taf., 45 S.; Taf. 52 u. 53 (Selbstbildn. von 1493 u. 1498) [14]. — Reinhold Lindemann: Dürer, Goethe u. wir: Propyläen 21 (1923/1924) 370–371 [101]. — Theodor Hampe: Düreranekdoten: Fränkische Bund 2 (1924) 102–106 [22]. — Otto Mitius: Mit Albrecht Dürer nach Heroldsberg u. Kalchreuth (Erlangen 1924) 15 S., 5 Abb. [101]. — Conrad Matschoß: Männer der Technik (Berlin 1925) 62 [101]. — Heinrich Woelfflin: Die Kunst Albrecht Dürers, 5. Aufl. (München 1926) XI, 408 S., 157 Abb.; 6. Aufl. Bearb. von Kurt Gerstenberg (München 1943) 425 S., 204 Abb. u. 6 Taf. [3]. — Paul Schubring: Albrecht Dürer u. die Antike: Schule u. Wiss. 1 (1926/1927) 399–407 [101]. — Arpad Weixlgärtner: Alberto Duro. In: Festschr. für Julius Schlosser zum 60.

Geburtstage (Zürich-Leipzig-Wien 1927) 162-186 [3]. — Walter Nickel: Albrecht Dürer im Kreise seiner Verwandten u. Freunde: Bergstadt 16 (1927/1928) 441-455 (m. 10 Bildn., 1 Abb.) [101]. — Dürers Horoskop: Antiquitäten-Ztg. 37 (1929) 281 [101]. — David Friedrich Strauss: Ulrich von Hutten (Meersburg-Leipzig 1930) 562 S. m. 38 zeitgenöss. Bildern (S. 274 Selbstbildn. von 1500) [14]. — Carl Willnau u. Rudolf Giessler: Ein Beitr. zur Pflanzensymbolik bei Dürer: Z. bild. Kunst 64 (1930/1931) 47-48 (m. 3 Abb.) [3]. — Kurt Bauch: Dürers Lehrjahre: Städel-Jahrb. 7 (1932) 80-115 (m. 22 Abb.) [3]. — F[ranz] C[arl] Endres: Deutsche Kunst u. Wiss. des Mittelalters (Stuttgart 1936) 228 S., Selbstbildn. Abb. 38, 40, 41 u. Taf. 11 [14]. — Albrecht Dürer: Zeichnungen. Hrsg. von Friedrich Winkler. 1-4 (Berlin 1936/1939) (Denkmäler deutscher Kunst 1-4) 1 1484-1502 (1936) XXI S., 115 Bl. Abb., 194 S., 24 Taf.; 2 1503-1510/1511 (1937) 115 Bl. Abb., 159 S., 5 Bl., XXX S. Abb.; 3 1510-1520 (1938) 95 Bl. Abb., 119 S., 5 Bl., 12 Bl. Abb.; 4 1520-1528 (1939) 94 Bl. Abb., XVIII S. Abb., 148 S. [3]. — B. Reitsch: Albrecht Dürers Augen: Med. Welt 10 (1936) 985-988 (4 Bildn.) [3]. — O. D. Potthoff u. Karl Zeleny: Handwerk — Lebenswerk (Langensalza-Berlin-Leipzig 1937) 80-84 (m. 1 Bildn. u. 1 Abb.) [3]. — Max Steck: Ein neuer Fund zum literar. Bild Albrecht Dürers im Schrifttum des 16. Jahrhunderts: Forsch. u. Fortschr. 31 (1937) 253-255 [Ha 2; 3]. — Rudolf Pfaffinger: Dürer, Kämpfer u. Techniker: Rdsch. Dtsch. Techn. 19 (1939) Nr. 35, S. 3 (m. 7 Abb.) [101]. — Ilse Schunke: Zur Geschichte der Dresdner Dürerhandschr. Mit Lit. Ang. u. Verz. der besprochenen Dürerhandschr. Dresdens: Z. dtsch. Ver. Kunstwiss. 8 (1941) 37-44 [14]. — Wilhelm Schwemmer: Albrecht Dürers Befestigungslehre: Nürnberg-Schau 3 (1941) 104-108 (m. 5 Abb.) [101]. — Ernst Büch: Dürers Krankheit in neuem Licht: Med. Welt 16 (1942) 1093-1094 (mit 1 Bildn.) [3]. — Heinrich Röttinger: Dürer und Kaiser Maximilian: Antiquariat 8 (1952) 210-212 [3]. — G. Egger: Zur Analyse der 6 Knoten von Albrecht Dürer: Antiquariat 8 (1952) Nr. 13/18, S. 28-70 (m. 1 Taf.) [3]. — F. J. Cole: The history of Albrecht Dürer's rhinoceros in zoological literature (Science, Medicine and History, Essays on the Evolution of Scientific Thought and Medical Practice) 1 (1953) 337-356 (m. 24 Abb.) [7]. — A. Smit: Albrecht Dürer: Duitse Kroniek 5 (1953) Nr. 2, S. 42-49 [Den Haag]. — Hans Kirste: Albrecht Dürer Melancolia I, gesehen mit dem Auge des Arztes: Medizinische (Stuttgart) 1954, Nr. 15, 516-518 (m. Abb.) [3]. — Hans Rupprich: Das literarische Bild Dürers im Schrifttum des 16. Jahrhunderts. In: Festschr. für Dietrich Kralik (Horn N.-Ö. 1954) 218-239 [3]. — Heinz Lüdecke u. Susanne Heiland: Dürer u. die Nachwelt. Urkunden, Briefe, Dichtungen u. wiss. Betrachtungen aus 4 Jahrhunderten gesammelt u. erläutert, 1. Aufl. (Berlin 1955) 451 S., 32 Abb.; Lit.Verz. 417-432 [14]. — Frank Davis: Dürer and the Holbein family: Illustr. London News 227 (1955) Nr. 6078 vom 15. Oct., S. 662 [5]. — Georg Mielke: Das Naturstudium Albrecht Dürers. Das Verhältnis des Künstlers zum Objekt. Eine entwicklungsgeschichtl. Untersuchung (o. O. 1956) 183, 2 gez. Bl. [Masch.Schr.] (m. Lit.Verz.) Phil. Diss. Berlin, Humboldt-Univ. 1956 [101]. — Max Steck: Albrecht Dürer als Schriftsteller. Neue Dürer-Forschungen: Forsch. u. Fortschr. 30 (1956) 344-347 [3]. — F. Garnaud: La douleur dans l'art par Dürer: Aesculape 40 (1957) Mars S. 63-64 (m. Abb.) [Paris, Bibl. Nat.]. — Paul Herrmann: Zeigt mir Adams Testament. Wagnis u. Abenteuer der Entdeckungen, 2. Aufl. (Hamburg 1957) 23-24, 165, 201, 285-286, 290 [14]. — Theodor Hetzer: Aufsätze u. Vorträge 2 (Leipzig 1957) Abb. 7-9; Dürers Bildn. S. 23-46; Über Dürers Randzeichnungen im Gebetbuch Kaiser Maximilians S. 47-74 [14]. — Max Steck: Dürer. Eine Bildbiogr. (Unter Mitwirkung von Wilhelm Rüdiger) (München 1957) 147 S. (Kindlers klass. Bildbiogr.) [1; 101]; dasselbe (Berlin-Darmstadt-Wien 1964) 146 S., Titelbildn. [1]. — Eberhard Neubert: Albrecht Dürer, Pflanzen u. Tiere (Leipzig [1958]) 39 S. Text, 38 Taf. [3]. — Max Steck: Albrecht Dürer, Grundlagen seiner Kunst: Universitas 1958, 41-48 [21]. — Max Steck: Theoret. Beitr. zu Albrecht Dürers Kupferstich „Melencolia I" von 1514. Mit einem Manuskript aus dem Nachlaß von Dr. P. Grodzinski: Forsch. u. Fortschr. 32 (1958) 246-251 (m. 8 Abb.) [Ha 2; 3]. — Alois Nedoluha: Kulturgeschichte des techn. Zeichnens: Bl. Technikgeschichte [Wien] 21 (1959) 109-183 (m. Abb. 140) [101]. — Hans Kreßel: Hans Werner, der gelehrte Pfarrer von St. Johannis. Der Freund u. wiss. Lehrmeister Albrecht Dürers: Mitt. Ver. Gesch. Stadt Nürnberg 52 (1963-1964) 287-304 (m. 2 Faks.) [3].

Dürers Reisen Christoph Gottlieb von Murr: Journal zur Kunstgeschichte u. zur allg. Litteratur 7 (Nürnberg 1779) 53-98 (Reisejournal Albrecht Dürers von seiner niederländ. Reise 1520 u. 1521); 10 (1781) 3-35 (Briefe von A. D. an Willibald Pirkheimer m. Faks. Zeichng.), 36-47 (Brief v. P. an D.) [3]. — Georg Wolfgang Carl Lochner: Die Personen-Namen in Albrecht Dürers Briefen aus Venedig (Nürnberg 1870) 52 S. [75]. — Joseph Neuwirth: Zur 2. Reise Dürers nach Italien: Z. bildende Kunst 21 (1886) 87-92, 120-123, 170-172, 260-263 [3]. — Max Bach: Albrecht Dürer in Württemberg: Vjschr. Württemberg. Landesgesch. 10 (1887) 111-112 [21]. — A. Curtius: Albrecht Dürer in

Aachen 1520: Z. Aachener Geschichtsver. 9 (1887) 144–169 (m. 1 Abb.) [14]. – Daniel Burckhardt: Albrecht Dürers Aufenthalt in Basel 1492–1494. Mit 15 Textillustr. u. 49 Taf. (München 1892) VII. 50 S., 11 Abb., 1 Faks. [3]. – Erich Roemer: Dürers ledige Wanderjahre. Der Basler Terenz: Jahrb. Preuß. Kunstsamml. 48 (1927) 77–119, 156–182 [3]. – Dürers Wanderjahre: Antiquitäten-Rdsch. 25 (1927) 227 [1a]. – Hans Rupprich: Willibald Pirckheimer u. die erste Reise Dürers nach Italien (Wien 1930) [IV] 137 S., 14 Taf. [3]. – Albrecht Dürer in Südtirol. Neue Feststellungen zu seiner 1. Italienreise 1495/1496: Bergsteiger 7 (1937) 196 (m. 2 Abb.) [101]. – Ludwig Grote: „Hier bin ich ein Herr". Dürer in Venedig (München 1956) 83 S., 6 Taf. u. 84 Abb. (Bibl. des German. National-Mus. Nürnberg zur Dtsch. Kunst- u. Kulturgesch., 2–3) [3]. – Heinz Lüdecke: Albrecht Dürers Wanderjahre. Ein Beitr. zur Geschichte des Realismus in de· deutschen Graphik (Dresden [1959]) 127 S., 86 Abb. [3].

Dürer als Astronom Edmund Weiss: Albrecht Dürers geogr., astron. u. astrolog. Tafeln: Jahrb. kunsthistor. Samml. 7 (Wien 1888) 207–220 (3 Taf.) [3]. – Ernst Bassermann-Jordan: Albrecht Dürers Anleitung zum Aufreißen von Sonnenuhren: Uhrmacherkunst 40 (1915) 35–38 (m. 9 Fig.) [3]. – Ernst Zinner: Astron. Instrumente des 11. bis 18. Jahrhunderts (München 1956) 59, 71, 80, 150, 171–172, 221, 299, 357, 419, 461, 538, 540, 584, 614, 625 [Ha 2]. – (Werner Schultheiß:) Martin Behaim u. die Nürnberger Kosmographen (Nürnberg 1957) 8, 19–20 [Ha 117].

Dürer u. die Medizin H. Hopstock: Leonardo da Vinci som Anatom: Meddelse fra Universitetes anatomiske Institut, 6: Norsk Mag. Laegevidenskaben 1906, 1377–1428 (m. 1 Bildn. u. 36 Abb.) [7]. – Alfred Martin: Der Aussatz u. die Aussätzigen in der deutschen Kleinkunst des 16. Jahrhunderts: Mitt. Gesch. Med. ⟨u.⟩ Naturwiss. 7 (1908) 352 [3]. – Karl Sudhoff: Dürers anatom. Zeichnungen in Dresden u. Leonardo da Vinci: Arch. Gesch. Med. 1 (1908) 317–321 (m. 2. Abb.) [3]. – M[amlock]: Eine histor. Illustration zur Fernbehandlung von Krankheiten: Dtsch. med. Wschr. 37, 1 (1911) 894 (m. Abb.) [3]. – Erich Ebstein: Albrecht Dürers Beziehungen zur Heilkunde: Med. Welt 2 (1928) 541–544 (m. 1 Bildn., 3 Abb.) [3]. – Wilhelm Voit: Albrecht Dürer u. sein Werk vom med. Standpunkt betrachtet: Münchener med. Wschr. 75 (1928) 2145–2148 [3]. – O. Muck: Albrecht Dürers Krankheit u. die med. Umwelt seiner Zeit: Münchener med. Wschr. 76 (1929) 27–28 (m. Abb.) [3]. – Augusto da Silva Carvalho: A anatomia aplicada ás artes. A proposito de dois valiosos manuscritos portugueses: Arquivo de anatomia e antropologia 17 (1935) 48–102 (m. Bildn. nach zeitgenöss. Kupferstich) [14]. – Eugen Hollaender: Die Med. in der klass. Malerei, 4. Aufl. (Stuttgart 1950) XIV, 488 S. m. 703 Abb., besonders 481 (Krankheitsbild) [14]. – G. Olpp: Dürer als Menschenzeichner u. als Malariakranker: Hippokrates 22 (1951) 389–393 (m. 2 Abb. u. Lit.Verz.) [3]. – Karl Kisskalt: Theorie u. Praxis der med. Forschung, 3. Aufl. (Wiesbaden 1952) 16, 48, 68, 208, 237 [3]. – Clodomiro Mancini: Albrecht Dürer e la medicina constituzionalistica: Pag. Stor. Med. 9 (1965) H. 3, S. 37–44 [Wellc. Libr. London]. – Gerhard Grosch: Medizinisches bei Albrecht Dürer: Materia med. Nordmark 17 (1965) 481–495 (m. 14 Abb.) [7].

Dürer als Mathematiker J. J. Trost: Die Proportionslehre Dürers nach ihren wesentl. Bestimmungen in übersichtl. Darst. (Wien 1859) 19 S. (m. 2 Tab., 2 lith. Taf.) [15]. – Hermann Eckstein: Der theoretische Excurs aus Albrecht Dürers Proportionswerk [Buch 3, Teildr.] (Zittau 1882) 8 S. [14]. – Siegmund Günther: Die geometr. Näherungskonstruktionen Albrecht Dürers. Progr. Studienanstalt Ansbach 1885–1886 (Ansbach 1886) 31 S., 1 Taf. [3]. – S. Günther: Albrecht Dürer, einer der Begründer der neueren Kurventheorie: Bibliotheca math. (Stockholm) 3 (1886) Sp. 137–140 [15]. – H. Staigmüller: Dürer als Mathematiker. In: Progr. Realgymnasium Stuttgart 1890/1891 (Stuttgart 1891) 59 S., 49 Fig. [3]. – Karl Rapke: Die Perspektive u. Architektur auf den Dürerschen Handzeichnungen, Holzschnitten, Kupferstichen u. Gemälden (Straßburg 1902) IV, 88 S., 10 Taf. (Studien zur dtsch. Kunstgeschichte, 39) [3; 14]. – Constantin Winterberg: Über die Proportionsgesetze des menschl. Körpers auf Grund von Dürers Proportionslehre: Repertorium Kunstwiss. 26 (1903) 1–19, 100–116, 204–218, 296–317, 411–424 (1 Abb., 1 Tab.) [3]. – Karl Hunrath: Albrecht Dürers annähernde Dreiteilung eines Kreisbogens: Bibliotheca math. (3) 7 (1906/1907) 120–125 (m. 2 Fig.) [14; 15]. – Viktor Mostet: La mesure de la figure humaine et le canon des proportions, d'après les dessins de Villard de Honnecourt, d'Albert Durer et de Léonard de Vinci: Mélanges offerts à M. Emile Chatelan. 15 avril 1910 (Paris 1910) 367–382 (m. 9 Abb. u. 2 Taf.), besonders 374–376 Dürer [14]. – Georg Steinbrenner: Das Dürersche Fünf- u. Siebeneck: GNC-Mschr. (Braunschweig) 2 (1914) 254–257 (m. 5 Fig.) [15]. – Martin Schips: Mittelschule. Beil. zur „Schweizer-Schule", math.-naturwiss. Ausg. 2 (1916) 49–53, 68–72 [UB Basel]. – Georg Wolff: Math. u. Malerei. (Leipzig–Berlin 1916) 76 S., 18 Fig., 35 Abb. im Text u. auf 4 Taf., m. Lit.Verz. u. Reg., besonders 70–72 (Math. Bibl., 20/21); 2. Aufl. (1925) 85 S. [14]. – Heinrich Wieleitner: Geschichte der Math. 2 (Leipzig–Berlin 1921) 84, 87, 111 [3].

— L. Wulff: Dürer als Mathematiker, Militäringeniör u. als Mann. Laienbeitr. zum Dürergedenkjahr (Parchim 1928) 32 S. [101]. — Martin Gebhardt: Dürer als Mathematiker (Leipzig 1929) 166–184 m. Abb. (Waldenburger Schriften, 8) [14]. — Josef Giesen: Dürers Proportionsstudien im Rahmen der allgemeinen Proportionsentwicklung (Bonn 1930) 119 S., 64 Taf. m. 102 Abb. (Forschungen zur Kunstgesch. Westeuropas, 8) [3]. — Ernst Crous: Dürer u. die Schrift. Mit einer Wiedergabe von Dürers Abh. aus seiner „Unterweisung der Messung" (Berlin 1933) 20 S., 15 Bl. (Vereinsgabe des Berliner Bibliophilen Abends für 1933) [101]. — K. H. de Haas: Géométrie et Peinture: Sphinx (Revue mensuelle des questions récreatives) **5** (1935) 24–25 [1]. — Ludwig Neder: Die geschichtl Entwicklung der zweidimensionalen Wiedergabe räumlicher Objekte: Z. math. u. naturwiss. Unterr. **68** (1937) 8–16 (m. 10 Abb.) [15]. — Max Steck: Dürers Gestaltlehre der Math. u. der bildenden Künste (Halle 1948) XV, 173 S., 54 Taf. (Mathesis universalis, 1) [3; 14]. — D. H. Richter: Vom großen „Geometer" Albrecht Dürer: Z. Vermess.-Wes. **79** (1954) 91–92 [7]. — Max Steck: Albrecht Dürer als Mathematiker u. Kunsttheoretiker: Nova Acta Leopoldina N. F. **16** (1954) Nr. 114, S. 425–434 [Ha 2]. — David Hch. Richter: Perspektive u. Proportionen in Albrecht Dürers „Melancholie": Z. Vermess.-Wes. **82** (1957) 284–288, 350–357 [7]. — Horst Erfurth: Eine darstellend-geometr. Konstruktion der Kegelschnitte bei Albrecht Dürer: Math. u. Physik in der Schule **4** (9) (1957) 253–256 (m. 1 Selbstbildn., 3 Abb., Lit.Verz.) [101]

Bildn., Selbstbildn. Johann Hieronymus Lochner: Sammlung merkwürdiger Medaillen (Nürnberg 1740) 289–296, 417–421 (Medaille A. Dürer u. W. Pirckheimer) (m. Biogr.) [14]. — Johann David Köhler: Histor. Münzbelustigung **21** (1749) Stück 38, S. 297-304 (m. 2 Abb.) [3]. — Thomas Stettner: Dürersche Denkmedaille (errichtet 21. 5. 1840 Nürnberg) [Nürnberg ?] (1840). — Illustr. Ztg., Leipzig 8 (1847) 136, Statue von Schwanthaler; **15** (1850) S. 104 Gemälde von [Carl] Hartmann; **56** (1871) S. 372 Bildn. nach einem Entwurf von H[ans] Grünewald gezeichnet von Emil Eugen Sachse; **77** (1881) S. 69 wiederaufgefundenes Selbstbildn. von 1493, dazu 71–72 Albrecht Dürers wiederaufgefundenes Selbstporträt [14]. — Ludwig Bechstein: 200 deutsche Männer in Bildn. u. Lebensbeschreibung (Leipzig 1854) [Nr. 38] o. S. [14]; 2. Aufl. (1857) [3]. — -e.: Dürers Selbstbildn. vom Jahre 1493: Wiss. Beil. Leipziger Ztg. **1883**, 274–275 [3]. — Z. bild. Kunst **20** (1885) 197 (Selbstbildn. 1493) ⟨Taf.⟩ [14]. — Woldemar von Seidlitz: Allgemeines histor. Porträtwerk Ser. 8 (München 1887) Taf. 14, Selbstbildn. (1500) m. Kurzbiogr. auf Deckblatt [14]. — Museum **1** (1896) 13 Selbstbildn. von 1484 u. Taf. 97 Selbstbildn. von 1500 [14]. — Dürerblatt **28** (1912) nach S. 740 Plakette. Erinnerungsplakette an das 1. Dürerbund-Jahrzehnt von Julius Schneider nach Hanns Schwartz, dazu 738, 754 Selbstbildn. ⟨farb. Taf.⟩, dazu 756 [14]. — Carl Scheffler: Bildn. aus 3 Jahrhunderten der alten deutschen u. niederländ. Malerei Titelbildn. u. S. 17 (Selbstbildn.) (Königstein i. T., Leipzig 1916) XVI, 112, XI S. (Die blauen Bücher); auch: (Königstein i. T., Leipzig 1940) 104 S. [14]. — Emil Waldmann: Albrecht Dürer. Mit 80 Vollbildern [davon 3 Selbstbildn.] (Leipzig 1919) 93 S. [14]. — Unbekannte Dürer-Büste in Antwerpen: Antiquitäten-Rdsch. **19** (1921) 159 [1a]. — H[ermann] u. O[rtwin] Luckenbach: Geschichte der deutschen Kunst (München–Berlin 1926) VII, 503 S.; darin S. 259 Fig. 317 Medaille (Kopf im Profil) von Hans Schwarz [14]. — Ein Dürerbildn., entstanden zwischen 1486 u. 1488, neu endeckt von Ferdinand Handy in den Sammlungen des Herzogs Philipp II. von Pommern: Gartenlaube **1927**, Bd. 2, Nr. 44, Bilderbogen der Zeit [S. 3] (Kinderbildn.) [14]. — Paul Schubring: Albrecht Dürer: Charakterköpfe deutscher Künstler (Berlin 1927), besonders 37–63 [3]. — Franz Balke: Das Stettiner Jugendbildnis Albrecht Dürers: Z. bildende Kunst **63** (1929/1930) 46–52 (m. 4 Selbstbildn., 1 Abb.) [3]. — Hugo Kehrer: Dürers Selbstbildn. u. die Dürerbildn. (Berlin 1934) 96 S., 45 Taf. [14]. — Ludwig Goldscheider: 500 Selbstporträts gesammelt, gesichtet, eingeleitet (Wien 1936) 527 S., Nr. 61–68 u. 1 farb. Taf. [14]. — Die Großen Deutschen im Bild. Hrsg. von Alfred Hentzen u. Niels von Holst (Berlin 1936) 73–75, siehe Federzeichnung, Selbstbildn. 1493, 2. u. 3. Selbstbildn. 1493–1500 [3]. — D. Kuhrmann: Selbstporträt des kranken Dichters: Z. ärztl. Fortbild. **54** (1965) 200-201 [101].

III, IV, VI **DUISBERG,** Carl. Chem. — 1882 Dr. phil. Univ. Jena; 1883 Chemiker Farbenfabrik vorm. Bayer u. Co., Elberfeld; 1912 Generaldir., 1925 Vors. Verwaltungs- u. Aufsichtsrat I. G. Farbenindustrie A. G. Frankfurt/M.

*1861, Sept. 29, Barmen;

†1935, März 19, Leverkusen.

Genealog. Carl vom Berg: Geschichte der Familie Duisberg u. Forschungen über den Familiennamen Duisberg (Düsseldorf 1933) 242 S., 1 Stammtaf., Wappen u. Siegel, 9 Abb., Bildn. ⟨Taf.⟩ Plastik Carl u. Johanna D. (Gedenktaf. am Studentenhaus in München) [14; 101].

Autobiogr. Carl Duisberg: Meine Lebenserinnerungen. Hrsg. auf Grund von Aufzeichnungen, Briefen u. Dokumenten von Jesco von Puttkamer (Leipzig 1933) 207 S., Titelbild u. viele weitere Bildn. [3; 14].

Zum 60. Geburtstag Carl Duisberg: Abh., Vorträge u. Reden 1882–1921. Hrsg. vom Aufsichtsrat u. Direktorium der Farbenfabriken vorm. Frdr. Bayer u. Co. (Berlin–Leipzig 1923) XII, 992 S., Titelbild m. Faks. 29. 9. 1921; nach S. 96 Photogr. (1888); nach S. 244 Gemälde von Leo Samberger (1907); nach S. 404 u. nach S. 560 2 Gemälde von Max Liebermann (1909); nach S. 722 Gemälde von F. Rhein (1916); nach S. 882 Gemälde von O. F. Hagemann [alles Tafeln] [3; 14]. – M. Mintz: Gewerbl. Rechtsschutz u. Urheberrecht **26** (1921) 129 [Ind.- u. Handelskammer, Halle]. – Verein Dtsch. Chemiker: Z. angew. Chem. **34** (1921) 485 [Ha 15].

Zum 40jähr. Dienstjubiläum Z. angew. Chem. **36** (1923) 487–488 [3]. – Abh., Vorträge, Reden **2** (1933) 603–616 [3].

Zum 70. Geburtstag H. Gattineau: Illustr. Ztg., Leipzig **177** (1931) 380 m. 3 Bildn. [3; 14]. – Jacob Herle: Ruhr u. Rhein. Wirtschftsztg. **12** (1931) H. 39, S. 816 [38]. – Jacob Herle u. Heinrich Gattineau: Carl Duisberg, ein deutscher Industrieller (Berlin [1931]) VIII, 167 S., Titelbild von Erich Heermann 1930 (m. Faks.) [3; 14]. – B. Heymann: Z. angew, Chem. **44** (1931) 797–803 [Ha 15]. – Günther Hoffmann: Kölner Univ. Ztg. **13** (1931) Nr. 8, S. 3–5 [12]. – Hermann Hummel: Chemiker-Ztg. **55** (1931) 741–742 (m. Bildn.) [3]. – Heinrich Konen: Forsch. u. Fortschr. **7** (1931) 379–380 [Ha 2]. – M. Mintz: Gewerbl. Rechtsschutz u. Urheberrecht **36** (1931) 1003 [Ind.- u. Handelskammer Halle]. – Paul Pfeiffer: Bonner Mitt. H. **9** (1931) 7–10, vgl. auch 1–6 [3]. – F. Quincke: Z. angew. Chem. **44** (1931) 803–805 [Ha 15]. – K. Schairer: Z. angew. Chem. **44** (1931) 810–813 [Ha 15]. – Schmidt-Ott: Z. angew. Chem. **44** (1931) 806–808 (m. Bildn. u. Faks.) [Ha 15]. – C.R.V.: Farbe u. Lack **36** (1931) H. 39, 438–440 (m. 2 Bildn., 2 Abb.) [101]. – (g): Farben-Ztg. **36** (1931) 2249–2250 [1]. – Mitt. Ind.- u. Handelskammer Solingen **30** (1931) 143–144 [15]. – Reden, die am 70. Geburtstage von Carl Duisberg gehalten worden sind (Leverkusen 1931) 115 S. (m. Bildn. u. Faks., 4 Abb.) [101]. – Reichsverband der Deutschen Industrie. Abschiedsfeier für den scheidenden Vorsitzenden ... Carl Duisberg am 25. 9. 1931 (1931) 37 S. (1 Bildn. m. Faks.) [101]. – R. S.: Studentenwerk **5** (1931) 193–195 (m. Bildn. [Jena 1882]) [101]. – -f-: VDI-Nachr. **11** (1931) Nr. 39, S. 3 (m. 1 Bildn.) [101]. – Weltwirtschaft **19** (1931) 228–229 [101]. – Dtsch. Wirtschafts-Ztg. **28** (1931) 951 [vom 29. Sept.] [Ind.- u. Handelskammer Halle]. – Z. angew. Chem. **44** (1931) 879–880 [Ha 15].

Zum goldenen Doktorjubil. Angew. Chem. **45** (1932) 526 [Ha 15].

Zum 50jährigen Dienstjubil. Carl Duisberg: Abh., Vorträge u. Reden aus den Jahren 1922–1933, **2** (Berlin 1933) XII, 641 S. [3]. – R. Hartnauer: Kunst in Leverkusen. Zum 50. Jahrestag des Eintritts von Carl Duisberg bei den Farbenfabriken vorm. Friedr. Bayer u. Co. am 29. Sept. 1933 [Leverkusen o. J.] 87 S. (m. 2 Bildn., 3 Abb. von Büsten, 31 Abb. von Büsten u. Plaketten, 94 Abb.) [101]. – Goldenes Berufsjubiläum des ... Carl Duisberg (Leverkusen 1933) 86 S. (m. 24 Bildn., 7 Abb.) [3].

Nekr. E. B.: Dtsch. Zukunft [Berlin] **3** (1935) 13–14 [1]. – Henry A. Armstrong: Nature [London] **135** (1935) 1021–1025 [3]. – Fritz Frank: Gummi-Ztg. **49** (1935) 314 (m. Bildn.) [101]. – Heinrich Gattineau: Dtsch. Volkswirt **9** (1935) 1127–1128 [Ind.- u. Handelskammer Halle]. – Hinsberg: Med. Klin. **31**, 1 (1935) 635 [3]. – H. Kühne: Z. Elektrochem. **41** (1935) 255–257 (m. Bildn.) [Ha 15]. – O. von Schickh: Chem. Apparatur **22** (1935) 57–58 (m. Bildn.) [101]. – Alfred Stock: Ber. Dtsch. chem. Ges. A **68** (1935) 111–148 (m. Titelbildn. u. Faks.) [3]. – Kautschuk **11** (1935) 68 (m. Bildn. u. Faks.) [101]. – Farbe u. Lack **40** (1935) H. 13, S. 146 [101]. – Gewerbl. Rechtsschutz u. Urheberrecht **40** (1935) 193 [101]. – Dtsch. Wirtschafts-Ztg. **32** (1935) 290–291 [101]. – Z. ges. Schieß- u. Sprengstoffwes. **30** (1935) 97–98 (m. Bildn.) [101]. – Dtsch. Akademiker-Ztg. **27** (1935) F. 2, S. 1 [101]. – Räder **16** (1935) H. 7, S. 199 [101]. – Stahl u. Eisen **55** (1935) 376 (m. Bildn. u. Faks.) [101]. – Umschau **35** (1939) 271 (m. 1 Bildn.) [3]. – Hi: Z. VDI **79** (1935) 484 [3].

Biogr. Echo **42** (1923) 4165 [101]. – H. Großmann: Carl Duisberg u. die deutsche chem. Industrie: VDI-Nachr. **4** (1924) Nr. 27, S. 2 [101]. – Gotthardt Würfel: Schünemann-Monat **1** (1927) 590–597 (m. Bildn.) [101]. – Chronik des Deutschen Museums von Meisterwerken der Naturwiss. u. Technik ... 1903–1925 (München 1927) besonders 68: Rede Duisbergs m. Bildn. u. biogr. Angaben [14]. – G. F. D.: Wirtschaft [Prag] **11** (1929) 668–669 [101]. – Studentenwerk **4** (1930) 155, 259 [15]. – Hermann Stadlinger: Chemiker-Ztg. **59** (1935) 245–246 (m. Bildn.) [3]. – Albrecht Weiss: In: Die Großen Deutschen. Hrsg. von Willy Andreas u. Wilh. von Scholz **4** (Berlin 1936) 484–497 (m. Bildn. vor S. 481) [14; 101]. – E[rwin] Barth von Wehrenalp: Farbe aus Kohle (Stuttgart 1937) 79 S,: S. 60–64 (m. Bildn.) (Kosmos-Bd. [146]) [14]. – P[aul] Fuchs: Carl Duisberg in Jena. 54–57. Jber. Akad. Wiss. Ver. Jena **1937**, 53–61. – Otto Meesmann: In: Rheinisch-westfäl. Wirtschaftsbiogr. **4** (1941) 231–247 (m. Bildn. ⟨Taf.⟩ u. Faks.) [3; 14]. – Theo Goldschmidt: Handelsblatt **1950**, 8. Nov., S. 5 m. Bildn. [1]. — C. D.: Chem. Ind. **2** (1950) 431–433 [101]. — Rudolf Baumgardt: Das Fundament. Schöpferische Menschen des 19. Jahrhunderts (Darmstadt [1952]) 193–210 (m. Bildn.) [101]. — H. Hörlein: Die persönl. Beziehungen Carl Duisbergs zu Richard Willstätter u. dessen freiwill. Rücktritt von der Münchener Professur: Angew. Chem. **62** (1950) 364–365 [101]. — Kurt Duisberg: Carl Duisberg, Forscher u. Industrieller. In: Kurt Hackenberg: Das Bergische Land, 2. Aufl. (Wuppertal-Elberfeld 1953) 157–160 (m. 1 Bildn. u. 2 Abb.) [62]. — Walter Dietz: In: Wuppertaler Biogr. **1** (1958) 27–34 (m. 1 Bildn.) [62]. — Walter Dietz: In: Wuppertaler Biogr. **1** (1958) 27–34 (m. 1 Bildn.) [62]. — Walter Greiling: NDB **4** (1959) 181–182 [3]. — H. J. Flechtner: Carl Duisberg. Vom Chemiker zum Wirtschaftsführer (Düsseldorf 1959) 423 S., zahlr. Abb. [Ha 2].

Zum 25. Todestag Ein Mäzen des Deutschen Museums: (Hrsg. Vorstand des Dtsch. Museums) (München 1960) 23 S. (m. Titelbild nach dem Porträt von Leo Samberger) [Ha 2; 14].

Zum 100. Geburtstag Oswald Gerhardt: Berliner Ärztebl. **74** (1961) 628–630 (m. Bildn.) [101]. — Oswald Gerhardt: Pharmaz.-Ind. **23** (1961) 519–520 (m. Bildn.) [Ha 17]. — Helmut Roesler: Christ u. Welt **14** (1961) Nr. 39, S. 13 (m. 2 Bildn.) [101]. — Chem. Labor Betrieb **12** (1961) 380–386 (m. Bildn.) [Ha 2].

Weitere Lit. Berthold Rassow: Die chem. Industrie. Die Deutsche Wirtschaft u. ihre Führer **1** (Gotha 1925) 118–124 (m. Bildn.) [3]. — W[ilhelm] Busch: Die Vierhundertjahrfeier der Philipps-Univ. Marburg 1927. Festbericht (Marburg 1928) IV, 124 S. m. 83 Abb.; nach S. 40 1 Bildn., 3 Abb. des Dr. Carl Duisberg-Hauses [3]. — Wilhelm Wien: Aus dem Leben u. Wirken eines Physikers (Leipzig 1930) V, 196 S., 4 Taf. (Carl Duisberg: Dem Andenken W. Wiens 149–151) [3]. — Reichshandbuch der Deutschen Gesellschaft **1** (Berlin [1930]) 352–353 (m. Bildn. u. Faks.) [3]. — H. Gattineau: Die Entwicklung der Organisationsformen der deutschen Wirtschaft u. Duisberg: Z. angew. Chem. **44** (1931) 808–810 [Ha 15]. — Dr. Carl Duisberg-Stiftung für das Auslandsstudium deutscher Studenten: Z. angew. Chem. **45** (1932) 394 [Ha 15]. — Sterne, Schriften, Hände. Charakter- u. Schicksalsdeutungen bekannter Frauen u. Männer. Bearb. von M[anfred] Bott-Bodenhausen u. S[igfrid] B[runo] Herrmann (Berlin 1933) 265 S. m. 67 Abb., besonders 107–113, m. Bildn. Taf. u. Abb. [3]. — (Hermann Pinnow:) Werksgeschichte. Zur Erinnerung an die 75. Wiederkehr des Gründungstages der Farbenfabriken vorm. Frdr. Bayer u. Co. (München 1938) 201 S., 32 S. Abb.; S. 70: Bildn. 1884; nach S. 112 <Taf.> Büste von Adolf von Hildebrand 1909; S. 162 <Taf.> Altersbildn. m. Faks.; dazu 69–84 u. öfter [14]. — Bruno Paul Schaumburg: Männer aus eigener Kraft (Leipzig 1938) 268 S., 8 Bl. Abb., besonders 103–117 (m. Bildn. 97 u. 2 Abb.) [101]. — Schöttler: Von Canstein bis Duisberg: Dtsch. Christentum **4** (1939) Nr. 35, S. 2 [101]. — Jonathan Zenneck: 50 Jahre Deutsches Museum. Unter Mitarb. von Frdr. Klemm (München 1953) 115 [14]. — Walter Dietz: Leverkusen. Geschichte u. Gegenwart (Mainz 1958) 156 S., 1 Karte, besonders 97–100 (m. Bildn.) [14]. — Wilhelm Treue: Carl Duisbergs Denkschr. von 1915 zur Gründung der „Kleinen I. G.": Tradition **8** (1963) 193–227 (m. Faks. der Denkschr., 5 Abb.) [101].

Bildn. Handbuch von Köln. Hrsg. von Herm. Wieger (Köln 1925) 15 (Bildn. m. Faks.) [14]. — Menschen der Zeit. 101 Lichtbildn. wesentl. Männer u. Frauen aus deutscher Gegenwart u. jüngster Vergangenheit (Königstein [1930]) 43 (Die blauen Bücher) [3]. — Bildn. in: Carl Duisberg: Meine Lebenserinnerungen. Hrsg. von Jesco von Puttkamer (Leipzig 1933) 3 [3]. — Die Großen Deutschen im Bild. Hrsg. von Alfred Hentzen u. Niels von Holst (Berlin 1936) 450 (Männerbüste von Adolf von Hildebrand) [3]. — Fritz Klimsch: Geleitwort von Egbert Delpy (Berlin 1942) 67 Abb., 36 Bl., besonders 31 (Die Kunstbücher des Volkes, Kl. Reihe, 10) [101].

VI **DUNCKER,** Johann Heinrich August. Opt. — Nach Theologie-Studium in Halle Prediger in Rathenow; 1792 Bau von Mikroskopen; 1801 errichtet er, vom Preuß. Staat unterstützt, eine Opt. Industrieanstalt; 1819 geistig umnachtet.

*1767, Jan. 14, Rathenow;
†1843, Juni 14, Rathenow.

Vater von Eduard Duncker, Pogg. VI.

Biogr. Paul Michel: August Duncker (Schauspiel): Dtsch. opt. Wschr. **10** (1924) 694 [3]. — Johann August Heinrich Duncker. Prediger zu St. Marien-Andreas in Rathenow: Dtsch. opt. Wschr. **11** (1925) 4 (m. Bildn. als Kunstbeil. u. Faks.) [3]. — Ernst Quadt: Deutsche Industrie-Pioniere. Vom Pfarrer zum Fabrikgründer (Berlin 1940) 363 S.: darin: 126–129 (m. Bildn. vor 123) [14]. — H. Eisenblätter: Uhrmacherkunst **66** (1941) 430–431 [3]. — Fritz Bergow: Mschr. Feinmech. <u.> Opt. **70** (1953) 106–107 (m. Abb. der Büste) [3]. — Herbert Schober: Augenoptiker **13** (1958) Nr. 3, S. 16–17 [101]. — Karl Albrecht: NDB **4** (1959) 196–197 [3].

Zum 150. Geburtstag Fritz Hansen: Zentral-Ztg. Opt. u. Mech. **38** (1917) 30 [101]. — E. Weiß: Dtsch. opt. Wschr. **3** (1917) 5–6 [101].

Zum 175. Geburtstag H. Kloth: Opt. Rdsch. **33** (1942) 9–11 (m. 1 Bildn. u. 2 Abb.) [101]. — von K.: Dtsch. opt. Wschr. **63** (1942) 3 (m. Bildn. [Büste]) [101].

Zum 111. Todestag Herm. Seeland: Augenoptiker **9** (1954) Nr. 7, S. 12 [101].

Weitere Lit. Samuel Christoph Wagener: Denkwürdigkeiten der Churmärkischen Stadt Rathenow (Berlin 1803) 134–136 [3]. — Denkschr. zum 100jährigen Jubil. der Rathenower opt. Industrie-Anstalt. 1900. — Karl Albrecht: Die Geschichte der Emil Busch A. G. Ein Beitr. zur Erkenntnis der Struktur des Wirtschaftslebens (Erfurt 1925) 152 S., besonders 14–35 (m. Bildn. u. 6 Fig.) [15]. — Mitt. Nitsche u. Günther, Emil Busch A. G. (Rathenow) **3** (1925) Nr. 1, S. 9; —, 1800–1925: ebenda Nr. 4, S. 1–2 (m 1 Bildn. u. 2 Abb.) [101]. — H[ermann] Günther: Rathenow/Havel. Ein Städtebild (Berlin 1928) 9 (m. Bildn.), 16 (Dtsch. Reichs-Städte-Archiv) [101]. — Moritz von Rohr: Joseph Fraunhofers Leben (Leipzig 1929) [Die Hersteller von Mikroskopen S. 174] [3]. — Karl Albrecht: Duncker, Fraunhofer u. Abbe, drei Führer zu den geistigen Grundlagen unseres opt. Gewerbes: Opt. Rdsch. **25** (1934) 6–9, 25–28 [101]. — M[oritz] von Rohr: Zur Geschichte u. Entwicklung des Dunckerschen Betriebes: Z. opthalmol. Opt. **22** (1934) 168–171; **23** (1935) 1–4 [101].

VI **DUNCKER,** Eduard. Opt. — Erweiterung des väterl. Brillenbetriebes. Übertragung der Werkstätte 1845 an den Neffen Emil Busch.

*1797, März 12, Rathenow;

†1878, Juni 13, Rathenow.

Sohn v. Johann Heinrich August Duncker.

Bibliogr. Cat. scient. Papers **2** (1868) 402–403 (2 Nr.); **7** (1877) 575 (1 Nr.); **9** (1891) 753 (7 Nr.); **14** (1915) 728–729 (12 Nr.) [3].

Biogr. Karl Albrecht: Die Geschichte der Emil Busch A. G. Ein Beitr. zur Erkenntnis der Struktur des Wirtschaftslebens (Erfurt 1925) 152 S., besonders 36–41 (m. Bildn.) [15.] — Ernst Quadt: Deutsche Industrie-Pioniere. Der Anbruch des techn. Zeitalters (Berlin 1940) 129–133 (Bildn. vor 123) [14].

Zum 50. Todesjahr Karl Albrecht: Z. Instrumentenkde **48** (1928) 299–302 (m. Bildn.) [3]. — Karl Albrecht: Bl. Unters.- u. Forsch.-Instrum. **2** (1928) Nr. 3, S. 37–38 (m. 1 Abb., 1 Bildn. m. Faks.) [101]. — Karl Albrecht: Eduard Duncker. Geschichte seines Wirkens (Weimar 1928) 60 S. (m. 1 Bildn., Faks., 6 Abb. [14; 101].

E

I, III **EHRENBERG,** Christian Gottfried. Med., Zool., Botanik, Mikropaläontol. — 1818 Dr. med. Univ. Berlin; 1826 ao. Prof. Univ. Berlin (ab 1839 o. Prof. m. Lehrauftrag Gesch. Med.). 1826 Mitgl. u. 1842 Sekretär Preuß. Akad. Wiss. Berlin.

*1795, Apr. 19, Delitzsch, Prov. Sachsen;

†1876, Juni 27, Berlin.

Schwager des Chemikers Adolph Rose (*1811); Schwiegervater des Bonner Botanikers Johannes Hanstein (1822–1888) u. des Berliner Chemikers Karl Friedr. Rammelsberg (1813–1899).

Genealog. Clara Ehrenberg: Unser Elternhaus. Ein Familienbuch für meine Geschwister u. deren Kinder u. Enkel. Nach eigenen Erinnerungen. Als Manuskript gedruckt (Berlin 1905) 224 S., 1 Abb. [Die kleinen Ehrenbergs 1841 von Tante Anna Rose gezeichnet]. — Erik Amburger: Aus dem akadem. Berlin. Versippung im Kreise der Mitglieder der Akad. Wiss.: Nachr. Herold Berlin **9/10** (1951) 45–46 [101].

Bibliogr. Friedrich Carl Peter Callisen: Medicinisches Schriftsteller-Lexicon **5** (1831) 537; **27** (1839) 424–428 [3]. — Louis Agassiz: Bibliographia zoologiae et geologiae **2** (London 1850) 328–334 (80 Nr.) [3]. — Cat. scient. Papers **2** (1868) 458–467 (267 Nr.); **7** (1877) 603–604 (25 Nr.); **9** (1891) 781–782 (3 Nr.); **12** (1902) 215 [Lit.] [3]. — G. Hellmann: Repertorium der Deutschen Meteorol. (Leipzig 1883) Sp. 110–111 [3]. — G. B. De-Toni: Sylloge algarum omnium hujusque cognitarum **2**, 1 (Patavii 1891) XXXVIII–XLVII [Ha 2]. — Otto Köhnke: Gesammtregister über die in den Schriften der Akad. von 1700–1899 erschienenen wiss. Abh. u. Festreden (Berlin 1900) 65–78 (274 Nr.) [3]. — Cat. gén. Bibl. nat. **46** (1911) Sp. 1008–1010 (12 Nr.) [3]. — Brit. Mus. Gen. Cat. **58** (1960) Sp. 164–166 (32 Nr.) [3].

Nekr. Johannes Hanstein: Christian Gottfried Ehrenberg. Ein Tagwerk auf dem Felde der Naturforschung des 19. Jahrhunderts (Bonn 1877) VIII, 162 S. [3; 11; 14]. —

P. Martin Duncan: Quart. J. geol. Soc. London 33 (1877) Proc., 56–60 [Ha 2]. – von Hoffmann: Berliner klin. Wschr. 13 (1876) 410–411 [3]. – Monthly microscop. J.: Trans. R. microscop. Soc. 17 (1877) 166–167; dazu noch: T. Rupert Jones: 308–311 u. 18 (1877) 49–51 [Ha 2]. – von Kobell: S.-Ber. Bayer. Akad. Wiss., math.-physik. Cl. 7 (1877) 140–142 [Ha 2]. – Albert Kühn [Schwiegersohn]: Rede am Sarge Christian Gottfried Ehrenbergs (Berlin 1876) 13 S. – L. A. Levat: Bull. Soc. Etudes sci. D'Angers 8/9, 1878–1879 (1880) 173–179 [Ha 2; F 1]. – [Joh. Christ. Gustav] Lucas: Ber. Senckenberg. naturforsch. Ges. 1877/1878 (1878) 143–144 [Ha 2]. – C. R. [Carl Russ ?]: Vossische Ztg. 1876, Nr. 242, Sonntags-Beil. Nr. 42 vom 15. 10. Sp. 8–9 [11]. – Oscar Schmidt: Dtsch. Rev. 2, 2 (1878) 408–412 [S. 411 Brief von E. an O. Sch. (1850); weitere Auszüge aus Briefen] [3]. – Ann. Mag. nat. Hist. (London) (4) 19 (1877) 113–116 [3]. – K. M.: Natur N. F. 2 (1876) 372 [Ha 2]. – Proc. Amer. Acad. Arts Sci. 12 (1877) 327–328 [Ha 2].

Biogr. (W[ilhelm] Koner): Gelehrtes Berlin im Jahre 1845. Verzeichn. im Jahre 1845 in Berlin lebender Schriftsteller u. ihrer Werke (Berlin 1846) 72–75 [15]. – Männer der Zeit 1 (Leipzig 1860) Sp. 639–640. – Julius Theodor Christian Ratzeburg: Forstwiss. Schriftsteller-Lexikon (Berlin 1874) 160–165 [1]. – Joh. Hanstein: ADB 5 (1877) 701–711 [3]. – Edmond Perrier: Rev. sci. France, Étranger 28 (1879) 645–657 [12]. – Gaea 31 (1895) 303–308, 369–372 [Ha 2]. – Wilhelm Bölsche: In: Das 19. Jahrhundert in Bildnissen 5 (1901) 713–714 (m. Bildn. Nr. 481) [3]. – Otto N. Witt: Prometheus 21 (1910) 365–367 [3]. – Ludwig Darmstaedter: Naturforscher u. Erfinder (Bielefeld–Leipzig 1926) 95–98 [3; 11]. – G[urlt]: In: Biogr. Lexikon der hervorragenden Ärzte aller Zeiten u. Völker, 2. Aufl. 2 (Berlin–Wien 1930) 384 (m. Lit.-Ang.) [3]. – Friedrich Horn: Heimatkalender für die Muldekreise Bitterfeld u. Delitzsch 8 (1932) 86–88 [3]. – Hendrik Engel: Handelingen van de Hydrobiol. Club (Amsterdam) 4 (1942) 1–13 (m. Bildn. S. 8/9) [Den Haag]. – Otto Koehler: In: Schulpforte u. das deutsche Geistesleben, Lebensbilder alter Pförtner (Darmstadt 1943) 13, 58–68, 155 (m. Bildn. Taf. VIIa [Altersphoto]) [3; 14]. – Karl Leutner: In: Leutner: Deutsche, auf die wir stolz sind, 1. Aufl. (Berlin 1955) F. 1, 196–200 (m. Bildn.); 2. Aufl. (1960) ebendort [14]. – Rudolph Zaunick: NDB 4 (1959) 349–350 [3]. – H. K. Hofmeier: Z. ärztl. Fortbild. 52 (1963) 740–741 (m. Abb. einer Medaille u. Faks.) [101]. – Geschichte der Mikroskopie. Leben u. Werk großer Forscher. Hrsg. von Hugo Freund u. Alexander Berg 1 (Frankfurt a. M. 1963) 7, 12, 23, 24, 25, 35, 40, 315, 319 [101].

Zum goldenen Doctor-Jubiläum Oliver Wendell Holmes: Die Vereinigten Staaten von Amerika an Christian Gottfried Ehrenberg zur Feier seines 50jährigen Doctor-Jubiläums am 5. Nov. 1868 (Auszug) Boston, 10. Sept. 1868 (Aus dem Englischen übertragen von Dr. Zermelo in Berlin) (Berlin [1868]) [4 S.] [1a]. – Die Akad. Wiss. Berlin Herrn Christian Gottfried Ehrenberg am 5. Nov. 1868, 4 S. [14]. – A.B.F.F.A.S. Viro summo Christiano Godofredo Ehrenberg . . . congratulatur . . . Academia Regia Boica Monachii die V. Novembris anni MDCCCLXIII, 1 Bl. [14]. – Karl [Heinrich August] Steinhart: Christiano Godofredo Ehrenberg . . . nonas Novembris anni 1868, cuo die ante hos 50 annos . . . [Glückwunsch zum goldenen Doctorjubiläum]. Halis: 1868. 4 S. [14].

Zum 100. Geburtstag Max Laue: Christian Gottfried Ehrenberg. Ein Vertreter deutscher Naturforschung im 19. Jahrhundert. Nach seinen Reiseberichten, seinem Briefwechsel mit A. von Humboldt, von Chamisso, Darwin, von Martius u. a. Familienaufzeichnungen, sowie anderem handschriftl. Material (Berlin 1895) IX, 287 S., Titelbildn. [3; 14]. – Heinrich Simroth: Wiss. Beil. Leipziger Ztg. 1895, 18. Apr., 181–182 [Über Laues Biographie] [3]. – Rud. Hesse: Christian Gottfried Ehrenberg. Eine Gedächtnißrede gehalten im Gewerbe-Verein am 9. Aug. 1876 (Delitzsch 1876) 18 S. – Zeitgeist (Beil. des Berliner Tageblatts) 1895, vom 2. März.

Weitere Lit. Alexander von Humboldt: Reise nach dem Ural, dem Altai u. dem Caspischen Meere, im Jahre 1829 ausgeführt von A. von Humboldt, G[ottfried] Ehrenberg u. G[ustav] Rose. Mineralog. geognost. Theil u. histor. Bericht der Reise von G. Rose (Berlin 1837–1842) 2 Bde. Mit Kupfern, Karten u. Holzschn. 1. Reise nach dem nördl. Ural u. dem Altai (1837) XXX, 642 S., Taf. 1–6, Karte 7–9; 2. Reise nach dem südl. Ural u. dem Kaspischen Meere, Übersicht der Mineralien u. Gebirgsarten des Ural (1842) XV, 606 S., Taf. 1–3, Karte 4–5 [14]. – Karl Haltaus: Album deutscher Schriftsteller zur 4. Säcularfeier der Buchdruckerkunst (Leipzig 1840) 46 [Gedicht mit faks. Unterschrift Ehrenbergs; Anfang: Den Gutenberg, wohl ehr' ich ihn] [14]. – C. Kirchner: Bericht über die Säcularfeier, den 20.–23. Mai 1843 [Scholae Regiae Portensis] (Naumburg 1843) 27 [Widmung von Ehrenberg „Verbreitung u. Einfluß des microskopischen Lebens in Süd- u. Nordamerika" Berlin 1843] [3]. – Richard Lepsius: Briefe aus Ägypten, Äthiopien u. der Halbinsel des Sinai (Berlin 1852) VII [Vorwort] lt. Vorwort sind die Briefe an den König, Humboldt, Bunsen, Ehrenberg u. an den Vater gerichtet. [Unter den Adressaten der 39 Briefe 1842–1845 war E. Welche Briefe an E. gerichtet waren, geht aus der Veröff. nicht hervor] [3]. –

Modenztg., hrsg. von Aug. Diezmann: **1854**, Beibl. 36, S. 144 (m. Taf. m. Faks.) [14]. – Memoiren Alexander von Humboldts **1** (Leipzig 1861) 386–389, 390–491 [11]. – George Pouchet: Rev. deux Mondes **83** (1869) 445. [Über Ehrenbergs Privatvorlesungen] [3]. – Archibald Geikie: Life of Sir Roderick F. Murchison **1** (London 1875) 293–294 [3]. – J. Löwenberg: In: Illustr. Ztg., Leipzig **67** (1876) Nr. 1262, 83–84 (m. Bildn.) [14]. – A. Woldt: Die Gesellschaft für Erdkunde in Berlin: Gartenlaube **1878**, 294–297 (m. 8 Bildn., darunter Ehrenberg) [14]. – Life, letters and journals of Sir Charles Lyell **2** (London 1881) 291 [3]. – Leopold von Ranke: Sämmtliche Werke **53/54** (Leipzig 1890) 610 [3]. – Max Hoffmann: Pförtner-Stammbuch 1543–1893 (Berlin 1893) 340, Nr. 8518 [3]. – Siegmund Günther: Christian Gottfried Ehrenberg u. die wiss. Erdkunde: Dtsch. Rdsch. Geogr. u. Statistik **17** (1895) 529–538 [3]. – Adolf Harnack: Geschichte Preuß. Akad. Wiss. Berlin (Berlin 1900) 716–717, 749, 751–752, 826, 828–829, 839, 842, 844, 896, 914–915, 949, 958, 962, 964, 968, 970, 986, 990–991, 1044, 1048 [3]. – Briefwechsel zwischen J. Berzelius u. F. Wöhler. Hrsg. von O. Wallach **1** (Leipzig 1901) 280, 330, 335, 337, 346; **2**, 329 [3]. – Georg Siegerist: Aus den Tagebüchern des alten Heim. Tagebuch-Aufzeichnungen Ernst Ludwig Heims aus den Jahren 1795–1834: Arch. Brandenburgia **7** (1901) 35, 68, 69, 70, 84 [3]. – Robert von Mohl: Lebens-Erinnerungen 1799–1875 **2** (Stuttgart–Leipzig 1902) 413, 415, 417, 419 [3]. – Leo Koenigsberger: C. G. J. Jacobi: Festschr. zur Feier der 100. Wiederkehr seines Geburtstages (Leipzig 1904) 515 [3]. – Rud. Aderhold u. W. Ruhland: Zur Kenntnis der Obstbaum-Sklerotinien: Arbeiten aus der biol. Abt. für Land- u. Forstwirtschaft am Gesundheitsamt **4** (1905) H. 5, 427–442 [Ha 4]. – Correspondance d'Alexandre d'Humboldt avec François Arago (1809–1853) (Paris 1909) 15, 20, 54, 68, 76, 110, 142, 174, 187, 193 [3]. – Theodor Boveri: Anton Dohrn. Gedächtnisrede ... (Leipzig 1910) 15 [14]. – Siegmund Günther: Die Korallenbauten als Objekt wiss. Forschung in der Zeit vor Darwin: S.-Ber. Bayer. Akad. Wiss., math.-physik. Kl. Abh. **14** (1910) 24–27 [über Ehrenbergs Korallenforschungen] [Ha 2]. – Emil Du Bois-Reymond, 2. Aufl. Reden (Leipzig 1912) **1**, 174, 258; **2**, 254, 273, 576–579, 618 [3]. – Jugendbriefe von Emil Du Bois-Reymond an Eduard Hallmann (Berlin 1918) 106, 117, 140 [3]. – Wilhelm von Waldeyer-Hartz: Lebenserinnerungen (Bonn 1920) 112–113, 270 [3]. – Ernst Haeckel: Entwicklungsgeschichte einer Jugend (Leipzig 1921) 52, 109 [3]. – G. Tornier: Rückblick auf die Paläontol.: S.-Ber. Ges. naturf. Freunde Berlin **1924** (1926) 49; **1925** (1927) 97 [Ha 2]. – Erna Arnhold: Goethes Berliner Beziehungen (Gotha 1925) 192 [3]. – Eugen Holländer: Anekdoten aus der med. Weltgeschichte (Stuttgart 1925) 150–152 (m. Bildn.) [14; 101]. – Johannes Reinke: Mein Tagewerk (Freiburg i. Br. 1925) 51 [3]. – Wilhelm Erman: Paul Erman. Ein Berliner Gelehrtenleben 1764–1851 (Berlin 1927) 64, 119, 182, 185 (Schr.Ver. Gesch. Berlin, 53) [3]. – Aus der Vergangenheit der Univ. Würzburg; Festschr. zum 350jähr. Bestehen der Univ. Hrsg. von Max Buchner (Berlin 1932) 643 [3]. – Max de Crinis: 100 Jahre Ganglienzellforschung: Wiener klin. Wschr. **46** (1933) 1161–1164, 1188–1191 (m. Lit.Verz.) [3]. – Friedrich Horn: Erlebn. des Naturforschers Ehrenberg in Afrika: Heimatkal. für die Muldekreise Bitterfeld u. Delitzsch **9** (1933) 53–55 [3]. – Bernhard Lepsius: Das Haus Lepsius. Vom geistigen Aufstieg Berlins zur Reichshauptstadt (Berlin 1933) 54–78, 115, 150 [Ha 1]. – F. Paulsen: Die Entdeckung der Krankheitserreger: Ciba-Z. **2** (1934) Nr. 14, 466–468, 490 (m. Bildn. Ehrenbergs) [Ha 2]. – Fossilium Catalogus I: Animalia. Pars 72: K. Lambrecht †, W. et A. Quenstedt, Palaeontologi, Catalogus biobibliographicus ('s-Gravenhage 1938) 126 [3; Ha 2]. – Robert Meldau: Aufgaben des Übermikroskopes in der Staubforschung. In: Das Übermikroskop als Forschungsmittel (Berlin 1941) 78–87 [E. als Vorläufer der modernen Staubforschung] [3]. – Robert Mertens: Eduard Rüppell. Leben u. Werk eines Forschungsreisenden (Frankfurt/M. 1949) 34–36, 42, 43, 48, 55, 109, 158, 187, 194, 245, 246, 251, 256, 323, 326, 328, 329, 372, 379, 382 (Senckenberg-Buch, 24) [101]. – Michael Nowikoff: Grundzüge der Geschichte der biol. Theorien (München 1949) 125 [3]. – Claus Nissen: Die botan. Buchillustration **2** (Stuttgart 1951) 56 [3]. – Erwin Stresemann: Hemprich u. Ehrenberg. Reisen zweier naturforschender Freunde im Orient, geschildert in ihren Briefen aus den Jahren 1819–1826: Abh. Dtsch. Akad. Wiss., math.-naturwiss. Kl. **1954**, Nr. 1; 177 S., 1 Bildn. u. Faks. [Ha 2; 14; 101]. – Otto Preßler: Chamisso als Naturforscher. Bisher unveröffentl. Briefe: Wiss. Z. Univ. Halle, Math.-nat. R. **4** (1954/1955) 137–151, besonders 140, 143, 145, Anm. S. 56–58 [3]. – Peter Thomsen: Johann Friedrich Naumann, der Altmeister der deutschen Vogelkunde. Bearb. u. erg. von Erwin Stresemann (Leipzig 1957) 100, 118, 174 (Brief von Ehrenberg an Naumann, Berlin, 2. Febr. 1830) (Lebensdarst. deutscher Naturforscher, 6) [3]. – Helmut Hölder: Geol. u. Paläontol. in Texten u. ihrer Geschichte (Freiburg–München 1960) 313, 314 [101]. – E[rwin] Stresemann: Bemerkungen zum Reiseweg von Hemprich u. Ehrenberg im Libanon, 1824: J. Ornithol. **104** (1963) 445–446 [101].

Bildn. Illustr. Ztg., Leipzig **32** (1859) 35–36 (m. Bildn.); **51** (1868) 371–372 (m. Bildn. S.

369) [14]. — Bildn. berühmter Mitglieder der Deutschen Akad. Wiss. (Berlin 1950) 29 [3; 14]. — Ernst Keienburg: Ein Herz für Afrika [betr. Georg Schweinfurth] 1. Aufl. (Berlin 1957) 48 [14].

Archivalien Gelehrten- u. Schriftstellernachlässe in den Bibliotheken der DDR 1 (Berlin 1959) 29, Nr. 153 [3].

I **EHRHART,** Johann Balthasar. Geol., Paläontol., Bot. — Apothekerpraxis bei seinem Onkel Bartholomäus Ehrhart, Apotheker in Göppingen u. dann in Tübingen, hier Verkehr mit J. G. Gmelin, der ihn zum Petrefaktensammler anregt; stud. in Halle u. Leiden; 1724 Dr. med. Univ. Leiden; seit 1727 als Nachfolger seines Vaters Physikus der Reichsstadt Memmingen; 1731 Mitglied der Leopoldina.

*1700, Juli 29, Kaufbeuren;
†1756, Apr. 30, Memmingen.

Bibliogr. Brit. Mus. Gen. Cat. **60** (1960) Sp. 199 (10 Nr.) [3].

Biogr. Johann Georg Meusel: Lexikon der vom Jahr 1750–1800 verstorbenen teutschen Schriftsteller **3** (1804) 52–53 [3]. — Du-Petit-Thouars: Biographie universelle, ancienne et moderne **12** (Paris 1814) 589–590; Suppl. **63** (Paris 1837) 315 [3]. — (z.): Dictionnaire des Sciences médicales, Biographie médicale **4** (1821) 15–16 (m. Schr.Verz.) [3]. — Th. Müller: Balthasar Ehrhart, ein schwäbischer Naturforscher im 18. Jahrhundert: Württ. Jahrb. Statistik u. Landeskde **1877**, IV, 81–93 [Ha 2]. — F. Haag: Die Geschichte der Geol. in Württemberg bis zum Jahr 1826: Württ. Jahrb. Statistik u. Landeskde. **1925/1926** (1927) 173–186; Ehrhart auf S. 177 [Ha 2]. — Fossilium Catalogus I: Animalia. Pars 72: K. Lambrecht †, W. et A. Quenstedt, Palaeontologi. Catalogus bio-bibliographicus ('s-Gravenhage 1938) 127 [3]. — Rudolf Hirsch: NDB **4** (1959) 358 [15].

Weitere Lit. Friedrich August Quenstedt: Histor. Bemerkungen. In: Der Jura (Tübingen 1858) 5–7 [3]. — G. Tornier: Rückblick auf die Paläontol.: S.-Ber. Ges. naturf. Freunde Berlin **1924** (1926) 12 [Ha 2].

V, VI **EHRLICH,** Paul. Biochem., Med. — 1878 Dr. med. Univ. Leipzig; 1896 Leiter des neugegründeten Inst. für Serumforschung in Steglitz; 1899 Direktor des Inst. für experimentelle Therapie Frankfurt/M. u. 1906 zugleich der Stiftung Georg-Speyer-Haus; 1904 Hon. Prof. Univ. Göttingen; 1908 Nobelpreis für Medizin; 1910 Entdeckung des Salvarsans; 1914 o. Prof. Univ. Frankfurt/M.

*1854, März 14, Strehlen (Schlesien);
†1915, Aug. 20, Homburg v. d. H.

Werke Paul Ehrlich, Moderne Heilbestrebungen. Vortrag (24. Okt. 1912) aus: Frankfurter Ztg. **1912**, Nr. 296 vom 25. Okt. In: Deutsche Ärzte-Reden aus dem 19. Jahrhundert, hrsg. von Erich Ebstein (Berlin 1926) 185–198 [14]. — P[aul] Ehrlich: Über Partialfunktionen der Zelle. Nobel-Vortrag: Int. Arch. Allergy **5** (1954) 67–86 (m. Bildn. u. Faks. S. 65) [3]. — Paul Ehrlich, Gesammelte Arbeiten in 4 Bdn einschließl. einer vollst. Bibliogr. Zusammengestellt u. hrsg. von F. Himmelweit unter Mitwirkung von Martha Marquardt, unter der Leitung von Sir Henry Dale. Bd **1–3** (Berlin–Göttingen–Heidelberg–London–New York (**2** u. **3** auch Paris): **1** (1956) Histologie, Biochem. u. Pathol. VIII, 653 S. (m. Titelbildn.); **2** (1957) Immunitätslehre u. Krebsforschung. VIII, 562 S. (m. Titelbildn. u. Faks.); **3** (1960) Chemotherapie. VIII, 615 S. (m. Titelbildn. m. Faks.) [3; 14].

Genealog. Ahnentaf. von Paul Ehrlich: Jüd. Familienforsch. **9** (1933) 549 [101]. — Gerd Knoche: Paul Ehrlichs Ahnen: Jüd. Familienforsch. **12** (1936) 734–737 [101].

Autobiogr. Les Prix Nobel en 1907–1908, **1908** (Stockholm 1909) 61–62 (m. Bild. 〈Taf.〉 u. Faks.) [3; 14]. — Paul Ehrlich, Erinnerungen aus der Zeit der ätiolog. Tuberkuloseforschung Robert Kochs: Dtsch. med. Wschr. **39** (1913) 2444–2446 [3]. — Autobiographische Skizze vom Jahre 1909, erstmalig abgedruckt von Erich Ebstein: Ärzte-Memoiren (Berlin 1923) 380–387 (m. Bildn.) [14].

Bibliogr. Cat. scient. Papers **9** (1891) 782 (3 Nr.); **14** (1915) 796 (15 Nr.) [3]. — Cat. gén. Bibl. nat. **46** (1911) Sp. 1048–1050 (10 Nr.) [3]. — J. Mouriz: La obra scientifica de Ehrlich: Siglio med. (Madrid) **74** (1924) 137 — passim [Index Cat. Surgeons (4) 2]. — H. Sachs: Bibliogr. Zusammenstellung der Veröffentl. Paul Ehrlichs. In: In memoriam Paul Ehrlich u. Emil von Behring (Frankfurt a. M. 1924) 26–39 [F 1]. — Brit. Mus. Gen. Cat. **60** (1960) Sp. 212–213 (20 Nr.) [3]. — Wilhelm Ebel: Catalogus Professorum Gottingensium (Göttingen 1962) 81 [3].

Briefwechsel P. K. Pel: Ist das Rauchen schädlich? Ein Brief an Paul Ehrlich: Berliner klin. Wschr. **51** (1914) 490–491 [3]. — Zwei Briefe von Paul Ehrlich an Christian Archibald Herter (1865–1910) in New York vom 21. Juli 1905 u. an Wilhelm Biltz (1877–1943) vom 29. Juli 1905 in: Erich Ebstein, Ärzte-Briefe aus 4 Jahrhunderten (Berlin 1920) 189–195 (m. Bildn.) [3; 14; 101]. — Brief von Paul Ehrlich an Ministerialdirektor Kirchner:

Frankfurt, 23. Febr. 1914. In: Ludwig Darmstaedter zu seinem 80. Geburtstage [Privatdruck] [Berlin 1926] 38–41 (m. Faks.) [3]. – František Wald jun.: Čas. Lék. českých 97 (1958) 1173–1175 (m. 3 Faks.) [1]. – (H. W. Flemming:) Um die Zubereitung des Salvarsans. 30 Briefe Paul Ehrlichs an Hoechst. Ein Beitr. zur modernen Galenik (Frankfurt/M.-Hoechst 1966) 87 S. (Dokumente aus Hoechster Archiven, Beitr. zur Geschichte der Chem., 19) [101].

Zum 60. Geburtstag Jac Benario: Dtsch. Rev. **39**, 2 (1914) 192–198 [3]. – Friedrich Dessauer: Hochland **11**, 2 (1914) 728–732 [15]. – K. Gumpertz: Ehrlich u. Behring in ihren Beziehungen zur modernen Seuchenlehre: Dtsch. med. Presse **18** (1914) 43–44 [11]. – Georg Joannovics: Wiener klin. Wschr. **27** (1914) 242–243 [3]. – Adolf Lazarus: Berliner klin. Wschr. **51** (1914) 482–483 [3]. – Lenzmann: Bl. Volksgesundheitspflege **14** (1914) 1–7 [101]. – Naturwiss. **2** (1914) 243–284 (m. Titelbildn. u. Faks.); darin: Carl Oppenheimer 243–250; Leonor Michaelis 250–251; J. Morgenroth 251–258; C. Bruck 258–263; Gennarich 263–268; L. Benda 268–275; Martin Jacoby 275–278; Carl Lewin 278–282; Rudolf Tardy 282–283 [3; 14]. – R. Otto: Med. Klin. **10** (1914) 483–484 (m. Bildn.) [3]. – Felix Pinkus: Med. Klin. **10** (1914) 484–485 [3]. – F. Plaut: Münchener med. Wschr. **61** (1914) 548 (m. Bildn.) [3]. – A. von Wassermann: Z. Immun.-Forsch. ⟨u. exp. Therap.⟩ **21** (1914) I–IX (m. Bildn. u. Faks.) [15]. – A. von Weinberg: In: Paul Ehrlich. Eine Darst. seines wiss. Wirkens: Festschr. zum 60. Geburtstage des Forschers. (Jena 1914) VIII, 668 S., Titelbildn., Faks.; darin: 3–13: Biogr. Einführg.; 625–657: Bibliogr., 612 Nr. [3; 14]. – A. von Weinberg: Ber. Senckenberg. naturforsch. Ges. **45** (1914) 3–6 (m. Titelbildn. m. Faks. S. 2) [Ha 2; 14]. – Ernst Weiss: Universum-Jahrb. **1914** 100 (m. Bildn.) [14]. – Umschau **18** (1914) 230–232 (m. 2 Bildn.) [Ha 2; 14].

Zum 70. Geburtstag In memoriam Paul Ehrlich u. Emil von Behring (Frankfurt/M. 1924) 46 S. [14]. – Erich Hoffmann: Dermatol. Z. **40** (1924) 377–378 [15]. – Felix Pinkus: Med. Klin. **20** (1924) 332 [3]. – Umschau **28** (1924) 164, 166 (m. Bildn.) [3].

Nekr. [H.] Bechhold: Chemiker-Ztg. **39** (1915) 705–708 (m. Bildn.) [3]. – Bechhold: Umschau **19** (1915) 705–709 (m. Bildn.) [Ha 2; 14; 15]. – L. Edinger: Dtsch. med. Wschr. **41** (1915) 1432–1433 [3]. – Richard Gonder: Arch. Schiffs- u. Tropenhyg. **19** (1915) 505–517 [101]. – Richard Gonder: Frankf. Univ. Ztg. **1916**, 19. Jan., 57–59 [30]. – E. Hoffmann: Dermatol. Z. **22** (1915) 627–630 (m. Bildn.) [15]. – Martin Kirchner: Z. ärztl. Fortbild. **12** (1915) 513–515 (m. Bildn.) [3]. – B. Laquer: Therap. der Gegenw. **56** (1915) 398–400 [3]. – Erich Leschke: Internat. Cbl. ges. Tuberkulose-Forsch.: **9** (1915) 401–406 [3]. – Alfred Lichtwitz: Dtsch. Mschr. Zahnheilkunde **33** (1915) 433–436 [101]. – K. Löffl: März **9**, 3 (1915) 224–225 [3]. – Hans Much: Hamburgische med. Überseehefte **1** (1914/1916) 569–571 [11]. – A. Neisser: Jber. Schles. Ges. vaterländ. Kultur **93** (1915) 13–16 [Ha 2; 3]. – Albert Neisser: Arch. Dermatol. **121** (1916) 557–578 (m. Titelbildn. u. Faks., Biogr., Teil-Schr.Verz.) [3]. – Felix Pinkus: Med. Klin. **11** (1915) 1116–1117, 1143–1145 [3]. – Ratner: Fortschr. Med. **32** (1914/1915) 1131–1132 [3]. – H. Sachs: Münchener med. Wschr. **62** (1915) 1357–1361 [3]. – H. Sachs: Ber. Senckenberg. naturforsch. Ges. **46** (1916) 139–152 (m. Bildn., Faks. u. 1 Abb.) [Ha 2; 14]. – H. Sachs: Z. Immun.-Forsch. ⟨u. exp. Therap.⟩ **26** (1917) 7–10 (m. 1 Bild.) [101]. – Carl Ludwig Schleich: Erinnerungen an Strindberg. Nebst Nachrufen für Ehrlich u. von Bergmann (München 1917) V, 95 S. [12; Brit. Mus.]. – Carl Ludwig Schleich: Neue Rdsch. **26** (1915) 1409–1419 [3]. – A. von Szily: Klin. Mbl. Augenheilkunde **55** (1915) 158–161 (m. Bildn.) [3]. – A. von Wassermann: Dtsch. med. Wschr. **41** (1915) 1103–1106; 1135–1136 (m. Bildn. u. Faks.) [3]. – H. Wichelhaus: Ber. Dtsch. chem. Ges. **48** (1915) 1565–1566 [3]. – Klin. therap. Wschr. **22** (1916) Sp. 371–374 [3]. – Li.: Med. Reform **22** (1915) 150 [101]. – Naturwiss. **3** (1915) 461 [3]. – Pharmaz. Ztg. **60** (1915) 549–550 [101]. – Martha Schiff: Dtsch. Rev. **41**, 2 (1916) 340–346 [3]. – A. von Weinberg: Ber. Dtsch. chem. Ges. **49** (1916) 1223–1248 (m. Bildn. u. Faks.) [3]. – R. M.: Proc. Roy. Soc. London B **92** (1921) I–VII [Ha 2; 11].

Biogr. Paul Ehrlich. In: Medicinisches Deutschland hrsg. von K. Barton **1** (Berlin-Charlottenburg 1901) o. S. (m. Bildn. u. Faks.) [1]. – L. Michaelis: Chemiker-Ztg. **32** (1908) 1199 [3]. – A. Wassermann: Münchener med. Wschr. **56** (1909) 245–247 (m. Bildn. u. Faks.) [3]. – Scherbel: Ein Wohltäter der Menschheit: Illustr. Universum-Jahrb. **1910**, 503–505 (m. Bildn.) [14]. – Roux u. Metschnikoff: Berliner klin. Wschr. **51** (1914) 529–531 [3]. – Alfonso Pruneda: Mem. Rev. Soc. cient. „Antonio Alzate" **35** (1920) 104–111 (m. 1 Bildn.) [Ha 2]. – Adolf Lazarus: Paul Ehrlich (Wien–Berlin–Leipzig–München 1922) 88 S., Titelbildn. u. Faks. (Meister der Heilkunde, 11) [14]. – Martha Marquardt: Paul Ehrlich als Mensch u. Arbeiter. Erinnerungen aus 13 Jahren seines Lebens (1902–1915). Mit einer Einführung von Richard Koch (Stuttgart 1924) 112 S., 4 Bildn., 2 Faks. [14]. – A. Ascoli: Der leitende Gedanke in den Werken oder der Grundgedanke im Lebenswerke Paul Ehrlichs: Seuchenbekämpfung **2** (1925) 327–

339 [3; 25]. – H. Sachs: Deutsches Biogr. Jahrb. Überleitungsband 1914–1916 (Berlin-Leipzig 1925) 126–130 u. Totenliste 1915, 325–326 [3]. – Otto Fried: Zwei Bamberger u. ein Frankfurter [Paul Ehrlich, Aug. von Wassermann, Julius Morgenroth]: Central-Verein-Ztg. **4** (1925) 490 [101]. – Hans Sachs: In: Schles. Lebensbilder **2** (1926) 355–362 (m. Bildn.) [3; 14]. – Helmut Wolter: Z. med. Chem. **5** (1927) 63–64 [101]. – M. A. Bloch: Biogr. spraw. **1** (Leningrad 1929) 173–175 (m. Bildn.) [15]. – Schwarze: Therapeut. Ber. **6** (1929) 148–149 [3]. – I. Fischer: Biogr. Lexikon der hervorragenden Ärzte der letzten 50 Jahre **1** (1932) 352–354 (m. Bildn. auf Taf. 10 neben 368) [3]. – Henry E. Sigerist: Große Ärzte. Eine Geschichte der Heilkunde in Lebensbildern (München 1932) 310 S. m. 68 Bild., besonders 285ff. (m. Bildn. m. Faks.); 3. Aufl. (München 1954) 440 S. m. 74 Bild. u. Lit.Verz. 421–428, besonders 352–357 (m. Bildn. u. Faks.) [14]. – H. Goodman: Amer. med. Assoc. News **42** (1936) 73–78 (m. Bildn.) [Index Cat. Surgeons Off. (4) [2]. – Gerhard Wolf-Heidegger: Die berühmten Ärzte (Genf 1947) 214–215 (m. Bildn.) [89]. – Gerhard Venzmer: Paul Ehrlich. Leben u. Wirken (Stuttgart 1948) 94 S., 12 Bildn., 3 Abb., 2 Faks. (Quellen des Wissens, 2) [101]. – Martha Marquardt: Paul Ehrlich (London 1949) 225 S. [Brit. Mus.]. – Barbara C. Wollny: Unsere Hilfe **4** (1949) Nr. 10, S. 10 (m. Bildn.) [101]. – Hugo Glaser: Pioniere der Heilkunst (Wien 1950) 179–190 (m. Bildn. vor 177) [101]. – Hans Loewe: Paul Ehrlich, Schöpfer der Chemotherapie (Stuttgart 1950) 255 S., 7 Bildn., 8 Abb., 2 Faks. (Große Naturforscher, 8) [14]. – R. Otto: Paul Ehrlich, sein Lebenslauf, seine Arbeitsstätten u. sein wiss. Werk: Arb. Paul-Ehrlich-Inst. Frankfurt/M. (1950) 1–14 (m. Bildn. u. Faks. [3]. – Martha Marquardt: Paul Ehrlich. Mit einer Einleitung von Sir Henry H. Dale (Berlin-Göttingen-Heidelberg 1951) XXII, 229 S., Titelbildn. m. Faks., Bildn. 8, 18, 21, 39, 51, 94, 118, 120, 143, 163, 217, Gruppenbildn. 64, 109, 147; Plakette 93; 3 faks. Handschr. [14]; auch englisch: (New York 1951) XII, 255 S. [14]. – Alfred Beyer: Paul Ehrlich [u.] Emil von Behring (Berlin 1954) 80 S., 4 Bildn., 2 Abb., 2 Faks. [3; Ha 2; 14]. – Walter Greiling: Im Banne der Medizin. P. Ehrlich. Leben u. Werk (Düsseldorf 1954) 242 S., mehr. Bl. Abb. (Bildn. nach 16 u. 80; 3 Gruppenbildn. nach 32 u. vor 81, Ehrlich-Münze vor 193; Totenmaske nach 208, Gedenktafel vor 209) [14]. – Ernst Jokl: Paul Ehrlich – man and scientist (Lexington 1954) 12 Bl. (Univ. of Kentucky Libraries, Occasional Contributions, 68) [Brit. Mus.]. – Blossom Appel: Paul Ehrlich: Bull. Tufts New Engl. med. Center **1** (1955) 106–109 [Brit. med. Assoc. Libr. (London)]. – Richard Koch: In: Günther Bugge, Das Buch der großen Chemiker **2** (Weinheim 1955) 421–442, Lit.Verz. 515 (m. 1 Bildn. u. Faks.) [3]. – Karl Leutner: Paul Ehrlich in: Leutner, Deutsche, auf die wir stolz sind, 1. Aufl. (Berlin 1955) 320–323 (m. Bildn.); 2. Aufl. 1960, 340–343 (m. Bildn.) [14]. – Jacob Seide: Acta med. orient. Israel med. J. (Tel-Aviv) **14** (1955) 5–12 [1]. – A. Engelhardt: Therap. des Monats **5/6** (1956) 161–162 (m. Bildn.) [Aus: Ärztl. Praxis] [101]. – J. Hett: Mikrokosmos **46** (1956/1957) 111–112 [101]. – Tonja Koeppel: Chem. Rdsch. (Solothurn) **10** (1957) 72–73 [LB Bern]. – George Rosen u. Beate Caspari-Rosen: Ich der Doktor. 400 Jahre aus dem Leben des Arztes (München [1957]) 137–141 [101]. – Otto Heinrich Warburg: In: Die Großen Deutschen. Deutsche Biogr. **4** (Berlin [1957]) 186–192 (m. 2 Bildn.) [3]. – Paul Karrer: J. chem. Educat. **35** (1958) 392–396 (m. Bildn. u. Faks.) [Le 1]. – Werner Leibbrand: NDB **4** (1959) 364–365 [3]. – W. Baranowsky: Neue Familie **12** (1960) Nr. 1, S. 7–8 [292]. – A. Fisk: St. Mary's Hosp. Gaz. **67** (1961) 183–188 (m. Bildn.) [Wellcome Histor. Med. Libr.]. – David L. Cowen: Amer. J. pharmaceut. Educat. **26** (1962) H. 1, S. 4–11 [188]. – Heinrich Satter: Paul Ehrlich, Begründer der Chemotherapie. Leben, Werk, Vermächtnis, 2. Aufl. (München 1963) 91 S., Titelbildn., 17 Bildn., 2 Abb. [101]. – Alexander Berg: In: Geschichte der Mikroskopie **2** (Frankfurt/M. 1964) 79–89 (m. Bildn. u. Auswahl Schr.Verz.). [101] – Wolf Diether Wiezorek: In: Lebensbilder deutscher Ärzte. Hrsg. von Erich Koch, Heinz Schüler, Irina Winter, 2. Aufl. (Leipzig 1964) 143–148 (m. Bildn. auf Bl. 4) [14]. – János Kenéz: Orvosi Hetilap **106** (1965) 2287–2290 (m. 1 Bildn., 3 Abb.) [15; 27]. – J. J. Kleeberg: Koroth **3** (1966) 596–607 (hebr.) (m. Bildn. u. Faks.) CXX–CXXVI (engl. Zusammenfassung). – S. Muntner: Mada (Jerusalem) **10** (1966) 248–254 (hebr.). – Manfred Schulze: Wiss. Z. Humboldt-Univ., Math.-nat. R. **15** (1966) 672–673 [Ha 2; 3]. – Gerhard Venzmer: Paul Ehrlich [Ausz.]. Ausgew. u. erl. von Takeo Matsuyama (Tokio 1966) 71 S., Titelbildn.

Zum 100. Geburtstag S. Adler: Acta med. orient., Israel med. J. (Tel-Aviv) **14** (1955) 2–4 [1]. – Karl A. Baer: Bull. Med. Libr. Assoc. **42** (1954) 357–358 [1a]. – Hugo Bauer: Paul Ehrlichs Einfluß auf die Chem. u. Biochem.: Ann. New York Acad. Sci. **59** (1954) 150–167 [1]. – Anneliese Becker: Röntgen- u. Labor.-Praxis **7** (1954) 124–125, 155–156 [101]. – Jacob Berents: Dtsch. Arzt. **4** (1954) 113–114 [101]. – A. Beyer: Dtsch. Gesundheitswes. **9** (1954) 293–296 (m. 2 Bildn.) [3]. – Alfred Beyer: Z. ärztl. Fortbild. **48** (1954) 201–207 [3]. – Georg Blumenthal: Berliner Gesundheitsbl. **5** (1954) 121 [101]. – C. H. Browning: Brit. med. J. **1954**, 664–665 [15]. – C. H. Browning: Nature [London] **175** (1955) 570–575, 616–619

[3]. – R. Bruynoghe: Rev. méd. Louvain **1954**, No. 11, 191–192 [1]. – R. W. Clauberg: Dtsch. med. J. **5** (1954) 138–146 [11]. – E. Cuboni: Giorn. Ital. Chemioterap. (Milano) **1** (1954) 295–305 [38 M]. – Henry Dale: Brit. med. J. **1954**, 659–663 (m. Bildn.) [15]. – Wilhelm Doerr: Dtsch. med. J. **5** (1954) 146–151 [1; Le 1; 101]. – A[lexander] Frhr. von Engelhardt: 100jahrfeier der Geburtstage von P. Ehrlich u. Emil von Behring in Frankfurt-Main, Marburg-Lahn u. Hoechst (Marburg/L. 1954) 127 S. (Behringwerk-Mitt., 29), nach S. 16 Plakette Ehrlich-Behring, S. 108–112 Lit.Verz. 87 Nr., S. 125 Lit.Verz. 13 Nr. [14]. – Fromm: Pharmaz. Ztg. **90** (1954) 161–163 (m. 2 Bildn.) [3]. – Iago Galdston: Sci. Monthly **79** (New York 1954) 395–399 (m. 2 Abb.) [7]. – L. W. Harrison: Brit. J. vener. Dis. **30** (1954) 2–6 [1]. – Theodor Heuß: Behringwerk-Mitt. **29** (1954) 25–28 [3]. – Marlene Jantsch: Wiener klin. Wschr. **66** (1954) 181–182 (m. 2 Bildn.) [101]. – P. Karrer: Schweiz. Z. Pathol. u. Bakteriol. **17** (1954) 379–391 (m. Bildn. u. 2 Abb.) [J 116]. – P[aul] Karrer: Verh. Schweiz. naturforsch. Ges. **134** (1954) 76–87 (3 Bildn.) [Ha 2]. – F. Klose: Dtsch. med. Wschr. **79** (1954)425–427 (m. Bildn.) [3]. – Heinz L. Krekeler: Ann. New York Acad. Sci. **59** (1954) 145–147 [1]. – Werner Leibbrand: Münchener med. Wschr. **96** (1954) 298–299 (m. 2 Bildn.) [3]. – Hans Loewe: Arzneimittel-Forsch. **4** (1954) 107–114 (Faks. Brief von E. an Laubenheimer, Faks. von Behring u. 1 Abb.) [101]. – Hans Loewe: Chemiker-Ztg. **78** (1954) 171–174 (m. Bildn. u. Faks.), 213–216 [3]. – Martha Marquardt: Brit. med. J. **1954**, 665–667 [15]. – J. R. Marrack: Int. Arch. Allergy **5** (1954) 192–197 [3]. – F. Marti-Ibañez: Antibiot. and Chemother. **4** (1954) 242–252 (m. Bildn.); Spanish Translation 355–366 [11]. – Félix Marti-Ibañez: Farmacia Nueva **19** (1954) 341–346 [1]. – H. Pinkus: Amer.J. clin. Pathol. **25** (1954) 751–754 [1]. – Hermann Pinkus: Arch. Dermatol. Syphilology (Chicago) **72** (1955) 113–119 [3; Gr 4; Ha 65]. – W. Frh. von Pölnitz: Umschau **54** (1954) 161–162 [Ha 2]. – C. G. Pope: Int. Arch. Allergy **5** (1954) 115–140 (m. 1 Abb.) [3]. – P. Rondoni: Boll. Ist. sieroterap. Milanese **33** (1954) 225–235 (m. Bildn.) [Ha 2]. – George Rosenow: Int. Arch. Allergy **5** (1954) 197–206 [3]. – P. Schlemper: Chem. Weekbl. **50** (1954) 193–196 [Le 1]. – Wolfgang Schneider: Mitt. Dtsch. pharmaz. Ges. **24** (1954) 41–43 [3]. – Gerhard Schröder: Behringwerk-Mitt. **29** (1954) 14–19 [3]. – Gerhard Schröder: Bull. Presse- u. Informationsamt **1954**, Nr. 50, 401–403 [101]. – G. K. Steigleder: Hautarzt **5** (1954) 426–428 (m. 1 Abb.) [3]. – A. Stühmer: Hautarzt **5** (1954) 127–134 (m. 4 Bildn.) [3]. – A. Stühmer: Int. Arch. Allergy **5** (1954) 87–97 (m. 1 Abb. [Totenmaske]) [3]. – Paul Uhlenhuth: Arzneimittel-Forsch. **4** (1954) 635–637 [Ha 24]. – J. Vonkennel: Die Medizinische **1954**, 348–352 (Abb. der Totenmaske) [3; 101]. – Selman A. Waksman: Int. Rec. Med. Gen. Practice Clin. **167** (1954) 136–142 (m. Bildn.) [1]. – T. S. Work: Int. Arch. Allergy **5** (1954) 98–114 [3]. – O. Zekert: Österr. Apotheker-Ztg. **8** (1954) 240–242 [101]. – Zum 100. Geburtstage Paul Ehrlichs u. zum Wiederaufbau des Paul-Ehrlich-Instituts (Stuttgart 1954) 223 S., 35 Abb., Titelbildn. m. Faks. (Arbeiten aus dem Paul-Ehrlich-Inst., dem Georg-Speyer-Haus u. dem Ferdinand-Blum-Inst. Frankfurt/M., 51) [3; 14]. – Jahrhundertfeier der Geburtstage von Paul Ehrlich u. Emil von Behring. Zusammengestellt u. hrsg. von Farbwerke Hoechst A.G., Frankfurt-Hoechst [Marburg 1954] 40 S. [101]. – Ann. New York Acad. sci. **59** (1954) 141–276 [1]. – New York Academy of Medicine: Bull. N.Y. Acad. Med. **30** (1954) 953–987 [1]. – Ärztl. Mitt. **39** (1954) 132–134 (m. 2 Bildn. u. 2 Faks.) [101]. – Ars Medici (Gand) **9** (1954) 58–60 (m. Bildn.) [Le 1]. – Brit. med. J. **1954**, I, 691–692, 754–757 [3; 15]. – Bull. Indische Botschaft Bonn **5** (1955) Nr. 10, S. 27 (m. 1 Abb.) [101]. – Dtsch. Apotheker-Ztg. **94** (1954) 73, 189 (m. Bildn.), 238 [Ha 24]. – Dtsch. Arzt **4** (1954) 92–93 [101]. – Dtsch. med. J. **5** (1954) H. 7 (m. Bildn.) [1]. – Dtsch. med. Wschr. **79** (1954) 425 [B 739; 3]. – Dtsch. tierärztl. Wschr. **61** (1954) 115 (m. 2 Bildn.) [101]. – Die Ehrlich-Behring-Feiern in Frankfurt–Marburg–Hoechst: Med. Monatsspiegel **3** (1954) H. 4, S. 4–6 [101]. – Münchener med. Wschr. **96** (1954) 298 (m. Bildn.) [B 739; 3]. – Orion **9** (1954) H. 5–6, 240–242 (m. 2 Bildn., 1 Abb.) [101]. – Therapiewoche **4** (1953/1954) 293–295 [101]. – Triangel **1** (1954) 133 [101]. – Z. Immun.-Forsch. ⟨u. exp. Therap.⟩ **111** (1954) vor S. 1 (m. 2 Bildn.) [101].

Zum 50. Todestag Gerhard E. Habermann: Ruperto-Carola Jg. 17, Bd 38 (1965) 258–259 [101].

Ehrlich u. seine Zeitgenossen (Lehrer u. Schüler) Carl Gerhardt: Erinnerungsbl. für die Seinen [Berlin 1903] 76, 102 [Ehrlich war in Berlin Gerhardts Assistent] [3]. – Carl. Jul. Salomonsen: Lebenserinnerungen aus dem Breslauer Sommersemester 1877: Berliner klin. Wschr. **51** (1914) 485–490 [3]. – W. von Waldeyer-Hartz: Lebenserinnerungen (Bonn 1920) 157–158, 269, 280, 286 [Ehrlich war Waldeyers Schüler in Straßburg] [3]. – Abr. L. Wolbarst: Some personal reminiscences of Paul Ehrlich: Med. Life **30** (1923) 633–642 (m. 1 Bildn., 1 Note from Ehrlich to Wassermann, 1 Brief von Ehrlich an Wolbarst) [L 5]. – Adolf Strümpell: Aus dem Leben eines deutschen Klinikers (Leipzig 1925) 121–122, 235 [3]. – Emil Lenk: Als

Assistent bei Ehrlich: Therapeut. Ber. **5** (1928) 453–457 (m. 1 Bildn., 1 Abb.) [101]. – Martha Marquardt: Persönl. Erinnerungen an Paul Ehrlich: Med. Welt **3** (1929) 437–438 (m. Bildn.) [3]. – Arnold Sachse: Friedrich Althoff u. sein Werk (Berlin 1928) 167, 235, 259, 263, 264, 265 [3]. – Ernst H. Riesenfeld: Svante Arrhenius (Leipzig 1931) 50–54 (m. Gruppenbild nach S. 48) [3; 14]. – H. Zeiss u. R. Bieling: Behring. Gestalt u. Werk (Berlin-Grunewald 1940) siehe S. 622 Reg. [3]. – Albrecht Bethe: Erinnerungen an Paul Ehrlich: Dtsch. med. Wschr. **72** (1947) 132 [3]. – Friedrich von Müller: Lebenserinnerungen (München [1953]) 58, 60, 67–68, 70, 73, 117, 137 [Ha 2]. – Hans Hübener: Persönl. Erinnerungen an den Begründer der Chemotherapie: Z. ärztl. Fortbild. **50** (1956) 349–353 [27; 101].

Ehrungen für Ehrlich Paul Ehrlich and the Salvarsan-Silver jubilee: Indian med. Gaz. (Calcutta) **70** (1935) 688–690 [Index Cat. Surgeons Off. (4) 2]. – F. Carillo: Homenaje a Ehrlich: Semana méd. **42** (1935) 1861–1863 (m. Bildn.) [Index Cat. Surgeons Off. (4) 2]. – The Nobel prize-Winners and the Nobel foundation 1901–1937. Ed. by Thomas Watson Mac Callum and Stephan Taylor with an introduction by Gilbert Taylor (Zürich 1938) 189–190 (m. Bildn. 487) [21]. – Jüdische Nobelpreisträger: Central-Ver.-Ztg. Bl. Deutschtum u. Judentum **12** (1933) Nr. 19 vom 11. 5., S. 167 [11]. – Wilhelm Kahlenberg: Die Nobelpreisträger der Physiol. u. Med. 1901 bis 1947: Grenzgeb. Med. **1** (1948) 117–120 (m. 21 Bildn.), besonders 117 (m. 1 Bildn.) [3]. – Joseph Schumacher: Die Nobelpreisträger für Physiol. u. Med. von 1901–1950: Münchener med. Wschr. **93** (1951), besonders Sp. 1149 (m. Bildn. Sp. 1151), Sp. 1223–1227, 1272–1275 [101]. – Gerhard Venzmer: In: Via triumphalis. Nobelpreisträger im Kampf gegen den Tod (Hrsg. von Rudolf Erckmann) (München–Wien [1954]) 42–58 (m. 2 Bildn.) [101]. – H. Petschke: „Ehrlichin" - ein neues Antibiotikum: Kosmos **49** (1953) 382 [3]. – Ehrlich-Behring Gedenkmarke: Dtsch. Apotheker-Ztg. **94** (1954) 185 [Ha 24].

Ehrlichs wiss., insbesondere chemotherap. Wirken Alberto Ascoli: Der leitende Gedanke in den Werken oder der Grundgedanke im Lebenswerke Paul Ehrlichs: Seuchenbekämpfung [Wien] **2** (1925) 327–339 [3]. – Paul de Kruif: In: Mikrobenjäger (Zürich–Leipzig [1927]) 324–350 (m. 3 Bildn., 2 Abb.) [3]. – Bruno Heymann: Zur Geschichte der Seitenkettentheorie Paul Ehrlichs: Klin. Wschr. **7** (1928) 1257–1260, 1305–1309 (4 Faks.) [3]. – Gerhard Venzmer: Eine sterbende Krankheit. Vom Aufstieg u. Niedergang der Syphilis (Luzern–Leipzig–Stuttgart 1929) 60–68, dann passim (m. Titelbildn. u. Faks.) [101]. – Gerhard Venzmer: Eine Erinnerung an die Naturforscherversammlung in Königsberg vor 20 Jahren [P. E. berichtet über sein Salvarsan]: Med. Welt **4** (1930) 1308–1309 [15]. - Erinnerung an die Königsberger Tagung deutscher Naturforscher u. Ärzte vor 20 Jahren: Immunität, Allergie u. Infektionskrankheiten **2** (1929/1930) 365–366 [101]. – Wilhelm Wechselmann: Persönl. Erinnerungen an die Einführung des Salvarsans: Dtsch. med. Wschr. **56** (1930) 1536–1537 [3]. – Paul Ehrlich and 606: Med. Record **144** (1936) 155 [F 1]. – Alfred Mosig: Die Begründung der Chemotherapie durch Paul Ehrlich: Apotheker-Ztg. **3** (1951) 40–42 [6; 101]. – Alfred Mosig: Pharmaz. Zentralhalle **20** (1951) 82–83, 117–121 [3]. – W. Schoenfeld: Ehrlich-Hata „606" in Tagespresse u. Zeitsatire, ein kultur- u. medizingeschichtl. Rückblick auf 1910: Hautarzt **2** (1951) 23–25 (m. 3 Abb.) [3]. – L. W. Harrison: Paul Ehrlich and the development of „606": St. Thomas Hosp. Gaz. **52** (1954) 36–42 (m. Bildn.) [London Wellcome Libr.]. – F. Bergmann: The specific staining of microscopic structures as the basis for chemotherapeutic research: Acta med. orient. Israel med. J. (Tel Aviv) **14** (1955) 13–16 [1]. – A. L. Olitzki: Paul Ehrlich, the initiator of standardization of therapeutic substances, and a note on recent progress in standardization of biological products: Acta med. orient. Israel med. J. (Tel-Aviv) **14** (1955) 17–20 [1]. – E. Schmitz: Paul Ehrlich u. die Entstehung der chemotherap. Wiss.: Chem. Techn. **7** (1955) 168–173 (m. Bildn.) [3]. – G. Eißner u. G. Heymann: 50 Jahre chemotherapeut. Forschungs-Institut „Georg Speyer-Haus": Arzneimittel-Forsch. **6** (1956) 501–503 (m. 4 Bildn., 2 Abb., 1 Faks.) [Ha 24; 101]. – Miguel d'Agostino: Ehrlich y el descubrimiento del salvarsán: Dia médico (Buenos Aires) **29** (1957) 2516–2519 [Le 1; 204]. – Alan Fisk: L'origine, le développement et le retentissement actuel de l'œuvre de Paul Ehrlich: Ann. Soc. R. sci. méd. nat. (Bruxelles) **11** (1958) 305–318 [7]. – K. Hermann: Die Zauberkugeln des Professors Ehrlich: Die Agnes Karl-Schwester [Hannover] **15** (1961) 111–112 [101]. – „Horror autotoxicus" and other concepts of Paul Ehrlich: J. Amer. med. Assoc. **176** (1961) 50–51 [1a]. – Janina Hurwitz: Paul Ehrlich als Krebsforscher (Zürich 1962) 32 S. (Zürich, med. Diss.) [101]. – H. S. Baar: From Ehrlich-Pirquet to Medawar and Burnett: J. Maine med. Assoc. **54** (1963) 209–214 [Brit. med. Assoc. Libr. London]. – János Kenéz: A modern Kemoterápia megalapozója: Orvosi Hetilap **105** (1964) 751–753 [27]. – Oswin Günther: Die Ehrlichsche Seitenkettentheorie einst u. jetzt: Arzneimittel-Forsch. **15** (1965) 1255–1256 [101]. – L. Pelz: Die diagnostische Leberpunktion im Schaffen Paul Ehrlichs: Med. Mschr. **19** (1965) 357–359 (m. 1 Abb. u. Lit.-

Verz.) [3; 101]. — Vorarbeiten zum Salvarsan: Dokum. aus Hoechster Archiven Nr. 14 (1966) 109 S.

Weitere Lit. Kannegiesser: Prof. Ehrlich u. seine Gegner: Natur u. Gesellschaft 3 (1915/1916) 172–174 [101]. — Leonor Michaelis: Zur Erinnerung an Paul Ehrlich: Seine wiedergefundene Doktor-Diss.: Naturwiss. 7 (1919) 165–168 [3]. — Eugen Holländer: Anekdoten aus der med. Weltgeschichte (Stuttgart 1925) 197–198 (m. Bildn.) [14; 101]. — Max Grünewald: 15 Jahre seit Ehrlichs Tod: Dentist. Reform 34 (1930) 417 [101]. — C. Lillingston: Pioneers of Medicine: Hygeia (Chile) 9 (1931) 753–756 [Index Cat. Surgeons Off. (4) 2]. — G[ottlieb] Olpp: Hervorragende Tropenärzte in Wort u. Bild (München 1932) siehe Reg. (m. Schr.Verz. u. Bildn. Taf. XX) [101]. — J. Indian med. Assoc. (Calcutta) 5 (1935/1936) 60 [Index. Cat. Surgeons Off. (4) 2]. — J. Almkvist: Urologic and cutaneous Rev. (St. Louis) 42 (1938) 214–220 (m. Bildn.) [Index Cat. Surgeons Off. (4) 2]. — G. Schöne: Über Paul Ehrlichs Art, wiss. zu arbeiten: Ärztl. Wschr. 1 (1946) 108–110 [15]. — H. M. Smith: Torchbearers of Chemistry (New York 1949) 80 (m. Bildn.) [16]. — L. Eisemann: Deutsch-jüdische Ärzte halfen der Menschheit: Schweinfurter Tagbl. 1957, 28. 6. (m. Bildn.). — Karl König: Medizin vor 50 Jahren. Robert Koch u. Paul Ehrlich: Die Drei 30 (1960) 207–212 [24]. — R. Sachtleben, A. Hermann: Große Chemiker. Von der Alchemie zur Großsynthese (Stuttgart 1960) 148 (m. Bildn.) [101]. — Die Humboldt-Univ. gestern, heute, morgen. Zum 150jährigen Bestehen der Humboldt-Univ. zu Berlin u. zum 250jährigen Bestehen der Charité, Berlin (Berlin 1960) 64 [14]. — Ernst Bäumler: Ein Jahrhundert Chem. Mit 2 Beitr. von Gustav Ehrhart u. Volkmar Muthesius (Düsseldorf 1963) 35 [14]. — O. Günther: Einst u. jetzt: Arzneimittel-Forsch. 15 (1965) 1254–1256 [101]. — A. A. Efremenko: From the history of German-Russian scientific relations (Ehrlich and Russian doctors): J. Hyg. Epidem. (Praha) 9 (1965) 397–401 [3]. — Gerhard Wolf-Heidegger: In: Die berühmten Ärzte. Hrsg. von René Dumesnil u. Hans Schadewaldt, 2. Aufl. (Köln 1966) 251–252 (m. 1 Bildn. u. 1 Abb. [Faks. eines Protokolls]) [101].

Paul-Ehrlich-Stiftung u. Paul-Ehrlich-Preis W. Kolle: Das Staatsinst. für experimentelle Therapie u. das Chemotherap. Forschungsinst. Georg Speyer-Haus Frankfurt/M. Ihre Geschichte, Organisation u. ihre Arbeitsgebiete nebst vollständigem Verzeichn. der in den Jahren 1896–1924 veröffentl. Arbeiten (Jena 1924) 60 S., 15 Abb., 1 Bildn., 6 Taf. (Arbeiten aus dem Staatsinst. für experimentelle Therapie u. dem Georg-Speyer-Hause Frankfurt/M., 16) [3]. — L. Benda: Therapeut. Ber. 7 (1930) 131–132 (m. 1 Bildn., 2 Abb.) [3]. — L. Benda: Z. angew. Chem, 43 (1930) 108 [Ha 15; 101]. — L. Benda: Die ersten Preisträger der Paul-Ehrlich-Stiftung: Z. angew. Chem. 43 (1930) 335–336 [Ha 15]. — Oscar Gans: Zur Erinnerung u. zur Besinnung. Überreichung des Paul-Ehrlich-Preises [an E. B. Chain, Rom], Immatrikulationsrede (Frankfurt/M. 1954) 28 S. (Frankfurter Universitätsreden, H. 11) [3].

50 Jahre Paul-Ehrlich-Institut Zum 50jährigen Bestehen des P. Ehrlich-Instituts (Jena 1950) 188 S. m. 31 Abb. u. 2 Taf., 1 Anhang (Arbeiten aus P. Ehrlich-Inst., Georg-Speyer-Haus u. Ferd. Blum-Inst. Frankfurt/M., H. 48) Titelbildn. m. Faks., Totenmaske nach 14 ⟨Taf.⟩; Verz. der Veröff., Vorträge u. Referate des P. E.-Instituts 128–188 [14].

Bildn., Plakette B. Laquer: Paul Ehrlich zum Willkommen: Umschau 8 (1904) 375–376 (m. Abb. der Ehrlich-Plakette von Jos. Kowarzik) [3; 14]. — Paul Ehrlich mit seinem japanischen Assistenten: Illustr. Universum-Jahrb. 1910, 502–503 [14]. — K.: Salvarsanmilch: Umschau 15 (1911) 569, 580 [14]. — Hygiene, Offiz. Mschr. der Internat. Hygiene-Ausstellung, Dresden 1911, Nr. 1, S. 8 (Bildn.) [14]. — Kürschners Dtsch. Literatur-Kalender 35 (1913) nach S. 359 (Bildn. m. Faks.) [14]. — Z. angew. Chem. 28 (1915) 492–493 [Le 1]. — Else Frobenius: Die Bildhauerin Bianca Ehrlich: Welt der Frau (Beilage zur Gartenlaube) 1917, 244, 246 (Büste v. P. Ehrlich) [3; 14; 101]. — Paul-Ehrlich-Plakette; gestiftet 1926: In: L. Darmstaedter zum 80. Geburtstage [Priv.dr.] (Berlin 1926) 19 S. — Abb. seines Reliefs in: Kunst in Leverkusen (Leverkusen 1933) 17 (Plakette von Gustav Wiedemann; Kopf-Profil nach rechts) [101]. — Buch der Natur, hrsg. von Woldemar Klein (Berlin 1935) 352 m. Taf. 61 nach 352 [14]. — The Nobel Prize-winners and the Nobel foundation 1901–1937 (Zürich 1938) 189 (m. Bildn. S. 487) [1]. — Fr. Lejeune: Deutsche Nobelpreisträger: Med. Welt 20 (1951) 433 m. Bildn. S. 431 [101]. — Lloyd G. Stevenson: Nobel prize winners in med. and physiol. 1901–1950 (New York 1953) 51–56 (m. Bildn.) [1]. — Paul Ehrlich: A hitherto unpublished photograph: St. Thomas Hosp. Gaz. 52 (1954) Titelbl. (gegenüber S. 35) [1a]. — Friedrich Klemm: Die Bibl. des Deutschen Museums (München 1960) nach S. 34 Totenmaske [14].

Briefmarke 13. März 1954, Sondermarke der Deutschen Bundesrepublik zum 100. Geburtstag der Ärzte Paul Ehrlich u. Emil von Behring, 10 Pf, Abb. in: Lipsia, Briefmarken-Katalog 1959, Europa Bd 2 (seit 1945) (Leipzig 1959) 69, Nr. 146 [14].

I **EISENSTEIN,** Ferdinand Gotthold Max. Math. — 1845 Dr. phil. h. c. Univ.

Breslau; 1847 PDoz. Univ. Berlin; 1851 korr. Mitgl. Ges. Wiss. Göttingen; 1852 o. Mitgl. Akad. Wiss. Berlin.
*1823, Apr. 16, Berlin;
†1852, Okt. 11, Berlin.

Autobiogr. F. G. Eisenstein: Autobiogr. Mit ergänzenden biogr. Notizen hrsg. von F. Rudio: Z. Math. u. Physik **40** (1895), Suppl. 12, S. 143–168 [3; 14].

Bibliogr. Cat. scient. Papers **2** (1868) 473–474 (40 Nr.) [3]. – Brit. Mus. Gen. Cat. **60** (1960) Sp. 396 (2 Nr.) [3]. – Kurt-R. Biermann: Ferdinand Gotthold Max Eisenstein. Bibliografija ego sočinenii [Bibliogr. seiner Schriften]: Istoriko-mathematičeskie Issledovanija [Histor.-math. Untersuchungen] **12** (1959) 493–502 [3].

Briefe Auszug eines Schreibens des Herrn Dr. Eisenstein in Berlin [1. Nov. 1851] an Prof. Richelot in Königsberg u. eines Antwort-Schreibens [vom 21. Nov. 1851]: J. reine u. angew. Math. **44** (1852) 261–272 [3]. – Briefwechsel zwischen C. F. Gauss u. H. C. Schumacher **4** (Altona 1862) 265–266; **6** (Altona 1865) 70–73, 76, 83, 104 [3]. – Briefe zwischen A. von Humboldt u. Gauss, hrsg. von K. Bruhns (Leipzig 1877) IV, 79 S., besonders 51, 52, 56, 60, 63, 64 [3]. – Briefwechsel zwischen G. Lejeune Dirichlet u. Leopold Kronecker: Nachr. Ges. Wiss. Göttingen **1885**, 361–382 [3]. – Briefe von G. Eisenstein an M. A. Stern. Hrsg. von A. Hurwitz u. F. Rudio: Z. Math. u. Physik **40** (1895), Suppl. 169–203 [9 Briefe 1844–1850] [3; 11]. – Correspondance d'Alexandre de Humboldt avec François Arago (Paris 1907) 328 (Bibliothèque d'hist. scient., 1) [3]. – Briefe Alexander von Humboldts an Ignaz von Olfers. Hrsg. von E. W. M. von Olfers (Nürnberg–Leipzig 1913), besonders 105–106, 164 [3]. – Briefwechsel zwischen Carl Friedrich Gauß u. Christian Ludwig Gerling. Hrsg. von Clemens Schaefer (Berlin 1927) 703 [3].

Biogr. Karl Bruhns: Alexander von Humboldt. Eine wiss. Biogr. **2** (Leipzig 1872) 325, 342–353 [3]. – Moritz Cantor: ADB **5** (1877) 774–775 [3]. – J. Loewenberg: Alexander von Humboldt u. Gotthold Eisenstein: Allg. Ztg. Judentum **55** (1891) 246–248 [11]. – W. Ahrens: Gotthold Eisenstein: Dtsch. Allg. Ztg. **1923**, 17. Apr.; Hamburger Fremdenblatt 27. Apr. 1923. – Kurt-R. Biermann: Zur Geschichte der Ehrenpromotion Gotthold Eisensteins: Forsch. u. Fortschr. **32** (1958) 332–335 (Faks. Anfang einer Abh. Eisensteins) [3]. – Kurt-R. Biermann: Alexander von Humboldt als Protektor Gotthold Eisensteins u. dessen Wahl in die Berliner Akad. Wiss.: Forsch. u. Fortschr. **32** (1958) 78–81 [Ha 2; 3]. – Kurt-R. Biermann: NDB **4** (1959) 420–421 [3]. – Abraham A. Fraenkel: Jewish mathematics and astronomy: Scripta math. **25** (1960) 33–47 [3]. Kurt-R. Biermann: Einige neue Ergebn. der Eisenstein-Forschung: Z. Gesch. Naturwiss. Techn. u. Med. **1** (1961) H. 2, S. 1–12 [3]. – Kurt-R. Biermann: Gotthold Eisenstein. Die wichtigsten Daten seines Lebens u. Wirkens: J. reine u. angew. Math. **214/215** (1964) 19–30 (m. Schr.- u. Lit.Verz.). [3]

Weitere Lit. Adalbert Roerdansz: Ein Freiheits-Martyrium. Gefangene Berliner auf dem Transport nach Spandau am Morgen des 19. März 1848 (Berlin 1848) 130–135. – C. Bruhns: Johann Franz Encke. Sein Leben u. Wirken (Leipzig 1869) 290, 291, 293 [3]. – W. F. A. Zimmermann: Das Humboldt-Buch, 3. Aufl. (Berlin 1859) 2. Abt., 39–40, 87–88; 3. Abt., 61–64 [Ha 33]. – Ernst Schering: Bemerkungen über Gauß' Brief vom 30. Apr. 1807 an Sophie Germain: Nachr. Ges. Wiss. Göttingen **1879**, 381–384, besonders 384 [3]. – L. von Trost: Briefe Alexander von Humboldts an König Maximilian II.: Neue Freie Presse (Wien) **1894**, Morgenbl. vom 12. Sept. (Nr. 10795) S. 2 [300]. – Adolf von Harnack: Geschichte Preuß. Akad. Wiss. **1**, 2 (Berlin 1900) 839, 914, 953–954, 966–967 [3]. – P. J. Möbius: Über die Anlage zur Math. (Leipzig 1900) 53 [15]. – Leo Koenigsberger: C. G. J. Jacobi. Festschr. zur Feier der 100. Wiederkehr seines Geburtstages (Leipzig 1904) 308, 322, 334, 342, 356, 364, 366, 398, 460, 486–489 [3]. – Festschr. zur Feier des 100jährigen Bestehens der Univ. Breslau. Hrsg. von Georg Kaufmann **2** (Breslau 1911) 436 [3]. – Max Lenz: Geschichte der Friedrich-Wilhelms-Univ. Berlin **2**, 2 (Halle 1918) 156, 221, 308 [3]. – Leo Koenigsberger: Mein Leben (Heidelberg 1919) 35, 51–52 [3]. – Julius Schuster: A. von Humboldt u. Ferdinand Gotthold Eisenstein: Janus **26** (1922) 99 [11; 15]. – Carl Friedrich Gauß: Werke **12** (Göttingen 1929) 316, 319 (2 Briefe von G. an A. von Humboldt, 9. Juli 1845, 28. Febr. 1851) [3]. – Leopold Kronecker: Werke **5** (Leipzig–Berlin 1930) 499 (Auszug aus einem Briefe von L. Kronecker an G. Cantor vom 18. Sept. 1891) [3]. – E[ric] T[emple] Bell: Men of mathematics (London 1937) 88, 271, 288, 437, 506, 508, 522, 543 [1]. – Kurt-R. Biermann: Johann Peter Gustav Lejeune Dirichlet. Dokumente für sein Leben u. Wirken: Abh. Dtsch. Akad. Wiss., Kl. Math., Naturwiss., Techn. **1959** Nr. 2, 86 S. (m. 3 Bildn., 1 Faks. Brief an E. E. Kummer, Schr. u. Lit.Verz.), besonders 7, 31, 39, 40, 44, 50, 76, 77 [3]. – Kurt-R. Biermann: A. L. Crelles Verhältnis zu Gotthold Eisenstein: Mber. Dtsch. Akad. Wiss. **1** (1959) 67–72 [Ha 2]. – Kurt-R. Biermann: Über die Förderung deutscher Mathematiker durch Alexander von Humboldt. In: Alexander von

Humboldt, Gedenkschrift zur 100. Wiederkehr seines Todestages (Berlin 1959) 83–159. Anhang: Briefe an F. G. M. Eisenstein 117–159 [3].

Bildn. Zum Porträt Gotthold Eisensteins (1823–1852): J. reine u. angew. Math. 221 (1966) 1 (Porträt vor S. 1) [15].

I, III **ENCKE,** Johann Franz. Astron. — Dr. phil.; 1813–1825 Gehilfe, später Vicedirektor der Sternwarte auf dem Seeberg bei Gotha; seit 1825 Direktor der Sternwarte zu Berlin; 1844–1863 Prof. Astron. Univ. Berlin; 1825 o. Mitgl. Akad. Wiss. Berlin.

*1791, Sept. 23, Hamburg;
†1865, Aug. 26, Spandau.

Genealog. Paul Kummer: Sippen um Rudolph Zacharias Becker (Görlitz 1938) VII, 168 S., besonders: Die Nachfahren des Johann Franz Encke u. der Amalie Encke geb. Becker 112–115; die Familie Encke 141–142, vgl. auch 143–144 (m. Bildn.) [3].

Bibliogr. Adolf Harnack: Geschichte Preuß. Akad. Wiss. Berlin 1 (Berlin 1900) 440, 680, 715, 719–720, 721, 738, 744, 749, 753, 757–758, 764, 774, 777–780, 783, 793–794, 801–802, 839, 844, 896, 898, 914–915, 932–933, 936, 944–945, 946, 949, 962, 964, 966–967, 970, 986, 991, 1044, 1047 [3]. — Otto Köhnke: Gesammtregister über die in den Schriften der Akad. von 1700–1899 erschienenen wiss. Abh. u. Festreden (Berlin 1900) 80–83 (85 Nr.) [3]. — Cat. scient. Papers 2 (1868) 490–494 (170 Nr.), 7 (1877) 612 (Lit.), 12 (1902) 220 (Lit.) [3]. — Cat. gén. Bibl. nat. 47 (1911) Sp. 396–397 (9 Nr.) [3]. — Brit. Mus. Gen. Cat. 61 (1960) Sp. 586–587 (23 Nr.) [3].

Briefe W. Hosäus: Mitt. aus der wiss. Korrespondenz H. S. Schwabes: Mitt. Ver. Anhalt. Gesch. u. Altertumskde 5 (1890) 685–698 (hier 12 Briefe J. F. Enckes an Schwabe 1837–1848) [3]. — Correspondance d'Alexandre d'Humboldt avec François Arago (1807–1853) (Paris 1909) 17, 29, 55, 65, 85, 108, 109, 125, 138, 167, 170, 193, 196, 200, 227, 247, 250, 286 [3]. — J. Jelitai: Briefe von Gauß u. Encke im Ungarischen Landesarchiv: Vjschr. astron. Ges., Leipzig 73, 1 (1938) 44–52 [15]. — Julius Dick: Eine unbekannte Briefnotiz Enckes an den jüngeren Bruder August E. über den nach ihm benannten Kometen: Sterne 37 (1961) 120–121 [101].

Nekr. G[otthilf] Hagen: Gedächtnißrede auf Johann Franz Encke (Berlin 1866) 20 S. [Aus: Abh. Preuß. Akad. Wiss. 1866] [11]. — G. Hagen: Memoir of Encke: Übersetzt von C. A. Alexander aus Abh. Preuß. Akad. Wiss. Berlin 5. 7. 1866]: Annu. Rep. Board Smithsonian Instn. 1868 (1869) 193–202 [Ha 2]. — Seidel: S.-Ber. Bayer. Akad. Wiss. München 1 (1866) 394–399 [Ha 2]. — Ausland 38 (1865) 1604; 42 (1869) 1033–1038 (m. Bildn. u. Faks.) [3]. — Beil. Allg. Ztg. 1865, 10. Oct., Nr. 291, S. 4721 [15]. — Gaea 5 (1869) 477–482 [Ha 2]. — Illustr. Ztg., Leipzig 45 (1865) 263–265 (m. Bildn.) [14]. — Kalender des Montagklubs zu Berlin auf das Jahr 1865. — [C. P.]: Monthly Notices Roy. astron. Soc. 26, 1865/1866 (1866) 129–134; nochmals in: Amer. J. Sci. Arts (2) 43 (1867) 10–15 [Ha 2]. — Proc. Roy. Soc. London 15 (1867) XLIV–XLVI [11].

Biogr. Gelehrtes Berlin im Jahre 1825 (Berlin 1826) 312 [3]. — Johann Georg Meusel: Das gelehrtes Teutschland 22 (1831) 50–51 [3]. — (W[ilhelm] Koner): Gelehrtes Berlin im Jahre 1845. Verzeichn. im Jahre 1845 in Berlin lebender Schriftsteller u. ihrer Werke (Berlin 1846) 80–81 [15]. — Hans Schröder: Lexicon der hamburg. Schriftsteller 2 (1854) 180–181 (Schriften, 181) [3]. — C[arl] Bruhns: Johann Franz Encke. Sein Leben u. Wirken. Bearb. nach dem schriftl. Nachlaß (Leipzig 1869) X, 350 S., Titelbildn. u. Faks. [3; 11; 14]. — Winnecke: Vjschr. astron. Ges., Leipzig 4 (1869) 226–240 [25]. — John Campbell Shairp, Peter Guthrie Tait, A. Adams-Reilly: Life and Letters of James David Forbes (London 1873) 234 [Besuch bei Encke 1837] [7]. — C. Bruhns: ADB 6 (1877) 99–103 [3]. — Wilhelm Foerster: Johann Franz Encke. Persönliche Erinnerungen: Berliner Akad. Wschr. 1906–1907, 269–271 [3; 11]. — A. Galle: Notizen über Enckes Lehrweise: Weltall 26 (1927) 109–112 [3]. — J. Dietz: 25 Jahre Berliner Sternwarte: Die Sterne 26 (1950) 161–171 (m. Bildn. 164 m. biogr. Angaben über Enckes Berliner Amtszeit) [14]. — Geist u. Gestalt. Biogr. Beitr. Gesch. Bayer. Akad. Wiss. 2 (München 1959) 17, 51 [3]. — August Kopff: NDB 4 (1959) 489–490 [15].

Zum 75. Todestag Günther von Stempell: Dtsch. opt. Wschr. 61 (1940) 137–138 [101].

Weitere Lit. K. C. von Leonhard: Aus unserer Zeit in meinem Leben 1 (Stuttgart 1854) 283 [3]. — Männer der Zeit 2 (Leipzig 1862) Sp. 507–508 [14]. — H. Schramm: Franz Encke: Buch der Welt [später: Das illustr. Buch der Welt] 25 (1866) 31–32 [24]. — Rudolf Wolf: Geschichte der Astron. (München 1877) siehe Reg. (Geschichte der Wiss. in Deutschland. Neuere Zeit, 16) [3]. — Illustr. Ztg., Leipzig 97 (1891) 300 (m. Bildn. 303) [14]. — Wilhelm Foerster: Über das Zusammenwirken von Bessel, Encke u. Alexander von Humboldt unter der Regierung Friedrich Wilhelm III. In: dessen Sammlung von Vorträgen u. Abh. (4. Folge) (Berlin 1896) 213–228 [3]. — Ernest Lebon: Histoire abrégée de l'Astronomie (Paris 1899) 117, 215, 226, 241 [11]. — Gottlob Schneider: Gothaer Wegweiser, 2. Aufl. (Gotha 1900) Bildn. zwischen S. 8/9, Text S. 20 [15]. — Leo Koenigsberger: C. G. J. Jacobi. Festschr. zur Feier der 100. Wiederkehr seines Geburtstages (Leipzig 1904) 203, 210, 215, 250, 277, 355, 438, 441, 442, 444, 445, 454, 506, 514, 515 [3]. — Paul Julius Möbius: Über die Anlage zur Math., 2. Aufl. (Leipzig 1907) XVI, 264 S.; S. 192 Bildn. ⟨Taf.⟩ Notiz S. 194 [14]. — Paul Boerner: Erinnerungen eines Revolutionärs **2** (Leipzig 1920) 64 [3]. — Carl Friedrich Gauß u. die Seinen. Festschr. zu seinem 150. Geburtstag. Hrsg. von Heinrich Mack (Braunschweig 1927) 58 [3]. — (Adolf Meyer-Abich): Naturforschung u. Naturlehre im alten Hamburg (Hamburg 1928) 73–74 [3]. — Hans Schimank: Zur Geschichte der exakten Naturwiss. in Hamburg (Hamburg 1928) 118, 131 [101]. — Ernst Zinner: Die Geschichte der Sternkunde von den ersten Anfängen bis zur Gegenwart (Berlin 1931) 410, 414, 417, 518, 525, 547, 601 [15]. — Bernhard Lepsius: Das Haus Lepsius (Berlin 1933) 96, 135, 156, 197 [Ha 1]. — Newcomb-Engelmann: Populäre Astron., 8. Aufl. (Leipzig 1948) 102, 251, 400, 448, 935, 958, 965 [3]. — A. Kopff: Berliner astron. Jahrb. **175**, 1950 (1949) III–VIII [3]. — Albrecht Kehrstedt: Die Astron. in Berlin: Berliner Heimat **1959**, 65–72 (m. Bildn. ⟨Federzeichnung⟩) [14]. — Kurt-R. Biermann: Johann Peter Gustav Lejeune Dirichlet. Dokumente für sein Leben u. Wirken: Abh. Dtsch. Akad. Wiss., Kl. Math., Physik Techn. **1959**, Nr. 2, S. 12, 14–15, 16, 50, 51, 52, 57 [3].

Bildn., Medaille A list of persons to whom the Medals of Testimonials of the Society have been adjudged. The Gold Medal. For the New Berlin Ephemeris: Mem. Roy. Astron. Soc. (London) **18** (1850) 224 [Ha 2]. — Sterne **26** (1950) 165 [15]. — Bildn. berühmter Mitglieder der Deutschen Akad. Wiss. Berlin, Nr. 28 (m. biogr. Angaben) (Berlin 1950) [14].

I **ENGEL (ANGELUS** Pogg. I, 47), Johannes. Astron. — 1472 stud., 1474 mag. artium, 1476 Lehrer Physik Univ. Ingolstadt, 1489–1491 Korrektor bei Drucker Erhard Ratdolt in Augsburg; 1492–1497 Lehrer der Math., 1497 stud. med. Univ. Ingolstadt; nach 1500 Dr. med., Arzt u. Prof. Astron. in Wien.

*vor 1463, März 2, Aichach/Bayern; †1512, Sept. 29, Wien.

Bibliogr. Brit. Mus. Gen. Cat. **61** (1960) Sp. 745–746 (9 Nr.) [3].

Biogr. Joh. Friedrich Weidler: Historia astronomiae (Wittenberg 1741) 326–327 [3]. — Jöcher-Adelung: Allgemeines Gelehrten-Lexicon **1** (Leipzig 1784) Sp. 873 (m. Schr.Verz.) [3]. — Anton Maria Kobolt: Baierisches Gelehrten-Lexicon (Landshut 1795) 44–46 [14]. — Moriz Bermann: Oesterreichisches biogr. Lexikon **1** (Wien 1851) 170 [3]. — Bruhns: ADB **1** (1875) 457 [3]. — Ferdinand Kaltenbrunner: Die Vorgeschichte der Gregorian. Kalenderreform (Wien 1876) 88 [3]. — Joseph Ritter von Aschbach: Die Wiener Univ. u. ihre Humanisten im Zeitalter Kaiser Maximilians I.; d. i. Geschichte der Wiener Univ. **2** (Wien 1877) 282–283 [3]. — Ernest Wickersheimer: Note sur Johann Engel (Angeli) d'Aichach: In: Internat. Beitr. zur Geschichte der Med. (Wien 1928) 316–322 (m. 1 Abb.) [3]. — Arnold C. Klebs: Incunabula scientifica et medica: Osiris **4** (1938) 1–359, besonders 132 [3]. — Ernst Zinner: Geschichte u. Bibliogr. der astronom. Lit. in Deutschland zur Zeit der Renaissance (Leipzig 1941) Reg. S. 427 [3]. — Ernst Zinner: Entstehung u. Ausbreitung der Coppernicanischen Lehre (Erlangen 1943) 134, 187, 479 (S.-Ber. physik.-med. Soz. Erlangen **74** (1943)) [101]. — Ernst Zinner: Astronom. Instrumente des 11. bis 18. Jahrhunderts (München 1956) 151–152, 232 [Ha 2]. — Otfried Prätorius, Friedrich W. Euler u. Hellmuth Gensicke: Ahnen u. Nachkommen des Darmstädter Superintendenten Johannes Angelus (Engel) († 1608): Hess. Familienkde **4** (1957/1959) Sp. 365–380, 419–430 [101]. — Johannes Schultze: NDB **4** (1959) 499 [3].

IV **ENGEL,** Karl Theodor. Geol. — Stud. Theol. u. Naturwiss.; 1866 Dr. phil. Univ. Tübingen; 1872 Pfarrer.

*1842, Nov. 20, Eschenbach/Württ.; †1933, Jan. 29, Eislingen a. d. Fils.

Bibliogr. Cat. scient. Papers **7** (1877) 612 (2 Nr.); **9** (1891) 797 (3 Nr.) [3]. — Fossilium Catalogus I: Animalia. Pars 72; K. Lambrecht †, W. et A. Quenstedt Palaeontologi. Catalogus bio-bibliographicus ('s-Gravenhage 1938) 129 [Ha 2; 3].

Biogr. F. Berckhemer: Jh. Ver. vaterländ. Naturkde Württ. **89** (1933) XXXV–XXXIX (m. Bildn. u. Schr.Verz. 40 Nr.) [3]. — Rudolf Schlauch: In: Lebensbilder aus Schwaben u. Franken: Schwäb. Lebensbilder **7** (1960) 352–370 [3; Stadtarchiv Schweinfurt].

III–VI **ENGELMANN,** Theodor Wilhelm. Physiol. — 1867 Dr. med. Univ. Leipzig; 1867 Ass. bei Donders, 1871 Prof. Univ. Utrecht; 1897 Prof. Physiol.

u. Direktor Physiol. Inst. Univ. Berlin; 1898 o. Mitglied Preuß. Akad. Wiss. Berlin.

*1843, Nov. 14, Leipzig;

†1909, Mai 20, Berlin.

Bibliogr. Cat. scient. Papers **2** (1868) 499 (3 Nr.); **7** (1877) 614–615 (30 Nr.); **9** (1891) 799–800 (27 Nr.); **12** (1902) 221 (6 Nr.); **14** (1915) 847–848 (47 Nr.) [3]. – Cat. gén. Bibl. nat. **47** (1911) Sp. 528–529 (5 Nr.) [3]. – Brit. Mus. Gen. Cat. **61** (1960) Sp. 803 (12 Nr.) [3].

Briefwechsel Johannes Brahms im Briefwechsel mit Theodor Wilhelm Engelmann. Mit einer Einleitung von Julius Röntgen (Berlin 1918) 182 S., 2 Bildn. (Joh. Brahms, Briefwechsel, 13) [14].

Nekr. Heinrich Boruttau: Dtsch. med. Wschr. **35** (1909) 1110–1111 (m. Bildn. u. Faks.) [3]. – Buttersack: Grenzboten **68** (1909) 78–83 [3]. – R[ené] Du Bois-Reymond: Berliner klin. Wschr. **46** (1909) 1097–1099 [3]. – R[ené] Du Bois-Reymond: Biogr. Jahrb. **14**, 1909 (1912) 213–219; Totenliste Sp. 21–22 [3]. – A[rnold] Durig: Wiener klin. Wschr. **22** (1909) 867–868 [3]. – Ebeling: Illustr. Ztg., Leipzig **132** (1909) 1101a (m. Bildn.) [3]. – W. Hausmann: Wiener klin. Rdsch. **23** (1909) 413–414 [3]. – W. His: Berliner freistudentliche Bl. **2** (1909) Nr. 6, 85–86 [11]. – Viktor von Lang: Alm. Akad. Wiss. Wien **60** (1910) 329 [Ha 2]. – H. Piper: Münchener med. Wschr. **56** (1909) 1797–1800 (m. Bildn. u. Faks. als Beil. vor 1797) [3]. – H[ans] Piper: Naturwiss. Rdsch. **24** (1909) 437–439 [3]. – Max Rubner: Med. Klin. **5** (1909) 1250–1253 [3; 15]. – Max Rubner: Verh. Physiol. Ges. Berlin **34** (1908/1909) 84–91 [11]. – Max Verworn: Nachr. Ges. Wiss. Göttingen, Geschäftl. Mitt. **1910**, 86–93 [Ha 2]. – Max Verworn: Z. allg. Physiol. **10** (1910) I–VI [Anhang] [15]. – Th. W. Engelmann: Vossische Ztg. **1909**, vom 22. 5. [11].

Biogr. Th[eodor] Wilh[elm] Engelmann: Über die Hornhaut des Auges. Med. Diss. Leipzig 1867. 42 S., darin: Vita S. 44 [3]. – J. Pagel: Biogr. Lexikon hervorragender Ärzte des 19. Jahrhunderts (Berlin–Wien 1901) Sp. 460–461 (m. Bildn.) [3]. – Manfred Stürzbecher: Beitr. zur Biogr. von Theodor Wilhelm Engelmann: Berliner Med. **9** (1958) 470–474 (m. Lit.Verz. 474) [101]. – ders.: NDB **4** (1959) 517–518 [15].

Weitere Lit. Jac[ob] Moleschott: Für meine Freunde. Lebens-Erinnerungen (Gießen 1894) 198 [Ha 2]. – Hervorragende Ärzte der Gegenwart. Theodor Wilhelm Engelmann: Dtsch. med. Presse **1** (1897) 89–90 (m. Bildn.) [4]. – E. K.: Vom Fels zum Meer **17**, 1 (1897/1898) 41 (m. Bildn.) [14]. – Kurzer Sinnspruch m. Faks. Unterschr. u. Bildn. in: Das Goldene Buch des Deutschen Volkes an der Jahrhundertwende (Leipzig 1899) 92 Wiss. [15]. – Theodor Wilhelm Engelmann. In: Medicinisches Deutschland hrsg. von K. Barton **1** (Berlin-Charlottenburg 1901) o. S. (m. Bildn. u. Faks.) [1]. – Heidelberger Prof. aus dem 19. Jahrhundert. Festschr. der Univ. zur Zentenarfeier ihrer Erneuerung (Heidelberg 1903) 413–414 [3]. – Deutsches Zeitgenossenlexikon (Leipzig 1905) Sp. 321–322 [3]. – Das Akad. Deutschland. **3** (Leipzig 1906) 37–38 [3]. – Gustav Fock: Antiquariats-Katalog 350. Werke aus der Bibliothek des † W. Engelmann aus den Gebieten der Anatomie, Physiol., Entwicklungsgesch. u. Zool. (Leipzig 1908/1909) 82 S. [14]. – Gustav Fritsch: Das physiol. Inst. In: Max Lenz, Geschichte der Friedrich-Wilhelms-Univ. zu Berlin **3** (Halle 1910) 154–163 [3]. – Biogr. Lexikon der hervorragenden Ärzte der letzten 50 Jahre. Hrsg. von J. Fischer **1** (Berlin–Wien 1932) 367 (Schr.Verz.) [3]. – Wilhelm J. Schmidt: Geschichtl. Überblick der Entwicklung unserer Kenntnisse von der Doppelbrechung tierischer Gewebe. T. 1. Die Vorgeschichte: Ber. Oberhess. Ges. Natur- u. Heilkde, N.F. Naturwiss. Abt. **20/22** (1940–1943) 126–139 [Ha 2]. – K. E. Rothschuh: Geschichte der Physiol. (Berlin–Göttingen–Heidelberg 1953) 130, 137, 183, 213–214, 215 (m. Bildn. 213) [3]. – Gelehrten- u. Schriftstellernachlässe in den Bibliotheken der DDR **1** (Berlin 1959) 30, Nr. 162 [3].

ENGLER, D. C. →III–VIIa **ENGLER,** Carl.

ERCKER, Lazarus. Berg- u. Hüttenmann, Oberbergmeister u. Münzmeister.

* vor 1530 Annaberg/Sachsen;

† 1594 Prag.

Bibliogr. Cat. gén. Bibl. nat. **47** (1911) Sp. 912 (7 Nr.) [3]. – Fossilium Catalogus I: Animalia. Pars 72: Lambrecht†, W. et A. Quenstedt, Palaeontologi, Catalogus bio-bibliographicus ('s-Gravenhage 1938) 129 [3; Ha 2]. – Brit. Mus. Gen. Cat. **68** (1960) Sp. 23–24 (11 Nr.) [3].

Biogr. Gümbel: ADB **6** (1877) 214–215 [3]. – H[orst] Henschel: Vom silbernen Erzgebirge, Kr. Annaberg: **12** (1939) 289–290 (Näheres siehe bei W. Ludewig „L. Ercker, Oberbergmeister der Krone Böhmen" Manuskript im Ratsarchiv zu Annaberg) [3; 14]. – Paul Reinhard Beierlein: Lazarus Ercker – Bergmann, Hüttenmann u. Münzmeister im 16. Jahrhundert (Berlin 1955) 143 S. m. 36 Abb. (Freiberger Forschungsh., D 12) [3; 14]. – Wolfgang Schneider: Pharmaz. Ind. **18** (1956) 37–39 (m. 2 Abb.) [Le 1]. – Paul Reinhard Beierlein: NDB **4** (1959) 567–568 [15]. – Lazarus Ercker: Das große Probierbuch

(Berlin 1960) 298 S., Abb. (Freiberger Forschungsh., D 34) [3].

Weitere Lit. Kaspar Graf von Sternberg: Umriß einer Geschichte der Böhmischen Bergwerke, 1, 2 (Prag 1837) passim [3]. — W. Hommel: Berghauptmann Löhneysen, ein Plagitor des 17. Jahrhunderts: Chemiker-Ztg. **36** (1912) 137-138 [3]. — Karl Weezercik von Planheim: Die Eroberung der Macocha [Höhle im Karst]: Reichsforst [Wien] **1914** Morgenbl. 21, Nr. 88 vom 22. Febr. — Hans Lorenz: Bilder aus Alt-Joachimsthal (Sankt Joachimsthal 1925) 25, 148 [15]. — R. Kettner: O vyvoji geol. v. cechach **1931**, 130 (Über die Entwicklung der Geol. in Böhmen). — F. M. Feldhaus: Tonverarbeitung mit Maschinen im Jahre 1573: Tonind.-Ztg. **59** (1935) 270 (m. 1 Abb.) [101]. — H. Dickmann: Das größte Plagiat im berg- u. hüttenmännischen Schrifttum: Werk [Düsseldorf] **16** (1936) 572 (m. 2 Abb.) [101]. — Paul Diergart: Zink, Bergmannsbücher, Bas. Valentinus-Sage, ein Nachruf auf Woldemar Hommel (Klausthal) als Chemiegeschichtler: Proteus **2** (1937) 313-314 [3]. — Eva A. Armstrong u. Hiram S. Lukens: Lazarus Ercker and his „Probierbuch". Sir John Pettus and his „Fleta Minor": J. chem. Educat. **16** (1939) 553-562 (m. Abb.) [u. Bildn. von Pettus] Appendix C: Systems of weights and measures used by Ercker [7; 14]. — C. Schiffner: Männer des Metallhüttenhandwerks (Freiberg 1942) 41 [101]. — Lazarus Ercker: A treatise on Ores and Assaying, transl. from the german edition by Anneliese Grunhaldt Sisco (Chicago 1951) XXXIII, 359 S., Abb. [105]. — W. Andrae: Lazarus Erckers Treatise on Ores and Assaying: Z. Erzbergbau ⟨u.⟩ Metallhüttenwes. **5** (1952) 328-329 [3]. — Wolfgang Schneider: Das Wolfenbüttler Münzbuch des Lazarus Ercker (1563): Bergakademie [Freiberg] **9** (1957) 329-332 (m. 3 Abb., Quellenbeschreibungen) [3; 14]. — E. P. Lange: Alchemy and the sixteenth century metallurgists: Ambix **13** (1966) 92-95 [Brit. Mus.].

I,III **ERMAN,** Georg Adolph. Physik. — Dr. phil.; 1828–1832 Reise um die Erde; 1832 PDoz., 1839 ao. Prof. Physik Univ. Berlin. Einige Jahre auch Lehrer am Collège français in Berlin.

*1806, Mai 12, Berlin;

†1877, Juli 12, Berlin.

Sohn von Paul Erman; Schwiegersohn von F. W. Bessel.

Bibliogr. Cat. gén. Bibl. nat. **47** (1911) Sp. 1004-1006 (8 Nr.) [3]. — Fossilium Catalogus I: Animalia. Pars 72: K. Lambrecht†, W. et A. Quenstedt, Palaeontologi, Catalogus biobibliographicus ('s-Gravenhage 1938) 130 [3; Ha 2]. — Brit. Mus. Gen. Cat. **68** (1960) Sp. 174-178 (57 Nr.) [3].

Nekr. Petermanns Mitt. **24** (1878) 152 [3].

Biogr. Lommel: ADB **6** (1877) 486 [3]. — Ernest Lebon: Histoire abrégée de l'Astronomie (Paris 1899) 123, 241 [11]. — Correspondance d'Alexandre d'Humboldt avec François Arago (1809-1853) (Paris 1909) 38, 39, 48, 49, 255, 261, 263, 267 [3]. — Wilhelm Erman: Paul Erman. Ein Berliner Gelehrtenleben 1764-1851 (Berlin 1927) siehe Reg. S. 257 (Schr.Ver. Gesch. Berlin, 53) [3]. — Adolf Erman: Mein Werden u. Wirken. Erinnerungen eines alten Berliner Gelehrten (Leipzig 1929) 31-38 (m. Bildn. Taf. 7) [3; 14].

Weitere Lit. Carl Friedrich Gauß u. die Seinen. Hrsg. von Heinrich Mack (Braunschweig 1927) 64 [3]. — [Stengel]: Wilhelm von Humboldt-Gedächtnis-Ausstellung im Märkischen Museum. Lebensbilder aus der Geschichte der Berliner Univ., Berlin 9. Apr.-15. Mai [1935] (Berlin o. J.) 38 [101].

I **ERMAN,** Paul. Physik. — 1781 Lehrer, 1791 Prof. Französ. Gymnasium Berlin; 1792 zugleich Académie des nobles (seit 1810 Allgem. Kriegsschule) Berlin; 1810 Prof. Univ. Berlin; 1808 o. Mitgl. u. 1810–1841 Sekretar Preuß. Akad. Wiss. Berlin.

*1764, Febr. 29, Berlin;

†1851, Okt. 11, Berlin.

Bibliogr. Cat. scient. Papers **2** (1868) 514-515 (34 Nr.) [3]. — Brit. Mus. Gen. Cat. **68** (1960) Sp. 181 (1 Nr.) [3].

Briefe P. Erman an Jacob Horner [1774-1834] Berlin, im Vorsommer 1823; Vjschr. naturforsch. Ges. Zürich **21** (1876) 127-128 [Ha 2]. — Correspondance d'Alexandre d'Humboldt avec François Arago (1809-1853) (Paris 1909) 38, 48, 181 [3]. — H. C. Örsted: Correspondance avec divers savants. Publ. par M. C. Harding **1** (Copenhague 1920) 131, 133, 260, 266, 269, 343; **2**, 9, 15, 53, 86, 187, 212, 218, 316-320, 365, 369, 470, 599 [15]. — Johann Gottlieb Fichte an Paul Erman [Billet] 23. Okt. 1804. In: Fichte: Briefwechsel, Nachtrag (Leipzig 1930) 50 [3]. — Ludwig Hartmann: Unveröff. Briefe u. Dokumente des Physikers Hans Christian Oersted: Arch. Gesch. Math., Naturwiss., Techn. **13** (1931) 326-350 (Brief an Paul Erman, Kopenhagen 24. Apr. 1836, S. 342-344) [3].

Nekr. Allg. Mschr. Wiss. u. Lit. **1851**, 396 [15]. — Emil Du Bois-Reymond: Gedächtnißrede auf Paul Erman: Abh. Preuß. Akad. Wiss. **1853** (Berlin 1854) 1-27 [3]. — Grenzboten **12**, 2, 1 (1853) 121-130, besonders 126-130 [3].

Biogr. Lommel: ADB **6** (1877) 229-230 [3]. — Wilhelm Ostwald: Elektrochem. Ihre Geschichte u. Lehre (Leipzig 1896) 146, 168, 180, 255, 264-273 (m. 3 Fig.), 280, 290, 342,

373, 1017 [3]. — Adolf Harnack: Geschichte Preuß. Akad. Wiss. Berlin **1**(Berlin 1900) 552-553, 560, 564, 578, 585, 590, 602, 604, 631, 634, 808, 646, 649-650, 653, 658, 677, 684, 697, 710-711, 716, 726, 735-736, 744, 751, 753, 764, 778, 784, 803-806, 806, 914 915, 962-963, 967 [3]. — Wilhelm Erman: Jean Pierre Erman (1735-1814). Ein Lebensbild aus der Berliner Französischen Kolonie (Berlin 1914) 81-82 (Brief vom 7. Aug. 1802 an Paul Erman) [3]. — Wilhelm Erman: Paul Erman. Ein Berliner Gelehrtenleben 1764-1851 (Berlin 1927) XVI, 264 S., Titelbildn. nach einem Portrait von Franz Krüger, 6 Bildn., 1 Faks., Ahnentaf. (Schr. Ver. Gesch. Berlin, 53) [3]. — Adolf Erman: Mein Werden u. Wirken. Erinnerungen eines alten Berliner Gelehrten (Leipzig 1929) 10-23 (m. Bildn. Taf. 5) [3]. — Grete Ronge: NDB **4** (1959) 599-600 [3].

Weitere Lit. P[aul] Erman: Umrisse zu den physischen Verhaltensweisen des von Prof. Örsted entdeckten elektrochem. Magnetismus (Berlin 1821) 112 S. [11]. — Emil Du Bois-Reymond: Reden, 2. Aufl. **2** (Leipzig 1912) 51-59, 83 [3]. — Zwei große Naturforscher des 19. Jahrhunderts. Ein Briefwechsel zwischen Emil Du Bois-Reymond u. Karl Ludwig (Leipzig 1927) 124, 126, 207 [3].

I,III **ESCHER VON DER LINTH,** Arnold. Geol. — Seit 1827 stud. Univ. Berlin; 1834 PDoz., 1852 o. Prof. Geol. Univ. u. Polytechnikum Zürich.

*1807, Juni 8, Zürich;

†1872, Juli 12, Zürich.

Sohn von Hans Conrad Escher.

Genealog. Ahnentafeln berühmter Schweizer: Schweiz. Arch. Heraldik **16** (1902) 87-89 (m. Ahnentafel 88); Berichtigung **36** (1922) 68-69 [101].

Bibliogr. Cat. scient. Papers **2** (1868) 517 (14 Nr.); **7** (1877) 624 (4 Nr.); **12** (1902) 225 (3 Nr.) [3]. — Cat. gén. Bibl. nat. **47** (1911) Sp. 1203-1204 (6 Nr.) [3]. — Brit. Mus. Gen. Cat. **68** (1960) Sp. 413 (7 Nr.) [3].

Nekr. E. D. [Edouard Desor]: Arnold Escher de la Linth: J. Genève **1872,** 17. Aug., S. 1 [Genf BPU]. — Fr. von Kobell: S.-Ber. Bayer. Akad. Wiss., math.-physik. Cl. **3** (1873) 127-128 [3]. — Jber. Naturforsch. Ges. Graubünden N. F. **17,** 1872-1873 (1873) 12-16 [Ha 2].

Biogr. Oswald Heer: Arnold Escher von der Linth. Lebensbid eines Naturforschers (Zürich 1873) 385 S. (m. Titelbildn. u. Faks., 12 Abb., Schr.Verz. 382-385) [14; 15]. — Gümbel: ADB **6** (1877) 362-365 [3]. — Albert Heim: Erinnerungen an Arnold Escher von der Linth: Verh. Schweiz. naturforsch. Ges. **79** (1896) 1-26 [Ha 2; Genf BPU]. — Karl Alfred von Zittel: Geschichte der Geol. u. Paläontol. bis Ende des 19. Jahrhunderts (München-Leipzig 1899) 221, 224, 308, 353, 449, 537, 623, 624, 627, 699, 701, 714, 716 [4]. — Albert Heim: Geol. der Schweiz **1** (1919) 7-10; siehe Reg. S. 974 in **2** (m. Bildn.) [3]. — G. Tornier: Rückblick auf die Paläontol.: S.-Ber. Ges. naturf. Freunde Berlin **1924** 30 [Ha 2; 3]. — Fossilium Catalogus I: Animalia. Pars 72: K. Lambrecht†: W. et A. Quenstedt, Palaeontologi, Catalogus bio-bibliographicus ('s-Gravenhage 1938) 130 [3; Ha 2]. — Hans Suter: In: Große Schweizer Forscher (Zürich 1939) 216-217 (m. Bildn.) [3]. — Walther Staub: Der Anteil der Schweiz an der Entwicklung der Geol. In: Die Schweiz u. die Forschung **1**, 1 (1941) 45 (m. Bildn.) [101]. — Alvin E. Jaeggli: NDB **4** (1959) 646-647 [3]. — Helmut Hölder: Geol. u. Paläontol. in Texten u, ihrer Geschichte (Freiburg-München 1960) 71, 73, 77, 82, 334, 439 [101].

Weitere Lit. August Böhm von Böhmersheim: Geschichte der Moränenkunde (Wien 1901) 100-101, 107, 136, 167 (Abh. geogr. Ges. Wien, 3, 4) [3]. — Robert Lauterborn: Der Rhein. Naturgeschichte eines deutschen Stromes **1** (Freiburg 1934) 107-110 [Ha 2; 3].

I **ESCHER VON DER LINTH,** Hans Conrad. Staatsmann, Ing., Geol. — Anfangs im väterl. Textilgeschäft tätig, dann Studium u. a. in Göttingen. 1798–1803 polit. Laufbahn. Voller Einsatz bei der Regulierung des Linthflusses, der ihm den Beinamen „von der Linth" einbrachte. Seit 1815 Mitglied des Züricher Staatsrates.

*1767, Aug. 24, Zürich;

†1823, März 9, Zürich.

Genealog. Ahnentafeln berühmter Schweizer: Schweiz. Arch. Heraldik **16** (1902) 87-89 (m. Ahnentafel 88); Berichtigung: **36** (1922) 68-69 [101].

Bibliogr. Cat. scient. Papers **2** (1868) 516-517 (18 Nr.) [3]. — Brit. Mus. Gen. Cat. **68** (1960) Sp. 414 (3 Nr.) [3].

Zum 100. Todestag L. Weiß: Hans Conrad Escher von der Linth als Forstpolitiker: Schweiz. Z. Forstwes. **1923,** 73-88, 109-112 [25]. — L. Weiß: Wasserbaupolizei in der Helvetik: Schweizer. Z. Volkswirtsch. u. Sozialpolitik **29,** 1 (1923) 193-205 [101]. — Neue Zürcher Ztg. **1923** Nr. 320 vom 9. 3. [ZB Zürich].

Biogr. [Henri Favre]: Escher de la Linth, ou le véritable patriote. [Poème] Par l'auteur de Fontenelle et la marquise de Gxxx dans les mondes, etc. (Genève-Paris 1825) 21 S. [BPU Genf]. — Johann Georg Meusel: Das gelehrte Teutschland **9** (1801) 307-308; **17** (1820) 533; **22** (1831) 81-82 [3]. — [Johann Ludwig

Meyer]: Johann Conrad Escher von der Linth: Neujahrsbl. Hülfsges. [Zürich] **1824**, 27 S., Bildn., Abb. [ZB Zürich]. – Nicard: Biographie universelle, ancienne et moderne: Suppl. **63** (Paris 1837) 417-421 [3]. – J[ohann] J[akob] Hottinger: Hans Conrad Escher von der Linth. Charakterbild eines Republikaners (Zürich 1852) 415 S., Bildn., 2 Karten [ZB Zürich]; dasselbe: Schweizer. Mus. histor. Wiss. **1852** (m. 1 Abb. u. 2 Karten) [11]. – [Philipp Friedrich Wilhelm Oertel]: Hans Conrad Escher von der Linth. Lebensbild eines braven Schweizers von W. O. Horn (Wiesbaden [1862]) 116 S., 4 Abb. [43]. – Oswald Heer: Hans Conrad Escher von der Linth als Gebirgsforscher (Zürich 1871) 29 S. [ZB Zürich]. – Meyer von Knonau: ADB **6** (1877) 365-372 [3]. – Oskar Frei: Hans Konrad Escher von der Linth. Lebensbild eines Republikaners, 2. Aufl. (Zürich 1925) 63 S., 8 Abb., 1 Bildn., 2 Karten [ZB Zürich]. – Fritz Wartenweiler: Führende Schweizer in schweren Krisenzeiten. Bruder Klaus; Escher von der Linth, General Dufour (Erlenbach-Zürich [1934]) 32-53 [101]. – Theodor Willy Stadler: Neue Schweiz. Rdsch. **5** (1937) 685-690 [15]. – Fossilium Catalogus I: Animalia. Pars 72: K. Lambrecht†, W. et A. Quenstedt, Palaeontologi, Catalogus bio-bibliographicus ('s-Gravenhage 1938) 130 [3; Ha 2]. – Theodor Willy Stadler: In: Große Schweizer (Zürich [1938]) 510-515 (m. Bildn. 496) [101]. – Ernst Winkler: In: Große Schweizer Forscher. Hrsg. von Eduard Fueter (Zürich 1939) 165-166 (m. Bildn.) [3]. – J. J. Hottinger: Aus dem Leben Hans Conrad Eschers von der Linth (Erlenbach-Zürich [1940]) 32 S. (Tornister-Bibl., 5) [101]. – A. Härry: Pro juventute (Zürich) **23** (1942) 356-362 (m. Bildn., Abb.) [Landesbibliothek Bern]. – Fritz Wartenweiler: Hans Conrad Escher von der Linth. Zeichnungen von Walter Binder [Olten 1955] 64 S. (Schweizerisches Jugendschriftenwerk Zürich, 54/55) [101]. – Alvin E. Jaeggli: NDB **4** (1959) 647-648 [3].

Weitere Lit. Officielles Notizenblatt, die Linthunternehmung betreffend. Bd **1-3** (Zürich 1809-1827) (13 Pläne) [ZB Zürich]. – [Heinrich Escher]: Neujahrsbl. Stadtbibl. Zürich **1828**, 26 S., Bildn. [ZB Zürich]. – Friedrich Hoffmann: Geschichte der Geognosie u. Schilderung der vulkan. Erscheinungen **2** (Berlin 1838) 196-197 [3]. – K. C. von Leonhard: Aus unserer Zeit in meinem Leben **1** (Stuttgart 1854) 189, 676-679; **2** (1856) 229 [3]. – Rudolf Wolf: Biogr. zur Kulturgeschichte der Schweiz **4** (Zürich 1862) 317-348 [3]. – Jakob J. Weyrauch: Der Escher-Linth-Kanal. Histor.-techn. Studien (Zürich 1868) 131 S., 1 Karte [ZB Zürich]. – Briefwechsel zwischen Johann Rudolf Steinmüller u. Hans Konrad Escher von der Linth (1796-1821) hrsg. von Joh. Dierauer (St. Gallen 1889) XV, 387 S. m. 2 Bildn. m. Faks. (Mitt. zur vaterländ. Geschichte, 23, 3. Folge [3]. – August Böhm von Böhmersheim: Geschichte der Moränenkunde (Wien 1901) 45, 46, 61, 68 (Abh. geogr. Ges. Wien, 3, 4) [3]. – Gottfr[ied] Heer: Zur Jahrhundertfeier des Escherkanals am 8. Mai 1811 (Glarus 1911) 32 S., Bildn., Abb. [ZB Zürich]. – Albert Heim: Geol. der Schweiz **1** (1919) 3, 4, 24, 25, 46, 163, 185 [3]. – Robert Lauterborn: Der Rhein. Naturgeschichte eines deutschen Stromes **1** (Freiburg 1934) 105-107 [3]. – Leo Weiß: Die polit. Erziehung im alten Zürich (Zürich 1940) 182, 202 (m. 1 Bildn. 205-206) [14; 101] – Franz Wiederkehr: Außenpolitik des Frühliberalismus: Nationale Hefte **7** (1940/1941) 223-225 [3]. – Helmut Hölder: Geol. u. Paläontol. in Texten u. ihrer Geschichte (Freiburg-München 1960) 65-68, 73, 120, 337 [101].

I **ESCHWEGE,** Wilhelm Ludwig **von.** Geol., Geogr. – 1801 Bergamts-Assessor in Riegelsdorf u. Clausthal; 1803 Direktor einer Eisenhütte in Portugal, 1807 Hauptmann in der portugiesischen Armee; 1810 in Brasilien im Dienst des Kaisers Don Pedro, 1821 Oberst, Generaldir. der brasil. Goldbergwerke u. Dir. des Kais. Mineralienkabinetts in Rio de Janeiro; 1824–1830 Oberberghauptmann von Portugal u. Genie-Oberst; 1830 von Don Miguel vertrieben, Rückkehr nach Deutschland; 1832 Gründung einer erfolglos betriebenen Goldwäscherei in der Eder; 1834–1850 wieder in Portugal in seinen früheren Stellungen, zuletzt General-Leutnant.

*1777, Nov. 15, Aue b. Eschwege;
†1855, Febr. 1, Wolfsanger bei Kassel.

Autobiogr. Hanno Beck: Selbstdarst. W. L. von E. aus den Jahren 1822-1832: Wiss. Veröff. Dtsch. Inst. Länderkunde N. F. **15/16** (1958) 365-372 [Ha 2].

Briefe Carl Erenbert von Moll: Mittheilungen aus seinem Briefwechsel **1** ([Augsburg] 1829): 150-155 [3]. – Briefwechsel des Herzogs-Großherzogs Carl August mit Goethe. Hrsg. von Hans Wahl **3** (Berlin 1918) 51, 52, 53, 54, 59, 61, 90, 91, 96, 130, 205, 206, 217, 322-323, 343-344, 393, 404 [3].

Bibliogr. Cat. scient. Papers **2** (1868) 520 (18 Nr.) [3]. – Edward B. Mathews: Catalogue of published bibliographies in geology 1896-1920: Bull. Nat. Res. Council **6**, 5 (1923) Nr. 36, S. 192-193 [14]. – Fossilium Catalogus I: Animalia. Pars 72: K. Lambrecht†, W. et A. Quenstedt, Palaeontologi, Catalogus bio-bibliographicus ('s-Gravenhage 1938) 131

[Ha 2; 3]. – Brit. Mus. Gen. Cat. **68** (1960) Sp. 422-423 (9 Nr.) [3].

Biogr. Johann Georg Meusel: Das gelehrte Teutschland im 19. Jahrhundert **22** (1831) 82-83 [3]. – Gümbel: ADB **6** (1877) 373 [3]. – Paul Choffat: Biographies de géologues portugais: Communicacoes da comissão de serviço-geologico de Portugal **9** (1912/1913) 180-214 (Schr.verz. 60 Nr.) [UB Basel]. – Wahrhold Drascher: Gedenktage des Auslanddeutschtums: Auslanddeutsche **11** (1928) 2 [1]. – Friedrich Sommer: Wilhelm Ludwig von Eschwege. Lebensbild (Stuttgart 1928) 190 S. m. 6 Bildn., 5 Abb., 2 Karten [3]. – Franz Kühn: Wilhelm Ludwig von Eschwege: In: Lebensbilder aus Kurhessen u. Waldeck 1830-1930, **3** (Marburg/L. 1942) 65-77 (m. Bildn. u. Lit.Verz. S. 77) [3]. – Frederico Sommer: Guilherme Luis, Barão de Eschwege. Patriarca da geologia brasileira (São Paulo 1952) 120 S., 9 Abb. (Arquivos históricos, Nr. 10) [204]. – Hanno Beck: In: Eschwege, Heimat u. Welt **1956**, 50-59 [7]. – Hanno Beck: Ergebnisse der Wilhelm Ludwig von Eschwege-Forschung: Z. Ver. Hess. Gesch. u. Landeskde **67** (1956) 164-173 [3].

Zum 100. Todestag 6 Arbeiten von Hanno Beck: Wilhelm Ludwig von Eschwege u. der Bergbau Portugals u. Brasiliens: Anschnitt **7** (1955) Nr. 3, S. 9-10 (1 Bildn., 1 Abb.) [101]; Wilhelm Ludwig von Eschwege u. die klassische deutsche Geogr.: Erdkunde **9** (1955) 89-92 [Ha 2; 3]; W. L. von Eschwege u. Fr. L. W. Varnhagen: Geschichtsbl. Waldeck **47** (1955) 128 [1]; Hess. Heimat **4** (1954) H. 2, S. 13-14 (m. Bildn. 3 Abb.) [101; 292]; Jugendzeit in der Aue: Werraland **7** (1955) 7-8 (m. 1 Abb.: Rittergut Aue) [292]; Werra-Rdsch. **8** (1955) Nr. 25, S. 2 (m. Bildn.)

Weitere Lit. Neue Bibl. der wichtigsten Reisebeschreibungen ... hrsg. von F. J. Bertuch. Bd **14**, H. 1: W. C. von Eschwege (Weimar 1818) XVI, 242 S. m. 5 Taf.; H. 2 (1818) XII, 304 S. m. 6 Taf. – Friedrich Kunstmann: Die Deutschen in Portugal: Germania **2** (Frankfurt/M. 1848) 92-93 [3]. – Jão Pendiá Calogeras, O. Ferro (São Paulo 1904) [204]. – Arthur Köhler: Der deutsche Anteil an der Entdeckung u. Erforschung der Erdteile. Teil 2: Amerika (Karlsruhe 1033) 26-27 [15]. – Francisco Adolfo de Varnhagen: Historia geral do Brasil antes de sua separação e independencia de Portugal, 3. Aufl. **5** (São Paulo 1936) 242-243 (m. Bildn.) [204]. – Walter Serlo: Männer des Bergbaus (Berlin 1937) 162 S., besonders 46-47 [3]. – Florian Kienzl: Kaiser von Brasilien. Herrschaft u. Sturz Pedros I. u. Pedros II. (Berlin 1942) 45-47 [3]. – Percy Ernst Schramm: Deutschland u. Übersee. Der deutsche Handel mit den anderen Kontinenten (Braunschweig 1950) 519 [101]. – Karl Heinrich Oberacker, jr.: Der deutsche Beitr. zum Aufbau der brasilianischen Nation (São Paulo 1955) 185-188, 193, 198-199, 201, 206 m. Bildn. Taf. 7, S. 192/193 [14; 101]. – Hanno Beck: NDB **4** (1959) 652 [3].

I **ETZLAUB,** Erhard. Kompaßmacher u. Kartograph in Nürnberg. – Er war auch als Arzt u. Lehrer im Schreib- u. Rechenamt tätig u. beschäftigte sich mit Astronomie.

*um 1460;

†Anfang 1532, Nürnberg.

Biogr. Johann Gabriel Doppelmayr: Histor. Nachricht von den Nürnberger Mathematicis u. Zünften ... (Nürnberg 1730) 155, 287-288 [15]. – Georg Andreas Will: Nürnbergisches Gelehrten-Lexicon **1** (Nürnberg-Altdorf 1755) 363-364 [3]. – Johann Neudörfer: Nachrichten von Künstlern u. Werkleuten [zu Nürnberg] aus dem Jahre 1547 nebst der Fortsetzung des Andreas Gulden (Wien 1875) 172 (Quellenschr. Kunstgesch. u. Kunsttechnik des Mittelalters u. Renaissance, 10) [3]. – August Wolkenhauer: Der Nürnberger Kartograph Erhard Etzlaub: Dtsch. geogr. Bl. **30** (1907) 55-77 [14; 15]; Verh. 16. Dtsch. Geogr.tag zu Nürnberg (Berlin 1907) 124-146 [3]. – Th. Hampe: Erhard Etzlaub (Etzlauber): In: Allgem. Lexikon bildender Künstler Thieme-Becker **11** (1915) 68 (m. Lit.Verz.) [3]. – Drecker: Ein Instrument, eine Karte u. eine Schrift des Nürnberger Kartographen u. Kompaßmachers Erhard Etzlaub: Ann. Hydrogr. **45** (1917) 217-224 [Ha 2]. – Ernst Hammer: Die Mercator-Projektion u. Erhart Etzlaub: Petermanns Mitt. **63** (1917) 303-304 [3]. – Herbert Krüger: Ein Jubil. Nürnberger Kartogr.; 450 Jahre seit Erhard Etzlaubs kartographischem Schaffen: Mitt. Ver. Gesch. Stadt Nürnberg **39** (1944) 127-154 [3]. – Herbert Krüger: Kartogr. Zeugnisse für den Wallfahrtsort Widersdorf-Vergaville. Zum 450. Jubil. der Landstraßenkarte des Nürnberger Meisters Etzlaub aus dem Jahre 1501: Z. Gesch. Oberrhein **98** (1950) 421-442 (m. 2 Karten) [25]. – Herbert Krüger: Des Nürnberger Meisters Erhard Etzlaub älteste Straßenkarten von Deutschland: Jahrb. Fränk. Landesforsch. **18** (1958) 1-286, 379-407 (m. 4 Karten, 3 Abb.) [3]. – Otto Maull: NDB **4** (1959) 669 [3]. – Fritz Schnelbögl: Zur Geschichte der älteren Nürnberger Kartographie. I: Erhard Etzlaubs Karten des Nürnberger Landgebiets 1516/1519: Mitt. Ver. Gesch. Stadt Nürnberg **49** (1959) 170-176 (m. 4 Karten) [3].

Weitere Lit. August Wolkenhauer: Über die ältesten Reisekarten von Deutschland aus dem Ende des 15. u. dem Anfange des 16. Jahrhunderts: Dtsch. geogr. Bl. **26** (1903) 133-138 [Ha 2; 15]. – Albert Herrmann: Die ältesten Karten Deutschlands bis Gerhard Mercator u. ihre Bedeutung für die Gegenwart: Jahrb. Kartogr. 1 (1914) 68-71 (m. 1 Karte) [3]. – Erhard Etzlaubs Reisekarte durch Deutschland 1501. Mit einem Begleittext von Wilhelm Wolkenhauer [u. farb. faks. Karte] (Nikolassee/Berlin 1919) 13 S., 14 Nr., Lit.Verz. [14]. – Straßen- u. Reisekarten durch Deutschland von 1501: Antiquitäten-Rdsch. [Eisenach] 17 (1919) 221 [11]. – Karl Peucker: Einige Bemerkungen zur Geogr. des Geodäten Charles Lallemand: Geogr. Wschr. 2 (1934) 1061-1066 [3]. – Ernst Zinner: Die Fränkische Sternkunde im 11. bis 16. Jahrhundert: Ber. naturforsch. Ges. Bamberg 27 (1934) 10, 54, 63, 65, 76, 78, 88 [Ha 2]. – Ernst Zinner: Geschichte u. Bibliogr. der astron. Literatur in Deutschland zur Zeit der Renaissance (Leipzig 1941) 17, 46, 60, 87, 133, 148, 154, 155, 168, 171, 173, 176 [3]. – Herbert Krüger: Die Romweg-Karte Erhard Etzlaubs in ihren verschiedenen Ausgaben seit 1492: Petermanns Mitt. 88 (1942) 285-296 (m. 3 Abb. auf Taf. 36, 37) [3]. – Herbert Krüger: Die Romweg-Karte Erhard Etzlaubs vom Heiligen Jahr 1500 im Rahmen der zeitgenöss. Kartogr.: Arch. Post- u. Fernmeldewesen 2 (1950) 916-925 (m. 5 Karten) [101]. – H. Krüger: Das Heilige Jahr u. Erhard Etzlaubs Romweg-Karte: Erdkunde 4 (1950) 137-141 [101]. – Alfred Lück: Das ist der Romweg: Siegerland 27 (1950) 79-80 (m. Abb. [Ausschnitt aus einer Karte]) [101]. – Herbert Krüger: Das Rhein-Main-Gebiet auf Erhard Etzlaubs Straßenkarten aus den Jahren 1500 und 1501: Mainzer Z. Mittelrhein. Jahrb. Archäol., Kunst u. Gesch. 46/47 (1951/1952) 65-73 (m. 4 Abb.) [101]. – Leo Bagrow: Die Geschichte der Kartogr. (Berlin [1951]) 342 (Die Pilgerkarte nach Rom 1501. Süden ist oben. Taf. 62 S. 270) [101]. – Ernst Zinner: Astron. Instrumente des 11. bis 18. Jahrhunderts (München 1956) 93, 98, 99, 309-310, 603, 606, 614, 618 [Ha 2]. – (Werner Schultheiß): Martin Behaim u. die Nürnberger Kosmographen-Ausstellung im German. Museum Nürnberg 1957 (Nürnberg 1957) 8-9, 17 [Ha 117]. – Johannes Cochlaeus: Brevis Germaniae Descriptio (1512) mit der Deutschlandkarte des Erhard Etzlaub von 1512. Hrsg., übers. u. komm. von Karl Langosch (Darmstadt 1960) 198 S., 1 Karte [101]. – Bruno Kyewski: Über die Mercatorprojektion: Duisburger Forsch. 6 (Duisburg 1962) 115-130, besonders 124-125 m. 1 Karte [15].

I **EULER,** Johann Albrecht. Math., Physik., Astron. – 1754 o. Mitgl. Akad. Wiss. Berlin, 1758 Aufseher der Berliner Sternwarte; 1766 Prof. Physik u. Sekretär Akad. Wiss. St. Petersburg, 1776 Aufseher der dortigen Militär-Akad.

*1734, Nov. 16/27, Petersburg;
†1800, Sept. 6/18, Petersburg.

Ältester Sohn von Leonhard Euler.

Genealog. Karl Euler: Das Geschlecht Euler-Schölpi. Geschichte einer alten Familie (Gießen 1955) 266-270 (m. 1 Bildn. auf Bl. 15, Ahnentaf. X) [101].

Bibliogr. Cat. scient. Papers 2 (1868) 526-527 (7 Nr.) [3]. – Otto Köhnke: Gesammtregister über die in den Schriften der Akad. von 1700-1899 erschienenen wiss. Abh. u. Festreden (Berlin 1900) 85-86 [3]. – Paul Stäckel: Die Schriften Johann Albrecht Eulers nach den Druckjahren geordnet: Vjschr. naturforsch. Ges. Zürich 55 (1910) 76-90 [Ha 2]. – Cat. gén. Bibl. nat. 48 (1912) Sp. 763-764 (4 Nr.) [3]. – Brit. Mus. Gen. Cat. 69 (1960) Sp. 506 (7 Nr.) [3].

Briefe Rudolf Wolf: Notizen zur Geschichte der Math. u. Physik in der Schweiz. 9. Johann Albrecht Euler: Mitt. naturforsch. Ges. Bern 1847, 161-164 [2 Briefe an A. G. Kästner] 1. Petersburg, 26. 5./6. 6. 1769, S. 162-163; 2. Petersburg, 1./12. 9. 1769, S. 163-164 [Ha 2]. Briefe von Leonhard Euler u. von Johann Albert Euler an Wenzeslaus Johann Gust. Karsten: Allg. Mschr. Wiss. u. Lit. 1854, 325-349, besonders 341-349 (1762-1766) [11]. – Karl von Holtei: 300 Briefe aus zwei Jahrhunderten 1, 1 (Hannover 1872) 78-79 (St. Petersburg, 13. März 1786, wahrscheinl. an Spener, Berlin) [15]. – Lettre de Jean-Albert Euler à Condorcet. Saint-Pétersbourg, 15./26. 5. 1778: Bull. sci. math. Série 2, T. 3 (1879) 227-228 [11]. – [Immanuel] Kant, Briefwechsel 2 (Berlin 1900) 503-504 (Brief von J. A. Euler an Kant vom 29. Aug. 1794 aus Petersburg, Diplom über Kants Aufnahme als auswärt. Mitgl. der Petersburger Akad. Wiss.); 3 (Berlin 1902) 179 (von Kant an J. A. Euler nach dem 7. Juli 1797, nicht aufgefunden, auf einem Zettel notiert in Kants Nachlaß) (Kants gesammelte Schriften Bd. 11, 12, Abt. 2 Briefwechsel) [3]. – Johann Albrecht Euler an Joh. Heinr. Lambert. Petersburg, 4. Febr. 1772. In: Leonhard Eulers u. Joh. Heinr. Lamberts Briefwechsel. Hrsg. von Karl Bopp (1924) 38 (Abh. Preuß. Akad. Wiss. 1924, math.-phys. Kl., 2) [Ha 2; 3]. – Wilhelm Stieda: Johann Albrecht Euler in seinen Briefen 1776-1790. Ein Beitr. zur Geschichte der Akad. Wiss. St. Petersburg (Leipzig 1932) 43 S. (Ber. Sächs. Ges. Wiss., phil.-hist. Kl. 84, 1) [11]. – Brief an Christoph Gottlieb von Murr. 5. März 1773. St. Petersburg: Goethes Autographen-Sammlung (Weimar 1961) 63, Nr. 452 [3].

Nekr. Jean Albrecht Euler. Nova Acta Acad. Sci. Imp. Petrop. T. 15 (Petropoli 1806) Hist. 5-8 [B 4; 15]. – Markus Lutz: Nekrolog denkwürdiger Schweizer aus dem 18. Jahrhundert (Aarau 1812) 138-139 [15].

Biogr. Johann Bernoulli: Reisen durch Brandenburg, Pommern ... 4 (1779) 21-22 [11]. — Heinrich Pfenniger u. Leonhard Meister: Helvetiens berühmte Männer in Bildn. dargest. 2 (Zürich u. Winterthur 1784) 232-234 [UB Basel]. — Carl Joseph Bouginé: Handbuch der allgemeinen Litterargeschichte 3 (Zürich 1790) 467-468 [3]. — [Carlo] Denina: La Prusse littéraire sous Frédéric II ... 2 (Berlin 1790) 28-30 [3]. — Johann Georg Meusel: Das gelehrte Teutschland 2 (1796) 255, 256; 9 (1801) 313; derselbe: Lexikon der vom Jahre 1750 bis 1800 verstorbenen Teutschen 3 (1804) 208-211 [3]. — Nicollet: Biographie universelle, ancienne et moderne 13 (Paris 1815) 501-502 [3]. — Biographie nouvelle des contemporains 6 (1822) 418: Euler, Jean-Albert (m. Bildn.) [14]. — Edward von Muralt: Chronik der vereinigten französischen u. teutschen reformirten Gemeinde in St. Petersburg (Dorpat 1842) 49-50, 61 [15]. — Gartz: In: Ersch-Gruber I, 39 (1843) 72-73 [3]. — [Moritz] Cantor: ADB 6 (1877) 430 [3]. — Paul Stäckel: Johann Albrecht Euler: Vjschr. naturforsch. Ges. Zürich 55 (1910) 63-90 m. Schr.Verz. 76-90 [B 87; Ha 2]. — Hermann Thiersch: Zur Ikonographie Leonhard u. Johann Albrecht Eulers: Nachr. Ges. Wiss. Göttingen, phil.-hist. Kl. 1929 264-289 (m. 1 Bildn.) [3]. — Hermann Thiersch: Weitere Beitr. zur Ikonographie Leonhard u. Johann Albrecht Eulers: Nachr. Ges. Wiss. Göttingen, phil.-hist. Kl. 1930, 219-249 (m. 10 Bildn., 2 Abb. auf 6 Taf.) [3]. — Hermann Thiersch: Zwei vergessene Bildn. der beiden Mathematiker Euler: Forsch. u. Fortschr. 7 (1931) 409-410 (m. 2 Bildn.) [3]. — E. Winter: Die Registres der Berliner Akad. Wiss. 1746-1766. Dokumente für das Wirken Leonh. Eulers in Berlin zum 250. Geburtstag (Berlin 1957) siehe Reg. S. 386 [88].

Weitere Lit. Karl Stählin: Aus den Papieren Jacob von Stählins. Ein biogr. Beitr. zur deutsch-russischen Kulturgeschichte des 18. Jahrhunderts (1926) 295, 297-298, 300, 368, 372, 391 [3]. — Heinz Zeiss: Johann Peter Brinckmann in Rußland: Mitt. Gesch. Med. ⟨u.⟩ Naturwiss. 37 (1938) 314 [3]. — Eduard Fueter: Geschichte der exakten Wiss. in der Schweizer. Aufklärung (Aarau-Leipzig 1941) 150, 195, 220, 295 (Veröff. Schweizer. Ges. Gesch. Med. u. Naturwiss., 12) [101]. — Georg Faber in: Geist u. Gestalt. Biogr. Beitr. zur Gesch. Bayer. Akad. Wiss. 2 (München 1959) 39 [3]. — E. Winter: Die Briefe von Pallas an J. A. Euler. In: Lomonossow, Schlözer, Pallas. Deutsch-russ. Wissenschaftsbeziehungen im 18. Jahrhundert (Berlin 1962) 304-309 [3].

I,I Erg., IV, VI **EULER,** Leonhard. Math., Physik, Astron. — Studierte in Basel erst Theologie, dann Math. u. Physik, später Medizin, ging 1727 nach Petersburg als Adjunct der höh. Math., 1730 Prof. theoret. u. exper. Physik; 1741 Prof. Math. Akad. Berlin, 1744–1766 Direktor math. Klasse der Akad.; 1766 Rückkehr an die Akad. in Petersburg. Erblindete 1735 auf einem, 1766 auf beiden Augen.

*1707, Apr. 15, Basel;
†1783, Sept. 7/18, St. Petersburg.

Genealog. Fr. Burckhardt: Zur Genealog. der Familie Euler in Basel: Basler Jahrb. 1908, 69-105 (m. 1 Bildn. u. 3 Stammtaf.) [15]. — Fritz Burckhardt: Zur Genealog. der Familie Euler in Basel: Verh. naturforsch. Ges. Basel 19 (1908) 122-136 (m. Bildn. ⟨Taf.⟩ nach S. 244) [14]. — Stammbaum der Nachkommen Leonhard Eulers in Rußland: Nachr. Ges. Wiss. Göttingen, phil.-hist. Kl. 1930, 1 Bl. nach S. 218 [3]. — Ernst Moog: Aus der Geschichte der Familie Euler: Die Heimat. Mitt. Ver. Heimatkde Crefeld u. Uerdingen 5 (1926) 41-44 (m. 3 Bildn.: Johanna Caroline Euler, Gebr. Granzky; Aug. Peter Euler; Philippine Juliane Euler geb. Saubersheimer) [1a]. — Karl Euler: Das Geschlecht Euler-Schölpi. Geschichte einer alten Familie (Gießen 1955) 254-274 (m. Ahnentaf. X, Bildn. m. Faks. Bl. 13 u. Faks. Brief: Berlin 15. Mai 1754) [101].

Zur Herausgabe der Werke Eulers Liste complette des ouvrages de Monsieur Euler: In: Nicolas Fuss. Éloge de Mr. Leonhard Euler (1783) 74-124. — Vollständiges Verz. der Schriften des Herrn Leonhard Euler. In: N. Fuss, Lobrede auf Herrn Leonhard Euler (Basel 1786) 123-181 [11]. — Lauro Clariana Ricart: Euler y sus obras. Memoria el dia 20 de diciembre de 1892: Mem. R. Acad. ciencias y artes Barcelona 1 (1892-1900) 241-254 [Ha 2]. — Ferdinand Rudio: Der Plan einer Gesamtausgabe von Eulers Werken: Vjschr. naturforsch. Ges. Zürich 52 (1907) 542-546; 53 (1908) 605-611 [B 4]; Forts.: Die Eulerausgabe 54 (1909) 463-480. — Der Briefwechsel zwischen C[arl] G[ustav] J[akob] Jacobi u. P[aul] H[einrich] von Fuss über die Herausgabe der Werke L. Eulers. Hrsg., erl. u. durch einen Abdr. der Fußschen Liste der Eulerschen Werke ergänzt von Paul Stäckel u. Wilhelm Ahrens (Leipzig 1908) XI, 184 S. m. Bildn. auf Vortitel [14]; auch in: Bibliotheca math. (3) 8 (1908) 233-306 [15]. — Felix Müller: Umfang der einzelnen Abh. Leonhard Eulers (Eine Ergänzung des Hagenschen Index u. der Fußschen Liste): Jber. Dtsch. Math. Ver. 17 (1908) 313-318 [11]. — Felix Müller: Über Pläne zur Herausgabe von Abh. Leonhard Eulers: ebda 333-339 [3]. — Gesamtausgabe der Werke Eulers: Math.-

naturwiss. Bl. 6 (1909) 96 [11]. – Paul Stäckel: Entwurf einer Einteilung der sämtl. Werke Leonhard Eulers: Vjschr. naturforsch. Ges. Zürich 54 (1909) 261-288 [B 4]. – Felix Müller: Herrn P. Stäckels Kritik meiner Abh. im 17. Bande der Jahresberichte: Jber. Dtsch. Math. Ver. 19 (1910) 25. – Paul Stäckel: Umfang der einzelnen Abh. Leonhard Eulers. Bemerkungen ... zu der Müllerschen Liste: ebenda 25-29 [3; 15]. – Ferdinand Rudio: Die Herausgabe der sämtl. Werke Leonhard Eulers: Intern. Wschr. Wiss., Kunst u. Techn. 4 (1910) Sp. 85-92 [B 4]. – Andreas Speiser: Bericht über die Herausgabe der Werke Leonhard Eulers: Verh. Schweiz. naturforsch. Ges. 115 (1934) 271-272 [Ha 2]. – Leonhard Euler. Aufruf für die Herausgabe seiner Werke: Schweizer. techn. Z. 16 (1941) 375-376 (m. Bildn.) [101]. – Kurt-R. Biermann: Versuch einer Leonhard-Euler-Ausgabe von 1903/1907 u. ihre Beurteilung durch Max Planck: Forsch. u. Fortschr. 37 (1963) 236-239 [3].

Werke Leonardi Euleri Opera omnia. Sub auspiciis Societatis scientiarum naturalium Helveticae ed. curav. ... Lipsiae et Berolinii, später Turici [101]: **Ser. 1** Opera mathematica. Vol. **1** (1911), **2** (1915), **3** (1917), **4** (1941), **5** (1944), **6** (1921), **7** (1923), **8** (1922), **9** (1945), **10** (1913), **11** (1913), **12** (1914), **13** (1914), **14** (1925), **15** (1927), **16** (1935), **17** (1914), **18** (1920), **19** (1932), **20** (1912), **21** (1913), **22** (1936), **23** (1938), **24** (1952), **25** (1952), **26** (1953), **27** (1954), **28** (1955), **29** (1956); **Ser. 2** Opera mechanica et astronomica. Vol. **1, 2** (1912), **3** (1948), **4** (1950), **5, 6** (1957), **7** (1958), **8** (1964), **9** (1968), **10** (1947), **11,1** (1957), **11, 2** (1960), **12** (1954), **13** (1955), **14** (1922), **15** (1957), **18** (1967), **22** (1958), **25** (1960), **28** (1959), **29, 30** (1961); **Ser. 3** Opera physica. Miscellanea. Epistolae. Vol. **1** (1926), **2** (1942), **3** (1911), **4** (1912), **5, 6** (1962), **7** (1964), **8** (1969), **11, 12** (1960). – Es folgt eine Auswahl von Werken Eulers, die in neuerer Zeit gesondert erschienen sind: Leonhard Euler: Vollständige Anleitung zur Algebra (Leipzig 1885) 527 S.; (Leipzig 1920) 527 S.; unter Mitwirkung von Joh. Niessner in rev. Fassung neu hrsg. von Jos. Ehrenfr. Hofmann (Stuttgart 1959) 571 S. [101]. – W. A. Oldfather, C. A. Ellis and D. M. Brown: Leonard Eulers elastic curves (De curvis elasticis) (Lausanne et Genève 1744). Translated and annoted: Isis 20 (1933) 72-160 [Ha 2]. – In: Ostwalds Klassiker der exakten Naturwiss.: Nr. 46: Abh. über Variationsrechnung 1. Teil: Abh. von Joh. Bernoulli (1696), Jacob Bernoulli (1697) u. Leonh. Euler (1744). Hrsg. von P. Stäckel. Mit 19 Textfig. (Leipzig 1894) 144 S. [15]; Nr. 73: L. Euler: 2 Abh. über sphär. Trigonometrie (1753, 1779). Übersetzt u. hrsg. von E. Hammer. Mit 6 Fig. (Leipzig 1896) 65 S. [15]; Nr. 93: L. Euler: 3 Abh. über Kartenprojektion (1777) hrsg. von A. Wangerin. Mit 9 Fig. (Leipzig 1898) 78 S. [101]; Nr. 175: Abh. über das Gleichgewicht u. die Schwingungen der ebenen elastischen Kurven von Jacob Bernoulli (1691, 1694, 1695) u. L. Euler (1744). Übersetzt u. hrsg. von H. Linsenbarth. Mit 35 Fig. (Leipzig 1910) 126 S. (Euler: 18-99) [101]; Nr. 182: L. Euler: Vollständige Theorie der Maschinen, die durch Reaktion des Wassers in Bewegung versetzt werden. Hrsg. von Ernst A. Brauer u. M. Winkelmann. Mit 1 Taf. (Leipzig 1911) 94 S. [101]; Nr. 226: L. Euler: 3 Abh. über die Auflösung der Gleichungen (1738, 1764, 1790). Übersetzt u. hrsg. von Samson Breuer (Leipzig 1928) 94 S. [101].

Bibliogr. Vollständiges Verzeichnis der Schriften des Herrn Leonhard Euler. In Fuß: Lobrede auf Herrn Leonhard Euler (Basel 1786) 123-181 [11]. – Cat. scient. Papers 2 (1868) 527-529 (78 Nr.); 9 (1891) 815 (1 Nr.) [3]. – Joseph Bertrand: Euler et ses travaux: Journal des savants **1868**, 133-152; darin Briefe [1]. – Joh. G[eorg] Hagen: Index operum Leonhardi Euleri (Berolini 1896) VIII, 80 S. [14]. – G. Eneström: Randnoten zu Felix Müllers bibliogr. Artikeln über Euler: Jber. Dtsch. Math. Ver. 17 (1908) 405-407 [3]. – Gustaf Enestroem: Verzeichn. der Schriften Leonhard Eulers (Leipzig 1910-1913) 388 S. (Jber. Math. Ver., Erg.-Bd. 4) [101]. – Cat. gén. Bibl. nat. 48 (1912) Sp. 764-775 (73 Nr.) [3]. – A[leksej] N[ikolaevic] Krylov: Leonard Ejler. Doklad ... pročit. na toržestv. zasedanii Akad. nauk SSSR 5 oktobrja 1933 (Leningrad 1933) 39 S. (Bildn.). – Brit. Mus. Gen. Cat. 69 (1960) Sp. 506-512 (98 Nr.) [3].

Briefe Lettres concernant le jugement de l'Académie (Berlin 1752) 85 S.; Lettre de M. Euler à M. Merian. 3. Sept. 1752 (lat. u. franz.); Maupertuis an Euler undat. (franz.) 50-55; Merian an Euler undat. (lat. u. franz.) 56-85 [1]. – F. Heinrich: Markgraf zu Brandenburg-Schwedt an Leonhard Euler, Schwedt, 18. Okt. 1780. In: J. Bernoullis Sammlung kurzer Reisebeschreibungen Jg. 1781 Bd 2, 269-271 [11]. – Leonhard Eulers Briefe über verschiedene Gegenstände aus der Naturlehre. Nach der Ausgabe der Herren Condorcet u. de la Croix übers. ... von Friedrich Kries. 1-3 (Leipzig 1792-1794) 1, XXVIII, 547 S., 4 Taf.; 2, VIII, 384 S., 2 Taf.; 3, VIII, 424 S., 3 Taf. [3]. – Pierre Prevost: Notice de la vie et des écrits de George-Louis Le Sage de Genève (Genève 1805) 381-390. 1. L. E. an Le Sage, Berlin, 13. Oct. 1761; 2. L. E. an Le Sage, Berlin 16 Avr. 1763; 3. Le Sage an Euler, Genève, 9. Août 1765; 4. L. E. an Le Sage, Berlin, 8. Sept. 1765 [3]. – Paul Henri Fuss: Correspondence mathématique et physique de quelques célèbres géomètres du XVIII siècle; précédée d'une notice sur les travaux de L. E. tants imprimés qu'inédits, 2 Bde (St. Pétersbourg 1843) [Brit. Mus.]; darin: Liste complète et systématique des ouvrages de L. E., I, S. LVII-CXXI. Ergänzt in: Euler, Commentationes arithmeticae collectae 1 (Petropoli 1849) LXXXVII, 584 S.; 2 (1849) VIII, 651 S. u. in: Euler, Opera postuma math. et physica, 2 Bde (Petropoli 1862) [14; 15]. – R[udolf] Wolf: Auszüge aus Briefen an Albrecht von Haller, mit litterar.-histor. Notizen: Mitt. naturforsch. Ges. Bern **1846**, 27-28: L. E. an A. von Haller, Berlin 4. Juli 1744 [Ha 2]. – Briefe von Leonhard Euler u. Johann Albrecht Euler an Wenzeslaus Joh. Gust. Karsten: Allg. Mschr. Wiss. u. Lit. **1854**, 325-349 (L. E. 1758-1765, S. 327-340) [11]. – Auszug aus einem Briefe des Danziger Raths C. G. Ehler an L. E., Gedani, 27. 11. 1736. In: Christian Wolff, Briefe 1719-1753 (St. Petersburg-Leipzig 1860) 236-237 [11]. – Leonhard Euler an G. B. Bülffinger. 2 lat. Briefe: Petropoli 10. 7. 1738 (S. 232); ebenda 3. 11. 1738 (S. 233-235). In: Christian Wolff, Briefe aus den Jahren 1719-1753 (St. Petersburg-Leipzig 1860) 232-235 [3]. – Christian Wolff: Briefe aus den Jahren 1719-1753. Ein Beitr. zur Geschichte der Akad. Wiss. St. Petersburg (St. Petersburg 1860) 85, 86, 110, 138, 143, 150, 153, 156, 200, 204, 215, 216, 232, 233, 236 [3]. – Correspondance de Lagrange avec Euler. In: Oeuvres de Lagrange **14** (Paris 1892) 133-245 [3]. – Maupertuis et ses correspondants. Lettres inédites du Grand Frédéric, du Prince Henri du Prusse u. a. par A. Le Sueur (Montreuil sur mer 1896) siehe Reg. S. 444 [3]. – G. Eneström: Der Briefwechsel zwischen Leonhard Euler u. Johann I. Bernoulli: Bibliotheca math. (3) **4** (1903) 344-388 (I: 1727-1731), **5** (1904) 248-291 (II: 1736-1738) [14]. – G. Eneström: Der Briefwechsel zwischen Leonhard Euler u. Daniel Bernoulli: Bibliotheca math. (3) **7** (1906/1907) 126-156 [14]. – Marquis d'Argenson: [Brief] an Leonhard Euler. Versailles, le 15 juin 1755. In: Leonhard Euler, Opera omnia (1) **1** (1911) LXXXIV [Anmerk.] [betr. Eulers Ernennung zum auswärtigen Mitglied der Pariser Akademie] [3]. – G. Bigourdon: Les lettres de Leonhard Euler dans la correspondence de J.-N. Delisle: C.R. Acad. Sci. Paris **161** (1915) 81-87 [3]. – Herm. Degering, Karl Christ u. Julius Schuster: Aus der Handschriften-Abt. der Preuß. Staatsbibl.: Abh. u. Nachbildungen von Autographen (Berlin 1922) S. 3 Euler an Dorville, 27. 7. 1765; S. 3-4 Dorville an Euler, 3. 2. 1766; S. 22-23 Euler an Dorville, 4. 2. 1766 [3]. – Leonhard Eulers u. Johann Heinrich Lamberts Briefwechsel. Aus dem Manuskript hrsg. von Karl Bopp (Berlin 1924) 45 S. (Abh. Preuß. Akad. Wiss. 1924, Phys.-math. Kl., Nr. 2) [3; Ha 2]. – Paul Stäckel: Ein Brief Eulers an d'Alembert [Berlin, 15. Febr. 1748]: Bibliotheca math. (3) **11** (1935) 220-226 [14]. – Archiv istorii nauki i techniki **8** (1936) 327-358. Zusammenfassung: La mission à l'étranger de l'académicien Lexell (1780-1781) 358; darin 6 Briefe Lexells an Euler (franz. nebst russ. Übersetzung) [1a]. – Leonhard Euler: Lettere a una principessa tedesca. A curo di Gianfranco Cantelli (Torino 1958) XXVIII, 962 S., Abb. (Classici della scienza, 2). – A. P. Juškevič, E. Winter, P. Hoffmann Hrsg.: Die Berliner u. die Petersburger Akad. Wiss. im Briefwechsel Leonhard Eulers. 1. Der Briefwechsel Leonhard Eulers mit G. F. Müller, 1735-1767 (Berlin 1959) 327 S. (Quellen u. Studien z. Gesch. Osteuropas, 3) [3; 14]. – L. Roth: Galileo and Euler as popular expositors: Nature [London] **185** (1960) 717-718. – Leonard Ėjler: Pis'ma k učenym [Briefe an Gelehrte] (Moskva 1963) 395 S. [14]. – Leonhard Euler: Briefe an eine deutsche Prinzessin über verschiedene Gegenstände aus der Physik u. Philosophie. Philos. Auswahl hrsg. von Gustav Kröber (Leipzig 1965) 204 S. (Reclams Universal-Bibl., 239) [14]. – Leonhard Euler u. Christian Goldbach. Briefwechsel 1729-1764. Hrsg. u. eingeleitet von A. P. Juškevič u. E. Winter (Berlin 1965) X, 420 S. (Abh. Dtsch. Akad. Wiss. Berlin, Kl. Philos., Gesch., Staats-, Rechts- u. Wirtschaftswiss. 1965, Nr. 1) [101].

Nekr. Nicolas Fuss: Éloge de Monsieur Léonard Euler, lu à l'Académie impériale des sciences, dans son assemblée du 23 Octobre 1783. Avec une liste complette des ouvrages de M. Euler (St. Pétersbourg 1783) 124 S. [3]. – Nicolaus Fuss: Lobrede auf L. Euler in der Versammlung der Akad. Wiss. St. Petersburg, 23. 10. 1783 (Basel 1786) 181 S. [11; 14]. – Physikal. Taschenbuch für Freunde der Naturlehre u. Künstler. Hrsg. von J. G. Tralles (Göttingen 1786) 234-267 [27]. – Markus Lutz: Nekrolog denkwürdiger Schweizer aus dem 18. Jahrhundert (Aarau 1812) 600 S.; L. Euler: 140-158 [15].

Biogr. Leonhard Meister: Helvetiens berühmte Männer **2** (Zürich-Winterthur 1784) 217-236 (m. Bildn.) [15]. – Denina: La Prusse littéraire **2** (Berlin 1790) 30-38 [3]. – Friedrich Carl Gottlob Hirsching: Histor.-literar. Handbuch berühmter u. denkwürdiger Personen **2** (Leipzig 1795) 157-166 (m. Schr.-Verz.) [3]. – C. G. Salzmann: Denkwürdigkeiten aus dem Leben ausgezeichneter Teutsche des 18. Jahrhunderts (Schnepfenthal 1802) 249-255 [3]. – Johann Georg Meusel: Lexikon der vom Jahre 1750 bis 1800 verstorbenen teutschen Schriftsteller **3** (1804) 212-244 [3]. – Lacroix: Biographie universelle, ancienne et moderne **13** (Paris 1815) 494-501 [3]. – [Johann Christian] Gartz: In: Ersch-Gruber: Allgemeine Encyklopädie der Wiss. u. Künste **39** (Leipzig 1843) 66-72 [3]. – K[arl] R[udolph] Hagenbach: Leonhard

Euler, als Apologet des Christenthums (Basel 1851) 32 S.; darin Eulers Schrift: Rettung der göttlichen Offenbarung gegen die Einwürfe der Freygeister (Berlin 1747) 9-26; Anm. zu dem math. Theil der Schrift 31-32 [UB Basel]. — Rudolf Wolf: Biogr. zur Kulturgeschichte der Schweiz 4 (Zürich 1862) 87-134 [3; 11]. — Peter P. Pekarskij: Katharina II. u. Leonhard Euler: Zapiski imp. akademij nauk 6 (1864/1865) 59-92 (m. L. E. Autobiogr. im Anhang] [21]. — Carl Fr. Ph. von Martius: Erinnerung an frequentierende Mitglieder der math.-phys. Classe. Akad. Denkreden (Leipzig 1866) 553-554; derselbe, Erinnerung an Mitglieder der math.-physikal. Classe der Bayer. Akad. Wiss. Eine Rede (München 1859) 4, 58-60 [3]. — Moritz Cantor: ADB 6 (1877) 422-430 [3]. — Ferdinand Rudio: Leonhard Euler (Basel 1884) 24 S. (Oeffentl. Vorträge geh. in der Schweiz, 8, 3) [1a; 15]; Wiederabdruck: Vjschr. naturforsch. Ges. Zürich 53 (1908) 456-470 [1a; B4; 15]. — Ernest Lebon: Histoire abrégée de l'Astronomie (Paris 1899) 54, 58-59, 60, 61, 65, 72, 75, 208, 241 [11]. — Adolf Harnack: Geschichte der Preuß. Akad. Wiss. 1 (Berlin 1900) siehe Reg. [3]. — Felix Müller: Über eine Biogr. L. Eulers vom Jahre 1780 u. Zusätze zur Euler-Literatur: Jber. Dtsch. Math. Ver. 17 (1904) 36-39 [3]. — Herm. J. Klein: Sirius 40 (1907) 133-139 [Bibl. Astron. Inst.U München]. — Wilhelm Lorey: Abh. naturforsch. Ges. Görlitz 25, 2 (1907) 235-254 [Ha 2]. — Rudolf Fueter: Neue Zürcher Ztg. 1907, Nr. 103 vom 14. Apr. 1907; Nr. 104 vom 15. Apr. 1907 [ZB Zürich]. — Ferdinand Rudio: Leonhard Euler: Vjschr. naturforsch. Ges. Zürich 53 (1908) 456-470 [Ha 2]. — Paul Staeckel: Johann Albrecht Euler: Vjschr. naturforsch. Ges. Zürich 55 (1910) 63-90 (m. Schr.Verz.), besonders 63-64, 67-68, 69, 71-73 [Ha 2]. — Albrecht Burckhardt: Geschichte der med. Fakultät zu Basel 1460-1900 (Basel 1917) 207, 223, 237, 238 [3]. — Histor.-biogr. Lexikon der Schweiz 5 (Neuenburg 1926) 90 (m. Bildn.) [3]. — Otto Spiess: Leonhard Euler. Ein Beitr. zur Geistesgesch. des 18. Jahrhunderts (Frauenfeld-Leipzig 1929) 227 S. (Die Schweiz im dtsch. Geistesleben, 63/64) [11]. — Schweizer im Ausland. Von ihrem Leben u. Wirken in aller Welt (Genf [1931]) 105-107 (m. Bildn. 272) [101]. — Rudolph E. Langer: The life of Léonard Euler: Scripta math. 3 (1935) 61-66, 131-138 [7; 15]. — Alfred Loewy: Blinde große Männer. 11 Biogr. (Zürich [1935]) 73 S., besonders 23-28 [12; 101]. — Leonhard Euler [Leonard Euler] Trudy instituta istorii nauki techniki [Arbeiten des Instituts für Geschichte der Wiss. u. der Technik] (II), H. 1, (Moskva 1935) 238 S. [3]. — Bogislav von Selchow: Deutsche Köpfe im Zeitalter Friedrichs des Großen (Leipzig 1936) 94-101 [101]. — Gerhard Kowalewski: Große Mathematiker (Berlin-München 1938) 173-186 (m. Bildn. u. Faks.) [3]. — Andreas Speiser: Leonhard Euler. In: Große Schweizer (Zürich [1938]) 278-283 (m. Bildn. 276) [101]. — J. Strebel: Zur Erblindung des Mathematikers Leonhard Euler: Schweiz. med. Wschr. 68 (1938) 698-699 [101]. — Andreas Speiser: Die Basler Mathematiker. 117. Neujahrsblatt. Hrsg. von der Ges. zur Beförderung des Guten u. Gemeinnützigen (Basel 1939) 39-51 (m. Bildn.) [101; UB Basel]. — Andreas Speiser: In: Große Schweizer Forscher (Zürich 1939) 117-119 (m. Bildn.) [3]. — Hans Falkenhagen: Die Naturwiss. in Lebensbildern großer Forscher (Stuttgart 1948) 7, 11, 30-32, 40, 150 [3]. — Rudolf Fueter: Leonhard Euler: Elemente Math., Beih. 3, (Basel 1948) 24 S. (m. Bildn.) (Kurze Mathematiker-Biogr.) [Stadt- u. UB Bern]. — F. P. Otradnych: Matematik XVIII veka i Akademik Leonard Ejler (Moskva 1954) 36 S. [russ.] [Die Mathematik des 18. Jahrhunderts u. Leonhard Euler] [1]. — Joachim Otto Fleckenstein: Leonhard Euler 1707-1783. In: Die großen Deutschen. Dtsch. Biogr. 2 (Berlin 1956) 159-171 (m. Bildn.) [3]. — Willi Hoepp: Leben u. Werk des großen Gelehrten M. W. Lomonossow (Leipzig-Jena 1956) 21 (Schr.-Reihe Ges. Verbreit. wiss. Kenntn., A. 13) [14]. — Andreas Speiser: NDB 4 (1959) 688-689 [3]. — Andreas Speiser: Basler Mathematiker des 18. Jahrhunderts (Olten-Lausanne 1959) 179 S. [14].

Zum 100. Todestag Die Basler Mathematiker Daniel Bernoulli u. Leonhard Euler (Basel 1884) 95 S. (Verh. naturforsch. Ges. Basel, 7, Anh.) [1; 14]. — Ferdinand Rudio: Leonhard Euler (Basel 1884) 24 S. (Öffentl. Vorträge, geh. in der Schweiz, 8, 3) [14].

Zum 150. Todestag B. J. Baidaff: Boletín matemático 6 (1933) 81-88. — Gerhard Spohr: Württ. Lehrerzeitg. 93 (1933) 496-497 [101]. — Max Zacharias: VDI-Nachr. 13 (1933) Nr. 37, S. 2 [101]. — [Karel] P[etr]: Časopis Pěstov. Math. a Fys. 63 (1933) 67-72 [UB Prag]. — Wilhelm Lorey: Unterrichtsbl. Math. ⟨u.⟩ Naturwiss. 39 (1933) 265-267 [11]. — Wilhelm Lorey: Umschau 37 (1933) 737-738 (m. Bildn.) [15].

Zum 200. Geburtstag Wilhelm Ahrens: Leonhard Eulers Werke: Math.-naturwiss. Bl. 4 (1907) 105-106 [37]. — Jber. Dtsch. Math. Ver. 16 (1907) 328-333, 555-558 [Ha 16]. — Physik. Z. 8 (1907) 225-232, 856-869 [Ha 15]. — Johann Heinrich Graf: Berner Heim 19-21 (1907) 24 S. (Sonntagsbeil. zum Berner Tagblatt, Bern 1907) [LB Bern]. — Edm[und] Hoppe: Die Verdienste Eulers um die Optik: Verh. Dtsch. physik. Ges. 9 (1907) 534-538 [Ha 2]. — W. Hort: Die Bedeutung Eulers für die wiss. Techn.: 79. Versamml. Ges. Dtsch. Naturforscher u. Ärzte 15.-21. Sept. 1907 T. 2, H. 1, S. 7 [3]. — John. Meier:

Festakt Univ. Basel (Basel 1907) 21 S. [14]. – Felix Müller: Bibliogr. – Histor. zur Erinnerung an Leonhard Euler: Jber. Dtsch. Math. Ver. **16** (1907) 185-195 (m. Bildn.) [3]. – Felix Müller: Leopoldina **43** (1907) 91-94 [Ha 2]. – Felix Müller: Vortrag: Unterrichtsbl. Math. ⟨u.⟩ Naturwiss. **13** (1907) 97-104 [3]. – Ferdinand Rudio u. Karl Schröter: Notizen zur schweizerischen Kulturgeschichte 21: Vjschr. naturforsch. Ges. Zürich **52** (1907) 537-558 [Ha 2; B 4]. – Sophie Schulz-Euler: Ein Lebensbild zu seinem 200. Geburtstage, nach Quellen u. Familienpapieren bearb. (Frankfurt/M. 1907) 39 S. m. 2 Bildn. [1a]. – Paul Stäckel: Eulers Verdienste um die elementare Mathematik: Z. math. u. naturwiss. Unterr. **38** (1907) 300-307 [11]. – K. Vondermühll: Biogr. u. Würdigung Eulers. In: Festakt der Univ. Basel (Basel 1907) 4-13 [UB Basel]. – Festschr. zur Feier des 200. Geburtstages von Leonhard Euler. Hrsg. vom Vorstand der Berliner math. Ges. (Leipzig-Berlin 1907) 137 S., 2 Bildn. m. Faks. (Abh. Gesch. math. Wiss., 25) [11; 14].

Zum 250. Geburtstag Kurt-R. Biermann: Wiss. Ann. **6** (1957) 503-504 [3]; Wissen u. Leben **2** (1957) 282-284, 288 (m. 1 Bildn., 1 Abb.) [3]. – Leonhard Bittner: Fachschule **5** (1957) 150-151 [3]. – M. A. Lavrent'ev, A. P. Juškevič u. A. T. Grigoŕjan [Red.]: Leonard Ejler. Sbornik statej v čest' 250-letija so dnja roždenija, predstavlennych Akademii nauk SSSR [Leonhard Euler. Sammelband der zu Ehren des 250. Geburtstages Leonhard Eulers der Akad. Wiss. der UdSSR vorgelegten Abh.] (Moskva 1958) 610 S., Farbbildn., 10 Bildn., 10 Faks., 14 Abb., 21 Fig., 1 Tab. [1]. – Die Registres der Berliner Akad. Wiss. 1746-1766. Dokumente für das Wirken Leonhard Eulers in Berlin. Hrsg. von ... Eduard Winter (Berlin 1957) XIII, 393 S., Titelbildn. [14]. – Die deutsch-russ. Begegnung u. Leonhard Euler. Beitr. zu den Beziehungen zwischen der deutschen u. der russ. Wiss. u. Kultur im 18. Jahrhundert. Hrsg. in Verbindung mit P. N. Berkov, N. A. Figurovskij u. V. P. Zubov von E[duard] Winter (Berlin 1958) VIII, 196 S. (Quellen u. Studien zur Geschichte Osteuropas, 1) [14]. – Sammelband der zu Ehren des 250. Geburtstages L. Eulers der Dtsch. Akad. Wiss. Berlin vorgelegten Abh. unter verantwortl. Redaktion von Kurt Schröder (Berlin 1959) X, 336 S. [3; Ha 2; 88]; darin u. a.: Kurt-R. Biermann: Einige Euleriana aus dem Archiv der Deutschen Akad. Wiss. Berlin 21-34.

Weitere Lit. [I. H. S. Formey]: Souvenirs d'un citoyen **1** (Berlin 1789) 159-161 [3]. – Samuel Bauer: Geschichtserzählungen großer u. seltener Menschen unseres Zeitalters, aus den ersten u. richtigsten Quellen genommen **2** (Leipzig 1798) 227-229 (Vorrede unterz. A.B.R.S.U.) [1]. – Carl Joseph Bouginé: Handbuch der allgemeinen Litterargeschichte **3** (Zürich 1790) 465-467; **6** (Zürich 1800) 331 [3]. – Samuel Baur: Gallerie histor. Gemälde aus dem 18. Jahrhundert **2** (Hof 1804) 88-93 [14]. – George-Louis Le Sage: Notice de la vie et des écrits de G.-L. Le Sage de Genève ... rédigée d'après ses notes par Pierre Prévost. Suivie d'une opuscule de Le Sage sur les causes finales, d'extraits de sa correspondance avec divers savans ... telles que ... Euler ... (Genevè 1805) VIII, 607 S. [14]. – Julius Schneller: Hinterlassene Werke **3** (Leipzig-Stuttgart 1834) 213: Euler: „Vieles bestimmt Er math. mit Ziff. u. Buchstab, Aber die Stunde des Tods - bleibt unbekannter als X" [11]. – A(ugust) Tholuck: Vermischte Schriften größtenteils apolegetischen Inhalts **1** (Hamburg 1839) 351-362 [3]; 2. Aufl. (Gotha 1867) [11]. – Mitt. naturforsch. Ges. Bern **1845**, 38, 74, 77, 81-82 (Erwähnungen in Briefen von Samuel König an Albrecht von Haller); **1846**, 137, 170, 218, 235 (Erwähnung in Briefen an A. von Haller) [Ha 2]. – F. Giesel: Geschichte der Variationsrechnung: Programmschr. Gymnasium Torgau (Torgau 1867) 45 S., 1 Taf., passim [3]. – Hippolyte Kluyskens: Des hommes célèbres ... **1** (Gent 1859) 288-289 [14]. – Fr[itz] Burckhardt-Brenner: Leonhard Eulers Lehre vom Licht: Ber. über das Humanist. Gynasium zu Basel **1869** (Basel 1869) 26 S. [UB Basel]. – August Heller: Geschichte der Physik **2** (Stuttgart 1884) 376, 385, 388, 389, 390, 392-400, 402, 403, 407, 414, 417, 423, 531, 578, 607, 621, 720, 733 [3]. – Ludwig Hirzel: Wieland u. Martin u. Regula Künzli (Leipzig 1891) 55 [ZB Zürich]. – Eugen Dreher: Leonhard Euler wider Robert Mayer: Die Natur (Halle) **43** N.F. **20** (1894) 193-196, 205-207 [Ha 2; 3]. – Joseph Louis Lagrange: Zusätze zu Eulers Elementen der Algebra. Unbestimmte Analysis. Aus dem Französ. übers. von A. J. von Oettingen. Hrsg. von H. Weber (Leipzig 1898) 171 S. (Ostwalds Klassiker der exakten Wiss., 103) [14]. – P. J. Möbius: Über die Anlage zur Math. (Leipzig 1900) 53-56 (m. Bildn.) [14; 15]. – Leo Koenigsberger: C. G. J. Jacobi. Festschr. zur Feier der 100. Wiederkehr seines Geburtstages (Leipzig 1904) siehe Reg. [3]. – Anton von Braunmühl: Mitt. Gesch. Med. ⟨u.⟩ Naturwiss. **7** (1908) 1-14 [3; 11]. – Bericht der Schweizerischen Eulerkommission für das Jahr 1908/1909: Jber. Dtsch. Math. Ver. **18** (1909) Abt. 2, S. 133-143 [15]. – Paul Stäckel: Variierte Kurven bei Daniel Bernoulli u. Leonhard Euler: Arch. Gesch. Math., Naturwiss. Techn. **1** (1909) 293-300 [3]. – L[ouis] Gustav[e] Du Pasquier: Über Leonhard Eulers Verdienste um die Wahrscheinlichkeitsrechnung u. deren Anwendungen: Wissen u. Leben (Zürich) **5** (1909/1910) 619-631 [16]. – Paul Staeckel: Geltung u. Wirksamkeit der Math. (Karlsruhe 1910) 21-38 [3]. – Florian Cajori:

On Michel Rolles Book "Methode pour résoudre les égalitez "and the history of Rolles theorem": Bibliotheca math. (3) 11 (1910/1911) 300-313 [14]. — Friedrich Schulze: B. G. Teubner 1811-1911 (Leipzig 1911) Bildn. S. 272 [3; 14]. — H[einrich] Wieleitner: Der Begriff der Zahl in seiner log. u. histor. Entwicklung (Leipzig-Berlin 1911) 15, 62, 65 [14] — Philipp E. S. Jourdain: Maupertuis and the principle of least action: The Monist 22 (1912) 414-459, besonders 429-430 [11]. — F. Paul Liesegang: Von der Camera obscura bis zum Kinematographen: Mitt. Gesch. Med. ⟨u.⟩ Naturwiss. 13 (1914) 571-572 [3]. — Georg Forsters Briefe an Christian Friedrich Voß. Hrsg. von Paul Zincke (Dortmund 1915) 37, 145, 150, 165 [3]. — W. Ahrens: Mathematiker-Anekdoten, 2. Aufl. (Leipzig-Berlin 1920) 4-8, 10, 30 (m. Bildn.) (Math.-Physik. Bibl., 18) [101]. — Rudolf Brennecke: Die Verdienste Leonhard Eulers um den Potentialbegriff: Z. Physik 25 (1924) 42-45 [101]. — Charles M. van Deventer: Grepen uit de Historie der Chemie (Haarlem 1924) 310, 311 [1a]. — Karl Stählin: Aus den Papieren Jacob von Stählins. Ein biogr. Beitr. zur deutsch-russ. Kultur-Geschichte des 18. Jahrhunderts (Königsberg 1926) 40, 50, 51, 96, 172, 213, 294-295, 343, 368, 372, 391, 414, 427 [3]. — Florian Cajori: Frederic the Great on mathematics and mathematicians: Amer. math. Monthly 34 (1927) 122-130 [11]. — Louis Gustave Du Pasquier, Leonhard Euler et ses amis (Paris 1927) 131 (m. Bildn.) [1a]. — Fritz Malsch: Geschichte der Math. (Leipzig 1928) 103-105 (m. Bildn. S. 81) [3]. — K[arl] Bopp: L. Eulers u. J. H. Lamberts Bemühungen um die Herausgabe der Werke Keplers. In: Bopp: Drei Untersuchungen zur Geschichte der Math.: Schriften der Straßburger Wiss. Ges. Heidelberg N. F. 10 (1929) 1-4 [11]. — Wilhelm Stieda: Die Übersiedlung Leonhard Eulers von Berlin nach St. Petersburg (Leipzig 1931) 62 S. (Ber. Sächs. Akad. Wiss., Phil.-hist. Kl., 83, 3) [11]; S. 42-43: Brief J. A. Eulers an Formey v. 26./27. 9. 1771, Antwort 52-62 Immediatber. Eulers an Friedrich II. u. a. [11; 14]. — W. Deonna: Quelques œuvres d'art provenant des collections Duval au Musée d'art et d'Histoire: Geneva 10 (1932) 184-211, besonders 184-188 (m. Bildn. S. 185) [Genf BPU]. — Henrik de Vries: Histor. studiën II (Groningen-Batavia 1934) 282 S., 1 Abb., 14 Fig., besonders 220-258 [Amsterdam UB]. — F[rantišek] V[ycichlo]: Ze života Leonharda Eulera: Časopis Pěstov. Math. a Fys. 63 (1934) 63-65 [B 87]. — M[ichajlo Pilipovič] Kravčuk: Ukr. nauk Akad. Vpliv Ejlera na dal'šij rozvitok matematiki (Kiev 1935) 45 S. [russ.] [Eulers Einfluß auf die spätere Entwicklung der Math.] [1]. — G. Fistie: Les précueseurs illustres: Léonhard Euler: Sphinx (Bruxelles) 6 (1936) 2-3 [1]. — Johannes Mahrenholz: Anekdoten aus dem Leben deutscher Mathematiker (Leipzig-Berlin 1936) 17-18 (m. Bildn.) (Math.-physik. Bibl., R. 1, 18) [101]. — Otto Spieß: Basel anno 1760. Nach den Tagebüchern der ungarischen Grafen Joseph u. Samuel Teleki (Basel 1936) 9, 16, 91, 114, 169 [101]. — E[ric] T[emple] Bell: Men of mathematics (London 1937) 163-178 [1]. — A. Brykczynski: The life and work of Euler: Amer. math. Monthly 44 (1937) 45-46 [18]. — Herbert Ballin: In: Deutsche Männer (Berlin [1938]) 106-107 (m. 1 Bildn.) [101]. — Eduard Fueter: Geschichte der exakten Wiss. in der Schweizer. Aufklärung (Aarau-Leipzig 1941) siehe Reg. S. 331 (Veröff. Schweizer. Ges. Gesch. Med. u. Naturwiss., 12) [101]. — Andreas Speiser: Der Anteil der Schweiz an der Entwicklung der Math. In: Die Schweiz u. die Forschung 1 (1941) 72-74 (m. Bildn.) [101]. — Deutsche schaffen in aller Welt ... Hrsg. Heinz Otto, 2. Aufl. (Berlin 1942) 349 (m. Bildn.) [101]. — J. Ackeret: Leonhard Eulers letzte Arbeit. In: Festschr. zum 60. Geburtstag von Andreas Speiser (Zürich 1945) 160-168 [101]. — J. E. Hofmann: Von der Magie der math. Zeichensprache. Zur Erinnerung an die Erstausgabe der Eulerschen Introductio (1748): Experientia 4 (1948) 346-366 [3]. — Alfred Hooper: Makers of Mathematics (New York 1948) 129, 220, 267, 344, 348-354, 369 [83]. — Wilhelm Lorey: Zum 200jährigen Jubiläum der Eulerschen Tilgungsgleichung: Arch. Math. 1 (1948) 225 [3]. — J. Belfroid: Deux princes de la mathématique et leurs contemporains: Études classiques [Namur] 20 (1952) 209-222 [12]. — Leonhard Euler and the Koenigsberg bridges: Sci. American [New York] 189 (1953) 66-70 [1]. — Die Musik in Geschichte u. Gegenwart 3 (Kassel-Basel 1954) Sp. 1616-1617 (m. Bildn.) [3]. — Bruno von Freyberg: Johann Gottlob Lehmann (1719-1767). Ein Arzt, Chemiker, Metallurg, Bergmann, Mineraloge u. grundlegender Geologe (Erlangen 1955) s. Reg. 157 (Erlanger Forsch., Reihe B, Naturwiss., 1) [101]. — N(ikolaj) I(vanovic) Simonov: Prikladnye metody analiza u Ejlera (Moskva 1957) 167 S. [russ.] [Methoden der angewandten Analysis bei Euler]. Lit.Verz. 164-167 [1]. — Eduard Winter: Euler u. die Begegnung der deutschen mit der russischen Aufklärung: Wiss. Ann. 6 (1957) 650-660 (m. Lit.Verz. russ.) [3]. — V. P. Zubov: Die Begegnung der deutschen u. russ. Naturwiss. im 18. Jahrhundert u. Euler: Wiss. Ann. 6 (1957) 661-673 (m. Lit. Verz.) [3]. — Kurt-R. Biermann: Iteratorik bei Leonhard Euler: Enseignement math. 4, 1 (1958) 19-24 [B 87]. — Jos. E. Hofmann: Physik. Bl. 14 (1958) 117-122 (m. Bildn.) [3]. — E. Winter (ed.): Die Deutsch-Russische Begegnung u. Leonhard Euler. Beitr. zu den Beziehungen zwischen der deutschen u. der russ. Wiss. u. Kultur im 18. Jahrhundert. In Verbindung m. P. N. Berkov, N. A. Figurovsky u. V. P. Zubov (Berlin 1958)

VIII, 196 S., 2 Taf. (Quellen u. Forschungen zur Geschichte Osteuropas, 1) [3; 14; 88]. – Kurt Reidemeister: Über Leonhard Euler: Math.-phys. Sem.-Ber. 6 (1958/1959) 4-9 [101]. – Edgar Bonjour: Die Univ. Basel von den Anfängen bis zur Gegenwart 1460-1960 (Basel 1960) 310-311, 318, 331, 477 [3]. – V[ladim] V[jaceslavovič] Kotek: Leonhard Ejler. Perev [s ukrain. Posobie dlja učetelej [Hilfsbuch für Lehrer] (Moskva 1961) 105 S., Abb. [1]. – H. Bernhardt: Wiss. u. Fortschr. [Berlin] 14 (1964) 487-488 (m. 2 Abb.) [14].

Leonhard Eulers Lehre vom Äther Ernst Miething: Wiss. Beil. Jber. Königstädt. Gymnasium Berlin (Berlin 1894) 30 S. [3; 14]. – Hugo Fritsch: Die Newtonsche Gravitation, abgeleitet aus Ätherstößen: Programm des städt. Realgymnasiums Königsberg (1899) 22 S. [3]. – Beda Anderhalden: Die Ätherhypothesen von Descartes bis Fresnel, ihr Inhalt u. ihre Entwickelung (Sarnen 1901) besonders 42-46, 56 (Diss. Freiburg/Schw.) [3]. – E. T. Whittaker: A history of the theories of aether and electricity from the age of Descartes to the close of the 19th century (London 1910) 475 S.

Leonhard Euler u. die Astronomie Rudolf Wolf: Geschichte der Astron. (München 1877) siehe Reg. [3]. – Otto Seydl: Z. nejstaršich dějin Pražké hrězdárny [Aus der ältesten Geschichte der Prager Sternwarte]: Český časopis historický 44 (1938) 486-502 [UB Prag]. – Ernst Zinner: Entstehung u. Ausbreitung der Coppernicanischen Lehre (Erlangen 1943) 389, 395, 530, 535 (Bildn. nach S. 400) [101].

Leonhard Euler u. die Geographie Scritti di geografia e di storia della geografia concernenti l'Italia pubblicati in onore di Giuseppe Dalla Vedova (Florenz 1908) XXXI, 402 S. – Siegmund Günther: Leonhard Eulers Verdienste um die math. u. physikal. Geogr.: Arch. Gesch. Math., Naturwiss. Techn. 1 (1909) 475-490 [3]. – Wilhelm Lorey: Leonhard Eulers Verdienste um die Geogr.: Geogr. Wschr. 1 (1933) 849-852 [3].

Leonhard Euler u. die Mechanik Moritz Rühlmann: Vortr. über Geschichte der techn. Mech. u. der damit in Zusammenhang stehenden math. Wiss. (Leipzig 1885) 167-181 (m. Bildn. ⟨Taf.⟩) [14]. – Ernst Mach: Die Mechanik in ihrer Entwicklung, histor.-krit. dargest., 5. Aufl. (Leipzig 1904) XVI, 561 S., 257 Abb., besonders 192, 378, 409, 475, 491, 496 [15]. – H. E. Timerding: Über Eulers Arbeiten zur nautischen Mech.: 79. Versamml. Ges. Dtsch. Naturf. u. Ärzte 15.-21. Sept. 1907, T. 2, H. 1, S. 7 [3]. – E[rnst] Brauer: Eulers Turbinentheorie: Jber. Dtsch. Math. Ver. 17 (1908) 39-46 (m. 2 Fig.) [15]. – Pierre Duhem: Le mouvement absolu et le mouvement relatif (Montligeon 1909) 284 S. [11; 15]. – F. M. Feldhaus: Aus der Geschichte der Sprechmaschinen: Kosmos 8 (1911) 67-70 [Ha 2]. – Pierre Duhem: Die Wandlungen der Mech. u. der mech. Naturerklärung. Autor. Übers. von Philipp Frank (Leipzig 1912) 28, 43, 59, 63, 167, 173, 248 [3]. – C. Truesdell: Leonhard Eulers Leistungen in der Mech.: Enseignement math. (2) 3 (1957) 251-262 [B 87; 89].

Leonhard Euler u. die Meteorologie M. S. Thouvenot: Des idées d'Euler sur quelques phénomènes météorologiques: Météorologie (Paris) N. S. 10 (1934) 272-277 [1a]. – E. J. Aiton: The contribution of Newton, Bernoulli and Euler to the theory of tides: Ann. of Sci. 11 (1950) 206-223 (m. 2 Taf.) [1].

Leonhard Euler u. die Philosophie Edmund Hoppe: Die Philosophie Leonhard Eulers. Eine systematische Darst. seiner philos. Leistungen (Gotha 1904) VII, 167 S. m. 30 Fig. [3; 14]. – H[einrich] Timerding: Kant u. Euler: Kantstudien 23 (1919) 18-64 [3]. – Andreas Speiser: Leonhard Euler u. die deutsche Philosophie (Zürich 1934) 16 S. [ZB Zürich]. – K. E. Fueter: Leonhard Euler u. die deutsche Philos.: Geist. Arb. 3, 24 (1936) 16 [3].

Leonhard Euler u. die Physik E[mil] Cherbuliez: Über einige physikal. Arbeiten Eulers (Bern 1872) 63 S. (Bern, Kantonsschule, Progr.) [11]. – E. Freiherr von Born: Der blinde Riese der Physik: Marburg. Beitr. Blindenbildungswesen 14 (1943) 20-24 [101]. – Georges Bouligand: L'œuvre d'Euler et la mécanique des fluides au XVIIIe siècle: Rev. Hist. Sci. appl. 13 (1960) 105-113 [1].

Leonhard Euler u. das Versicherungswesen L[ouis] Gustave Du Pasquier: Leonhard Eulers Verdienste um das Versicherungswesen: Vjschr. naturforsch. Ges. Zürich 54 (1909) 217-243 [Ha 2; B 4]. – L[ouis] Gustav[e] Du Pasquier: Eine deutsche Abh. Leonhard Eulers über Witwenkassen: Vjschr. naturforsch. Ges. Zürich 55 (1910) 14-22 [Ha 16].

Bildn. Allg. dtsch. Bibl. 53 (1873) [14]. – Heinrich Pfenninger u. Leonhard Meister: Helvetiens berühmte Männer in Bildn. dargest. 2 (Zürich-Winterthur 1784) 217-236 (m. Bildn.); 2. Aufl. 1 (Zürich 1799) [UB Basel]. – Ju[lius] B. Iversen: Medali v. čest' russkich gosudarstvennych dejatelej i častnych lic. T. 1-3 (1880-1896); 1 (1880), L. Euler S. 225-226 (Medaille von Abramson abgebildet Taf. 21, Nr. 3) [1]. – Der Bär 12, 1885/1886 (1886) 276, 287 [14]. – Woldemar von Seidlitz: Allg. hist. Porträtwerk (München 1888) Ser. 11, Taf. 57 m. Kurzbiogr. auf Deckbl. [14]. – G. Eneström: Über Bildn. von Leonhard Euler: Bibliotheca math. F. 3, Bd 7 (1906/1907) 372-374 (m. Titelbildn., 4 Bildn. auf 1 Taf.) [14]. – Anbringung einer Gedenktafel in Berlin, Behrenstr 21: S.-Ber. Berlin. math. Ges. 8 (1909) 1 [15]. – Basler Portraits aller Jahrhunderte. Hrsg. von W. R. Staehelin 1 (Basel 1919) Taf. 31 [101]. – Hermann Thiersch: Zur Ikonogr. Leonhard u. Johann Albrecht Eulers: Nachr. Ges. Wiss. Göttingen, philolog.-histor. Klasse 1929 [Berlin 1929] 264-289 (m. 6 Taf., 1 Abb., 5 Bildn., 4 Büsten, 1 Abb.) [3]; Leonhard Eulers „verschollenes" Bildnis u. sein Maler (Berlin 1930) 193-218 m. 4 Taf., 1 Text-Abb. u. 1 Stammbaum: Nachr. Ges. Wiss. Göttingen, philolog.-histor. Klasse, Fachgr. 2, Nr. 2 (1930) [3; 14]; Weitere Beitr. zur Ikonographie Leonhard u. Johann Albrecht Eulers (Berlin 1930) 219-249. 6 Taf. m. 10 Bildn., darunter 1 Medaille, 1 Marmorbüste: (Nachr. Ges. Wiss. Göttingen, philolog.-histor. Kl. Fachgr. 2, Nr. 3) [14]; Zwei vergessene Bildn. der beiden Mathematiker Euler: Forsch. u. Fortschr. 7 (1931) 409-410 (m. 2 Bildn.) [3]. – E[duard] A[chilles] Gessler: Die neue Schweiz in Bildern. Ein Bilderbuch zur Schweizergeschichte von 1798 bis zur Gegenwart (Zürich 1935) XXIII S. Abb., 297-468, S. 305 Kupferstich von Ambroise Tardieu [101]. – Die Großen Deutschen im Bild. Hrsg. von Alfred Hentzen u. Niels von Holst (Berlin 1936) 153 (Gemälde von J. F. A. Darbes) [3; 14]. – Emanuel Handmann: Ein Bildn. Leonhard Eulers von Emanuel Handmann im Deutschen Museum zu München (München 1938) 1 Bl., 1 Taf. [101]. – David Eugene Smith: Portraits of eminent mathematicians with brief biographical sketches. Portfolio Nr. 2 (New York 1938) 3 S., 1 Bildn. [Portrait 6] [210]. – Ciba-Rdsch. 3 (1938) 972 nach Stich von Fr. Weber u. Gemälde von Emanuel Handmann [14]. – Friedrich Klemm: Das Bildn. Leonhard Eulers von Emanuel Handmann im Deutschen Museum zu München [1756]: Abh. u. Ber. Dtsch. Mus. 11 (1939) H. 6, 187-189 (m. Bildn.) [3]. – Bildn. berühmter Mitglieder der Deutschen Akad. Wiss. Berlin (Berlin 1950) Taf. 4 [3]. – F. Klemm, in: Schätze im Deutschen Museum. Hrsg. von H. Auer u. F. Klemm (Düsseldorf 1968) 40-41 m. 1 Bildn., 1 Abb. [101].

Archivalien Aus der Handschriften-Abt. der Preuß. Staatsbibl. Abh. u. Nachbildungen von Autographen. Ludwig Darmsteadter zum 75. Geburtstag dargebracht (Berlin 1922) 3, 18, 22, 24, 28, 34, 35, 41, 45, 47 [3].

I,III **EWALD,** Julius Wilhelm. Geol., Paläont. – 1837 Dr. phil., 1853 o. Mitgl. Preuß. Akad. Wiss. Berlin; Privatgelehrter.

*1811, Dez. 3, Berlin;
†1891, Dez. 11, Berlin.

Schwager von Emil u. Paul Du Bois-Reymond.

Bibliogr. Cat. scient. Papers 2 (1868) 534 (4 Nr.); 7 (1877) 630 (5 Nr.); 9 (1891) 818 (2 Nr.) [3]. – Otto Köhnke: Gesammtregister über die in den Schriften der Akad. von 1700-1899 erschienenen wiss. Abh. u. Festreden (Berlin 1900) 90 [3].

Zum 50jährigen Doktorjubil. Adresse ... am 21. Oct. 1887: S.-Ber. Preuß. Akad. Wiss. 1887, 2 (1887) 881-882 [3].

Nekr. Jahrb. der Erfindungen u. Fortschr. 28 (1892) 380 [25]. – B. Schwalbe: Verh. Dtsch. physik. Ges. (Berlin) 10, 1891 (1892) 103-104 [Ha 2]. – W. Dames: Neues Jahrb. Mineral., Geol. Paläontol. 1892, 1–8 [15].

Biogr. von Zittel: ADB 48 (1904) 453-454 [3]. – Tornier: Rückblick auf die Paläont.: S.-Ber. Ges. naturf. Freunde Berlin 1924 (1926) 48-49; 1925 (1927) 72, 93 [Ha 2]. – Fossilium Catalogus I: Animalia. Pars 72: K. Lambrecht†, W. et A. Quenstedt, Palaeontologi, Catalogus bio-bibliographicus ('s-Gravenhage 1938) 133 [3; Ha 2].

I **EYTELWEIN,** Johann Albert. Ing. – 1790 Architekt Ober-Baudeputation u. Deich-Inspektor des Oderbruchs; 1794 Geh. Oberbaurat; 1816–1830 Oberlandesbaudirektor Berlin; 1808 o. Mitgl. Akad. Wiss. Berlin.

*1764, Dez. 31, Frankfurt/Main;
†1849, Aug. 18, Berlin.

Bibliogr. Cat. scient. Papers 2 (1868) 537-538 (18 Nr.) [3]. – Cat. gén. Bibl. nat. 48 (1912) Sp. 1190-1191 (11 Nr.) [3]. – Brit. Mus. Gen. Cat. 69 (1960) Sp. 1054-1055 (13 Nr.) [3].

Zum 50. Todestag Encke: In: Harnack, Gesch. Preuß. Akad. Wiss. Berlin 1, 2 (1900) 967 [3].

Zum 100. Todestag -G.-: Wasser 1 (1948) 33 (Schr.Verz.) [3].

Zum 175. Geburtstag Marquardt: Dtsch. Wasserwirtsch. 34 (1939) 527 [101].

Biogr. Gelehrtes Berlin im Jahre 1825, Verzeichnis im Jahre 1825 in Berlin lebender Schriftsteller u. ihrer Werke (Berlin 1826) 61-63 (m. Schr.Verz.) [3]. – (W[ilhelm] Koner): Gelehrtes Berlin im Jahre 1845. Verzeichnis im Jahre 1845 in Berlin lebender Schriftsteller u. ihrer Werke (Berlin 1846) 84-86 [15]. – Löbe: ADB 6 (1877) 464-465 [3]. – Techn. Mitt. 32 (1939) 568 [101]. – Ralph Schröder: NDB 4 (1959) 713-714 [3].

Weitere Lit. Festschr. zum 100jährigen Jubil. der Sächs. Bergakademie Freiberg 2 (Freiberg 1867) 77, 79 [3]. – Eduard Rüppell: Schaumünzen zum Angedenken von Bewohnern Frankfurts u. Münzen u. Medaillen auf geschichtl. Begebenheiten Frankfurts: Arch. Frankfurts Gesch. u. Kunst N.F. 4

(1869) 177-207, besonders 181 (m. 1 Abb.: Taf. II Fig. 6) [3; 14]. — Eytelwein-Stipendium: Mschr. Dtsch. Beamte 8 (1884) 455-456 [3]. —M. Rühlmann: Vortr. über Geschichte der techn. Mechanik (Leipzig 1885) 284-289 [3]. — Adolf Harnack: Geschichte Preuß. Akad. Wiss. 1 (Berlin 1900) 535, 551, 564, 571, 578, 584, 601, 602, 635, 649-650, 653, 716, 719, 753, 794-795, 914-915, 934, 963, 967 [3]. — Franz Kreuter: Die wiss. Bestrebungen auf dem Gebiete des Wasserbaues. TH München. Jber. **1907-1908** Anh. 3-21 [91]. — Heinrich Burkhardt: Über den Gebrauch divergenter Reihen in der Zeit von 1750-1860: Math. Ann. **70** (1911) 169-206, besonders 196 [3]. — Conrad Matschoß: Männer der Technik (Berlin 1925) 69 [101]. — Paul Stichling: Das geistige Leben in Berlin zwischen 1765-1815 u. die prakt. Geom.: Z. Vermess.-Wes. **80** (1955) 12-18 [3].

Bildn. Titelbildn. in: Johann Georg Krünitz: Ökonomisch-technol. Encyklopädie oder allgemeines System der Staats-, Stadt-, Haus- u. Landwirtschaft u. der Kunstgeschichte. Theil 108 (Berlin 1808) Titelbildn. [3; 14].

F

I **FABRICIUS,** Paul. Astron. — Kaiserl. Pfalzgraf, Rat- u. Hof-Mechanicus, auch Leibmedicus; seit 1553 Prof. Univ. Wien. Gab 1567 einen Kalender heraus. Nach Sigm. Günther fertigte F. das erste Panorama eines Alpenhochgipfels an (Ötscher).

*1529 (oder 1519 ?) Lauban/Schles.;
†1588, Apr. 20, Wien.

Lit. Johann Christoph Adelung: Fortsetzung u. Ergänzungen zu Christian Gottlieb Jöchers allgem. Gelehrten-Lexicon **2** (Leipzig 1787) Sp. 989-991 [3]. — Rudolph Zaunick: Die legendäre Wiener Lokalflora des Paul Fabricius von 1557: Mitt. Gesch. Med. ⟨u.⟩ Naturwiss. **37** (1938) 17-18 [3]. — Ernst Zinner: Geschichte u. Bibliogr. der astron. Literatur in Deutschland zur Zeit der Renaissance (Leipzig 1941) 26, 222, 224, 228, 233, 240, 242, 257, 260, 262, 263, 265, 272, 278, 280, 287, 289 [3]. — Ernst Zinner: Entstehung u. Ausbreitung der Coppernicanischen Lehre: S.-Ber. physik.-med. Soz. Erlangen **74** (1943) 282 [101]. — Ernst Zinner: Deutsche u. niederländ. astron. Instrumente des 11. bis 18. Jahrhunderts (München 1956) 124, 312, 470, 604 [Ha 2]. — Brit. Mus. Gen. Cat. **70** (1960) Sp. 293 (3 Nr.) [3].

I,IV **FAHRENHEIT,** Gabriel Daniel. Physik. — Anfangs Kaufmann in Amsterdam, lebte meist in Holland u. England u. beschäftigte sich mit der Anfertigung meteorol. Instrumente. 1724 Mitgl. Roy. Society London.

*1686, Mai 24, Danzig;
†1736, Sept. 16, Den Haag.

Genealog. Deutscher Wappenkalender **12** (1938) 492-493 (m. Abb. 471) [3]. — Friedrich Albert Meyer: Daniel Gabriel Fahrenheits Ahnenreihe geht auf Hildesheim zurück: Alt-Hildesheim **1953**, H. 24, S. 8-13 [1].

Briefwechsel Max Bloch: Unveröffentl. Manuskripte von Boerhaave u. Fahrenheits Briefe an Boerhaave: Archeion **18** (1936) 184-185 [29].

Bibliogr. Brit. Mus. Gen. Cat. **70** (1960) Sp. 428 (4 Nr.) [3].

Biogr. Thomas Thomson: History of the Royal Society. From its institution to the end of the eighteenth century (London 1812) VIII, 552, XC S. [1]. — Weiss: Biographie universelle, ancienne et moderne **14** (Paris 1815) 100-101 [3]. — Ernst Strehlke: Altpreuß. Mschr. N.F. **11** (1874) 87-88 [3]. — Lommel: ADB **6** (1877) 535 [3]. — A. Momber: Daniel Gabriel Fahrenheit, sein Leben u. Wirken: Schr. naturforsch. Ges. Danzig N.F. **7**, 3 (1890) 108-139 (m. 1 Taf.) [m. Abdruck Fahrenheitscher Publikationen] [Ha 2]. — C. Musmacher: Kurze Biogr. berühmter Physiker (Freiburg/Br. 1902) 110-111 [1]. — D. S. van Zuiden: Het Testament en de Inboedel van Daniel Gabriel Fahrenheit: Oud — Holland **31** (1913) 123-130 (m. 3 Faks.) [14]. — Chalmers: Biographical Dictionary (London 1926) 352 [15]. — O. Schönrock: Naturwiss. **25** (1937) 223-224 [Ha 4]. — Emil Schmitz: Aus den Lebensbildern bedeutender Optiker [Fahrenheit, Réaumur, Celsius]: Dtsch. Optiker-Ztg. **16** (1940) 60-61 (m. 3 Bildn.) [101]. — Friedrich Albert Meyer: Daniel Gabriel Fahrenheits Anteil an der Entdeckung des Platins: Z. Erzbergbau u. Metallhüttenwes. **4** (1951) 221-222 [3]. — Friedrich Klemm: NDB **4** (1959) 746-747 [3].

Zum 200. Geburtstag Adolf Kohut: Illustr. Ztg., Leipzig **86** (1886) 1. Halbbd., Nr. 2237, S. 476 [14]. — Albert Momber: Altpreuß. Mschr. N.F. **24** (1887) 138-156 [3].

Zum 200. Todestag Ernst Cohen u. W. A. T. Cohen-De Meester: Verh. Kon. Akad. Wet. Amsterdam Afd. Natuurkunde (1. Sect.) **16**, 2 (1936) 37 S. (m. 9 Bildn., 4 Faks., 3 Abb.) [Ha 2]. — Ernst Cohen u. W. A. T. Cohen-De Meester: Chem. Weekbl. **33** (1936) 374-380 [Le 1]. — Kirstine Meyer-Bjerrum: Fysisk T. **34** (1936) 125-128 [15]. — D. S. F. Meyer: Aus dem Lebensroman eines großen Danziger (Danzig 1936) 31 S. [14]. — Berthold Rapp: Prakt. Schulphysik **16** (1936) H. 6, S. 174-176 (1 Abb.) [101]. — Edgar C. Smith: Nature [London] **137** (1936) 11-13 [3]. — Hans Schimank: Z. math. u. naturwiss. Unterr. **67** (1936) 304-306 [3]; Rdsch. techn. Arbeit **16** (1936) Nr. 39, S. 6–7 (m. 2 Abb.) [101]. — Friedrich Klemm: Forsch. u. Fortschr. **12** (1936) 330-332 (m. 1 Abb.) [Ha 2]. — Med. Record **144** (1936) 48 [F 1]. — Nature [London] **138** (1936) 428-429. — Ed. A. P.: Technik für Alle **27** (1936/1937) 205-206 [3].

Zum 250. Geburtstag F. W. Landgraeber: Dtsch. Techn. **4** (1936) 364, 366 [101]; Rdsch. Techn. Arbeit **16** (1936) Nr. 20, S. 9 [101]. — Hans Schimank: Proteus **2** (1937) 21-31 (m. Lit.Verz.) [101].

Weitere Lit. Gaea **27** (1891) 230-238 [Ha 2]. — E. Gerland: Geschichte der Physik. 1. Abt. (München-Berlin 1913) siehe Reg. (Geschichte der Wiss. in Deutschland. Neuere Zeit, 24) [3]. — Kirstine Meyer: Die Entwicklung des Temperaturbegriffs im Laufe der Zeiten (Braunschweig 1913) 63, 65, 75, 76, 77, 78, 79, 80, 81, 82, 83, 84, 85, 92, 100, 102, 120, 136 (Die Wiss., 48) [3]. — Florian Cajori: Note on the Fahrenheit Scale: Isis [Bruges] **4** (1921) 17-22 [3]. — Walter Domansky: Alte Danziger (Danzig 1923) 12-14 [1]. — E. Schmidt: VDI-Nachr. **13** (1933) Nr. 16, S. 2 [101]. — Hans Schimank: Zur Geschichte der Temperaturmessung u. der Thermometer insbesondere während des 17. u. 18. Jahrhunderts: Pharmaz. Ind. **3** (1936) Nr. 4, S. 102-106 (m. 2 Bildn. v. Santorio u. Drebbel, 7 Abb.); Nr. 6, S. 180-185 (m. 3 Bildn. von Celsius, Thomson u. Onnes, 8 Abb.) [101]. — Ernst Cohen, W. A. T. Cohen De Meester: Proc. Sect. Sci. Acad. Wetensch. Amsterdam **40** (1937) 682-689 (m. 2 Bildn. von Leibniz u. Christian Wolff) [Ha 2]. — J. Newton Friend: Nature [London] **139** (1937) 395-398 [3]. — Kirstine Meyer-Bjerrum: Fahrenheits Thermometer — Ole Römers Thermometer: Naturwiss. **25** (1937) 237-238 [101]. — L. Heiß, D. Carstanjen: Deutsche am Werk. Lebensbilder großer Deutscher im Ausland (Stuttgart 1939) 7-24 [101]. — N. Ernest Dorsay: Fahrenheit and Roemer: J. Washington Acad. Sci. **36** (1946) Nr. 11, S. 361-372 [12]. — J. Bernard Cohen: Roemer and Fahrenheit: Isis [Bruges] **39** (1948) 56-58 [1]. — Erich Lasswitz: Merian **4** (1952) 85-87 (m. 1 Abb.) [101]. — Grete Ronge: Wandlungen in den Anschauungen über die Natur der Wärme: Math.-physik. Sem.-Ber. **5** (1956) 92-112, besonders 97-98 [3]. — G. Buchheim: Techn. Gemeinschaft **6** (1958) 257 (m. 1 Abb.) [3]. — Cyril Stanley Smith: Isis [Bruges] **56** (1965) 66-69, 209-210 [25].

I,III **FECHNER,** Gustav Theodor [Pseudonym: Dr. Mises] Philos., Psychophysik. — Dr. phil., 1823 PDoz., 1834–1839 o. Prof. Univ. Leipzig; 1840–1843 schweres Nerven- u. Augenleiden; 1843 Prof. Naturphilos. u. Anthropol. Leipzig
*1801, Apr. 19, Gr. Särchen bei Muskau/Lausitz;
†1887, Nov. 18, Leipzig.

Werke Das Grundgesetz des elektr. Stromes. 3 Abh. von Georg Simon Ohm (1825-1826) u. Gustav Theodor Fechner (1829). Hrsg. von C. Piel (Leipzig 1938) 45 S. (Ostwalds Klassiker der exakten Wiss., Nr. 244) [3].

Bibliogr. Cat. scient. Papers **2** (1868) 578-580 (42 Nr.); **7** (1877) 647 (2 Nr.); **9** (1891) 840 (2 Nr.); **14** (1915) 947-948 (5 Nr.) [3]. — Wilhelm Haan: Sächsisches Schriftsteller-Lexikon (Leipzig 1875) 67-68 (m. Schr.Verz.) [3]. — Chronolog. Verzeichn. der Werke u. Abh. Gustav Theodor Fechners [beigegeben den Elementen der Psychophysik 2. Aufl. (Leipzig 1889) 337-346] [14]. — Cat. gén. Bibl. nat. **50** (1912) Sp. 409-411 (14 Nr.) [3]. — Brit. Mus. Gen. Cat. **71** (1960) Sp. 544-546 (49 Nr.) [3].

Briefe Gustav Theodor Fechner: Wiss. Briefe von G. Th. Fechner u. W. Preyer. Nebst einem Briefwechsel zwischen K. von Vierordt u. Fechner sowie neun Beilagen. Hrsg. von W. Preyer (Hamburg-Leipzig 1890) VII, 232 S. m. Titelbildn. [3]. — G. F. Lipps: Zwei Briefe von Wilhelm Weber an G. Th. Fechner über das psychische Maß. Auszugsweise veröffentl.: Ber. Sächs. Ges. Wiss., math.-phys. Kl. **57** (1905) 388-395 [3]. — Heinrich Schneider: Ein unveröff. Brief (vom 22. Febr. 1840 Göttingen) von Carl Friedrich Gauß [an G. Th. Fechner]: Braunschweig. Mag. **31** (1925) Sp. 92-94 [3].

Nekr. K. Bruchmann: Preuß. Jahrb. **59** (1887) 293-309 (m. Auswahl 10 Nr., Schr.-Verz.) [3]. — Julius Duboc: Sphinx Jg **3**, Bd **5** (1888) 37-40 [11]. — A. Elsas: Grenzboten **47**, 2 (1888) 73-80, 113-124 [3]. — Rud. Seydel: Wiss. Beil. Leipz. Ztg. **1887**, vom 26. Nov., 561-563 [3]. — Eduard Suess: Alm. Akad. Wiss. Wien **38** (1888) 196-198 [3]. — W. Wundt: Philos. Studien **4** (1888) 471-478 [3]. — Humboldt. Mschr. ges. Naturwiss. **7** (1888) 84 [Ha 2]. — Philos. Jahrb. Görres-Ges. **1** (1888) 144 [3]. — Kunstwart **1** (1887/1888) 51 [3]. — Biogr. Mitt. Leopoldina **23** (1887)

217-218 [Ha 2]. — Th. Achelis: Z. Völkerpsychol. u. Sprachwiss. 19 (1889) 164-192 [3].

Biogr. Th. Achelis: Nord u. Süd 56 (1891) 272-296 [3]. — Wilhelm Bölsche: Freie Bühne 3 (1892) 358-366 [15]. — J[ohannes] E[mil] Kuntze: Gustav Theodor Fechner (Dr. Mises). Ein deutsches Gelehrtenleben (Leipzig 1892) X, 372 S. (m. 3 Bildn., 2 Faks., Schr.-Verz. 363-372) [14; 15]. — Alexander Keyserling: Aus den Tagebuchblättern ... Hrsg. von seiner Tochter Helene von Taube. Mit einer Lebensskizze von Leo Keyserling (Stuttgart 1894) 282 [3]. — Th. Achelis: Beil. Allg. Ztg. 1896, Nr. 252 vom 30. Okt., S. 1-4 [3]. — Kurd Lasswitz: G. Th. Fechner (Stuttgart 1896) VIII, 207 S. (Frommanns Klassiker der Philosophie, 1) [3]; 3. Aufl. (1910) VIII, 206 S. (m. Bildn.) [14]. — Wilhelm Bölsche: Fechner. Ein Charakterbild: Dtsch. Rdsch. 92 (1897) 344-369 [3]. — Willy Pastor: Fechner als Mensch: Zeit (Wien) 17/18 (1898/1899) 53-54 [15]; Die Weltanschauung Fechners 200-202, 213-214 [15]. — Bt: Mutter Erde [3] 1900, 57-58 (m. Bildn.) [14]. — Adolf Harnack: Geschichte Preuß. Akad. Wiss. 1 (Berlin 1900) 630, 971 [3]. — Lothar Brieger-Wasservogel: Hammer 1 (1902) 232-237 [21]. — Alfred Goldschmidt: Fechners metaphysische Anschauungen (Münster, Phil. Diss. 1902) 103 S. [3]. — Willy Pastor: Im Geiste Fechners: Zukunft Jg. 12, Bd 47 (1904) Nr. 31, S. 191-193 [14]. — Friedrich Paulsen: Internat. Mschr. Wiss., Kunst Techn. 1 (1907) Sp. 25-32, 55-64 (Titelbildn. u. Faks.) [3]. — — Wilhelm Windelband: ADB 55 (1910) 756-763 [3]. — Frank Angell: Popular sci. Monthly 83 (1913) 40-49 [15]. — Cl. Baeumker: In: Ernst M. Roloff, Lexikon der Pädagogik 1 (Freiburg i. Br. 1913) Sp. 1243-1245 [3]. — H. J. Groenewegen: Gids 86 (1922) 285-315 [15]. — Wilhelm Ostwald: Lebenslinien. Eine Selbstbiogr. (Berlin 1927) 2, 96-97; 3, 363-365, 395, 409-410, 419 [3]. — Erich Becker: Deutsche Philosophen (München-Leipzig 1929) XXXI, 313 S., besonders 31-45 [14]. — Gerhard Rosencrantz: Gustav Theodor Fechners Stellung in der Geschichte der gelehrten Satire (Borna-Leipzig 1933) 45 S. (Diss. Königsberg/Pr.) — Wilhelm Wirth: In: Sächsische Lebensbilder 2 (Leipzig 1938) 95-113 (m. Schr.Verz. 113 u. 1 Bildn.) [14; 101]. — Karl Kindt: Der Mensch im Kosmos. Eine Fechner-Anthologie (Berlin [1949]) 108 S. [101]. — Gerhard Hennemann: NDB 5 (1961) 37-38 [3]. — G.: Gustav Theodor Fechners Bekenntnislied: Christentum u. Gegenwart 12 (1921) 181-182 [101]. — Das akad. Deutschland 1 (Berlin 1930) 304 (m. Bildn. 301) [3]. — Therapeut. Ber. 30 (1958) 59-60 (m. Titelbildn. u. Bildn. vor S. 60 [im Kindesalter]) [Ha 2]. — R. Borchert: Gustav Theodor Fechner, ein Sorauer Philosoph: Sorauer Heimatbl. 11 (1962) 9 [Frei 131].

Zum 75. Geburtstag Illustr. Ztg., Leipzig 61 (1873) 283 m. Gruppenbildn. 281 G.Th. Fechner u. Moritz Wilhelm Drobisch [14].

Zum 10. Todestag Adolf Voigt: Wiss. Beil. Leipzg. Ztg. 1896 vom 17. Nov., 549-551 [3]. — Gustav Theodor Fechner als Humorist: Gegenwart 51 (1897) 312-315 [3].

Zum 100. Geburtstag Wilhelm Bölsche: Herold der „Tagesansicht": Eth. Kult. 9 (1901) Nr. 32, 249-252 [1a]. — Karl Kössler: Gustav Theodor Fechner. Gedächtnisrede ... (Leipzig-Wien 1901) 26 S. [14; 15]. — O. Külpe: Vjschr. wiss. Philos. 25 (1901) 191-217 [3]. — Willy Pastor: Im Geiste Fechners. 5 naturwiss. Essays (Leipzig-Berlin-München 1901) VIII, 149 S.; darin: 133-149: Fechner als Mensch [14]. — Willy Pastor: Fechner als Mensch: Gesellschaft Jg 17, Bd 3 (1901) 348-355 [14]. — Willy Pastor: Türmer 3, 2 (1901) 7-11 [3]. — Friedrich Ratzel: Die Tagesansicht Gustav Theodor Fechners: Grenzboten 60, 2 (1901) 169-178 [3]. — Hugo Wernekke: Psychische Studien 28 (1901) 193-203 (m. 1 Bildn.) [15]. — Wilhelm Wundt: Gustav Theodor Fechner (Leipzig 1901) 92 S., 1 Abb. des Fechner-Denkmals u. Schr.Verz. 91-92 [3; 14]. — Wilhelm Wundt: Reden u. Aufsätze, 2. Aufl. (Leipzig 1914) 254-343 [3].

Zum 150. Geburtstag F. Lobell: Köpfe u. Begriffe: Orion 6 (1951) 277-278 (m. Bildn.) [14; 101].

Weitere Lit. Bernhard von Cotta: Die Geol. der Gegenwart (Leipzig 1866) 225, 315, 318, 326 [3]. — Eduard von Hartmann: Gesammelte Studien u. Aufsätze gemeinverständl. Inhalts (Berlin 1876) 541-545 [über Fechners Atomlehre] [3]. — August Heller: Geschichte der Physik 2 (Stuttgart 1884) 614, 620, 621, 624, 625, 626, 628 [3]. — Ernst Laas: Idealistische u. positivistische Erkenntnistheorie 1 (Berlin 1884) 150 Anm., 206, 274; 2, 158; 3, 102, 132 [3]. — Leopold Hirschberg: Arzt u. Poet dazu. Aus vergilbten Büchern: Med. Woche 1901, 349-354, 359-362 [3]. — Adolph Kohut: Gustav Theodor Fechner u. die Pharmazie. Ernstes u. Heiteres von berühmten Ärzten, Apothekern u. Naturforschern (Berlin 1903) 91-100 [11]. — Otto Wiener: Das neue physikal. Inst. der Univ. Leipzig: Physik. Z. 7 (1906) 1-14 (m. 9 Abb.) [15]. — J. Wiesner: Gustav Theodor Fechner u. Gregor Mendel [1901]: Natur-Geist-Technik. Ausgewählte Reden, Vorträge u. Essays (Leipzig 1910) 91-102, 130, 138, 154 [3]. — [Arthur] Moeller van der Bruck: Verschwärmte Deutsche (Minden [1910]) 195-225 [14; 15]. — Zwei große Naturforscher des 19. Jahrhunderts. Ein Briefwechsel zwischen Emil du Bois-Reymond u. Karl Ludwig (Leipzig 1927) S. XII, 47, 50, 195, 196 [3]. — Ludwig Hartmann: Aus Georg Simon Ohms handschriftl. Nachlaß (München 1927) 109, 158 [3]. — Wilhelm Wirth: Eine Episode aus Gustav Theodor Fechners Leben vor 60 Jahren 2 (Leipzig 1938) 158-164 [3]. – Philosophenbilder. Hrsg. von Karl Thieme (Basel 1952) 238 [101]. – Karl Kisskalt: Theorie u. Praxis der med. Forschung, 3. Aufl. (Wiesbaden 1952) 57, 85, 130 [3]. – Walter Serauky: In: Die Musik in Geschichte u. Gegenwart 3 (Kassel-Basel 1954) 1917-1920 (m. Bildn. u. Faks.) [3]. – Henri F. Ellenberger: Fechner and Freud: Bull. [K. A.] Menninger Clin. Topeca/Kansas 20 (1956) 201-214 (m. Bibl.) [London, Wellcome hist. med. Libr.]. – H. Hörmann: In: Die Religion in Geschichte u. Gegenwart, 3. Aufl. 2 (Tübingen 1958) Sp. 891-892 [101]. – Gerhard Hennemann: Naturphilos. im 19. Jahrhundert (Freiburg-München 1959) 96-106 [101]. – Karl Heinrich Wiederkehr: Wilhelm Webers Stellung in der Entwicklung der Elektrizitätslehre (Hamburg 1960) 62, 68, 96, 108, 118, 122, 123, 124, 171, 172, 173, 175-176, 224 [3].

Bildn. Neuland 1 (1896-1897) 97 [15]. – Kurd Lasswitz: In: Das 19. Jahrhundert in Bildn. hrsg. von Karl Werckmeister 3 (Berlin 1899) 339-340 (m. Bildn. Nr. 250) [3]. – Max Eschner: Leipzigs Denkmäler, Denksteine u. Gedenktafeln (Leipzig 1910) 138 (m. 1 Abb. S. 139) [3; 14]. – Enthüllung einer Gedenktafel am Geburtshaus des Leipziger Philosophen u. Physikers (Pharrhaus zu Groß-Särchen N. L.) am 25. Okt. 1929: Mitt. Gesch. Med. <u.> Naturwiss. 29 (1930) 136. – Kunst u. ihre Sammlungen. Festschr. zum 100jährigen Jubiläum des Leipziger Kunstvereins u. Museums der bildenden Künste. Hrsg. von Werner Teupser (Leipzig 1937) Taf. nach S. 13. Zeichnung von H[ermann] Härtel [14; 101]. – Sächsische Köpfe (Dresden [1939]) 73: Büste von Gustav Kietz [3]. – Die Dokumentation u. ihre Probleme (Leipzig 1943) 56 u. Taf. I [3].

Spezielle Literatur über Fechners Philosophie wurde nicht aufgenommen.

I **FEHLING,** Hermann Christian von. Chem. – 1837 Dr. phil. Univ. Heidelberg; 1839 Lehrer Gewerbeschule, später Prof. Polytechnikum Stuttgart.

*1811, Juni 9, Lübeck;
†1885, Juli 1, Stuttgart.

Bibliogr. Cat. scient. Papers 2 (1868) 581-582 (37 Nr.); 7 (1877) 648 (5 Nr.); 9 (1891) 841 (1 Nr.); 14 (1915) 951 (Biogr.) [3]. – Cat. gén. Bibl. nat. 50 (1912) Sp. 485 (2 Nr.) [3]. – Brit. Mus. Gen. Cat. 71 (1960) Sp. 642 (9 Nr.) [3].

Nekr. A. W. Hofmann: Ber. Dtsch. chem. Ges. 18 (1885) 1811-1818 (m. Titelbildn.) [3]. – Hell: Jh. Ver. vaterländ. Naturkde Württ. 42 (1886) 37-50 [Ha 2]. – von Voit: S.-Ber. Bayer. Akad. Wiss., math.-physik. Cl. 16 (1886) 50-57 [Ha 2]. – Amer. J. Pharmacy (4) 15 (1885) 463 [UB Basel]. – Chemiker-Ztg. 9 (1885) 975, 995 [3]. – J. Pharmac. Chim. (5) 12 (1885) 285-286 [15]. – J. chem. Soc. [London] 49 (1886) 346-347 [7]. – Pharmac. J. and Transact. [London] (3) 16, 1885-1886 (1886) 83 [7]. – Természettudományi Közlöny 18 (1886) 516 [F 1]. – Tidsskr. Physik og Chem. 24 (1886) 287-288 [UB II Kopenhagen].

Biogr. A. W. von Hofmann: Zur Erinnerung an vorangegangene Freunde 1 (Braunschweig 1888) 391-401 (m. 1 Bildn.) [3]. – Hell: ADB 48 (1904) 508-510 [3]. – Albrecht Burckhardt: Geschichte der med. Fakultät zu Basel 1460-1900 (Basel 1917) 307, 316, 448, 457, 473 [3]. – Richard Meyer: Victor Meyer (Leipzig, 1917) 433 [3]. – M. A. Bloch: Biogr. spraw. 1 (Leningrad 1929) 195-196 [15]. – Paul Siebertz: Gottlieb Daimler. Ein Revolutionär der Technik (München-Berlin 1940) 25, 26, 109 [3]. – W. H. Hein: Pharmaz. Ztg. 105 (1960) 221 (m. Bildn.). – Berthold Peter Anft: NDB 5 (1961) 47 [3].

Zum 100. Geburtstag Chemiker-Ztg. 35 (1911) 680 [3].

III–VI **FISCHER,** Hermann Emil. Chem. – 1874 Dr. phil. Univ. Straßburg; 1878 PDoz., 1879 ao. Prof. Univ. München; 1882 o. Prof. Chem. Univ. Erlangen, 1885 Univ. Würzburg, 1892 Univ. Berlin; 1893 o. Mitgl. Preuß. Akad. Wiss. Berlin; 1902 Nobelpreis für Chem.

*1852, Okt. 9, Euskirchen/Rheinpr.;
†1919, Juli 15, Berlin-Wannsee.

Autobiogr. Les Prix Nobel 1902 (1905) 58-61 (m. Bildn. u. Faks.) [Ha 2]. – Emil Fischer: Aus meinem Leben (Berlin 1922) 201 S. m. 3 Bildn., 1 Faks. (Emil Fischer, Gesammelte Werke, [1]) [3; 14].

Bibliogr. Cat. scient. Papers. 9 (1891) 863-864 (45 Nr.); 14 (1915) 1008-1011 (162 Nr.) [3]. – Cat. gén. Bibl. nat. 52 (1913) Sp. 40-41 (4 Nr.) [3]. – Hans Steiner: Emil Fischer (Schr.Verz. zusammengest. von J. H[ermann Meyer]: Vjschr. naturforsch. Ges. Zürich 100 (1955) H. 1, S. 62-67 [Ha 2]. – Brit. Mus. Gen. Cat. 73 (1961) Sp. 511-512 (12 Nr.) [3].

Zum 60. Geburtstag Z. angew. Chem. 25 (1912) 2097 (1 Taf. m. 2 Abb. der Emil-Fischer-Denkmünze) [15].

Zum 70. Geburtstag Kurt Hoesch: Z. angew. Chem. 36 (1923) 47-49 [3].

Zum 100. Geburtstag B. Helferich: Angew. Chem. 65 (1953) 45-52 (m. Bildn.) [14; Ha 15]. – Chem. and Ind. (London) 1952, 1063 [1]. – Burckhardt Helferich: Emil Fischer u, seine wiss. Leistungen. In: 650 Jahre Stadt Euskirchen 1302-1952: Festschr. zum Stadtjubil. (Euskirchen 1952) 171-198 (S. 198 Abb. der Emil-Fischer-Medaille) [101]. Burckhardt Helferich: Chemiker-Ztg. 76

(1952) 659-660 (m. Bildn.) [Ha 15]. – Nature [London] **170** (1952) 561-562 [3]. – K. Schmorl: Naturwiss. Rdsch. **5** (1952) 439 [Ha 2]. – Ernest H. Huntress: Biographical digests 4: Proc. Amer. Acad. Arts Sci. (Boston) **81** (1951-1952) 50-54 [Ha 2].

Nekr. Emil Abderhalden: Med. Klin. **15** (1919) 756-757 [3]; Münchener med. Wschr. **66** (1919) 938-940; Naturwiss. **7** (1919) 860-868 [3]. – M. Bergmann: Dtsch. med. Wschr. **45** (1919) 919 (m. Bildn.) [3]. – A. Binz: Chem.-techn. Wschr. **1919**, 212-213 (m. Bildn.) [101]. – C. Duisberg: Ber. Dtsch. chem. Ges. A **52** (1919) 149-164 [3]. – Otto Fürth: Wiener klin. Wschr. **32** (1919) 828-829 [3]. – H. Goldschmidt: Forh. Vid. Selsk. (Kristiania) **1919** (1920) 132-140 [Ha 2]. – Adolf von Harnack: Grabrede für Emil Fischer, gehalten am 18. Juli 1919. o. O. o. J. [7 unpag. S.] auch in: Adolf von Harnack, Erforschtes u. Erlebtes (Gießen 1923) 352-359 [3]. – C[arl] Harries: Naturwiss. **7** (1919) 843-860 (m. Titelbildn. u. Faks.) [3]; Umschau **23** (1919) 609-613 [3]. – Benjamin Harrow: Science [New York] N.S. **50** (1919) 150-154 [3]. – K. A. Hofmann: Ber. Dtsch. chem. Ges. A **52** (1919) 125-128 [3]. – Paul Jacobson: Chemiker-Ztg. **43** (1919) 565-569 (m. Bildn.) [3]. – Kurt Joël: Vossische Ztg. **1919**, Nr. 356 vom 16. Juli S. [1]-[2] [11]. – Vermon Kellogg: Science [New York] N.S. **50** (1919) 346-347 [3]. – S. Klemperer: Therap. der Gegenw. **60** (1919) 317-320 [Ha 29]. – Georg Klemperer: Berliner Tagebl. **48** (1919) Nr. 330 vom 20. Juli, S. [2]-[3] [11]. – Ludwig Knorr: Ber. Dtsch. chem. Ges. A **52** (1919) 132-149 [3]. – L. Krauss: Süddtsch. Apotheker-Ztg. **59** (1919) 504, 515-516 [Le 1]. – L. Lewin: Naturwiss. **7** (1919) 878-882 (m. Faks.Brief) [3]. – [Georg] Lockemann: Mitt. Gesch. Med. ⟨u.⟩ Naturwiss. **18** (1919) 266 [3]. – J[acques] Pollak: Oesterr. Chemiker-Ztg. N.F. **22** (1919) Nr. 22, 173-175; Nr. 23, 179-182 [101]. – Karl W. Rosenmund: Ber. Dtsch. pharmaz. Ges. **29** (1919) 533-544 [101]. – Th. Sabalitschka: Pharmaz. Ztg. **64** (1919) 427-428 [101]. – Erich Schmidt: Dtsch. Ztg. **24** (1919) Nr. 338 vom 22. Juli, S. 2 [11]. – Charlotte Schmidt-Rund: Berliner klin. Wschr. **56** (1919) 958-959 [3]. – Richard Schwarz: Neue Freie Presse Wien **1919**, Nr. 19718 vom 17. Juli, S. 8-9 [NB Wien]. – Ernst Trendelenburg: Naturwiss. **7** (1919) 873-878 [3]. – A. von Weinberg: Naturwiss. **7** (1919) 868-873 [3]. – H. Wichelhaus: Ber. Dtsch. chem. Ges. A **52** (1919) 129-132 [3]. – Alfred Wohl: Chem. Ind. **42** (1919) 269-276 [101]. – Arch. physik.-diätet. Therapie **21** (1919) 169-170 [101]. – Ber. Dtsch. chem. Ges. A **52** (1919) 124-128 [3]. – Dr. M.: Berliner Tagebl. **48** (1919) Nr. 322 vom 16. Juli, S. [2] [11]. – D. K.: Dtsch. Zuckerind. **24** (1919) 358 [3]. – Chemiker-Ztg. **43** (1919) 757-758 [3]. – Germania **49** (1919) Nr. 323 vom 18. Juli, Abendausg., S. [8] [11]. – H. E. A.: Nature [London] **103** (1919) 430-431 [7]. – Naturwiss. **7** (1919) 843-882 (m. Bildn. u. Faks., Brief vom 5.Jan. 1901 i. Faks.) [3]. – M. L.: Tägl. Rdsch. **39** (1919) Nr. 344 vom 17. Juli, S. 322 [11]. – Vorwärts **36** (1919) Nr. 361 vom 17. Juli, Abend-Ausg. S. [2] [11]. – Vossische Ztg. **1919**, Nr. 544 vom 25. Okt. S. [2] [11]. – Wachtfeuer. Dtsch. Künstlerbl. **5** (1919) Nr. 42, S. 333 (m. Bildn.) [1]. – Z. angew. Chem. **32** (1919) II, 744-745. – Wann ist Emil Fischer gestorben? Z. angew. Chem. **32** (1919) I, 360 (14./15. Juli 1919, amtl. 15. Juli) [Ha 15]. – VDI-Z. **63** (1919) 715 [3]. – A. Kossel: Hoppe-Seylers Z. physiol. Chem. **108** (1919/1920) 1-2 [3]. – Paul Diergart: Mitt. Gesch. Med. ⟨u.⟩ Naturwiss. **19** (1920) 121-123, 124 [3]. – Martin Onslow Forster: J. chem. Soc. [London] **117**, 2 (1920) 1157-1201 (m. Bildn.) [3]. – Gustav Haas: Prometheus **31** (1920) 329-330 [3]. – A. von Harnack: Z. angew. Chem. **33** (1920) 185-186 [3]. – W. Schlenk: Alm. Akad. Wiss. Wien **70**, 1920 (1920) 123-127 [Ha 2], – Hermann Staudinger: Vjschr. naturforsch. Ges. Zürich **65** 1920 (1920) S.-Ber. S. IV-V [Ha 2]. – Willstätter: Jahrb. Bayer. Akad. Wiss. **1920** (1921) 17-24 [3]. – Z. angew. Chem. **33** (1920) I, 185-186 [Ha 15]. – Beckmann: S.-Ber. Preuß. Akad. Wiss. **1920**, 698-703 [Ha 2]. – M. O. Forster: Proc. Roy. Soc. London A **98** (1921) L-LVII (m. Bildn.) [B 4]. – M. O. Forster: Edinburgh Review or Critical Journ. **233** (1921) 69–79 [15].

Biogr. Richard Meyer: Victor Meyer (Leipzig 1917) 433-434 (m. Bildn. auf S. 155) [3]. – H. Staudinger: Die drei Nobelpreisträger Adolf von Baeyer, Emil Fischer u. Alfred Werner: Schweiz. Chemiker-Ztg. **4** (1920) 185-190 [101]. – Kurt Hoesch: Emil Fischer. Sein Leben u. sein Werk (Berlin 1921) 480 S. (m. Bildn. u. Faks.) (Ber. Dtsch. chem. Ges., Sonderheft 54) [3; 14]. – Emil Fischer-Gedächtnisfeier in Euskirchen: Z. angew. Chem. **36** (1923) 40 [Ha 15]. – Benjamin Harrov: Eminent Chemists of our time 1920, 2. Ed. (New York 1927) XIII, XIV, 13, 24, 70, 94, 96, 99, 128, 191, 193, 194, 217-239, 342, 354, 440-458 (m. Bildn. u. Faks. vor S. 217) [3]. – B.: Bl. Volksgesundheitspflege **28** (1928) 117-118 (m. Bildn.) [Ha 2]. – Burckhardt Helferich: Dtsch. Biogr. Jahrb. Überleitungsband 2, 1917-1920 (1928) 378-385 (m. Lit. 385) Totenliste **1919**, 716-717 [3]. – M. A. Bloch: Biogr. Lexikon der bedeutenden Chemiker ... des 19. u. 20. Jahrhunderts [russ.] **1** (Leningrad 1929) 197-201 (m. Bildn. u. Lit.Verz.) [15]. – Henry M. Leicester and Herbert S. Klickstein: A source book in Chemistry 1400-1900 (New York-Toronto-London 1952) 499-506 [3]. – K. Ulrich: Zucker **5** (1952) 494-495 (m. 1 Bildn.) [101]. – A. J. J. van de Velde: Meded. Koninkl. vlaamse Acad. Wetensch., Letteren schone

Kunsten. Kl. Wetensch. **14** (1952) 3-17 [B 4]. — Eduard Farber: Nobel Prize Winners in Chemistry 1901-1951 (London-New York-Toronto 1953) 5-9 (m. Bildn.) [21]. — Friedrich Schmidt-Ott: Mitt. Max-Planck-Ges. **1953**, H. 5, S. 1-4 (m. Bildn.) [12]. — Gerhard Venzmer: In: Via triumphalis. Nobelpreisträger im Kampf gegen den Tod. (Hrsg. Rudolf Erckmann) (München-Wien [1954]) 83-99 (m. Bildn. 112/113) [101]. — Max Bergmann: In: Günther Bugge: Das Buch der großen Chemiker **2** (Weinheim 1955) 408-420, Lit.Verz. 514-515 (m. 1 Bildn. u. Faks., 2 Abb.) [3]. — G. J. van Meurs: Voeding (Den Haag) **21** (1960) 453-458 (m. 1 Bildn.) [1]. — Karl Freudenberg: NDB **5** (1961) 181-182 [3]. — F. Welsch: In: Biogr. bedeutender Chemiker. Hrsg. K. Heinig (Berlin 1964) 147-152 (m. Bildn.) [101].

Weitere Lit. Karl Kautzsch: Emil Fischers Forschungen auf dem Gebiete der Eiweißchemie: Umschau **10** (1906) 129-131 [15]. — Carl Snyder: Das Weltbild der modernen Naturwiss. nach den Ergebn. der neuesten Forschungen. Autor. dtsch. Übers. von Hans Kleinpeter, 2. Aufl. (Leipzig 1907) 57, 141, 164 (m. Bildn. 166) [15]. — Ernst von Meyer: Geschichte der Chem. von den ältesten Zeiten bis zur Gegenwart. 4. Aufl. (Leipzig 1914) siehe Reg. [3]. — W. Herz: Grundzüge der Geschichte der Chem. (Stuttgart 1916) 94 [3]. — Ed. Hjelt: Geschichte der Org. Chem. von ältester Zeit bis zur Gegenwart (Braunschweig 1916) siehe Reg. S. 544 [3]. — Carl Graebe: Geschichte der org. Chem. **1** (Berlin 1920) 296, 356-358, 383-386, 400 [3]. — Richard Meyer: Vorlesungen über die Geschichte der Chem. (Leipzig 1922) 147, 219, 231, 292, 305, 312-313, 317-318, 329-330, 334-335, 361, 385, 397-398 [3]. — William J. Pope: J. Soc. chem. Ind. (London) **41** (1922) 495-496 [89]. — Charles M. van Deventer: Grepen uit de Historie der Chemie (Haarlem 1924) 358 [1a]. — Johannes Reinke: Mein Tagewerk (Freiburg i. Br. 1925) 52-53, 102, 176 [3]. — Wilhelm Ostwald: Lebenslinien. Eine Selbstbiogr. Teil 1-3 (Leipzig 1926/1927); **1**, 191; **2**, 111-112, 371; **3**, 342 [3]. — L. Darmstaedter u. R. E. Oesper: J. chem. Educat. **5** (1928) 37-42 [Le 1]. — Burckhardt Helferich: Bl. Volksgesundheitspflege **28** (1928) 117 (m. Bildn.) [101]. — J. chem. Educat. **6** (1929) 1191-1192 (m. Bildn. 1190) [Le 1]. — Das akad. Deutschland **1** (Berlin 1930) 78, 119, 420 (m. Bildn. S. 117); **3**, 250, 609, 611 [3]. — Paul Walden: Goethe als Chemiker u. Techniker (Berlin 1932) 77 [3]. — Paul Duden u. Flury: Aus der Würzburger Chem. vergangener Tage: Joh. Wislicenus u. Emil Fischer: Angew. Chem. **46** (1933) 357, 362-364 [Ha 15]. — [Stengel]: Wilhelm von Humboldt-Gedächtnis-Ausstellung im Märkischen Museum. Lebensbilder aus der Geschichte der Berliner Univ., Berlin, 9. Apr.-15. Mai [1935] (Berlin o. J.) 38 [101]. — The Nobel-prize-Winners and the Nobel foundation 1901-1937 (Zürich 1938) 113 (m. Bildn. S. 440) [ETH Zürich]. — C. S. Hudson: Emil Fischers discovery of the configuration of glucose: J. chem. Educat. **18** (1941) 353-357 [210]. — C. S. Hudson: Historical aspects of Emil Fischers fundamental conventions for writing stereo-formulas in a plane: Advances Carbohydrate Chem. **3** (1948) 1-22 [Le 1]. — Claude S. Hudson: The Basic Work of Fischer and van't Hoff in carbohydrate chemistry: J. chem. Educat. **30** (1953) 120-121 [Le 1]. — Friedrich von Müller: Lebenserinnerungen (München [1953]) 34-35, 45, 62, 99, 130, 149, 219 [Ha 2]. — Philip A. Roussel: The Fischer indole synthesis: J. chem. Educat. **30** (1953) 122-125 [Le 1]. — E. A. Evieux: The Geneva Congress on organic Nomenclature: J. chem. Educat. **31** (1954) 326, 327 (m. Gruppenbildn.) [Le 1]. — Karl Freudenberg: In: Forscher u. Wissenschaftler im heutigen Europa (Oldenburg-Hamburg [1955]) 158-166 (m. Bildn. 160 u. 161, Lit.Verz. 166) [3]. — Freudenberg: S.-Ber. Heidelberger Akad. Wiss. Jahresheft 1943/1955 (1959) 161-166 [Ha 2]. — Rudolf Pummerer: In: Geist u. Gestalt. Biogr. Beitr. Gesch. Bayer. Akad. Wiss. **2** (München 1959) 158, 159, 160, 168, 169, 170, 173, 180, 190, 210; Bildn.: **3** (1959) Abb. 147 (Photo) [3]. — Karl Heinig: Das Chem. Inst. der Berliner Univ. unter der Leitung von August Wilhelm von Hofmann u. Emil Fischer. In: Forschen u. Wirken. Festschr. zur 150-Jahr-Feier der Humboldt-Univ. zu Berlin **1** (Berlin 1960) 339-357 (m. Bildn.) [3]. — R. Sachtleben, A. Hermann: Große Chemiker. Von der Alchemie zur Großsynthese (Stuttgart 1960) 124 (m. Bildn.) [101]. — Karl Heinig: Emil Fischer: Chem. in der Schule **8** (1961) 494-496 (m. Bildn.) [3]. — Burckhardt Helferich: In: Ed. Farber, Great Chemists (New York 1961) 981-995 (m. Bildn.) [ETH Zürich]. — C. V. Ratnam: Depside. Ihre Synthese durch Emil Fischer: J. chem. Educat. **38** (1961) 93-94 [7]. — Walter Ruske: Berliner Chemiker aus 4 Jahrhunderten: Z. Chem. **1** (1961) 73-84 (m. 28 Bildn. u. 7 Abb.) [3]. — Von Adam Ries bis Max Planck. 25 große deutsche Mathematiker u. Naturwissenschaftler. Hrsg. von Gerhard Harig (Leipzig 1962) 156 S. (m. Bildn.) (Taschenbuch-Verl. Enzykl., 11) 107-111 (m. Bildn. nach S. 96) [14]. — Friedrich Herneck: Bahnbrecher des Atomzeitalters. Große Naturforscher von Maxwell bis Heisenberg (Berlin 1965) 102, 178, 337, 429, 437-440, 442, 443 [3].

Bildn. Kurzer Sinnspruch m. Faks. Unterschr. u. Bildn. in: Das Goldene Buch des Deutschen Volkes an der Jahrhundertwende (Leipzig 1899) S. Wiss. 70 [15]. — Paul Walden: Drei Jahrtausende Chem. (Berlin 1904) XII, 305 S., 360 Nr. Lit.Verz., besonders

299-305, Bildn. nach S. 277 [3; 14]. — Woche 8 (1906) 97 (m. Bildn.) [14]. — Umschau **11** (1907) 379 (Bildn.); **16** (1912) 880 (Bildn.) [14]. — Das Emil-Fischer-Denkmal auf dem Luisenplatz zu Berlin: Z. angew. Chem. **34** (1921) 653-656 (m. Abb.) [Ha 15]. — Bilderbogen der Zeit: Denkmal von Fritz Klimsch auf dem Luisenplatz zu Berlin [14]. — Carl Duisberg: Die Enthüllung des Emil-Fischer-Denkmals zu Berlin am 25. Sept. 1921: Abh., Vorträge, Reden **1** (1923) 587-589; Z. angew. Chem. **1921**, 655 [3]. — Fritz Klimsch: Eine Auswahl seiner Werke. Mit Einleitung von Wilhelm von Bode (Freiburg i. Br. 1924) (m. 3 Abb. des Denkmals in Berlin u. des Grabdenkmals Taf. 55, 62, 63) [101]. — Chronik des Deutschen Museums von Meisterwerken der Naturwiss. u. Technik. Gründung, Grundsteinlegung u. Eröffnung. 1903-1925 (München 1927) [II], 91 S., 11 Taf., Titelb. Oscar von Miller, Bildn. S. 50 [14]. — Kunst in Leverkusen (Leverkusen 1933) 15 (Büste) [101]. — J. chem. Educat. **12** (1935) 143, Abb. des Grabmals [Le 1]. — Bilder von Emil Fischer u. Wislicenus: Der deutsche Chemiker (Beil. zu: Angew. Chem.) **2** (1936) 28 [101]. — (Julius) Uli Klimsch: Fritz Klimsch. Die Welt des Bildhauers (Berlin 1938) 123 S. m. 112 Abb. (Die Kunstbücher des Volkes, [23]) [14]. — Fritz Klimsch: Geleitwort von Egbert Delpy (Berlin 1942) 36 Bl. m. 67 Abb.; Abb. 13 u. 21; Denkmal in Berlin (Die Kunstbücher des Volkes, Kleine Reihe, 10) [101]. — Otto Warburg: Wasserstoffübertragende Fermente (Berlin 1948) (Titelbildn.) [14]. — Bildn. berühmter Mitgl. der Deutschen Akad. Wiss. (Berlin 1950) 71 [3; 14].

I **FISCHER VON WALDHEIM**, Johann Gotthelf. Zool., Paläont. — 1797 Dr. med. Univ. Leipzig; 1799 Prof. u. Bibliothekar an der Zentralschule in Mainz; seit 1804 Prof. Naturgeschichte u. Direktor des Naturhistor. Museums Univ. Moskau; 1805 gründete er die naturforsch. Ges. zu Moskau, seit 1835 deren Vizepräsident. Zum Staatsrat ernannt.

*1771, Okt. 13, Waldheim/Sa.;
†1853, Okt. 6/18, Moskau.

Bibliogr. H. G. Bongard: Esquisse historique des travaux sur la botanique entrepris de Russie depuis Pierre-Le-Grand jusqu'à nos jours: Rec. actes sé. publ. Acad. Imp. Sci. St. Pétersbourg **1834** (1835) 83-108, besonders 96, 98, 102, 103 [3]. — Jacques-Charles Brunet: Manuel du libraire et de l'amateur de livres **2** (1842) 284; **5** (1844) 104, 120, 127, 682 [3]. — Louis Agassiz: Bibliographia zoologiae et geologiae **2** (London 1850) 418-426 (150 Nr.) [3]. — Cat. scient. Papers **2** (1868) 622-626 (128 Nr.) [3]. — G. A. Pritzel: Thesaurus literaturae botanicae omnium gentium, 2. Aufl. (Lipsiae 1872) 108 [3]. — Cat. gén. des mss. bibl. publ. France. Dép. to XXIX: Avignon par L.-H. Labande **3**, 1 (Paris 1897) 485-679. Autographes de la Collection Requien [Nr. 3740-3741: Fischer, botaniste à Sorenki] [14]. — Friedrich Theodor Köppen: Bibliotheca Zoologica Rossica **2**, 1 (St. Petersburg 1907) Nr. 285, S. 102-103 [12]. — W[ilhelm] Junk: Bibliographia coleopterologica (Berlin 1912) 39, 128 [3; 15]. — Cat. gén. Bibl. nat. **52** (1913) Sp. 59-62 (21 Nr.) [3]. — Fritz Ferchl: Chem.-pharmazeut. Bio-Bibliographikon **1** (Mittenwald 1937) 156 [3]. — Fossilium Catalogus I: Animalia Pars 72: K. Lambrecht †, W. et A. Quenstedt, Paleaontologi, Catalogus bio-bibliographicus ('s-Gravenhage 1938) 140 [3; Ha 2]. — Brit. Mus. Gen. Cat. **73** (1961) Sp. 530-532 (36 Nr.) [3].

Briefe C. A. Dohrn: Ein Brief Fischers von Waldheim (Moskva 29. Juni/11. Juli 1848): Entomol. Ztg. **28** (1867) 77-78 [Ha2].

Nekr. [Nachrufe von] Rouillier, Masloff, Pascault: Bull. Soc. Imp. Naturalistes Moscou **26** (1853) Nr. 4, 551-558. Séance extraord. 20e oct. 1853 [Ha 2]. — Karl Trottenbacher: Allg. med. Zentral-Ztg. [Moskau] **22** (1853) 813-815 [3]. — Zurnal Min. Narodn. Prosw. **1853**, Cz. 80, S. 82-83, 91-93 S. A. Mastow, Nekrolog. — E. G. Gersdorf: Leipziger Repertorium der deutschen u. ausländischen Literatur **12**, 2 (Leipzig 1854) 192 [3]. — Motschulsky: Etudes entomologiques **4** (Helsingfors 1855) 3-5 [F 1]. — Wiestnik jestiestw. Nauk **1854**, 15-17, 30-32, 702-704. — Hamilton: Quart. J. geol. Soc. (London) **11** (1855) XLIV-XLV [Ha 2]. — R. Heimann: Souvenirs de défunt fondateur de la Société Imperiale de Naturalistes de Moscou (Moscou 1856).

Biogr. Johann Georg Meusel: Das Gelehrte Teutschland **2** (1796) 341; **9** (1801) 349; **11** (1805) 227; **17** (1820) 584; **22** (1831) 148-149 [3]. — Friedrich Adolf Ebert: Allg. bibliogr. Lexikon **1** (Leipzig 1821) Sp. 603 [3]. — J. M. Quérard: La France littéraire **3** (Paris 1821) 124-125 (m. Schr.Verz.) [3]. — Adolph Carl Peter Callisen: Medicinisches Schriftsteller-Lexicon **6** (Copenhagen 1831) 289-293 (Schr.-Verz. 290-293); **23** (Copenhagen 1836) 340; **25** (Copenhagen 1837) 128; **28** (Copenhagen 1840) 51 (Schr.Verz.) [3]. — O. L. B. Wolff: Neues elegantestes Conversations-Lexicon **2** (Leipzig 1835) 121 [3]. — H. E. Scriba: Biogr.-literärisches Lexikon der Schriftsteller des Großherzogthums Hessen im 19. Jahrhundert **2** (Darmstadt 1843) 223-225 (m. Schr.Verz.) [3]. — Edward Newman: Zoologist (London) **12** (1854) 4229-4230 [12]. — Amyot: Notice biographique sur M. Fischer de Waldheim: Ann. Soc. entomol. France (3) **3** (1855) 323-325 [7]. — Gümbel: ADB **7** (1878) 84-85 [3]. — A. Dechambre: Dictionnaire encyclopédique des sciences médicales

(4) **2** (1878) 321 [L 5]. – Izvestija Imp. Obscz. lubitielej jestiestw. Antrop. i Etnogr. **33** (1878) Wyp. 2, S. 105-126. – Anatolija Bogdanova: Charles F. Rouillier et ses prédécesseurs dans la chair de Zoologie de l'Université de Moscou: Bull. Soc. ouralienne D'Amateurs: Sci. nat. **43** (1885) 215 [Zapiski Ural'skago obščestva Gubitelej estestvoznanija] [Ha 2]. – L. Stieda: In: Biogr. Lexikon der hervorragenden Ärzte aller Zeiten u. Völker, 2. Aufl. **2** (Berlin-Wien 1930) 526 [3]. – Wilhelm Stieda: Deutsche Gelehrte als Prof. an der Univ. Moskau. In: Abh. Sächs. Akad. Wiss. Phil.-hist. Kl. Bd **40** Nr. 5 (1930) 24, 25, 26, 29, 33, 44, 45, 66, 68, 69, 70, 72, 73, 75, 86, 90, 108, 109 [3]. – Johannes W. E. Büttner: In: Bedeutende Waldheimer Ärzte u. Naturwissenschaftler: Wiss. Z. Univ. Leipzig, math.-nat. R. **5** (1955/1956) 46 [3]. – Johannes W. E. Büttner: Fischer von Waldheim (Berlin 1956) 83 S. m. 5 Bildn., 9 Abb., 3 Faks. (Bergakademie, Freiberger Forschungsh. D 15) [3]. – Rudolph Zaunick: NDB **5** (1961) 212-213 [3]. – Leipziger gelehrtes Tagebuch auf das Jahr 1798 (Leipzig o. J.) 4-5 [3].

Zum 50jähr. Doktorjubil. Jubilaeum semisaecularem doctoris medicinae et philosophiae Gotthelf Fischer de Waldheim celebrant sodales societatis Caesareae naturae scrutatorum Mosquensis die X/XXII februarii ann. MDCCCXLVII. Mosqueae (1847) 35 S. (m. Titelb. 8 Taf.) [15]. – A.: Med. Ztg. Rußlands **1847**, Nr. 14, S. 110-111.

Zum 100. Geburtstag Ed. von Eichwald: Analecten aus der Palaeontologie u. Zoologie Russlands (Moskau 1871) IV, 23 S., 3 Taf. [14].

Zum 100. Todestag William John Hamilton: Quart. J. geol. Soc. (London) **11** (1855) XLIV-XLV [3]. – Johannes W. E. Büttner: Beitr. Entomol. **3** (1953) 616-618 [3]; Bergakademie [Freiberg] **5** (1953) 430-433 (m. Bildn.) [3]; Urania **16** (1953) 400 [3]. – K. H. S.: Neue Zeit. Tagesztg. der CDU **9** (1953) Nr. 242 vom 17. 10., S. 2 [14].

Weitere Lit. G. Reinbeck: Flüchtige Bemerkungen auf einer Reise von St. Petersburg über Moskwa, Grodno, Warschau, Breslau nach Deutschland im Jahre 1805. In Briefen. **1** (Leipzig 1806) 345-347, 349-350; **2** (Leipzig 1806) 3-4, 7-11, 319-324 [Ha 33]. – Wilhelm Michael von Richter: Geschichte der Medicin in Russland **3** (Moskwa 1817) 375-385 (m. Schr.Verz.) [15]. – Baron von Cuvier: Das Thierreich, geordnet nach seiner Organisation. Übers. von F. S. Voigt **6** (Leipzig 1843) 518-519 [3]. – Renard: Rapport sur la séance extraordinaire, solenelle du 28 décembre 1855 à l'occasion du jubilé Semi-Séculaire de la Soc. Imp. des Naturalistes de Moscou (Moscou 1856) 151 S. [Fischer von Waldheim passim] [Ha 2]. – Franz von Kobell: Geschichte der Mineral. Von 1650-1860 (München 1864) 423 [3]. – Alexander Brückner: Die Ärzte in Rußland bis zum Jahre 1800. Ein Beitr. zur Geschichte der Europäisierung Rußlands (St. Petersburg 1887) besonders 10, 11, 53, 80 [1]. – Karl Alfred von Zittel: Geschichte der Geol. u. Paläontol. bis Ende des 19. Jahrhunderts (München-Leipzig 1899) 445, 446, 546, 775 (Geschichte der Wiss. in Deutschland. Neuere Zeit, 23) [3]. – Verzeichnis der Büchersammlung der Kaiser-Wilhelms-Akad. für das militärärztl. Bildungswesen, 3. Aufl. (Berlin 1906) 148, 794, 801, 818 [3]. – Karl Sudhoff: Laßtafelkunst in Drucken des 15. Jahrhunderts: Sudhoffs Arch. Gesch. Med. **1** (1908) 222-224 (m. 1 Abb.) [3]. – H. Zeiss: Das russ. Militärsanitätswesen. Die militärmed. Akad. von 1798-1838: Dtsch. Militärarzt **4** (1939) 65-68 (m. Lit.Verz.) [101]. – Günther Schmid: Goethe u. die Naturwiss. Eine Bibliogr. (Halle 1940) 57, 70, 157, 244, 321, 512 [Ha 2; 3]. – V. V. Tichomirov: [Anfang der Anwendung der paläontol. Methode in Rußland] In: Očerki po istorii geologičeskich znanij [Skizzen zur Geschichte der geol. Wiss.] Vypusk **7** (Moskau 1958) 93-128 (m. Bildn.) [1]. – F[riedrich] A[dolf] Schmidt-Künsemüller: Gotthelf Fischer von Waldheim u. die Gutenberg-Forschung: Arch. Gesch. Buchwes. **4** (1963) 791-807 [14].

Bildn. Hans Wolfang Singer: Allgemeiner Bildniskatalog **4** (Leipzig 1931) 60 (Kupferstich von Reussing. W. E. Drugulin. Allg. Portr. Kat. Leipzig 1860) [3]. – S. J. Lipschitz: An unpublished portrait of Alexander of Humboldt: Bull. Soc. Natural. Moscou, sect. biol. **47** (1938) 420-421 m. Bildn. Fischer von Waldheim S. 420 [Ha 2]. – Richard N. Wegner: Das Anatomenbildnis. Seine Entwicklung in Zusammenhang mit der anatom. Abb. (Basel 1939) 138-139 [3].

I u. Erg. Bd., III **FORSTER,** Johann Georg Adam. Naturforscher, Schriftsteller. – 1772–1775 begleitete er seinen Vater auf Cooks zweiter Weltreise; 1779 Prof. Naturgesch. Carolinum zu Cassel, 1784 Univ. Wilna; 1788 Oberbibliothekar der kurfürstl. Bibl. zu Mainz; 1793 Agent du conseil exécutif zu Paris; 1777 Mitgl. Royal Soc. London, 1780 Leopoldina, 1786 Preuß. Akad. Wiss. Berlin.

*1754, Nov. 26, Nassenhuben b. Danzig; †1794, Jan. 12, Paris.

Sohn von Johann Reinhold Forster.

Genealog. F. Strehlke: Aus der Umgegend von Danzig I. Georg Forsters Geburtsort: Progr. Petri-Schule (Danzig 1862) 10 S. (m. genealog. Nachrichten) [14].

Werke Gervinus: Georg Forsters sämmtl. Schriften. Mit einer Charakteristik. 9 Bde.

Leipzig (o. J.): Monatsbl. Z. Ergänzg. Allgem. Ztg. 1847, 244-251 [14]. — Georg Forsters Tagebücher. Hrsg. von Paul Zincke u. Albert Leitzmann (Berlin 1914) XLV, 436 S., Titelbildn. m. Faks. [3]. — Von Aachen nach Limburg vor 150 Jahren. Aus den Reiseberichten von Georg Forster: Heimat. Mschr. Maasland, Eifel u. Ardennen **1** (1940) 54-60 [1a]. — Georg Forster: Ein Blick in das Ganze der Natur. In: Adolf Meyer-Abich, Biol. der Goethezeit (Stuttgart 1949) 159-180 (m. Bildn.) [Ha 2]. — Forster [Werke Ausz.] Ein Lesebuch für unsere Zeit. Von Gerhard Steiner u. Manfred Häckel unter Mitarbeit von Lu Märten (Weimar 1952) XXII, 506 S. (Lesebücher für unsere Zeit, [4]) Zeittafel XI-XXII, Biogr. Forsters 3-62. Nach XXII Gemälde von Anton Graff 1784 ⟨Taf.⟩; nach 176 Gemälde von J. H. Tischbein um 1782. ⟨Taf.⟩ nach 68 Scherenschnitt von unbekannter Hand; nach 80 Gruppenb. [nicht Medaillon] ⟨Taf.⟩ Vater u. Sohn; nach 192 Medaillon [Daniel Berger 1782][14]. — Gerhard Steiner: Die editorische Arbeit an den Schriften Georg Forsters: Wiss. Ann. **4** (1955) 165-174 [3]. — Heinrich Reintjes: Zur Gesamtausgabe von Georg Forsters Werken: Geist u. Zeit (Düsseldorf) **1959** 157-159 [61]. — Georg Forster: Reise um die Welt (Berlin 1960) 667 S., 1 Karte [101]. — Georg Forster: Weltumseglung mit Kapitän Cook (Gekürzte Fassung von J. R. Forsters u. Georg Forsters Reise um die Welt in den Jahren 1772-1775 [Ausz.] (Hrsg. u. m. einem Vorwort versehen von Hans E. Rübesamen) (München 1963) 299 S., 27 Abb. [12]. — Georg Forster: Werke. Sämtl. Schriften, Tagebücher, Briefe. Hrsg. von der Deutschen Akad. Wiss. Berlin (Berlin 1963) 639 S., mehr. Taf. [3].

Briefe Johann Georg Forster, Briefwechsel. Nebst einigen Nachrichten aus seinem Leben. Hrsg. von Th[erese] H[uber] geb. H[eyne]. **1, 2** (Leipzig 1829) XXII, 874 S., XII, 830 S. [3]. — Briefe an Johann Heinrich Merck von Goethe, Herder, Wieland u. anderen bedeutenden Zeitgenossen. Mit Mercks biogr. Skizze hrsg. von Karl Wagner (Darmstadt 1835) 308 (vom 3. Nov. 1781), 366-368 (vom 11. Nov. 1782), 399-400 (vom 24. Sept. 1783), 404-407 (vom 13. Nov. 1783) [3]. — Briefe an Johann von Müller (Suppl. zu seinen sämtl. Werken) **6** (hrsg. von Maurer-Constant) (Schaffhausen 1840) 241-324 (1783-1792) [3]. — Karl von Holtei: 300 Briefe aus zwei Jahrhunderten **1**, 1 (Hannover 1872) 93-97 (Mainz 2. Jan. 1790 an den Buchhändler Joh. Carl Spener) [3]. — Georg Forsters Briefwechsel mit S. Th. Sömmering. Hrsg. von H. Hettner (Braunschweig 1877) 676 S. [3]. — Albert Leitzmann: Ungedruckte Briefe Georg Forsters II: An Jeremias David Reuß: Arch. Studium neueren Sprachen u. Literaturen **89** (1892) 15-32; III: An Johann Karl Philipp Spener **90** (1893) 27-56; [36 Briefe] an Chr. Gottl. Heyne **91** (1893) 129-178; IV: An Christian Gottlob Heyne [55 Briefe] 1790-1792: **93** (1894) 23-68 [3]. — Albert Leitzmann: Aus dem Nachlaß Georg Forsters: Z. vergleich. Literaturgesch. (N.F.) **5** (1892) 396-403; enthält: a) 4 Briefe Forsters an Fritz Jacobi; 1. Cassel, 25. Nov. 1780; 2. Mainz, 24. Apr. 1789; 3. Mainz, 8. Juni 1789; 4. Mainz 22. März 1791; b) 1 Brief Forsters an Ludwig Ferdinand Huber o. O., o. J.; c) eine politische Rede Forsters, Mainz o. J. [3]. — Albert Leitzmann: Zu Goethes Briefwechsel mit Georg Forster: Vjschr. Literaturgesch. **6** (1893) 152-156, 588-591 (Ein Brief von Herder u. Caroline u. Therese Forster) [3]. — Forster an Wolke [Brief]: Neue Jahrb. Philolog. u. Pädag. **148** (1893) 629-630 [Berlin, Dtsch. Lehrerbücherei]. — Gotthilf Weisstein: Unbekannte Briefe von Georg Forster: Neuere Sprachen **11** (1903/1904) 184-191 1.) G. F. an Johann Karl Spener, London, 29. Oct. 1776, S. 440-448; 2.) G. F. an Johann Karl Spener, London, 22. Apr. 1777; 3.) G. F. an Johann Karl Spener, o. O., o. J. [3]. — Georg Forsters Briefe an Christian Friedrich Voß. Hrsg. von Paul Zincke (Dortmund 1915) XVIII, 265 S. [3]. — Albert Leitzmann: Briefe Georg Forsters: An Heinrich Christian Boie [1 Brief], an Christian Gottfried Körner [1 Brief], an Friedrich Heinrich Jacobi [8 Briefe] (1789-1792): Arch. Studium neueren Sprachen u. Literaturen **135** (1916) 266-281 [3]. — J. G. Forster, Briefwechsel. Nebst Nachr. von seinem Leben von Th[erese] H[uber] **1, 2** (Leipzig 1829). Derselbe, Briefe u. Tagebücher von seiner Reise am Niederrhein, in England u. Frankreich im Frühjahr 1790, hrsg. von A. Leitzmann (Halle 1893), 9. Aufl. (Leipzig 1931) 748 (Dahlmann-Waitz, Quellenkunde der Deutschen Geschichte) [3]. — [Erich Haarmann]: Ein Münchhausen als Geologe. Rudolph Erich Raspe. Anhang, Brief von Georg Forster an J. C. Spener, Berlin, aus London vom 17. Febr. 1778: Geol. Rdsch. **33** (1942) 117-120 [Ha 56]. — Verzeichn. der Korrespondenten von Georg Forster (Berlin: Dtsch. Akad. Wiss. 1958) 16 S. Als Ms. gedr. — Gerhard Steiner: Der junge Georg Forster in England. Zu einem bisher unbekannten Briefwechsel [1775-1777]: Weimarer Beiträge **5** (1959) 527-561 [3]. — Als Georg Forster zum 1. Mal Düsseldorf u. Pempelfort besuchte. Brief an seinen Vater in England vom 24. Nov. 1778: Heimat [Düsseldorf] **11** (1960) 337-339 (m. 1 Silhouette u. 2 Faks.) [61]. — Brief an Heinrich Christian Boie (Bruchstück) 5. Juli 1789. Mainz: Goethes Autographen-Sammlung (Weimar 1961) 68, Nr. 491 [3].

Bibliogr. J. F. Goldbeck: Litterarische Nachrichten von Preußen **1** (Leipzig-Dessau 1781) 155-157 (m. Schr.Verz.); **2** (Leipzig-Dessau 1783) 139-140, 267-268 [3]. — B[ernhard] Behr: Vollst. Verz. der vorrätigen

Werke nach dem Stande vom 1. 10. 1917 (Berlin-Steglitz 1917) 136 S.; Bildn. u. Faks. S. 20/21 [101]. – Encyclopaedia Britannica. 11. ed. **10** (Cambridge 1910) 674-675 [3]. – Cat. gén. Bibl. nat. **53** (1913) Sp. 662-666 (17 Nr.) [3]. – Brit. Mus. Gen. Cat. **75** (1961) Sp. 728-732 (70 Nr.) [3].

Nekr. [Ludwig Heinrich Jakob]: Über Georg Forster. Von dessen Vater, dem Herrn Prof. Forster in Halle an den Herausgeber [Halle, 30. Nov. 1794]: Ann. Philos. **1** (1795) Philos. Anz. **2**, Sp. 9-16; **16**, 121-126 [3]. – Charles Pougens: Monthly Magazine **5** (1798) 361-362. [Dazu Berichtigungen:] J. A.: To the Editor of the Monthly Magazine, ebenda 403-404 [14]. – Friedrich Schlichtegroll: Nekrolog auf das Jahr 1794 **5**, 2 (Gotha 1796) 274-275; Nekrolog auf das Jahr 1798 **9**, 1 (Gotha 1802) 210-301 [3]. – Allg. Lit. Ztg. [Jena] **1794**, I (1794) Intell. Bl. Nr. 26, Sp. 201-204; **1794**, II (1794) Intell. Bl. Nr. 32, Sp. 249-250 [3].

Biogr. Friedrich Wilhelm Strieder: Grundlage zu einer Hessischen Gelehrten- u. Schriftstellern Geschichte **4** (Göttingen 1784) 145-159 (m. Schr.Verz. 150-159) [3]. – Johann Georg Meusel: Lexikon der vom Jahr 1750 bis 1800 verstorbenen teutschen Schriftsteller **3** (Lemgo 1804) 419-430 [3]. – Samuel Baur: Neues histor.-biogr.-literarisches Handwörterbuch **2** (Ulm 1808) Sp. 245-247 [3]. – L. F. Huber: Sämtl. Werke seit dem Jahre 1802 nebst seiner Biogr. **1** (Tübingen 1806) 447 S.; **2** (Tübingen 1810) 484 S. [ohne Register] (Forster passim) [3]. – Eyriès: Biographie universelle, ancienne et moderne **15** (Paris 1816) 282-287 [3]. – Ersch-Gruber: Allgem. Encyklopädie der Wiss. u. Künste I, **46** (Leipzig 1847) 382-391 (Lit.Verz.) [3]. – W. Stricker: Johann Georg Adam Forster: Die Männer des Volkes, hrsg. von Ed. Duller **3** (1847) 183-234 [14]. – Gerhard Steiner: Georg Forster u. seine „Ansichten": Neue Dtsch. Literatur **2** (1854) 10-12, 70-74 [3]. – Elisa Maier: Georg Forster. Lichtstrahlen aus seinen Briefen ... u. aus seinen Werken (Leipzig 1856) XVIII, 268 S., besonders 1-126 [14]. – Heinrich Koenig: Die Clubisten in Mainz, 2. Aufl. **2** (Leipzig 1857) 155-344 (Gesammelte Schriften von Heinrich Koenig, 8) [3]. – Heinrich Koenig: Georg Forsters Leben in Haus u. Welt, 2. Aufl. **1** (Leipzig 1858) XXIII, 309 S.; **2** (1858) 324 S. [3]. Walter Wenzel: Südseefahrer u. jakobinischer Revolutionär: Dtsch. Woche [München] 8 (1858) Nr. 3, S. 15 [101]. – Friedrich Mann: Georg Forster, ein deutsches Lebensbild (Frauenfeld 1862) IV, 37 S. [37]. – Clemens Theodor Perthes: Politische Zustände u. Personen in Deutschland zur Zeit der französischen Herrschaft. Das südl. u. westl. Deutschland (Gotha 1862) 575 S. (m. Schr.Verz. 555-575) [3]. – Karl Klein: Georg Forster in Mainz 1788 bis 1793. Nebst Nachträgen zu seinen Werken (Gotha 1863) XII, 488 S. [3]. – G. G. Gervinus: Geschichte der deutschen Dichtung, 5. Aufl. **5** (Leipzig 1874) 93, 432-435, 460-461, 703, 810 [3]. – Alfred Dove: ADB **7** (1878) 172-181 [3]. – Ludwig Geiger: Zur Litteraturgeschichte des 18. Jahrhunderts: Z. Dtsch. Alterthum u. Dtsch. Litteratur **22** (1878) 307-310 [3]. – L. Loewenberg: Reinhold u. G. Forster, die beiden ersten deutschen Weltumsegler: Daheim **15** (1879) 772-776 (m. gemeinsamen Bildn. von beiden) [3]. – Karl Georg Bockenheimer: Georg Forster in Mainz (Mainz 1880) 14 S. [65]. – Schück: Beitr. zur Lebens- u. Familiengeschichte Georg Forsters: Jber. Schles. Ges. vaterländ. Kultur **62**, 1884 (1885) 369-380 [Ha 2]. – Richard Petersen: Georg Forster. Et blad fra oplysnings-og revolutionstiden (København 1885) 235 S. m. Titelb., Taf. [14]. – Albert Leitzmann: Beitr. zur Kenntnis Georg Forsters aus ungedruckten Quellen: Arch. Studium neueren Sprachen u. Literaturen **84** (1890) 369-404; **86** (1891) 129-226; **87** (1891) 129-216 [3]. – K. G. Bockenheimer: Die Mainzer Klubisten der Jahre 1792 u. 1793 (Mainz 1896) 11, 52, 70-71, 99, 103, 124, 136, 137, 138, 139, 141, 160, 164, 166, 171, 172, 173, 205, 214, 215, 219, 304, 305 [3]. – Karl Goedeke: Grundriß zur Geschichte der deutschen Dichtung, 2. Aufl. **6** (Leipzig-Dresden-Berlin 1898) 242-251 (m. Schr. u. Lit.Verz.) [3]. – Rudolf von Gottschall: Georg Forster, der Naturforscher u. Vaterlandsverräter: Gartenlaube **1904**, 870-874 [3]. – Hans Lambel: Georg Forster in Teplitz u. Prag 1784: Mitt. Ver. Gesch. Dtsche in Böhmen **54** (1916) 248-287 [3]. – Kurt Kersten: Ein europäischer Revolutionär, Georg Forster 1754-1794 (Berlin 1921) 93 S., Titelbildn. m. Faks. [101]. – Ina Seidel: Das Labyrinth. Ein Lebenslauf aus dem 18. Jahrhundert (Jena 1922) 387 S. [15]. – Wilhelm Langewiesche: Georg Forster. Die Abenteuer seines Lebens (Ebenhausen-Leipzig 1923) 279 S. [101]. – Lakowitz: Johann Reinhold Forster u. Johann Georg Forster: Danziger Heimatkalender **1926**, 72-76 (m. 1 Bildn.) [101]. – Schalck de la Faverie: Un député Magençais—Georges Forster: Rev. Rhenane (Rhein. Bl.) **6** (1926) H. 10/12, S. 21-24 (m. 1 Bildn. u. 1 Abb.) [16]. – F. Schottlaender: Georg Forster. Lebensbild eines deutschen Südseefahrers: Ostdtsch. Mh. **9** (1928/1929) 853-862 [1a]. – Hans Ostwald: Die Ernüchterung des Georg Forster. In: Hans Ostwald, Deutsche Abenteurer. Kulturgeschichtliches in Selbstberichten von deutschen Abenteurern in 4 Jahrhunderten (Berlin 1931) 159-164 [101]. – Wilhelm Frels: Deutsche Dichterhandschriften von 1400 bis 1900 (Leipzig 1934) 71-72 [3]. – Walther Fischer: Mineral. in Sachsen von Agricola bis Werner (Dresden 1939) 145, 151, 277, 282 [3]. – Max Moser: Georg Forster in der FranzösischenRevolution (Bern 1942) 24 S. (Bern,Städt.Gymn., Progr. 1942, Beil.) [LB Bern]. – Eugénie Lautensach-Löffler: Joh.Reinhold u. Georg Forster: Kosmos 44 (1948) 265-266 (m Bildn. von beiden) [3]. – Rudolf Leonhard: Georg Forster: Ost u. West 3 (1949) 15-19 [101]. – Detlef Rasmussen: Der Stil Georg Forsters (o. O. 1952) 262 S. (Freiburg i. Br. Phil. Diss. 1953) Masch.schr. [101]. – Heinrich Reintjes: Orion 8 (1953) 809-812 (m. 2 Bildn.)[101]. – Heinrich Reintjes: Weltreise nach Deutschland. Johann Georg Forsters Leben u. Bedeutung (Düsseldorf 1953) 207 S. m. Lit. u. Schr.Verz. 201-204, m. 1 Abb. [14]. – Hellmuth Rössler: Johann Georg Forster, 1754-1794: Biogr. Wörterbuch zur Dtsch. Geschichte (München 1953) 187-188 [3]. – Hans Jürgen Geerdts: Rheinische Ouvertüre. Ein Georg-Forster-Roman (Weimar 1954) 581 S. [15]. – Karl Leutner: In: Leutner: Deutsche, auf die wir stolz sind, 1. Aufl. (Berlin 1955) F. 1, S. 104-107 m. Bildn.; 2. Aufl. (1960) [14]. – Wanda Steślica: Antropologizna polemika Kanta z Forsterem [Die anthropologische Polemik Kant u. Forster]: Przeglad antropologiczny (2) 22 (1956) 614-626 [1]. – Friedrich Doeppe: Forster in Mainz. Roman (Berlin 1956) 466 S. [3; 14]. – Emil Skála: Znovu o Georgu Forstrovi: Časopis moderní filologii (Prag) 38 (1956) 53-55 [15]. – Leslie Bodie: Georg Forster: The Pacific-Expert of eighteenth Century Germany: Histor. Studies. Australia and New Zeeland 8 (1957/1959) [1a]. – Helmuth Miethke: Bewegte Jahre. Eine histor.-biogr. Erzählung über Georg Forster, 1. Aufl. (Berlin [1957]) 148 S. m. Bildn. (Große Patrioten, 22) [14]. – Helmuth Miethke: Georg Forster. Weltreisender, Schriftsteller u. Revolutionär (Halle 1961) 87 S. m. Bildn. (Wege zur Literatur, Monographien, 10) [14]. – Gerhard Steiner: NDB 5 (1961) 301 [3]. – Ju[lija] Ja-[krovlevna] Moskovskaja: Georg Forster-nemeckij prosvetitel' i revoljucioner XVIII, veka (Moskva 1961) 419 S. m. Titelbildn. [russ.] [Georg Forster, deutscher Aufklärer u. Revolutionär des 18. Jahrhunderts] [14]. – Herbert Scurla: Begegnungen mit Rahel. Der Salon der Rahel Levin (Berlin 1962) 22, 27, 38, 91, 120 [101]. – Georg Gottfried Gervinus: Schriften zur Literatur (Berlin 1962) 33, 307, 317-403, 515-517, 544-548 [3]. – Johannes Pforte: Johann Georg Forster-Humanist u. Revolutionär: Der Dessau-Wörlitzer Kulturkreis. Wörlitzer Beitr. zur Geschichte (Wörlitz 1965) 187-192 (m. Bildn. S. 238) [3]. – Gerhard Steiner: Georg Forster (1754-1794). In: Von Cusanus bis Marx. Deutsche Philosophen aus 5 Jahrhunderten. Hrsg. von R.O. Gropp u. Frank Fiedler (Leipzig 1965) 94-98 (m. Bildn. 48/49) [101]. – Uhlig: Georg Forster (Tübingen 1965) 343 S. [14].

Zum 100. Geburtstag Jac[ob] Moleschott: Georg Forster, der Naturforscher des Volkes (Frankfurt/M. 1854) 295 S. m. Titelbildn. [14].

Zum 100. Todestag Georg Westenberger: Leipz. Ztg., Wiss. Beil. 1894 vom 9. Jan., S. 13-15 [3]. – Prakt. Schulmann 43 (1894) 262-264 [15].

Zum 200. Geburtstag Friedrich M. Thoma: Georg Forster. Weltreisender, Forscher, Revolutionär (Berlin 1954) 200 S. (m. Titelbildn., Taf., Gruppenbildn.) [14]. – Friedrich M. Thoma: Urania 18 (1955) 41-45 (m. Bildn. nach dem Gemälde von Graff) [3]. – Josef Strelka: Georg Forsters literarhistor. Bedeutung (Horn, N. Ö. 1955) 24 S., Lit. Verz. (Literarhistor. Schriftenreihe des Inst. für Wiss. u. Kunst in Wien, 1) [101].

Forster u. seine Zeitgenossen Friedrich Schlegel: Georg Forster. Fragment einer Karakteristik der deutschen Klassiker. In: Lyceum der schönen Künste (Hrsg. von J. F. Reichardt) 1 (Berlin 1797) Taf. 1, S. 32-78 [14]. – August Wilhelm Schlegel u. Friedrich Schlegel: Georg Forsters Schriften. In: Charakteristiken u. Kritiken 1 (Königsberg 1801) 88-131 [3; 14]. – Rudolph Wagner: Samuel Thomas von Sömmerings Leben u. Verkehr mit seinen Zeitgenossen 1 (Leipzig 1844) 122-280 [15]. – Ludwig Geiger: Die Forsters u. Humboldts: Im Neuen Reich 11, 2 (1881) 817-830 [3]. – Friedrich Schlegel: Forster. Fragment einer Karakteristik der deutschen Klassiker. In: Friedrich Schlegel, 1794-1802. Seine prosaischen Jugendschriften. Hrsg. von J. Minor 2 (Wien 1882) 119-139 [Text des Erstdr. mit Varianten von 1801] [3; 14]. – Alfred Dove: Ausgewählte Schriften vornehmlich histor. Inhalts (Leipzig 1898) Forster u. Sömmering 478-486 (erschien in der Wschr. Im neuen Reich 1878) [3]. – Albert Leitzmann: Georg u. Therese Forster u. die Brüder Humboldt. Urkunden u. Umrisse (Bonn 1936) Reg. S. 213 [3]. – Eugenie Löffler: Lebenswege an der Wende der Zeiten. Georg Forster u. Adelbert von Chamisso: Westmark 4 (1937) 227 [16]. – Friedrich Schlegel: Georg Forsters Schriften 1797. In: Hans Mayer, Meisterwerke deutscher Literaturkritik 1 (Berlin 1954) 545-574, Anm. 909-912 [Text des Erstdr., Titel von 1801] [3]. – Wolfgang Rödel: Georg Forster u. der Prozeß der Differenzierung der deutschen Intelligenz in ihrem Verhalten zur französischen Revolution. Unter besonderer Berücksichtigung seiner Freundschaft zu Georg Christoph Lichtenberg (o. O. [1955]) 228 S., LII gez. Bl., Jena, Phil. Diss. 1955 [Masch.schr.] [101]. – Heinrich Reintjes: Alexander von Humboldt u. Georg Forster: Geist u. Zeit (Düsseldorf) 1959, 109-114 [61]. – Walter Kordt: Heimat [Düsseldorf] 11 (1960) 336-339 (m. 4 Bildn.) [61]. – Wolfgang Rödel: Forster u. Lichtenberg (Berlin 1960) 254 S. (Germanistische Studien) [3; 14].

Weitere Lit. Fragmente über Capitain Cooks letzte Reise u. sein Ende: Göttinger Mag. Wiss. u. Litt. **1** (1780) Stück 6, S. 69-104 [7]. – August Friedr. Wilh. Crome: Selbstbiogr. Ein Beitr. zu den gelehrten u. politischen Memoiren des vorigen u. gegenwärtigen Jahrhunderts (Stuttgart 1833) 165, 179, 186 [3]. – Ernst Wilhelm Martius: Erinnerungen aus meinem neunzigjährigen Leben (Leipzig 1847) 94 [3]. – K. C. von Leonhard: Aus unserer Zeit in meinem Leben **2** (Stuttgart 1856) 4 [3]. – Heinrich Kurz: Geschichte der deutschen Literatur **3** (Leipzig 1859) 672-676 (m. 1 Bildn. u. Faks.) [3; 14]. – Gustav Kühne: Deutsche Charaktere. 2. Ausg., Th. **2** (Leipzig 1866) 181-231 [14]. – Hermann Klencke: A. von Humboldts Leben u. Wirken, Reisen u. Wissen. Ein biogr. Denkmal, 6. illustr. Ausg. (Leipzig 1870) 29 m. Bildn. [14]. – J. Leyser: Joachim Heinrich Campe. Ein Lebensbild aus dem Zeitalter der Aufklärung **2** (Braunschweig 1877) 237-258 [3]. – Eduard Bodemann: Johann Georg Zimmermann. Sein Leben u. bisher ungedruckte Briefe an denselben (Hannover 1878) 122-132, 338-366 [3]. – Hermann Hettner: Geschichte der deutschen Literatur im 18. Jahrhundert. 3. Buch, 2. Abt. (Braunschweig 1879) 352-372 [3]. – Daniel Jacoby: Briefe zu Beförderung der Humanität. Herders Werke hrsg. von Suphan: Arch. Literaturgesch. **13** (Leipzig 1885) 274, 275, 276 [3]. – Robert Springer: Essays zur Kritik u. Philos. u. zur Goethe-Literatur (Minden 1885) 182-198 [3]. – Hermann Kopp: Die Alchemie in älterer u. neuerer Zeit **2** (Heidelberg 1886) 45-94, 98-105, 105-115, 117-118, 123-129, 131-132, 136, 141-142, 148, 207, 224, 257-258, 270-271 [3]. – Gustav Könnecke: Bilderatlas zur Geschichte der deutschen Nationalliteratur (Marburg 1887) 250 (Medaillon 1782); 2. Aufl. (1895) 325 [14]. – Blennerhassett: Die Deutschen u. die französische Revolution 3: Dtsch. Rdsch. **60** (Juli-Sept. 1889) 216-228 [3]. – Goethes Gespräche. Hrsg. Woldemar Freiherr von Biedermann, **1**, 1765-1804 (Leipzig 1887) 52-54 [3]. – Otto Taschenberg: Geschichte der Zoologie u. der zool. Sammlungen an der Univ. Halle 1694-1894: Abh. naturforsch. Ges. (Halle) **20** (1894) 15, 18, 34 [Ha 2]. – Ludwig Geiger: Aus Therese Hubers Herzensleben: Westermanns Mh. **81** (1897) 623-642, 714-725 (Medaillon 633) [14]. – Edwin Hennig: Die Weltumseglungsfahrten des Kapitäns James Cook. Ein Auszug aus seinen Tagebüchern (Hamburg 1908) 554 S. (m. 1 Bildn., 1 Abb. u. 1 Karte) (Bibl. denkwürdiger Reisen, 1) [3]. – E. Ebstein: Zur Ethnologie u. Synonymik des Albinos: Mitt. Gesch. Med. ⟨u.⟩ Naturwiss. **14** (1915) 295 [3]. – Briefwechsel des Herzogs-Großherzogs Carl August mit Goethe. Hrsg. von Hans Wahl **1** (Berlin 1915) 178-417 [3]. – Paul Zincke: Georg Forster nach seinen Originalbriefen. 1. Textkritischer Teil (Dortmund 1915) XV, 206 S. (Verz. der Briefe 199-206); 2. Biogr.-histor. Teil: Georg Forsters Ehetragödie (Dortmund 1915) 319 S. [3]. – Kurt Kersten: Die Weissen Blätter [Zürich] **6** (1919) 547-553 [1]. – Wilhelm Waetzoldt: Feuer **1** (1919/1920) 401-410 [11]. – Paul Zincke: Georg Forsters Bildn. im Wandel der Zeiten (Reichenberg i. B. 1925) XXVI, 105 S. (Prager dtsch. Studien, 38) [3; 14]. – Felix Schottlaender: Georg Forster u. die Anfänge der Geogr. in Deutschland: Neue Jahrb. wissensch. Jugendbildg. **4** (1928) 560-565 [3]. – Ada Schulz: Georg Forster. Studie zur Quellengeschichte der Romantik (Heppenheim 1932) 63 S. Köln, Phil. Diss. 1932 [3]. – Ewald Banse: Große Forschungsreisende (München 1933) 116-121 (m. Bildn. u. Faks.) [14]. – Winfried Volk: Die Entdeckung Tahitis u. das Wunschbild der seligen Insel in der deutschen Literatur. Phil. Diss. Heidelberg (Heidelberg 1934) VII, VIII, 7, 9, 10, 11, 15, 16, 22, 25, 26, 36, 37, 41, 45, 47, 48, 54, 60, 63, 75, 80, 81, 86, 92, 93, 103, 111, 112, 137 [3]. – Walter Bauer: Die Reise auf dem Niederrhein. Über Georg Forster: Literatur **42** (1939/1940) 408-412 [3]. – Anna Siemsen: Literarische Streifzüge durch die Entwicklung der europäischen Gesellschaft (Frankfurt 1948) 63, 118-122, 124 [101]. – Wilhelm Herse: Die Goethezeit in Deutschland. 7 Skizzen (Hannover 1949) 84-93 (m. Bildn.) [3]. – Percy Ernst Schramm: Deutschland u. Übersee (Braunschweig 1950) 39, 76, 99, 378 [101]. – Rö/K.: Funk u. Schule **4** (1950) 83-85, 406 [3]. – Heinrich Reintjes: Auswahl von Zitaten von F. Schlegel u. Forster: Schule u. Nation (Schwelm) **1** (1954/1955) Nr. 2, S. 28-29 (m. Bildn.) [292]. – Walther Herrmann: Goethe u. Trebra (Berlin 1955) 51-52, 83, 193-195 (Freiberger Forschungsh. D 9) [3]. – Paul Herrmann: Zeigt mir Adams Testament. Wagnis u. Abenteuer der Entdeckungen (Hamburg [1956]) 313, 334-335 (Abb.), 352, 359, 366 [101]. – D. Robson-Scott: Georg Forster and the gothic revival: Modern language Rev. (Cambridge) **51** (1956) 42-48 [7]. – Gerhard Steiner: Georg Forster über die Humanität des Schauspielers. In: Beitr. zur deutschen u. nord. Literatur (Berlin 1958) 264-281 (Dtsch. Akad. Wiss. Berlin, Veröff. Inst. dtsch. Sprache u. Lit., 11) [3]. – Herbert Scurla: Entdeckungen auf 4 Kontinenten. Berichte deutscher Forschungsreisender. Georg Forster, Alexander von Humboldt, Ludwig Leichhardt, Hermann Schlagintweit, Heinrich Barth. Ausgew. u. eingel. (Berlin [1959]) 9-166 (m. 5 Bildn.) [3; 14]. – Hanno Beck: G. Forster u. Goethe über hessische Städte: Hessische Heimat (Melsungen) **9** (1959/1960) H. 2, S. 10-11 [1]. – Erhard Lange: Grundzüge der philos. Entwicklung Georg Forsters: Wiss. Z. Univ. Jena, gesellsch. u. sprachwiss. R. **11** (1962) 145-148 [3]. –

Wolfgang Promies: Georg Christoph Lichtenberg in Selbstzeugn. u. Bilddokumenten (Reinbek bei Hamburg 1964) 8, 52, 75-76, 98, 111, 120, 123-124, 157 (m. Bildn. S. 81) [101].

Bildn. Allg. Dtsch. Bibl. **51** (1782) [14]. – Illustr. Ztg., Leipzig **65** (1875) 77 [14]. – Der Cicerone **6** (1914) 399 (Kupferstich von J[ohann] F[riedrich] Bause nach dem Gemälde von Anton Graff) [14]. – Wilhelm Bode: Goethes Leben **4** (Berlin 1925) 245, 246, 264 (m. Medaillon nach Daniel Berger 1782, Vater u. Sohn vor S. 241) [14].

I u. Erg. Bd. **FORSTER,** Johann Reinhold. Naturforscher, Weltreisender. – 1753 reform. Prediger in Nassenhuben bei Danzig; 1765 Reise nach Saratow/Wolga; 1766–1767 Prof. Naturgeschichte Dissenter-Acad. Warrington/Lancashire; 1772–1775 begleitete er als Naturforscher Cook auf seiner 2. Weltreise; 1780 Prof. Naturgeschichte Univ. Halle; 1781 Dr. med., 1775 Dr. iur. (Oxford). Mitgl. Royal Soc. London, Russ. Akad. Wiss., Leopoldina, 1786 Preuß. Akad. Wiss. Berlin.

*1729, Okt. 22, Dirschau;
†1798, Dez. 9, Halle/Saale.

Briefe Karl March. von Grosse: Briefe über Spanien [an J. R. Forster]. **1. 2** (Halle 1793) 94 S. [d. i. . . . . Carl Friedrich August, Marquis of Pharmusa] [Brit. Mus.]. – Linné: Drei Briefe an Joh. Reinh. Forster (Mitgetheilt von Kurt Sprengel): Der Neue Teutsche Merkur **1805**, 2 (Weimar 1805) 261-268. 1. Brief o. O. o. J.; 2. Brief Upsala, 2. Apr. 1773; 3. Brief Upsala 1. Sept. 1775 [3]. – Karl von Holtei: 300 Briefe aus 2 Jahrhunderten **1**, 1 (Hannover 1872) 88-91 (Halle, 22. Oct. 1782 an den Buchhändler Joh. Carl Spener in Leipzig) [3]. – Briefe zu Beförderung der Humanität. Herders Werke hrsg. von Suphan. Bd. 17 u. 18 (Berlin 1881, 1883): Arch. Literaturgesch. **13** (Leipzig 1885) 274-275 [3]. – Fünf Briefe der Gebrüder von Humboldt an Johann Reinhold Forster. Hrsg. von Fritz Jonas (Berlin 1889) 48 S.; A. v. H., Hamburg, 24. Sept. 1790; ders. Hamburg, 20. Dez. 1790 (m. 1 Abb. u. 1 Faks.); ders. Jena, 12. Jan. 1797; W. v. H., Jena, 15. Jan. 1797; A. v. H., Salzburg 21. Apr. 1798 [3]. – C. W. Scheele: Nachgelassene Briefe u. Aufzeichnungen (Stockholm 1892) 318, 323 [3]. – Otto Clemen: Briefe von Reinhold u. Georg Forster in Mitau. [1. Georg F. an Heinrich von Offenberg aus Kassel, 8. Nov. 1783; 2. Joh. Reinh. F. an Heinrich von Offenberg aus Halle, 19. Juli 1788]: Petermanns Mitt. **63** (1917) 20-21 [3]. – Brief an Friedrich August Wolf vom 21. Apr. 1786 o. O.: Goethes Autographen-Sammlung (Weimar 1961) 69, Nr. 492 [3].

Bibliogr. Cat. gén. Bibl. nat. **53** (1913) Sp. 666-671 (29 Nr.) [3]. – Brit. Mus. Gen. Cat. **75** (1961) Sp. 732-736 (69 Nr.) [3]. – Das Herbarium des verstorbenen Prof. Forster zu Halle hat Hr. Prof. Sprengel für 130 Louisdor gekauft. Es bekömmt es ein Engländer, der seinen Namen nicht bekannt wissen will: J. Botanik (Göttingen) **2** (1799) 195 [15].

Nekr. Friedrich Schlichtegroll: Nekrolog auf das Jahr 1798 **9**, 1 (Gotha 1802) 210-301 [3]. – Allg. Litt.-Ztg., Intell. Bl. (Jena 1798) Nr. 191, S. 1582 [3]. – Kurt Sprengel: Der Neue Teutsche Merkur **1** (1799) 33-44; v. R., Einige Züge zur Karakteristik Johann Reinhold Forsters ebenda 234-241; J. R. Forster in England, ebenda 241-244 [3]. – Skizze einer Biogr. Johann Reinhold Forsters, in einem Briefe an einen Freund: Der Neue Teutsche Merkur **2** (Weimar 1799) 8-28 [3]. – Allg. J. Chem. **3** (1799) 617-619 (Teil. Schr. Verz.) [3]. – Kurze Nachrichten von dem Leben verschiedener verstorbener Mitglieder, J. Reinhold Forster betreffend: Neue Schr. Ges. naturforsch. Freunde Berlin **2** (Berlin 1799) 414-439 (m. Brief aus Halle, 4. Apr. 1798 an Oberbergrat Karsten) [Ha 2; 3].

Biogr. [Carlo] Denina: La Prusse littéraire sous Frédéric II **2** (Berlin 1790) 56-57 [3]. – Titelbild in: Johann Georg Krünitz, Oekon.-techn. Encyklopädie **68** (1795) gestochen von Kalle Borch? 1795. Name fast unleserlich [14]. – Johann Georg Meusel: Das gelehrte Teutschland **2** (Lemgo 1796) 394-402; **9** (Lemgo 1801) 368; **12** (Lemgo 1806) 329 [3]. – (C. G. Salzmann); Denkwürdigkeiten aus dem Leben ausgezeichneter Teutschen des 18. Jahrhunderts (Schnepfenthal 1802) 115-121 [3]. – Samuel Baur: Neues histor.-biogr.-literar. Handwörterbuch **2** (Ulm 1808) Sp. 247-249 [3]. – Ersch-Gruber: Allg. Encyklopädie der Wiss. u. Künste I, **46** (Leipzig 1847) 376-382 [3]. – Preuß: Einweihung der Gedenktafel für J. R. F. in Dirschau am 22. Oct. 1864: Altpreuß. Mschr. **2** (1865) 423-431 [3]. – J[ulius] Löwenberg: Zur Erinnerung an den 30. 7. 1775 [Tag der Rückkehr nach England von der 2. Reise mit James Cook]: Illustr. Ztg., Leipzig **65** (1875) 77-78 m. Medaillon <Doppelb.> [14]. – Alfred Dove: ADB **7** (1878) 166-172 [3]. – Johannes Rittau: Johann Reinhold Forsters Bemerkungen, auf seiner Reise um die Welt gesammelt. Diss. Univ. Marburg (Marburg 1881) 34 S. [3]. – J. Rittau: Joh. Reinh. Forsters Bedeutung für die Geschichte der Geogr.: Ausland **55** (1882) 231-233 [14]. – Eine Erinnerung an J. R. Forster: Vom Fels zum Meer **17** (1898) Sammler S. 45 (m. Bildn. nach Gemälde von Anton Graff S. 47) [14]. – Friedrich Ratzel: Die Erde u. das Leben. Bd 1. 2 (Leipzig-Wien 1901/1902) J. R. F.: 1, 47, 49, 56 (m. Bildn.

[3]. – Max Speter: John Mayow u. das Schicksal seiner Lehren: Chemiker-Ztg. **34** (1910) 946-947, 953-954, 962-964; S. 963: Forster erster Wiederentdecker Mayows! [Ha 15]. – Paul Herrmann: Zeigt mir Adams Testament. Wagnis u. Abenteuer der Entdeckungen (Hamburg [1956]) 313, 334-335, 352, 355, 357, 359 [14; 101]. – N. S. Mitrofanova: Analiz gerbarija Ioganna i Georga Forsterov, chranjaščegosja v Moskovskom gosudarstvennom universitete [Analyse des Herbariums Johann u. Georg Forsters, das in der Moskauer Staatl. Univ. aufbewahrt wird.]: Botaničeskij Zurnal **44** (1959) 135-137 [14]. – Gerhard Steiner: NDB **5** (1961) 301-302 [3]. – Daniel Chodowiecki: Journal gehalten auf einer Lustreyse von Berlin nach Dreßden, Leipzig, Halle, Deßau Anno 1789 (Schriften zur Kunstgeschichte, 6) (Berlin 1961) 46-47 [3].

Weitere Lit. J. F. Goldbeck: Litterarische Nachrichten von Preußen **1** (Leipzig-Dessau 1781) 152-155 (m. Schr.Verz.) **2** (Leipzig-Dessau 1783) 135-139, 267 [3]. – Johann Christoph Hoffbauer: Geschichte der Univ. zu Halle bis zum Jahre 1805 (Hallel 805) 330, 444 [3]. – G. Merkel: Darst. u. Charakteristiken aus meinem Leben **2** (Leipzig 1840) 216-217 [3]. – Hermann Kopp: Die Alchemie in älterer u. neuerer Zeit **2** (Heidelberg 1886) 46-47, 92-93, 130, 143, 269 [3]. – Gregor Kraus: Der Botanische Garten der Univ. Halle, H. 1 (Leipzig 1888) 21, 28, 29, 64-65 [Ha 2]. – Wilhelm Schrader: Geschichte der Friedrichs-Univ. zu Halle **1** (Berlin 1894) 409-410, 419 [3]. – Ludwig Geiger: Aus Therese Hubers Herzensleben: Westermanns Mh. **81** (1897) 623-642, 714-725 (Medaillon 633) [14]. – Karl Goedeke: Grundriß zur Geschichte der Deutschen Dichtung, 2. Aufl. **6** (Leipzig-Dresden-Berlin 1898) 242-251 (m. Schr.Lit.Verz.) [3]. – S. Günther: Die Korallenbauten als Objekt wiss. Forschung in der Zeit vor Darwin: S.-Ber. Bayer. Akad. Wiss., math.-physik. Kl. **1910**, 14. Abh. 28-30 [Ha 2]. – Bruno Pompecki: Literaturgeschichte der Provinz Westpreußen (Danzig 1915) 122-123 (m. Doppelbildn.) [14]. – Arthur Tröndle: Geschichte des Atmungs- u. Ernährungsproblems bei den Pflanzen (Zürich-Leipzig 1925) 102 [101]. – Ewald Banse: Große Forschungsreisende (München 1933) 109-116 (m. Bildn. nach Gemälde von Anton Graff m. Faks.) [14]. – Winfried Volk: Die Entdeckung Tahitis u. das Wunschbild der seligen Insel in der deutschen Literatur. Phil. Diss. Heidelberg (Heidelberg 1934) VII, 7, 16, 17, 18, 36, 38, 80 [3]. – Albert Leitzmann: Georg u. Therese Forster u. die Brüder Humboldt. Urkunden u. Umrisse (Bonn 1936) 59, 211. – Günther Schmid: Pflanzennamen nach Hallensern: Giebichensteiner Heimatbuch auf das Jahr 1940 (Halle 1939) 43-49, besonders 48-49 [3]. – Percy Ernst Schramm: Deutschland u. Übersee (Braunschweig 1950) 39, 76, 99, 378 [101]. – Erwin Stresemann: Die Entwicklung der Ornithol. von Aristoteles bis zur Gegenwart (Berlin 1951) Taf. nach S. 76 [14]. – C. H. B. Grantz: Forsters 1788 genera: Bull. Brit. ornithol. Club (London) **74** (1954) 70-71. – Georg Gottfried Gervinus: Schriften zur Literatur (Berlin 1962) 319, 326-331, 335, 360, 366, 368 [3].

Bildn. Titelbildn. [ohne Sohn] in: Olla potrida 1792, Stck. 4 [14]. – Allg. Dtsch. Bibl. **51** (1782) Titelbildn. Doppelbildn. Joh. R. u. Joh. Georg Forster; S. 260-261 Besprechung von Joh. R. Forster: Von Verbesserung der Lohgärberey. Nebst der Übersetzung einer Vorschrift Leder lohgar zu machen, nach einer neuen Art (Halle 1781) $2^1/_2$ Bogen [14]. – Silhouette in: Akadem. Taschenbuch ... für Studirende auf das Jahr 1791 (Halle o. J.) Taf. 9 [3]. – Woldemar von Seidlitz: Allg. hist. Porträtwerk (München 1887) Ser. 5, Taf. 41 Medaillon von Daniel Berger 1782, Text auf Deckblatt [14]. – Gustav Könnecke: Bilderatlas zur Geschichte der deutschen Nationalliteratur (Marburg 1887) 250: Medaillon geätzt von D[aniel] Berger 1782 m. 2 Faks.; 2. Aufl. (Marburg 1895) 325 [14]. – Westermanns Mh. **78** (1895) 689 Medaillon [ohne Sohn] m. Umrahmung der von J. R. Forster in Neuseeland entdeckten Pflanze, von Linné Forstera genannt [14]. – Wilhelm Sievers: Australien u. Ozeanien (Leipzig-Wien 1895) Taf. nach S. 13 nach Bildn. von Anton Graff; 2. Aufl. (1902) [14]. – Ein wiederaufgefundenes Bildniß Johann Reinhold Forsters von Anton Graff: Illustr. Ztg., Leipzig **110** (1898) 464 (m. Abb.) [14]. – W. G. Brown: A list of portraits in the various buildings of Library of Harvard University. In: Bibliographical contribution Nr. 53 Cambridge, Library of Harvard University (1898) 18 (Line engraving by J. F. Bause, 1781, from painting by A. Graff) [3]. – Georg Biermann: Deutsches Barock u. Rokoko **1** (Darmstadt **1914**) 291 Nr. 484 Portrait von Anton Graff im Städt. Mus. für Kunst u. Kunstgewerbe, Halle [14]. – Erich Biehahn: Kunstwerke der Deutschen Staatsbibl. (Berlin 1961) 15 (m. Abb. 13 des Gemäldes von Anton Graff) [14].

Archivalien Gelehrten- u. Schriftstellernachlässe in den Bibliotheken der DDR **1** (Berlin 1959) 33, Nr. 184 u. S. 21, Nr. 83 [3].

Beide Forster F. J. Bertuch u. C. G. Reichard: Allgemeine geogr. Ephemeriden **12** (1803) 116-119 [3]. – J. Löwenberg: Zur Erinnerung an den 30. Juli 1775: Illustr. Ztg., Leipzig **65** (1875) 77-78 (m. Medaillon beider Köpfe) [14]. – J. Löwenberg: Daheim **15** (1879) 772-776 (m. gemeinsamen Bildn. von beiden) [3]. – Adolf Harnack: Geschichte der Preuß. Akad. Wiss. **1** (Berlin 1900) 498, 504, 516-517, 652, 776 [3]. – Fritz Regel: Die Erforschung des Südpolargebiets (Braunschweig 1906) 16 S. (Hilgers Volksbücher, 68)

[1a]. — Ewald Banse: Große Forschungsreisende (München 1933) 109-121 (m. 2 Bildn. u. 2 Faks.) [3]. — H. H. N.: Briefe aus alten Tagen: Düsseldorfer Heimatbl. 5 (1936) 93-96: 1. Georg F. an seinen Vater, Düsseldorf, 24. Nov. 1778; 2. Georg F. an Frdr. Heinrich Jacobi: Aachen, 7. Apr. 1790 [101]. — Eugenie Lautensach-Löffler: Kosmos 44 (1948) 265-266 (m. Bildn. von beiden gemeinsam) [3]. — Claus Nissen: Die bot. Buchillustration (Stuttgart 1951) 1, 113; 327; 2, 61-62 [3].

IV,V **FRAAS,** Eberhard. Geol., Paläont. — 1886 Dr. phil., 1889-1891 PDoz. Univ. München; 1894 Konservator der paläont.-geol.-min. Abt. des Naturalien-Kabinetts Stuttgart; Prof. Mineral. u. Paläont. in Stuttgart.

*1862, Juni 26, Stuttgart;
†1915, März 6, Stuttgart.

Sohn von Oskar Fraas.

Bibliogr. Cat. gén. Bibl. nat. **54** (1913) Sp. 295-296 (8 Nr.) [3]. — Cat. scient. Papers **15** (1916) 82-83 (52 Nr.) [3]. — Fossilium Catalogus I: Animalia. Pars 72: K. Lambrecht†, W. et A. Quenstedt, Palaeontologi, Catalogus bio-bibliographicus ('s-Gravenhage 1938) 146 [3; Ha 2]. — Brit. Mus. Gen. Cat. **76** (1961) Sp. 744-745 (12 Nr.) [3].

Nekr. O. Abel: Verh. zool.-botan. Ges. Wien **65**, 1915 (1915) (117)-(119) [Ha 2]. — M. Bräuhäuser: Württemberg. Nekr. **1915** (Stuttgart 1919) 1-8 [3]. — Peter Goessler: Prähistor. Z. **7** (1915) 237-240 [3]. — Peter Goessler: Fundberichte aus Schwaben **4** (1914-1916) 22-24, 71-83 (m. Bildn u. Bibliogr.) [11]. — (O. Jaekel): Palaeont. Z. **2** (1918) V-X (m. Titelbildn. u. Faks., Schr.Verz. VIII-X) (35 Nr.) [3]. — E. O(ppermann): Geogr. Anz. **16** (1915) 211 (m. Bildn. Sonderbeil. 22 nach S. 384) [14]. — Henry Fairfield Osborn: Science **41** (1915) 571-572 [3]. — J. F. Pompeckij: Jh. Ver. vaterländ. Naturkde Württ. **71** (1915) XXXIII-LXXX (1 Bildn., Schr.-Verz.) [3]. — Wilhelm Salomon: Jber. ⟨u.⟩ Mitt. Oberrhein. geol. Ver. N. F. **5** (1915/1916) 10-14 (m. Titelbildn. u. Faks.) [15]. — Ernst Stromer: Zbl. Mineral., Geol. Paläontol. **16** (1915) 353-359 (m. Bildn. u. wichtigstem Schr.Verz.) [Ha 56].

Biogr. August Böhm von Böhmersheim: Geschichte der Moränenkunde (Wien 1901) 197-217 (Abh. geogr. Ges. Wien **3**, 4) [3]. — Johannes Walther: Verh. Ges. Dtsch. Naturf. u. Ärzte (Leipzig) **87**, 1922 (1923) 334-336 (m. Bildn.) [Ha 2; 3]; — Ernst Müller: Schwäbische Profile (Tübingen 1949) 284 [101]. — Karl Staesche: Ein Jahrhundert Paläontol. in Württemberg: Jh. Ver. vaterländ. Naturkde Württ. **113** (1958) 23-59 (m. 2 Bildn. u. Abb. der Gedenktafel) [Ha 2; 3]. — Rudolf Schlauch: In: Lebensbilder aus Schwaben u. Franken: Schwäb. Lebensbilder **7** (1960) 352-370, besonders 357 [Stadtarch. Schweinfurt]. — Werner Quenstedt: NDB **5** (1961) 307-308 [3].

VI **FRANK,** Adolph. Chem. Technol., Begründer der deutschen Kaliindustrie. — 1854-1857 stud. Tierarzneischule Berlin; 1861 Begründer der ersten Kalifabr.; 1862 Dr. phil. Univ. Göttingen; bis 1876 Generaldir. Vereinigte Chem. Fabr. von Leopoldshall; ab 1895 Zusammenarbeit mit N. Caro, später mit dessen Sohn Albert R. (Kalkstickstoffverfahren Frank-Caro).

*1834, Jan. 20, Klötze/Altmark;
†1916, Mai 30, Berlin-Charlottenburg.

Werke Adolf Frank: Ausgewählte Vorträge u. Schriften. Hrsg. u. eingel. von H. Großmann (Berlin 1922) 291 S., Einleitung 5-7 [101].

Bibliogr. Cat. scient. Papers **15** (1916) 98 (7 Nr.) [3].

Nekr. Nikodem Caro: Chemiker-Ztg. **40** (1916) 569-571 (m. Bildn.) [3]. — H. Grossmann: Z. angew. Chem. **29** (1916) 373-377 (m. Bildn.) [Ha 2]. — Max Krause: Verh. Ver. Beförd. Gewerbefleiß **1916**, 275-280 (m. Bildn.) [101]. — J. H. Vogel: Carbid u. Acetylen **22** (1916) 65-71 (m. Bildn.) [11]. — H. Wichelhaus: Ber. Dtsch. chem. Ges. **49** (1916) 1533-1534; Z. VDI **60** (1916) 602-604 (m. 1 Bildn.) [3]. — Geschichtsbl. Techn., Ind. Gewerbe **3** (1916) 139-140 [15]. — Börsenbl. Dtsch. Buchhandel **83** (1916) 708 [3]. — Leopoldina **52** (1916) 73 [Ha 2]. — Vossische Ztg. **1916**, 30. Mai, Nr. 276 Abendausg. [11].

Biogr. Umschau **20** (1916) 478 (m. Bildn.) [Ha 2]. — H. Großmann: Adolph Frank u. das Preisausschreiben der Liebig-Stiftung über die Verwendung der Kalisalze aus dem Jahre 1876 (m. 2 Briefen A. Franks vom 20. 12. 1875 u. 30. 3. 1876): Z. angew. Chem. **32** (1919) 97-99, 124 [15; 101]. — Albert R. Frank: Dtsch. biogr. Jahrb. Überleitungsbd **1** 1914-1916 (1925) 204-208 (m. Lit.Verz. 206-208) Totenliste 1916, S. 354 [3]. — M. A. Bloch: Biogr. spraw. **1** (Leningrad 1929) 212-214 [15]. — H. Grossmann: In: Günther Bugge. Das Buch der großen Chemiker **2** (Weinheim 1955) 310-320 (m. 1 Bildn. u. Faks., Lit.Verz. 510) [3]. — Kurt Ziekursch: Kali u. Steinsalz (Essen) **2** (1959) 301-304 [101]; NDB **5** (1961) 337-338 [3]. — B. Henze: Mitt.-Bl. chem. Ges. DDR **9** (1962) 15-17 [Ha 2].

Zum 70. Geburtstag J. H. Vogel: Z. Calciumcarbid-Fabrikation 8 (1904) 17-19, 33-34 [11].

Zum 120. Geburtstag K. Ulrich: Z. Zuckerind. 4 (79) (1954) 27-28 [3].

Zum 50. Todestag Holm-Dietmar Schwarz: Dtsch. Apotheker-Ztg. **106** (1966) 773 [15; 101].

Weitere Lit. J. Westphal: Geschichte des Königl. Salzwerkes zu Staßfurt unter Berücksichtigung der allgemeinen Entwickelung der Kali-Industrie: Z. Berg-, Hütten- u. Salinenwes. **50** (1902) B. Abh. S. 1-91 (m. 2 Taf.), besonders 17, 18, 20 [3]. – Ludwig Darmstaedter: Gedenktage in der Geschichte der Naturwiss.: Kosmos 8 (1911) 81-87 (m. 10 Bildn.) [3]. – P. Krische: 50 Jahre deutscher Kaliindustrie: Chem. Ind. **34** (1911) 173-182 [11]. – Conrad Matschoß: Männer der Technik (Berlin 1925) 78-79 [101]. – Fritz Rothe: Aus den Erinnerungen eines Industrie-Chemikers: Über die Entdeckung des Kalkstickstoff-Verfahrens (Berlin 1932) 47 S. [101]. – Joh. E. Hiller: Die Kalisalze in Geschichte u. Wiss.: Mitt. Gesch. Med. ⟨u.⟩ Naturwiss., Technik **39** (1940) 356-357 [3]. – Georg Siemens: Geschichte des Hauses Siemens 2 (München 1949) 185, 190 [101]. – 50 Jahre Verein der Zellstoff- u. Papier-Chemiker u. -Ingenieure (Darmstadt 1955) 14, 17, 18, 28, 30, 101-102 (m. Bildn.) [101]. – H. Andreae: Chemiker-Ztg. **90** (1966) 356-357 [3].

FRASCH, Hermann. Erdölchem. – 1869 nach USA ausgewandert; Studium der Chem. in Philadelphia, Penn.; 1888 Ankauf seiner Erdöl-Raffinerie-Patente durch die Standard-Oil-Company; nach 1891 Präsident der USA-Schwefelgesellschaft; „amerikanischer Schwefelkönig". 1912 Verleihung der Perkin-Medaille.

*1851, Dez. 25, Oberrot b. Gaildorf
†1914, Mai 1, Paris. Württ.;

Nekr. Carl Haeußermann: Württ. Nekrolog. **1914** (1917) 95-99 [3]. – Nietzer: Schwäb. Merkur **1914**, Nr. 232 vom 22. 5., S. 5 [21]. – Erich Opfermann: Pharmaz. Nachr. **1914**, 536 [3]. – Otto N. Witt: Chemiker-Ztg. **38** (1914) 721-723 (m. Bildn.) [Ha 15].

Biogr. J. Chem. Educat. **5** (1929) 129-138 [7]. – T[heodore] B. W[agner]: Dict. Amer. Biogr. **6** (1931) 602-603 [3]. – Hermann Strenger: Württemberg. Mschr. im Dienste von Volk u. Heimat **1931**, 272-276 [101]; Strom aus der Erde. Roman eines Lebens (Mühlacker 1957) 392 S. [101]. – Hermann Strenger: In: Lebensbilder aus Schwaben u. Franken 7 (Stuttgart 1960) 385-395 (m. Bildn. u. Faks., Lit.Verz.) [3]. – Hans Georg Schäfer: NDB **5** (1961) 379-380 [3].

Perkin-Medaille J. Ind. Eng. Chem. **4** (1912) 131-140 [Ha 15]. – C. F. Chandler: J. Soc. chem. Ind. (London) **31** (1912) 168-176; Obituary **33** (1914) 539 [Le 1; 93]. – Ind. Engng. Chem. **4** (1812) 131-147 (m. Bildn. 132) [ETH Zürich]. – Metall. chem Engng. **10** (1912) 73-82 (m. Bildn.) [ETH Zürich].

Zum 100. Geburtstag Ernest H. Huntress: Proc. Amer. Acad. Arts Sci. **79** (1950-1951) 15-17 [Ha 2]. – Dtsch. Apotheker-Ztg. **92** (1952) 35 [101].

Weitere Lit. William A. Cunningham: Sulfur I: J. chem. Educat. **12** (1935) 17-23, besonders 20-22 [7]. – Adolf Reitz: Millionen wachsen aus Schwefel. In: Der schwäb. Werktag (Stuttgart 1939) 202-206 [24]. – Pumpen- u. Brunnenbau, Bohrtechn. **39** (1943) 27 [101].

I,VI **FRAUNHOFER,** Joseph von (1824 bayer. Personaladel). Optik. – Bis zum Tode des Vaters (1798), eines Ratsdieners u. Glasers, Lehre in dessen Werkstatt; 1801 Einsturz des Hauses seines neuen Lehrmeisters Ph. A. Weichselberger (Spiegelmachers u. Zieratenglasschleifers) in München. Aus den Trümmern des Hauses geborgen, erhielt er vom Kurfürst Maximilian von Bayern ein Geldgeschenk, das ihm Weiterbildung durch Unterr. u. Bücherstudium ermöglichte. 1806 Eintritt in das von Utzschneider, Georg von Reichenbach u. Jos. Liebherr gegründete Math.-Mechan. Inst. 1807 wurde der opt. Betrieb nach Benediktbeuren verlegt (1809 dessen Leiter, 1814 Teilhaber). Seit 1819 Werkstatt wieder in München. 1817 korresp., 1821 ao. Mitgl., 1823 besoldeter Prof. u. Konservator des Physikal. Kabinetts der Bayer. Akad. Wiss.; 1814 entdeckte er die nach ihm benannten Linien im Sonnenspektrum.

*1787, März 6, Straubing;
†1826, Juni 7, München.

Briefe B. Cordt: Mitt. eines Briefes von Fraunhofer (München 30. Oct. 1824): S.-Ber. gelehrt. esthn. Ges. **1887** (1888) 79-81 [15]. – A. Seitz: Fraunhofer u. seine Beziehungen zur Glasmalerei: Dtsch. opt. Wschr. **13** (1927) 87-89, 97-100 (m. 4 Briefen an Graf von Lerchenfeld: 1. München, 1. Sept. 1823; 2. München, 21. Nov. 1823; 3. München, 30. März 1825; 4. o. O. 13. Juni 1825) [3]. – Briefentwurf an Struve in Fraunhofers Handschr. vom 31. Mai 1825: Forsch. Gesch. Optik **1**, 1 (1928) 68-74 (m. 3 Abb.) [3]. — Clemens Schaefer: Ein Briefwechsel zwischen Gauß, Fraunhofer u. Pastorff: Nachr. Ges. Wiss. Göttingen, Geschäftl. Mitt. **1933/1934** (1934) 57-75 [3]. — Der Briefwechsel zwischen Otto Schott u. Ernst Abbe über das opt. Glas 1878-1881. Bearb. von Herbert Kühnert (Jena 1946) XII, V, 4, 12, 48, 102, 110, 203, 277, 280, 303, 305, 307, 308, 316 (Veröff. Thür. histor. Kommission, 2) [3].

Werke Joseph von Fraunhofers Gesammelte Schriften. Im Auftr. der math.-physik. Classe der Bayer. Akad. Wiss. hrsg. von E. Lommel (München 1888) V-XIV (m. 1 Abb. Büste von Schwanthaler, 14 Taf.) [3]. — Joseph Fraunhofer: Aufsatz über parabol. Spiegel u. Beschreibung krummliniger Segmente in Anwendung auf die Verfertigung ellipt. parabol. u. hyperbol. Spiegel zu Teleskopen: Forsch. Gesch. Optik **1**, 1 (1928) 42-52 (m. 12 Abb.) [3]. — Fraunhofers Gebrauchsanleitung für sein Spektrometer u. Interferometer: Forsch. Gesch. Optik **1**, 1 (1928) 55-59 [3].

Bibliogr. Cat. scient. Papers **2** (1868) 706 (8 Nr.); **15** (1916) 108 (2 Nr. Biogr.) [3]. — Cat. gén. Bibl. nat. **54** (1913) Sp. 1069 (2 Nr.) [3]. — Brit. Mus. Gen. Cat. **78** (1961) Sp. 814-815 (10 Nr.) [3].

Nekr. Joseph von Utzschneider: Kurzer Umriß der Lebensgeschichte des Herrn Dr. Joseph von Fraunhofer (München 1826) 30 S. [12]. — von Utzschneider: Notizen aus Fraunhofers Leben: Astron. Nachr. **5** (1827) Sp. 127-128. Ebenda: Sp. 1-2: Ehrenbezeugung, Verleihung des Danneborgordens an Fraunhofer vom König von Dänemark [3].

Biogr. Parisot: Biographie universelle, ancienne et moderne: Suppl. **64** (Paris 1838) 464-466 [3]. — Leonhard Jörg: Fraunhofer u. seine Verdienste um die Optik (München 1859) 36 S. [3]. — Ph. Jolly: Das Leben Fraunhofers. Rede an die Studierenden der .... Univ. München .... am 2. Dec. 1865 (München 1865) 32 S. [14]. — Sigmund Merz: Das Leben u. Wirken Fraunhofers (Landshut 1865) 20 S. Aus: Verh. hist. Vereins Niederbayerns **11** (1865) 193-212 [14]. — Carl Fr. Ph. von Martius: Erinnerung an frequentierende Mitglieder der physikal.-math. Classe: Akad. Denkreden (Leipzig 1866) 579-581 [3]; derselbe: Erinnerung an Mitglieder der math.-physikal. Classe der Bayer. Akad. Wiss. (München 1859) 24-26 [15]. — Ph. von Jolly: ADB **7** (1878) 323-325 [3]. — Hermann von Helmholtz: Josef Fraunhofer: Vorträge u. Reden, 4. Aufl. **2** (Braunschweig 1896) 321-333 [3]. — C. Musmacher: Kurze Biogr. berühmter Physiker (Freiburg i. Br. 1902) 172-173 [1]. — A. Kistner: Deutsche Physiker u. Chemiker (Kempten-München 1908) 37-50 (m. Bildn.) (Sammlung Kösel, 23) [F 1]. — A[dolf] Kistner: Deutsche Meister der Naturwiss. u. Technik **2** (München 1925) 59-72 m. Bildn. [101]. — Moritz von Rohr: Fraunhofers work and its present-day significance: Trans. opt. Soc. **27** (1925/1926) 277-294 [38]. — A[dolf] Seitz: Joseph Fraunhofer u. sein opt. Inst. (Berlin 1926) IV, 118 S., 6 Taf. Titelb. J. Waldherr del., Vogel jun. [Chr. ?] sc., Nürnberg; nach S. 16 Zeichnung der Rettungsarbeiten des verschütteten Fraunhofer von J. M. Mettenleitner; nach S. 32 faks. Lehrbrief, nach S. 48 faks. Gesellenzeugnis, nach S. 80 Bildn. gez. von Chr. Vogel 10. 11. 1825; nach S. 96 Taler geprägt zum Gedächtnis des Todes von Reichenbach u. Fraunhofer [3; 14]. — A. Seitz: Mitt. aus dem Fraunhoferschen Werkstattbetrieb: Zentral-Ztg. Opt. u. Mech. **48** (1927) 169-172, 179-183 [101]. — Fraunhofers Gesuch vom 8. Juli 1823 um eine bezahlte Stellung: Forsch. Gesch. Optik **1**, **1** (1928) 59-61 [3]. — Fraunhofers Antwort vom 3. Dez. 1823 auf die Verordnung des Ministers an die Akademiker, Vorlesungen über ihre Sondergebiete zu halten: Forsch. Gesch. Optik **1**, 1 (1928) 62-64 [3]. — Der zweite Vertrag mit Fraunhofer vom 20. Febr. 1814: Forsch. Gesch. Optik **1**, 1 (1928) 53-55 [3]. — A. Seitz: Die Utzschneider-Fraunhofersche opt. Werkstätte nach Fraunhofers Tode u. das Leben Georg Merz, des ersten Besitzers der Anstalt Utzschneiders: Dtsch. opt. Wschr. **15** (1929) 55-59, 72-75, 87-89, 105-109 (m. Bildn. u. Faks. von Merz) [3]. — M. A. Bloch: Biogr. spraw. **1** (Leningrad 1929) 217 m. Bildn. [15]. — Fr. Thiersch: Über Georg Reichenbach u. Joseph Fraunhofer [vom März 1852]: Neu abgedruckt von Moritz von Rohr. In: Forsch. Gesch. Optik **1**, 2 (Berlin 1929) 74-86 [3]. — Moritz von Rohr: Joseph Fraunhofers Leben, Leistungen u. Wirksamkeit (Leipzig 1929) XX, 233 S. Titelbildn. 39 Abb., 1 Taf. (Große Männer. Studien zur Biol. des Genies, 10). Mit biogr. Lit. 213-220, Namensweiser 221-233 [3; 14]. — Paul Karlson: Fraunhofer, 1787-1826, Zeiß, 1816-1888, Abbe, 1840-1905: Die großen Deutschen. Neue Deutsche Biogr. Hrsg. von Willy Andreas u. Wilhelm von Scholz **5** (Berlin 1937) 232-247 (m. Bildn.) [3]. — [Herbert] Leisegang: Aufbau (Berlin) **7** (1939) H. 7, 19-20 (m. Bildn. u. Abb.) [101]. — A. Stock: Opt. Rdsch. **30** (1939) 464-465 [101]. — Philipp Lenard: Große Naturforscher, 4. Aufl. (München 1941) 183-188 (m. 1 Bildn.) [3]. — M. Schofield: Sci. Progr. **36** (1948) 526-527 [1]. — R. M. Heiß: Joseph von Fraunhofer. Zur 150jährigen Wiederkehr seiner Errettung beim Hauseinsturz an der Thiereckgasse im Jahre 1801: Baiern-Kalender München **1951**, 71-73 [12]. — Theodor Heuss: Deutsche Gestalten (Stuttgart-Tübingen 1951) 120-129 [101]. — Karl Leutner: In: Leutner, Deutsche, auf die wir stolz sind, 1. Aufl. (Berlin 1955) F. 1, S. 178-

181 m. Bildn. [14]; 2. Aufl. (1960). — Armin Hermann: Große Physiker. Vom Werden des neuen Weltbildes (Stuttgart 1959) 28-29 (m. Bildn.) [101]. — Leonhard Lenk: In: Unbekanntes Bayern. Bd. 3 Porträts aus 8 Jahrhunderten (München 1959) 201-211 (m. Lithogr. von M. Pitzer S. 160) [101]. — Adolf Wißner: NDB 5 (1961) 382-384 [3]. — W. Gerlach: Optik 20 (1963) 279-292 (m. Bildn.) [27]. — Geschichte der Mikroskopie. Leben u. Werk großer Forscher. Hrsg. von Hugo Freund u. Alexander Berg (Frankfurt a. M. 1963) 6, 33, 47, 48, 49, 57 [101]. — H. J. M.: Konservierung der histor. Glashütte in Benediktbeuern als Gedenkstätte für den Physiker J. von Fraunhofer. Hrsg. von der Fraunhofer-Ges. (München 1963) 7-10 [12].

Zum 100. Geburtstag Ernst Abbe: Gedächtnisrede auf Joseph Fraunhofer. In: Ernst Abbe, gesammelte Abh. 2 (Jena 1906) 319-338 [3]. — Wilhelm Foerster: Sammlung von Vorträgen u. Abh. 3. Folge (Berlin 1890) 111-118 [3]. — Klein: Gartenlaube **1887**, 160-163 [14]; Daheim 23 (1887) 330-331 [3]. — Carl Voit: Bayer. Industrie- u. Gewerbeblatt 19 (1887) 3. Vj., S. 141-160 (m. 1 Bildn.) [95]. — H. S.: Allg. Ztg. **1887** Beil. Nr. 64 vom 5. 3., S. 937-938; Nr. 65 vom 6. 3. S. 954-955 [Ha 2]. — Festbericht: Z. Instrumentenkde 7 (1887) 114-128 [7]. — Zentr.-Ztg. Opt. u. Mech. 8 (1887) 73-75 [1a]. — Carl Max von Bauernfeind: Gedächtnisrede auf Joseph von Fraunhofer (München 1887) 30 S. [Ha 2; 14].

Zum 125. Geburtstag Max Frank: Zentr.-Ztg. Opt. u. Mech. 33 (1912) 222-223 [1a].

Zum 150. Geburtstag W. H. S. Chance: The optical glassworks at Benediktbeuern: Proc. physic. Soc. 49 (1937) 433-443 [7]. — Gottfried Huber: Natur u. Kultur 34 (1937) 152-153 (m. Bildn.) [101]. — Herbert Kühnert: Glastechn. Ber. 15 (1937) 49-56 (m. 1 Bildn.) [101]. — O. Mahr: Rdsch. techn. Arbeit 17 (1937) Nr. 10, S. 5 (m. 1 Bildn. u. Faks.) [101]. — Pissin: Opt. Rdsch. 28 (1937) Nr. 33, 694-695 [101]. — Berthold Rapp: Prakt. Schulphysik 17 (1937) 38-42 [101]. — Schachtschabel: Opt. Rdsch. 28 (1937) 153-154 (m. Bildn. u. Faks.) [101]. — Günther von Stempell: Dtsch. opt. Wschr. 58 (1937) 96-97 [101]. — D. Wattenberg: Sterne 17 (1937) 55-58 [101]. — Carl Weiher: Techn. u. Kultur 29 (1938) 2-4 [101]. — Albert Winkler: Aus unserer Heimat. Lech-Isar-Land 14 (1937) 138-140 [101]. — Dtsch. Techn. 5 (1937) 154 (m. Bildn.) [101]. — Volksschularbeit, Mschr. aufbauende Erziehung u. Bildg. 19 (1938) 244-248 [12]. — Wissen u. Fortschr. 11 (1937) 369-371 [101]. — Woche 39 (1937) Nr. 9, S. 32 [101]. — Umschau 41 (1937) 233 [3].

Zum 175. Geburtstag Rudolf Loher: Glaswelt 6 (1962) 129-131 (m. 7 Abb.), 166-167 (m. 3 Abb.) [101]. — Herta Staudinger: Süddtsch. Ztg. 18 (1962) Nr. 129/130 vom 30./31. Mai, S. 9 [36a]. — Carl Zeiss: Jena. Einst u. jetzt (Berlin 1962) 21, 34-39, 44, 55, 97 (m. Bildn. nach S. 34) [101].

Zum 100. Todestag A[rchenhold]: Weltall 25 (1925/1926) 143-144 [3]. — M. Berek: S.-Ber. Ges. Beförd. ges. Naturwiss. Marburg 61 (1926) 251-282 [Ha 2]. — M. Blaschke: Natur 18 (1927) 35-36 [Ha 2]. — H. Boegehold: Naturwiss. 14 (1926) 523-533 (m. 5 Fig. u. Schr.Verz.) [3]. — Walther von Dyck: Naturwiss. 14 (1926) 1039-1043, besonders 1041-1042 [Ha 2]. — M. Engelmann: Zentr.-Ztg. Opt. u. Mech. 47 (1926) 135-138 (m. Bildn. u. Faks., 2 Abb.) [101]. — L. C. Glaser: Z. techn. Physik 7 (1926) 252-259 (m. 1 Taf., 2 Abb.) [15]. — Friedr. Klemm: Opt. Rdsch. 17 (1926) 311-315 (m. 1 Bildn., 1 Abb., Lit.-Verz.) [101]. — Ernst Lau: Z. techn. Physik 7 (1926) 259-260 [15]. — Fr. Meyer: Naturwiss. 14 (1926) 533-535 (m. 4 Fig.) [3]. — Albert Neuburger: Stein der Weisen N.F. 3 (1926) 282 (m. Bildn.) [101]. — M. von Rohr: Naturwiss. 14 (1926) 539-554 (m. 1 Fig.) [3]. — Moritz von Rohr: Z. Instrumentenkde 46 (1926) 273-289 (m. 1 Bildn. u. 2 Fig.) [101]. — Moritz von Rohr: Forsch. Gesch. Optik 1, 1 (1928) 2-6 [3]. — A. Seitz: Dtsch. opt. Wschr. 11 (1925) 625-627, 638-641, 651, 654-657 [3]. — A. Seitz: Dtsch. opt. Wschr. 12 (1926) 2-6, 287-288 (m. Bildn. u. Faks.) (m. Bildn. von Georg von Reichenbach u. Joseph von Utzschneider) [3]. — A. Seitz: Z. Feinmech. u. Präzis. 34 (1926) 109-110 (m. Bildn. u. Faks., Briefentwurf an Struve in Dorpat vom 16. Juni 1824) [101]. — R. Swine: Z. techn. Physik 7 (1926) 245 [15]. — E. Voit: Z. techn. Physik 7 (1926) 246-252 [15]. — Jonathan Zenneck: Josef von Fraunhofer (Berlin 1926) 27 S. m. Abb. u. Titelb. m. Faks. [14]. — Naturwiss. 14 (1926) 521-554 (m. Bildn.) [3]. — Dtsch. Optiker-Ztg. 2 (1926) 126-128 [1].

Zum 115. Todestag Fritz Hansen: Dtsch. Glaserztg. 52 (1941) Nr. 2, S. 13-14 (m. 1 Abb.) [101]. — Fritz Hansen: Dtsch. Optiker-Ztg. 17 (1941) 37-38 (m. 2 Abb.) [101]. — Fritz Hansen: Diamant 63 (1941) 50 (m. 1 Bildn. [Büste], 1 Abb.) [15]. — W. Thiele: Dtsch. Optiker-Ztg. 17 (1941) 89-90 (Abb.), 96-97 (Bildn.) [101].

Zum 125. Todestag H. Klauder: Naturwiss. Rdsch. 4 (1951) 277-278 [3]. — K. A. Wingårdh: Norsk fysisk Tidsskr. [Oslo] 13 (1951) [1952] 118-135 [UB II Kobenhavn]. — Glashütte. Werkz. Gerresheimer Glashüttenwerke 3 (1952) Nr. 5/6, S. 9 [210].

Weitere Lit. H. D.: Wilhelm Hennings Deutscher Ehrentempel 12 (1832) 7 S. m. Bildn. (Gotha 1832) [14]. — P[ieter] Harting: Das Mikroskop. Theorie, Gebrauch, Geschichte u. gegenwärtiger Zustand des Mikroskops, 2. Aufl. (Braunschweig 1866) 36, 75, 368, 374 [3]. – Allg. Ztg. **1868**, Nr. 160, S. 2430-2432 [3]. – Rudolf Wolf: Geschichte der Astron. (München 1877) 549, 551, 564, 586-587, 590, 591, 592, 593, 737 (Geschichte der Wiss. in Deutschland. Neuere Zeit, Bd 16) [3]. – August Heller: Geschichte der Physik **2** (Stuttgart 1884) 177, 575, 661, 666-667, 669, 677 [3]. – Th.: Akad. Bl. **1** (1886) 213 [11]. – Luise von Kobell: Unter den vier ersten Königen Bayerns. Nach Briefen u. eigenen Erinnerungen **1** (München 1894) 80 [3]. – Ernest Lebon: Histoire abrégée de l'Astronomie (Paris 1899) 92, 139, 140, 151, 243-244 [11]. – Adolf Harnack: Geschichte Preuß. Akad. Wiss. **1** (Berlin 1900) (700), 722 [3]. – P. J. Möbius: Über die Anlage zur Math. (Leipzig 1900) 50-51 [15]. – A. Heckscher: Ein Huygens-Gedenktag: Mitt. Gesch. Med. ⟨u.⟩ Naturwiss. **14** (1905) 105 [3]. – Max Gasser: Zwei Blüteperioden der bayerischen Topogr.: Mitt. geogr. Ges. München **3** (1908) 134-151 [Ha 2]. – Joh. A. Repsold: Zur Geschichte der astron. Meßwerkzeuge von Purbach bis Reichenbach 1450-1830 (Leipzig 1908) 2, 3, 5, 6, 8-10, 17, 18, 20, 24, 28, 29, 61, 69, 72, 84, 87, 137, 142, 143 [101]. – M[oritz] von Rohr: Beitr. zur Geschichte des opt. Glases: Z. Instrumentenkde **29** (1909) 50-57 [3]. – Bruno H. Bürgel: Aus fernen Welten (Berlin-Wien 1910) 80-82 (m. Bildn.) [3; 14]. – Leo Graetz: Die Physik (Leipzig 1917) 412, 439 (Bildn. S. 411) (Die Naturwiss. hrsg. von Curt Thesing, 1); 2. Aufl. (1923) [14]. – Briefwechsel des Herzogs-Großherzogs Carl August mit Goethe. Hrsg. von Hans Wahl **3** (Berlin 1918) 189, 277, 384, 425 [3]. – Ein Jahrhundert München 1800-1900. Gesammelt u. hrsg. von Georg Jacob Wolf, 2. Aufl. (München **1921**) 25-26 (m. 1 Abb.) [3]. – Walther von Dyck: Verh. Ges. Dtsch. Naturf. u. Ärzte **88**, 1924 (1924) 1039-1041 [Ha 2]. – M. von Rohr: Die Entwicklungsjahre der Kunst, opt. Glas zu schmelzen: Naturwiss. **12** (1924) 781-797 [3]. – Heinrich Wiesenthal: Führende Männer. Bd **1**: Physiker (Leipzig 1924) 31-38 (m. Bildn.) [101]. – Ludwig Hartmann: Der Physiker, Astronom, Geodät u. Mitbegründer der bayer. Landesvermessung P. Ulrich Schiegg von Ottobeuren: Stud. Mitt. Gesch. Benediktiner Orden u. seiner Zweige **44** (1926) 128-174 [3]. – Ludwig Darmstädter: Naturforscher u. Erfinder. Biogr. Miniaturen (Bielefeld-Leipzig 1926) 23-25 (m. Bildn. nach S. 56 m. Faks. Nach einer von [Chr. ?] Vogel jr. gestochenen Zeichnung. Waldherr in der Dokumenten-Sammlung Darmstädter der Preuß. Staatsbibl.) [3; 14]. – Albert Neuburger: Die uns neue Welten zeigten. In: Pfadfinder der Kultur. Männer u. Taten der Techn. (München 1926) 83-115 [101]. – M[oritz] von Rohr: Joseph Fraunhofer u. seine Werkstätte: Zeiß-Notizen **1927**, H. 10, S. 3 (m. F.'s Lehrbrief) [101]. – Hugo Döbling: Die Chem. in Jena zur Goethezeit (Jena 1928) 86, 119-121, 123, 124, 125-126, 130, 139 (Z. Ver. Thür. Gesch. N.F., Beih. 13) [3]. – Opt. Rdsch. **20** (1929) 39 [101]. – Moritz von Rohr: Zur Geschichte der Zeiß-Werkstätte bis zum Tode Ernst Abbes: Forsch. Gesch. Optik **1**, 3 (1930) 91-201 (m. 49 Bildn. u. Abb.) [3]; Benediktbeuern u. Jena: Zeiß-Werk-Ztg. N.F. **5** (1930) 3-10 (m. 10 Bildn.) [101]. – J. Zenneck: Aus Physik u. Technik. Vorträge u. Aufsätze (Stuttgart 1930) 1-24 (m. 2 Bildn., 10 Abb., 1 Faks.-Seite) [3]. – Das akad. Deutschland **1** (Berlin 1930) 432, 547-548 (m. Bildn. 548) [3]. – Reginald S. Clay u. Thomas H. Court: Some early achromatic microscopes: J. Roy. microscop. Soc. (3) **51** (1931) 403-407 (m. 1 Abb.) [15]. – Ernst Zinner: Die Geschichte der Sternkunde von den ersten Anfängen bis zur Gegenwart (Berlin 1931) 511, 567-576, 600 [15]. – Moritz von Rohr: Fraunhofer u. Abbe: Altes u. Neues aus der Heimat. Beil. zum Jenaer Volksbl. F. 4, **1927-1930** (1932) 120-124 [27]. – Ernst Kohler: Georg von Reichenbach. Das Leben eines deutschen Erfinders (München **1933**) 140 S. (m. 9 Bildn., 2 Faks.Schr.) [101]. – Moritz von Rohr: Opt. Glas rund ein halbes Jahrhundert nach Joseph Fraunhofers Tode 1826-1878: Z. Instrumentenkde **53** (1933) 413-423 (m. 3 Abb.) [3]. – Karl Albrecht: Opt. Rdsch. **25** (1934) 6-9, 25-28 [101]. – M. von Rohr: Geistige Arbeit **1** (1934) Nr. 20, S. 12 (m. Abb. einer Büste) [3]. – Franz Schnabel: Deutsche Geschichte im 19. Jahrhundert **3**: Erfahrungswiss. u. Techn. (Freiburg 1934) 220-224, 225, 267, 268, 301, 308, 327, 393 [3]. – Buch der Natur. Hrsg. von Woldemar Klein (Berlin 1935) 208 (m. Bildn.) [14]. – Albert König: Die Fernrohre u. Entfernungsmesser, 2. Aufl. (Berlin 1937) 63, 65, 68, 83, 92, 122, 146, 230-233 (m. Bildn. 139) [101]. – Moritz von Rohr: Die älteste Brillenkunde u. die Zeit der Brillenmachergilden: Forsch. Gesch. Optik **2**, 2 (1937) 123-138 (m. 31 Abb.) [3]. – Heinrich Konen: Physikal. Plaudereien (Bonn [1937]) 150, 152, 355 (m. Bildn. S. 151) [3; 14]. – O. D. Potthoff u. Karl Zeleny: Handwerk - Lebenswerk (Langensalza-Berlin-Leipzig 1937) 186-191 (m. 1 Bildn. u. Faks.) [3]. – Wilhelm Prandtl: Fraunhofer u. Daguerre. Zwei Bildn. zur Jahrhundertfeier der Photogr. (München 1939) 15 S. (m. 2 Bildn.) [12]. – Friedrich Elarth: Kleine Geschichten um große Erfinder: Neue Gartenlaube **1940**, 96-97 (m. 3 Abb.) [101]. – Armin von Tschermak-Seysenegg: Hat Fraunhofer Recht ?: Klin. Mbl. Augenheilkunde **112** (1947) 358-360 [Ha 30]. – Hans Falkenhagen: Die Naturwiss. in Lebensbildern großer Forscher (Stuttgart 1948) 150, 152-154 [3]. – Fritz Rickhey: Von ehrenwerten Glasersöhnen: Neue Glaser-Ztg. **2** (1949) 157

[101]. — Rudolf Zeitmann: Mechaniker [Bremen] **2** (1950) Nr. 11, S. 11-12 [7]. — Augenoptiker **1951**, Nr. 7 vom 25. Juli, S. 7 [101]. — F. Lobell: Köpfe u. Begriffe: Orion **6** (1951) Nr. 11, 445-446 (m. 1 Bildn., 1 Abb.) [101]. — Rolf Riekher: Fernrohre u. ihre Meister (Berlin 1957) 143-190 (m. 5 Bildn., 22 Abb. u. Lit.Verz. 189-190) [3]. — Walther Gerlach in: Geist u. Gestalt. Biogr. Beitr. Gesch. Bayer. Akad. Wiss. **2** (München 1959) 46, 47, 48, 55, 57, 70, 80-81, 97, 98, 99; Bildn. **3** (1959) Abb. 76 (Bildn. Maler unbekannt) [3]. — Gelehrten- u. Schriftstellernachlässe in den Bibliotheken der DDR **1** (Berlin 1959) Nr. 187, S. 33; Nr. 643 S. 90 [3]. — E. Bancher u. J. Hölzl: Die Anfänge der deutschen Mikroskoperzeugung: Universum, Natur u. Techn. [Wien] **16** (1961) 268-274 (m. 1 Bildn., 4 Abb., Lit.Verz.) [101]. — Carl Zeiss Jena. Einst u. jetzt (Berlin 1962) 21, 34-39, 44, 55, 97 (m. 1 Bildn.) [14]. — Walther Gerlach, in: Humanität u. naturwiss. Forschung (Braunschweig [1962]) 59-62 (Die Wiss., 118) [3]. — M. K. Böttcher: Wirtschaft u. Wiss. **12** (1964) Nr. 1, S. 8 [292]. — Wolfgang Baier: Quellendarst. zur Geschichte der Fotogr. (Leipzig 1965) 18-20 (m. Bildn. S. 265) [3].

Bildn., Denkmal Joseph von Fraunhofers Standbild, modellirt von [Johann von] Halbig in München, Originalzeichng. von J[ulius] Naue: Illustr. Ztg., Leipzig **44** (1865) 339-340 (m. Abb.) [14]. — Das Denkmal Josephs von Fraunhofer: Über Land u. Meer **14** (1865) 587 [1a]. — Woldemar von Seidlitz: Allgemeines histor. Porträtwerk Ser. 11 (München 1888) Taf. 92 Bildn. gez. von Christian Vogel 10. 11. 1825 (m. Faks.) [14]. — Wilhelm Bölsche, in: Das 19. Jahrhundert in Bildn. Hrsg. von Karl Werckmeister **2** (Berlin 1899) 287-288 (m. 1 Bildn. u. 1 Zeichnung von Vogel u. 1 Bildn. Nr. 211 nach einem Gemälde) [3]. — Ernst Mach: Die Prinzipien der physikal. Opt., histor. u. erkenntnispsychol. entwickelt (Leipzig 1921) nach S. 408 ⟨Taf.⟩, Zeichnung von [Christian Vogel] [14]. — Die Großen Deutschen im Bild. Hrsg. von Alfred Hentzen u. Niels von Holst (Berlin 1936) 318 (Gemälde) [3]. — August Alckens: Die Denkmäler u. Denksteine der Stadt München (München 1936) 52-53 (m. 1 Abb. des Denkmals von Joh. Halbig) [101]. — Zeiss Werkztg. N.F. **14** (1939) H. 4, S. 66 nach Glasgemälde [101]. — Fraunhofer-Gedenktafel auf dem kalifornischen Gipfel Palomar: Mitt. Gesch. Med. Naturwiss. u. Technik **38** (1939) 231 [3]. — Abb. von Gemälde: Bayerland **1955**, Sonderausg. Dtsch. Museum, S. 17. — Schweinfurter Tagblatt **1963** vom 14. 6. — Walther Gerlach: Gedenkstätte für Joseph Fraunhofer, Benediktbeuern, 11. Juni 1963. In: Beispiele angewandter Forschung (München 1965) 11-13 [12]. — A. Wißner in: Schätze im Deutschen Museum. Hrsg. von H. Auer u. F. Klemm (Düsseldorf 1968) 74-75 m. 1 Bildn. u. 1 Abb. [101].

IV Nachtr., V, VI **FREGE,** Friedrich Ludwig Gottlob. Math., Philos. — 1873 Dr. phil. Univ. Göttingen; 1874 PDoz., 1879 ao. Prof., 1896 o. Hon. Prof. Univ. Jena; 1918 em. Er ist der Begründer der modernen formalen Logik.

*1848, Nov. 8, Wismar;

†1925, Juli 26, Bad Kleinen.

Genealog. Johannes Hohlfeld: Leipziger Geschlechter (Leipzig 1933) 89-91, 94, 96-104, 117-136 [3].

Werke Die Grundlagen der Arithmetik. Eine logisch-math. Untersuchung über den Begriff der Zahl. Neudruck (Breslau 1934) XI, 119 S. [101].

Briefe Briefwechsel des Herzogs-Großherzogs Carl August mit Goethe. Hrsg. von Hans Wahl **1** (Berlin 1915) 288, 451; **3** (1918) 87, 341 [3]. — Max Steck: Ein unbekannter Brief [Jena, 29. Juli 1900] von Gottlob Frege über Hilberts 1. Vorlesung über die Grundlagen der Geom.: S.-Ber. Heidelberger Akad. Wiss., math.-nat. Kl. **1940**, 6. Abh., 8 S. [101]. — Max Steck: Unbekannte Briefe Gottlob Freges über die Grundlagen der Geom. u. Antwortbrief Hilberts an Frege: S.-Ber. Heidelberger Akad. Wiss. math.-nat. Kl. **1941**, 31 S. [101]. — Briefe großer Naturforscher u. Mathematiker. Gesammelt u. erläutert von Max Bense (Köln 1943) 226-228 (an Liebmann, Jena, 29. Juli 1900) [3].

Bibliogr. Alonzo Church: A bibliography of symbolic logic: J. symbol. Logic **1** (1936) 121-216, besonders 135-136 [3]. — Brit. Mus. Gen. Cat. **79** (1961) Sp. 186-187 (7 Nr.) [3].

Biogr. E. B. Jourdain: Quarterly J. pure and appl. math. **43** (1912) 237-269 [7]. — Wilma Papst: Gottlob Frege als Philosoph (Berlin 1932) 50 S. (Berlin, Phil. Diss. 1932) [3]. — Heinrich Scholz u. Friedrich Bachmann: Der wiss. Nachlaß von Gottlob Frege: Actes Congrès internat. Philos. scientific Sorbonne (Paris 1935) 8 (1936) 24-30 [15]. — M. G. Beumer: Een historische bijzonderheid uit het leven van Gottlob Frege: Simon Stevin wis-en natuurkundig tijdschr. **25** (1946/1947) 146-149; E. W. Beth: Nachschr. 150-151 [Leiden]. — Paul D. Wienpahl: Freges Sinn u. Bedeutung: Mind **59** (1950) 483-494 [15]. — Hans Hermes: NDB **5** (1961) 390-392 [3]. — Hans-Dieter Sluga: Frege u. die Typentheorie. Eine histor. Untersuchung. In: Logik u. Logikkalkül (Freiburg-München 1962) 195-209 [101]. — Hans Georg Steiner: Frege u. die Grundlagen der Geom.: Math.-physik. Sem.-Ber. (Göttingen) **10** (1963/1964)

175-186 (m. Lit.Verz.); **11** (1964/1965) 35-47 [101].

Weitere Lit. Bertrand Russel: The Principles of Mathematics **1** (Cambridge 1903) VI, VIII, 19, 68n, 78n, 111, 124n, 132, 142, 451 n, 501-502 [11]. — Heinrich Scholz: Was ist ein Kalkül u. was hat Frege für eine pünktliche Beantwortung dieser Frage geleistet? Sem.-Ber. Math. Sem. Münster **7** (1935) 16-47 [6]. — E[ric] T[emple] Bell: Men of mathematics (London 1937) 626, 635-636, 638 [1]. — Ch. Perelman: Étude sur Gottlob Frege: Revue Univ. Bruxelles **44**, 1938-1939 (1938) 224-227 [Ha 2]. — Max Bense: Geist der Math. Abschnitte aus der Philos. der Arithmetik u. Geom. (München-Berlin 1939) 173 S. m. Titelbildn. [14]. — Max Blanck: Frege against the formalists. A translation of a part of „Grundgesetze der Arithmetik" [vol. 2, sect. S. 86-137]: Philos. Rev. (Ithaca, N.Y.) **59** (1950) Nr. 1, S. 77; Nr. 2, S. 202-220; Nr. 3, S. 332-345 [1]. — P. T. Geach: Freges Grundlagen: Philos. Rev. (Ithaka, N.Y.) **60** (1951) Nr. 4, S. 535-544 [1]. — W. V. Quine: On Frege's way out: Mind **64** (1955) 145-159 [3]. — O. Quine: Willard van La Via d'Uscita di Frege: Riv. filos. (Milano) **46** (1955) 371-386 [1]. — Dagfinn Føllesdal: Husserl u. Frege. Ein Beitr. zur Beleuchtung der Entstehung der phänomenol. Philos. (Oslo 1958) 60 S.; S. 56-60 Lit.Verz. (Avhandlinger utg. av Det Norske Vid.-Ak. i Oslo. Hist.-fil. Kl. 1958 Nr. 2) [14]. — E. D. Klemke: Professor Bergmann and Freges "Hidden Nominalism": Philos. Res. (Ithaca) **68** (1959) 507-514 [12]. — D. S. Schwayder: Uses of language and uses of words. With application to a problem of Frege: Theoria, A Swedish J. Philos. Psychol. (Lund) **26** (1960) 31-43 [7]. — R. Grossmann: Freges ontology: Philos. Rev. **70** (1961) 23-40 [7]. — Heinrich Scholz: Mathesis universalis: Abh. zur Philos. als strenger Wiss. (Basel-Stuttgart 1961) 268-278 [UB Basel]. — Arnold B. Levison: Frege on proof: Philos. Phenom. Res. (Buffalo) **22** (1961/1962) 40-49 [7]. — Bertrand Russel: Denker des Abendlandes (Wisdom of the West [dt.]) (Stuttgart 1962) 282 (m. Bildn. u. Faks.) [14].

I **FREIESLEBEN,** Johann Carl. Geol., Paläontol., Bergbau. — 1790–1792 stud. Bergakad. Freiberg (Schüler von A. G. Werner); 1792–1795 stud. Jura Univ. Leipzig; 1796 Bergamtsassessor Marienberg, 1799 Bergmeister in Johanngeorgenstadt, 1800–1808 Oberbergvogt in Eisleben; seit 1808 in Freiberg, 1816 Bergrat, 1838–1842 Berghauptmann; 1817 Ehrendoktor Univ. Marburg, 1827 korr. Mitgl. Akad. Wiss. Berlin.

*1774, Juni 14, Freiberg/Sa.;
†1846, März 20, Nieder-Auerbach.

Nach ihm wurden genannt: Palaeoniscus Freieslebeni u. Nautilus Freieslebeni; Freieslebenit ($Pb_9Ag_5Sb_5S_{19}$, Bleisilberspießglanz).

Genealog. Georg Freiesleben: Zur Familiengeschichte des Geschlechts Freiesleben. Der jüngere Zweig Weida-Steinpleis. Heft 10 (Augsburg 1937) 15-18 (m. Bildn., Faks. u. Abb.) (A. G. Werner, A. von Humboldt, L. von Buch) [3]. — Georg Freiesleben: Berühmte Männer des Namens Freiesleben: Familiengesch. Bl. **29** (1931) Sp. 57-62 (m. Stammtaf.) [3]. — Gerhard Roßberg: Das Schwalbennest (J. C. Freiesleben im Kreise seiner Familie): Sächs. Heimatblätter **12** (1966) 341-343 (m. Bleistiftzeichn. von Prof. Heuchler 1845: Familienkreis um Fr.) [101].

Bibliogr. Neuer Nekr. der Deutschen **24**, 1846 (1848) 191-196 [3]. — Cat. scient. Papers **2** (1868) 707-708 (15 Nr.); **7** (1877) 707 (1 Nr.) [3]. — Cat. gén. Bibl. nat. **55** (1913) Sp. 3-4 (9 Nr.) [3]. — Fossilium Catalogus I: Animalia. Pars 72: K. Lambrecht †, W. et A. Quenstedt, Palaeontologi, Catalogus bio-bibliographicus ('s-Gravenhage 1938) 148 [3; Ha 2]. — Brit. Mus. Gen. Cat. **79** (1961) Sp. 215 (8 Nr.) [3].

Nekr. Berg- u. hüttenmänn. Ztg. **5** (1846) 5. Aug., Sp. 657-664 [3].

Biogr. Johann Georg Meusel: Das gelehrte Teutschland **2** (1796) 417-418; **9** (1801) 374 [3]. — E. G. Gersdorf: Leipziger Repertorium **4** (1846) Bd 2, S. 239, Nr. 4265 [3]. — Gümbel: ADB **7** (1878) 339-340 [3]. — Franz Heucke: Beitr. zur Freiberger Bergchronik, die Jahre 1531 bis 1900 umfassend: Beil. zu Mitt. Freiberger Altertums-Ver. **47-53** (1912-1920) 36, 38, 40, 41, 72, 73, 75, 84, 85, 97 Anm., 100 Anm., 123 Anm., 128, 129, 244 [3]. — Bernhard Weißenborn: In: Mein Mansfeld (Eisleben 1921) 221-223 [3]; J. K. Freiesleben u. F. W. Werner von Veltheim, zwei führende Mansfelder Bergleute: Ekkehard **7** (1931) 156-158 (m. 2 Bildn., 1 Abb.) [3]. — Bernhard Weißenborn: Johann Karl Freiesleben. In: Mein Mansfeld (Eisleben 1936) 341-343 [3]. — Hans Freydank: NDB **5** (1961) 395-396 [3; 14]. — Walter Schellhas: Bergakademie [Freiberg] **15** (1963) 886-888 (m. Bildn.) [14].

Weitere Lit. Friedrich Hoffmann: Geschichte der Geognosie (Berlin 1838) 119-120 [3]. — K. C. von Leonhard: Aus unserer Zeit in meinem Leben **1** (Stuttgart 1854) 283 [3]. — Woldemar Freiherr von Biedermann: Goethe u. das sächsische Erzgebirge (Stuttgart 1877) 148, 204-205 [3]. — K. A. von Zittel: Geschichte der Geol. u. Paläont. bis Ende des 19. Jahrhunderts (München-Leipzig 1899) 87, 93, 120, 268, 494, 500, 608, 609 (Geschichte der Wiss. in Deutschland. Neuere Zeit, 23) [3]. — Konrad Wutke: Aus der Vergangenheit des Schlesischen Berg- u. Hüttenlebens (Breslau 1913) 253, 255, 257, 258 (Festschr. zum 12. Allg. Dtsch. Bergmannstage, Bd 5) [101]. – B[runo] von Freyberg: Die geol. Erforschung Thür. in älterer Zeit (Berlin 1932) 149, 273, 299, 348, 401, 455, 464 (m. Bildn. nach S. 96) [3]. – C. Schiffner: Aus dem Leben alter Freiberger Bergstudenten 1 (Freiberg/Sa. 1935) 128-129 (m. Bildn.); 3 (1940) 19 [3; 14]. – Walter Serlo: Männer des Bergbaus (Berlin 1937) 49 [3]. – Walther Fischer: Mineral. in Sachsen von Agricola bis Werner (Dresden 1939) 171, 308, 309; 106, 192, 203, 218, 226, 239, 247, 262, 263, 274, 298, 309, 311, 312, 314, 316 [3]. – [Hans Freydank]: 75 Jahre Mansfelder Pflastersteine (Eisleben 1939) 55, 56 (m. Bildn. Taf. 10, S. 32/33); Begleitschreiben von F. an die Innenbeamten, Eisleben, 3. März 1808: 223-224 [3]. – Gerhard Roßberg: Erasmus Schindler, der Gründer des Schindlerschen Blaufarbenwerkes zu Albernau: Glückauf, Z. Erzgebirgsverein 59 (1939) 10-15 (m. 6 Bildn., 1 Abb.) [14; 101]. – F. Wernicke u. a.: 400 Jahre Oberbergamt Freiberg in Sachsen: Z. Berg-, Hütten- u. Salinenwes. 90 (1942) 117-152 (m. 4 Bildn., 6 Abb.), besonders 127-128 [3]. – Walther Fischer: 400 Jahre Sächs. Oberbergamt Freiberg (1542-1942): Z. Dtsch. geol. Ges. 95 (1943) 157-158 (m. Lithogr. [eines unbekannten Meisters] im Staatl. Kupferstichkabinett Dresden [ohne Faks.] [14; 15]. – Walter Schellhas: Alexander von Humboldt u. Freiberg i. Sa. In: A. von Humboldt. Gedenkschr. zur 100. Wiederkehr seines Todestages. Hrsg. von der Alexander-von-Humboldt-Kommission der Deutschen Akad. Wiss. Berlin (Berlin 1959) Abb. 6 nach S. 408 (m. Faks.) [14]. – Hans Freydank: Alexander von Humboldt u. der Bergbau: Z. Erzbergbau u. Metallhüttenwes. 12 (1959) 381-388 (m. 9 Bildn.) [J. K. F.: Lithogr. von unbek. Künstler] [3].

FREISE, Eduard. Chem. Technol. – 1866–1869 stud. Polytechn. Schule Braunschweig, TH München, Univ. Göttingen, Univ. Rostock; 1870 Dr. phil. Univ. Rostock; 1870 Betriebsass. Mathildenhütte Harzburg, dann Ass. Landwirtschaftl. Versuchsanst. Halle, später Mitinhaber der Fa Lewin u. Freise, Mineralwasserfabr. u. Fabr. chem. Produkte Göttingen; gleichzeitig Teilhaber an der Patentfarbenfabr. Göttingen. Nachdem diese abgebrannt war, betrieb er bis 1881 ein Drogen- u. Chemikaliengeschäft in Braunschweig; 1880–1914 Leiter der von ihm begründeten Lehranstalt für Drogisten (seit 1923 als Drogistenakademie staatl. anerkannt); 1896 Titel Prof.; Ehrenmitglied des Deutschen Drogisten-Verbandes u. anderer Drogistenvereine.
*1849, Mai 18, Gandersheim;
†1927, Dez. 6, Braunschweig.

Werke E. Freise: Über Sauerstoffkonsum u. Kohlensäurebildung beim Keimen mehliger u. öliger Pflanzensamen (Braunschweig 1870) 32 S. (Diss. Univ. Rostock) [15]. – E. Freise: Kurze Anleitung zur Harnprüfung (Berlin 1918) 48 S. [101]. – Der Drogist. Lehr- u. Nachschlagebuch für Drogisten u. Apotheker. Neu bearb. von E. Freise u. F. von Morgenstern 1 (Nordhausen 1927) XIX, 879 S.; 2 (1927) 773 S., insgesamt 870 Abb., 12 Taf. [101].

Autobiogr. E. Freise: In: Der Drogist.... Bd. 1, VII-VIII m. Titelbildn. u. Faks. [101].

Herausgeber Deutscher Drogistenkalender (Braunschweig) 1 (1880)-42 (1926).

Zum 100. Geburtstag Karl Schoene: Dtsch. Drogisten-Ztg. 4 (1949) 143-144 (m. Bildn. u. Faks.) [101].

FRESENIUS. Am 1. Mai 1848 wurde von Carl Remigius Fresenius das Chem. Laboratorium Fresenius in Wiesbaden gegründet.

Geneal. Deutsches Geschlechterbuch 98 (1937) 57-169 (m. Bildn. von Remigius Fresenius 80-81, Heinrich Fresenius 84-85, Wilhelm Fresenius 86-87 u. Wappen) [3]. – Wer war Heinrich Carl Christian Fresenius?: Forstwiss. Zbl. N.F. 14 (1892) 232-233 [12].

Mitglieder der Familie:

1. Carl Remigius (I) Fresenius (1818-1897) Vater von 2, 3, 4; Pogg. I, III, IV, VI.
2. Heinrich Fresenius (1847-1920) Vater von 6; Pogg. IV, V.
3. F. W. August Fresenius (1850-1924) Goethe-Forscher.
4. Th. Wilhelm (I) Fresenius (1856-1936) Vater von 5; Pogg. IV, VI, VIIa.
5. Ludwig Fresenius (1886-1936) Vater von 7; Pogg. V, VI, VIIa.
6. K. W. A. Remigius (II) Fresenius (1878-1949); Pogg. V, VI.
7. Wilhelm (II) Fresenius *1913; Pogg. VIIa.

Zur Geschichte des Laboratoriums R(emigius) Fresenius: Geschichte des chem. Labor. zu Wiesbaden. Zur Feier des 25jährigen Bestehens der Anstalt. Mit Portr. (Wiesbaden 1873) 106 S., Bibliogr. 34-60 [43]. – H(einrich) Fresenius: Geschichte des chem. Labor. zu Wiesbaden. Zur Feier des 50jährigen Bestehens der Anstalt (Wiesbaden 1898) 128 S.; Bibliogr. 8-40 (m. 1 Bildnistaf.) [43]. – Remigius (II) u. Ludwig Fresenius: Geschichte des Chem. Labor. Fresenius zu Wiesbaden. Hrsg. zur Feier des 75jährigen Bestehens der Anstalt (Wiesbaden 1923) 60 S.; Bibliogr. 31-60 [43]. – 75-Jahrfeier des Labor. Fresenius: Z. angew. Chem. **36** (1923) 411 [Ha 15]. – Remigius Fresenius: 100 Jahre Chem. Laboratorium Fresenius zu Wiesbaden (1848-1948): Z. analyt. Chem. **128** (1948) 363-373 [3]. – W. Fresenius: Chem. Laboratorium Fresenius. Vier Generationen Fresenius im Dienste der Heilquellenforschung: Heilbad u. Kurort **6** (1954) 185-186 (m. Bildn. von Carl Remigius Fresenius 1818-1897 u. Wilhelm Fresenius 1856-1936) [101].

I, III, IV, VI **FRESENIUS,** Carl Remigius. Chem. – 1842 Dr. phil., 1843 hab. Univ. Gießen; 1845 Prof. Nassau. landwirtschaftl. Inst. Wiesbaden; 1848 Gründer des chem. Labor. in Wiesbaden.

*1818, Dez. 28, Frankfurt/M.;

†1897, Juni 11, Wiesbaden.

Genealog. Dtsch. Geschlechterbuch **98** (1937) 81-85 (m. Bildn. ⟨Taf.⟩) Karl Remigius Fresenius, Schüler von Liebig) [14].

Bibliogr. Cat. scient. Papers **2** (1868) 714-717 (79 Nr.); **7** (1877) 708-710 (55 Nr.); **9** (1891) 926 (33 Nr.); **12** (1902) 251 (1 Nr.); **15** (1916) 120 (29 Nr.) [3]. – Cat. gén. Bibl. nat. **55** (1913) Sp. 224-227 (19 Nr.) [3]. – Brit. Mus. Gen. Cat. **79** (1961) Sp. 491-494 (58 Nr.) [3].

Nekr. Hugo Bayerlein: Landwirtsch. Versuchsstat. **49** (1898) 247-250 [Ha 2]. – Ernst Blumenthal: Ber. Senckenberg. naturforsch. Ges. (Frankfurt/M.) **1897-1898** (1898) IV-V [Ha 2]. – Carl Duisberg: Z. angew. Chem. **10** (1897) 520-521 (m. 1 Bildn.); auch in: Abh., Vortr. u. Reden **1** (1923) 962-963 [15]. – B. Fischer: Pharmaz. Ztg. **42** (1897) 409-410 [Ha 17]. – E. Fischer: Ber. Dtsch. chem. Ges. **30** (1897) 1349-1355 [3]. – Heinr. Fresenius: Z. analyt. Chem. **36** (1897) I-XVIII (m. Abb. der Büste) [3; Ha 15]. – Heinrich Fresenius: Biogr. Jahrb. u. Dtsch. Nekrol. **2** (1898) 248-253 [15]. – L. Grünhuth: Illustr. Ztg., Leipzig **108** (1897) 774-775 (m. Bildn.) [14]. – Arnold Pagenstecher: Jahrb. Nassau. Ver. Naturkunde **50** (1897) XXIX-XXXIII (m. Bildn.) [Ha 2]. – W[atson] S[mith]: J. Soc. chem. Ind. [Manchester] **16** (1897) 521 [87]. – Veesenmeyer: Protestant. Mh. **1** (1897) 301-304 [3]. – C. Voit: S.-Ber. Bayer. Akad. Wiss., math.-physik. Kl. **28** (1898/1899) 452-454 [3]. – Amer. chem. J. **19** (1897) 814 [Ha 2]. – Amer. J. Sci. (4) **4** (1897) 84 [Ha 2]. – Börsenbl. Dtsch. Buchhandel **1897**, 15. Juni, S. 4341. Schr.Verz. 19. Juni, S. 4465-4467 [3]. – Chemiker-Ztg. **21** (1897) 467-468 [3]. – Leopoldina **33** (1897) 96 [Ha 2]. – T. E.: Nature [London] **56** (1897) 202 [Ha 2]. – Bi.: Naturwiss. Rdsch. **12** (1897) 410-412 [3].

Biogr. Ber. Dtsch. chem. Ges. **22** (1889) 5 [3]. – Heinrich Fresenius: ADB **48** (1904) 739-742 [3]. – H. Schlossberger: Beitr. zum Streit zwischen Liebig u. Mulder: Mitt. Gesch. Med. ⟨u.⟩ Naturwiss. **6** (1907) 385-391; 386 Brief von Fresenius, Wiesbaden 28. März 1846; 390-391 Brief von Fresenius, Wiesbaden 28. Okt. 1846 [3]. – Charles M. van Deventer: Grepen uit de Historie der Chem. (Haarlem 1924) 522, 523 [1a]. – Hans von Liebig: In: Hess. Biogr. **2** (Darmstadt 1927) 119-127 (m. Schr.Verz. 121-127). – M. A. Bloch: Biogr. spraw. **1** (Leningrad 1929) 218-220 (m. Bildn.) [15]. – Paul Walden: Goethe als Chemiker u. Techniker (Berlin 1932) 11 [3]. – Ralph E. Oesper: The Epigrams of Remigius Fresenius I: J. chem. Educat. **14** (1937) 313-315 (m. 1 Bildn., 2 Abb.) [210]. – Remigius Fresenius: In: Nassauische Lebensbilder **1** (1940) 191-203 (m. Bildn. u. Lit.Verz.) [3]. – Paul Walden: 3000 Jahre Chem. (Berlin [1944]) 193 [3]. – WH: Forscher u. Privatschulpionier: Privatschule u. Privatunterr. **1** (1950) 343-344. – Wilhelm Fresenius: NDB **5** (1961) 406-407 [3]; Z. analyt. Chem. **192** (1963) 3-14 (m. Lit.Verz.) [3].

Zum 100. Geburtstag Th. Wilhelm Fresenius: Leopoldina **55** (1919) 47-52, 56-60 [Ha 2]. – W[ilhelm] Fresenius: Evangel. Gemeindebl. (Wiesbaden) **39** (1919) Nr. 5, S. 14-15; Nr. 6, S. 27-29 [43]. – [Grünhuth]: Ber. Dtsch. chem. Ges. **52** (1919) 33-40 [3].

Bildn. Illustr. Ztg., Leipzig **60** (1873) 324-326 (m. Bildn.) [14].

IV, V **FRESENIUS,** Remigius Heinrich. Agrikulturchem. – 1872 Dozent am chem. Laborat., 1881 Vorstand Landw. Versuchsstat. Wiesbaden.

*1847, Nov. 14, Wiesbaden;

†1920, Febr. 14, Wiesbaden.

Sohn des Vorigen.

Genealog. Deutsches Geschlechterbuch **98** (1937) 85-86 m. Bildn. [14; 3].

Nekr. Alfred Czapski: Chemiker-Ztg. **44** (1920) 193 (m. Bildn.) [3]. – Alfred Czapski: Z. angew. Chem. **33** (1920) I, S. 81 (m. Bildn.) [Ha 15]. – Wilhelm Fresenius: Z. analyt. Chem. **59** (1920) III-IX (m. Titelbildn. u. Faks.) [3]. – Fr. Heineck: Jahrb. Nassau. Ver. Naturkunde **73** (1921) XIX-XXII (m. 1 Bildn.) [Ha 2]. – K. A. Hofmann: Ber. Dtsch. chem. Ges. **53** A (1920) 75-77 [3]. – Dtsch. Biogr. Jahrb. Überleitungsband **2**, 1917-1920 (1928) 746 (Totenliste) [3]. – Illustr. Ztg., Leipzig **154** (1920) 292 (m. Bildn.) [3].

Biogr. Arthur Fischer: Angew. Chem. **30** (1917) 56; Chemiker-Ztg. **41** (1917) 829-830 [Ha 15]. — M. A. Bloch: Biogr. spraw. **1** (Leningrad 1929) 220 [15]. — Jahrb. Nassau. Ver. Naturkde **80**, 1 (1929) 21, Nr. 7 [Ha 2]. — Remigius Fresenius: In: Nassauische Lebensbilder **1** (1940) 204-208 (m. Bildn.) [3]. — Illustr. Neueste Wochenchronik Dresdner Neueste Nachr. **1917** Nr. 49, S. 4 (m. Bildn.) [14].

V, VI **FRESENIUS,** Remigius II Karl Wilhelm Achim. Chem. (analyt.). — 1902 Dr. phil. Bonn; 1906–1912 Doz., 1912–1920 stellvertr. Dir., 1920 Dir. u. Mitinh. Chem. Labor. Fresenius u. Vorst. Landw.-chem. Versuchsstat. Wiesbaden.

*1878, Juli 4, Wiesbaden;

†1949, Apr. 25, Wiesbaden.

Sohn von Heinrich Fresenius.

Biogr. Z. angew. Chem. **41** (1928) 1251 [101]. — Dtsch. Geschlechterbuch **98** (1937) 87-88 [14]. — [A. Kurtenacker]: Z. analyt. Chem. **128** (1948) 361-363 [3]. — W. Fresenius, A. Kurtenacker: Z. analyt. Chem. **129** (1949) vor S. 209 (m. Bildn. u. Faks.) [3]. — C. Boy: Z. Erzbergbau <u.> Metallhüttenwes. **2** 1949) 192 [101].

Ergänzung zum Schriftenverzeichnis in Pogg. V, VI:

Herausgeber (m. G. Jander): Handbuch der analyt. Chemie: **2**, 1a (1944); **2**, 3 (1944); **2**, 6 (1948); **3**, 1a (1940); **3**, 2a (1940); **3**, 2b (1945); **3**, 3 (1942); **3**, 8a (1949).

Beitr. Sammelwerke Nassauische Lebensbilder **1** (Wiesbaden 1940) 191-219: Fresenius-Biographien. — Handbuch Lebensmittelchem. **8**, 3 (Berlin 1941) 1-189: Charakteristik, Untersuchung u. Beurteilung der Mineralwässer (m. W. Dick u. W. M. Hartmann). — Naturwiss. u. Medizin in Deutschland 1939-1946: **29** (Wiesbaden 1948) 1-2: Einführung.

Werke Einführung in die qualitative chem. Analyse (m. Alfr. Gehring) (Berlin 1942) VIII, 207 S.; 2. Aufl. (Braunschweig 1943); 3. Aufl. (1948); 4. Aufl. (1949) VIII, 263 S. — Einführung in die quantitative chem. Analyse anorganischer Stoffe (m. Alfr. Gehring) **1** (Braunschweig 1949) VIII, 220 S.

Angew. Chem. Wichtigste Fortschr. der analyt. Chem. der letzten Jahre: **46** (1933) 615-618.

Balneologe Die Untersuchung von Wiesbadener Heilquellen auf den Gehalt an schwerem Wasser (m. W. Dick): **4** (1937) 468-475.

Ber. Dtsch. chem. Ges. Wilh. Fresenius: **69** (1936) A 91-93. — Ludwig Fresenius: **69** (1936) A 209-210. — Carl Jacob Dyckerhoff (1854-1938): **71** (1938) A 163.

Chemiker-Ztg. Schwefelbestimmung in Schwefelkies: **62** (1938) 120-121.

Dtsch. Mineralwasser-Ztg. Chem. der Mineralwässer: **42** (1938) Nr. 40.

Jahrb. Nassau. Ver. Naturkunde Neue Untersuchungen einiger Wiesbadener Quellen (m. L. Fresenius): **83** (1936) 28-35. — Untersuchungen über die Konstanz des Kochbrunnens u. der Schützenhofquelle: **84** (1937) 46-47; **85** (1938) 80-88; **86** (1939) 221-222; **87** (1941) 97-99.

Vom Wasser Grundsätzliches zur Mineralwasseranalyse im Rahmen der Erforschung der dtsch. Heilquellen: **13** (1938) 4-13.

Z. analyt. Chem. Wilh. Fresenius: **105** (1936) XI-XV. — Ludwig Fresenius: **106** (1936) XI-XVII. — Apparat zur Bestimmung von Kohlendioxyd in Carbonaten u. in kohlensäurehaltigen Mineralwässern (m. F. Neumüller): **111** (1938) 265-267. — Stickstoffbestimmung nach Kjeldahl mit dem Apparat von J. K. Parnas: **114** (1938) 275-278.

III, IV **FRIEDRICH,** Oskar Oswald. Geol. — 1852–1856 stud., 1856 Dr. phil. Univ. Leipzig; 1857 Lehrer Realsch. Zwickau, 1862 Realsch. Glauchau; 1867 Oberlehrer, 1876 Prof., 1879 Konrektor Johanneum Zittau; 1902 i. R. in Dresden.

*1832, Okt. 16, Markneukirchen;

†1915, Jan. 14, Dresden.

Nekr. Bericht des Sächsischen Gymnasiallehrervereins **24-25** (1913-1915) 1915, S. 108-109 (m. Bildn.) [14].

Bibliogr. Brit. Mus. Gen. Cat. **79** (1961) Sp. 772-773 (6 Nr.) [3].

Biogr. Volger: Sachsens Gelehrte, Künstler u. Schriftsteller in Wort u. Bild (Leipzig-Gohlis 1907) 38 [15].

I **FRIES,** Jacob Friedrich. Philosoph. — 1795 stud. Jura u. 1796 Philos. Univ. Leipzig, 1797 Univ. Jena; 1797–1799 Hauslehrer in Zofingen (Schweiz); 1801 Dr. phil., 1801 Doz., 1805 ao. Prof. Univ. Jena; 1805 o. Prof. Philos., 1812 Philos. u. Physik Univ. Heidelberg; 1816 Univ. Jena; 1819 wegen Teilnahme am Wartburgfest seiner Stelle enthoben; 1824 Prof. Physik Univ. Jena; ab 1837 auch Lehrfreiheit für Philosophie.

*1773, Aug. 23, Barby/Elbe;

†1843, Aug. 10, Jena.

Autobiogr. Jacob Friedrich Fries: Rechtfertigung gegen die Anklagen, welche wegen seiner Theilnahme am Wartburg-Fest wider ihn erhoben worden sind, aktenmäßig dargestellt von ihm selbst (Jena [1818]) 75 S. [14]. – Jacob Friedrich Fries: Selbstvertheidigung über die ihm öffentlich gemachten Beschuldigungen in Rücksicht der Theilnahme an der auf der Wartburg in und bey Eisenach begangenen Feyer des 18. Octobers 1817. Mit kleinen Bemerkungen von einem seiner großen Verehrer. Im Jahre des Heils 1818 auf dem Turnplatz geschrieben. VI, 38 S. [14].

Werke J. F. Fries: System der Logik, 3. Aufl. (Heidelberg 1837), neu hrsg. (Leipzig 1914) XX, 454, 12 S. [101]. – J. F. Fries: Philosophische Rechtslehre u. Kritik aller positiven Gesetzgebung mit Beleuchtung der gewöhnl. Fehler in der Bearb. des Naturrechts (Jena 1803); Neudruck (Leipzig 1914) XX, 179, 6 S. [101]. – J. F. Fries: Wissen, Glaube u. Ahndung (Jena 1805). Neu hrsg. von L. Nelson 1905; 2. Aufl. (Göttingen 1931) XX, 327 S. [101]. – Julius u. Evagoras. Ein philos. Roman (Heidelberg 1814), 2. Aufl. (1822); neu hrsg. (Göttingen 1910) XXXVIII, 486 S. [101]. – J. F. Fries: Neue oder anthropologische Kritik der Vernunft Bd **1-3**. Neudruck der 2. Aufl. von 1828 (Berlin 1935) 1205 S. [101]. – J. F. Fries: Politik oder philosophische Staatslehre. Hrsg. von E. F. Apelt. Neudruck der Ausg. Jena 1848 (Aalen 1962) XII, 404 S. [101].

Bibliogr. E. G. Gersdorf: Leipziger Repertorium der dtsch. u. ausländ. Literatur **1** (1843) Bd. 3, S. 450-451 [3]. – Cat. gén. Bibl. nat. **55** (1913) Sp. 579-580 (3 Nr.) [3]. – Abh. Friessche Schule N.F. **6** (1937) 473-495 (Schr.verz. 109 Nr.), Bildn. 275 [101]. – Brit. Mus. Gen. Cat. **79** (1961) Sp. 880–882 (38 Nr.) [3].

Briefe M. Grunwald: Jacob Friedrich Fries [und sein Briefwechsel mit Heinrich Schleiden]: Arch. Gesch. Philos. **9**, N.F. **2** (1896) 168-175 [14; 15].

Nekr. Neuer Nekrolog der Deutschen **21**, 1843 (1845) 733-737 [3].

Biogr. Johann Georg Meusel: Das gelehrte Teutschland **1** (1808) 415-416; **5** (1820) 629; **10** (1831) 238-239 [3]. – E. F. Apelt: Die Epochen der Geschichte der Menschheit **2** (Jena 1846) 203-456 [3]. – [Joseph Meyer ?]: Frdr. Wilh. Jos. von Schelling u. Jacob Friedrich Fries. Mit Biogr. Auszug aus den Schriften beider Autoren (Hildburghausen-New York [um 1850]) 95 S. [11]. – Ernst Ludwig Theodor Henke: Jacob Friedrich Fries [Schwiegersohn von F.]. Aus seinem handschriftl. Nachlasse dargestellt (Leipzig 1867) X, 383 S.; 2. Aufl. (Berlin 1937) X, 399 S., 1 Taf. [101]. – Ernst Ludwig Theodor Henke: Neue evangel. Kirchenztg. **1867**, Sp. 501-504 [3; 14]. – Eggeling: ADB **8** (1878) 73-81 [3]. – Ernst Haller: Jakob Friedrich Fries u. die math. Naturphilos.: In desselben Kulturgeschichte des 19. Jahrhunderts (Stuttgart 1889) 145-167 (m. Bildn.) [14]. – Georg Weiß: Christl. Welt **25** (1911) Sp. 170-175 [3]. – Leo Koenigsberger: Zur Erinnerung an Jacob Friedrich Fries: S.-Ber. Heidelberger Akad. Wiss., math.-naturwiss. Kl. **1911**, Abh. 9 (Heidelberg 1911) 28 S. [3]. – Meinhard Hasselblatt: Jakob Friedrich Fries. Seine Philosophie u. seine Persönlichkeit (München 1922) 191 S. (Philos. Reihe, 46) [3; 14]. – Festgabe der Friedrich-Schiller-Univ. Jena zur 135. Wiederkehr des Wartburgfestes deutscher Studenten 18./19. Okt. 1817 – 18./19. Okt. 1952. Red. Günter Steiger (Jena 1952) Auszüge u. Reden von Fries S. 24-26 (m. Bildn.), S. 35 [14]. – H. Knittermeyer, in: Die Religion in Geschichte u. Gegenwart, 3. Aufl. **2** (Tübingen 1958) Sp. 1151-1153. – Lüder Gäbe: NDB **5** (1961) 608-609 [3].

Zum 100. Geburtstag C. Grapengiesser: Jakob Friedrich Fries. Ein Gedenkblatt an die Säkularfeier seiner Geburt (Jena 1873) 14 S. [27].

Zu Friesscher Philosophie Kuno Fischer: Die beiden Kantischen Schulen in Jena. In: Akademische Reden von Kuno Fischer (Stuttgart 1862) 77-102 [3]. – Heinrich Eggeling: Kant u. Fries (Braunschweig 1875) 49 S. [14]. – Hermann Strasosky: J. F. Fries als Kritiker der kantischen Erkenntnistheorie (Hamburg-Leipzig 1891) 75 S. (Diss. Jena 1891) [3]. – Leonard Nelson: J. F. Fries u. seine jüngsten Kritiker: Abh. Friessche Schule N.F. **2** (1905) 233-319 [11]. – Theodor Elsenhans: Fries u. Kant **1** (Gießen 1906) XXVIII, 347 S.; **2** (1906) XV, 223 S. [14]. – W. Reinecke: Kant u. Fries: Kant-Studien **12** (1907) 417-425 [3]. – Alexander Sendler: Die metaphys. Grundlagen math. Naturbetrachtung bei Kant u. Fries (Wohlau 1908) VIII, 71 S. (Diss. Jena 1908) [14]. – Walter Mechler: Die Erkenntnislehre bei Fries aus ihren Grundbegriffen dargest. u. kritisch erörtert (Berlin 1911) VII, 93 S. (Kantstudien, Erg.-H. 22) [14]. – Walter Dubislav: Die Friessche Lehre von der Begründung. Darst. u. Kritik (Dömitz 1926) VII, 108 S. [101]. – Max Wundt: Die Philosophie an der Univ. Jena in ihrem geschichtl. Verlauf dargest. (Jena 1932) X, 502 S., 21 Bildn., besonders 198-220 (Z. Ver. Thür. Geschichte u. Altertumskde, N.F. Beih. 15) [14]. – Otto Knopf: Die Astron. an der Univ. Jena von der Gründung der Univ. im Jahre 1558 bis zur Entpflichtung des Verf. im Jahre 1927 (Jena 1937) 174-175 (Z. Ver. Thür. Geschichte u. Altertumskde N.F. Beih. 19) [3]. – Felix von Cube: Die Auffassungen J. F. Fries' u. seiner Schule über die philos. Grundlagen der Math. u. ihr Verhältnis zur Grundlagentheorie (Stuttgart 1957) 155 S. (Diss. TH Stuttgart) [3].

Weitere Lit. K. C. von Leonhard: Aus unserer Zeit in meinem Leben 2 (Stuttgart 1856) 1 [3]. — Leo Koenigsberger: Mein Leben (Heidelberg 1919) 212, 213, 214, 215 [3]. — Philosophenbilder. Hrsg. von Karl Thieme (Basel 1952) 196 [101].

Archivalien Gelehrten- u. Schriftstellernachlässe in den Bibl. der DDR **1** (Berlin 1959) 34, Nr. 193 [3; 101].

I **FUCHS**, Johann Nepomuk. Mineral., Chem. — Dr. med. Univ. Heidelberg; 1807 o. Prof. Chem. Univ. Landshut; 1815 Mitgl. Bayer. Akad. Wiss. München; 1823 Konservator der Mineral. Sammlgn München; 1826 Prof. Mineral. Univ. München; 1834 korresp. Mitgl. Preuß. Akad. Wiss. Berlin; 1835–1852 Oberberg- u. Salinenrat.

*1774, Mai 15, Mattenzell bei Brennenberg/Bayer. Wald;
†1856, März 5, München.

Bibliogr. Cat. scient. Papers **2** (1868) 737-738 (38 Nr.); **12** (1902) 257 (Lit.) [3]. — Cat. gén. Bibl. nat. **55** (1913) 1102-1103 (3 Nr.) [3]. — Brit. Mus. Gen. Cat. **80** (1961) Sp. 337 (6 Nr.) [3].

Nekr. Cajetan Georg Kaiser: Gesammelte Schriften des Johann Nep. von Fuchs (München 1856) IX-XXVIII (m. Bildn., Faks. u. 1 Abb.) [3]. — Fr. von Kobell: Arch. Pharmaz. **137** (1856) 217-221 [3]. — Franz von Kobell: Denkrede auf Johann Nepomuk von Fuchs (München 1856) 29 S. (Vorträge aus der Münchner Akad. 1855-1862, Nr. 206) (S. 30-32 Schr.Verz. 1815-1852) [3]. — A. Schrötter: Alm. Akad. Wiss. Wien **7** (1857) 107-128 [Ha 2].

Biogr. Carl Fr. Ph. von Martius: Erinnerung an frequentierende Mitglieder der math.-physik. Classe: Akad. Denkreden (Leipzig 1866) 591-596; derselbe: Erinnerungen an Mitglieder der mathematisch-physikalischen Classe der Bayr. Akad. Wiss. Eine Rede (München 1859) 35-38 [3]. — Gümbel: ADB **8** (1878) 165-168 [3]. — Hafner: Bayerwald **9** (1911) H. 1, S. 21-23 [1a]. — M. A. Bloch: Biogr. spraw. **1** (Leningrad 1929) 227-228 [15]. — Fossilium Catalogus I: Animalia. Pars 72: K. Lambrecht †, W. et A. Quenstedt, Palaeontologi, Catalogus bio-bibliographicus ('s-Gravenhage 1938) 151 [3; Ha 2]. — Wilh. Prandtl: J. chem. Educat. **28** (1951) 136-142 [Le 1]. — Wilhelm Prandtl: Deutsche Chemiker in der 1. Hälfte des 19. Jahrhunderts (Weinheim 1956) 15-31 (m. 3 Abb. u. 1 Bildn.) [3]. — Rudolph Zaunick: NDB **5** (1961) 680 [3].

Zum 175. Geburtstag Adolf Wißner: Dtsch. Drogisten-Ztg. **4** (1949) Nr. 6, S. 135 [1].

Weitere Lit. Karl Alfred von Zittel: Geschichte der Geol. u. Paläontol. bis Ende des 19. Jahrhunderts (München-Leipzig 1899) 247, 248, 367, 748, 762 [3]. — P. Groth: Entwicklungsgeschichte der mineralog. Wiss. (Berlin 1926) 127, 213-214, 223-224, 255 [3]. — K. Spangenberg: Handwörterbuch Naturwiss., 2. Aufl. **4** (Jena 1934) 542 [3]. — C[arl] Schiffner: Aus dem Leben alter Freiberger Bergstudenten **2** (Freiberg 1938) 145-146 [3]. — Rudolf Pummerer, in: Geist u. Gestalt. Biogr. Beitr. zur Gesch. Bayer. Akad. Wiss. **2** (München 1959) 154; Bildn. **3** (1959) Abb. 74 (Bildn. von J. Bernhardt nach W. von Kaulbach) [3].

Bildn. Bildn. von J. Bernhardt nach W. von Kaulbach: Jahrb. Bayer. Akad. Wiss. (München 1958) 41 [3].

III **FUHLROTT**, Johann Carl. Geol., Paläontol., Meteorol., Zool., Bot. — 1824 stud. Theol. u. Naturwiss. Univ. Bonn; 1830 Lehrer Realschule (spät. Realgymnasium) Elberfeld; 1835 Dr. phil. Univ. Tübingen; 1862 zum Prof. ernannt. — Mitbegründer des Naturhistor. Ver. der Preuß. Rheinlande u. Westfalens (1843) u. des naturwiss. Ver. Elberfeld (1846); 1856 Entdeckung des Homo neanderthalensis.

*1803, Dez. 31 (nicht 1804, Jan. 1), Leinefelde/Eichsfeld;
†1877, Okt. 17, Elberfeld.

Bibliogr. Cat. scient. Papers **2** (1868) 739 (15 Nr.); **7** (1877) 726 (5 Nr.) [3]. — G. Hellmann: Repertorium der Deutschen Meteorol. (Leipzig 1883) Sp. 141 [3]. — Brit. Mus. Gen. Cat. **80** (1961) Sp. 425 (3 Nr.) [3].

Nekr. H. Schaaffhausen: Korresp. Bl. Dtsch. Ges. Anthropol. **1878**, 27-29 [Ha 2]; Gaea **14** (1878) 358-361 [Ha 2]; Jber. naturwiss. Ver. Elberfeld **5** (1878) XXX-XXXIV m. Titelbildn. u. Faks. [14]. — Anonym: Jber. naturwiss. Ver. Elberfeld **5** (1878) XXXIV-XXXVI [14].

Biogr. Franz Neureuter: Fuhlrott-Gedenkfeier gelegentlich der 89. Versammlung der Gesellschaft Deutscher Naturforscher u. Ärzte in Düsseldorf 1926: Unser Eichsfeld **21** (1926) 323-326 [3]. — E. Rein: Ein Gedenkstein für Prof. Fuhlrott: Naturwiss. Mh. **6** (1926) 115-116 [1a]. — L. Schütz: Die Feier zur Erinnerung an die 50. Wiederkehr des Todestages von C. Fuhlrott in Elberfeld am 16., 22. u. 24. Okt. 1927. Neue Dokumente zur Menschheitsgeschichte **1** (Weimar 1928)

95-111 [15]. – Willy Bürger: Johann Carl Fuhlrott, der Entdecker des Neandertalmenschen (Wuppertal-Elberfeld 1930) 39 S. (1 Bildn. m. 2 Abb.); 3. Aufl. (1956) 64 S. (Schr.Verz. 59-64) (Beitr. zur Geschichte u. Heimatkunde, 2) [101]. Fossilium Catalogus I: Animalia. Pars 72: K. Lambrecht †, W. et A. Quenstedt, Palaeontologi, Catalogus bio-bibliographicus ('s-Gravenhage 1938) 151 [Ha 2; 3]. – Willy Bürger: NDB **5** (1961) 724 [3]. – Lothar Schott: Mitt. Sekt. Anthropol. biol. Ges. DDR **1964**, Nr. 12, S. 1-3 [1].

100 Jahre seit Auffindung des Neandertalers Gerhard Haberer: Naturwiss. **43** (1956) 409-414 (m. 1 Bildn. u. 9 Abb.) [3]. – Karl J. Narr u. Rafael von Uslar: In: Der Neandertaler u. seine Umwelt. Gedenkschr. zur Erinnerung an die Auffindung im Jahre 1856. Hrsg. von Kurt Tackenberg (Bonn 1956) 9-31 (m. 1 Bildn. u. 2 Abb.) (Bonner Jahrbücher, Beih. 5) [14; 101].

Weitere Lit. Jahrbuch der Erfindungen u. Fortschritte (Leipzig) **14** (1878) 442-443 [25]. – D[revermann]: Natur u. Mus. **61** (1931) 351 (m. Bildn.) [3]. – Conrad Vollmer: Funde, Forscher u. Frühmenschen (Leipzig 1958) 18-22 (m. Bildn.) [3; 14].

IV **FUTTERER,** Karl Joseph Xaver. Geol., Paläontol. – 1889 Dr. phil. Univ. Heidelberg; 1892–1895 PDoz. Geol. u. Paläontol. Univ. Berlin; 1897–1899 wiss. Expedition in Asien; 1897 o. Prof. Min. u. Geol. TH Karlsruhe.

*1866, Jan. 2, Stockach/Baden;
†1906, Febr. 17, Illenau/Baden.

Bibliogr. Cat. gén. Bibl. nat. **56** (1913) Sp. 172-174 (8 Nr.) [3]. – Brit. Mus. Gen. Cat. **80** (1961) Sp. 741-742 (10 Nr.) [3].

Nekr. Dtsch. Rdsch. Geogr. u. Statistik **28** (1906) 470 m. Bildn. 471 [3].) – Literar. Zentralbl. **57** (1906) 370 [3]. – Illustr. Ztg., Leipzig **126** (1906) 316 [3]. – A. Boistel: Bull. Soc. géol. France (4) **7** (1907) 123 [Ha 2]. – Biogr. Jahrb. u. Dtsch. Nekrolog **11**, 1906 (1908) Totenliste Sp. 22 [3].

Biogr. Max Friederichsen: Prof. Futterers Reise durch Asien: Globus **79** (1901) 188-194 (m. 8 Abb.) [3]. – W. Paulcke: Bad. Biogr. **6** (Heidelberg 1935) 586-587 [3]. – Fossilium Catalogus I: Animalia. Pars 72: K. Lambrecht †, W. et A. Quenstedt, Palaeontologi, Catalogus bio-bibliographicus ('s-Gravenhage 1938) 151 [3; Ha 2]. – Max Pfannenstiel: NDB **5** (1961) 744 [3].

Weitere Lit. F. Lampe: Der 7. internat. Geographenkongreß: Umschau **3** (1899) 779-783 (m. Bildn. u. Faks. 783) [15]. – Richard Tronnier: Die Durchquerung Tibets seitens der Jesuiten Johannes Grueber u. Albert de Dorville im Jahre 1661: Z. Ges. Erdkde ⟨Berlin⟩ **1904**, 328-361 (m. 1 Taf.) [Ha 2].

G

I **GÄRTNER,** Andreas der Ältere. Mech. – Von 1673 an auf Wanderschaft (bis Neapel); seit 1685 in Dresden lebend; 1687 kurfürstl. Hof- u. Kunsttischler, 1694 Hofmechanikus u. Modellmeister August des Starken.

*1654, Dez. 24, Quatitz bei Bautzen;
†1727, Febr. 2, Dresden.

Biogr. Felibien u. P. J. Marperger: Historie u. Leben der berühmtesten europ. Baumeister (Hamburg 1711) 455-464 [3]. – Paul Jacob Marperger: Gärtneriana, Oder: des Chur-Sächs. Hof-Mechanici Andreä Gärtners Leben, u. Verfertigte Kunst-Wercke (Dresden [1727]) 40 S.; angebunden: Herrn Andreä Gärtners ... Wiederholte ... Auffmunterung, An alle Welche ein Perpetuum Mobile Mechanicum zu machen vor möglich halten ... 8 S. [3; 14]. – [Joh. Heinrich Zedler]: Großes vollständiges Universallexikon aller Wiss. u. Künste **10** (1735) Sp. 50 [3]. – Johann Christian Hasche: Magazin der sächs. Geschichte: **1** (1784) 161-162; **2** (1785) 658 [3; 14]. – Lebenslauf des Begründers der Königl. Modellsammlungen zu Dresden, des Modellmeisters Andreas Gärtner: In: P. S. Hilschers Sammler f. Gesch. u. Alterthum, Kunst u. Natur im Elbthale **1** (1837) 293-297 [14]. – F. Schnorr von Carolsfeld: ADB **8** (1878) 376 [3]. – Ernst Roeder: Der sächsische Archimedes: Wiss. Beil. Leipziger Ztg. **1893**, Nr. 136, S. 541-544 [3]. – Ernst Hoyer: 12. Jahresber. Städt. Realschule Dresden-Johannstadt (Dresden 1902) XXI S., 1 Taf. [14]. – Ernst Sigismund: In: Thieme-Beckers Allgem. Lexikon der bildenden Künstler **13** (Leipzig 1920) 37-38 [3]. – H. Stegmann: Dresdner Anz., Wiss. Beil. **4** (1927) Nr. 6, S. 23-24 [14]. – Martin Gebhardt: Der Königl. Polnische u. Churfürstlich-Sächs. Hofmechaniker Andreas Gärtner u. sein hölzerner Brenn- und Kurierspiegel im Fürstl. Naturalienkabinett zu Waldenburg/Sa. (Waldenburg/Sa. 1937) 66 S., 1 Bildn., 2 Abb. (Mitt. Fürstl. Schönburg-Waldenburgschen Familienver. Schloß Waldenburg, 5) [3; 14; 101]. – Martin Gebhardt: Unterrichtsbl. Math. ⟨u.⟩ Naturwiss. **45** (1939) 103-107 (m. Bildn.) [Ha 16]. – M. K.: A. Gärtner erfand den ältesten deutschen Granatwerfer: Dresdener Nachr. **84** (1940) Nr. 172, S. 5. – Dr. K.: A. Gärtner, der Erfinder der „Heil- u. Kurierspiegel": Sächs. Tagebl. **6** (1951) Nr. 135 vom 28. 8. 1951, S. 3 [14]. – Hans-Ullrich Sandig: NDB **6** (1964) 20.

Weitere Lit. Schreiben eines Freundes an einen andern des Herrn A. Gärtners seine neue Erfindung der Ursachen der Ebbe u. Fluth betr., u. wie die Richtigkeit derselben von ihm durch ein sonderbares künstl. Scheiben-Instrument demonstriret werde (Dresden 1715). – J. C. C. [Crell] Iccander: Das fast auf dem höchsten Gipfel seiner Vollkommenheit u. Glückseligkeit prangende Königl. Dreßden ... 3. Ed. (Leipzig 1726) 59 (Wohnung Andreas Gärtners in der Academie de Peinture in der Kreuzgasse) [3]. – JCC [Crell]: Kurtzgefastes Sächsisches Kern-Chronicon **1** (Leipzig 1726) 444-449; No. 146: Nachricht von denen langwierig brennenden Lampen, so der Königliche Modelmeister Andreas Gärtner in Dreßden erfunden: 440-462: Nr. 152. Von neu-inventirten aus Schnee zubereiteten Lichtern; **2** (Leipzig 1732) 155-156: Von dem Ableben des Königlichen Model-Meisters, Andreä Gärtner [3]. – Carl Christian Schramm: Histor. Schauplatz, in welchem die Merkwürdigsten Brücken ... vorgestellet u. beschrieben werden (Leipzig 1735) 62-63 Anm. § 11b (Gärtners „Schwebende Brücke" vom J. 1703) [3]. – Johann Friedrich Weidler: Historia astronomiae **1** (Vitembergae 1741) 606 [3]. – Karl von Weber: Die Besuche Peter des Großen in Dresden: Arch. Sächs. Gesch. **11** (1873) 346, 349, 350 [3; 14]. – Cornelius Gurlitt: Beschreibende Darst. der älteren Bau- u. Kunstdenkmäler des Königreichs Sachsen **21-23** (Dresden 1903) 127, 374, 505 [3]. – Cornelius Gurlitt: August der Starke. Ein Fürstenleben aus der Zeit des deutschen Barock **1** (Dresden 1924) 407, 408; **2**, S. 125, 208, 229 [3]. – Ernst Zinner: Deutsche u. niederländ. astron. Instrumente des 11. bis 18. Jahrhunderts (München 1956) 176, 318 [Ha 2].

GAERTNER, Christian. – Er erlernte den Beruf eines Spinners, Bleichers u. Zwirnhändlers. Mit Erfolg widmete er sich dem Schleifen von Brillen u. Ferngläsern, die er auf der Leipziger Messe selbst verkaufte u. auch nach England lieferte. Auf einem Türmchen seines Hauses stellte er astron. Beobachtungen an. 1761 beschrieb er den Venusdurchgang.

*1705, Mai 6, Tolkewitz bei Dresden;
†1782, Dez. 31, Tolkewitz bei Dresden.

Lit. [Lose]: Christian Gärtner, Erbangesessener Landmann in Tolkewitz, der Astron. u. Glasschleiferkunst Beflissener. In: [Lose]: Schattenrisse edler Teutschen. Aus dem Tagebuche eines physiognomischen Reisenden **3** (Halle 1784) 119-157 (m. Silhouette) [3]. – Alwin Mehnert: Der Astronomus von Tolkewitz. Lokalhistorischer Roman aus der Zeit des siebenjährigen Krieges (Lockwitz [1903]) 324 S. [14]. – Ernst Uhle: Sächs. gelehrte Bauern des 17. u. 18. Jahrhunderts: Sächs. Heimat **4** (1920) 82-84 (m. Bildn.); auch in: Dresdn. Nachr. **1937**, Nr. 325, S. 7 [14; 15]. – Siegfried Störzner: Christian Gärtner, der Astron. von Tolkewitz: Unsere Heimat. Heimatkundl. Wochenbeil. vom „Sächs. Erzähler" **10** (1930) Nr. 4, [S. 3–4] [101]. – Arno Scheer: Sächs. Bauernsternkundige: Heimatbl. Sachsen u. Thüringer **9** (1932) Nr. 6, S. 5-6 [101]. – Zwirnhändler u. Astronom: Dresdener Anz. **203** (1933) Nr. 1 [101]. – Moritz Pretsch: Von zwei sächs. gelehrten Bauern: Sächs. Heimatbl. **14** (1937) Nr. 4, S. 3–4 (2 Silhouetten) [101]. – Alfred Teucher: Sächs. Bauernastronomen: Arnold, Gärtner, Palitzsch (Dresden 1938) 18-25 m. Silhouette [14; 101]. – F. S.: Sächs. Bauernastron. Christoph Arnold-Christian Gärtner-Johann Palitzsch: Bautzener Tagebl. **46** (1943) Nr. 62, 63 [129]. – Gerd Schaarschmidt: Weißt Du, wieviel Sternlein stehen ...?: Sächs. Ztg. **8** (1953) Nr. 5 [14].

I–V **GALLE,** Johann Gottfried. Astron. – **1845** Dr. phil. Berlin; entdeckte am 23. 9. 1846 den Neptun; erst Gehilfe an der Sternwarte Berlin; 1851 Direktor der Sternwarte zu Breslau, 1856 Prof. Univ. Breslau; 1897 em., in Potsdam lebend.

*1812, Juni 9, Pabsthaus bei Gräfenhainichen;
†1910, Juli 10, Potsdam.

Werke Mitt. der Königl. Universitäts-Sternwarte zu Breslau über die hier bisher gewonnenen Resultate für die geogr. u. klimatolog. Ortsverhältnisse, nebst einer Zusammenstellung verschiedener die Sternwarte betreffender geschichtl. Nachrichten u. darauf bezügl. Zahlenangaben u. Tabellen. Hrsg. von Dr. J. G. Galle (Breslau 1879) VIII, 168 S. [14].

Autobiogr. Johann Gottfried Galle: Die Dübener Heide **5** (1935) 56-61, 66, 73-77, 134-138, 169-175 [3].

Bibliogr. Cat. scient. Papers **2** (1868) 760-761 (39 Nr.); **7** (1877) 731-732 (25 Nr.); **9** (1891) 955-956 (19 Nr.); **15** (1916) 191 (31 Nr.) [3]. — G[ustav] Hellmann: Repertorium der Deutschen Meteorol. (Leipzig 1883) Sp. 143-144 27 Nr.) [3]. — Katalog der Bibl. der Deutschen Seewarte zu Hamburg (Hamburg 1890) 42, 58, 72, 107, 108, 362, 363 [3]. — Cat. gén. Bibl. nat. **56** (1913) Sp. 947 (3 Nr.) [3]. — Brit. Mus. Gen. Cat. **81** (1961) Sp. 458 (5 Nr.) [3].

Briefe Correspondance d'Alexandre de Humboldt avec François Arago (1809-1853) (Paris 1909) 182, 193, 196, 199, 226, 253 [3]. — Th. Arendt: Mitt. aus dem wiss. Briefwechsel S. H. Schwabes: Anhaltische Geschichtsbl. **1** (1925) 169-178 (hier zwei Briefe Galles an Schwabe 169-171) [3].

Zum 90. Geburtstag Johann Gottfried Galle: Illustr. Ztg., Leipzig **118** (1902) 935 (m. Bildn.) [3]. — Dtsch. Rundschau für Geogr. u. Statistik **24** (1902) 517-519 (m. Bildn.) [3].

Nekr. C. A. Chant: J. R. Astron. Soc. Canada **4** (1910) 379-385 [Ha 2]. — Frank Arthur Bellamy: Knowledge, an illustr. scient. news (London) **33** (1910) 314-315, 373-375 [7]. — A. Berberich: Naturwiss. Rdsch. **25** (1910) 426 [3]. — J. Franz: Astron. Nachr. **185** (1910) Sp. 309-312 [3]. — J. Franz: Jber. Schles. Ges. vaterländ. Kultur 88, 1 (1910) Nekr. S. 5—8 [3]. — Wilhelm Foerster: Vjschr. astron. Ges., Leipzig **46** (1911) 17-22 (m. Bildn.) [3]. — G. Hellmann: Meteorol. Z. **28** (46) (1911) 28-29 [3]. — W. T. [Lynn]: J. Brit. astron. Assoc. **20** (1910) 484 [B 224]. — Alfonso Pruneda: Memorias Sociedad cientifica „Antonio Alzate" (Mexiko) **31**, 1910/1911 (1911) 80 (m. Bildn.) [Ha 2]. — H. H. T[urner]: Monthly Notices Roy. astron. Soc. **71** (1911) 275-281 [Ha 2].

Biogr. (W[ilhelm] Koner): Gelehrtes Berlin im Jahre 1845: Verzeichn. im Jahre 1845 in Berlin lebender Schriftsteller u. ihrer Werke (Berlin 1846) 98-99 [15]. — C. Bruhns: Johann Franz Encke. Sein Leben u. Wirken (Leipzig 1869) 197, 311 [3]. — Gehaltsquittung von Dr. J. G. Galle: Weltall **7** (1906/1907) 44-45 (m. Faks.) [3]. — Wilh. Foerster: Mitt. Vereinig. Freunde Astron. u. kosm. Physik **20** (1910) 67-73 [12]. — Julius Franz: Astron. In: Festschr. zur Feier des 100jährigen Bestehens der Univ. Breslau **2** (Breslau 1911) 448-449 [3]. — Diedrich Wattenberg: Johann Gottfried Galle 1812-1910. Leben u. Wirken eines deutschen Astron. (Leipzig 1963) 162 S. m. 4 Bildn., 11 Abb., 9 Faks. von Briefen (Lebensdarst. deutscher Naturforscher, 10) [14]. — Julius Dick: NDB **6** (1964) 47-48 [3].

Zum 25. Todestag D. Wattenberg: Weltall **34** (1935) 144-150 (m. 1 Bildn.) [15].

Zum 150. Geburtstag Heinrich Kühne: Bitterfelder Kulturkalender **1962**, 13-16 (m. Bildn.) [3].

Weitere Lit. Rudolf Wolf: Geschichte der Astron. (München 1877) 453, 538, 539, 607, 647, 653, 676, 691 (Geschichte der Wiss. in Deutschland. Neuere Zeit, 16) [3]. — Oliver Lodge: Pioneers of Science. The discovery of Neptune (London 1893) 317-330 (m. 2 Abb.) [1a]. — Ernest Lebon: Histoire abrégée de l'Astronomie (Paris 1899) 109, 110, 244 [11]. — Bt [Borchardt]: Mutter Erde **2** (1899) 497-498 (m. Bildn.) [11]. — Leo Koenigsberger: C. G. J. Jacobi: Festschr. zur Feier der 100. Wiederkehr seines Geburtstages (Leipzig 1904) 442-444 [3]. — F. Boquet: Histoire de l'astronomie (Paris 1925) 504 [14]. — Karl Schütte: Kosmos **42/43** (1946/1947) 73-76 (m. Bildn. u. Karte) [3]. — Newcomb-Engelmann: Populäre Astron. (Leipzig 1948) 248, 384, 400, 412, 453-454, 960 [3].

I,III–VI **Gauß,** Carl Friedrich. Math. — 1792—1795 Besuch des Collegium Carolinum in Braunschweig; 1795—1798 stud. Univ. Göttingen; 1798—1807 Privatgelehrter in Braunschweig mit Unterstützung des Herzogs Karl Wilh. Ferdinand von Braunschweig; 1799 Dr. phil. Univ. Helmstedt (bei J. F. Pfaff); seit 1807 o. Prof. Astronomie Univ. Göttingen u. Direktor der Sternwarte. 1820 Mitgl. Akad. Wiss. Paris, 1807 Göttingen, 1810 Berlin. *17777, Apr. 30, Braunschweig; †1855, Febr. 23, Göttingen.

Genealog. Florian Cajori: Carl Friedrich Gauß and his Children: Science [New York] **9** (1899) 697-704 [15]. — Florian Cajori: Notes on Gauß and his American descendants: Popular Sci. monthly **81** (1912) 105-114 (m. Bildn.-Büste von Eberlein in der Nähe des Gauß-Turms u. Denkmal auf der Potsdamer Brücke in Berlin, 2 Abb.) [15]. — Wilhelm Ahrens: Gauß' amerikan. Nachkommen: Weltall **24** (1924/1925) 231 [3]. — Rudolf Borch: Ahnentafel des Mathematikers Carl Friedrich Gauß (Leipzig 1929-1932) 63-65 (Ahnentafeln berühmter Deutscher, 1) [3]. — Armin Wolf: Der Pädagoge u. Philosoph Johann Conrad Fallenstein (1731-1813). Geneal. Beziehungen zwischen Max Weber, Gauß u. Bessel: Genealogie **7** (1964) 266-269 (m. Stammtaf.) [3]. — Theo Gerardy: C. F. Gauß u. seine Söhne: Mitt. Gauß-Ges. Göttingen **3** (1966) 25-35 (m. 3 Bildn. neben S. 25 u. 1 Bildn. neben S. 34) [7]. — Portraits der Ehefrauen von Eugen u. Wilhelm Gauß: ebda **4** (1967) vor S. 31 [7]; Faksimiledruck von der Eintragung über den Tod von Gauß' Mutter: ebda nach S. 38 [7].

Briefe, Briefwechsel

Vorbemerkung: Viele Briefe sind enthalten in C. F. Gauß Werke. Hrsg. Ges. Wiss. Göttingen (Göttingen-Berlin 1863-1933) Bde I-XII, vor allem Bde VIII-XII [101].

Faksimile eines Briefes von C. F. Gauß an A. L. Crelle aus Göttingen vom 12. März 1829: J. reine u. angew. Math. **49** (1855) (Brief nach S. 392) [3]. – Briefwechsel zwischen C. F. Gauß u. H. C. Schumacher. Hrsg. von C. A. Peters **1** (Altona 1860) VIII, 439 S.; **2** (1860) VIII, 440 S.; **3** (1861) VIII, 440 S,; **4** (1862) VIII, 440 S.; **5** (1863) VIII, 440 S.; **6** (1865) IV, 128 S. [3]. – C. F. Gauß: Briefe an B. Nicolai. Hrsg. von W. Valentiner (Karlsruhe 1877) II, 32 S. [14]. – Briefwechsel zwischen Gauß u. Bessel. Hrsg. auf Veranlassung der Preuß. Akad. Wiss. (Leipzig 1880) XXVI, 597 S. u. Reg. [3]. – Paul Stäckel: Ein Brief von Gauß an Gerling [Göttingen, 4. Febr. 1844]: Nachr. Ges. Wiss. Göttingen, math.-physik. Kl. **1896**, 40-43 [3]. – Paul Stäckel: Mitt. aus dem Briefwechsel von Gauß u. W. Bolyai: Nachr. Ges. Wiss. Göttingen, math.-physik. Kl. **1897**, 1-12: 1. Gauß an Bolyai, Helmstedt, 16. Dez. 1799; 2. Bolyai an Gauß, Maros Vásárhely, 16. Dez. 1804, 3. Gauß an Bolyai, Braunschweig 25. Nov. 1804, 4. Bolyai an Gauß, Maros Vásárhely, 20. Juni 1831, 5. Bolyai an Gauß, Maros Vásárhely, 16. Jan. 1832, 6. Gauß an Bolyai, Göttingen, 6. März 1832, 7. Bolyai an Gauß, Maros Vásárhely, 20. Apr. 1835 [3]. – Briefwechsel mit Wolfgang Bolyai. Mit Unterstützung der ungar. Akad. Wiss. hrsg. von Franz Schmidt u. Paul Stäckel (Leipzig 1899) XII, 208 S. [3]. – Der Briefwechsel Olbers u. Gauß: Sirius N.F. **28** (1900) 78-87, 106-110 [12]. – Briefwechsel zwischen Olbers u. Gauß, 1. u. 2. Abt. In: Wilheln Olbers. Sein Leben u. seine Werke. Hrsg. von C. Schilling **2**, 1 (Berlin 1900) VII, 767 S. u. **2**, 2 (Berlin 1909) VII, 758 S. [3; 14]. – F. S. Archenhold: Ein unbekannter Brief aus Göttingen vom 2. Dez. 1827 von Gauß an Hauptmann G. W. Müller: Weltall **6** (1905/1906) 23-24 [3]. – Karl Mollenhauer: Briefe von Carl Friedrich Gauß: Braunschweig. Mag. **11** (1905) 25-27, 1. Gauß an Perthes, Göttingen 21. Jan. 1808, 2. Quittung von Gauß, Göttingen 7. Febr. 1808, 3. Gauß an Perthes, Göttingen 17. März 1808, 4. Stammbuchblatt von Gauß, Braunschweig, 10. Mai 1802 [3]. – S. Gundelfinger: Drei Briefe von C. F. Gauß an Joh. von Müller: J. reine u. angew. Math. **131** (1906) 1-7; 1. Göttingen, 15. Juli 1808; 2. Göttingen, 2. Okt. 1808; 3. o. O., o. J. [3]. – Vier Briefe von Gauß u. Wilhelm Weber an Fries. Mitgeteilt von Leonard Nelson: Abh. Friessche Schule **1** (Göttingen 1906) 431-440. 1. Brief von Gauß an Fries o. O., o. J.; 2. Brief von Weber an Fries, Göttingen, 12. Febr. 1841; 3. Brief von Gauß an Fries, Göttingen, 11. Mai 1841; 4. Brief von Weber an Fries, Göttingen, 28. Juni 1842 [3]. – Paul Stäckel: Vier neue Briefe von Gauß: Nachr. Ges. Wiss. Göttingen, math.-physik. Kl. **1907**, 372: 1. vom 5. Apr. 1833 an Strempel in Rostock (o. O.); 2.-4. an P. H. von Fuß, Sekret. der Petersburger Akad. (Nr. 4 vom 16. Sept. 1849) [3]. – H. Kobold: Ein Brief von Gauß an Argelander (Göttingen, 16. Febr. 1838): Astron. Nachr. **183** (1909/1910) 186-187 [3]. – K. F. Gauß: Briefe an seine Tochter Minna u. deren Gatten H. A. Ewald: Braunschweig. Mag. **21** (1915) 133-141: 1. an Minna Gauß, Zeven, 9. Juli 1824; 2. an Minna Gauß, Bremen, 26. Juli 1824; 3. an Minna Ewald, Göttingen 25. Juli 1832, 6. Juni 1838, 28. Juli 1838, 20. März 1839, 10. Apr. 1839, 16. Juli 1839, 31. Dez. 1839, 21. Apr. 1840, 29. Juni 1840; 4. an Ewald, Göttingen, 22. Aug. 1840; 30. Aug. 1845 [3]. – Heinrich Schneider: Weiteres zu Carl Friedrich Gauß' wiss. Briefwechsel: Braunschweiger G.N.C. Monatsschr. **1924**, 57-62 (Brief von Braunschweig 24. 4. 1799 an Le Coq) [15]. – Heinrich Schneider: Ein unveröffentl. Brief von Carl Friedrich Gauß (an G. Th. Fechner): Braunschweig. Mag. **31** (1925) Sp. 92-94 (Brief vom 22. Febr. 1840 aus Göttingen) [3]. – Briefwechsel zwischen Carl Friedrich Gauß u. Christian Ludwig Gerling. Hrsg. i. A. der Ges. zur Beförderung der gesamten Naturwiss. zu Marburg von Clemens Schaefer (Berlin 1927) 820 S. [3]. – P. Riebesell: Briefwechsel zwischen C. F. Gauß u. J. G. Repsold: Mitt. math. Ges. Hamburg **6** (1928) 398-431, 2 Bildn., 1 Abb., 10 Fig. [3]. – Clemens Schaefer: Ein Briefwechsel zwischen Gauß, Fraunhofer u. Pastorff: Nachr. Ges. Wiss. Göttingen **1933/1934** (1934) 57-75: 1. Gauß an Pastorff, Göttingen, 16. Febr. 1823; 2. Pastorff an Fraunhofer, Buchholz, 3. März 1823; 3. Pastorff an Gauß, Buchholz, 28. März 1823; 4. Fraunhofer an Pastorff, München, 31. Mai 1823; 5. Pastorff an Gauß, Buchholz, 20. Juni 1823; 6. Gauß an Pastorff, Göttingen, 21. Okt. 1823; 7. Pastorff an Fraunhofer, Buchholz, 22. Dez. 1823; 8. Fraunhofer an Pastorff, München, 29. Apr. 1824 [3]. – C. F. Gauß' Briefe an die St. Petersburger Akad. Wiss.: Arch. ist. nauki i techn. **3** (1934) 209-238 [russ. u. dtsch.] [1a]. – J. Jelitai: Briefe von Gauß u. Encke im Ungar. Landesarchiv: Vjschr. astron. Ges., Leipzig **73** (1938) 44-52 [15]. – Daseke: Zwei Briefe aus dem Jahre 1800. Mit Faks. Wiedergabe der Original-Briefe: Mitt. Reichsamt Landesaufn. **15** (1939) 122-132 [101]. – Jos. E. Hofmann: Über zwei geodät. Briefe von C. F. Gauß aus dem Jahre 1800: Dtsch. Math. **6** (1942) 576-586 [3]. – Briefe großer Naturforscher u. Mathematiker. Gesammelt u. erläutert von Max Bense (Köln 1943) 102-115 [19 Briefe von u. an Gauß] [3]. – Ein bisher unbekannter Brief von C. F. Gauß an H. C. Schumacher. Vorgelegt von Albrecht Unsöld: Abh. Braunschweig. wiss. Ges. **5** (1953) 203-204 (Göttingen, 4. Juni 1848) [3]. – Unbekannte Briefe von C. F. Gauß u. Fr. W. Bessel. Mitgeteilt von Erich Schoenberg u. Alfons Perlick (München 1955) 58 S. (m. 1 Faks.) (Abh. Bayer. Akad. Wiss., math.-naturwiss. Kl. N. F. 71) [3]. – W. Großmann: Zwei Briefe von C. F. Gauß zur Unterweisung Hannoverscher Generalstabsoffiziere: Z. Vermess.-Wes. **80** (1955) 45-54: 1. G. Wilhelm Müller an C. F. Gauß, Hannover, 23. Dez. 1827; 2. C. F. Gauß an Georg Wilhelm Müller, Göttingen, 14. Febr. 1828; 3. G. Wilhelm Müller an C. F. Gauß, Hannover, 10. März 1818; 4. C. F. Gauß an G. W. Müller, Göttingen, 19. März 1818 [3]. – Kurt-R. Biermann u. Hans-Günther Körber: Ein bisher unveröffentl. Brief von C. F. Gauß an Alexander von Humboldt: Forsch. u. Fortschr. **33** (1959) 136-140 [15]. – Hans-Günther Körber: Aus der Korrespondenz Alexander von Humboldts u. Carl Friedrich Gauß' mit Teilnehmern an geomagnet. Beob.: Forsch. u. Fortschr. **33** (1959) 298-303 [Ha 2]. – Theo Gerardy: Der Briefwechsel zwischen Carl Friedrich Gauß u. Carl Ludwig von Lecoq: Nachr. Akad. Wiss. Göttingen, math.-physik. Kl. **1959**, Nr. 4, 37-63; ders.: Ein unveröffentl. Brief von C. F. Gauß an Alexander von Humboldt: ebda 64-66 [14; Ha 2]. – Carl Friedrich Gauß, Brief an Johann Gottlob Stämmel. 24. Nov. 1805, Braunschweig: Goethes Autographen-Sammlung (Weimar 1961) S. 75, Nr. 540. – Brief an Bernhard August von Lindenau. 16. Apr. 1812, Göttingen: ebda Nr. 541 [3]. – Kurt-R. Biermann u. Hans-Günther Körber: Zum wiss. Briefwechsel zwischen Carl Friedrich Gauß u. Alexander von Humboldt: Forsch. u. Fortschr. **36** (1962) 41-44 (m. Faks.) [Ha 2; 3]. – Kurt-R. Biermann: Ein Briefwechsel zwischen C. F. Gauß u. der Berliner Akad.: Mber. Dtsch. Akad. Wiss. **5** (1963) H. 1, S. 43-46 (1. Glückwunschadresse der Akad. zum 50-jähr. Doktorjubiläum. 2. Dankesbrief von Gauß. Göttingen, den 11. Aug. 1849) [101]. – Erich Schoenberg u. Theo Gerardy: Die Briefe des Herrn P. H. L. von Boguslawski, Direktors der Universitäts-Sternwarte Breslau, an Carl Friedrich Gauß: Abh. Bayer. Akad. Wiss., math.-naturwiss. Kl., N. F. **110** (1963) 1-44 (m. 2 Abb.) [Ha 2]. – Erich Schoenberg u. Theo Gerardy: Briefe von C. F. G. an P. H. L. von Boguslawski: Abh. Bayer. Akad. Wiss., N. F. **71** (1955) 5-21: Briefe vom 9. 2. 1835, 28. 6. 1835, 19. 1. 1836, 7. 4. 1837, 21. 8. 1837, 26. 10. 1837, 31. 12. 1837, 10. 1. 1839, 6. 1. 1848 [Ha. 2]. – Johannes Müller: Ein unbekannter Gauß-Brief aus der UB Leipzig. In: Schriftenreihe zur Geschichte der Naturwiss., Techn. u. Medizin, Beih. (Leipzig 1964) 323-324 [15]. – Johannes Müller: 3 Briefe zur Geschichte der Akademie: In: Sächs. Akad. Wiss. Leipzig, Jahrbuch **1960-1962** (Berlin 1964) 433-435 [C. F. Gauß an Moritz Wilhelm Drobisch, Göttingen, 3. Sept. 1846] [15]. – Theo Gerardy: Christian Ludwig Gerling an Carl Friedrich Gauß. 60 bisher unveröffentl. Briefe (Göttingen 1964) 123 S. m. 1 Bildn. von Gerling [3]. – Walter Stein: Die Freunde Gauß u. Olbers in ihren Briefen: Mitt. Gauß-Ges. **2** (1965) 7-9 [7]. – Heinz Balmer: Ein Brief von Gauß an Rudolf Wolf [Göttingen, 16. Juli 1839]: Mitt. Gauß-Ges. (Göttingen) **3** (1966) 5-7 [7]. – Theo Gerardy: Ein bisher unveröffentlichter Brief von Bessel an Gauß: ebda **4** (1967) 31 [7]. – Kurt-R. Biermann: Carl Friedrich Gauß im Spiegel seiner Korrespondenz mit Alexander von Humboldt: ebda **4** (1967) 5-18 [7].

Werke Carl Friedrich Gauß Werke. Hrsg. Ges. Wiss. Göttingen. **I-XII** ((Göttingen/Berlin): **I**: Disquisitiones arithmeticae. 2. Abdr. (1870) 478 S.; **II**: Höhere Arithmetik. 2. Abdr. (1876) 528 S.; **III**: Analysis. 2. Abdr. (1876) 499 S.; **IV**: Wahrscheinlichkeitsrechnung u. Geometrie. 2. Abdr. (1880) 492 S.; **V**: Mathematische Physik. 2. Abdr. (1877) 642 S.; **VI**: Astronom. Abh. u. Aufsätze (1874) 664 S.; **VII**: Theoria motus u. theoretisch-astronomischer Nachlaß (1906) 650 S.; **VIII**: Nachträge zu Band I-IV (1900) 458 S.; **IX**: Geodäsie (1903) 528 S.; **X**, Abt. **1**: Nachlaß u. Briefwechsel zur reinen Math. (1917) 586 S. [enth. u. a. das Tagebuch (Notizenjournal) von C. F. Gauß 1796 Mart. 30-1814 Jul. 9]; **X**, Abt. **2**: Abh. über Gauß' wiss. Tätigkeit auf den Gebieten der reinen Math. u. Mechanik (1922-1933) 672 S. [darin: 1. Paul Bachmann: Über Gauß' zahlentheoretische Arbeiten 1-75; 2. Ludwig Schlesinger: Über Gauß' Arbeiten zur Funktionentheorie 1-222; 3. Alexander Ostrowski: Über den 1. u. 4. Gaußschen Beweis des Fundamentalsatzes der Algebra 1-18; 4. Paul Stäckel: Gauß als Geometer 1-123; 5. Oskar Bolza: Gauß u. die Variationsrechnung 1-95; 6. Philipp Maennchen: Gauß als Zahlenrechner 1-76; 7. Harald Geppert: Über Gauß Arbeiten zur Mechanik u. Potentialtheorie 1-61]; **XI**, Abt. 1: Nachtr. zur Physik, Chronologie u. Astronom. (1927) 518 S. [Physik 1-195; Chronologie 199-218; Astronomie 221-518]; **XI**, Abt. **2**: Abh. über Gauß' wiss. Tätigkeit auf den Gebieten der angewandten Math. (1929) 640 S. [darin Abh. 1: Andreas Galle: Über die geodätischen Arbeiten von Gauß (1924) 165 S.; Abh. 2: Clemens Schaefer: Über Gauß' physikal. Arbeiten (Magnetismus, Elektrodynamik, Optik) (1929) 217 S.; Abh. 3: Martin Brendel: Über die astronom. Arbeiten von Gauß (1929) 258 S.]; **XII**. Varia. Atlas des Erdmagnetismus. (1929) V, 415 S. [Varia (enth. viel Briefwechsel) 1-325; Atlas des Erdmagnetismus 335-408] [101].

In **Ostwalds Klassiker der exakten Wiss.** erschien: Nr. 2: C. F. Gauß: Allgemeine Lehrsätze in Beziehung auf die im verkehrten Verhältnisse des Quadrates der Entfernung wirkenden Anziehungs- u. Abstoßungskräfte (1840). Hrsg. von A. Wangerin. 3. Aufl. (Leipzig 1912) 61 S. [101]; Nr. 5: C. F. Gauß:

Allgemeine Flächentheorie (Disquisitiones generales circa superficies curvas) (1827). Dtsch. hrsg. von A. Wangerin. 5 Aufl. (Leipzig 1921) 64 S. [101]; Nr. 14: Die 4 Gaußschen Beweise für die Zerlegung ganzer algebraischer Funktionen in reelle Faktoren 1. oder 2. Grades (1799-1849). Hrsg. von E. Netto. 3. Aufl. (Leipzig 1913) 82 S. [101]; Nr. 19: Über die Anziehung homogener Ellipsoide, Abh. von Laplace (1782), Ivory (1809), Gauß (1813), Chasles (1838) u. Dirichlet (1839). Hrsg. von A. Wangerin (Leipzig 1890) 118 S. [15]; Nr. 53: C. F. Gauß: Die Intensität der erdmagn. Kraft auf absolutes Maß zurückgeführt. Hrsg. von E. Dorn (Leipzig 1894) 62 S. [Ha 2]; Nr. 55: Lagrange u. Gauß. Kartenprojektion (1779 u. 1822) Hrsg. von A. Wangerin. Mit 2 Fig. (Leipzig 1894) 102 S. [15]; Nr. 122: C. F. Gauß: 6 Beweise des Fundamentaltheorems über quadratische Reste. Hrsg. von E. Netto (Leipzig 1901) 111 S. [15]; Nr. 135: C. F. Gauß: Grundlagen einer Theorie der Gestalt von Flüssigkeiten im Zustand des Gleichgewichts (Commentationes societatis regiae scientiarum Gottingensis recentiores. Vol. VII. 1830, geschrieben 1829) Übersetzt von Rudolf H. Weber. Hrsg. von H. Weber (Leipzig 1903) 73 S. [101]; Nr. 167: Lagrange, Rodrigue, Jacobi u. Gauß. Abh. über die Prinzipien der Mechanik. Hrsg. von Philip E. B. Jourdain (Leipzig 1908) 68 S. [15]; Nr. 177: C. F. Gauß: Untersuchungen über Gegenstände der höheren Geodäsie. Hrsg. von J. Frischauf. Mit 2 Abb. (Leipzig 1910) 111 S. [15]; Nr. 225: C. F. Gauß: Bestimmung der Anziehung eines elliptischen Ringes. — Nachlaß zur Theorie des arithmetisch-geometr. Mittels u. der Modulfunktion. Übersetzt u. hrsg. von Harald Geppert (Leipzig 1927) VI, 208 S [101].

Ausgaben einiger Werke in neuester Zeit Charles-Frédéric Gauss: Recherches arithmétiques. Traduit par A. C. M. Poullet-Delisle [Neudruck] (Paris 1953) XX, 52 S. [1]. — Theory of the motion of the heavenly bodies moving about the sun in conic sections. A translation of Theoria motus [engl.]. Translated ... by Charles Henry Davy (New York 1963) XVII 326, 39 S. [101]. — C. F. Gauß: Gaußsche Landesaufnahme der 1815 durch Hannover erworbenen Gebiete [Nachdruck] 1: 25000. Hrsg. von der Histor. Kommission für Niedersachsen. Bearb. Franz Engel (Hannover/Hildesheim 1963) 22 Bl. [101]. — C. F. Gauß: Abh. zur Methode der kleinsten Quadrate. In dtsch. Sprache hrsg. von A. Börsch u. P. Simon. Neudruck von 1887 (Würzburg 1964) V, 208 S. (Thesaurus mathematicae, 5) [101]. — C. F. Gauß: Untersuchungen über höhere Arithmetik (Disquisitiones arithmeticae, dtsch.) Hrsg. von Hermann Maser. Reprinted (Bronx-New York 1965) XIII, 695 S. [101].

Bibliogr. Heinrich Liebmann: Aus dem Möbiusarchiv (Mitt. dreier Schreiben von Gauß u. Nachtr. zu Reinhardts Verzeichnis des Archivs): Ber. Verh. Sächs. Ges. Wiss. Leipzig, math.-physik. Kl. **62** (1910) 189-196 [3]. — Alfred Krarup: Katalog over Universitetsbibliothekets Haandskrifter i Samlingerne e donatione variorum, Additamenta, Rostgaards, Schiønnings og Ørsteds Samling **1** (København 1929) 224, VII S.; **2** (1935) 360 S., Faks. [28]. — Cat. scient. Papers **2** (1908) 788-792 (125 Nr.); **15** (1916) 230 (Biogr.) [3]. — Cat. gén. Bibl. nat. **58** (1914) Sp. 95-101 [3]. — R. C. Archibald: Bibliographia de mathematis V: Scripta math. **2** (1934) 181-187; **3** (1935) 193-196 [15]. — Brit. Mus. Gen. Cat. **82** (1961) Sp. 843-847 (68 Nr.) [3].

Biogr. Johann Stephan Pütter u. Friedrich Saalfeld: Geschichte der Univ. Göttingen in dem Zeitraum von 1788 bis 1820: **3** (Hannover 1820) 361-363 [3]. — Carl Pfaff: Johann Friedrich Pfaff in seinem Verhältn. zu Gauß bei dessen letzteren Aufenthalte in Helmstädt: Arch. Math. u. Physik **27** (1856) Lit. Ber. CVII S. 4-10; Erwiderung von W. Sartorius von Waltershausen: Lit.Ber. CIX S. 1-6 [3]. — Wolfgang Sartorius von Waltershausen: Gauß zum Gedächtnis (Leipzig 1856) 108 S.; Neudruck (Wiesbaden 1965) 108 S. [3; 14]. — Charles Frédéric Gauß: Proc. Roy. Soc. London **7** (1856) 589-598 [Ha 2]. — W. Sartorius von Waltershausen: Göttinger Professoren (Gotha 1872) 205-229 [3]. — Moritz Cantor: ADB **8** (1878) 430-445 [3]. — Carl Friedrich Gauß: Természettudományi Közlöny **16** (1884) 496-507 [F 1]. — Ernst Schering: C. F. Gauß u. die Erforschung des Erdmagnetismus: Abh. Ges. Wiss. Göttingen, math.-phys. Kl. Abh. 3, **34** (1887) 79 S. [Ha 2]. — Moritz Cantor: Neue Heidelberger Jahrb. **9** (1899) 234-255 [3]. — P. Zimmermann: Braunschweig. Mag. **5** (1899) 113-117, 124-127: Die Promotion in Helmstedt: Brief vom 26. Juni 1799 aus Braunschweig u. vom 4. Aug. 1849 aus Göttingen; Gauß' Kinder: Brief vom 15. Febr. 1848 [1844] aus Göttingen u. vom 9. Aug. 1846 aus Göttingen [3]. — Adolf Harnack: Geschichte Preuß. Akad. Wiss. **1** (Berlin 1900) 433, 536, 554, 592-593, 653, 719, 733, 786, 795-796, 802, 810, 924, 955, 968 [3]. — Felix Klein: Gauß' wiss. Tagebuch 1796-1814. Mit Anm. hrsg.: Festschr. zur Feier des 150jährigen Bestehens Ges. Wiss. Göttingen (Berlin 1901) 1-44 (m. 1 Bildn. u. 1 Faks. Taf.); R. Dedekind: Gauß in seiner Vorlesung über die Methode der kleinsten Quadrate: Ebda 45-59 (m. Bildn.) [3]. — C. Musmacher: Kurze Biogr. berühmter Physiker (Freiburg i. Br. 1902) 158-162 [1]. — Grimme: Ein Gutachten von Gauß aus dem Jahre 1849 über die Blitzgefahr: Physik. Z. **6** (1905) 620-622 [15]. — Adolph Kohut: Welt der Technik **67** (1905) 61-66 (m. 3 Abb.) [11]. — Franz Mathé: Carl Friedrich Gauß (Leipzig 1906) 1-30 [31 u. 32] (m. Titelbildn. u. Abb.) (Männer der Wiss., 6) [15]. — A. Kistner: Deutsche Physiker u. Chemiker (Kempten-München 1908) 61-74 (m. Bildn.) (Sammlung Kösel, 23) [F 1]. — Gieseke: Carl Friedrich Gauß: Niedersachsen 15 (1909/1910) 374-377 (m. Abb. der Büste, dreier Denkmäler, des Geburtshauses u. des Gauß-Turmes) [14]. — O. Bechstein: Prometheus 26 (1915) 331-333 (m. Bildn. u. Relief)[3]. — Alfred Loewy: Ein Aufsatz von Gauß zur jüdischen Chronol. aus seinem Nachlaß: Jber. Dtsch. Math. Ver. 26 (1918) 304-322 [15]. — G. Herglotz: Zur letzten [math.] Eintragung im Gaußschen Tagebuch: Ber. Verh. Sächs. Akad. Wiss., math.-phys. Kl. 72 (1920) 271-276 [3]. — Paul Zimmermann: Neue kleine Beitr. zu C. F. Gauß' Leben u. Wirken: Braunschweiger G. N. C. Monatsschr. 1921, S. 752-763. Briefabdrucke 1) Gauß an Hofrat Ebert, Aug. Wilh. (v.) Zimmermann a) Göttingen, 19. Okt. 1795, b) Göttingen, 26. Mai 1796, c) Gotha, 16. Nov. 1803; 2) Gauß an den Orientalisten Heinrich Ewald (Schwiegersohn Gauß') Göttingen, 18. 2. 1830; 3) Gauß an die Tochter: Göttingen 1834 [15; 84]. — Max Zacharias: Technik u. Kultur 13 (1922) 159-161 (Abb. des Gauß-Denkmals in Braunschweig) [101]. — Franz Mathé: C. F. Gauß (Leipzig 1923) II, 32 S. m. Titelbild (Sammlung Meister, 12) [14]. — A[dolf] Kistner: Deutsche Meister der Naturwiss. u. Technik 1 (München 1925) 74-88 (m. Bildn.) [101]. — Wilhelm Ahrens: Sophie Germain u. Gauß: Weltall 26 (1926/1927) 8-11 [3]. — Ebeling: Prakt. Schulphysik 7 (1927) 121-126 [101]. — F. Hahne: Die Gauß-Sammlung im Vaterländischen Museum zu Braunschweig: Braunschweiger genealog. Bl. 1927, Nr. 3-5, S. 50-54 [101]. — Karl Meitner-Heckert: Vom Wunderkind zum Zahlenkönig: Braunschweiger G. N. C. Monatsschr. 1927, 92-95 (m. Bildn.) [15]. — A. Wietzke: C. F. Gauß' Beziehungen zu Bremen: Abh. Naturwiss. Ver. Bremen 27 (1928) 125-142 [101]. — Fritz Malsch: Geschichte der Math. (Leipzig 1928) X, 115 S. m. 40 Abb., 15 Taf., besonders 107-112 (Wiss. u. Bildung) [14]. — Kuno Fladt: Aus Unterr. u. Forsch. 3 (1931) 11-16, 54-60 [101]. — E[rnst] Feyerabend: Der Telegraph von Gauß u. Weber im Werden der elektr. Telegraphic (Berlin 1933) VIII, 221 S. m. 86 Abb. u. 21 Anl., besonders 26-34 (m. 3 Bildn.) [3; 14]. — Ganesh Prasad: Some great mathematicians of the nineteenth century. Their lives and their works 1 (Benares 1933) VII-VIII, 1-67 (m. Titelbild.) [1a]. — Friedrich Sack: Niedersachsen 38 (1933) 346-351 (m. 1 Bildn., 1 Abb.) [101]. — Meyer: Goethe u. Gauß: Dtsch. Zukunft 2 (1934) Nr. 31, S. 16, 18 [101]. — S .C. van Veen: Mathematica [Zutphen] 3 (1934) 1-14 [82]. — G. W. Dunnington: Jean Paul u. Carl Friedrich Gauß: Mh. Dtsch. Unterr. 27 (1935) 268-272 [101]. — Hans Schimank: Gauß u. Weber. In: Die Großen Deutschen. Hrsg. von Willy Andreas u. Wilhelm von Scholz 3 (Berlin 1936) 266-279 m. 2 Bildn. [101]. — E. T. Bell: Men of Mathematics (London 1937) siehe Reg. S. 647 [1]. — H. Ballin: C. F. Gauß: In: Deutsche Männer (Berlin [1938]) 202-203 (m. 1 Bildn.) [101]. — E. T. Bell: Father and son Wolfgang and Johann Bolyai: Scripta math. 5 (1938) 37-44, 95-100 [15]. — Ludwig Bieberbach: C. F. Gauß. Ein deutsches Gelehrtenleben (Berlin 1938) 179 S. m. Titelbildn. (m. Faks.) [3; 14]. — Gerhard Kowalewski: Große Mathematiker (München-Berlin 1938) 247-273 (m. Bildn. u. Faks. S. 256) [3]. — Philipp Lenard: Große Naturforscher, 4. Aufl. (München 1941) 219-225 (m. 1 Bildn.) [3]. — P. Henning: Carl Friedrich Gauß in Zeven: Stader Arch. N. F. 32 (1942) 91-93 [101]. — Ernst August Roloff: C. F. Gauß (Osnabrück 1942) 80 S. m. Titelbildn. (Schöpferische Niederdeutsche, 12) [101]. — Werner Dickenscheid: Gauß u. die zwei Bolyai: Europ. Wissenschaftsdienst 3 (1943) H. 2, S. 24-25 [101]. — H. W. Hofmann: Arch. Metallkde 1 (1947) 198-199 (m. Bildn.) [3]. — W. Köhler u. H. Strauch: Arch. Metallkde 1 (1947) 197 [3]. — Hans Falkenhagen: Die Naturwissenschaft in Lebensbildern (Zürich 1949) 37-41 [3]. — Alfred Hooper: Makers of mathematics (New York 1948) 379-382 [83]. — S. Chowla: The Last Entry in Gauss's Diary: Proc. nat. Acad. Sci. USA 35 (1949) 244-257 [87]. — Hans Schimank: Carl Friedrich Gauß: Abh. Braunschweig. wiss. Ges. 2 (1950) 123-140 (m. 1 Taf., 2 Abb. der Gauß-Medaille) [3]. — Willy Möbus: Elektrotechniker 3 (1951) 236 (m. 1 Bildn.) [1]. — Karl R. Berger: Anekdoten um Gauß: Augenoptiker [7] (1952) Nr. 5, S. 5-6 m. 1 Abb. [101]. — Herbert Karl: Nachrichtentechnik 2 (1952) 97-98 [101]. — Allg. Fleicher-Ztg. 1952, Nr. 51, S. 6 [101]. — E. Brennecke: Goethe u. Gauß: Z. Vermess.-Wes. 77 (1952) 49-53 (m. Lit.Verz.) [3; 101]. — G. Waldo Dunnington: A new chapter in the life of Gauß: Amer. math. Monthly 59 (1952) 488 [1]. — Georg Klaus: Gauß — ein Revolutionär in der Math.: Urania 15 (1952) 132-142 [3]. — Wilhelm Lorey: Math.-physik. Sem. Ber. 3 (1953) 179-192 [3]. — Karl Leutner: In: Leutner: Deutsche, auf die wir stolz sind, 1. Aufl. (Berlin 1955) F. 1, 148-151 (m. Bildn.); 2. Aufl. (1960) [14]. — Erich Worbs: C. F. Gauß. Ein Lebensbild (Leipzig 1955) 236 S.; 2. Aufl. (1955) 247 S. [3; 14]. — Kurt Reidemeister: Carl Friedrich Gauß. In: Die Großen Deutschen. Deutsche Biogr. 3 (Berlin 1956) 26-38 (m. 1 Bildn.) [3]. — H. Karl: Wiss. u. Fortschr. 7 (1957) 347-350 (m. Bildn.) [3]. — G. E. Burch: Carl Friedrich Gauß. A genius who apparently died of arteriosclerotic heart disease, and congestive heart failure: Arch. intern. Med. 101 (1958) 824-834 (m. Bildn.) [1]. — Kurt-R. Biermann: Zum Verhältnis zwischen Alexander von Humboldt u. Carl Friedrich Gauß: Wiss

Z. Humboldt-Univ., math.-nat. R. 8 (1958/1959) 121-129 [Ha 2]. – A. A. Zworykin: Biografičeskij slovar' dejatelej estestvoznanija i techniki [Biogr. Wörterbuch der Naturforscher u. Techniker] 1 (Moskva 1958) 213-214 [Ha 2]. – R. Finsterwalder, Walther Gerlach: In: Geist u. Gestalt. Biogr. Beitr. z. Gesch. Bayer. Akad. Wiss. 2 (München 1959) 3, 18, 19, 20, 25, 39, 46, 47, 48, 52, 56, 57, 78, 103 [3]. – Jahrb. Optik Feinmechanik (Wetzlar) **1962**, A-47-50-A [101]. – Kurt-R. Biermann: Einige Episoden aus den russ. Sprachstudien des Mathematikers C. F. Gauß: Forsch. u. Fortschr. **38** (1964) 44-46 [3]. – Theo Gerardy: Der Stand der Gaußforschung: Mitt. Gauß-Ges. Göttingen **1** (1964) 5-11 (m. Bild.) [7]. – Nikolai Stuloff: NDB **6** (1964) 101-107 [3]. – Theo Gerardy: Zur Legendenbildung um C. C. Gauß: Mitt. Gauß-Ges. **2** (1965) 18-20 [7]. – Friedrich Herneck: Bahnbrecher des Atomzeitalters. Große Naturforscher von Maxwell bis Heisenberg (Berlin 1965) 19, 25, 29, 49, 66, 99, 167, 207, 244, 280, 287, 405 [3]. – Otto Willke: Landesbote **16** (1965) Nr. 3, S. 5 (m. Bildn.) [Braunschweig. Stadtarch.]. – Kurt-R. Biermann: Über die Beziehungen zwischen C. F. Gauß u. F. W. Bessel: Mitt. Gauß-Ges. Göttingen **3** (1966) 7-20 (m. 1 Bildn. von Bessel) [7].

Materialien für eine wiss. Biogr. von Gauß Gesammelt von F. Klein u. M. Brendel (später auch von L. Schlesinger) (auch in Nachr. Ges. Wiss. Göttingen, Math.-phys. Kl.) Heft **1**: P. Bachmann: Über Gauß' zahlentheoret. Arbeiten (Leipzig 1911) 54 S. [101]; Heft **2**: L. Schlesinger: Fragmente zur Theorie des arithm.-geom. Mittels aus den Jahren 1797-1799 (Leipzig 1912) 34 S. [101]; Heft **3**: L. Schlesinger: Über Gauß' Arbeiten zur Funktionentheorie (Leipzig 1912) 143 S. [101]; Heft **4/5**: A, Galle: C. F. Gauß als Zahlenrechner (Leipzig 1918) 1-24, P. Stäckel: C. F. Gauß als Geometer 25-142 [101]; Heft **6**: Ph. Maennchen: Die Wechselwirkung zwischen Zahlenrechnen u. Zahlentheorie bei C. F. Gauß (Leipzig 1918) 46 S. [101]; Heft **7**: M. Brendel: Über die astronom. Arbeiten von Gauß. Theoretische Astronomie (Leipzig 1919) 106 S. [101]; Heft **8**: A. Fraenkel: Zahlbegriff u. Algebra bei Gauß (Leipzig 1920) 1-49, A. Ostrowski: Zum 1. u. 4. Gaußschen Beweise des Fundamentalsatzes der Algebra 50-58 [101].

Zum 100. Geburtstag R. Tucker: Nature [London] **15** (1877) 533-537 (m. Bildn. u. Abb. des Geburtshauses in Braunschweig) [Ha 2]. – Briefe zwischen A. von Humboldt u. Gauß. Hrsg. von K. Bruhns (Leipzig 1877) VI, 79 S. [3; 14]. – Ludwig Hänselmann: Karl Friedrich Gauß. Zwölf Kapitel aus seinem Leben (Leipzig 1878) 106 S. [3; 14]. – Ernst Schering: Festrede ... in der öffentl. Sitzung der Gesellschaft Wiss. Göttingen am 30. April 1877: Abh. Ges. Wiss. Göttingen, Math. Kl. **22** (1877) 1-40 [3]. – M. A. Stern: Denkrede auf C. F. Gauß zur Feier seines 100jährigen Geburtstages in der Georg-August-Univ. am 30. 4. 1877 (Göttingen 1877) 16 S. [14; 3]. – Carus Sterne: Gartenlaube **1877**, 278-280 [3; 14]. – Friedrich August Theodor Winnecke: Gauß. Ein Umriß seines Lebens u. Wirkens (Braunschweig 1877) 34 S. m. Bildn. [14]; Faks.Druck (Braunschweig 1963) 34 S. [101]. – Theodor Wittstein: Gedächtnißrede auf Carl Friedrich Gauß (Hannover 1877) 19 S. [7; 14]. – Allg. Ztg. **1877** Beil. Nr. 55 vom 24. 2., S. 825-826 u. Beilage Nr. 156 [Ha 2]. – Arch. Post u. Telegraphie **5** (1877) 237-239 [3]. – Ausland **50** (1877) 218-219 [3]. – Daheim **14** (1878) 664-667 (m. Bildn.) [3]. – Gaea **13** (1877) 387-398, 493-503 (m. Bildn.) [Ha 2]. – Über Land u. Meer **19** (1877) 616 (m. Bildn.) [14].

Zum 150. Geburtstag Ludwig Darmstaedter: Umschau **31** (1927) 355-358 (m. 3 Bildn. u. 1 Faks.-Brief an Altenstein) [3]. – [Viktor] Gurski: Gedächtnisrede (Frankfurt a. M. 1928) 12 S. [101]. – Friedrich Hesemann: Wie sah Gauß in Wirklichkeit aus?: Spinnstube (Göttingen) **4** (1927) 146-147 (m. Abb. der Büste von Hesemann) [101]. – H. Ludendorff: Ein Gauß betreffender Brief von Olbers: [Bremen, 25. Dez. 1802 an A. H. S. Heeren]: Vjschr. astron. Ges., Leipzig **62** (1927) 41-42 [3]. – Karl Metzner: Z. physik. u. chem. Unterr. **40** (1927) 180-188 [101]. – Otto Müller: Württ. Schulwarte **3** (1927) 343-347 [101]. – E. Oppermann: Preuß. Lehrer-Ztg. **1927**, Nr. 52 vom 30. 4., S. 2-3 [3]. – George Sarton: Medallic illustrations of the history of science: Isis **9** (1927) 361 (m. 1 Abb. der Medaille von Frdr. Brehmer pl. 16, Nr. 11) [3]. – Wilhelm Stieda: Die Berufung von Gauß an die Akad. Wiss. in St. Petersburg: Jahrb. Kultur Gesch. Slaven N. F. **3** (1927) 79-103 [3]. – Wilhelm Stieda: Carl Friedrich Gauß u. die Seinen: Braunschweiger G. N. C. Monatsschr. **1928**, 487-492 [15]. – M. Zacharias: Gauß u. die höhere Schule: Zeit u. Schulfragen aus dem Gebiet der Math. u. Naturwiss. ... (Frankfurt/M. [1927]) 1-8 (m. Bildn.) [101]. – Elektr. Nachr.-Techn. **4** (1927) 201-202 (m. Bildn. u. 3 Abb.) [101]. – Heinrich Mack: Carl Friedrich Gauß u. die Seinen (Braunschweig 1927) XII, 130 S., (20) S., 11 Taf. (Werkstücke aus Museum, Archiv u. Bibl. Stadt Braunschweig, II) [3]. – VDI-Nachr. **7** (1927) Nr. 17, S. 15-16 (m. Bildn.) [101].

Zum 100. Todestag C. F. Gauß u. die Landesvermessung in Niedersachsen. Hrsg. von der Niedersächs. Vermessungs- u. Katasterverwaltung (Hannover 1955) 191 S., 8 Bildn., 1 Faks., 11 Abb., 1 Faks.Brief, 24 Karten, 6 Taf. [101]. Darin folgende Beitr.: (a) Theo Gerardy: Die Triangulation des Königreichs

Hannover durch C. F. Gauß (1821-1844): 83-114; (b) W. Gronwald: C. F. Gauß – Ein Lebensbild: 1-16; (c) W. Großmann: Niedersächs. Vermessungsgeschichte im 18. u. 19. Jahrhundert: 17-59; (d) G. Jordan: Die alten Teilungs- u. Verkoppelungskarten im Raume Niedersachsen: 141-154; (e) W. Kost: Zur Kartogr. im niedersächs. Raum von 1764 bis 1863: 115-140; (f) G. Lehmann: Gauß' theoret. geodät. Arbeiten: 60-82; (g) J. Nittinger: Einige Gedanken über den Stand des Vermessungswesens in Niedersachsen: 185-191; (h) A. von der Weiden: Die Urkataster u. die Entwicklung sowie Neugestaltung der katasteramtl. Messungs- u. Kartenwerke in Niedersachsen: 155-184 [3; 101]. – C. F. Gauß (1777-1855). Gedenkband anläßl. des 100. Todestages am 23. Febr. 1955. Hrsg. Hans Reichardt (Leipzig 1957) 251 S. (m. Titelbildn. u. Abb. i. T.) [101]. Darin folgende Beitr.: (a) W. Blaschke: C. F. Gauß u. die Differentialgeom.: 93-110; (b) H. Falkenhagen: Die wesentlichsten Beitr. von C. F. Gauß aus der Physik: 231-251; (c) B. W. Gnedenko: Über die Arbeiten von C. F. Gauß zur Wahrscheinlichkeitsrechnung: 193-204; (d) E. Kähler: Über die Beziehungen der Math. zu Astron. u. Physik: 1-13; (e) W. Klingenberg: Grundlagen der Geom.: 111-150; (f) R. Kochendörffer: Gauß' algebr. Arbeiten: 79-91; (g) A.I. Markuschewitsch: Die Arbeiten von C. F. Gauß über Funktionentheorie: 151-182; (h) G. J. Rieger: Die Zahlentheorie bei C. F. Gauß: 37-77; (i) H. Salié: Daten aus dem Leben u. Wirken von C. F. Gauß: 15-36; (j) K. Schröder: C. F. Gauß u. die reelle Analysis: 183-204; (k) O. Volk: Astron. u. Geodäsie bei C. F. Gauß: 205-229 [15; 101]. – Dasselbe u. d. T.: C. F. Gauß. Leben u. Werk. Hrsg. von Hans Reichardt (Berlin-Charlottenburg 1960) 251 S. [101]. – G. V. Bagratuni: C. F. Gauß: Kratkij očerk geodezičeskich issledovanij (Moskva 1955) 41 S. [russ.] [1; 101]. – F. Baeschlin: Schweiz. Z. Vermess.-Wes. 53 (1955) 57-58 (m. 1 Bildn.) [1]. – Ernst Bindel: Die Drei 25 (1955) H. 3, 126-131 [101]. – H. Bodemüller: Z. Vermess.-Wes. 80 (1955) 33-42 (m. Bildn.) [3]. – Richard Courant: Dtsch. Univ.-Ztg. 10 (1955) Nr. 9, S. 8-11 [15]; Prisma 3 (1954/55) Nr. 6, S. 3-5 [1]. – Richard Courant: Gauß u. die gegenwärtige Situation der exakten Wiss. in: C. F. Gauß 1777-1855, Gedenkfeier der Akad. Wiss. u. der Georg-Aug.-Univ. Göttingen anläßl. seines 100. Todestages (Göttingen-Berlin-Frankfurt 1955) 11-25 [101]. – Richard Courant, R. W. Pohl: C. F. Gauß. Zwei Vorträge (Göttingen-Berlin-Frankfurt 1955) 27 S. (m. 8 Abb.) [3]. – L. Croon: Nachr.-Bl. techn.-wiss. Vereine Hannover 6 (1955) Nr. 3, S. 22-23 [210]. – N. Davy: C. F. Gauß as a Physicist: Nature [London] 175 (1955) 325-326 [3]. – Erich Dolezal: Universum, Natur, Technik 10 (1955) 216-217 [1]. – Guy Waldo Dunnington: Carl Friedrich Gauß. Titan of science. A study of his life and work (New York 1955) XI, 479 S. [1]. – G. W. Dunnington: Unsterblichkeitsgedanke bei Gauß u. Jean Paul: Hesperus 9 (1955) 17-23 (m. Bildn.) [1]; Gauß' letzte Tage u. Tod: Z. Vermess.-Wes. 80 (1955) 42-44 [3]. – O. Emersleben: Wiss. Ann. 4 (1955) 121-123 (m. Bildn. u. Faks..) [3]. – Theo Gerardy: Episoden aus der Gaußschen Triangulation des Königreichs Hannover (1821-1844): Z. Vermess.-Wes. 80 (1955) 54-62 [3]; Der Nachlaß C. F. Gauß in der Niedersächs. Staats- u. Univ.-Bibl. Göttingen: ebda 297-299 [3]. – K. Gerke: Kartogr.Nachr. 1955, H. 4, S. 8-11 [1]. – W. Großmann: Gauß-Gedenkfeiern in Göttingen u. Braunschweig: Z. Vermess.-Wes. 80 (1955) 126-127 [3]; Gauß' geodät. Tätigkeit im Rahmen zeitgenöss. Arbeiten: ebda 371-384 [3]. – Lothar Heffter: Neue Dtsch. Hefte 1955, 861-868 [101]. – Rudolf J. Hoesli: Neue Zürcher Ztg. 176 (1955) Nr. 471 vom 23. Febr. – C. Hoffmeister: Sterne 31 (1955) 113-119 [3]. – J. E. Hofmann: Math. ⟨u.⟩ naturwiss. Unterr. 8 (1955/1956) 49-60 (m. 2 Bildn.) [5]. – R. Jahns: Vermessungstechn. Rdsch. 17 (1955), 41–45 (m. Bildn.), 88-91 (m. Karte), 121-124 [101]. – Robert Ineichen: Schweiz. Schule 42 (1955) 298-305 [Ha 2]. – Guillermo Sans Huelin: C. F. Gauß como geofisico: Revista geofis. [Madrid] 14 (1955) Nr. 54, S. 183-187 [1]. – Georg Klaus: Die Entdeckungen von C. F. Gauß auf dem Gebiet der Geom. u. ihre philos. Bedeutung: Aufbau 11 (1955) 120-134 (m. 5 Abb.) [101]. – Alfred Kneschke: Bergakademie [Freiberg] 7 (1955) 14-18 (m. Bildn., 3 Abb.) [3]. – M. Krafft: Suppl. Nuovo Cimento, Rendiconti (10) 2 (1955) 1221-1255 (m. Lit. Verz.) [15]. – Fr. W. Landgraeber: Chemiker-Ztg. 79 (1955) 99 [Ha 2]. – P. Eynard et I. P. Lafon: Le journal mathématique de Gauß: Rev. Hist. Sci. appl. 9 (1956) 21-51 [1]. – Karl Levasseur: Österr. Z. Vermess.-Wes. 43 (1955) Nr. 1, S. 1-16 (m. Bildn.) [1]. – F. W. Levi: Gauß u. das Raumprobl.: Math.-physik. Sem.-Ber. (Göttingen) 5 (1956) 191-199 [101]. – E. Missler: Dtsch. Elektrotechn. 9 (1955) 63-66 (m. Lit.Verz.) [3]. – V. A. Perov, M. P. Tulisov: Vestnik Akad. nauk. SSSR Moskva: 25 (1955) Nr. 4, S. 105-108 [3]. – Leo Pungs: Abh. Braunschweig. wiss. Ges. 7 (1955) 2-6 [3]. – H. Reichardt: Technik 10 (1955) 111-112 [101]. – Walter Renkawitz: Naturlehre 3 (1955) 21-23 (m. 1 Bildn.) [101]. – R. G. Rose: Discovery 16 (1955) Nr. 4, S. 163-164 [1]. – Fritz Rumpus: Christengemeinschaft 27 (1955) 255-256 [3]. – B. Sticker: Dtsch. Forschungsdienst 2 (1955) Nr. 7b, S. 2-3 [101]. – Karl Strubecker: Physik. Bl. 11 (1955) 241-250 [3]. – M. F. Subbotin: Das wiss. Erbe von C. F. Gauß u. seine Arbeiten auf dem Gebiete der

Astron.: Wiss. Ann. **5** (1956) 632-641 [3; Ha 2]. — H. Weise: Vermessungstechnik **3** (1955) 62-64 [101]. — C. F. Gauß. Sammlung von Aufsätzen zu seinem 100. Todestag [russ.] Red. Ivana Matveeviča Vinogradova (Moskva, Akad. nauk. SSR-Inst. istorie estestvoznanija i techniki 1956) 309 S. — Maschinenbau **4** (1955) 35 (m. Bildn.) [3]. — C. F. Gauß. Gedenkfeier der Akad. Wiss. u. der Univ. Göttingen (Göttingen-Berlin-Frankfurt 1955) 31 S., 1 Bildn., 1 Abb. [101]. — Wiss. Ann. **4** (1955) 317-318 [3]. — Dtsch. Post [Frankfurt/M.] **7** (1955) 471 [1].

Weitere Lit. Oesterley: Geschichte der Univ. Göttingen in dem Zeitraume vom Jahre 1820 bis zu ihrer 1. Säcularfeier im Jahre 1837 **4** (Göttingen 1838) 444-448 [3]. — C. Bruhns: Johann Franz Encke: Sein Leben u. Wirken (Leipzig 1869) 287-294 [3]. — Rudolf Wolf: Geschichte der Astron. (München 1877) siehe Reg. (Geschichte der Wiss. in Dtschland. Neuere Zeit, 16) [3]. — August Heller: Geschichte der Physik **2** (Stuttgart 1884) passim [3]. — Hermann A. Schumacher: Die Lilienthaler Sternwarte: Abh. naturwiss. Ver. Bremen **11** (1890) 139-170, besonders 159 [Ha 2]. — P. Günther: Die Untersuchungen von Gauß in der Theorie der ellipt. Funktionen: Nachr. Ges. Wiss. Göttingen. Math.-physik. Kl. **1894** (1895) 92-105 [3]. — Alfred Dove: Ausgewählte Schriftchen vornehmlich histor. Inhalts (Leipzig 1898) 487-495, dort: Humboldt u. Gauß [3]. — Ernest Lebon: Histoire abrégée de l'Astronomie (Paris 1899) 74, 86, 92, 96, 98, 158, 165, 168, 209, 269 [11]. — O. Behrendsen: Die mechan. Werkstätten der Stadt Göttingen, ihre Geschichte u. ihre gegenwärtige Einrichtung (Melle 1900) 12, 16, 17, 19, 21 [3]. — Paul Julius Möbius: Über die Anlage zur Math. A) Beisp. der Entwicklung bedeutender Mathematiker (Leipzig 1900) 35-37 (m. Bildn.); 2. Aufl. (1907) 30-32 (m. demselben Bildn.) [14]. — Siegmund Guenther: Geschichte der anorg. Naturwiss. im 19. Jahrhundert (Berlin 1901) 46 u. viele andere Seiten (Das 19. Jahrhundert in Deutschlands Entwicklung, 5) [14]. — Wilh. Schur: Beitr. zur Geschichte der Astron. in Hannover: Festschr. zur Feier des 150jährigen Bestehens der Ges. Wiss. Göttingen (Berlin 1901) 124-140 (m. 2 Bildn.) [3]. — Martin Brendel: Das Gauß-Archiv: Jber. Dtsch. Math. Ver. **12**, 1902 (1903) 61-63 [11; 15]. — Leo Koenigsberger: C. G. J. Jacobi: Festschr. zur Feier der 100. Wiederkehr seines Geburtstages (Leipzig 1904) passim [3]. — F. Mentré: La simultanéité des découvertes scientifiques: Rev. sci. (5) **2** (1904) 555-559 [12]. — O. Spieß: Archimed von Syrakus. Akad. Antrittsrede: Mitt. Gesch. Med. ⟨u.⟩ Naturwiss. **3** (1904) 224-246 [3]. — Ambros Sturm: Gesch. der Math. Neudruck (Leipzig 1906) 18, 130, 132, 133, 135, 138, 139, 143 [3]. — E. Wiechert: Das Inst. für Geophysik. In: Die physikal. Inst. der Univ. Göttingen, Festschr. 1905 (Leipzig-Berlin 1906) 119-188, besonders 120-130: Tätigkeit von Carl Friedrich Gauß [3]. — Alfred Loewy: Die Gaußsche Sterbeformel: Z. ges. Vers.-Wiss. **6** (1906) 517-519 [1]. — Otto Bryk: Entwicklungsgeschichte der reinen u. angewandten Naturwiss. im 19. Jahrhundert **1** (Leipzig 1909) XXVIII, 56, 58-59, 60, 114, 228, 285, 333-334, 343, 366-367, 376, 378-379, 386, 431, 612-613 [15]. — Th. Karrass: Geschichte der Telegraphie. 1. Teil (Braunschweig 1909) 28, 128-132, 689 (Telegraphen- u. Fernsprech-Technik in Einzeldarst., 4) [4]. — Ein neues Erinnerungszeichen an C. F. Gauß: Z. Vermess.-Wes. **38** (1909) 212-213, 280, 376, 567, 741-744 [7]. — E. T. Whittaker: A history of the theorie of aether and electricity from the age of Descartes to the close of the nineteenth century (London-Dublin 1910) 58, 225-231 268, 269 [3]. — Friedrich Dannemann: Die Naturwiss. in ihrer Entwicklung u. in ihrem Zusammenhange **2** (Leipzig 1910) 433 S.; **3** (Leipzig 1911) 400 S.; passim [3; 14]. — Max Geitel: Entlegene Spuren Goethes (München-Berlin 1911) 12 [3]. — Felix Müller: Der math. Sternenhimmel des Jahres 1811. Rückblick auf die Math. vor 100 Jahren (Festschr. zur Feier des 100jährigen Bestehens der Fa. B. G. Teubner): Z. math. u. naturwiss. Unterr. **42** (1911) 124-125 [3]. — Pierre Duhem: Die Wandlungen der Mechanik u. der mechan. Naturerklärung. Autor. Übers. von Philipp Frank (Leipzig 1912) 71, 80, 81, 82, 231, 331 [3]. — Newton, Cotes, Gauß, Jacobi. Vier grundlegende Abh. über Interpolation u. genäherte Quadratur (1711, 1722, 1814, 1826) übers. bzw. hrsg. u. m. einem erläuternden Anhang vers. von Arnold Kowalewski (Leipzig 1917) 26-68, 94-102 [3]. — Alfred Loewy: Inwieweit kann Vandermonde als Vorgänger von Gauß bezügl. der algebr. Auflösung der Kreisteilungsgleichungen $x^n = 1$ angesehen werden?: Jber. Dtsch. Math. Ver. **27** (1918) 189-195 [Ha 2]. — H. Wieleitner: Der Begriff der Zahl in seiner log. u. histor. Entwicklung **2** (Leipzig-Berlin 1918) 58 S. [C. F. G.: S. 48, 57] (Mathem.-physik. Bibl., 2) [101]. — Leo Koenigsberger: Mein Leben (Heidelberg 1919) 37, 54, 113, 213-214 [3]. — W[ilhelm] Ahrens: Mathematiker-Anekdoten, 2. Aufl. (Leipzig-Berlin 1920) 8-12 (m. 2 Bildn.) (Mathem.-physik. Bibl., 18) [101]. — H. E. Timerding: Kant u. Gauß: Kantstudien **28** (1923) 16-40 [3]. — A. Galle: Eine Äußerung von Gauß über Kant: Weltall **24** (1924/1925) 230 [3]. — Wilhelm Ahrens: Die „kleinen Planeten" u. Gauß' Kinder: Weltall **24** (1925) 205-213 [3]. — Johannes Reinke: Mein Tagewerk (Freiburg i. Br. 1925) 452 [3]. — Gerhard Stammler: Der Zahlbegriff seit Gauß (Halle 1925) 3, 44 (Anm.), 45, 67, 68, 70, 72, 77, 78, 98 [3; 14]. — Felix Klein: Vorlesungen über die Entwicklung der Math. im 19. Jahrhundert 1 (Berlin 1926) siehe Reg. S. 383; 2 (1927) 15, 16, 20, 109, 122, 146, 147, 148 (Die Grundlehren der math. Wiss., 24/25) [3]. — O. Birck: Die unveröffentl. Apexberechnungen von C. F. Gauß: Vjschr. astron. Ges., Leipzig **61** (1926) 46-74 (m. 9 Fig.) [3]. — Wilhelm Ahrens: Wie Gauß zu seiner Osterformel kam: Weltall **26** (1927) 137-138 [3]. — Zwei große Naturforscher des 19. Jahrhunderts. Ein Briefwechsel zwischen Emil Du Bois-Reymond u. Karl Ludwig (Leipzig 1927) 51, 53-54, 196 [3]. — Hans Schimank: Zur Geschichte der exakten Naturwiss. in Hamburg (Hamburg 1928) 121, 123 [101]. — Alfred Meder: Direkte u. indirekte Beziehungen zwischen Gauß u. der Dorpater Univ.: Arch. Gesch. Math., Naturwiss. Techn. **11** (1929) 62-67 (m. Brief von G. an Hofrath u. Prof. von Parrot aus Göttingen vom 20. Aug. 1809) [3]. — Das akad. Deutschland 1 (Berlin 1930) 160, 162, 427, 478, 549 (m. Bildn. S. 155); 2 (1930) 31 [3]. — Heinrich Mack: Das Gaußmuseum in Braunschweig: Museumskunde N.F. **1**, 1929 (1930) 122-125 [101]. — Erich Stenger: 175 Jahre „Voigtländer": Satrap **7** (1931) 169-176 (m. 13 Bildn., 6 Abb.) [101]. — A. Jestädt: Kurhessische Landesvermessung im Fuldaer Lande: Fuldaer Gesch.Bl. **25** (1932) Nr. 5, S. 77-80 [3]. — Ge.: Gauß u. Weber verwenden um Ostern 1833 in Göttingen den ersten elektr. Telegraphen: VDI-Nachr. **13** (1933) Nr. 15, S. 1 (m. 1 Bildn., 3 Abb.) [101]. — Wilhelm Jaeger: Gauß u. das absolute Maßsystem: Forsch. u. Fortschr. **9** (1933) 143-144 [Ha 2]. — Harold Jeffreys: On Gauss' proof of the normal law of errors: Proc. Cambridge philos. Soc. **29** (1933) 231-234 [Ha 2]. — R.: Die Gauß-Weber-Feier in Göttingen. 100 Jahre elektromagnet. Telegraph: VDI-Nachr. **13** (1933) Nr. 49, S. 2 [101]. — R. W. Pohl: Zur Jahrhundertfeier des elektromagnet. Telegraphen von Gauß u. Weber: Nachr. Ges. Wiss. Göttingen, Geschäftl. Mitt. **1933/1934** (1934) 49-56 (m. 8 Abb.) [3]. — Franz Schnabel: Deutsche Geschichte im 19. Jahrhundert 3 (Freiburg 1934) 133, 160, 216-220, 236, 303, 310, 392, 393, 433 [3]. — D. J. Struik: Outline of a history of differential geometry II: Isis [Bruges] **20** (1934) 161-191 [15]. — G. N. Watson: Scraps from some mathematical note-books: Math. Gaz. **18** (1934) 5-18 [15]. — Johannes Mahrenholz: Anekdoten aus dem Leben deutscher Mathematiker (Leipzig-Berlin 1936) 22-29 (m. Bildn.) (Math.-physik. Bibl., R. 1, 18) [101]. — Erich Göllnitz: Über das Anagramm von C. F. Gauß, das die mittleren Bewegungen der Planeten Pallas u. Jupiter betrifft: Jber. Dtsch. Math. Ver. **47** (1937) 59 kursiv. — Heinrich Konen: Physikal. Plaudereien. Gegenwartsprobl. u. ihre techn. Bedeutung (Bonn [1937]) 134, 142, 147, 156, 184, 216, 284, 356 (m. Bildn. 135) [3]. — Kurt Lips: Die mitteleurop. Dreiecksvermessungen vor dem Jahre 1861: Mitt. Reichsamt Landesaufn. **1937**, Nr. 4, S. 307-308 (m. Bildn.) [101]. — Götz von Selle: Die Georg-August-Univ. zu Göttingen 1737-1937 (Göttingen 1937) siehe Reg. 390 [3]. — Gerhard Geißler: Europ. Dokumente aus 5 Jahrhunderten. Gesichtet u. erläutert (Leipzig 1939) 497-498 [101]. — Bruno Wachsmuth: Der Arzt in der Dichtung unserer Zeit (Stuttgart 1939) 64 [3]. — Gauß u. die erdmagnet. Forschung: Zeit im Querschnitt **8** (1940) 205-206 [101]. — Albrecht Saathoff: Geschichte der Stadt Göttingen seit der Gründung der Univ. (Göttingen 1940) 148-156 (m. 2 Bildn., 1 Abb.) [3]. — Harald Geppert: Wie Gauß zur ellipt. Modulfunktion kam: Dtsch. Math. **5** (1940) 158-175 [3]. — Ernst Zinner: Entstehung u. Ausbreitung der coppernicanischen Lehre (Erlangen 1943) 389, 397, 412, 483 (Bildn.) [101]. — Julius Bartel: Erdmagnetismus zu Gauß' Zeiten u. heute: Naturwiss. **33** (1946) 140-149 [3]. — Georges Perrier: Kurze Geschichte der Geodäsie (Bamberg 1950) 57, 75, 94, 95, 159, 160 (m. Bildn. Taf. 10) [101]. — Physiker-Anekdoten. Gesammelt u. mitget. von Kollegen (Illustr. von Erika Brüche) Folge **2** (Mosbach/Baden 1953) 21 [101]. — Hans-Günther Körber: Alexander von Humboldts u. C. F. Gauß' organisator. Wirken auf geomagnet. Gebiet: Forsch. u. Fortschr. **32** (1958) 1-8 [3; Ha 2]. — Th. Gerardy: „Geodätischer Calcul nach Gauß" u. die Vermessung des Ätna: Allgem. Vermess.-Nachr. **1959**, 105-116 [101]. — Kurt-R. Biermann: Johann Peter Gustav Lejeune Dirichlet. Dokumente für sein Leben u. Wirken: Abh. Dtsch. Akad. Wiss., Kl. Math. Physik, Techn. **1959**, Nr. 2, siehe Reg. S. 82 [3]. — Karl Heinrich Wiederkehr: Wilhelm Webers Stellung in der Entwicklung der Elektrizitätslehre. Diss. (Hamburg 1960) siehe Reg. S. 249 [3]. — Otto Fahlbusch: 50 Jahre Gaußturm am Hohen Hagen: Niedersachsen **61** (1961) 462-463 (kleine Abb.) [Der Gaußturm ist 1963 eingestürzt] [89]. — Wilhelm Ebel: Catalogus Professorum Gottingensium 1734-1962 (Göttingen 1962) S. Ph 1, 106 [3]. — Kurt-R. Biermann: Zwei ungeklärte Schlüsselworte von C. F. Gauß: Monatsber. Dtsch. Akad. Wiss. Berlin **5** (1963) 241-244 [1]. — Horst Michling: Die weitere Entwicklung der Gauß-Gesellschaft: Mitt. Gauß-Ges. (Göttingen) **1** (1964) 12-16 [7]. — Karl Heinrich Wiederkehr: Aus der Geschichte des Göttinger Magnetischen Vereins u. seiner Resultate: Nachr. Akad. Wiss. Göttingen, math.-physik. Kl. **1964**, 165-205 [Ha 2]. — Kurt-R. Biermann: Aus der Entstehung der Fachsprache der Wahrscheinlichkeitsrechnung (m. unveröff. Ausführungen von C. F. Gauß): Forsch. u. Fortschr. **39** (1965) 142-144 (m. 1 Abb.) [Ha 2; 3]. — Kurt-R. Biermann: Die Probl. der Schwereänderung u. der Polhöhenschwankung sowie Fragen der Sterblichkeits- u. Blitzstatistik in einem Brief vom 14. Apr. 1846 von C. F. Gauß an Alexander von Humboldt: Forsch. u. Fortschr. **39** (1965) 357-359 [Ha 2]. – Horst Michling: Zum Projekt einer Gauß-Sternwarte in Braunschweig: Mitt. Gauß-Ges. (Göttingen) **3** (1966) 24 (m. 1 Abb.) [7]. – Horst Michling: Vom weiteren Wirken der Gauß-Gesellschaft: Mitt. Gauß-Ges. (Göttingen) **3** (1966) 35-38 (m. 6 Abb. u. Faks. der Todeseintrag. im Kirchenbuch vom 1. Apr. 1855) [7]. – Kurt-R. Biermann: Versuch der Deutung einer Gaußschen Chiffre: Monatsber. Dtsch. Akad. Wiss. Berlin **11** (1969) 526-530 [1].

Bildn., Denkmal, Medaillen Illustr. Ztg., Leipzig **24** (1855) 183-184 (m. Bildn.); **68** (1877) 321 (m. Bildn. m. Faks.); **75** (1880) 67 (m. Schapers Gauß-Statue in Braunschweig) [14]. – Ludwig Bechstein: 200 Bildn. u. Lebensbeschreibungen berühmter deutscher Männer, 2. Aufl. (Leipzig 1857) Nr. 59 (m. Kurzbiogr.); 3. Aufl. (Leipzig 1870); 5. Aufl. (Leipzig 1890) [14]. – C. Laverrenz: Die Medaillen u. Gedächtniszeichen der deutschen Hochschulen. Ein Beitr. zur Geschichte der Univ. Deutschlands **2** (Berlin 1887) 137, Taf. 50, Nr. 195 [3]. – Woldemar von Seidlitz: Allg. histor. Porträtwerk Ser. 11 (München 1888) Taf. 84 (m. Biogr. auf Deckblatt) [14]. – Science **13** (1889) 409 (Doppelbildn. Gauß-Weber) [14]. – Wilhelm Bölsche: In: Das 19. Jahrhundert in Bildn. **1** (Berlin 1898) 141-143 (m. Bildn. Nr. 116) [3]. – Library of Harvard University. Bibliographical Contributions (Cambridge 1898) 19 Bildn., Nr. 53 (Lithograph by E. Ritmüller from painting by Jensen) [3]. – Das Gauß-Weber-Denkmal in Göttingen [von Ferd. Hartzer]: Illustr. Ztg., Leipzig **112** (1899) 867 [14]. – K. Schwarzschild: Notiz über das . . . angebl. Gauß-Bild [ist ein Bildn. von Bessel]: Astron. Nachr. **164** (1904) 70 [3]. – Astron. Nachr. **217** (1923) Bildn. u. Faks. nach S. 486 [3]. – Ortwin Meier: Heinrich Friedrich Brehmer, der Meister der deutschen Porträtmedaille des 19. Jahrhunderts (Hildesheim-Leipzig 1927) Taf. 23 (Medaillon) [14]. – A. Wietzke: Das wieder aufgefundene Jugendbild von Carl Friedrich Gauß [26jährig]: Jahrb. Dtsch. Math. Ver. **41** (1931) Abt. 2, S. 1-2 (m. 1 Bildn.); auch Umschau **34** (1930) 154 (m. 1 Bildn.) [3]. – R. C. A[rchibald]: A Gauss statuette: Scripta math. **4** (1936) 195 [15]. – Plakette von der Georg-August-Univ. Göttingen zu Ehren von Carl Friedrich Gauß u. Wilhelm Weber geschaffen. Von Hanns Bastanier: Velhagen u. Klasings Mh. **50** (1936) 330 (m. 1 Abb.) [3]. – Die Großen Deutschen im Bild. Hrsg. von Alfred Hentzen u. Niels von Holst (Berlin 1936) 362 (Gemälde von Christian Albrecht Jensen) [3]. – Max Voit: Bildn. Göttinger Prof. aus 2 Jahrhunderten (1737-1937) (Göttingen 1937) Nr. 69 [101]. – Die deutschen Techn. Hochschulen (München 1941) Gemälde von J. C. A. Schwarz (Bücher der dtsch. Technik) [14]. – Deutsches Museum, Sonderausg. Illustr. Bayer. Monatsschr. Bayerland, Juni **1955**, S. 16 [Ha 2]. – In: C. F. Gauß u. die Landesvermessung in Niedersachsen (Hannover 1955) [101]: Titelbildn. nach dem Gemälde von Chr. A. Jensen (um 1837); S. 1: Geburtshaus in Braunschweig am Wendengraben Nr. 1550; S. 3: Ehem. Braunschw. Landesuniv. „Julia Carolina" in Helmstedt (bis 1810); S. 3: Wohnhaus von J. F. Pfaff in Helmstedt, Holzberg **4**, bei dem C. F. Gauß 1799 wohnte; S. 5: C. F. Gauß im 26. Lebensjahr. Nach einem Gemälde von Schwarz; S. 7: Sternwarte in Göttingen um 1820; S. 9: C. F. Gauß. Steinstich von F. Bendixen 1828 (aus Astron. Nachr.); S. 11: C. F. Gauß, Stich von Ritmüller um 1837; S. 11 Grundriß von Göttingen um 1833 mit eingetragener Telegraphenleitung; S. 11: C. F. Gauß vor der Sternwarte Göttingen; S. 13: C. F. Gauß auf dem Totenbette am 23. 2. 1855; S. 15: Grabmal in Göttingen; S. 15: Plakette von C. F. Gauß auf dem Grabmal in Göttingen (Aufnahme 1955); S. 17: Sternwarte Göttingen 1955. – (Horst Michling): Zu den Porträts von Gauß u. Olbers: Mitt. Gauß-Ges. **2** (1965) 3-6 (m. 2 Bildn.) [7]. – Horst Michling: Zur Gaußbüste von Friedrich Künkler: Mitt. Gauß-Ges. Göttingen **3** (1966) 3-4 (m. 1 Abb. neben S. 4 u. 4 Abb. neben S. 35) [7]. – K. Goetschi, in: Schätze im Deutschen Museum. Hrsg. von H. Auer u. F. Klemm (Düsseldorf 1968) 64-65 m. 1 Bildn., 1 Abb. [101]. – Horst Michling: Zur Gaußbüste von Heinrich Hesemann: Mitt. Gauß-Ges. Göttingen **4** (1967) 3-5 m. Abb. [7].

I **GMELIN,** Leopold. Med. Chem. – 1813 Dozent, 1814 ao. Prof., 1817–1851 o. Prof. Med. u. Chem. Univ. Heidelberg. Schöpfer des Handbuchs der anorg. Chem.

*1788, Aug. 2, Göttingen;
†1853, Apr. 13, Heidelberg.

Sohn von Johann Friedrich G. (1748-1804)

Genealog. Leopold Gmelin belonged to a family . . .: Quarterly J. Chem. Soc. London **7** (1855) 144-149 [7]. – Biogr. geneal. Blätter aus u. über Schwaben (Stuttgart 1879) 260 [3]. – Paul Walden: The Gmelin chemical dynasty: J. chem. Educat. **31** (1954) 534-541 [1].

Bibliogr. Alm. Akad. Wiss. Wien **2** (1852) 165-167 [Ha 2]. – Cat. scient. Papers **2** (1868) 920-922 (47 Nr.) [3]. – Cat. gén. Bibl. nat. **61** (1915) Sp. 347-348 (7 Nr.) [3]. – Brit. Mus. Gen. Cat. **87** (1961) Sp. 323-324 (14 Nr.) [3].

Briefe Briefe an Ludwig Tieck. Ausgew. u. hrsg. von Karl von Holtei **1** (Breslau 1864) 231-232 (2 Briefe Gmelins am 27. Apr. 1831 u. 12. Juni 1833) [3]. – E. Pietsch: Leopold Gmelins Briefwechsel: Angew. Chem. **50** (1937) 806 [Ha 15].

Nekr. Alm. Akad. Wiss. Wien **3** (1853) 135 [3]. – Zwei Reden, gehalten am Grabe von Leopold Gmelin (Heidelberg 1853) 8 S. [im Besitz von Ursula Gmelin]. In: Die Familie Gmelin u. die Naturwiss. Ein Rückblick auf drei Jahrhunderte (Frankfurt 1964) 28. – Berlin. med. Central-Ztg. **22** (1853) Sp. 404-407 [3].

Biogr. Johann Georg Meusel: Das gelehrte Teutschland **17** (1820) 733; **22** (1831) 386-387 [3]. – Adolph Carl Peter Callisen: Medicinisches Schriftsteller-Lexicon **7** (Copenhagen 1831) 251-254 (m. Schr.Verz.); **28** (Copenhagen 1840) 220-221 [3]. – Fr. Wilh. Theile: Allgemeine Encyklopädie der Wiss. u. Künste hrsg. von J. S. Ersch u. J. G. Gruber. Sect. I, **70** (1860) 394-395 [3]. – Ad. M. [Adolf Mayer]: Badische Biogr. **1** (1875) 308-314 [3]. – Heidelberger Prof. aus dem 19. Jahrhundert. Festschr. der Univ. zur Zentenarfeier ihrer Erneuerung **2** (Heidelberg 1903) 10, 12, 68, 159, 361-362 [3]. – Eberhard Stübler: Geschichte der med. Fakultät der Univ. Heidelberg 1386-1925 (Heidelberg 1926) 256-259 (m. Bildn. 255) [3]. – Otto Cartellieri: Heidelberger Prof. des vergangenen Jahrhunderts (Heidelberg 1928) 17-18 (m. Bildn.), 177 [101]. – M. A. Bloch: Biogr. spraw. **1** (Leningrad 1929) 249-250 [15]. – G.: Biogr. Lexikon der hervorragenden Ärzte aller Zeiten u. Völker, 2. Aufl. **2** (Berlin-Wien 1930) 777-778 (m. Schr.- u. Lit.Ang.) [3]. – Paul Koenig: Die Entdeckung des reinen Nikotins im Jahre 1828 an der Univ. Heidelberg durch Reimann u. Posselt ... (Bremen 1940) 27 (m. Bildn.) [101]. – F. Kolbeck: Hofrath Gmelin aus Heidelberg [im Fremdenbuch des Werner-Museums der Bergakad. Freiberg, 16. Sept. 1826]: Bl. Bergakad. Freiberg Nr. 24 (Juli 1941) 19-20 [3]. – B.: Leopold Gmelin: Arch. Pharmaz. **129** (1954) 209-215 [3]. – Nikolaus Mani: Das Werk von Friedrich Tiedemann u. Leopold Gmelin: „Die Verdauung nach Versuchen" u. seine Bedeutung für die Entwicklung der Ernährungslehre in der ersten Hälfte des 19. Jahrhunderts: Gesnerus **13** (1956) 190-214 [Ha 2]. – A. A. Zworykin: Biografičeskij slovar' dejatelej estestvoznanija i techniki [Biogr. Wörterbuch der Naturforscher u. Techniker] **1** (Moskva 1958) 246 [Ha 2]. – Die Heidelberger Medizinische u. Naturwissenschaftl. Fakultät nach der encyclopäd. Zeitschrift „Hesperus" von 1831 mit Ergänzungen: In: Ruperto-Carola. Sonderband. Aus der Geschichte der Univ. Heidelberg u. ihrer Fakultäten (Heidelberg 1961) 360-363 (m. Bildn. u. Faks. 364) [3]. – Erich Pietsch: NDB **6** (1964) 480-481 [3]. – Karl Freudenberg: Die Chemie in Heidelberg zur Zeit von L. Gmelin, R. Bunsen, V. Meyer u. Th. Curtius: Heidelberger Jahrb. 8 (1964) 87-92 [101].

Gmelins Handbuch der anorganischen Chemie Erich Pietsch: Rdsch. techn. Arb. **16** (1936) Nr. 28, S. 2 [101]. – Bernhard Sticker: Auch eine Geschichte der Chem.: Sudhoffs Arch. Gesch. Med. ⟨u.⟩ Naturwiss. **48** (1964) 79-82 [3].

Zum 150. Geburtstag E. Pietsch (mit E. Beyer): Leopold Gmelin – der Mensch, sein Werk u. seine Zeit: Ber. Dtsch. chem. Ges. A **72** (1939) 5-33 (m. Bildn. u. Faks., Schr.Verz. 30-33) [3]. – E. Pietsch: Rdsch. Dtsch. Techn. **18** (1938) Nr. 32, S. 9 (m. Bildn.) [101]; Dtsch. Chemiker **4** (1938) 35-38 (m. 1 Bildn. u. 1 Abb.) [101]. – Erich Pietsch: Erinnerungsschrift aus Anlaß der 150. Wiederkehr des Geburtstages von Leopold Gmelin (Berlin 1938) 15 S., 1 Taf. [3]. – Vom alten zum neuen Gmelin: Chem. Ind. **61** (1938) 233 [101].

Zum 100. Todestag Erich Pietsch: Chimia 7 (1953) 49-57 (m. 1 Bildn., Abb.) [1]; Chemiker-Ztg. **77** (1953) 237-240 (m. 1 Bildn. m. Faks., 1 Faks.-Brief vom 15. Juli 1830 aus Stockholm) [3].

Weitere Lit. A. Philippe: Geschichte der Apotheker bei den wichtigsten Völkern der Erde. Aus dem Französischen übersetzt von Hermann Ludwig, 2. Aufl. (Jena 1858) 617, 733, 759, 763, 766, 768, 816, 879 [39]. – James Sheridan Muspratt: Chemistry, theoretical, practical, and analytical, as applied and relating to the arts and manufactures: **2** (London-Glasgow-Edinburgh 1860) (ohne Seitenzählung, Titelbildn.) [Brit. Mus.; 15]. – Jac[ob] Moleschott: Für meine Freunde, Lebens-Erinnerungen (Gießen 1894) 79, 87-88, 166, 168 [Ha 2]. – Robert von Mohl: Lebens-Erinnerungen 1799-1875 **1** (Stuttgart-Leipzig 1902) 105, 236 [3]. – Theodor Curtius: Viktor Meyer. Heidelberger Prof. aus dem 19. Jahrhundert. Festschr. der Univ. zur Zentenarfeier ihrer Erneuerung **2** (Heidelberg 1903) 10, 12, 68, 159, 361-362 [3]. – W. Herz: Grundzüge der Geschichte der Chem. (Stuttgart 1916) 66, 74 [3]. – Mary Elvira Weeks: The Discovery of the elements. 3. ed. rev. (Easton, Pa. 1935) 167 (m. Bildn.) [14]. – Paul Walden: Der Deutschen Chemischen Gesellschaft zum 75jährigen Jubil.: Ber. Dtsch. chem. Ges. **75** A (1942) 169, 170, 173, 180, 181 [3]. – Der Briefwechsel zwischen Otto Schott u. Ernst Abbe über das opt. Glas 1878-1881. Bearb. von Herbert Kühnert (Jena 1946) 33, 34, 36, 40, 45 (Veröff. Thür. histor. Kommission, 2) [3]. – Eugène Cattelain, Point d'histoire sur quelques réactions classiques utilisées en biochimie pour caractériser les pigments et sels biliaires: Ann. pharmac. franç. 8 (1950) 579-585 [1]. –

Wilhelm Prandtl: Deutsche Chemiker in der 1. Hälfte des 19. Jahrhunderts (Weinheim 1956) 90, Bildn. in jüngeren Jahren 143 [3]. — D. Furfaro, Reazione di Gmelin o di Marabelli?: Riv. Stor. Med. 8 (1964) 230-243 [UB Basel; Lausanne BCU]. — J. Erik Jorpes: Jac. Berzelius. His life and work (Stockholm 1966) 98-99 (Bidrag till Kungl. Svenska Vetenskapsakademiens Historia, 7) [3].

Bildn. Leopold Gmelin: Preußen u. die durch sein Landes-Comité vertretenen deutschen Staaten auf der Ausstellung: Chronik der Kunstgewerbe-Ausstellung in München 1888, hrsg. von Paul von Salvisberg, S. 307-316 (m. Bildn. ⟨Bild VII⟩) [14]. — Reinhold Scholl: Bildnissammlung der Univ. Tübingen 1477-1927 (Stuttgart 1927) 28 [101]. — Gedenktafel für Leopold Gmelin u. August Kekulé: Chemie f. Labor u. Betrieb **10** (1959) 176 [Ha 2].

GOEBEL, Johann Heinrich Christoph Conrad. Erfinder der Kohlenfadenlampe. — Lehre als Optiker u. Uhrmacher; Arbeit für das Polytechnikum in Hannover. Er wanderte 1848 nach Amerika aus, lebte in New York. 1854 Erfindung der elektrischen Glühlampe. Prioritätsstreit mit Edison, den er 1893 kurz vor seinem Tode gewann.

*1818, Apr. 20, Springe bei Hannover; †1893, Dez. 16, New York.

Nekr. Gartenlaube **1893,** 180 [14].

Biogr. Lothar Arends: Geschichtsbl. Techn. Ind. Gewerbe **2** (1915) 114-115 (m. 1 Bildn. u. 1 Abb.) [15]. — Conrad Matschoss: Männer der Technik (Berlin 1925) 91 [101]. — Walter Schulze: Umschau **30** (1926) 988-989 [3]. — M. A. Bloch: Biogr. spraw. **1** (Leningrad 1929) 250 [15]. — VDI-Nachr. **9** (1929) Nr. 39, S. 2 (m. Abb. Gedenktafel) [101]. — Karl Skowronnek: Arch. Gesch. Math., Naturwiss. Techn. **12** (1930) 210-212 (m. 1 Bildn., 2 Abb.) [3]. — Herbert Linz: Wie sie wurden. Westfäl.-niederrheinische Handwerker aus 6 Jahrhunderten (Dortmund 1937) 117-121 (Bildn.) [101]. — Handwerk - Lebenswerk, dargest. von Ossip Demetrius Potthoff u. Karl Zeleny (Langensalza-Berlin-Leipzig 1937) 227-231 (m. Bildn.) [3; 14]. — Heinrich Goebel. Leben u. Werk: Heimatland **1954,** 104-106 (m. Bildn.) [101]. — Hermann Ullrich-Hannibal: Rund um Hannover **6** (1958) Nr. 4, S. 15-18 (m. 9 Abb.) [101]. — Elektronachr. **1960,** 62 (m. Abb. des Glühlampen-Denkmals in Springe) [101]. — Adolf Wißner: NDB **6** (1964) 503-504 [3]. — Wolfgang Baier: Quellendarst. zur Geschichte der Fotogr. (Leipzig 1965) 253 [3].

Zum 30. Todestag H. Beckmann: Elektrotechn. Z. **44** (1923) 1031-1034 (m. 1 Bildn. u. Faks., 5 Abb.) [101].

Zum 40. Todestag Berliner Illustr. Ztg. **42** (1933) 1832-1834 (m. 1 Bildn.) [101].

Zum 50. Todestag Walter Köhler: Forsch. u. Fortschr. **19** (1943) 351-352 [3]. — Josef K. F. Naumann: Uhrmacher-Z. **50** (1943) 82-84 (2 Bildn., 1 Abb.) [101].

Zum 120. Geburtstag Funk **12** (1938) 103-104 [210]. — O. — : Dtsch. opt. Wschr. **59** (1938) 128 [101]. — Opt. Rdsch. **29** (1938) 256 [101].

Zum 125. Geburtstag Nst.: Elektrotechn. u. Elektrotechn. Anzeiger (Pössneck) **1943,** Nr. 3 vom 19. 6., S. 20 [Ilm 1]. — Fördertechnik **36** (1943) 88 [3].

100 Jahre elektr. Glühlampe W. Arndt: Internat. Lichtrdsch. (Amsterdam) **1954,** Nr. 5, S. 172 [210]. — L. Croon: Nachrichtenbl. techn. wiss. Ver. Hannover **5** (1954) Nr. 6, S. 44-45 [210]. — Walter Köhler: Lichttechnik **6** (1954) 211-213 (m. 4 Abb.) [3]. — R. Mestermann: Nachrichtenbl. techn. wiss. Ver. Hannover **5** (1954) Nr. 7/10 S. 51 [210]. — Hans Schimank: Lichttechnik **6** (1954) 221 (m. Bildn.); ebenda: W. A.: S. 259 (m. Abb.) [3]. — Hermann Ullrich-Hannibal: Braunschweiger Kalender **1954,** 49-50 [101].

Weitere Lit. Ver. mit Industriebl. u. Illustr. Techn. **11** (1929) Nr. 41, S. XVI (m. Bildn.) [210]. — K. H. K.: Wissen u. Fortschr. **3,** 2 (1929) 290-291 (2 Bildn., 4 Abb.) [101]. — Männer, die aus dem Handwerk kamen: Allg. Schlosser- u. Maschinenbauer-Ztg. **42** (1940) 373-376 [101]. — Bild u. Ton **5** (1952) H. 1, Abb. 3 (m. biogr. Angaben S. 4-5) [14]. — Georg Blumberg: Militsch-Trachenberger Kreis- u. Stadtbl. [8] **1960,** Nr. 81, S. 2 [61].

I **GÖSSEL,** Johann Heinrich Gottlieb. Mineral. — Zuerst Schreiber in einer jurist. Expedition; seit 1812 am Kgl. Naturalienkabinett in Dresden (Galerie-Schreiber, seit 1844 Inspektor des Mineral. Kabinetts); 1833 Mitbegründer der Naturwiss. Ges. Isis in Dresden.

*1780, Juni 15, Friedrichswalde bei Pirna; †1846, Okt. 13, Dresden.

Lit. C. Tr. Sachse: Allg. dtsch. Naturhist. Ztg. **2** (1847) 211. — Wilhelm Ressel: Heilmagnetiseur Gössel in Dresden u. Generalmajor von Lippe ... oder die Schulmedizin im Kampf mit der Naturheilkunde. Eine deutsche Antwort auf kathederwissenschaftl. Ueberhebung, Herausforderung, Verleumdung u. Beschimpfung, zugleich ein Weckruf an den gesunden Menschenverstand im deutschen Volke (Dresden 1896) 20 S., 5 S. Zeitungsausschnitte (Sammlung Jaedicke, 83); dasselbe ohne Zeitungsausschnitte [14]. — Rudolph Zaunick: Gründung u. Gründer der Naturwissenschaftl. Ges. Isis in Dresden vor 100 Jahren. Eine bildungsgeschichtl. Entwicklung in Berichten über Leben u. Werk der zwölf Isis-Stifter: S.-Ber. Isis Dresden. Festschr. z. Feier des 100jährigen Bestehens (Dresden 1934) 26-28 [101]. — Walther Fischer: Mineral. in Sachsen von Agricola bis Werner (Dresden 1939) 176, 178-180, 182, 186, 203, 260, 261, 281, 300, 301, 312, 314, 315, 320 [3]. — Brit. Mus. Gen. Cat. 87 (1961) Sp. 683 (4 Nr.) [3].

I **GOETHE**, Johann Wolfgang von. Dichter u. Naturforscher. — Seine hervorragendste naturwiss. Leistung ist die Beschreibung des Zwischenkieferknochens beim Menschen. Er beschäftigte sich mit mehreren naturwiss. Gebieten, vor allem mit Morphologie, Optik u. Farbenlehre.

*1749, Aug. 28, Frankfurt/M.;
†1832, März 22, Weimar.

Ältere Literatur ist enthalten in der Bibliogr. (4554 Nr.): Günther Schmid: Goethe u. die Naturwiss. (Halle 1940) XV, 620 S. [15].

Werke Goethe als Naturforscher [Werke, Ausz.]. Aus Goethes naturwiss. Schriften, Briefen u. Gesprächen (Berlin 1947) 161 S. [14]. — Goethe: Schriften über die Natur. Geordnet u. ausgewählt von Gunther Ipsen (Stuttgart 1949) 343 S., Titelbildn., (nach einem Ölgemälde von Joh. Jos. Schmeller 1826/1827 m. Faks.) (Kröners Taschenausgabe, 62). — Die Schriften zur Naturwiss. [Teils.] Vollst. Ausgabe. Hrsg. im Auftr. der Deutschen Akad. der Naturforscher (Leopoldina) zu Halle von Rupprecht Matthaei, Wilhelm Troll u. Lothar Wolf. Abt. 1 (Texte) Bd **6**: Zur Farbenlehre. Histor. Teil (Weimar 1957) XVII, 450 S.; Bd **9**: Morpholog. Hefte (Weimar 1954) XI, 389 S., 32 Taf.; Bd **10**: Aufsätze, Fragmente, Studien zur Morphol. (Weimar 1964) VII, 408 S. (alle 3 Bde bearb. von Dorothea Kuhn) [Ha 2].

Genealog. Erich Wentscher: Mutter Goethe. Zur Ehre ihres 200. Geburtstages: Ekkehard **7** (1931) 130 (m. Bildn. u. Faks.) [3]. — H. O. Kleine: Der Untergang der Goethe-Sippe (Stuttgart 1954) 68 S. m. 5 Abb. [UB Wien]. — Siegfried Rösch: Goethes Verwandtschaft (Neustadt/Aisch 1954) VIII, 452 S. m. Abb. u. Titelbildn. (Bibl. familiengesch. Arbeiten, 16, zugleich Forschungen zur hess. Familien- u. Heimatkunde, 6, 2) [3].

Bibliogr. Goethe: Titelverz. der 1941-1950 in dtsch. Sprache erschienenen Neuausg. seiner Werke hrsg. von Andreas B[runo] Wachsmuth. Bd **16** (Weimar 1954) XIII 365 S., 20 S. mehr. Taf. — Goethe-Handbuch. Goethe, seine Welt u. Zeit u. Wirkg. Unter Mitw. zahlr. Fachgelehrten hrsg. von Alfred Zastrau. Lfg 1. 2 (Stuttgart [1955]) 160 Sp., Sp. 161-320. — Hans Pyritz: Goethe-Bibliogr. Lfg 2-4 (Heidelberg 1957) [3].

Briefe Briefe großer Naturforscher u. Mathematiker. Gesammelt u. erläutert von Max Bense (Köln 1943) 81-88 [3].

Biogr. Wolfgang H. Veil: Goethe als Patient (Jena 1939) 71 S., 2 Bildn. [Kritisches von E. Kretschner, in: Dtsch. med. Wschr. **71** (1946) 324-325] [3]. — F. Sorge: Goethe im Spiegel seines letzten Leibarztes [Dr. Carl Vogel]: Med. Welt **15** (1941) 1159-1161 [15]. — Franz Goetting: Chronik von Goethes Leben (Frankfurt/M. 1963) 145 S. [101]. — Willy Andreas: Carl August von Weimar. Ein Leben mit Goethe 1757-1783 (Stuttgart 1953) 612 S., Titelbildn., Abb. [3]. — Wolfgang Vulpius: Goethe in Thüringen. Stätten seines Lebens u. Wirkens (Rudolstadt 1955) 251 S. m. 20 Taf. u. 1 Karte [3]. — Ernst Frank: Goethes böhmische Wanderungen (Frankfurt/M. 1956) 159 S. [101]. — Tagebücher. Ausgew. u. eingel. von Herbert Nette (Düsseldorf-Köln 1957) 286 S. (Diederichs Taschenausgaben) [101]. — A. A. Zworykin: Biografičeskij slovar' dejatelej estestvoznanija i techniki [Biogr. Wörterbuch der Naturforscher u. Techniker] **1** (Moskva 1958) 235-237 [Ha 2]. — Wilhelm Flitner: NDB **6** (1964) 546-575 [15]. — Bernhard Gajek u. Franz Götting: Goethes Leben u. Werk in Daten u. Bildern. Unter Mitw. von Jörn Göres (Frankfurt/M. 1966) 523 S.; darin: 9-122 Chronik von Goethes Leben, 123-364 Bildteil (m. 517 Abb., Bildn., Faks.), 365-480 Erläuterungen zu den Bildern, 484-495 Bibliogr. [101].

Goethe u. die Naturwissenschaften im allgemeinen Eberhard Buchwald: Goethesche Naturschau: Naturwiss. **33** (1946) 259-265 (m. 1 Abb.) [3]. — W. Brednow: Goethe u. naturwissenschaftl. Gesellschaften: Z. ges. inn. Med. ⟨Grenzgeb.⟩ **4** (1949) 449-454 [Ha 2]. — Rudolf Magnus: Goethe as a scientist (Goethe als Naturforscher, engl.) Foreword by Günther Schmid (New York 1949) XIX, 259 S. [292]. — Raimund Pissin: Alexander von Humboldt u. Goethe: Berliner Hefte **4**, 2 (1949) 136-148 [3]. — Hans Kirste: Goethes Kritik der exakten Naturwiss. in seiner Faustdichtung: Münchener med. Wschr. **92** (1950) 1524-1527 [3]. — Eberhard Buchwald: Naturschau mit Goethe (Stuttgart 1960) 160 S. (Urban-Bücher, 43) [14]. — Walther Gerlach: Aufgabe u. Wert der Naturwiss. im Urteil Goethes. In: Humanität u. naturwiss. Forschung (Braunschweig [1962]) 18-41 (Die Wiss., 118) [3].

Goethe u. die Mathematik W. Maak: Goethe u. die Math.: Math.-physik. Sem. Ber. N.F. **1** (1950) [101]. – E. Brennecke: Goethe u. Gauß: Z. Vermess.-Wes. **77** (1952) 49-53 (m. Lit.Verz. S. 53) [3]. – Helmut Hönl: Goethe u. die math. Naturwiss. In: Gestaltende Kräfte im 19. Jahrhundert (Freiburg i. Br. 1954) 85-114 [Freiburger Dies Universitatis 2 (1953/1954)] [Ha 2]. – Martin Dyck: Goethes views on pure mathematics: The German Reviews **21** (1956) 49-69. – Martin Dyck: Goethes thought in the light of his pronouncements on applied and misapplied mathematics: PMLA Publ. mod. Lang. Assoc. Amer. **73** (1958) 505-515.

Goethe u. die Physik Karl Horn: Goethe als Energetiker, verglichen mit den Energetikern Robert Mayer, Ottomar Rosenbach, Ernst Mach (Leipzig 1944) 82-87 [14]. – Ernest Ising: Goethe as a physicist: Amer. J. Physics **18** (1950) 235-236 [7].

Goethe u. die Meteorologie Ludwig Weickmann: Witterungslehre zu Goethes Zeit u. heute, 2. Aufl. (Leipzig 1944) 18 S. (Veröff. Ortsvereinigung Leipzig Goethe-Ges. Weimar, 12) [14]. – hms: Goethe u. die Luftfahrt: Adler (Stuttgart) **17** (1959) 133 [101]. – A. M. Grimm: Goethe als Wetterprophet: Z. Meteorol. **3** (1949) 225-229 [101].

Goethe u. die Farbenlehre Wilhelm Bader: Goethes Farbenlehre als Ausdruck seiner Metaphysik (Hamburg 1939) 66 S. m. Quellennachweis [14]. – Hans Lipps: Goethes Farbenlehre (Leipzig-Wien 1939) 14 S. (Kaiser-Wilhelm-Inst. Kunst u. Kulturwiss. im Palazzo Zuccari, Rom. Veröff. Abt. Kulturwiss. R. 1, H. 16) [101]. – Rupprecht Matthaei: Die Farbenlehre im Goethe-Nationalmuseum. Führer durch die neue Darbietung der Farbenlehre im Museum u. das nachgelassene Gerät in Goethes Wohnhaus (Jena 1939) XII, 116 S. m. 20 Abb. u. 3 Taf. [14]. – R. Matthaei: Versuche zu Goethes Farbenlehre mit einfachen Mitteln (Jena 1939) XVI, 130 S., 32 Abb. [101]. – Rupprecht Matthaei: Die Farbenlehre im Goethe-Nationalmuseum. Eine Darst. auf Grund des gesamten Nachlasses in Weimar mit der ersten vollständigen Bestandsaufnahme (Jena 1941) XIX, 216 S. m. 60 Abb., mehrere Taf. [14]. – E. Houdremont: Über Goethes Farbenlehre u. den Begriff des Anschaulichen in wiss. Forschung u. Erkenntnis: Ber. Ges. Freunde TH Berlin N.F. **2** (1943) H. 1/2, S. 12-34 [83]. – F. P. Fischer: Zu Goethes Gedichten zur Farbenlehre: Gesnerus **6** (1949) 72-110 [Ha 2]. – Hans Podestà: Goethes „Umgewendeter Regenbogenstreif" u. das umgekehrte Spektrum: Naturwiss. **36** (1949) 339-340 (m. 2 Abb.) [3]. – Andreas Speiser: Goethes Farbenlehre: Gesnerus **6** (1949) 65-71 [Ha 2]. – Ruth Rahmeyer: Eine fast pädagogische Betrachtung zu Goethes Farbenlehre: Westermanns pädag. Beitr. **15** (1963) 26-30 [101]. – Peter Schmidt: Goethes Farbensymbolik. Untersuchungen zu Verwendung u. Bedeutung der Farben in den Dichtungen u. Schriften Goethes (Berlin 1965) 258 S., 1 Bl. Abb., Lit.Verz. 252-258. – (Rupprecht Matthaei u. Johannes Bischoff): Goethes Farbenlehre in Erlangen. 10. Ausstellung 10. Dez. 1966 bis 28. Febr. 1967 Stadtmuseum Erlangen (Erlangen 1967) 20 S., Titelbildn. [29].

Goethe u. die Chemie Arthur Dissinger: Goethe als Förderer von Döbereiner u. dessen Platinerforschung: Geistige Welt **4** (1949) 1-14. – Rupprecht Matthaei: Goethes Sinnenvertrauen: Farben, Lacke, Anstrichstoffe **4** (1950) 3-5 [101]. – James E. Cluskey: Goethe and Chemistry: J. chem. Educat. **28** (1951) 536-538 [Le 1]. – Alwin Mittasch: Döbereiner, Goethe u. die Katalyse (Stuttgart 1951) 62 S., Titelbildn. [Döbereiner], 24 Abb. [3]. – Ronald D. Gray: Goethe the Alchemist. A study of alchemical symbolism in Goethe's literary and scientific works (Cambridge 1952) X, 312 S. (m. 3 Taf., 5 Fig.) [3].

Goethe u. Bergbau, Mineralogie, Geologie, Geognosie Rovereto Gaetano: Wolfgango Goethe geologo in Italia (Roma 1942) 710-729 m. 10 Abb. (Atti della R. Accad. d'Italia. Memorie della classe di scienze fisiche, mat. e nat. 13, 6) [14]. – R. Heinz: Goethe, die deutsche Geol. u. Kopernikus: Beitr. Geol. Thür. **7** (1944) 269-275 [3]. – Leonhard Franz: Goethe u. die Urzeit (Innsbruck 1949) 192 S. m. 12 Taf. [14]. – Rudolf Hundt: Goethe u. die Geol. Ostthüringens (Gera 1949) 52 S. m. 10 Abb., davon 1) Umschlagbildn. m. Faks., 2) Zeichnung von K. A. Schwerdgeburth, 3) faks. Brief Goethes an Dr. Schottin in Köstritz [14]. – Joachim von Vulté: Goethes geol. Studien: Forum **3** (1949) 287-289 [14; 15]. – Wolf von Engelhardt: Goethes Geol.: Naturwiss. **37** (1950) 205-210 [3]. – Karl Hermann Scheumann: Das Reich der Steine in Goethes Welt: In: Goethe u. die Wiss. (Frankfurt 1951) 119-151 [3]. – Hans Seifert: Mineral. u. Geol. in Goethes Lebenswerk: Philos. naturalis **1952**, 2 H. 1, S. 72-99 [J 64]. – Walther Herrmann: Goethe u. Trebra. Freundschaft u. Austausch zwischen Weimar u. Freiberg (Berlin 1955) 212 S., 13 Bildn. u. Abb. (Freiberger Forschungsh., D 9) [3]. – Helmut Hölder: Goethes Geognosie als Bildungswert: Aus der Heimat, Naturwiss. Mschr. (Tübingen) **66** (1958) 121-125 [101]. – Helmut Hölder: Geol. u. Paläontol. in Texten u. ihrer Geschichte (Freiburg-München 1960) siehe Reg. S. 548 [101]. – D. Cameron: Early discoverers. 22: Goethe-discoverer of the ice age: J. Glaciology (London) **5** (1965) 751-754 [1].

Goethe u. die allgem. Biologie Adolf Meyer-Abich: Biol. der Goethezeit (Stuttgart 1949)

302 S. (m. Titelbildn. von Goethe u. Bildn. von Forster, A. von Humboldt, Lorenz Oken, C. G. Carus, K. E. von Baer u. Joh. Müller) [Ha 2]. – Hubert Erhard: Goethe u. die Urzeugung: Gesnerus 7 (1950) 76-79 [Ha 2]. – Georg Uschmann: Goethe u. der Pariser Akademiestreit. In: Beitr. zur Geschichte der Naturwiss., Techn. u. Medizin (Leipzig 1964) 180-193 [101].

Goethe u. die Morphologie Günther Müller: Die Gestaltfrage in der Literaturwiss. u. Goethes Morphologie (Halle 1944) 84 S. (Die Gestalt, 13) [3]. – Fritz (Bruno) Strauß: Goethe als Morphologe: Schweiz. med. Wschr. **76** (1946) 1092-1095 [101]. – Anton Kiesselbach: Goethes Zwischenkieferstudien: Med. Mschr. **2** (1948) 427-430 [3]. – Hermann Kuhn: Geprägte Form. Goethes Morphologie u. die Münzkunst (Weimar 1949) 62 S. m. 70 Abb. auf 25 Taf. (Schriften der Hallischen Goethe-Ges.) [14]. – Bernhard Peyer: Goethes Wirbeltheorie des Schädels: Neujahrsbl. Naturforsch. Ges. Zürich **94** (1949) Beih. 2/3 (1950) Stück 152, 129 S. [Ha 2]. – Max Pfannenstiel: Die Entdeckung des menschl. Zwischenkiefers durch Goethe u. Oken: Naturwiss. **36** (1949) 193-198 [Ha 2]. – Gottwalt Christian Hirsch: Goethes Entdeckung des Zwischenkiefers: Naturwiss. Rdsch. **4** (1951) 394-398 [Ha 2; 3]. – Hermann Bräuning-Oktavio: Vom Zwischenkieferknochen zur Idee des Typus. Goethe als Naturforscher in den Jahren 1780-1786 (Leipzig 1956) 144 S. m. 2 Abb. u. 6 Taf. Mit Namenverz. 140-144 (Nova Acta Leopoldina, N.F. 18, Nr. 126) [14]. – Friedrich Hiebel: Goethe. Die Erhöhung des Menschen. Perspektiven einer morphol. Lebensschau (Bern-München 1961) 280 S. m. 83 Nr. Literatur [14].

Goethe u. die Botanik Charles Baehni: M. de Goethe, botaniste: Gesnerus **6** (1949) 110-128 [Ha 2]. – G. Balzer: Goethes Bryophyllum. Ein Beitr. zu seiner Pflanzenmorphologie (Berlin-Kleinmachnow 1949) 88 S. [3]. – Konrad Gemeinhardt: Die „Scientia amabilis" in Goethes Leben u. seinen Werken: Pharmaz. Ztg. **85** (1949) 469-471 [3]. – Otto Renner: Goethes Verhältnis zur Pflanzenwelt von Jena gesehen. In: Dem Tüchtigen ist diese Welt nicht stumm. Beitr. zum Goethe-Bild (Jena 1949) 100-120 [3]. – Otto Schüepp: Goethe als Botaniker: Gesnerus **6** (1949) 144-158 [Ha 2]. – Hermann Weyland: Goethes Urpflanze im Licht der modernen Stammesgeschichte. Eine Betrachtung über die Wandlung des Entwicklungsgedankens: Sudhoffs Arch. Gesch. Med. <u.> Naturwiss. **38** (1954) 219-233 (m. 9 Abb.) [3].

Goethe u. die Zoologie Reinhard Froehner: Zu Goethes zoo-osteologischen Studien: Beitr. Gesch. Veterinärmed. **5** (1942/1943) 131-132 [101]. – Walter Brednow: Tier u. Mensch in Goethes naturwiss. Sicht (Berlin 1965) 44 S., 12 Taf. im Anhang (S.-Ber. Sächs. Akad. Wiss. Leipzig, math.-nat. Kl. 106, H. 6) [Ha 2].

Goethe u. die Pharmazie Berthold Anft: Runge, Goethe u. die Entdeckung des Koffeins: Pharmaz. Ind. **8** (1941) 277-280 [Ha 24]. – Hermann Gittner: Goethe als Förderer der wiss. Pharmazie (Halle 1945) Priv. Dr. 11 S. [14]. – Hermann Gittner: Goethe u. Trommsdorff: Pharmaz. Ztg. **85** (1949) 471-472 [3]. – Herbert Müller-Hester: Goethe u. die deutsche Apotheke: Apotheker-Ztg. **61** (1949) 29-31 [15]. – Georg Urdang: Goethe u. die Pharmazie: Pharmaz. Ztg. **85** (1949) 467-469 [3]. – George Urdang: Goethe and Pharmacy (Madison Wisc. 1949) 75 S. [38].

Goethe u. die Medizin H.: Goethe u. Mesmer: Hygiene-Korrespondenz **18** (1941) Nr. 17, [S. 7] [101]. – Hans Fischer: Goethe u. die wiss. Med. seiner Zeit: Gesnerus **6** (1949) 158-178 [Ha 2]. – Richard Kuehn: Goethe. Eine medizin. Biogr. (Stuttgart 1949) 59 S., Taf. nach S. 10 Ölgem. um 1765 aus Veil, Goethe als Patient; Taf. nach S. 22 Ölminiatur von Joh. Daniel Bager 1773; Taf. nach S. 38 Bleistiftzeichnung von F. W. Riemer um 1810; Zeittafel 57-59 [3; 14]. – Hans Steiner: Goethe u. die vergleichende Anatomie: Gesnerus: **6** (1949) 129-143 [Ha 2]. – Johannes Steudel: Paracelsisches Gut in Goethes Werk: Med. Welt **20** (1951) 62-64, 93-96 (Lit.Verz.) [15]. – B. von Hagen: Ein medizinhistor. Beitr. zur Faust-Interpretation: Naturwiss. **40** (1953) 311-313 [3]. – Hermann Voss: Goethes Stellung zu den anatomischen Präparierübungen: Wiss. Z. Univ. Jena, Math.-nat. Reihe **4** (1954/1955) 409-411 m. Abb. [Ha 2].) – Martin Lundqvist: Om naturforskaren Goethe: In: Fören. medicinhist. Museets Vänner, Årskr. **1956** 14 S. (m. 1 Bildn. u. 2 Abb.) [UB Lund/Schweden]. – G. A. Kittler: Goethe u. die Anfänge der modernen Veterinärmedizin: Fleischwirtschaft **15** (1963) 28-30 [101]. – P. Rom: Goethe on psychotherapy: J. individ. Psychol. **19** (1963) 182-184 [Genf]. – A. B. Wachsmuth: Goethe u. die Med.: Dtsch. Gesundheitswes. **20** (1965) 625-630 (dtsch. m. russ. u. engl. Zusammenfass.) [3]. – Wolfgang Kloppe: Medizinhistor. Miniaturen. Realismus u. Idealismus in Med. u. Naturphilos., dargest. an typ. Persönlichk. u. Ideologien (Berlin 1966) 124-143 (m. 1 Bildn., 1 Faks. u. 4 Abb.) [101].

Goethe u. die Technik Kurt Schuder: Der Techniker Goethe: Thür. Fähnlein **10** (1941) 146-149 [3]; Dtsch. Techn. **9** (1941) 417-418, 445-446 [101]. – Felix Fritz: Goethe u. die Frankfurter Wachstuchfabrik von Nothnagel: Das Maler- u. Tüncherhandwerk **24** (1950) 258 [101].

Goethe u. die Naturphilosophie Ernst Michel: Goethes Naturanschauung im Lichte seines Schöpfungsglaubens (Wiesbaden 1946) 32 S. [14]. – Fritz Seidel: Goethe gegen Kant. Goethes wiss. Leistungen als Naturforscher u. Philosoph (Berlin 1948) 119 S. (Philos. Reihe, hrsg. von Alfred Werner) [14]. – Carl Riemann: Polarität bei Goethe: Wiss. Z. Univ. Jena, gesellschaftswiss. u. sprachwiss. R. **4** (1954/1955) 163-182 [3].

Weitere Lit. Max Pulver: Kleine Studien zu Goethes Handschrift. In: Auf Spuren des Menschen (Zürich 1942) 114-124 (m. 4 Faks.) [ZB Zürich]. – Friedrich Waaser: Gestalt u. Wirklichkeit im Lichte Goethescher Naturanschauung (Halle 1942) 35 S. (Die Gestalt, 8) [3]. – Eduard Wechssler: Goethe u. die Ontologie von heute: German.-roman. Mschr. **30** (1942) 229-257 [3]. – Gaston Varenne: Goethe devant la nature et l'art (Paris 1943) 297 S. m. Bildn., 5 Abb. [3]. – M. Brion: Goethe (Paris 1949) 490 S. [UB Wien]. – Herbert Preisker: Goethe über Menschlichkeit u. Menschheit. In: Dem Tüchtigen ist diese Welt nicht stumm. Beitr. zum Goethe-Bild (Jena 1949) 7-20 [3]. – Erwin Hansen-Schmidt: Goethe als Student (Göttingen 1952) 29 S. [7]. – Oscar Fambach: Goethe u. seine Kritiker. Die wesentlichen Rezensionen aus der periodischen Literatur seiner Zeit, begleitet von Goethes eigenen u. seiner Freunde Äußerungen zu deren Gehalt. In Einzeldarst. mit einem Anhang: Bibliogr. der Goethe-Kritik bis zu Goethes Tod (Düsseldorf 1953) XII, 460 S. [3]. – Manfred Beyer: Die Goethe-Gedenkstätte im Inspektorhaus des Botan. Gartens zu Jena (Weimar 1954) 47 S., 4 Taf. [3]. – Ernst Beutler: Essays um Goethe, 5. Aufl. (Bremen 1957) 779 S. (Sammlung Dieterich, 101). – Rudolf Karl Goldschmit-Jentner: Eine Bildbiographie (München 1957) 151 S. (Kindlers klass. Bildbiogr.) [UB Wien]. – Wolfgang Kloppe: Du Bois-Reymond u. Goethe (Berlin 1958) 59 S. (Mensch, Natur u. Wissenschaft, 1) [101]. – Hans Ruppert: Goethes Bibl., Katalog. Bearb. (Weimar 1958) XVI, 825 S. (Goethes Sammlungen zur Kunst, Literatur u. Naturwiss.) [3]. – Geist u. Gestalt. Biogr. Beitr. Gesch. Bayer. Akad. Wiss. **2** (München 1959) 3, 73, 74, 75, 76, 78, 90, 219, 257, 260, 267 [3]. – Hermann Schmitz: Goethes Altersdenken im problemgeschichtl. Zusammenhang (Bonn 1959) [IV], 584 S. [14]. – Hanno Beck: Georg Forster u. Goethe über hessische Städte: Hessische Heimat (Melsungen) **9** (1959/60) H. 2 [1]. – Friedrich August Hohenstein: Weimar u. Goethe. Menschen u. Schicksale. Bearb. von Wolfgang Vulpius, 2. Aufl. (Rudolstadt 1963) 470 S., 8 Taf. [101]. – J. Erik Jorpes: Jac. Berzelius. His Life and Work (Stockholm 1966) 9, 89 (Bidrag tile Kungl. Svenska Vetenskapsakademiens Historia, 7) [3]. – Helmut Holtzhauer: Goethe Museum. Werk, Leben u. Zeit Goethes in Dokumenten (Berlin, Weimar 1969) 479-522: Die naturwiss. Leistung Goethes (1776-1832) [101].

Nachlaß Wolfgang Vulpius: Walther Wolfgang von Goethe u. der Nachlaß seines Großvaters. Aus archival. Quellen (Weimar 1962) 253 S., 3 Bildn., 3 Faks. [3].

III–VI **GROTH,** Paul Heinrich von. Mineral. – 1868 Dr. phil., 1868–1870 Ass. Physik Univ. Berlin; 1871 Doz. Mineral. u. Geol. Bergakad. Berlin; 1872–1882 o. Prof. Univ. Straßburg; 1882–1923 Prof. Mineral. Univ. München u. Direktor mineral. Staatssammlungen München.

*1843, Juni 23, Magdeburg;
†1927, Dez. 2, München.

Bibliogr. Cat. scient. Papers **7** (1877) 845-846 (21 Nr.); **10** (1894) 69 (6 Nr.); **12** (1902) 294 (10 Nr.); **15** (1916) 485 (9 Nr.) [3]. – Cat. gén. Bibl. nat. **65** (1916) Sp. 26-28 (13 Nr.) [3]. – R. Mieleitner: Verzeichnis der Arbeiten P. H. von Groths nach Jahren geordnet: Z. Kristallogr. **58** (1923) 3-6 (m. Titelbildn. u. Faks.) [15]. – Brit. Mus. Gen. Cat. **93** (1961) Sp. 223-225 (20 Nr.) [3].

Nekr. F. Becke: Alm. Akad. Wiss. Wien **78**, 1928 (1928) 207-211 [Ha 2]. – Arrien Johnsen: Forsch. u. Fortschr. **4** (1928) 11-12 [3]. – Erich Kaiser: Jahrb. Bayer. Akad. Wiss. **1927** (1928) 37-40 (m. Quellenverz.) [3]. – Edward H. Kraus: Amer. Mineralogist **13** (1928) 93-96 (m. Bildn.) [Ha 35]. – Edward H. Kraus: Science [New York] **67** (1928) 150-152 [3]. – B. Mauritz: Földtani Közlöny **1929**, S. 29 [7]. – H. A. M[iers]: Nature [London] **121** (1928) 98, 107 [3]. – P. Niggli: Neue Zürcher Ztg. **1927**, Nr. 2083 vom 6. 12. [ZB Zürich]. – Emilio Repossi: Atti Accad. Sci. Torino, Cl. sci. fis., mat. e nat. **63** (1927/1928) 187-192 [29]. – H. Steinmetz: Ber. Dtsch. chem. Ges. **61** (1928) A 65-68 (m. Bildn. u. Faks.) [3]. – Josué Valeton: S.-Ber. Ges. Beförd. ges. Naturwiss. Marburg **63**, 1928 (1928) 137-147 [3]. – Jahrb. Ludwig-Maximilians-Universität München **1927/1928** (München 1929) 9-11 [15]. – R. W.: Proc. Roy. Soc. Edinburgh **48**, 1927/1928 (1929) 216-217 [Ha 2]. – Proc. Roy. Soc. London A **119** (1928) XX [Ha 21].

Zum 75. Geburtstag A. Johnson: Naturwiss. **6** (1918) 481-488 [3].

Zum 80. Geburtstag A. Johnsen: Ber. Dtsch. chem. Ges. **57** A (1924) 41-42 [3]. – P. Niggli: Geleitwort zum Festband: Z. Kristallogr. **58** (1923) 1-2 (m. Titelbildn. u. Faks.) [15].

Zum 100. Geburtstag M[ax] von Laue: Z. Kristallogr., Mineral. Petrogr. Abt A **105** (1943) 81 [3]. – H. Steinmetz: Naturwiss. **31** (1943) 281-285 (m. Bildn. u. Faks.) [3]. –

Hugo Strunz: Forsch u. Fortschr. **19** (1943) 187-188 (m. Schr.Verz.) [Ha 2].

Biogr. L. J. Spencer: Paul Heinrich Ritter von Groth. Biographical notices of mineralogists recently deceases. Ser. 4 Mineral. mag. **22** (1930) 392-395 (m. Bildn.) [1]. – H. Spangenberg: Handwörterbuch der Naturwiss., 2. Aufl. **5** (Jena 1934) 319 [3]. – H. Steinmetz u. L. Weber: Z. Kristallogr. **100** (1939) 5-46 (m. Bildn. auf S. 1 u. Faks. u. 3 Abb.) [Ha 35]. – L[éonard]Weber: Das wiss. Lebenswerk P. von Groths u. die Gestaltung der neuzeitl. Kristallogr.: Bull. Soc. Fribourg. Sci. natur. **35** (1941) 32-33 [25]. – H. Steinmetz: Naturwiss. **31** (1943) 281-285 (m. Bildn. m. Faks.) [14]. – Georg Menzer: NDB **7** (1966) 167-168 [3].

Weitere Lit. Theodor Ernst in: Geist u. Gestalt. Biogr. Beitr. zur Gesch. Bayer. Akad. Wiss. **2** (München 1959) 120, 160, 277, 278, 279; Bildn. ebda **3** (1959) Abb. 151 (Bildn. von Ed. Grützner 1904) [3]. – Siegmund Günther: Geschichte der anorg. Naturwiss. im 19. Jahrhundert (Berlin 1901) 761-762 (m. Bildn. 760) (Das 19. Jahrhundert in Deutschlands Entwicklung, 5) [14]. – Friedrich Rinne: Die Kristalle als Vorbilder des feinbaulichen Wesens der Materie (Berlin 1921) 101 S. m. 4 Bildn., besonders 2 Titelbildn. [14]. – Arrien Johnsen: Groths Geschichte der Mineral.: Arch. Gesch. Math., Naturwiss, Techn. **10** (1927) 367-368 [3].

IV-VI **GRÜBLER,** Martin Fürchtegott. Techn. Mech. — 1880–1885 PDoz. ETH Zürich, 1885–1886 in Dresden; 1886–1896 Prof. Polytechn. Riga; 1896–1900 PDoz. TH Berlin, 1900–1921 o. Prof. TH Dresden; 1922 Dr. phil. h. c. Univ. Gießen; Dr. art. Ing. Riga.

*1851, Dez. 19, Meerane/Sa.;
†1935, Apr. 20, Dresden.

Zum 80. Geburtstag VDI-Nachr. **11** (1931) Nr. 50, S. 4 [101]. – Z. angew. Math. u. Mech. **11** (1931) 468 [Ha 16].

Nekr. Alt: Maschinenbau **14** (1935) 404 (m. Bildn.) [101]. – Erich Trefftz, Rudolph Zaunick: S.-Ber. Isis Dresden **1935** (1936) 12-13 [Ha 2]. – Erich Trefftz: Z. angew. Math. u. Mech. **15** (1935) 308 [Ha 16]. – Rdsch. techn. Arb. **15** (1935) Nr. 24, S. 10 [101].

Biogr. Karl Reinhold: Aus der jüngsten Vergangenheit des Rigaschen Polytechn. Instituts (Riga 1906) 3 [11; 15]. – Richard Untersberger: NDB **7** (1966) 184-185 [3].

Bildn. Salonblatt **7** (1912) 938 (Bildn.) [14].

GUERICKE, Otto **von.** Physik. — 1617 stud. Univ. Leipzig, 1620 Helmstädt, 1621 Jura in Jena u. 1623 Math. u. Physik in Leiden; Reisen durch Frankreich u. England; 1627 Ratsherr in Magdeburg; nach der Zerstörung Magdeburgs durch Tilly 1631 ging er zunächst nach Braunschweig; 1632 in schwedischen Diensten, 1636 in sächsischen Diensten; 1646–1678 Bürgermeister in Magdeburg; seit 1679 in Hamburg lebend.

*1602, Nov. 20, Magdeburg;
†1686, Mai 11, Hamburg.

Werke Otto von Guericke, Ottonis de Guericke Experimenta nova ⟨ut vocantur⟩ Magdeburgica de vacuo spatio primum a r.p. Gaspare Schotto ... Nunc vero ab ipso auctore perfectuis ed., variisque aliis experimentis aucta (Amstelodami 1672) [Faks.-Neudr. der Ausg.] (Aalen [jetzt Osnabrück] 1962) 244, V S. m. Abb. u. Titelbildn. [101]; u. d. T.: Neue (sogenannte) Magdeburger Versuche üb. den leeren Raum, übersetzt u. hrsg. von Hans Schimank unter Mitarb. von ... (Düsseldorf 1968) 13 Bl., 291 S. m. Abb., 2 Taf. [101]. – Otto von Guericke, Sammlung latein., französ., italien., holländ. u. deutscher Sinnsprüche. Nach einer im Stadtarchiv zu Magdeburg aufgefundenen Originalaufzeichn. geordnet u. m. einer Übersetzung hrsg. von Karl Paulsiek (Magdeburg 1885) 51 S. [14]. – Otto von Guericke, Geschichte der Belagerung, Eroberung u. Zerstörung Magdeburgs. Aus der Handschr. zum erstenmale veröffentl. von Friedrich Wilhelm Hoffmann, 2. Aufl. (Magdeburg 1887) (m. 1 Ansicht der Belagerung nach einem alten Stiche; neu hrsg. von Horst Kohl (Leipzig 1912) 83 S. (Voigtländers Quellenbücher, 6) [101]. – Otto von Guerickes neue Magdeburgische Versuche über den leeren Raum (1672). Aus dem Latein. übersetzt u. mit Anmerkungen hrsg. von Friedrich Dannemann (Leipzig 1894) 116 S. (m. 1 Titelbildn. 15 Abb.) (Ostwalds Klassiker, 59); unveränderter Abdr. 1936 [101]. – Otto von Guericke, Über die Luftpumpe u. Luftdruck [Aus dem 3. Buche der Magdeburger Versuche. Neu übersetzt u. mit einer Einleitung versehen von Willy Bein (Leipzig [1918]) 96 S., 17 Abb. (Voigtländers Quellenbücher, 20).

Genealog. Hamburger Geschlechterbuch **1** (1910) 172 Anm. 103, 178, Anm. 111 (Genealog. Handb. bürgerl. Familien, 18) [3]. – Magdeburger Geschlechterbuch **1** (1923) 372-374 (mit 2 Bildnissen ⟨Taf.⟩) (Dtsch. Geschlechterbuch, 39) [14]. – Armin Tille: Kalender u. Sippenforschung: Familie, Sippe, Volk **4** (1938) 109-115, besonders 113 [101]. – Deutscher Wappenkalender **12** (1938) 493-495 (m. Abb. 473, Geneal. u. Wappen) (vgl. Dtsch. Geschlechterbuch Görlitz **39**, S. 372) [3].

Bibliogr. Cat. gén. Bibl. nat. **65** (1916) Sp. 750 (4 Nr.) [3]. — Brit. Mus. Gen. Cat. **93** (1961) Sp. 809-810 (8 Nr.) [3].

Briefe Karl Janicke: Briefe Otto Guerickes an den schwedischen Geheimen Hof- u. Kriegsrath Alexander Erskine: Gesch. Bl. Stadt Land Magdeburg **21** (1886) 283-295 [3]. — Julius Laumann: Aus Briefen Otto von Guerickes: Montagsbl., Wiss. Beil. Magdeburg. Ztg. **78** (1936) Nr. 19, S. 146-148, 150 (1. Brief vom 19. Mai 1665; 2. vom 22. Juli 1665; 3. vom 2. Apr. 1666 an Stanislaus Lubieniecius) [3]. — Franz Peters: Drei unbekannte Briefe Ottos von Guericke: Der Goldene Reiter **5** (1942) 48-49 (alle 3 Briefe an Amtskammerrat Matthias 13. Jan., 22. Jan., 20. Febr. 1669, letzterer in Faks.) [101].

Biogr. Ehren Gedächtnis u. Lebenslauff des Hoch Edlen gebornen Herren, Herren Otto von Guericken, Sr. Churf. Durchl. zu Brandenburg wohlbehalten Rathes u. Bürgermeistern der Stadt Magdeburg (Hamburg 1686) 1-36 m. Abb. des Wappens von Guericke u. Aleman [Stadtarchiv Magdeburg]. — Anselm van Hulle: Pacificatores orbis christiani sive Icones principum ducum et legatorum qui Monasterii atque Osnabrugae pacem Europae reconciliarunt, quosque singulos ad nativam imaginem expressit (Rotterdam 1697) Bildn. Nr. 112 [3]. — Christ.-adeliches Ehren-Gedächtnis und Lebens Lauff des ... Otto von Guericken (Hamburg 1704) [1a]. — J. H. Zedler: Grosses vollständiges Universal-Lexikon **11** (Halle-Leipzig 1735) Sp. 1260-1262 [3]. — Christian Gottlieb Jöcher: Allgemeines Gelehrten-Lexicon **2** (Leipzig 1750) Sp. 1251 [3]. — Johann Daniel Titius: Erneutes 100jähriges Andenken der Magdeburgischen Versuche Ottens von Guericke: Sammlung einiger ausgesuchten Stücke der Gesellschaft der freyen Künste zu Leipzig **2** (Leipzig 1755) 363-382 [3]. — Carl Joseph Bouginé: Handbuch der allg. Litterargeschichte **3** (Zürich 1790) 152 [3]. — Weiss: Biographie universelle, ancienne et moderne **19** (Paris 1817) 24-25 [3]. — Friedrich Dies: Otto von Guericke u. sein Verdienst (Magdeburg 1862) 54 S. [3; 14]. — J. O. Opel: Otto von Guerickes Bericht an den Magistrat von Magdeburg über seine Sendung nach Osnabrück u. Münster 1646/1647: Neue Mitt. Gebiet histor.-antiqu. Forsch. **11** (1867) 23-94 [3]. — O. Beneke: Wo ist Otto von Guericke begraben?: Gesch. Bl. Stadt u. Land Magdeburg **3** (1868) 209-212 [3]. — F. W. Hoffmann: Otto von Guericke nicht in Magdeburg begraben: ebda 421-427 [3]. — Friedrich Wilhelm Hoffmann: Otto von Guericke, Bürgermeister der Stadt Magdeburg (Magdeburg 1874) VI, 250 S. m. Titelbildn. [3]. — Lommel: ADB **10** (1879) 93 [3]. — H. Zerener: Essai historique. Rev. sci. Sér. 3, T. **2** (1881/1882) 594-599 [15]. — Der Bär **10** (1884) 431-432 (m. Bildn. S. 429) [14]. — Karl Paulsiek: Otto von Guericke. Biogr. Ergänzungen 1: Progr. Magdeburg **1885**, 51 S. [3; 14]. — Max Dittmar: Zur Erinnerung an Otto von Guericke: Bl. Handel, Gewerbe u. soc. Leben (Beibl. Magdeburg. Ztg.) **1886**, Nr. 33, S. 259-260; Nr. 34, S. 265-267 [3]. — Max Dittmar: Neue Urkunden u. Dokumente über Otto von Guericke. In: Festschr. zur 25jährigen Jubel-Feier des Ver. f. Geschichte u. Altertumskunde des Herzogtums u. Erzstiftes Magdeburg (Magdeburg 1891) 83-106 [3]. — Umschau **4** (1900) 341-347 (m. 5 Abb.) [15]; **6** (1902) 934-937 (m. Abb.) [3]. — C. Musmacher: Kurze Biogr. berühmter Physiker (Freiburg i. Br. 1902) 63-67 [1]. — Wilhelm Krebs: Der angebl. Grabstein Otto von Guerickes auf dem alten Friedhof in Ottensen: Weltall **4** (1904) 425-428 (m. 1 Abb.); auch N. N.: Welt der Technik **1904**, Nr. 19 [3]. — W. Ahrens: Das „Bürgermeistergrab" in Ottensen — die Grabstätte Otto von Guerickes?: Hamburger-Nachr. **116** (1907) vom 20. 10. (Belletr.-literar. Beil. Nr. 42, S. 2) [Hamburger Staats-Arch.]. — Erich Regener: Otto von Guericke, der Erfinder der Luftpumpe, u. seine Beziehungen zum Großen Kurfürsten: Hohenzollern-Jahrb. **12** (1908) 103-112 (m. Bildn. u. 9 Abb.) [3]. — Max Schneider: Die Themata der von Schülern des Gymnasium illustre zu Gotha 1728-1765 öffentl. gehaltenen Reden: Mitt. Ges. Dtsch. Erziehungs- u. Schulgesch. **19** (1909) 234-248 [3]. — Gümbel: Otto von Guericke in Nürnberg 1649: Mitt. Ver. Gesch. Stadt Nürnberg **22** (1918) 297-298 [3]. — Heinrich Wiesenthal: Führende Männer Bd **1** Physiker (Leipzig 1924) 13-20 (m. Bildn.) [101]. — Edmund Hoppe: Otto von Guericke (Berlin 1927) VI, 66 S., 1 Bildn., 10 Abb. (Math.-Naturwiss.-techn. Bücherei, 7) [14; 101]. — Leichenpredigten der LB Weimar: Ekkehard 8 (1932) 62 [3]. — Hans Schimank: Otto von Guericke: Die Großen Deutschen. Neue Deutsche Biogr. **1** (Berlin 1935) 606-615 (m. 1 Bildn. nach einem Gemälde von Joh. L. Lauch 1656 u. 1 Abb.) [3]. — Hans Schimank: Otto von Guericke, Bürgermeister von Magdeburg, ein deutscher Staatsmann, Denker u. Forscher (Magdeburg 1936) 79 S., 31 Taf., 5 Bildn., 2 Pläne, 1 Stammtaf. (Magdeburger Kultur- u. Wirtschaftsleben, 6) [3; 14]. — Johannes Biereye: Erfurt in seinen berühmten Persönlichkeiten (Erfurt 1937) 36/37 [3]. — Herbert Ballin: Otto von Guericke. In: Deutsche Männer (Berlin [1938]) 72-75 (m. Bildn.) [101]. — Philipp Lenard: Große Naturforscher, 4. Aufl. (München 1941) 62-66 (m. 1 Bildn.) [3; 14]. — Dtsch. Eisenbahner [Frankfurt/M.] **4** (1951) Nr. 4, S. 7 [292]. — Ernest H. Huntress: Otto von Guericke: Biographical digests 4: Centennials and polycentennials during 1952 with interest for chemists and physicists: Proc. Amer. Acad. Arts Sci. **81** (1951-1952) 59-62 [Ha 2]. — Conrad Matschoß: Große Ingenieure, 4. Aufl. (München 1954) 57-67, 70 (m. 1 Bildn.) [3]. – Karl Leutner: Otto Guericke In: Leutner: Deutsche, auf die wir stolz sind, 1. Aufl. (Berlin 1955) F. 1, 48-51 m. Bildn.; 2. Aufl. (1960) [14]. – Hans Schimank: NDB 7 (1966) 283-286 [15].

Zum 200. Todestag F. Rosenberger: Ber. Freies Dtsch. Hochstift Frankfurt/M. N.F. 3 (1886/1887) H. 2, S. 110-131 [3]. – A. K.: Illustr. Ztg., Leipzig 86 (1886) 513 (m. Bildn.) 15].

Zum 250. Todestag Kurt Halke: Wissen u. Fortschr. 10 (1936) 490-494 (m. 1 Bildn. u. 6 Abb.) [101]. – Kl[emm]: Mitt. Gesch. Med. <u.> Naturwiss. 35 (1936) 379-381 [3]. – Carl Graf von Klinckowstroem: Umschau 40 (1936) 367-370 (m. 6 Abb.) [3; 14]. – W. Kossel: Naturwiss. 24 (1936) 305-309 (m. 1 Bildn. u. 4 Abb.) [3]. – Julius Laumann: Otto von Guericke. Ein Lebensbild. Für die Magdeburger Volkshochschule aufgezeichnet (Magdeburg 1936) 16 S. m. 13 Abb. u. 1 Bildn. [101]. – Max Lenz: Münchener Neueste Nachr. 1936, Nr. 128 vom 9. Mai, S. 5 (2 Abb). (12]. – A. Martos: Chem. Apparatur 23 (1936) 89-92 [101]. – R. Müller-Wiesenthal: Illustr. Ztg., Leipzig 1936, S. 564-565 (4 Abb., 1 Bildn.) [101]. – Ed. A. Pfeiffer: Leipz. Neueste Nachr. 1936, 9. Mai, S. 3 (m. Abb.) [101]. – R.W. Pohl: Otto von Guericke als Physiker (Berlin 1936) 1-15 (89-103) m. Bildn. u. 14 Abb. (Abh. u. Ber. Dtsch. Mus. 8, 4) [14; Ha 2]. – Paul-Erich Schildkeller: Glas u. Apparat 17 (1936) Nr. 10, S. 88-89 [Ilm 1]. – Hans Schimank: Rdsch. Techn. Arbeit 16 (1936) Nr. 20, S. 3 (1 Bildn., 2 Abb.) [101]; Elektrotechn. Z. 57 (1936) H. 19, S. 525-528 (1Bildn., 2 Abb.) [Ha 21; 101]; Z. techn. Physik 17 (1936) 209-218 (m. 1 Bildn. u. 7 Abb.) [15]; Z. VDI 80 (1936) 557-562 m. 1 Bildn., 1 Faks., 6 Abb. [3]; Verh. Ges. Dtsch. Naturf. u. Ärzte 94, 1936 (1937) 176 [Ha 2]; Z. math. u. naturwiss. Unterr. 67 (1936) 152-154 [3]. – Otto von Guericke. Der große Sohn der Stadt Magdeburg. Ein Ahnherr dtsch. Technik (Magdeburg 1936) 8 Bl. m. Abb. (Aus: Magdeburger General-Anzeiger u. Magdeburgische Zeitung) [101]. – Magdeburg stiftet eine Otto-von-Guericke-Plakette: Leiptiger Neueste Nachrichten 1936, 11. Mai, S. 7 [101]. – Rdsch. techn. Arbeit 16 (1936) 3 (Abb. Wiederholg. vom berühmten Versuch mit den Halbkugeln) [101]. – Technik für Alle 27 (1936/1937) 46-50 m. Bildn. u. 2 Abb. [3]. – Dtsch. Techn. 5 (1937) 570 (m. 1 Bildn.) [101]. – Hans Schimank: Mitt. Gesch. Med. u. Naturwiss. 38 (1939) 123 [3].

Zum 300. Geburtstag F. S. Archenhold: Weltall 3 (1902) 45-48 (m. Bildn.) [3]. – U. Behn: Jahrb. Physik. Ver. Frankfurt/M. 1902/1903 (1904) 35-41 [Ha 2]. – [Ludwig] Blath: Jber. u. Abh. naturwiss. Ver. Magdeburg 1900-1902 (1902) 39-103 (m. Taf.) [3]. – F. Dannemann: Naturwiss. Wschr. N.F. 2 (1902) 73-75 (m. 2 Abb.) [3]. – Siegfried Michaelis: Himmel u. Erde 15 (1903) 145-154 (m. 1 Abb.) [Ha 2]. – F. Poske: Verh. Dtsch. physik. Ges. 4 (1902) 362-376 [3]. – Franz Strunz: Mh. Comenius-Ges. 11 (1902) 293-304 [3]; Med. Woche 1902, 473-479(m. Faks. Brief vom 21. Mai 1646) [3]. – A. von Winterfeld: Illustr. Ztg., Leipzig 119 (1902) 734-735 (m. Bildn.) [3].

Zum 340. Geburtstag -ich: Der Goldene Reiter 5 (1942) H. 2, S. 47-48 [101]. – Oel-Organ 75 (1942) 354 [101].

Weitere Lit. Albert von Eye u. Jacob Falke: Kunst u. Leben der Vorzeit vom Beginn des Mittelalters bis zu Anfang des 19. Jahrhunderts 3 (Nürnberg 1869) Taf. 45 m. Biogr. auf Deckbl. [14]. – Voigt: Schr. physik.-ökon. Ges. Königsberg 21, 1880 (1881) 20-22 [Ha 2]. – August Heller: Geschichte der Physik 2 (Stuttgart 1884) 113-144, 145, 146, 164, 170, 220, 299, 325, 338, 340, 344, 352, 354, 361, 365 [3]. – Friedrich Wilhelm Hoffmann: Geschichte der Stadt Magdeburg, neu bearbeitet von G[ustav] Hertel u. Fr[iedrich] Hülsse (Magdeburg 1885) Taf. 1 [14]. – Heinrich Nentwig: Die Physik an der Univ. Helmstedt (Wolfenbüttel 1891) 117 [3]. – [Ludwig] Blath: Die Naturforschung an der Schwelle der Neuzeit u. die Bedeutung der Neuentdeckungen u. Erfindungen Otto von Guerickes in derselben: Jber. u. Abh. naturwiss. Ver. Magdeburg 1896-1898 (Magdeburg 1898) 49-120 (m. 1 Bildn., 13 Abb.) [3]. – H. Dittmar: Die Erfindungen Otto von Guerickes: Z. VDI 42 (1898) 215-217 (m. 1 Fig. u. 1 Textblatt [4 Abb.]) [Ha 71]. – H. Weber: Über die Otto von Guerickeschen Original-Apparate: Verh. Ges. Dtsch. Naturf. u. Ärzte (Braunschweig) 69 (1898) 42-44 [Ha 2]. – E. Gerland u. F. Traumüller: Geschichte der Physikal. Experimentierkunst (Leipzig 1899) 129-153 [3]. – Ludwig Karell: Otto von Guericke: Wissen für Alle 2 (1902) 741-744 (m. 1 Bildn. u. 6 Abb.) [101]. – O. de Guericke: Hemisphaeria Magdeburgica <1654> [Berlin 1906] 1 Bl. 26,5 × 34 cm (Faks.-Ed., 10) [101]. – P. Köthner: Aus der Chem. des Ungreifbaren (Osterwieck 1907) 147 S. m. 8 Abb. u. 8 Taf., besonders 15-17 m. 1 Abb. (Die Natur. Eine Sammlung naturwiss. Monographien, 2) [3]. – Abel Rey: La théorie de la physique chez les physiciens contemporains (Paris 1907) 79 [3]. – E. Jacobs: Das Berliner Exemplar von Guerickes Luftpumpe: Ber. Dtsch. physik. Ges. 6 (1908) 473-475; dazu Bem. von E. Gerland: ebda 877-879 [3]. – Adolf Kistner: Dtsch. Physiker u. Chemiker (Kempten-München 1908) 1-22 (m. Bildn.) (Sammlung Kösel, 23) [F 1]. – E. Gerland: Leibnizens Arbeiten auf physikal. u. techn. Gebiet: Z. VDI 53 (1909) 1307-1313 (m. 4 Fig.) [3]. – Franz Strunz: Beitr. u.

Skizzen zur Geschichte der Naturwiss. (Hamburg-Leipzig 1909) 121-138 [14]. – Konrad Heyn: Aus den Fremdenbüchern der Dresdener Kunstkammer: Mitt. sächs. Kunstsammlungen 6 (1915) 72-83, besonders 79-80 [3]. – Max Geitel: Entlegene Spuren Goethes (München-Berlin 1911) 11, 112 [3]. – Albert Neuburger: Erfinder u. Erfindungen (Berlin-Wien 1913) 36-43 (m. 3 Abb.) [3]. – F. M. Feldhaus: Guerickes Nachlaß: Geschichtsbl. Techn. Ind. Gewerbe 5 (1918) 301 [15]. – John G. Tandberg: Die Triewaldsche Sammlung am physikalischen Inst. der Univ. zu Lund u. die Original-Luftpumpe Guerickes: Lunds Univ. Årsskr. N. F. Avd. 2, 16 (1920) Nr. 9 [3]. – Ernst Mach: Die Mechanik in ihrer Entwicklung. Histor.-krit. dargest., 8. Aufl. (Leipzig 1921) 108, 431 (m. 1 Bildn.) [3; 14]. – Percy E. Schramm u. Ascan W. Lutteroth: Verzeichn. gedruckter Quellen zur Geschichte Hamburgischer Familien (Hamburg 1921) 36 [101]. – A[dolf] Kistner: Deutsche Meister der Naturwiss. u. Technik 1 (München 1925) 18-39 (m. Bildn.) [101]. – Conrad Matschoß: Männer der Technik (Berlin 1925) 97-98 [101]. – von Meerkatz: Praxis der Landschule 44, 1935/1936 (1936) 550-552 [101]. – Ludwig Darmstaedter: Naturforscher u. Erfinder (Bielefeld-Leipzig 1926) 54-56 (m. Bildn. u. Faks.) [3]. – Rudolf E. Grotkaß: Otto von Guerickes Bedeutung für die moderne Technik: Montagsbl. Wiss. Beilage Magdeburgische Ztg. 69 (1927) Nr. 50, S. 409-411 [3]. – Hans Schimank: Zur Geschichte der exakten Naturwiss. in Hamburg (Hamburg 1928) 57, 65, 74, 139 (m. Bildn.) [101]; Otto von Guericke. Leben u. Werk eines deutschen Ingenieurs: VDI-Jahrb. 19 (1929) 13-30 (m. 2 Bildn., 8 Abb.) [14; 15]. – Carl Fey: Wartburg 30 (1931) 159-161 [3]. – Mario Gliozzi: L'aerostatica di Otto von Guericke: Archeion 13 (1931) 191-200 [29]. – Otto Teich-Balgheim: Des Herrn von Monconys Besuch bei Otto von Guericke in Magdeburg im Jahre 1663: Montagsbl. Wiss. Beil. Magdeburgische Ztg. 74 (1932) 65-67 (m. Bild.), 75-77 [3]. – Hans Schimank: Rdsch. techn. Arbeit 15 (1935) Nr. 21, S. 4 (1 Abb.) [101]; Geschichte der Elektrisiermaschine: Z. techn. Physik 16 (1935) 245-254 (12 Abb.), besonders 245-246 (m. 1 Abb.) [15]. – Franz Fuchs: Guericke-Ausstellung. Führer durch die Sonderschau im Deutschen Museum: Der luftleere Raum in Naturwiss. u. Technik (München 1936) 47 S. (m. 23 Bildn.) [210]. – F. Hassler: Otto von Guericke u. James Watt, zwei große Männer in der Geschichte der Dampfmaschine: Technik voran 1936, 75-81 [210]. – Walter Kiaulehn: Die Kraft aus dem Nichts: Reclams Universum 52 (1936) 1082-1083 (m. Bildn.) [101]. – Julius Laumann: Otto von Guericke wieder in Magdeburg (Magdeburg 1936) 23 S. (m. Abb.) [101]. – Rudolf E. Grotkaß: Otto von Guericke u. die neuzeitl. Technik: Chem. Apparatur 23 (1936) 73-76 (m. 1 Bildn. u. 4 Abb.). – W. Kossel: Physik. Z. 37 (1936) 771-780 (m. 1 Bildn., 10 Abb.) [101]. – Heinrich Konen: Physikal. Plaudereien. Gegenwartsprobl. u. ihre techn. Bedeutung (Bonn [1937]) 34-38, 42, 48, 74, 256, 325, 356 (Titelbildn.) [3; 14]. – Gottfried Wilhelm Leibniz: Sämtl. Schriften u. Briefe 2 (Darmstadt 1927) 513; 3 (Leipzig 1938) 465 [3]. – Gerhard Geissler: Europ. Dokumente aus 5 Jahrhunderten (Leipzig 1939) 144 [101]. – Hans Wegener: Der Goldene Reiter 2 (1939) H. 2, S. 80-81 (m. Bildn. u. Abb.) [101]. – Thomas Coulson: Otto von Guericke. A neglected genius, I, II: J. Franklin Inst. 236 (1943) 177-199, 209-230, 241-264, 333-351 [15]. – W. Lohmann: Dtsch. Mineralwasser-Ztg. 47 (1943) 9-10 [101]. – Karl Reger: Meister der Physik (1944) 87-112 (m. Bildn.) [3]. – Ernst Zinner: Entstehung u. Ausbreitung der coppernicanischen Lehre (Erlangen 1943) 381, 382, 483, 534, 538 [101]. – Hans Falkenhagen: Die Naturwiss. in Lebensbildern großer Forscher (Stuttgart 1948) 19-20, 21, 27, 127 [3]. – Fritz Bolle: Köpfe u. Begriffe: Orion 5 (1950) 612-613 (m. Abb.) [101]. – N. H. de V. Heathcote: Guerickes sulphur globe: Ann. of Sci. 6 (1948/1950) 293-305 [1]. – E[rwin] L. Holland-Merten: Handbuch der Vakuumtechnik, 2. Aufl. (Halle 1950) Abb. 1 nach Stich von Corn[elius] Galle (nach A. van Hulle); dasselbe Bildn. in: Jonathan Zenneck: 50 Jahre Deutsches Museum (München 1953) 120 S. (nach S. 111) [14]. – Hanns Peugler: Ausbau 3 (1950) 705-717 (m. 1 Bildn. u. 11 Abb.) [1]. – K. A. Wingårdh: Otto von Guericke och hans fysikaliska arbeten. Fra Fysikkens Verden: Norsk fysiks Tidsskr. (Oslo) 1950 (1951) 119-139 (m. 10 Abb.) [UB II København]. – J. Bernard Cohen: Guericke and Dufray: Ann. of sci. 7 (1951) 207-209 [1]. – Karl Kisskalt: Theorie u. Praxis der med. Forschung, 3. Aufl. (Wiesbaden 1952) 110, 138, 207 [3]. – J. Laumann: Otto von Guerickes Stellung zur Naturwiss. u. seine Tätigkeit als Ingenieur in Magdeburg. In: Otto von Guericke. Festschr. zum Gedächtnisjahr 1952, 29-43 (m. 8 Abb.) [73]. – Hans Schimank: Naturwiss. 40 (1953) 397-403 [3]. – Walter Basan: Das Geheimnis der Magdeburger Halbkugeln (Berlin 1954) 191 S. m. 21 Abb. [3]. – Alfons Kauffeldt: Otto von Guericke, ein großer deutscher Naturwissenschaftler (Leipzig-Jena 1954) 64 S. m. Bildn. u. m. 13 Abb. (Wiss. u. Techn. verständl. dargest., Reihe Naturwiss., 49) [3; 14]. – Wilhelm Lehr: Von Erfindern u. Forschern, die den Weg bereiten: Bosch-Kurier 1955, Nr. 12, S. 11 (m. Bildn. u. 1 Abb.) [101]. – Walter Basan: Falken über der Stadt. Historischer Roman um Otto von Guericke (Halle 1956) 340 S. [14]. – Frank: Techn. Gemeinschaft 4 (1956) 240-241 (m.

1 Bildn., 1 Abb.) [3]. – Edgar Hunger: Von Demokrit bis Heisenberg, 3. Aufl. (Braunschweig 1963) Teil 2, S. 26 [101]. – Hans Schimank: Begriff u. Rolle der virtutes mundanae bei Otto von Guericke: Nachr.-Bl. Dtsch. Vereinig. Gesch. Med. Nr. **10** (1958) S. 8 [101]. – Manfred Jordan: Zwischen Ruhm u. Haß. Eine histor. Erzählung über den großen Forscher, Diplomaten u. Baumeister Otto von Guericke, 3. Aufl. (Berlin 1959) 275 S. m. Titelbild ⟨Taf.⟩ [14]. – Carl Graf von Klinckowstroem: Otto von Guericke: Börsenbl. Dtsch. Buchhandel, Frankfurt/M. **18** (1962) 2221-2222 [3]. – H. R. Bachmann: Wiederholung von Otto von Guerickes Halbkugelversuch: Physik. Bl. **20** (1964) 27-29 (m. 6 Abb.) [3]. – Hans Schimank: Otto von Guericke als Forschertyp des 17. Jahrhunderts. In: Beitr. zur Methodik der Wissenschaftsgeschichte (Wiesbaden 1967) 42-53 (Beitr. zur Geschichte der Wiss. u. der Technik, 9).

Guericke als Astronom Max Jacobi: Altpreuß. Mschr. **39** (1902) 597-606 [3]; Z. Naturwiss. **75** (1902) 174-184 [3]; Mitt. Vereinig. Freunde Astron. u. kosm. Physik **13** (1903) 38-40 [12].

Zur Erfindung der Luftpumpe A. W. von Hofmann: Bericht üb. die wiss. Apparate auf der Londoner internat. Ausstellung im Jahre 1876, 1. Abt. (Braunschweig 1878) 32-40 [3]. – E. Gerland: Die Geschichte der Luftpumpe im 17. Jahrhundert: Ann. Physik N. F. **19** (1883) 534-541 [3]. – G. Berthold: Die Kölner Luftpumpe vom Jahre 1641: Ann. Physik N. F. **20** (1883) 345-350 [3]; Die Originalluftpumpe Otto von Guerickes: **54** (1895) 724-726 [3]; Dr. Christian Heraeus u. die Original-Luftpumpe Otto von Guerickes: Öfversigt Kongl. Vetensk.-Akad. Förhandl. [Stockholm] **52** (1895) Nr. 1, S. 45-53; nochmals: Gaea **31** (1895) 410-415 [Ha 2]. – E. Gerland u. H. von Steinwehr: Geschichte der Physik (München-Berlin 1913) 483-502 [3]. – W. Ahrens: Zur Geschichte der Münchner Originalluftpumpe Otto von Guerickes: Geschichtsbl. Techn., Ind. Gewerbe **3** (1916) 200-202 [15]. – G. Berthold: Die Originalluftpumpe Otto von Guerickes, Typus III: Arch. Gesch. Math., Naturwiss. Techn. **7** (1916) 426-427 [3; 15]. – Carl von Klinckowstroem: Eine bisher verschollene Luftpumpe Otto von Guerickes: Geschichtsbl. Techn., Ind. Gewerbe **3** (1916) 196-200 (m. 4 Abb.) [15]. – W. Ahrens: Die Originalluftpumpen Otto von Guerickes: Arch. Gesch. Math., Naturwiss. Techn. **8** (1917) 82-91 (m. 4 Abb.) [3]. – Friedrich Dannemann: Otto von Guerickes Luftpumpe u. seine Versuche: Durch alle Welt **4** (1917) Nr. 44, S. 1038-1041 (m. 1 Abb.) [UB Wien]. – E. N. da C. Andrade: The air-pump, past and present: Notices of Proceedings at the Members of the Royal Institution. Proc. Roy. Instn. Great Britain **26** (1929/1931) 114-126 (1 Bildn., 3 Taf.) [15]. – Hans Schimank: Von Guericke bis Gaede. Ein Überblick über die Entwicklung der Luftpumpe: VDI-Nachr. **13** (1933) Nr. 51, S. 2 [101]. – E. N. da C. Andrade: The history of the Vacuum Pump: Vacuum (London) **9** (1959) 41-47 (m. 15 Fig.) [6]. – W. Jacobs: Die Luftpumpe des Otto von Guericke – 300 Jahre alt: Z. Naturlehre u. Naturkunde **10** (1962) 321-324 [101].

Guericke als Geometer Herbert Frentzel: Forsch u. Fortschr. **38** (1964) 47-48 (m. 1 Abb. [Ha 2].

Guericke als Physiker Adolf Hochheim: Progr. Magdeburg Städt. Höh. Gewerbeschule (Magdeburg 1870) 17 S. [3; 14].

Bildn. u. Denkmal Bildn. in: Johann Georg Schleder: Theatrum Europaeum **6** (1663) 752 [14]. – Dtsch. Kunstblatt **8** (1857) [Tafel 3 neben S. 44, Otto von Guericke u. a. in Sandstein von H. Heidel, Berlin] [3]. – Woldmar von Seidlitz: Allg. histor. Porträtwerk Ser. 10 (München 1888) Taf. **33** (m. Biogr. auf Deckblatt) [14]. – A. Slaby: Beil. Allg. Ztg. **1906**, 14. Nov., S. 297-301 [3]; Otto von Guericke. Festvortrag aus Anlaß der Grundsteinlegung des Deutschen Museums zu München . . am 13. 11. 1906 (Berlin 1907) 28 S. (ohne Bildn.) [3; 14]; auch: Dtsch. Mus. Vorträge u. Berichte **3** (1906) 13 S. (m. Titelb. ⟨Taf.⟩ u. 1 Abb.) [14]. – Adolf Reuter: Das Otto-von-Guericke-Denkmal in Magdeburg: Illustr. Ztg., Leipzig **129** (1907) 555-556 (m. Abb.) [3]. – G. Thormaelius: Zur Einweihung des Otto-von-Guericke-Denkmals in Magdeburg: Daheim **44** (1908) Bd 1 Nr. 5, S. 16-18 (m. Abb. des Denkmals u. 2 weiteren Abb.) [14]. – Wilhelm Spemanns Kunst-Kalender **1908**, S. 104 (Denkmal von Karl Echtermeier) [14]. – Arthur von Vincenti: Lucia Lauchs Bildn. von Otto von Guericke: Montagsbl. Wiss. Beil. Magdeburg. Ztg. **78** (1936) Nr. 19, S. 145-146 (m. 1 Bildn.) [3]. – Hans Schimank: In: Die Großen Deutschen im Bild. Hrsg. von Alfred Hentzen u. Niels von Holst (Berlin 1936) 101 (Gemälde von Lucia Lauch 1650) [3]. – Hg.: Funk **1938**, 13-14 (m. 1 Bildn. u. 1 Abb.) [1]. – Deutsches Museum, Sonderausg. Illustr. Bayer. Monatsschr. Bayerland Juni **1955**, S. 17 [Ha 2]. – Erich Biehahn: Kunstwerke der Deutschen Staatsbibl. (Berlin 1961) Abb. 15 (nach Gemälde von Lucia Lauch) [14]. – F. Klemm, in: Schätze im deutschen Museum. Hrsg. von H. Auer u. F. Klemm (Düsseldorf 1968) 20-21 m. 1 Bildn., 1 Abb. [101].

H

IV–VI **HABER**, Fritz Jacob. Chemie. — 1886–1891 stud. Univ. Berlin, Heidelberg, TH Berlin-Charlottenburg; 1891 Dr. phil. TH Berlin; 1894 Ass., 1896 P Doz., 1898 ao. Prof.,1906 o. Prof. TH Karlsruhe; 1911 Leiter Kaiser-Wilhelm-Inst. Physikal. Chem. Berlin–Dahlem; 1914 o. Hon. Prof. Univ. Berlin u. o. Mitglied Preuß. Akad. Wiss.; 1919 Nobelpreis Chem. für 1918; vielf. Ehrendoktor; 1933 Prof. Cambridge.
*1868, Dez. 9, Breslau;
†1934, Jan. 29, Basel.

Bibliogr. K.-F. Bonhoeffer: Fritz Habers wiss. Werk: Z. Elektrochem. **57** (1953) 2-6 [3]. — Brit. Mus. Gen. Cat. **95** (1961) Sp. 295 (6 Nr.) [3].

ZurVerleihung des Nobelpreises H. Freundlich: Chemiker-Ztg. **43** (1919) 873-874 (m. Bildn.) [Ha 15]. — Albert Neuburger: Illustr. Ztg., Leipzig **153** (1919) 651 (m. Bildn.) [3]. — A. G. Ekstrand: 1918 Års Nobelpreis i Kemi: Les prix Nobel en 1919-1920 (Stockholm 1922) 29-33 [Ha 2]. — Victor Junk: Die Nobelpreisträger. 30 Jahre Nobelstiftung (Wien-Leipzig 1930) 122 (m. Bildn. u. Faks.) [3]. — F. W. Mac Callum and Stephen Taylor: The Nobel price winner and the Nobelfoundation 1901-1937 (Zürich 1938), besonders S. 140 (m. Bildn. S. 455) [ETH Zürich]. — F. A. Henglein: In: Via Regia. Nobelpreisträger auf dem Wege ins Atomzeitalter (München-Wien 1955) 88-97 (m. Bildn.) [3; 14]. — Eduard Farber: Nobel Prize Winners in Chemistry 1901-1961, 2. Aufl. (London, NewYork, Toronto 1963) 71-75, 103, 122-123, 176, 315 (m. Bildn.) [21]. — Jüdische Nobelpreisträger: Central-Ver.-Ztg. **12** (1933) 167 (m. Bildn.) [101].

Nekr. E. Berl: J. chem. Educat. **14** (1937) 203-207 (m. Bildn.) [210]. — Max Bodenstein: Forsch. u. Fortschr. **10** (1934) 79-80 [3]; S.-Ber. Preuß. Akad, Wiss., Physik.-math. Kl. **1934**, CXX-CXXIX [Ha 2]; Z. Elektrochem. **40** (1934) 113-115 (m. 1 Bildn.) [101]. — Bonhoeffer: Chemiker-Ztg. **58** (1934) 205-206 [3]. — J. Boyer, La Nature (Paris) **62**, 1 (1934) 281 (m. 1 Bildn.) [201]. — J. E. Coates: J. chem. Soc. [London] **1939**, 1642-1672 [7]. — E. Cohen: Chem. Weekbl. **31** (1934) 155 [TH Delft]. — A. Klemenc: Oesterr. Chemiker-Ztg. N.F. **37** (1934) 125-127 [101]. — A. Kühn: Nachr. Ges. Wiss. Göttingen, Jber. **1933/1934** (1934) 11 [Ha 2]. — M. von Laue: Naturwiss. **22** (1934) 97 [3]; Verh. Dtsch. physik. Ges. **15** (1934) 7-9 [101]. — Carl Neuberg: Central-Ver.-Ztg. **13** (1934) Nr. 6, S. 3 (Bildn.) [101]. — James F. Norris: Proc. Amer. Acad. Arts Sci. **69**, 1933/1934 (1935) 511-512 [Ha 2]. — W. Schlenk: Ber. Dtsch. Chem. Ges. **67** (1934) A 20-23 [3]. — R. Willstätter: Jahrb. Bayer. Akad. Wiss. **1934/1935** (1935) 51-54 [3]. — Gas J. (London) **205** (1934) 360 [201]. — R. T. A.-Nachr. **14** (1934) Nr. 6, S. 4 [101]. — O. H. W.-J.: Nature [London] **133** (1934) 349-350 [3]. — Anz. Schädlingskunde **10** (1934) 73-74 [101]. — Engineering **137** (1934) 272. — Metallwirtschaft **13** (1934) 103 [101]. — Tidsskr. Kjemi Bergves. **14** (1934) 39-40.

Zum 60. Geburtstag Paul Askenasy: Angew. Chem. **41** (1928) 1289 [Ha 15]. — E. Berl: Z. Elektrochem. **34** (1928) 797-803 (m. Schr.-Verz.) [Ha 15]. — Nikodem Caro: Chem. Ind. **51** (1928) 1301-1302 [101]. — J. Franck: Fritz Habers Arbeiten über Anregung u. Ionisierung durch chem. Reaktionen: Naturwiss. **16** (1928) 1075-1078 [3]. — H. Freundlich: Fritz Haber im Karlsruher u. Dahlemer Labor.: Naturwiss. **16** (1928) 1060-1062 [3]. — Georg von Hevesy: Fritz Habers Arbeiten auf dem Gebiete der physikal. Chem. u. Elektrochem.: Naturwiss. **16** (1928) 1062-1068 [3]. — Robert Le Rossignol: Zur Geschichte der Herstellung des synthet. Ammoniaks: Naturwiss. **16** (1928) 1070-1071 [3]. — M. Polanyi: Metallwirtschaft **7** (1928) II, 1316-1317 [1]. — Ernst Terres: Die Bedeutung Fritz Habers für die techn. Chemie u. die chem. Technik: Naturwiss. **16** (1928) 1068-1070 [3]. — Richard Willstätter: Naturwiss. **16** (1928) 1053-1060 (m. Bildn. u. Faks. vor S. 1051) [3]. — M[argarete] von Wrangell: Fritz Habers Bedeutung für die Landwirtschaft: Naturwiss. **16** (1928) 1071-1075 [3]. — Z. physik. Chem. A **139** (1928) Haber-Band (Titelbildn. von Emil Orlik) [15]. — K. B.: Bl. Volksgesundheitspflege **29** (1929) 65-66 (m. Bildn.) [Ha 2; 101].

Biogr. Reichshandbuch der Deutschen Gesellschaft **1** (Berlin [1930]) 627-628 (m. Bildn.) [3]. — Der Weg voran. Eine Bildschau deutscher Höchstleistungen. Hrsg. von Hans Praesent (Leipzig 1931) 123 (m. Bildn.) [14]. — J. chem. Educat. **8** (1931) 1-3 (m. Bildn. u. Faks.) [89]. — Hartmut Kallmann: Neues

Europa 2 (1947) H. 9, S. 34-38 [1]. — Richard Willstätter: In: Aus meinem Leben (Weinheim 1949) 241-277, 451 (m. 3 Bildn., 2 Faks. auf Taf. 12 u. 13) [3; 14]. — Adolf Koenig: In: Festschr. 125-Jahrfeier TH Fridericiana Karlsruhe (Karlsruhe 1950) 63-66 (m. Bildn. u. 1 Radierung von A. Luntz) [3]. — F. A. Henglein: Chemiker-Ztg. **75** (1951) 346-350 (m. Bildn.) [3]. — K. F. Bonhoeffer: Mitt. Max-Planck-Ges. **1952**, 6-10 [7]. — K. Göggel: Fritz Haber u. die BASF: Z. Elektrochem. **57** (1953) 7 [3]. — Aufruf zu einer Sammlung von Unterlagen für eine Biogr. von Fritz Haber: Naturwiss. Rdsch. **7** (1954) 474 [3]. — A. A. Zvorykin: Biografičeskij slovar' dejatelej estestvoznanija i techniki [Biogr. Wörterbuch der Naturforscher u. Techniker] **1** (Moskva 1958) 197 [Ha 2]. — Rudolf Pummerer, in: Geist u. Gestalt. Biogr. Beitr. zur Gesch. Bayer. Akad. Wiss. **2** (München 1959) 143, 181, 194, [3]. — P. Harteck: Physical Chemists in Berlin 1919-1933: J. chem. Education **37** (1960) 462. — K. F. Bonhoeffer, in: Ed. Farber, Great Chemists (New York 1961) 1299-1311 (m. Bildn.) [ETH Zürich]. — Günter Wendel: Zur Würdigung unseres nationalen wiss. Erbes. Dargest. am Leben u. Wirken des Physikochemikers F. Haber. Als Manuskr. gedruckt (Leuna-Merseburg 1962) 48 S. [14; 88]. — G. Wendel, in: Deutsche Techniker aus 6 Jahrhunderten. Hrsg. von Alfons Kauffeldt (Leipzig 1963) 140-147 (m. Bildn. vor S. 97) (Taschenbuch Enzyklopädie, 28) [14]. — K. Heinig: Biogr. bedeutender Chemiker (Berlin 1964) 227-230 (m. Bildn.) [101]. — Erna u. Johannes Jaenicke: NDB **7** (1966) 386-389 [3]. — P. Harteck: Zu Fritz Habers 100. Geburtstag: Physikal. Bl. **24** (1968) 550-553 (m. Bildn., faks. Brief Habers) [15].

Weitere Lit. Die Schlagwetterpfeife: Illustr. Ztg., Leipzig **141** (1913) 921 (m. Abb. auf S. 922: Fritz Haber u. Leiser) [3]. — W. Herz: Grundzüge der Geschichte der Chem. (Stuttgart 1916) 136 [3]. — H. L.-f: Lebensbilder berühmter Forscher. Fritz Haber: Central-Ver.-Ztg. **14** (1935) Nr. 4, 4. Beibl. [101]. — Johannes Jaenicke: Habers Forschungen über das Goldvorkommen im Meerwasser: Naturwiss. **23** (1935) 57-63 [3]. — Alwin Mittasch: Kurze Geschichte der Katalyse in Praxis u. Theorie (Berlin 1939) 2, 84, 107, 108, 122 [3]. — Hermann Hirschfeld: Jüdischer Anteil an der deutschen Kultur: Der Weg **2** (1947) Nr. 6, S. 5 [1]. — Hans Falkenhagen: Die Naturwiss. in Lebensbildern großer Forscher (Stuttgart 1948) 168, 202-204 [3]. — Ernst Wandersleb: Fritz Haber — seine Beziehungen zu Jena u. zum Zeiß-Werk: Jenaer Rdsch. **5** (1960) 109-113 (m. Bildn.) [Ha 2]. — Heinz Beike unter Mitarb. von Hans Hirsch u. Alois Tröbert: Zur Rolle von Fritz Haber u. Carl Bosch in Politik u. Gesellschaft: Wiss. Z. TH Chem. Leuna-Merseburg **3** (1960/1961) 55-72 [Ha 2]. — Karlheinz Lohs: Fritz Haber, ein Exponent der bürgerl. Wiss.: Z. Gesch. Naturwiss. Techn. u. Med. **1** (1962) 37-44 [3]. — A[rmin] Hermann: Haber u. Bosch. Brot aus Luft: Physik. Bl. **21** (1965) 168-171 (m. 2 Bildn.) [3]. — Friedrich Herneck: Bahnbrecher des Atomzeitalters. Große Naturforscher von Maxwell bis Heisenberg (Berlin 1965) 177, 189, 190, 193, 309, 310, 416, 445, 449 [3]. — Annemarie Diehm: Schätze im Deutschen Museum (Düsseldorf 1968) 140-141 (m. Abb. der Haber-Plakette von 1926 u. 1 Abb.) [3].

Gedenktafel, Bildn. Trübner: Des Meisters Gemälde (Stuttgart-Berlin 1917) 311 (gemalt 1910) [101]. — Schles. Mh. **6** (1929) 433 (gemalt von Eugen Spiro) [15]. — Hubert Klees: Theodor Georgii. Mit einem Vorwort von Wilhelm Pinder (München 1930) (Abb. der Büste von Haber Taf. 26) [101]. — Aus der Geschichte der Berliner Physik. Bildn.-Sammlung zur Feier des 90jährigen Bestehens der Berliner Physik. Ges. hrsg. von der Bild- u. Filmsammlung Dtsch. Physiker (durch E. Brüche) (Leipzig 1935) 22 (m. Bildn. u. Faks.) (Physiker-Bildserie, 1) [101]. — Bildn. berühmter Mitglieder der Deutschen Akad. Wiss. Berlin (Berlin 1950) Taf. Nr. 100 [3; 14]. — Ansprachen am 9. Dez. 1952 zur Enthüllung der Haber-Gedenktafel von Prof. R. Scheibe im Kaiser-Wilhelm-Inst. für Physikal. Chem. u. Elektrochem., Berlin-Dahlem: Z. Elektrochem. **57** (1953) 1-8 (M. von Laue: Eröffnungsrede 1-2; J. D'Ans: Schlußwort 8) (m. Bildn. der Gedenktafel) [3].

III **HAGENOW**, Karl Friedrich **von**. Geol., Paläontol. — 1818–1823 prakt. Ökonom auf Rügen; 1830 Dr. hon. Greifswald; seit 1832 Privatmann in Greifswald; 1835–1838 Vorlesungen über Feldmeßkunst an der landwirtsch. Akad. Eldena. Besitzer einer Schlemmkreidefabrik.

*1797, Jan. 19, Langenfelde/Loitz; †1865, Okt. 18, Greifswald.

Bibliogr. Cat. scient. Papers **3** (1869) 116 (6 Nr.) [3]. — Brit. Mus. Gen. Cat. **95** (1961) Sp. 665 (2 Nr.) [3].

Nekr. Ernst Boll: Dr. Friedrich von Hagenow. Ein Nekrolog (Neubrandenburg 1865) 39 S. [9]. — E. Boll: Arch. Ver. Freunde Naturgesch. Meckl. **19** (1865) 268-304 [33]. — A. H. E. Beyrich: Z. Dtsch. geol. Ges. **18** (1866) 2-3 [15]. — Th. Pyl: Baltische Studien **21**, 2 (1866) 1-8 [3].

Biogr. Häckermann: ADB **10** (1879) 349-351 [3]. — S. Tornier: Rückblick auf die Paläontol.: S.-Ber. naturforsch. Freunde Berlin **1924** (1926) 54-55 [Ha 2]. — Fossilium Catalogus I: Animalia. Pars 72: K. Lambrecht†, W. et A. Quenstedt Palaeontologi, Catalogus bio-bibliographicus ('s-Gravenhage 1938) 182 [Ha 2; 3]. — Ernst Habetha: In: Pommersche Lebensbilder 3 (Stettin 1939) 266-276 (m. Bildn. u. Lit.Verz. 275-276) [14; 101]. — Das geistige Pommern. Große Deutsche aus Pommern (Stettin [1939]) Nr. 47, S. 34-35 [14].

I **HAHN,** Philipp Matthäus. Mechanik. — 1757 stud. Univ. Tübingen, dort 1759 Mag. Theol., dann Hauslehrer; seit 1761 Vikar an versch. Orten; 1764 Pfarrer in Onstmettingen, 1770 in Kornwestheim u. 1781 in Echterdingen in Württemberg; Feinmechaniker u. Meteorol.

*1739, Nov. 15, Scharnhausen/Württ.; †1790, Mai 2, Echterdingen.

Bibliogr. Christoph Ulrich Hahn: Philipp Mathäus Hahns hinterlassene Schriften (Heilbronn-Rothenburg/Tauber 1828) X, 168 S. [1]. — Brit. Mus. Gen. Cat. **95** (1961) Sp. 788 (9 Nr.) [3].

Biogr. Pfarrer Hahn zu Echterdingen als Künstler betrachtet: J. von u. für Deutschland **6**, 3 (1789) 209-214 [3]. — Friedrich Schlichtegroll: Nekrolog auf das Jahr 1790, 1 (Gotha 1791) 335-350 [3]. — Friedrich Carl Gottlob Hirsching: Histor.-literar. Handbuch berühmter u. denkwürdiger Personen, welche in dem 18. Jahrhundert gestorben sind **2**, 2 (Leipzig 1795) 261-268 [3]. — (C. G. Salzmann): Denkwürdigkeiten aus dem Leben ausgezeichneter Teutschen des 18. Jahrhunderts (Schnepfenthal 1802) 725-727 [3]. — Johann Georg Meusel: Lexikon der vom Jahre 1750 bis 1800 verstorbenen teutschen Schriftsteller **5** (Leipzig 1805) 73-75 [3]. — Bernhard: Biographie universelle, ancienne et moderne **19** (Paris 1817) 311-313 [3]. — Ernst Philipp Paulus: Philipp Matthäus Hahn. Ein Pfarrer aus dem vorigen Jahrhundert nach seinem Leben u. Wirken au seinen Schriften u. hinterlassenen Papieren geschildert (Stuttgart 1858) 388 S., 1 Bildn.; derselbe: Evang. Kirchen-Ztg. **66** (1860) Sp. 697-699, 716-719 [3; 14]. — I. Hartmann: ADB **10** (1879) 372 [3]. — [David Christoph] Seybold: 200 hochachtbare Württemberger (Stuttgart 1892) 81 [3]. — Max Engelmann: Leben u. Wirken des württemberg. Pfarrers u. Feintechnikers Ph. M. Hahn (Berlin 1923) 273 S. m. Titelbildn.; Anlage 1: Von Verbesserung der Taschenuhren 205-212; Anlage 2: Anmerkungen zum Gebrauch der Hahnschen Minuten-Sonnenuhr 213-215; Anlage 3: Wiedergabe einer handschriftl. Erläuterung von Hahns vollendetstem astron. Werk jetzt in der Anlage stark verändert, im German. Museum aufbewahrt: 216-233; Anlage 4: Beschreibung des rechten Gebrauchs der Rechenmaschine 234-236; Anlage 5: Verzeichn. der Mitarbeiter Hahns: 237-243; 69 Anmerkungen: 247-263; Reg.: 264-273 [14]. — Bruno Lenz: Philipp Mathäus Hahn, ein schwäb. Pfarrer-Mechaniker: Z. Feinmech u. Präzis. **33** (1925) 59-61 (m. 3 Abb.) [101]. — E. Riedel: Leben u. Wirken des württemberg. Pfarrers u. Feintechnikers Philipp Matthäus Hahn: Braunschweiger G. N. C.-Mschr. **1925**, 128-131 [15]. — Max Engelmann: Philipp Matthäus Hahn. Ergänzungen u. Neues: Uhrmacherkunst **52** (1927) 439-442 (m. 1 Bildn. u. 10 Abb.), 460-461 (m. 4 Abb.), 505-507 (m. 1 Abb.), 519-521 (m. 1 Abb.), 546-550 (m. 18 Abb.) [3]. — J[ulius] Rössle: Philipp Matthäus Hahn. Ein Leben im Dienst am Königreich Gottes in Christus (Stuttgart 1929) 272 S., 2 Bildn. (1 m. Faks.), 1 Abb. [101]. — Theodor Heuß: Buch der Sonderlinge: Philipp Matthäus Hahn: Warte des Tempels **94** (1938) 29-30 [101]. — Ernst Müller: Stiftsköpfe (Heilbronn 1938) 199-208 [3]. — Hermann Meuth: Philipp Matthäus Hahn: Schwaben **11** (1939) 799-804 (1 Bildn., 4 Abb.) [101]. — Otto Schuster: Zur Lebensgeschichte von Philipp Matthäus Hahn: Bl. württ. Kirchengesch. N. F. **44** (1940) 28-39 [1a]. — Otto Schuster: Ein Erfinder als Christ. Philipp Matthaeus Hahn. In: Otto Schuster: Schwäbische Glaubenszeugen. Gestalten u. Bilder aus der württemberg. Kirchengeschichte (Stuttgart 1946) 166-182 (m. Bildn.) [14]; 2. Aufl. (Stuttgart 1951) 97-111 (m. 1 Bildn. u. 1 Abb.) [101]. — Theodor Heuß: Schattenbeschwörung. Randfiguren der Geschichte (Tübingen-Stuttgart [1950]) 79-83 [101]. — Karl Grimmiger: Philipp Matthäus Hahn. Der große Mensch u. Techniker: Die Uhr **8** (1954) Nr. 7, S. 18 [1]. — Hermann Missenharter: Philipp Matthäus Hahn: Merian **9** (1956) H. 3, S. 83-85 [101]. — G. Martens: Der Mechaniker Ph. Matthäus Hahn: Die Uhr [Bielefeld] **18** (1964) Nr. 24, S. 29-32 (m. 1 Bildn. u. 12 Abb.) [6]. — Werkmeister der Weltmaschine: VDI-Nachr. **18** (1964) Nr. 52, S. 10 (m. 1 Abb.) [101]. — Bruno von Freytag-Löringhoff: NDB **7** (1966) 496-497 [3].

Zum 200. Geburtstag G. Bossert: Philipp Matthäus Hahn. Ein Pfarrer u. Mechaniker: Dtsch. Pfarrerbl. **43** (1939) 821-822 [101]. — Joh. Reinath: Phil. Matthäus Hahn: Evang. Dtschld. **16** (1939) 357 [101]. — Rdsch. Dtsch. Techn. **19** (1939) Nr. 51/52, S. 3 [101]. — Württ. Wirtschafts-Z. **20** (1940) 201-202 [24].

Weitere Lit. J. J. Moser: Württemberg. Gelehrten-Lexikon (Stuttgart 1772) 21 [15]. — Julius Hartmann: Aus den Lehr- u. Wanderjahren unserer Väter. Nach Gedrucktem u. Ungedrucktem (Stuttgart 1896) 52-62 (m. 1 Bildn.) (Württ. Neujahrsbl. N.F. 1) [15]. — E. Hammer: Philipp Matthäus Hahn u.

seine Rechenmaschine: Braunschweiger G.N.C. Monatsschr. **1919**, 1-54 (m. 2 Bildn., 10 Abb.) [84]. — T.: Unser Rechenmaschinenmuseum: Braunschweiger G.N.C.-Monatsschr. **1921**, 705 (m. Bildn. S. 730 nach einer Zeichnung) [84]. — A. Kistner: Die histor. Uhrensammlung Furtwangen (Furtwangen 1925) IV, 173 S. m. 16 Taf.; darin 55-66 über Globenuhr u. Planetarium von Philipp Matthäus Hahn (m. Bildn.); Zwei bisher verschollene Werke von Ph. M. Hahn: Uhrmacherkunst **50** (1925) 548-550, 570-572, 596-599 (m. 4 Abb.) [3]. — Weisheit im Staube. Ein Lesebuch der Schwabenväter: Bengel, Oetinger, Fricker, Philipp Matthäus Hahn, Michael Hahn. Mit einer Einführung in ihre Gedankenwelt von Johannes Herzog (Tübingen 1927) 35-37, 45-47, 57-61, 75-76, 81-84, 93-94, 106-108, 119-122, 133-136, 146 [101]. — Hanns Baum: Eine Ausstellung von Werken des schwäb. Pfarrer-Mechanikers Philipp Matthäus Hahn in Stuttgart: Uhrmacherkunst **53** (1928) 454-456 (m. Bildn.); Echterdingen in Württemberg, die letzte Heimat von Philipp Matthäus Hahn; 473-475 (m. 1 Bildn. u. 1 Abb.) [3]. — Die Religion in Geschichte und Gegenwart, 2. Aufl. **2** (Tübingen 1928) Sp. 1580-1581 [3]. — Oscar Paret: Pfarrer Philipp Matthäus Hahn von Kornwestheim. Der berühmte Techniker. In: Ludwigsburg u. das Land um den Asperg (Ludwigsburg 1934) 327-329 (m. Bildn.) [14]. — E. Rümmeling: Philipp Matthäus Hahn u. die Onstmettinger Feinmechaniker: Schwarzwälder Bote **1934**, Nr. 255 vom 4. Nov. — Ilse Franke: Die Übersetzung des Neuen Testaments Philipp Matthäus Hahns: 1777, im Vergleich zu den von ihm benutzten Übersetzungen von Luther, Bengel, Heumann u. Reitz (Greifswald 1936) 87 S. m. Lit.Verz. S. 6-8 (Greifswald, Phil. Diss. 1936) [3; 14]. — Franz Maria Feldhaus: Von Werkzeugen u. Werkzeugmaschinen (Stuttgart 1938) 60-65 (m. Bildn.) Privatdruck [14]. — Heinrich Hermelink: Geschichte der evangel. Kirche in Württemberg von der Reformation bis zur Gegenwart (Stuttgart-Tübingen 1949) 254-256 [3]. — Ernst Zinner: Astron. Instrumente des 11. bis 18. Jahrhunderts (München 1956) 351-355 u. öfter [Ha 2]. — P. Rohmer: Die Religion in Geschichte u. Gegenwart, 3. Aufl. **3** (Tübingen 1959) Sp. 29-30 [101]. — Wolfgang Promies: Georg Christoph Lichtenberg in Selbst-Zeugnissen u. Bilddokumenten (Reinbeck bei Hamburg 1964) 66 [101]. — A. Wißner: Schätze im Deutschen Museum. Hrsg. von H. Auer u. F. Klemm (Düsseldorf 1968) 50-51 m. 1 Bildn., 1 Abb. [101].

Denkmal Weltenuhr als Denkmal: Stuttgarter Ztg. **1956** vom 6. Dez. (m. 1 Abb.).

I **HALLER,** Albrecht von. Naturforscher, Arzt, Dichter. — 1723–1728 Reisen nach Deutschland, Holland, England u. Frankreich; Medizinstudium in Leiden (bei Boerhaave); Dr. med.; 1729 prakt. Arzt u. Stadtbibliothekar in Bern; 1737–1753 Prof. Med. u. Botanik in Göttingen, dort 1751 Mitbegründer der Societät der Wiss.; 1749 geadelt; seit 1753 wieder in Bern, wo er verschiedene Staatsämter bekleidete. Begründer der experimentellen Physiologie; Mitgl. der Pariser Akademie, der Royal Society London u. 1749 der Preuß. Akad. Wiss.

*1708, Okt. 16, Bern;
†1777, Dez. 12, Bern.

Werke Usong: Eine Morgenländische Geschichte in 4 Büchern. Durch den Verfasser des Versuches Schweizerischer Gedichte (Haller) (Bern 1771) 404 S. [3; 14]. — A. von Haller: Tagebuch seiner Beobachtungen über Schriftsteller u. über sich selbst (Hrsg. Johann Georg Heinzmann). Zur Charakteristik der Philosophie u. Religion dieses Mannes **1** (Bern 1787) XXIV, 384 S. m. Titelbildn.; **2** (1787) 352 S., m. Titelbildn. [3; 14]. — Albrecht von Hallers Gedichte: Grenzboten **41** (1882) 177-180 [3; 14]. — Albrecht Hallers Tagebücher seiner Reisen nach Deutschland, Holland u. England 1723-1727. Mit Anm. hrsg. von Ludwig Hirzel (Leipzig 1883) 146 S. [14]; in vollständiger Fassung neu hrsg. von E. Hintzsche (St. Gallen 1948) 131 S., 9 Abb. [3]. — Von u. über Albrecht von Haller, Ungedruckte Briefe u. Gedichte Hallers sowie ungedruckte Briefe u. Notizen über denselben. Hrsg. von Eduard Bodemann (Hannover 1885) XV, 223 S. [3; 14]. — Aus den Gedichten Albrecht von Hallers: Berner Rdsch. **3** (1908/09) 161-166 u. Anonym, Die Reisetagebücher Albrecht von Hallers 166-172 [1 a]. — Von den empfindlichen u. reizbaren Teilen des menschl. Körpers. Dtsch. hrsg. u. eingel. von Karl Sudhoff (Leipzig 1922) 58 S. [15]. — Albrecht von Haller: Gedichte. Kritisch durchgesehene Ausgabe nebst einer Abh. über Haller als Dichter von Harry Mayne (Leipzig 1923) 235 S. (Die Schweiz im dtsch. Geistesleben, 23/24) [3]. — Albrecht Haller: Tagebuch der Studienreise nach London, Paris, Straßburg u. Basel 1727 bis 1728 (Bern 1942) 47 S. (Berner Beitr. Gesch. Med. u. Naturwiss., 1) [3; 14]. — Albrecht von Haller: Die Alpen. Bearb. von Harold T. Betteridge (Berlin 1959) 71 S., 1 Abb. (Studienausgaben zur neueren deutschen Literatur, 3) [3].

Genealog. Ernst Grünthal: Albrecht von Haller, Johann Wolfgang von Goethe u. ihre Nachkommen. Ein familiengeschichtl. Vergleich. Unter Mitarb. von M. A. Breil u. H. Haeberli (Bern-München 1965) 190 S.,

2 Taf., 1 Stammtaf.; Albrecht von Haller u. seine Familie: 12-74 [7].

Bibliogr. Adolf Harnack: Geschichte der Preuß. Akad. Wiss. (Berlin 1900) 322, 324, 336, 443, 475, 566 [3]. – Cat. gén. Bibl. nat. **67** (1917) Sp. 1156-1173 (133 Nr.) [3]. – Hans Bloesch: Die Hallerhandschriften auf der Stadtbibl. in Bern: Schweizer Sammler **4** (1930) 13-15, 29-31, 69-70 [101]. – Bertha Reed Coffman: Bibliographical material for the study of Haller's literary work: Philol. Quarterly Jowa City **13** (1934) 333-349 m. Bibliogr. 335-349 [3]. – Susanna Lundsgaard-Hansen-von Fischer: Verzeichn. der gedruckten Schriften Albrecht von Hallers (Bern 1959) 87 S. (Berner Beitr. Gesch. Med. u. Naturwiss., 18) [1; Ha 2]. – Pericle Di Pietro: Carteggio fra Spallanzani ed Haller: Atti Soc. Nat. Mat. Modena **92** (1961) 32-110 (m. Brieffaks. Hallers vom 5. Nov. 1777 u. biobibliogr. Ang.) [1; Ha 2]. – Brit. Mus. Gen. Cat. **66** (1961) Sp. 442-450 (237 Nr.) [3].

Briefe Briefe des Herrn von Voltaire mit den Antworten. In: Sammlung kleiner Hallerischer Schriften **3** (Bern 1772) 353-373: 1. Voltaire an Haller, Gex près Genève 13. Fevr. 1753; 2. Haller an Voltaire o. O., o. J.; 3. Voltaire an Haller, Delices près de Genève 26. Fevr. 1759; 4. Haller an Voltaire, Roche, 16 Mars 1759; 5. Voltaire an Haller, Tournay 24 Mars 1759; 6. Haller an Voltaire, Roche 11 Août 1759; 7. Voltaire an Haller o. O., o. J. [3; 14]. – Einiger gelehrter Freunde deutsche Briefe an den Herrn von Haller. 1. Hundert von 1725 bis 1751 (Bern 1777) [VIII], 323 S. [14]. – Charles Eynard: Essai sur la vie de Tissot ..., contenant des lettres inédites de Tronchin, Voltaire, Haller, Zimmermann, Rousseau, Bonnet, Stanislas Auguste II, Napoléon Bonaparte etc. (Lausanne 1839) 389 S. [Genf]. – R. Wolf: Auszüge aus Samuel Königs Briefen [1738-1754] an Albrecht von Haller, mit literar.-histor. Notizen: Mitt. naturforsch. Ges. Bern **1845**, Nr. 43 u. 44, S. 33-47; Nr. 46-49, S. 57-84 [Ha 2]. – R[udolf] Wolf: Auszüge aus [120] Briefen [von Gessner, König, Ramspeck, Réaumur, Bonnet, Zimmermann, Meckel, Micheli du Crest, Sulzer, Voltaire, Lambert etc.] an Albrecht von Haller mit [104] litterarisch-histor. Notizen [betreffend die Bernoulli, Cramer, Jallaber, Fauré, die physisch-medic. Societät zu Basel, Mlle Reinhard Cappeler etc.]: Mitt. naturforsch. Ges. Bern **1846**, 17-30, 39-45, 63-64, 70-72, 82-88, 101-102, 105-110, 131-144, 167-171, 179-190, 203-207, 218-223, 234-240. Forts. in: Mitt. naturforsch. Ges. Bern **1847**. Auszüge aus Briefen von Zimmermann, Bonnet, Valltravers, Lambert, Sulzer, G. E. Haller, Saussure, Tissot etc. 9-16, 17-21, 52-56, 78-80, 109-110, 123-127, 140-144, 165-170. Forts. **1848**, 7-8, 33-40, 52-54, 109-112, 155-160, 187-189, 210-213, 239-243, 265-268 (Schluß m. alphabet. Namenübers. u. Heftang. der 3 Jg.) [Ha 2]. – Briefe von J. G. von Zimmermann, Wieland u. A. von Haller an Vincenz Bernhard von Tscharner. Hrsg. von Richard Hamel (Rostock 1881) 61-83 [3; 14]. – Briefwechsel zwischen Johann Rudolf Steinmüller u. Hans Konrad Escher von der Lint (St. Gallen 1889) 96 [3; 14]. – Ludwig Geiger: Ein Brief von Chr[istlob] Mylius an Haller [Berlin, 26. Sept. 1752): Vjschr. Litteraturgesch. **3** (1890) 367-373 [3; 14]. – Maupertuis et ses correspondants. Lettres inédites du Grand Frédéric, du Prince Henri de Prusse u. a. Par A. Le Sueur (Montreuil sur mer 1896) 10, 65, 73, 77, 86, 88, 134, 180, 196, 203, 301, 441 [3]. – Briefwechsel zwischen Albrecht von Haller u. Eberhard Friedrich von Gemmingen. Nebst dem Briefwechsel zwischen Gemmingen u. Bodmer. Aus Ludwig Hirzels Nachlaß. Hrsg. von Hermann Fischer (Tübingen 1899) 184 S. (Bibl. des Litterar. Vereins in Stuttgart, 219) [3; 14]. – H. Türler: Zwei Briefe betreffend die Conversion des Restaurators Haller: Neues Berner Taschenb. **1902**, 254-262 [15]. – Heinr. Dübi: Der Briefwechsel zwischen Voltaire u. Haller im Jahre 1759: Arch. Studium neueren Sprachen u. Literaturen **123** (1909) 353-386 [3; 14]. – Ferd. Vetter: Der junge Haller nach seinem Briefwechsel mit Joh. Gesner 1728-1738 (Bern 1909) VII, 104 S. [1; 14]. – Rudolf Ischer: I. G. Zimmermanns Briefe an Haller. Nach dem Manuskript der Berner Stadtbibl. 1764-1767: Neues Berner Taschenbuch für das Jahr **1911** (1910) 37-103 (Biogr. u. sachl. Anm. in alphabet. Ordnung 97-103) (30 Briefe von Z., 9 Antwortbriefe von H.) [15]. – Abraham Gotthelf Kästner: Briefe aus 6 Jahrzehnten 1745-1800 (Berlin-Steglitz 1912) 12-13, 17-18, 20-22, 24-28, 32-33, 35-36, 38-39, 41, 80-81 [3; 14]. – H. Christ: Der Briefwechsel der Basler Botaniker des 18. Jahrhunderts. Achilles Mieg, Werner de la Chenal u. Jacob Christoph Ramspeck mit Albrecht von Haller: Verh. naturforsch. Ges. Basel **29** (1918) 1-59 [Ha 2; 14]. – Ferdinand Vetter: Drei für Bern neuerworbene Briefe Albrecht Hallers: Bl. bernische Gesch., Kunst u. Altertumskunde **16** (1920) 336-343. 1. A. v. H. an Johannes Gesner, Königsfelden 19. Jenner 1729; 2. A. v. H. an ? o. O., o. J.; 3. A. v. H. an Münchhausen (?) [Gerlach Adolf von M., Kurator Univ. Göttingen] Roche, 15. Apr. 1763 [101]. – Franz Thormann: Ein Brief Albrechts von Haller [aus Bern vom 21. März 1773] an den Graveur Bause in Leipzig]: Bl. bernische Gesch., Kunst u. Altertumskunde **17** (1921) 329-330 [101]. – Stephan Kekulé von Stradonitz: Albrecht von Haller u. die Akad. der Arkadier zu Rom: Geisteskultur u. Volksbildung **31** (1922) 58-63 (2 Briefe von Ludwig von Muralt an A. v. H.,

Bern 16. 3. 1761 u. Bern, 19. 3. 1761) [3; 14]. — H. Türler: Briefe Albrecht Hallers an den Nationalökonomen Jean Herrenschwand: Arch. histor. Ver. Bern **26** (1922) 107-123 [3]. — Albrecht von Hallers Briefe an Johannes Gesner (1728-1777) hrsg. von H. E. Sigerist (Berlin 1923) VIII, 574 S. (Abh. Ges. Wiss. Göttingen, math.-phys. Cl., N.F. 11, 2) [Ha 2; 3; 14]. — S. Singer: Ein ungedruckter Brief Albrechts von Haller: Arch. Studium neueren Sprachen u. Literaturen **144** (N.S. 44) (1923) 250. Brief von Haller an Prof. Ludwig in Leipzig vom 8. Febr. 1750 aus Göttingen [3; 14]. — Franz Thormann: Register zur Briefsammlung von Albrecht von Haller in der Berner Stadtbibl. Beilage zum Bericht der Stadtbibl. über die Jahre 1933-1935. 24 S. [Von den ursprünglich vorhanden gewesenen 13202 Briefen sind die von den bedeutendsten Männern geschriebenen entwendet worden] [101]. — Carl Wegelin: Briefe des St. Galler Stadtarztes Peter Giller an Albrecht von Haller: Gesnerus **7** (1950) 1-26 (m. Lit.Verz.) [Ha 2]; Briefe des St. Galler Arztes David Christoph Schobinger an Albrecht von Haller: Gesnerus **8** (1951) 216-235 (m. Lit.Verz.) [Ha 2]. — Erich Hintzsche: 7 Briefe Albrecht von Hallers an Johannes Gesner: Gesnerus **8** (1951) 98-113 [Ha 2]. — Danilo Peruzzi: Tre lettere di Giulio Pontedera ad Alberto de Haller: Atti e Mem. Accad. Stor. Arte sanit. (II A) **23** (1957) 71-74 [Ha 2]. — Otto P. Di Pietro: Lettere di Spallanzani ad Haller: Pag. Stor. Med. **2** (3) (1958) 36-44 [Wellcome Libr. London]. — Torkel Stålmarck: Hedwig Charlotta Nordenflychts brev till von Haller och Johan Arckenholtz: Samlaren (Tidskrift for svensk litteraturhistorisk forskning, Uppsala) N.F. **40** (1959) 106-121 [LB Bern]. — Wilhelm Blasius: Ein unbekannter Brief Hallers an Johannes Gesner aus der Zeit seiner Übersiedlung von Göttingen nach Bern: Sudhoffs Arch. Gesch. Med. <u.> Naturwiss. **46** (1962) 251-263 (m. 2 Bildn., 1 Abb., 1 Faks. Brief vom 29. Dez. 1753 m. einer Nachschr. von Gesner) [3]. — M[ax] Steck: Johann Heinrich Lamberts Briefe an Albrecht von Haller: Nova Acta Leopoldina N.F. **27** (1963) Nr. 167, 7-18 [Ha 2; 14]. — Fredrik Berg: Correspondence between Nils Rosén von Rosenstein and Albrecht von Haller: Acta paediat. scand. (Stockholm) Suppl. **156** (1964) 103-108 (m. Titelbildn. von R. u. Faks.) [Med. Akad. Dresden]. — George H. M. Lawrence: A letter by Carl Linaeus to von Haller: Huntia **1** (1964) 166-168 (m. Faks.) [Wellcome Libr. London]. — Albrecht von Haller u. Giambattista Morgagni, Briefwechsel [Briefe] 1745-1768. Hrsg. u. erläutert von Erich Hintzsche (Bern-Stuttgart 1964) 148 S., 4 Taf. [LB Bern]. — Albrecht von Haller u. Ignazio Somis. Briefwechsel 1754-1777. Hrsg. u. erläutert von Erich Hintzsche (Bern-Stuttgart 1965) 180 S., 2 Abb. [LB Bern]. — Alessandro Simili: Carteggio inedito di Alberto Haller con Giovanni Bianchi (Jano Planco) [1693-1775]: Minerva med. [Torino] **56** (1965) varia 241-258 (m. Bildn. u. Faks.) [1]. — Albrecht von Haller u. Marc Antonio Caldani, Briefwechsel 1756-1776. Hrsg. u. erl. von E. Hintzsche (Bern 1966) 257 S. [LB Bern]. — E. Hintzsche: Albrecht von Hallers Korrespondenz mit Johann Stephan Bernard: Clio medica **1** (1966) 324-340.

Nekr. von Balthasar: Lobrede auf Herrn Albrecht von Haller (Basel 1778) 68 S. [ZB Zürich]. — [Balthasar Anton Duncker]: Bern [1777] 2 Bl. [ZB Zürich]. — [Jean Senebier]: Éloge historique d'Albert de Haller . . . avec un catalogue complet de ses œuvres (Genève 1778) 104 S. (S. 94-104 Catalogus chronologicus omnium operum Halleri) [Stadt- u. UB Bern]. — [Franz Ludwig Tribolet]: Ode auf den Herrn von Haller (o. O. o. J.) [um 1778] 40, 4 S. [Stadt- u. UB Bern]. — V[incenz] B[ernhard] [von] Tscharner: Lobrede auf Albrecht von Haller, welche auf Veranstaltung der Lob. ökonomischen Gesellschaft den 25. Merzen öffentl. abgelesen worden durch V. B. T. (Bern 1778) 93 S., 1 Bildn. [LB Bern; 14]. — Histoire de L'Académie Royale des Sciences **1777** (Paris 1780). Hist. 127-154: Éloge de M. de Haller [3]. — In morte del grande Alberto Haller, Signore in Goumoenz le Jux (Padua 1780) XVI, 17-110 [UB Padua].

Biogr. G. W. Götten: Das jetztlebende gelehrte Europa **3**, 3 (Zelle 1739) 673-689 (m. Schr.Verz.) [3]. — Jacob Brucker: Bilder-sal heutiges Tages lebender u. durch Gelahrtheit berühmter Schrifftsteller . . . **1** (Augsburg 1741) [5 unnumer. S.] (m. Bildn., Schr.Verz.) [3; 14]. — Jacob Brucker: Pinacotheca-Decas (Augustae Vindelicorum 1745) 5 S. (m. Bildn.) [14]. — Stammbucheintrag für Joh. Ernst Immanuel Walch. 5. Mai 1747 [Göttingen]: Goethes Autographen-Sammlung (Weimar 1961) 90, Nr. 652; H. J. Schreckenbach, Brief an Christoph Gottlieb von Murr, 26. März 1772 (o. O.) ebda S. 91, Nr. 653; Manuskriptstück zu einem Aufsatz gegen Voltaire in der „Bibliotheque impartiale", ebda S. 91, Nr. 654 [3; 14]. — Friedrich Boerner: Nachrichten von den . . . Lebensumständen u. Schriften jetztlebender berühmter Ärzte u. Naturforscher in u. um Deutschland **1** (Wolfenbüttel 1749) 172-214, 913-916; **2** (1752) 429-433, 751-760; **3** (1753/1754) 382-385, 653-677 [3; 14]. — Johann Stephan Pütter: Versuch einer acad. Gelehrten-Geschichte von der Georg-Augustus-Univ. zu Göttingen [1] (Göttingen 1765) 89-93; **2**, 39-43 [3]. — Friedrich Boerner: Nachrichten von jetztlebenden Ärzten u. Naturforschern in u. außer Deutschland ergänzt, nebst der Lebensbeschreibung des F. Börner von E. G. Baldinger (Braunschweig-Leipzig-

Wolfenbüttel 1773) 58-75 [14]. — Johann Georg Zimmermann: Das Leben des Herrn von Haller (Zürich 1755) 35, 430 S. (m. Titelvign.) [3; 14]. — Max Graf von Lamberg: Époques raisonnées sur la vie d'Albert de Haller (Leipzig 1778) 148 S. [14]. — Des Kaisers Besuch bei Hallern. Auszug eines Briefes aus Wien vom 30. Jan. 1779: Dt. Museum **1779**, 1, 365-368 [3; 14]. — Leonhard Meister: Helvetiens berühmte Männer **1** [Zürich-Winterthur 1782) 155-164 (m. Bildn.) [15]. — Johann Friedrich Blumenbach: Introductio in historiam medicinae litterariam (Göttingen 1786) 383-389 [3]. — The biographical Magazine (London 1794) Nr. 64 (m. Kurzbiogr.) [14]. — [C. G. Salzmann]: Denkwürdigkeiten aus dem Leben ausgezeichneter Teutschen des 18. Jahrhunderts (Schnepfenthal 1802) 518-521 [3; 14]. — Johann Georg Meusel: Lexikon der vom Jahr 1750 bis 1800 verstorbenen teutschen Schriftsteller **5** (Leipzig 1805) 86-104 [3]. — Vicq d'Azyr: Éloges historiques **2** (Paris 1805) 304-351 [3; 14]. — Markus Lutz: Nekrolog denkwürdiger Schweizer aus dem 18. Jahrhundert (Aarau 1812) 200-202 [15]. — Cuvier: Biographie universelle, ancienne et moderne **19** (Paris 1817) 330-337 (m. Bildn.) [3; 14]. — Seiler, in: Allgemeine Encyclopädie der Wiss. u. Künste hrsg. von J. S. Ersch u. J. Gruber (2) **1** (1827) 292-304 [3; 14]. — Herminie de Chavannes: Albert de Haller. Biogr. (Lausanne 1840) 232 S. [14]. — Ludwig Lauterburg: Biogr. Literatur enthaltend eine Sammlung gedruckter, biogr. Quellen aus dem Zeitraume von 1785 bis 1840 über das Leben u. Wirken hervorragender, verstorbener Berner u. Bernerinnen des alten Kantonstheils: Berner Taschenb. **1835**, 231-235 [Stadt- u. UB Bern]. — Emil F. Rössler: Die Gründung der Univ. Göttingen. Entwürfe, Bericht u. Briefe der Zeitgenossen (Göttingen 1855) 315-384, 408 [3]. — Hippolyte Kluyskens: Des Hommes célèbres dans les sciences et les arts et des médailles qui consacrent leur souvenir **2** (Gand 1859) 9-10 [14]. — Rudolf Wolf: Biogr. zur Kulturgeschichte der Schweiz **2** (Zürich 1859) 105-146 (m. Bildn. u. Wappen) [3]. — F. J. Fétis: Biographie universelle des musiciens, 2. Aufl. **4** (Paris 1862) 208 [3; 14]. — Abraham Lissauer: Albrecht von Haller u. seine Bedeutung für die deutsche Cultur (Berlin 1873) 39 S. (Sammlung gemeinverständl. wiss. Vorträge, hrsg. von Rudolf Virchow u. Franz von Holtzendorff, Ser. 8, H. 189) [3]. — [Emil Blösch]: Albrecht Haller: Berner Taschenbuch **27** (1878) 6-42 (m. Titelbildn. u. Faks.) [15]. — Albrecht von Haller: Der prakt. Schulmann **27** (1878) 118-123 [14; 15]. — Emil Blösch: ADB **10** (1879) 420-427 [3]. — H. F.: Albrecht von Haller: Beil. Allg. Ztg. **1882**, 1385-1387, 1402-1404 [3; 14]. — Bruno Marquart: Albrecht von Haller. Mitt. aus seinem Leben u. Wirken: Sächs. Schulztg. **56** (1889) 469-474 [14]. — Gustav Tobler: Albrecht von Haller als Salzdirektor: Fürs Schweizerhaus **1** (1901/1902) 391-394 (m. 1 Abb. 392); Albrecht von Haller als bernischer Sanitätsrat, ebda: 468, 484, 504-506 [LB Bern]. — G. L. Mamlock: Friedrichs des Großen Beziehungen zur Med. (Berlin 1902) 38 [11; 14]. — Hugo Kronecker: Haller redivivus: Mitt. naturforsch. Ges. Bern **1902** (1903) 203-226, Nachtr. 254 (m. 1 Abb.) [Ha 2; 14]. — Fr[iedrich] Stettler: Haller-Büchlein. Hrsg. f. d. bernische Jugend (Bern 1902) 47 S. m. 1 Bildn. [Stadt- u. UB Bern]. — W. F. von Mülinen: Haller-Denksteine: Bl. Bernische Gesch. **1** (1905) 190-192 [15]. — Emil Bürgi: Haller u. die Vielseitigkeit: Berner Rdsch. **3** (1908/1909) 153-160 [1a]. — Ed. Fischer: Hallers Beziehungen zu den Naturforschern seiner Zeit, speziell zu Linné: Mitt. naturforsch. Ges. Bern **1908** (1909) 145-172 [Ha 2; 14]. — Alfred Zesiger: Haller als Kandidat für den Kleinen Rat: Bl. Bernische Gesch. **6** (1910) 350-354 [15]. — Ad. Lechner: Aus Albrecht Hallers zwei letzten Berner Jahren vor seiner Abreise nach Göttingen im Sept. 1736; Bl. Bernische Gesch. **7** (1911) 130-135 [15]. — Gonzague de Reynold: Histoire littéraire de la Suisse au XVIIIe siècle **2**, 2 (Lausanne 1912) 443-591 (m. 2 Bildn., 1 Abb.) [3]. — Edouard Payot: Souvenirs d'hommes utiles au pays: Rev. histor. vaudoise **21** (1913) Nr. 3, S. 83-89; Nr. 4, S. 107-111 [LB Bern]. — Fritz Meier: Beitr. zur Biogr. Albrecht von Hallers (München 1915) 92 S. (Diss. Univ. München) [3; 14]. — Ferdinand Vetter: Bericht über den handschriftl. Nachlaß Albrecht Hallers in Italien u. den eingeleiteten Rücktausch eines Teils desselben im Auftrag von Stadt- u. Hochschulbibl. Bern u. auf Empfehlung der Schweizer. Eidgenossenschaft, erstattet von deren Beauftragtem F. V. (Stein/Rhein 1922) 53 S. [LB Bern]. — A. F.: Haller als Kandidat für das Stadt-Physikat: Bl. Bernische Gesch. **23** (1927) 160 [101]. — Erich Brock: Gewissen **10** (1928) Nr. 6, 2 S. [101]; Der Ring **1** (1928) 108-109 [101]. — Emil Bürgi: Betrachtungen über die Vielseitigkeit Hallers: Schweiz. med. Wschr. **64** (1934) 531-532 [101]. — Reinhold Peting: Berühmte Deutsche, ihre Herkunft u. ihre Werke **1** (Berlin 1934) 20 [101]. — Joh[annes] Ninck: Albrecht von Haller. Charakterskizze. In: Garbe, Schweizerisches Familienbl. **19** (1935/1936) 661-665, 691-695 [LB Bern]. — Otto Spieß: Basel anno 1760. Nach den Tagebüchern der ungarischen Grafen Joseph u. Samuel Teleki (Basel 1936) 55, 56, 57, 73, 74, 113 [101]. — Henry E. Sigerist: Albrecht von Haller. In: Große Schweizer (Zürich [1938]) 250-255 (m. Bildn. S. 242) [101]. — Walter Sulze: Albrecht von Haller. In: Deutsche Männer (Berlin [1938]) 108-109 (m. Bildn.) [14; 101]. — Emil Bürgi: Betrachtungen über die Vielseitigkeit Hallers.

In: Heißt ein Haus zum Schweizerdegen. 1000 Jahre deutsch-schweizerisches Geistesleben, hrsg. von Emanuel Stickelberger 1 (Olten 1939) 310-314 (m. Farbbildn.) [14; 101]. – Henry E. Sigerist: Albrecht von Haller aus Bern. In: Große Schweizer Forscher (Zürich 1939) 120-122 (m. Bildn.) [3; 14]. – Richard N. Wegner: Christoph Jacob Trew (1695-1769). Ein Führer zur Blütezeit naturwiss. Abbildungswerke in Nürnberg im 18. Jahrhundert: Mitt. Gesch. Med. ⟨u.⟩ Naturwiss. **39** (1940) 218-228 [3; 14]. – Adolf Haller: Albrecht von Haller. Ein Lebensbild. Hrsg. vom Schweizer. Ver. abstinenter Lehrer u. Lehrerinnen (Ostermundigen-Bern [1944]) 52 S. [Burgerbibl. Bern]. – Emil Walter: Volkshochschule (Zürich) **14** (1945) 257-260 [ZB Zürich]. – Rüdiger Robert Beer: Der große Haller (Säckingen 1947) 137 S. m. 1 Bildn. m. Faks. [3; 14]. – E. Bastholm: The history of musicle physiology. From the natural philosophers to Albrecht von Haller. A Study of the history of medicin: Acta hist. Sci. nat. med. [København] **7** (1950) 9, 131, 133, 134, 148, 161, 179, 198, 209, 224, 225, 228, 229, 230, 237-240, 247 [1]. – Paul Weiglin: Der große Haller: Natur u. Nahrung **4** (1950) Nr. 13/14, S. 10-12 [14; 101]. – Bernhard Milt: Giovanni Battista Morgagni u. Albrecht Haller: Verh. Schweiz. naturforsch. Ges. **132** (1952) 179-180 [Ha 2]. – [Hellmuth] R[össler], in: Biogr. Wörterbuch zur Deutschen Geschichte (München 1953) 299-300 [3; 14]. – Adolf Haller: Albrecht von Hallers Leben (Basel [1954]) 160 S., Titelbildn. m. Faks. [14; Burgerbibl. Bern]. – Heinz Goerke: Om uppsala professorn Adolph Murrays kontakter med von Haller: Svenska Läkartidn. (Stockholm) **52** (1955) 986-994 [UB Basel]. – W. R. Bett: Med. Press. (London) **240** (1958) 855-856 [1]. – Frank Hartley: Pharmac. J. **181** (1958) 316 [1]. – A. A. Zvorykin: Biografičeskij slovar' dejatelej estestvoznanija i techniki [Biogr. Wörterbuch der Naturforscher u. Techniker] **1** (Moskva 1958) 205-206 [Ha 2]. – Martin Müllerott: Das Werk Albrecht von Hallers: Börsenbl. Dtsch. Buchhandel (Frankfurt/M.) **16** (1960) 1851-1852 [3; 14]. – W. Aeberhardt: Der große Haller u. seine Exlibris: Schweizerisches Gutenberg-Museum **47** (1961) 75-79 (m. 4 Abb.) [3].

Zum 100. Todestag Emil Blösch: Die Haller-Ausstellung vom 11. bis 16. Dez. 1877 (Bern 1877) 46 S. [3; 14]. – Denkschrift, hrsg. von ... Commission auf den 12. Dec. 1877 (Bern 1877) 120 S. (m. Bildn. u. Faks.); darin: Emil Blösch: Albrecht von Hallers Lebenslauf 1-40; Ludwig Hirzel: Albrecht von Hallers Bedeutung als Dichter 41-62; Ad. Valentin: Albrecht von Hallers Leistungen im Gebiet der med. Wiss. 63-96; L. Fischer: Albrecht von Hallers botan. Leistungen 97-102; Isidor Bachmann: Albrecht von Hallers Thätigkeit in mineral.-geognost. Richtung 103-112; Verzeichnis der Werke Hallers 113-120 [3; 14]. – Edmund Dorer: Albrecht Haller. Ein Festgedicht zum 12. Dez. (Zürich 1877) [14; ZB Zürich]. – O[tto] von Greyerz: Albrecht von Haller. Ein Lebensbild (Bern 1877) 84 S., 1 Bildn. [Burgerbibl. Bern]. – E[duard] Guder: Albrecht von Haller als Christ (Basel 1878) 20 S. [Burgerbibl. Bern]. – Ludwig Hirzel: Schweizer. Miniatur-Almanach **1878**, 17-58 (m. 2 Bildn., 1 Abb.) [Stadt- u. UB Bern]. – Fr. Isenschmid: Berner Taschenbuch **27** (1878) 1-5 [Stadt- u. UB Bern; 15]. – K[arl] G[ustav] König: Festrede auf Albrecht von Haller (Bern 1877) 34 S. [Stadt- u. UB Bern]. – Carl H[einrich] Mann: Albrecht von Haller (Schaffhausen 1878) 32 S. [Burgerbibl. Bern]. – [Joh. Jak. Romang]: Albrecht Haller (Bern 1877) 120 S. m. Bildn. [ETH Zürich; 14]. – [Johannes Schnell]: Albrecht von Haller. Darst. seines Lebens nach Briefen seiner Freunde u. nach seinen eigenen Aufzeichnungen (Basel 1878) 169 S., 1 Bl., 1 Bildn. [Burgerbibl. Bern]. – Fr[iedrich] Stettler: Haller-Büchlein (Bern 1877) 19 S. [Burgerbibl. Bern].

Zum 150. Todestag Albert Neuburger: Albrecht von Haller u. die Naturwiss.: Stein der Weisen N.F. **4** (1927) 578 (m. Bildn.) [101]. – Christl. Gemeindekalender Kaiserslautern **36** (1927) 76-79 [1].

Zum 150. Geburtstag Ludwig Eckardt: Über Albrecht Haller u. seine Zeit. Versuch einer Charakteristik: Westermanns Mh. **4** (1858) 415-422, 533-540 (m. 1 Bildn.) [3; 14].

Zum 200. Geburtstag J. Höffner: Daheim **45**, 1 (1908) Nr. 3, S. 14-15 [14]. – H[ugo] Kronecker: Hallers Wohnungen u. seine Arbeitsart: Bl. Bernische Gesch. Kunst u. Altertumskde **4** (1903) 311-321 [Text], 322-355 (27 Abb.) [Stadt- u. UB Bern]; Dtsch. med. Wschr. **34** (1908) 1813-1815, 1 Bildn. (Büste), 3 Abb. [3; 14]. – Friedrich Leo: Bericht über die Hallerfeier in Bern [16. Oct. 1908]: Nachr. Ges. Wiss. Göttingen, Geschäftl. Mitt. **1908**, 123-127 [3; 14]. – Paul Richter: Med. Klin. **4** (1908) 1587-1589 (m. Bildn. u. Abb.) [3; 14]. – E. Roth: Leopoldina **44** (1908) 82-87 (m. Schr.Verz. 93 Nr.) [Ha 2]. – E. A. S[chäfer]: Nature [London] **79** (1908/1909) 38-40 (m. Bildn.) [Ha 2]. – Karl Storck: Türmer **11** (1908/1909) 135-141 (m. Bildn. von J. F. Bause) [3]. – Sturhan: Z. Veterinärkunde **20** (1908) 479-481 [3]. – [Karl] Sudhoff: Münchener med. Wschr. **55** (1908) 2142-2143 (m. Bildn. u. Faks.) [3; 14]. – Otto Tschirch: Albrecht von Haller als Dichter: Westermanns Mh. **105** (1908) 293-299 [3; 14]. – Artur Weese: Die Bildn. Albrecht von Hallers. Veröffentl. aus Anlaß der Enthüllung des Denkmals in Bern (Bern 1909) 283 S. [14]. – A. Zesiger: Haller als Rathausammann: Bl. Bernische Gesch. u.

Altertumskde 5 (1909) 65-69 [15]. – Haller-Feier in Bern am 15. u. 16. Okt. 1908. Festbericht: Mitt. naturforsch. Ges. Bern 1908 (1909) 127-247 [Ha 2; 14); darin: A. Tschirch: Begrüßungsansprache 129-134; R. Steck: A. von Hallers Persönlichkeit 135-144; Ed. Fischer: Hallers Beziehungen zu den Naturforschern seiner Zeit, speziell zu Linné: 145-172.

Zum 250. Geburtstag Un grande studioso svizzero: Risveglio 63 (1958) Nr. 12, 282-284 m. Bildn. – Heinrich Buess: Albrecht von Haller u. die anatom. Abbildung: Dtsch. med. Wschr. 83 (1958) 2303-2304 (m. 1 Bildn.) [3; 14]. – Walter Dreßler: Dtsch. Schwestern-Ztg. (Köln) 11 (1958) 386-387 (m. 1 Bildn.) [101]. – Triangle 3 (1958) Nr. 7, S. 253 (m. Bildn.) [21]. – Baldur Gloor: Die künstler. Mitarbeiter an den naturwiss. u. med. Werken Albrecht von Hallers (Bern 1958) 75 S. m. 9 Abb., Anm., Lit.Verz. u. Anhang (Berner Beitr. Gesch. Med. u. Naturwiss., 15) [Ha 2]. – Hermann Heino Heine: Jahrb. Ver. Schutz Alpenpflanzen 23 (1958) 183-190 (m. 1 Bildn.) [12]. – J. Hett: Kosmos 54 (1958) 414-416 (m. Bildn. u. Faks.) [3; 14; 15]. – E[rich] Hintzsche: Verh. Schweiz. naturforsch. Ges. 138. Jahresvers. Glarus (1958) 168-170 [Ha 2; 14]; Politischer Nachrichtendienst in A. von Hallers Korrespondenz: Berner Z. Gesch. u. Heimatkde 20 (1958) 41-46 [14; 101]. – François Jost: Albert de Haller critique des écrivains français: Rev. littérature comparée (Paris) 32 (1958) Nr. 1, S. 12-33 [12]. – Erna Lesky: Albrecht von Haller, Gerard van Swieten u. Boerhaavens Erbe: Gesnerus 15 (1958) 120-140 [Ha 2]; Die Achillessehne. Ein Beitrag zur Sensibilitätslehre Albrecht von Hallers: Nachr.-Bl. Dtsch. Vereinig. Gesch. Med. Nr. 12 (1958) 16 [101]; Wiener klin. Wschr. 70 (1958) 954-957 [3]. – Mojmir Petráň: Vesmir (Praha) 37 (1958) 344-346 [3]. – Gerhard Rudolph: Ann. Univ. Saraviensis 7 (1958) 273-289 (m. Bildn. u. 4 Abb.) [Ha 2]. – Rita Schär: Albrecht von Hallers neue anatomisch-physiol. Befunde u. ihre heutige Gültigkeit (Bern 1958) 56 S. (Berner Beitr. zur Geschichte der Med. u. Naturwiss., 16) [Ha 2]. – Berend Strahlmann: Albrecht von Haller u. Herzog Peter Friedrich Ludwig von Oldenburg. Mit Briefen Albrecht von Hallers an die Prinzen von Holstein-Gottorp u. den Obersten von Staal: Berner Z. Gesch. u. Heimatkde 1958, 155-159 [12]. – Otto Weber: Albrecht von Haller. Rektoratsrede (Göttingen 1958) 19 S. (Göttinger Universitätsreden, 21) [3]. – H. Zoller: Bull. Mus. National Hist. nat. [Paris] (2) 30 (1958) 305-312 (m. 7 Abb. auf 3 Taf.) [Ha 2]; Albrecht von Haller u. seine Beziehungen zu Carl von Linné: Neue Zürcher Ztg. 179 (1958) Nr. 3025 vom 19. Okt. [ZB Zürich]; Albrecht von Hallers Pflanzensammlungen in Göttingen, sein bot. Werk u. sein Verhältnis zu Carl von Linné: Nachr. Akad. Wiss. Göttingen. Math.-physik. Kl. 1958 (1958) 217-251 (m. 8 Taf.) [Ha 2; 14].

Weitere Lit. Johann Jacob Breitinger: Vertheidigung der Schweitzerischen Muse Herrn D. Albrecht Hallers (Zürich 1744) 149 S. [Stadt- u. UB Bern]. – J[oh.] Fr[anz] von P[althen]: Schreiben an Herrn Albrecht von Haller, gestellet von dem Dichter J. F. v. P. 1757 (o. O. 1761) [ZB Zürich]. – Gotthold Friedrich Stäudlin: Albrecht von Haller, ein Gedicht in drei Gesängen (Tübingen 1780) 103 S. m. 4 Holzschnitt-Vignetten (S. 3; Den Vätern der Republik Bern gewidmet) [Burgerbibl. Bern]. – Rudolph Wagner: Zur Erinnerung an Albrecht von Haller u. zur Geschichte der Societäten der Wiss. Festrede gehalten am Tage der 100jährigen Stiftungsfeier der Königl. Societät der Wiss. zu Göttingen am 29. Nov. 1851: Abh. Ges. Wiss. Göttingen 5, 1851/1852 (1853) (I)-(XXVII) [14; 15]. – K. Vierordt: Hallers Abgang von Tübingen. Eine briefliche Mitt. an den Herausgeber: Arch. physiol. Heilkde 3 (1859) 285-288 [3]. – Karl Morell: Die Helvetische Gesellschaft. Aus den Quellen dargestellt (Winterthur 1863) 111-129 [3]. – O. F. Gruppe: Leben u. Werke deutscher Dichter 3 (München 1867) IV, 652 S., Taf. vor S. 385 (K. Kräutle sc.) [14]. – Gaea 3 (1867) 468-478 [14]. – Göttinger Prof. Ein Beitr. zur deutschen Cultur- u. Literär-Geschichte m. 8 Vortr. (Gotha 1872) 29-58 [14]. – K. J. Petelenz: Albrechts von Haller Bedeutung für das Aufkommen einer neuen besseren Zeit in der deutschen Dichtkunst aufgrund politischer u. kulturgeschichtl. Verhältnisse (bearb.) (Jasto 1877) 44 S. [14]. – Adolf Frey: Albrecht von Haller u. seine Bedeutung für die dtsch. Literatur (Leipzig 1879) 214 S. (gekrönte Preisschr. Univ. Bern) [3; 14]. – Ludwig Hirzel: Hallers Leben u. Dichtungen (Frauenfeld-Leipzig 1882) [LB Bern]. – H. F.: Aus Albrecht Hallers Jugend: Allg. Ztg. 1883, Beil., 16. Jan., S. 217 [3; 14]. – Joh. Hesse: Albrecht von Haller: Evang. Missions-Mag. N. F. 27 (1883) 9-15 [3]. – Karl Geiser: Beitr. zur Bern. Kulturgeschichte des 18. Jahrhunderts: Neujahrs-Blatt der litterar. Gesellschaft Bern auf das Jahr 1891 (Bern 1890) 42 S. [3]. – J(ohann) H(einrich) Graf: Das Leben u. Wirken des Physikers u. Geodäten Jacques Barthélemy Micheli du Crest aus Genf, Staatsgefangener des alten Bern von 1746-1766 (Bern 1890) 90-91, Bildn., 2 Abb. [Stadt- u. UB Bern]. – Hans Käslin: Albrecht von Hallers Sprache in ihrer Entwicklung dargestellt. Diss. Freiburg 1891 (Brugg 1892) 4 Bl., 76 S. [Stadt- u. UB Bern]. – Karl Drescher: Litterar. [poet.] Nachwirkungen A. von Hallers: Vjschr. Litteraturgesch. 6 (1893) 451-460 [3; 14]. – Otto Haupt: Hallers Alpen nach ihren Grundgedanken u. nach ihrer Sprache: Rhein. Bl. Erziehg. u. Unterr. 67 (1893) 301-327 [1a]. –

Jac[ob] Moleschott: Für meine Freunde Lebens-Erinnerungen (Gießen 1894) 260 [Ha 2; 14]. — [F.] Haag: Albrecht von Haller als Mitglied des bernischen Schulrats 1756-1758. Nach den Manualen des Schulrats im Bern. Staatsarchiv: Süddtsch. Bl. höhere Unterr. Anstalten **5** (1897) 85-91, 162-168 [25]. — Friedrich Vogt u. Max Koch: Geschichte der deutschen Literatur von den ältesten Zeiten bis zur Gegenwart (Leipzig-Wien 1877) 399-402 (m. Bildn. nach Stich von J. H. Lips); 3. Aufl. **2** (1910) 79-83; 4. Aufl. **2** (1918) 77-81 [14]. — F. Haag: Die Mission Albrecht Hallers nach Lausanne: Neues Berner Taschenb. **1900** (1899) 53-75 [15]. — Hans Herzog: Zur Geschichte der Bibl. Albrecht von Hallers: Zbl. Bibliothekswes. **17** (1900) 484-485: 2 Briefe Gottl. Emmanuel Hallers (ältester Sohn A. von Hallers) an Sebastian Steinegger. Abt des Klosters Wettingen in Baden, Bern, 23. Jan. 1778 u. Bern, 18. Juli 1778 [Beide Briefe im Staatsarchiv zu Aarau] [3; 14]. — L[udwig] Gerster: Der Große Haller u. seine Exlibris: Schweiz. Bl. Exlibris-Sammler **1** (1901/1902) 21, 25-27 (m. Abb.) [Stadt- u. UB Bern]. — Katalog zur Haller-Ausstellung 1.-20. Mai 1902 in der Stadtbibl. von Bern zu Gunsten des Haller-Denkmals (Bern 1902) 40 S. [Stadt- u. UB Bern]. — Franz Carl Müller: Geschichte der organ. Naturwiss. im 19. Jahrhundert (Berlin 1902) 2-4 (Das 19. Jahrhundert in Deutschlands Entwicklung, 6) [14]. — Felix Anderegg: Albrecht von Hallers Bedeutung für die schweizer. Landwirtschaft. Ein Beitr. zur Agrar-Geschichte der Schweiz (Bern 1903) 52 S., 1 Bildn. [Stadt- u. UB Bern]. — Rudolf Ischer: Eine Episode aus Hallers Familienleben. Nach ungedruckten Briefen: Der „Bund" **1903**, Sonntagsbl. Nr. 45, 355-358; Nr. 46, 363-365 [Stadt- u. UB Bern]. — Rudolf Krauss: Albrecht von Haller u. Herzog Karl von Württemberg: Der „Bund" **1903** Sonntagsbl. Nr. 21, S.166 [Stadt- u. UB Bern]. — C. Kalbfleisch: Galeni de causis continentibus libellus a Nicolao Regino in sermonem latinum translatus (Marburgi 1904) 24 S. [3]. — Tübingen in den Schilderungen bedeutender Männer: Albrecht Haller: Tübinger Bl. **7** (1904) 25-27 [3; 14]. — Giacomo Casanova: Erinnerungen, übersetzt u. eingel. von Heinrich Conrad **6** (München-Leipzig 1907) 347-354 (m. Bildn.); **15** (1913) Briefwechsel. Taf. vor S. 1 [14]. — Julius Pagel: Galenforschung im letzten Jahrzehnt: Mitt. Gesch. Med. <u.> Naturwiss. **6** (1907) 226 [3]. — Valentina Algina: Über die Ursache des Herzschlages: Arch. Physiol., physiol. Abt. **1908**, 237-257 [15]. — A. Dreyer: Albrecht von Haller: Mitt. Dtsch. <u.> Oesterr. Alpen-Ver. N. F. **24** (1908) 267-268 [3; 14]. — Franz Heinemann: Albrecht von Haller als Vivisektor: Wissen u. Leben **2** (1908) 323-330, 362-370 [14; 16]. — M. A. Herzog: Alte u. neue Welt. Illustr. kathol. Familienbl. Unterhaltg. u. Belehrg. **43** (1908) 217-219 [25]. — Aloys Dreyer: Der Alpinismus u. der Deutsch-Österreich. Alpenverein. Seine Entwicklung, seine Bedeutung, seine Zukunft (Berlin 1909) 21-22 [14; 300]. — Heinrich Dübi: Altmann, Voltaire u. Haller: Bl. Bernische Gesch. u. Altertumskde **5** (1909) 255-264 [15]; Haller u. die Alpen: Neues Berner Taschenbuch **1909** (1908) 189-211 [51]. — F. Frensdorff: Ein Bericht über Göttingen, Stadt u. Univ. aus dem Jahre 1754: Jahrb. Geschichtsver. Göttingen u. Umg. **1**, 1908 (1909) 49-50, 90-91, 99, 103-104, 107 [14; 15]. — Fritz Kammerer: Die Reise auf die Gebürge (1761): Z. Harz-Ver. Gesch. Altertumskde **41**, 1908 (1909) 260-280 [3; 14]. — Max Neuburger: Auenbrugger. Gedenkrede ... Wien, 17. Mai 1909: Wiener klin. Wschr. **22** (1909) 699-709 m. 1 Bildn., 1 Abb., 2 Faks. Briefen, besonders 704 [3]. — Carl Becker: Kaestners Epigramme. Chronologie u. Kommentar. 1. Freundeskreis. 2. Literar. Kämpfe (Halle 1911) 39-46 (Bausteine z. Gesch. d. neueren dtsch Lit., 4) [14]. — J. Hirschberg: Geschichte der Augenheilkunde. In: Graefe-Saemisch, Handbuch der gesamten Augenheilkunde, 2. Aufl. **14** (Leipzig 1911) 430-439 (m. 2 Bildn.), 469-470 [3]. — Ernst Bergmann: Neues zum Streit zwischen Haller u. Lamettrie: Studien zur Literaturgeschichte. Albert Köster zum 7. Nov. 1912 überreicht (Leipzig 1912) 114-123 [3; 14]; Die Satiren des Herrn Maschine Lamettrie (Leipzig 1913) VIII, 103 S. [14]; Idem: The satires de Mr. Maschine. Transl. from the German by Lydia G. Robinson: Open Court [Chicago] **28** (1914) 412-423 [15]. — Hans Barth: Bibliogr. der Schweizer Geschichte **2** (Basel 1914) 208-211 (Quellen zur Schweizer Geschichte N. F. 4,2) [3; 14]. — E. Bonnet: Les Ex-libris de Albert de Haller: Bull. Soc. Franç. hist. méd. **13** (1914) 197-201 (m. 2 Abb.) [15]. — Béla Révész: Geschichte des Seelenbegriffes u. der Seelenlokalisation (Stuttgart 1917) 209-214 [3; 14]. — Otto Henne am Rhyn: Illustr. Kultur- u. Sittengeschichte des deutschen Sprachgebietes (Stuttgart 1918) 152, 198, 323 (m. Bildn. 153) [14]. — Franz Thormann: Anläßl. eines Briefes von Jakob Samuel Wyttenbach an Alessandro Volta über Albrecht von Hallers Lebensende: Bl. Bernische Gesch., Kunst u. Altertumskde **18** (1922) 307-316: 1. aus Como vom 27. Sept. 1777 (von Volta); 2. aus Bern vom 23. Dez. 1777 (von Wyttenbach) [101]. — Georg Brandes: Voltaire **2** (Berlin 1923) 162, 390, 393 [3; 14] — Alberto Haller e la Bibliotheca di Berna: Bibliofilia **26**, 1924/1925 (1925) 39-40 [3; 14]. — Johannes Reinke: Mein Tagewerk (Freiburg i. Br. 1925) 390 [3]. — Friedel Pick: Joh. Jessenius de magna Jessen. Ein Lebensbild aus der Zeit des 30jährigen Krieges (Leipzig 1926) 35, 75, 76, 116, 117, 175 (Studien Gesch. Medizin, 15) [3]. — Anneliese Frey: Albrecht von Hallers Staatsromane (Leipzig 1928) 89 S. (Freiburg i. Br.,

Phil. Diss. 1928) [3]. – Stephan d'Irsay: Der philos. Hintergrund der Nervenphysiol. im 17. u. 18. Jahrhundert: Arch. Gesch. Med. **20** (1928) 181-197 [3]. – Anna Ischer: Albrecht von Haller u. das klass. Altertum (Bern 1928) 272 S. (Sprache u. Dichtung, 41) [101]. – Lura May Teeter: Albrecht von Haller and Samuel Clarke: J. Engl. and German. Philol. **27** (1928) 520-523 [3; 14]. – Ernst Jenny: Albrecht Haller u. „Die Alpen". Ein Hinweis: Alpen **5** (1929) 302-306 [15]. – Margarete Caroline Hochdoerfer: The Conflict between Haller's religious and scientific views: Abstracts of Theses. Humanist Ser. **8** (1929-1930) 417-421 [3]. – Schweizer im Ausland. Von ihrem Leben u. Wirken in aller Welt (Genf [1931]) 114-115 (m. Bildn. 227) [14; 101]. – Aus der Vergangenheit der Univ. Würzburg: Festschr. zum 350jährigen Bestehen der Univ. (Berlin 1932) 393, 455, 490, 500, 508, 512, 539, 573, 590 [3; 14]. – Eduard Achilles Gessler: Die alte Schweiz in Bildern (Zürich-Leipzig 1933) Kupferstich S. 236 [14]. – Stephan d'Irsay: A. von Haller. Eine Studie zur Geistesgeschichte der Aufklärung (Leipzig 1936) VIII, 98 S. (Arbeiten d. Inst. Gesch. Med. Univ. Leipzig, 1) [Ha 2]. – Rech: Albrecht von Haller u. Jean-Jacques Rousseau: Geist. Arb. **3** (1936) Nr. 11, S. 3-4 [3; 14]. – Bogislav von Selchow: Deutsche Köpfe im Zeitalter Friedrichs des Großen (Leipzig 1936) 102-108 [14; 101]. – Hans Bloesch: Albrecht Haller als Bibliothekar. Mélanges Marcel Godet: (Neuchâtel 1937) 165-178 (m. 2. Briefen von J. J. Bodmer an Haller aus Zürich vom 6. Juni u. 15. Nov. 1735) [3]. – Fragmente aus Karl Viktor von Bonstettens „Souvenirs": Neue Schweizer Rdsch. **5** (1937) 100-103 [15]. – Götz von Selle: Die Georg-August-Univ. zu Göttingen 1737-1937 (Göttingen 1937) siehe Reg. 390 [3; 14]. – Zeugn. deutscher Frömmigkeit von der Frühzeit bis heute. Hrsg. von Otto Eberhard (Leipzig [1938]) 34-36 [14; 101]. – J. Eugster: Aufgaben u. Ziele der Geomedizin mit besonderer Berücksichtigung der Erforschung von Krankheitsursachen: Schweiz. med. Wschr. **68** (1938) 553-556 [101]. – Ernst Marx: Die Entwicklung der Reflexlehre seit Albrecht von Haller bis in die 2. Hälfte des 19. Jahrhunderts. Mit einem Geleitwort von Viktor von Weizsäcker (Heidelberg 1939) 126 S. (S.-Ber. Heidelberger Akad. Wiss., Math.-nat. Kl. 1938, Abh. 10) [Ha 2]. – Albrecht Saathoff: Geschichte der Stadt Göttingen **2** (1940) 22, 34-37 (m. Bildn. nach dem Gemälde von Joh. Rud. von Studer S. 35) [7]. – Eduard Fueter: Geschichte der exakten Wiss. in der Schweizer. Aufklärung (Aarau-Leipzig 1941) siehe Reg. S. 332 (Veröff. Schweizer. Ges. Gesch. Med. u. Naturwiss., 12) [101]. – Valentin Gitermann: Geschichte der Schweiz (Thayngen-Schaffhausen 1941) 301, 303, 415 m. Bildn. vor S. 305 [14]. – Jahresber. der naturf. Ges. Bern über das Vereinsjahr 1939/1940. Gründung der Albrecht-Haller-Gesellschaft: Mitt. naturforsch. Ges. Bern **1940** (1941) V-VI [Ha 2]. – Albrecht Haller, der größte Naturforscher des alten Bern: Volkshochschule **14** (1945) 257-260 m. 2 Abb. [LB Bern]. – Helmut Prang: Johann Heinrich Merck. Ein Leben für andere (Wiesbaden 1949) 169, 293 [101]. – Georg Theodor Schwarz: Die systemat. Arbeitsweise A. von Hallers: Centaurus **2** (1951) 314-348 m. Bildn. u. Bibliogr. [101]. – E. Hintzsche: Deutung des Haller-Manuskriptes A 96 der Berner Burgerbibl.: Verh. Schweiz. naturforsch. Ges. **132** (1952) 178 [Ha 2]. – Alexander von Muralt: Verh. Schweiz. naturforsch. Ges. **132** (1952) 44-50 [Ha 2]. – G. R. de Beer: Haller's Historia stirpium: Ann. of Sci. **9** (1953) 1-46 [210]. – Hugo Glaser: Die Entdecker des Menschen. Von Hippokrates bis Pawlow (Wien 1954) 120-121, 129, 130, 134, 138-139, 234; Bildn. vor 129 (Stich von Heinr. Pfenninger 1776) [14]. – L. Jacot: A propos d'une collection de lithographies d'Engelmann: Schweiz. Gutenbergmuseum **40** (1954) 43-50 (m Bildn.) [3]. – Heinz Goerke: Die Beziehungen Hallers zu Linné: Sudhoffs Arch. Gesch. Med. ⟨u.⟩ Naturwiss. **38** (1954) 367-377 (m. Lit.Verz.) [3]. – Bruno von Freyberg: Johann Gottlob Lehmann 1719-1767). Ein Arzt, Chemiker, Metallurg, Bergmann, Mineraloge u. grundlegender Geologe (Erlangen 1955) siehe Reg. S. 157 (Erlanger Forsch., B 1) [101]. – Arvid Hj. Uggla: Adolph Murray hos Voltaire och Albrecht von Haller: Lychnos (Uppsala) **1956**, 218-222 [UB Basel]. – Kurt Guggisberg: Albrecht von Haller u. die Ökonom. Gesellschaft von Bern: Tätigkeitsber. d. ökon. u. gemeinnütz. Gesellschaft des Kantons Bern **1957**, 2-17 [LB Bern]. – Erich Hintzsche: Einige kritische Bemerkungen zur Bio- u. Ergogeogr. Albrecht von Hallers: Gesnerus **16** (1959) 1-15 [Ha 2]. – U. Im Hof: Die Religion in Geschichte u. Gegenwart, 3. Aufl. **3** (Tübingen 1959) Sp. 39-40 [101]. – Julian Schmidt: Einiges über Haller: Grenzboten **20**, I, 1 (1961) 268-279 [3; 14]. – Karl S[iegfried] Guthke: Haller u. die Literatur (Göttingen 1962) 188 S. (m. 1 Bildn. ⟨Taf.⟩) (Arbeiten aus der Niedersächs. Staats- u. Univ. Bibl. Göttingen, 4) [14]. – Erich Hintzsche: Der Hunger in physiol. Lehrbüchern von Haller bis Valentin: Gesnerus (Aarau) **20** (1963) 33-46 [Ha 2]. – Ernst Kretschmer: Gestalten u. Gedanken. Erlebnisse (Stuttgart 1963) 28, 29, 30 [101]. – K. M. Backhause: The gubernaculum testis Hunteri testicular descent and maldescent: Ann. R. Coll. Surg. England **35** (1964) 15-33(m. 15 Abb.) [Preceded by a note that Hunter and not Haller first described the gubernaculum testis] [1]. – Wolfgang Promies: Georg Christoph Lichtenberg in Selbstzeugn. u. Bilddokumenten (Reinbek/Hamburg 1964) 27, 34, 153 [101].

Haller als Arzt Lebensbeschreibungen aus den Schriften der med. Gesellschaft zu Paris. Albrecht von Haller: Almanach Ärzte u. Nichtärzte (Jena 1784) 75-113 [14; 15]. — Dezeimeris: Dictionnaire historique de la médecine ancienne et moderne **3** (Paris 1836) 11-31 (m. Schr.Verz. 21-31) [3]. — Isidore Bourdon: Illustres médecins et naturalistes des temps modernes (Paris 1844) 215-226 [1]. — Julius Leopold Pagel: Über die Geschichte der Göttinger med. Schule im 18. Jahrhundert (Berlin 1875) 24-33 (Berlin, Med. Diss.) [3]. — Alexander Becker: Albrecht von Haller u. seine Bedeutung für die Med. (Berlin o. J.) 32 S. (Berlin, Med. Diss. 1880) [3]. — Heinrich Rohlfs: Eine literarische Legende: Dtsch. Arch. Gesch. Med. u. med. Geogr. **3** (1880) 270-272 [15]. — Michael Foster: Lectures on the history of physiology during the 16th, 17th and 18th centuries (Cambridge 1901) 310 S. m. Bildn. (siehe Reg.) [11]; nochmals (Cambridge 1924) 306 S. [ohne Bildn.], Haller 202-206, 225-229, 290-296 [14]. — Richard Landau: Die ältesten med. Drucke. Eine bibliogr. Studie: Mitt. Gesch. Med. ⟨u.⟩ Naturwiss. **3** (1904) 247 [3]. — A. Gottstein: Zur Geschichte der epidem. Cerebrospinalmeningitis: Dtsch. med. Wschr. **31** (1905) 917-918 [3; 14]. — [Otto] Mönkemöller: Geisteskrankheit u. Geistesschwäche in Satire, Sprichwort u. Humor (Halle 1906) 75 [3; 14]. — Raubers Lehrbuch der Anatomie des Menschen. Neu bearb. u. hrsg. von Fr. Kopsch. Abt. 1 8. Aufl. (Leipzig 1908) 21-22 (m. Bildn. S. 12) [3]. — Walther E. von Rodt: Beitr. zur Geschichte der Schilddrüse: Dtsch. Z. Chirurgie **116** (1912) 639 [3]. — G. Imhof: Albrecht von Haller als Physiologe: Arch. Gesch. Med. **6** (1913) 52-58 [3]. — Max Verworn: Erregung u. Lähmung. Eine allgemeine Physiol.; darin: Die Geschichte der Irritabilitätslehre (Jena 1914) 5-6 [3; 14]. — Charles Bert Reed: Albrecht von Haller, a physician-not without honor: Bull. Soc. Hist. (Chicago) **1** (1916) No. 4, S. 23-46 [F 60]. — Albrecht Burckhardt: Geschichte der med. Fakultät zu Basel 1460-1900 (Basel 1917) 157 A. 2, 208, 212, 219, 223, 224 A. 5, 236 A. 3 [3; 14]. — Erich Ebstein: Ärzte-Briefe aus 4 Jahrhunderten. Hrsg. m. Bildern u. Schriftproben (Berlin 1920) 25-26 (Brief an Gesner vom 14. Dez. 1736 [nicht faks.]) (m. Schattenriß) [14]. — Sir D'Arcy Power: Haller and some bygone observation in pathology: Med. J.Rec. (New York) **122** (1925) 415 (m. 1Bildn.) [15]. —Paul Diepgen: Albrecht Haller u. die Geschichte der Med. (Berlin 1930) 100-111 (Histor. Studien u. Skizzen zu Natur- u. Heilwiss.) [3; 14]. — Eugen Holländer: Anekdoten aus der med. Weltgeschichte, 2. Aufl. (Stuttgart 1931) 100-102 (m. 1 Abb.) [14; 101]. — Henry E. Sigerist: Große Ärzte (München 1932) 170-183; S. 144 Stich m. Faks.; 3. Aufl. (1954) [14]. — Alfred Bader: Entwicklung der Augenheilkunde im 18. u. 19. Jahrhundert mit besonderer Berücksichtigung der Schweiz (Basel 1933) 23, 26, 29-32, 79, 80, 84 (m. Bildn. S. 29) [14]. — Paul Diepgen u. Edith Heischkel: Die Med. an der Berliner Charité bis zur Gründung der Univ. (Berlin 1935) 54, 60-61, 66, 68, 71-72, 134, 146 [3; 14]. —Oskar Klotz: Ann. med. hist. N. S. **8** (1936) 10-26 (m. Bildn.) [1]. — Rudolf Thiel: Männer gegen Tod u. Teufel (Berlin 1936) 109-135 (m. Bildn. vor S. 97); (Berlin-Wien 1944) [3; 14]. — W. Brednow: Die ersten Mediziner der Göttinger Univ.: Umschau **41** (1937) 586-589 (m. Bildn.) [3; Ha 2; 14]. — Irmela Voss: Das pathol.-anatom. Werk Albrecht von Hallers in Göttingen (Göttingen 1937) 35 S. (Vorarbeiten Gesch. Göttinger Univ. u. Bibl., 25) [3]. — J. Strohl: Albrecht von Haller. Gedenkschrift (Zürich 1938) 24 S. (m. 2 Bildn., 1 Abb.) [14; 101]. — Albrecht von Haller u. die Geschichte der Med. In: Paul Diepgen: Medizin u. Kultur. Gesammelte Aufsätze. Hrsg. W. Artelt, E. Heischkel, J. Schuster (Stuttgart 1938) 31-41 [3]. — Gg. B. Gruber: Albrecht von Haller als pathol. Anatom: Schweiz. med. Wschr. **68** (1938) 828-829 [101]. — Alexander Berg: Die Lehre von der Faser als Baustein des Organismus: Klin. Wschr. **18** (1939) 1424-1428 (m. 3 Abb.) [14; 101]. — B. J. Gottlieb: Zur Geschichte der Pockenschutzimpfung vor Edward Jenner: Med. Welt **13** (1939) 1466-1468 [3; 14]. — Werner Leibbrand: Der göttliche Stab des Äskulap (Salzburg-Leipzig 1939) 311-314, 347 [101]. — A. Sommerfeld: Albrecht von Haller als Vorläufer des Prinzips von der Erhaltung der Energie: Münchener med. Wschr. **87** (1940) 1226-1227 [3; 14]. — Erich Hintzsche: Albrecht Hallers anatom. Arbeit in Basel u. Bern 1728-1736: Z. Anat. u. Entwickg.-Gesch. **111** (1941) 452-460 (m. 1 Faks., 1 Abb., Schr. u. Quellen-Verz. 460) [3]. — Julius Schuster: Der Streit um die Erkenntnis des org. Werdens im Lichte der Briefe Caspar Friedrich Wolffs an Albrecht von Haller: Sudhoffs Arch. Gesch. Med. ⟨u.⟩ Naturwiss. **34** (1941) 196-218 (m. Abb. u. 7 Briefen) [3; 14]. — E[rich] Hintzsche: Die geschichtl. Entwicklung anatom. Arbeit in Bern bis zur Gründung der Hochschule (Bern 1942) 12-34 m. Abb. seiner Büste von Fueter [101]. — T. Gordonoff: Der Anteil der Schweiz an der Entwicklung der Med. In: Die Schweiz u. die Forschung (Bern 1943) 20-21 (m. Bildn.) [3]. — H[einrich] Buess: Experientia majorum. Ein Physiologenstreit vor 200 Jahren (A. Haller, G. E. Hamberger): Experientia **2** (1946) 105-151 [3]; Zur Erinnerung an den ersten Grundriß der Physiol. u. an das Verhältn. von Albrecht Haller zu Hermann Boerhaave: Schweiz. med. Wschr. **77** (1947) 1118 [101]. — Erich Hintzsche: Die berühmten Ärzte (Genf 1947) 114-115 (m. Bildn.) [89]; Albrecht von Haller als Anatom u. seine Schule: Ciba

Z. **10** (1948) Nr. 110, 4068-4073 (m. 1 Bildn., 5 Abb.) [Ha 2]. — W. Brednow: Jena u. Göttingen. Med. Beziehungen im 18. u. 19. Jahrhundert (Jena 1949) 3-6, 9, 13 [3; 14]. — G. Tanzer: Haller u. das Funktionsgesetz: Dentist. Reform **50** (1949) 75-76 [14; 101]. — Schweizer Ärzte als Forscher, Entdecker u. Erfinder. Hrsg. von Ciba A. G. Basel (Basel 1949) 45-46 (m. Bildn., Schr. u. Lit.Ang.) [101]. — Hugo Glaser: Pioniere der Heilkunst (Wien 1950) 55-60 (m. Bildn. S. 52) [101]. — Theodor Meyer-Steineg u. Carl Sudhoff: Geschichte der Med. im Überblick, 4. Aufl. (Jena 1950) 351-354; 5. Aufl. (Stuttgart 1965) 261-270 (m. Bildn.) [14]. — John F. Fulton: The great medical bibliographers. A study in Humanism (Philadelphia 1951) 18, 38-45, 54, 60, 61, 62, 65, 66, 79 (m. 1 Bildn. u. 4 Abb., Fig. 24 u. 25) [3]. — H. Killian u. G. Krämer: Meister der Chirurgie u. die Chirurgenschulen im deutschen Raum (Stuttgart 1951) 26, 38, 155, 156, 191, 199 (m. Bildn. Nr. 9) [3]. — Werner Kolb: Geschichte des anatom. Unterrichts an der Univ. Basel 1460-1900 (Basel 1951) 65-68, 101-102, 169-182, 210 [3]. — Heinrich Buess: Die Anfänge der patholog. Physiol. auf dem Gebiet der Kreislaufforschung (nach Albrecht Hallers Elementa physiologiae 1757/1760): Verh. Schweiz. naturforsch. Ges. **132** (1952) 175-176; auch in: Gesnerus **11** (1954) 121-151 [Ha 2]. — N. Mani: Patholog.-Physiol. zur Stoffwechsellehre nach Hallers Elementa physiologiae: Verh. Schweiz. naturforsch. Ges. **132** (1952) 177-178 [Ha 2]. — Erich Hintzsche: Manuscriptum Alberti Halleri ad historiam medicinae pertinens (Deutung des Manuscriptes A 96 der Burgerbibl. Bern): Centaurus **3** (1954) 211-221 (m. 2 Faks.) [101]. — Mirjania Strante geb. Plensners: Über Wandlungen in den Zielsetzungen der Physiol. von Albrecht von Haller bis zur Gegenwart (o. O. 1957) 11-15 (Münster, Med. Diss. 1957) [101]. — Heinrich Buess: Zur Entstehung der Elementa Physiologiae Albrecht Hallers: Gesnerus **15** (1958) 17-35 [Ha 2]. — Albert Delaunay: Pages de journal. Haller et ses maîtres: Hist. Méd. **8** (5) (1958) 15-20 (m. Bildn. u. Abb.) [1]. — E. Hintzsche: Ein Brief Albrecht von Hallers über den Nutzen der Geburtszange: Schweiz. Ärzte-Ztg. **39** (1958) 473-477 (m. Bildn.) [ZB Zürich]. — K. E. Rothschuh: Vom Spiritus animalis zum Nervenaktionsstrom: Ciba-Z. **8** (1958) 2950-2978 (m. 10 Bildn., 12 Abb., Lit.Verz.), besonders 2964-2965 [101]. — E. N. Fokina: Albrecht fon Galler u ego anatomičeskaja dejatelnost' [Albrecht von Haller u. seine anatom. Tätigkeit]: Arch. Anat. Gistol. Embriol. [Archiv der Anatomie, Histologie u. Embryologie] **36** (1959) 83-85 (m. Bildn.) [3]. —.Gerhard Rudolph: Ann. Univ. Saraviensis Med. **7** (1959) 273-288 (m. 1 Bildn., 4 Abb., Schr. u. Lit.Verz.); **8** (1960) 78-79 [Ha2; 291]. — J. Christian Bay: Albrecht von Haller Medical encyclopedist: Bull. Med. Libr. Assoc. (Baltimore) **48** (1960) 393-403 [38]. — Fritz Calloman: Zeitgeschichtl. ärztl. Krankheitsberichte u. Selbstschilderungen des eigenen Krankheitszustandes aus den letzten Lebensepochen hervorragender Gestalten der Vergangenheit: Münchener med. Wschr. **102** (1960) 1903-1904 (m. 1 Faks. von Nothnagel, Schr.Verz.) [3; 14]. — Gerhard Rudolph: Schiller u. Albrecht von Haller: Ann. Univ. Saraviensis Med. **8** (1960) 1-11 (m. 2 Silhouetten, Lit.Verz.) [Ha 2]. — R. de Saussure: Haller et La Mettrie: Méd. et Hyg. (Genève) **19** (1961) Nr. 519, S. 768 [Genf BPU]. — Erich Hintzsche u. Jörn Henning Wolf: Albrecht von Hallers Abh. über die Wirkung des Opiums auf den menschl. Körper: Berner Beitr. Gesch. Med. Naturwiss. **19** (1962) 31 S. (m. Lit.Verz.) [Ha 2]. — Erwin Schmidt u. Walter Blasius: Ein unbekannter Brief Hallers an Johannes Gesner aus der Zeit seiner Übersiedlung von Göttingen nach Bern vom 29. Dez. 1753. Übersetzt u. erläutert von E. S. m. einer Einleitung von W. B.: Sudhoffs Arch. Gesch. Med. <u.> Naturwiss. **46** (1962) 251-263 (m. 2 Bildn. u. Faks., 1 Abb.) [3]. — Hans Stubbe: Kurze Geschichte der Genetik bis zur Wiederentdeckung der Vererbungsregeln Gregor Mendels (Jena 1963) 62 (Genetik, 1) [14]. — Lebensbilder deutscher Ärzte. Hrsg. von Erich Koch, Heinz Schüler, Irina Winter, 2. Aufl. (Leipzig 1964) 24-29 (m. Bildn. nach S. 32) [14]. — Gerhard Rudolph: Hallers Rezensionen: Sudhoffs Arch. Gesch. Med. <u.> Naturwiss. **49** (1965) 199-203 (m. 1 Bildn. nach einer Zeichnung von Dunker, Titelbl. zu Hallers Tagebuch von 1787) [3]. — B. G. Scarano: Ancora un esempio di come il preconcetto possa invalidare l'esperimento: Med. nei Secoli **2** (1965) H. 1, 25-29 [London]. — Erich Hintzsche: Albrecht von Haller. In: Die berühmten Ärzte, hrsg. von René Dumesnil u. Hans Schadewaldt, 2. Aufl. (Köln 1966) 133-134 (m. 1 Bildn. u. 1 Abb.) [101]; Albrecht von Hallers Prospectus d'un dictionnaire universel de médecine: Gesnerus **23** (1966) 48-54 [Ha 2].

Haller als Biologe Leon Asher: Albrecht von Hallers Bedeutung in der Biol. der Gegenwart: Sonntagsbl. Bund **1902,** Nr. 3 vom 19. Jan., S. 17-19; Nr. 4 vom 26. Jan., S. 26-30 [Sonderdruck unter gleichem Titel (Bern 1902) 28 S.] [Stadt- u. UB Bern]. — Rud. Burckhardt: Zur Geschichte u. Kritik der biol.-histor. Literatur: Zool. Ann. **1** (1908) 354-375 (A. v. H. 372-373) [14; 15]. — Walter May: Große Biologen. Bilder aus der Geschichte der Biol. (Leipzig-Berlin 1914) 53, 73 (Bastian Schmids naturwiss. Schülerbibliothek, 25) [14; 101]. — William A. Locy: Die Biol. u. ihre Schöpfer (Jena 1915) 152-154 (m. Bildn.) [14]. — Jean Anker u. Svend Dahl: Werdegang der Biol. (Leipzig 1938)

107, 131-132 [3; 14]. — Michael Nowikoff: Grundzüge der Geschichte der biolog. Theorien. Werdegang der abendländ. Lebensbegriffe (München 1949) 58-59 (m. Bildn.) [14]. — A. Schierbek: Biologisch Jaarbock (Antwerpen) **23** (1956) 348-381 (m. Schr. Verz.) [UB Basel].

Haller als Botaniker Karl F. W. Jessen: Botanik der Gegenwart u. Vorzeit in culturhistor. Entwicklung (Leipzig 1864) 293-296 [3]. — L. Fischer: Albrecht von Hallers botan. Leistungen. In: Albrecht von Haller. Denkschr. (Bern 1877) 97-102 [3; 14]. — Albert Peter: Geschichte der Gründung u. Entwicklung des botan. Gartens zu Göttingen. Festschr. zur Feier des 150jähr. Bestehens Gesellsch. Wiss. Göttingen, Beitr. zur Gelehrtengeschichte Göttingens (Berlin 1910) 369-370 [3]. — Konrad Lötscher: Die Erforschung der Flora von Engelberg. Angelomontana. Jubiläumsausgabe für Abt Leodegar II. von Engelberg (Gossau-St. Gallen 1914) 485-501 [101]. — Arthur Tröndle: Geschichte des Atmungs- u. Ernährungsprobl. bei den Pflanzen (Zürich-Leipzig 1925) 102, 106 (Veröff. schweiz. Ges. Gesch. Med. u. Naturwiss., **4**) [101]. — John Briquet: Biographies des botanistes à Genève de 1500 à 1931 (Genève 1940) 248-258; auch in Bull. Soc. botan. Suisse **50a** (1940) [Genf]. — Claus Nissen: Die botan. Buchillustration **1** (Stuttgart 1951) 57, 65, 89, 108, 162, 166, 208, 230, 255; **2** (1951) 73-74 [3; 14]. — Heinrich Zoller: Albrecht von Hallers Herbarium in Göttingen. Verh. Schweiz. naturforsch. Ges. **137** (1957) 120 [Ha 2]; Albrecht von Hallers Pflanzensammlungen in Göttingen, sein botan. Werk u. sein Verhältn. zu Carl von Linné (Göttingen 1958) 217-251, 8 Taf. (Nachr. Akad. Wiss. Göttingen. Math.-phys. Kl., Math.-phys. chem. Abt. Jg. 1958, Nr. 10) [14]. — W. T. Stearn: The influence of Leyden on botany in the 17th and 18th centuries: Brit. J. Hist. Sci. **1** (1962) 137, 151-153 [7].

Haller als Dichter Leonhard Meister: Charakteristik deutscher Dichter **1** (Zürich 1785) 314-335 (m. Bildn. ⟨Taf.⟩) [14]. — Heinrich Kurz: Geschichte der deutschen Literatur **2** (1856) 482-486 (m. Bildn. m. Faks.); 2. Aufl. **2** (1857) [14]. — Adolf Frey: Albrecht von Hallers poet. Sprache (Zürich 1878) 40 S. (Diss.) [ZB Zürich]. — G. G. Gervinus: Geschichte der Deutschen Dichtung, 5. Aufl. **4** (Leipzig 1873) 35-40 [3; 14]. — Georg Bondi: Das Verhältn. von Hallers philos. Gedichten zur Philos. seiner Zeit (Leipzig 1891) 40 S. m. vielen Fußnoten (Leipzig, Phil. Diss. 1891) [14]. — Max Wichmann: Albrecht von Hallers Staatsromane u. Hallers Bedeutung als polit. Schriftsteller (Biel 1894) 224 S. (Bern, Phil. Diss. 1894) [3]. — Otto von Greyerz: Albrecht Haller als Dichter (Bern-Dresden 1902) 51 S. m. Bildn.; 2. Ausg. (Bern 1908) [15]. — I. V. Widmann: Hallers Gedichte: Nation **19** (1902) 345-348 [3]. — Ferdinand Vetter: Der „Staubbach" in Hallers Alpen u. der Staubbach der Weltliteratur: Festgabe ... (Bern 1905) 311-362 (m. Bildn.) [14]. — Adolf Kohut: Albrecht von Haller als Lyriker: Berner Rdsch. **1** (1906/1907) Nr. 4, S. 98-104 [1a]. — Karl Zagajewski: Albrecht von Hallers Dichtersprache (Straßburg 1909) X, 269 S. (Quellen u. Forschungen zur Sprach- u. Culturgeschichte der german. Völker, 105) [13]. — Hans Stahlmann: Albrecht von Hallers Welt- u. Lebensanschauung. Nach seinen Gedichten (Kallmünz 1928) 71 S. (Diss. Erlangen 1928) [3]. — Bertha Witt: Zum Erscheinen von Hallers „Alpen" vor 200 Jahren: Schatzgräber **9** (1930) H. 12, S. 2-5 [101]. — Ch. Tschopp: Hallers Kampf um die deutsche Sprache: Jährl. Rdsch. deutschschweizer. Sprachver. **1935**, 26-35 [ZB Zürich]. — W. Aeberhardt: Albrecht Hallers Gedicht „Die Alpen": Alpen **17** (1941) 358-360 [101]. — Emil Ermatinger: Deutsche Dichter 1700-1900. Eine Geistesgeschichte in Lebensbildern **1** (Bonn [1948]) 62-74 [3; 14]. — Eduard Stäuble: Albrecht von Haller „Über den Ursprung des Übels" (Zürich 1953) 209 S. Zürich, Phil. Diss. 1952 (Zürcher Beitr. zur Deutschen Literatur- u. Geistesgeschichte, 3) [101]. — Andreas Müller: Landschaftserlebnis u. Landschaftsbild. Studien zur deutschen Dichtung des 18. Jahrhunderts u. der Romantik [Hechingen 1955] 26-33 [3]. — Annemarie Auer: Landschaft der Dichter (Dresden 1958) 283-287 [101]. — Albrecht von Haller: Die Alpen u. andere Gedichte. Ausw. u. Nachw. von Adalbert Elschenbroich (Stuttgart 1965) 118 S. ([Reclams] Universal-Bibl., 456) [32].

Haller als Philosoph Carl Guenther Ludovici: Ausführl. Entwurff einer vollständigen Historie der Wolfischen Philosophie. Andere weitvermehrtere u. m. Kupffern sowohl als dreyfachem Register versehene Aufl. Th. 1-3 (Leipzig 1737) 1 Bd [14]. — Heinrich Ernst Jenny: Haller als Philosoph. Ein Versuch (Basel 1902) IV, 107 S. (Bern, Phil. Diss.) [LB Bern]. — Howard Mumford Jones: Albrecht von Haller and english philosophy: Publ. modern language Assoc. America **40** (1925) 103-127 [3].

Haller als Theologe C[arl] Baggesen: Albrecht von Haller als Christ u. Apologet (Bern 1865) 114 S.; darin: 1-11: Vorrede; 12-78: Albrecht von Haller als Christ u. Apologet; 79-94: Correspondance entre Haller et Voltaire; 95-114: Extraits des lettres de Haller à (Charles) Bonnet [Stadt- u. UB Bern]. — J. Wassmer: Albrecht von Haller als Apologet: Kathol. Schweizer Bl. [Luzern] **14** (1898) 222-224 [1]. — Friedrich Oehninger: Geschichte des Christentums in einem Gang durch die Jahrhunderte, 4. Aufl. (Emmishofen-Konstanz-New York [um 1902]) 471-

472 (m. Bildn.) [14]. – A[dam] Heilmann: Die Begründung der evangelisch-reformierten Gemeinde in Göttingen [betrifft Albrecht von Haller] (Göttingen [1904]) 6 [7]. – Max Haller: Haller als religiöse Persönlichkeit (Bern 1909) 27 S. [Stadt- u. UB Bern]. – Lawrence Marsden Price: Albrecht von Haller and English theology: Publ. modern language Assoc. **41** (1926) 942-954 [3]. – M. Peters: Ein theol. Versuch über die Versöhnung von Albrecht von Haller: Pastoralbl. **79** (1936/1937) 505-512 [Ha 10]; Albrecht von Haller als Christ: Z. Ges. niedersächs. Kirchengesch. **42** (1937) 108-165 (m. Bildn.) [3]; Albrecht von Haller als Apologet: Allg. Ev.-luth. Kirchenztg. **71** (1938) Sp. 521-527, 543-547, 564-566, 610-613, 633-636, 653-659 [101]. – Israel S. Stamm: Some Aspects of the religious Problem in Haller: Germanic Review **25** (1950) 5-12 [101].

Haller als Zoologe Otto Taschenberg: Geschichte der Zoologie u. der zoolog. Sammlungen der Univ. Halle 1694-1894: Abh. nat. Ges. Halle **20** (1894) 7, 13, 52 [Ha 2]. – F. E. Lehmann: Der Anteil der Schweiz an der Entwicklung der Zoologie. In: Die Schweiz u. die Forschung **1** (1941) H. 1, S. 34 [101].

Albrecht von Hallers verschiedene Aufenthaltsorte Ludwig Hirzel [Hrsg.]: Albrecht Hallers Tagebücher seiner Reisen nach Deutschland, Holland u. England 1723-1727 (Leipzig 1883) 146 S. [3; 14]. – Albrecht von Haller über Wolfenbüttel, Braunschweig u. Lüneburg: Hannov. Gesch.bl. **2** (1899) 411-412 [15]. – Wolfgang Friedrich von Mülinen: Zu Hallers Berufung nach Berlin: Bl. Bernische Gesch., Kunst u. Altertumskde **11** (1915) 304-307 [LB Bern]. – J. Giesen: Albrecht von Haller in Cleve (1726): Heimat-Z. Niederrhein. Heimatpflege (Krefeld) **20** (1941) 159-160 [72]; Albrecht von Haller in Hamburg (1726): Hamburger Gesch.- u. Heimatbl. **13** (1941) 48-51 [3]. – Erich Hintzsche: Albrecht Hallers „Manuscripta Winslowiana", ein wieder aufgefundenes Tagebuch aus seiner Pariser Studienzeit: Centaurus **4** (1955) 97-121 (m. Bildn.) [1; 101]. – Karl S. Guthke: Albrecht von Haller in Ostfriesland [Auszug aus Hallers Tagebuch von 1726]: Ostfriesland (Leer) **1961**, Nr. 2, S. 1-2 [45].

Bildn., Denkmal, Medaille Bibl. der schönen Wiss. u. der freyen Künste **9** (Leipzig 1763) m. Titelbildn. [3; 14]. – Henricus Pfenninger: Imagines nomine illustrium ex Helvetia virorum (Stockholm, Upsala, Åbo 1778) Nr. 6 (Taf.) [14]. – Beat Fidèle Antoine de Zurlauben: Tableaux topographiques, pittoresques etc. I, 2 (Paris 1780) Nr. 196 [17; 21]. – Historic Gallery of portraits and paintings **1** (London 1807) 129-136 (m. Taf. Nr. 26) [14]. – Ludwig Bechstein [Hrsg.] 200 deutsche Männer in Bildn. u. Lebensbeschreibungen [ohne Seitenzählg. alphabet. geordnet] (Leipzig 1854) [14]; 2. Aufl. (Leipzig 1857) [14]; 3. Aufl. (Leipzig 1870) 81, Bildn. m. Notiz [14]; 5. Aufl. (Leipzig 1890) 84, m. Notiz [14]. – Illustr. Ztg., Leipzig **54** (1870) 104, Statue von Robert Dorer; **69** (1877) 457 (Medaillon) [14]. – Gustav Könnecke: Bilderatlas zur Geschichte der deutschen Literatur (Marburg 1887) 145 Bildn. m. Faks. u. Kurzbiogr. [14]; 2. Aufl. (1895) 208 Bildn. m. Kurzbiogr. [14]. – Woldemar von Seidlitz: Allg. hist. Porträtwerk. Ser. 5/7 (1887) Taf. 14 [14]. – Kunst für Alle **10** (1894/1895) 135, Standbild von Robert Diez am Universitätsgebäude zu Straßburg [14]. – Haller-Denkmal (in Bern): Korresp.-Bl. Schweiz. Ärzte **31** (1901) 435-436 [12]. – Gustav Grunau: Die Hallermedaille u. ihre Geschichte (Genf 1904) IV, 170 S. [3]. – A. Weese: Das Hallerdenkmal: Bl. Bernische Gesch. Kunst, Altertumskde **3**, 3 (1907) 217-232 (m. Bildn. 219, 221) [LB Bern]. – A. Lechner: Zur weiteren Geschichte der Hallerschen Denkbüsten: Bl. Bernische Gesch. Kunst, Altertumskde **6** (1910) 37-61 (m. 2 Bildn. Büsten, 2 Abb.) [15]. – Heinrich Dübi: Zwei nicht genau bestimmte Nachträge zur Haller-Ikonogr. 1. Seltsame Schicksale einer Hallerbüste (m. 2 Abb.: H. u. Voltaire); 2. Ein Beitr. zur Vorgeschichte des Haller-Denkmals: Bl. Bernische Gesch. Kunst, Altertumskde **7** (1911) 115-129 [15]. – Georg Biermann: Deutsches Barock u. Rokoko **1** (Leipzig 1914) 295 (von einem unbekannten Künstler) [14; 15]. – Archiv hist. Ver. Kanton Bern **32** (1933) 40 (m. Bildn.) [101]. – Die Großen Deutschen im Bild. Hrsg. von Alfred Hentzen u. Niels von Holst (Berlin 1936) 154 [101]. – Max Voit: Bildn. Göttinger Prof. aus 2 Jahrhunderten (1737-1937) (Göttingen 1937) Nr. 11 [101]. – Karl Bruder: Ärztebildn. auf Briefmarken: Med. Klin. **35** (1939) 230-231, 266, 267 [3; 14]. – Richard N. Wegner: Das Anatomenbildn. Seine Entwicklung im Zusammenhang mit der anatom. Entwicklung (Basel 1939) 24, 27, 29, 125, 127, 128, 129, 140, 180, 186 m. 1 Bildn. vor S. 129, nach einem Gemälde von Johann Rudolf Huber d. Ä. (Basel 1668-1748), gemalt im Jahre 1736 [3]. – Heisst ein Haus zum Schweizerdegen. Hrsg. von E. Stickelberger **1** (Olten 1939) m. Bildn. auf Taf. 11 S. 312 von Sigmund Freudenberger, im Besitz der Familie von Haller in Genf [14]. – Il milione **3** (1960) 639 (m. Bildn.) (Novara. Istituta geogr. di Agostini 1960) [14]. – Ars medici (Gand) **9** (1954) 485-487 [Le 1].

I **HARDING,** Karl Ludwig. Astron. Studium der Theol.; 1800–1805 Observator u. Inspektor der Sternwarte von Schröter in Lilienthal bei Bremen; 1805 ao., 1812 o. Prof. Astron. Univ. Göttingen.

*1765, Sept. 29, Lauenburg;
†1834, Aug. 31, Göttingen.

Bibliogr. Cat. scient. Papers **3** (1869) 174 (16 Nr.) [3]. — Cat. gén. Bibl. nat. **68** (1918) Sp. 643-644 (3 Nr.) [3]. — Brit. Mus. Gen. Cat. **97** (1961) Sp. 711 (4 Nr.) [3].

Biogr. [I. S.] Pütter: Versuch einer academ. Gelehrten-Geschichte von der Georg-Augustus-Univ. zu Göttingen. Theil **3** (Hannover 1820) 371-372 m. Schr.Verz. [3]. — Oesterley: Geschichte der Univ. Göttingen in dem Zeitraume vom Jahre 1820 bis zu ihrer 1. Säcularfeier im Jahre 1837: **4** (Göttingen 1938) 293-294 (m. Schr.Verz.) [3]. — Rudolf Wolf: Geschichte der Astron. (München 1877) 494, 523, 671, 687, 688, 716, 730, 731-739 (Geschichte der Wiss. in Deutschland. Neuere Zeit, 16) [3]. — Bruhns: ADB **10** (1879) 593-594 [3]. — Hermann A. Schumacher: Die Lilienthaler Sternwarte. Ein Bild aus der Geschichte der Himmelskunde in Deutschland: Abh. naturwiss. Ver. Bremen **11** (1890) 39-170 (m. Bildn. u. Schr.Verz.) [Ha 2]. — Ernest Lebon: Histoire abrégée de l'Astronomie (Paris 1899) 86, 246 [11]. — Wilh. Schur: Beitr. zur Geschichte der Astron. in Hannover: Festschr. zur Feier des 150jährigen Bestehens des Ges. Wiss. Göttingen (Berlin 1901) 120-122 (m. Bildn.) [3]. — Brief an Joh. Abraham Albers, Göttingen, 19. Apr. 1808: Goethes Autographen-Sammlung (Weimar 1961) 93 Nr. 666; Brief an Bernh. Aug. von Lindenau, Göttingen, 16. März 1812: ebda 93 Nr. 667 [3]. — Willy Jahn: NDB **7** (1966) 666-667 [15].

Zum 100. Todestag Karl R. Berger: Dtsch. opt. Wschr. **55** (1934) 600-601 [101]. — Elsbeth Ebertin: Ein seltsamer Fund: Astrologe **16** (1934) 9-17 [101]. — Philipp Fauth: Himmelswelt **44** (1934) 176-179 [82]. — K. Graf Ferrari: Unbekanntes um Karl Ludwig Harding: Weltall **34** (1935) 62-64 [101]. — Edgar C. Smith: Scientific Centenaries in 1934: Nature [London] **133** (1934) 13-15 [3]. — Günther von Stempel: Rühml. Weltallerweiterer im 19. Jahrhundert: Dtsch. opt. Wschr. **55** (1934) 566-567 [101].

Bildn. Max Voit: Bildn. Göttinger Professoren aus 2 Jahrhunderten (1737-1937) (Göttingen 1937) Nr. 70 [101].

III, IV, VI **HARNACK,** Friedrich Moritz Erich. Pharmakol. — 1869–1873 stud., 1873 Dr. med. Univ. Dorpat; 1873 Ass., 1877 PDoz. Univ. Straßburg; 1880 ao. Prof., 1889 o. Prof. Pharmakol., physiol. Chem. u. gerichtl. Med. Univ. Halle.

*1852, Okt. 10 (N. St.), Dorpat;
†1915, Apr. 24, Halle.

Bruder des Mathematikers Axel Harnack (1851-1888) Pogg. IV.

Werke Erich Harnack: Das Gift in der dramat. Dichtung u. in der antiken Literatur (Leipzig 1908) 78 S. [14].

Bibliogr. Cat. scient. Papers **10** (1894) 144 (19 Nr.); **12** (1902) 312 (3 Nr.); **15** (1916) 648 (27 Nr.) [3]. — Cat. gén. Bibl. nat. **68** (1918) Sp. 903-904 (2 Nr.) [3]. — Brit. Mus. Gen. Cat. **98** (1961) Sp. 233 (5 Nr.) [3].

Nekr. Schmiedeberg: Arch. exper. Pathol., Pharmakol. **79** (1915) I-VI [3]. — Umschau **19** (1915) 379 (m. Bildn.) [Ha 2].

Biogr. Adolf Strümpell: Aus dem Leben eines deutschen Klinikers (Leipzig 1925) 52 [3]. — Wapler: Der Hallenser Pharmakologe Erich Harnack in seinen Selbstoffenbarungen. Eine Auseinandersetzung mit der Dtsch. Med. Wschr. in Briefen über die Eignung ihres Gewährsmannes als Gutachter über die Homöopathie: Allg. homöopath. Ztg. **173** (1925) 350-361 [15]; darin: Brief von E. Harnack vom 3. Mai 1906 an Wapler; Brief von Dr. Fischer an Harnack, Leipzig, 25. Aug. 1910; Karte von E. Harnack an Fischer, Halle, 26. Okt. 1910; Brief von Fischer an E. Harnack, Leipzig, 29. Okt. 1910; Brief von Harnack an Fischer, Halle, 2. Nov. 1910 [15]. — Martin Kochmann: In: Mitteldeutsche Lebensbilder **1** (Magdeburg 1926) 427-432 (m. Bildn. ⟨Taf.⟩ u. Lit.Verz.) [3; 14]. — Hoffmann: Der Pharmakologe Erich Harnack: Landarzt **21** (1940) 249-250 [101]. — Hans-Heinz Eulner: Aus der Geschichte des Pharmakol. Inst. zu Halle: Arzneimittel-Forsch. **5** (1955) 553-557, besonders 553-555 m. Bildn. [Ha 24].

III–VI **HEFNER-ALTENECK,** Friedrich Franz Heinrich Philipp von. Elektrotechn. — 1867–1890 bei Siemens u. Halske in Berlin tätig, zuletzt als Oberingenieur; 1901 o. Mitgl. Preuß. Akad. Wiss., Berlin; 1872 Erfindung des Trommelankers für Dynamomaschinen; nach ihm ist die Hefnerkerze benannt.

*1845, Apr. 27, Aschaffenburg;
†1904, Jan. 7, Berlin-Biesdorf.

Genealog. Semigothaisches Taschenbuch ari(st)okratisch-jüdischer Heiraten **3** (1914) 181 [101].

Bibliogr. Cat. scient. Papers **10** (1894) 177 (2 Nr.); **12** (1902) 321 (5 Nr.); **15** (1916) 722-723 (7 Nr.) [3]. — Fr. Heintzenberg: Lichttechn. Arbeiten Friedrich von Hefner-Altenecks: Lichttechnik **6** (1954) 184 (m. Bildn. u. Abb.) [3].

Biogr. Gaea **37** (1901) 626-629 [Ha 2]. — Bibliogr. Jahrb. u. Dtsch. Nekrol. **10**, 1905 (1907) Sp. 44 [3]. — Richard Ehrenberg: Die Unternehmungen der Brüder Siemens (Jena 1906) 294-295 [12]. — Robert Piloty: Lebensläufe aus Franken **1** (1919) 161-168 [3]. — Hermann Meyer: 50 Jahre bei Siemens. Erinnerungsblätter aus der Jugendzeit der Elektrotechn. (Berlin 1920) 213 S., Titelbildn. des Verf. m. Faks., 6 Bildn., 13 Abb. [101]. — Conrad Matschoß: Männer der Technik (Berlin 1925) 109 (m. Bildn.) [101]. — A. Rotth: Z. techn. Physik **6** (1925) 481-482 (m. Bildn.) [101]. — Fr.: VDI-Nachr. **9** (1929) Nr. 39, S. 2 (Abb. der Gedenktafel bei Siemens) [101]. — Heinrich Happe: Werner von Siemens. Leben u. Werk eines deutschen Ingenieurs (Frankfurt/M. 1934) 78, Bildn. (m. biogr. Notizen) (Math.-nat.-techn. Bücherei, 29) [101]. — P. G.: Drei fränkische Gedenktage: Frankenbund **1936**, Nr. 5/6, S. 45. — Georg Dettmar: Die Entwicklung der Starkstromtechnik in Deutschland **1** (Berlin-Charlottenburg 1940) siehe Reg. [14]. — Dtsch. Techn. **8** (1940) 101 (m. Bildn.) [101]. — Georg Siemens: Geschichte des Hauses Siemens **3** (1949) siehe Reg. S. 389 [101]. — Friedr. Heintzenberg: Friedrich von Hefner-Alteneck (München-Düsseldorf 1951) 35 S. m. Bildn. (Abh. u. Ber. Dtsch. Mus., 19, 2) [14; Ha 2]. — W. Möbus: Elektrotechn. Z. (B), Elektrotechniker **6** (1954) 318 (m. Bildn.) [101]. — Aus einem reichen Leben. Werner von Siemens in Briefen an seine Familie u. an seine Freunde. Ausgew. u. hrsg. von Friedrich Heintzenberg (Stuttgart 1954) 257, 261, 289 [3]. — Georg Siemens: Der Weg der Elektrotechnik. Geschichte des Hauses Siemens, 2. Aufl. (Freiburg-München 1961) Bildn. nach S. 128 [14]. — Fränk. Heimat **32** (1966) 131-132 [101].

I **HEINFOGEL** (Heynfogel), Conrad. Math., Astron. — Capellan u. Mathematiker bei Kaiser Maximilian I.; gehört zum Freundeskreis Albrecht Dürers.

*1425 ?, Nürnberg;

†1517, Febr. 13.

Bibliogr. Cat. gén. Bibl. nat. **69** (1919) Sp. 1187 (1 Nr.) [3]. — Brit. Mus. Gen. Cat. **101** (1961) Sp. 64 (2 Nr.) [3].

Biogr. Johann Gabriel Doppelmayr: Histor. Nachricht von den Nürnberg. Mathematicis u. Künstlern (Nürnberg 1730) 45-50 [3]. — Johann Friedrich Weidler: Historia astronomiae **1** (Vitembergae 1741) 339-340 [3]. — Abraham Gotthelf Kaestner: Geschichte der Math. **2** (Göttingen 1797) 513-514 (Geschichte der Künste u. Wiss. 7, 2) [3]. — Rudolf Wolf: Geschichte der Astron. (München 1877) 100, 209, 210, 422-423 (Geschichte der Wiss. in Deutschland, Neuere Zeit, 16) [3]. — Matheo Fiorini: Erd- u. Himmelsgloben, ihre Geschichte u. Konstruktion. Nach dem Italien. frei bearb. von Siegmund Günther (Leipzig 1895) 22 [3]. — Karl Schottenloher: Conrad Heinfogel. — In: Beitr. zur Geschichte der Renaissance u. Reformation (München-Freising 1917) 300-310 [3]. — Ernst Zinner: Die fränkische Sternkunde im 11. bis 16. Jahrhundert: Ber. u. Festber. zum 100jähr. Bestehen der Naturforsch. Ges. in Bamberg **27** (1934) 1-118, besonders 5, 10, 21-23, 40, 66, 68, 75, 91 [Ha 2]; Geschichte u. Bibliogr. der astron. Literatur in Deutschland zur Zeit der Renaissance (Leipzig 1941) 53, 85, 148, 151, 154, 181, 194 [3]; Astron. Instrumente des 11. bis 18. Jahrhunderts (München 1956) 171, 299, 538, 540, 614 [Ha 2]. — (Werner Schultheiss): Martin Behaim u. die Nürnberger Kosmographen. Ausstellung anläßlich des 450. Todestages von Martin Behaim im German. Museum Nürnberg 1957 (Nürnberg 1957) 7, 19 [Ha 117]. — Albrecht Dürer: Schriften, Tagebücher, Briefe. Auswahl u. Einleitung von Max Steck (Stuttgart [1961]) 223 [101].

HEINGARTER (Heingartner in VIIa), Conrad. Med., Astrol. — 1440 Bürger in Zürich; stud. Paris (1454 bacc., 1455 mag. artium, 1464 bacc., 1466 bil. mei.); astrol. Arzt in französ. Hofdienst bis 1488 nachweisbar.

*vor 1440, Horgen/Züricher See;

†nach 1488.

Lit. Ernest Wickersheimer: Les médecins de la nation anglaise (ou allemande) de l'Université de Paris aux 14e et 15e siècles: Bull. Soc. Franç. Hist. Méd. **12** (1913) 285-344, besonders 321-326 [1]. — Henry E. Sigerist: Conrad Heingarter de Zurich et la médecine astrologique au XVe siècle: C.R. 2e Congr. int. Hist. Méd. [Paris] **1921**, 323-329 [1].

III–VI **HELMERT,** Friedrich Robert. Geodäsie. — 1859–1863 stud. Polytechn. Dresden; bis 1866 Ass. der Sächs. Gradmessung; nach kurzem Studium Univ. Leipzig 1868 dort Dr. phil.; 1869 Observator Sternwarte Hamburg; 1870 Prof. Geodäsie u. prakt. Geometrie Polytechn. Aachen; 1886 Direktor Preuß. Geod.

Inst.; 1887 o. Prof. Univ. Berlin; 1900 o. Mitgl. Preuß. Akad. Wiss. Berlin.

*1843, Juli 31, Freiberg/Sa.;
†1917, Juni 15, Potsdam.

Werke Antrittsrede von F. R. Helmert: S.-Ber. Preuß. Akad. Wiss. Berlin **1900**, 698-704 [Ha 2].

Bibliogr. Cat. scient. Papers **7** (1877) 945 (4 Nr.); **10** (1894) 187-188 (10 Nr.); **15** (1916) 747 (14 Nr.) [3]. — Cat. gén. Bibl. nat. **70** (1919) 262-263 (10 Nr.) [3]. — Brit. Mus. Gen. Cat. **101** (1961) Sp. 384 (8 Nr.) [3].

Zum 70. Geburstag Karl Haussmann: Mitt. Markscheidewes. **24** (1913) 89-90 [89].

Nekr. Eggert: Z. Vermess.-Wes. **46** (1917) 281-295 (m. Bildn.) [89]. — O. Hecker: Beitr. Geophysik **14** (1918) [I-V] (m. Bildn. zwischen 257-259) [3]. — L. Krüger: Astron. Nachr. **204** (1917) 398-399 [3]. — O. E. Schiøtz: Forhandlinger Videnskapsselskapet Kristiania **1918** (1919) 72-73 [Ha 2]. — W. Schweydar: Naturwiss. **5** (1917) 646-648 [3]; Petermanns Mitt. **63** (1917) 312 [3]. — Max Schmidt: Jahrb. Bayer. Akad. Wiss. **1917**, 53-58 [3]. — B. Wanach: Vjschr. Astron. Ges., Leipzig **53** (1918) 2-6 (m. Bildn.) [101]. — H. Wolff: Landmesser **5** (1917) 175-177 (m. Bildn.) [101]; Z. math. u. naturwiss. Unterr. **49** (1918) 105-107 [3]. — Börsenbl. Dtsch. Buchhandel **84** (1917) 696 [3]. — Dtsch. Biogr. Jahrb. Überleitungsband **2**, 1917-1920 (1928) Totenliste 1917, S. 658 [3]. — Leipz. Ztg., 2. Beil. **1917**, 18. Juni [S. 1] [15]. — Umschau **21** (1917) 552 [15]. — Monthly Notices Roy. astron. Soc. **78** (1918) 256-268 [3].

Biogr. Ernest Lebon: Histoire abrégée de l'Astronomie (Paris 1899) 171, 173, 174, 247 [11]. — Paul Gast: Der Lehrstuhl für Vermessungs-Kunde. In: Die TH Aachen 1870-1920 (Aachen [1921]) 246-252 [82]. — B. Pattenhausen: Robert Helmert u. seine Verdienste um die neuere Entwicklung der Erdmessung: Mitt. Ver. Erdkunde, Dresden **3**, 2 (1921) 91-94 (m. Bildn.) [Ha 2]. — Peter Mennicken: Aachen in der Geschichte der Technik (Aachen 1941) 25 [101]. — E. Brennecke: F. R. Helmert, der Geodät als Naturforscher, ein Vorbild: Mitt. Mitgl. Dtsch. Ver. Vermessungswes. Brit. Zone **2** (1949) 9-11 [89]. — Georges Perrier: Kurze Geschichte der Geodäsie (Bamberg 1950) passim (m. Bildn. Taf. 15) [14; 101]. — A. Berroth: Beitr. zur Biogr. u. zur Geneal. von R. F. Helmert: Z. Vermess.-Wes. **78** (1953) 209-215 (m. 2 Bildn. u. 1 Faks., 1 Faks. einer Arbeitsanweisg., 1 Ahnentaf.) [3]. — F. Hunger: Zur Helmertschen Definition der Geodäsie: Z. Vermess.-Wes. **80** (1955) 332-333 [3]. — A. A. Zworykin: Biografičeskij slovar' dejatelej estestvoznanija i techniki [Biogr. Wörterbuch der Naturforscher u. Techniker] **1** (Moskva 1958) 225 [Ha 2].

Zum 100. Geburtstag A. Berroth: Z. Geophysik **18** (1943) 87-99 (m. Bildn.) [3]. — Mintrop: Mitt. Markscheidewesen **54** (1943) 144-145 [101]. — H. Schmehl: Z. Vermess.-Wes. **72** (1943) 129 [101].

Zum 40. Todestag E. Brennecke: Allg. Vermess.-Nachr. **1957**, 377-381 (m. Bildn.), Lit.-Verz. 380-381 [101]. — H. Finger: Vermessungstechnik **5** (1957) 143-144 [15]. — K. Reicheneder: Gerlands Beitr. Geophysik **66** (1957) 269-270 [101]; Das Geodätische Inst. Potsdam: Wiss. Ann. **6** (1957) 853-864, besonders 854-855 (m. 1 Bildn., 7 Abb.) [3]. — H. Weise: Helmert-Colloquium in Potsdam: Vermessungstechnik **5** (1957) 184 (m. Abb. der Grabstätte) [15].

Bildn., Denkmünze B. G. Teubner: Verlag auf dem Gebiete der Math., Naturwiss., Technik nebst Grenzwiss. 101. Ausg. (Leipzig-Berlin 1908) 144, Taf. m. Faks. [14]. — Illustr. Ztg., Leipzig, **139**, 2 (1912) 738 (m. Bildn.) [14]. — Umschau **21** (1917) 552 (m. Bildn.) [3]. — Bildn. berühmter Mitglieder der Deutschen Akad. Wiss. Berlin (Berlin 1950) Taf. 81 [3; 14]. — F. R. Helmert-Denkmünze wird verliehen vom Dtsch. Verein für Vermessungswesen.

I, III–VI **HELMHOLTZ,** Hermann Ludwig Ferdinand **von** (1882 erbl. geadelt). Physik, Physiol. — 1842 Dr. med.; Militärarzt in Potsdam; Lehrer der Anatomie Kunstakad. Berlin u. Gehilfe der anatom.-zootom. Sammlung; 1849 ao. Prof., 1851 o. Prof. Physiol. Univ. Königsberg/Pr.; 1855 Univ. Bonn, 1858 Univ. Heidelberg; 1871 o. Prof. Physik Univ. Berlin; 1871 o. Mitgl. Preuß. Akad. Wiss. Berlin; 1888 Präsident der neu begründeten Physikal.-Techn. Reichsanstalt Berlin.

*1821, Aug. 31, Potsdam;
†1894, Sept. 8, Charlottenburg.

1847 scharfe Formulierung des Erhaltungssatzes der Energie; 1851 Erfindung des Augenspiegels.

Autobiogr. Hermann von Helmholtz: Hermann von Helmholtz über sich selbst. Rede zu seinem 70. Geburtstag. Eingel. u. mit Anm. vers. von Dorothea Goetz (Leipzig 1966) 67 S., 10 Abb. (Biogr. hervorragender Physiker) [3].

Werke Hermann von Helmholtz' Untersuchungen über die Grundlagen der Math. u. Mech. Rede ... von Leo Koenigsberger,

Heidelberg 1895. In: John Gray M. Kendrick, H. L. F. von Helmholtz (London 1899) 242 [1]. – Abh. zur Gesch. des Stereoskopes von Wheatstone, Brewster, Riddel, Helmholtz, Wenham, d'Almeida u. Harmer (Leipzig 1908) 130 S. (Ostwalds Klassiker der exakten Wiss., 168) [3]. – F. Hermann von Helmholtz' Vorträge u. Reden: Beil. Allg. Ztg. vom 15. Febr. 1897, S. 1-5 [3; 14]. – Hermann von Helmholtz: Vorträge u. Reden, 3. Aufl. **1** (Braunschweig 1884) XIV, 396 S.; **2** (1884) XII, 389 S. (Abb.) [14; 15]. – Hermann von Helmholtz: Handbuch der physiol. Opt. **2** (Leipzig-Hamburg 1911) 354-360; **3** (1910) 458-534 (m. Titelbildn. m. Faks. ⟨Taf.⟩) [3; 14]. – Vorlesungen über theoretische Physik **2** (Berlin 1925) VIII, 247 S. m. 9 Fig.; **3** (Berlin 1925) X, 256 S. m. 21 Fig. [101]. – Hermann von Helmholtz: Über die Wechselwirkung der Naturkräfte. Erl. von Sukesaburo Miyoshi, 2. Aufl. (Tokio 1955) 62 S. [14]. – Hermann von Helmholtz: Eis u. Gletscher. Hrsg. u. erl. von Takamei Sugiura (u. Takakichi) Ishioka (Tokio, Kioto 1956) Titelbildn. II, 71 S. m. Abb.

Genealog. Deutscher Wappenkalender **12** (1938) 496-497 (m. Abb. 477) [3; 14].

Briefe Schüle: Zwei Briefe aus dem Leben von Hermann von Helmholtz: Psychiatr.-neurol. Wschr. **35** (1933) 618-619; darin: Brief von H. v. H. an Dr. Schüle, Charlottenburg, 14. März 1894; Brief von Frau v. Helmholtz an Dr. Schüle, Charlottenburg, 3. Aug. 1894 [3; 14]. – Paul Elbogen: Liebster Sohn..., liebe Eltern. Briefe berühmter Deutscher (Hamburg 1956) 155-158; darin: Aus einem Brief von H. H. an die Mutter (1838) 156; Die Mutter an H. H. (Anfang 1852) 156; Der Vater an H. H. 5. Apr. 1852 156-157; H. H. an seinen Vater (Bonn 1856) 157-158; H. H. an seinen Vater (Bonn, 31. Dez. 1857) 158 [101]. – Herbert Kühnert: Ein unbekannter Brief von Ernst Abbe an Hermann von Helmholtz: Sprechsaal Keram., Glas, Email **94** (1961) 213-216 [101].

Bibliogr. Cat. scient. Papers **3** (1869) 270-271 (41 Nr.); **7** (1877) 946-947 (41 Nr.); **10** (1894) 188-189 (22 Nr.); **12** (1902) 324 (1 Nr.); **15** (1916) 747-748 (Biogr. u. 27 Nr.) [3]. – Index Catalogue of the Surgeon General's Office US Army (1) **6** (1885) 47; (2) **6** (1901) 1004-1005; (3) **6** (1926) 633-634; (4) **7** (1942) 460 [3]. – Titelverzeichn. sämmtl. Veröffentl. von Hermann von Helmholtz (Leipzig 1895) [in: John Gray M. Kendrick, H. L. F. von Helmholtz (London 1899) 294] [1]. – Carlo Del Lungo: L'opera scientifica di Ermanno Helmholtz: Nuova Antologia (4) **87** (1900) 710-727 [3]. – Adolf Harnack: Geschichte Preuß. Akad. Wiss. Berlin **1** (Berlin 1900) 334, 808-809, 812, 835, 979, 983, 984-985, 1000, 1045, 1047, 1049 [3; 14]. – Otto Köhnke: Gesamtregister über die in den Schriften der Akad. von 1700-1899 erschienenen wiss. Abh. u. Festreden (Berlin 1900) 123-124 [3]. – Cat. Gén. Bibl. nat. **70** (1919) Sp. 265-270 (28 Nr.) [3]. – Brit. Mus. Gen. Cat. **101** (1961) Sp. 387-391 (73 Nr.) [3].

Zum 50jährigen Doktorjubiläum Gaea **29** (1893) 65-68 (m. Bildn.) [14]. – Emil Du Bois-Reymond: Reden, 2. Aufl. **2** (Leipzig 1912) 643-648 (Ansprache zur Feier seines fünfzigjährigen Doktorjubiläums) [3; 14].

Zum 60. Geburtstag Felix Auerbach: H. Helmholtz u. die wiss. Grundlagen der Musik: Nord u. Süd **19** (1881) 217-244 (m. Titelbildn., Faks.) [14].

Zum 70. Geburtstag W. von Bezold: Verh. Dtsch. physik. Ges. **10** (1891) 81-82 [Ha 2; 14]. – Gravelius: Central-Ztg. Opt. u. Mech. **12** (1891) 205-206 [1a]. – J. H. Hyslop: Helmholtz's theory of spaceperception: Mind **16** (1891) 54-79 [3]. – J. von Kries: Dtsch. med. Wschr. **17** (1891) 1025-1027 [3]. – Julius Levin: Gegenwart **40** (1891) 135-138 [3; 14]. – Gartenlaube **1891**, S. 593-595 (m. Bildn. nach Photogr.) [14]. – Ansprachen u. Reden ... am 2. Nov. 1891 (Berlin 1892) III, 62 S. (Abb. der Medaille von Jos. Tautenhayn); darin: 46-59 Autobiogr. Tischrede Helmholtz' [1; Ha 2]. – A biography in commemoration of his 70th birthday by Dr. Hugo Kronecker... Reprinted (London 1891) in: John Gray M. Kendrick, H. L. F. von Helmholtz (London 1899) 292 [1]. – E. Wiedemann: Rede zur Feier seines 70. Geburtstages: S.-Ber. physik.-med. Soz. Erlangen **25** (1893) 54-67 [Ha 2; 14]. – Festschr. zur Feier des 70. Geburtstages von Hermann von Helmholtz (Hamburg 1891) 91 S., 8 Taf. [3]. – Erinnerungen, Tischrede bei der Feier des 70. Geburtstages 1891. In: H. von Helmholtz: Vorträge u. Reden, 4. Aufl. **1** (Braunschweig 1896) 1-21 [14]. – Der Bär **17** (1890/1891) 645-646 (m. Bildn.) Gemälde von Ludwig Knaus (m. Kurzbiogr.): Der Bär **20** (1894) 467-468 [14].

Nekr. Franz Bendt: Vom Fels zum Meer **1895**, 117-120 m. Bildn. u. Faks. [14]. – Wilhelm von Bezold: Hermann von Helmholtz (Leipzig 1895) 31 S. m. Bildn. von Lenbach u. Faks. [3; 14]. – Bütschli: Verh. naturhist.-med. Ver. Heidelberg N.F. **5** (1897) 315-318 [Ha 2; 14]. – M. Cremer: Münchener med. Wschr. **41** (1894) 912-913. – E. Du Bois-Reymond: Abh. Preuß. Akad. Wiss. Gedächtn. Rede **2** (1896) 516-570 [3; 14]. – Emil Du Bois-Reymond: Verh. physik. Ges. Berlin **13**, 1894 (1895) 81 [Ha 2]. – Theodor Wilhelm Engelmann: Gedächtnisrede auf Hermann von Helmholtz (Leipzig 1894) 34 S. [14]. – E. Fischer: Ber. Dtsch. chem. Ges. **27** (1894) 2643-2652 (m. Bildn. u. Faks.] [3]. – George Francis Fitzgerald:

J. chem. Soc. [London] **69** (1896) 885-912 (m. Bildn. u. Faks.) [Ha 2]. — C. M. Gabriel: Rev. sci. (4) **2** (1894) 429-432 [15]. — W. Goldzieher: Wiener med. Wschr. **46** (1896) Sp. 1-7, 44-48, 98-103 [3]. — Guicciardi: Riv. sperimentale frenetria e med. leg. **20** (1894) 671-673 [1]. — Julius Hann: Alm. Akad. Wiss. Wien **45** (1895) 283-291 [3]. — [Maximilian Harden]: Zukunft **9** (1894) 16 (m. Bildn. u. Faks. vor S. 1) [3; 14]. — R. Heidenhain: Gedächtnisrede ... am 5. Nov. 1894 in Sitzung der Schles. Gesellsch. für vaterländ. Cultur: Jber. Schles. Gesellsch. vaterländ. Cultur **72**, 1894 (1895) 32-51, Allg. Ber. [3; 14]. — Ágost Heller: Természettudományi Közlöny **27** (1895) 18-27 (m. Bildn.) 633 [Nat. Bibl. Budapest]. — L. Hermann u. P. Volkmann: Schr. physik.-ökon. Ges. Königsberg **35**, 1894 (1895) 63-84 [Ha 2]. — J. Hirschberg: Dtsch. med. Wschr. **20** (1894) 733-736 (m. Bildn.) [3; 14]; Zbl. prakt. Augenheilkde **18** (1894) 258-268 [11]. — Höchstetter: Jh. Ver. vaterländ. Naturkunde Württ. **52** (1896) CI-CIII [Ha 2; 14]. — G. Holzmüller: Z. VDI **38** (1894) 1166-1167 [3; 14]. — Lord Kelvin: Proc. Roy. Soc. London **57** (1894) Nr. 340, 38-41 [1; 14]. — M. Klein: Gaea **30** (1894) 641-646 (m. Bildn.) [14]. — H. Knapp: Z. Ohrenheilkunde **26** (1895) 252-253 [3]. — W. König: Jber. physik. Ver. Frankfurt/M. **1894-1895** (1896) 24-25 [Ha 2; 14]. — H. Kronecker: Neue Schweiz. Rdsch. (Bern) **4** (1894) 510-538 [4]. — Hugo Krüss: Vereinsbl. Dtsch. Ges. Mechanik u. Optik **1894**, Nr. 19, 1. Okt., S. 146 [1]; Z. Instrumentenkde **14** (1894) 341-345 (m. Bildn.) [3]. — E. Landolt: Graefes Arch. Ophthalmol. **23** (1894) 514-516 [1; 3]. — Maurice Loewy: C.R. Acad. Sci. Paris **119** (1894) 1044-1046 [3; 14]. — Hermann Munk: Berliner klin. Wschr. **31** (1894) 859-860 [3; 14]. — F. V. Ovsjannikov: Izv. Imp. Akad. Nauk St.-Petersburg [Bull. Acad. Sci. St.-Pétersbourg] (5) **1** (1894) Protokolle 51-52 [Ha 2; 14]. — J. Pernet: Neujahrsbl. naturforsch. Ges. Zürich **97** (1895) 36 (m. Bildn. u. Faks.) [15]. — Ludwig Pietsch: Universum **10**, 2 (1894) Sp. 2505-2508 (m. Bildn.) [14]. — Raveau: Moniteur scient. (4) **8**, 1 (1894) 801-806 [UB Basel]. — Arthur W. Rücker: Ann. Rep. Smithsonian Instn. **1894** (1896) 709-718 [Ha 2; 14]; Proc. Roy. Soc. London **59** (1894) Nr. 355, 17 [in: John Gray M. Kendrick, H. L. F. von Helmholtz (London 1899) 294] [1; 14]. — K. E. F. Schmidt: Z. ges. Naturwiss. **67** (1894) 321-332 [Ha 2; 14]. — Ch. Soret: Mém. Soc. Physique Hist. natur. Genève **32**, 1 (1894-1895) LXXVI-LXXVIII [Ha 2]. — C. von Voit: S.-Ber. Bayer. Akad. Wiss., Math.-physik. Kl. **25**, 1895 (1896) 185-196 [Ha 2; 14]. — H. W. Williams: Proc. Amer. Acad. Arts Sci. **30**, 1894-1895 (1895) 592-598 [Ha 2; 14]. — Paul Wirsing: Ber. Senckenberg. naturforsch. Ges. **1895** V-VI [Ha 2]. — Ann. oculist. **112** (1894) 225-228 (m. Bildn. u. Faks.) [15]. — Graefes Arch. Ophthalmol. **40**, 4 (1894) V-VI (m. Bildn. u. Faks. in Abt. 5) [3]. — A. W. R.: Proc. Roy. Soc. London **59** (1896) XVII-XXX [Ha 2; 14]. — Chem. News **70** (1894) 146 [7]. — Chemiker-Ztg. **18** (1894) 1395 [3; 14]. — Chronik Stadt Heidelberg **2** (1894) Titelbildn. 〈Taf.〉, 54-55 [14]. — Ciel et Terre **15** (1894/1895) 422 [Bibl. Dtsch. Wetterdienst, Offenbach]. — Dtsch. Rdsch. **81** (1894) 129-131 [3; 14]. — Dublin J. med. Sci. **98** (1894) 459-461 [London, Wellcome Libr.]. — Electrical Rev. [London] **35** (1894) 319-320 [H 17]. — Elektrotechn. Z. **15** (1894) 613-616 [15]. — J. reine u. angew. Math. **114** (1895) 353 [3]. — J. télégr. (Bern) **18** (1894) 358 [LB Bern]. — Leopoldina **30** (1894) 163 [Ha 2]. — Mechaniker **1** (1895) 343-346 [1]. — Medico-chirurg. Transact. [London] **78** (1895) CVI [11]. — A. S.: Mem. and Proc. Manchester lit. and philos. Soc. (4) **9** (1895) 230-232 [Ha 2; 14]. — Nature [London] **50** (1894) 479-480 [Ha 2]. — Pharmac. J. and Transact. (3) **25**, 1894-1895 (1895) 222 [Ha 2; 14]. — A. W. R.: Proc. Roy. Soc. London **59** (1896) XVII-XXX [Ha 2; 14]. — Reden bei der ... Gedächtnisfeier am 7. Dez. 1894 (Physikal. ökonom. Gesellsch. Königsberg) In: John Gray M. Kendrick, H. L. F. von Helmholtz (London 1899) 292-293 [1]. — Rev. sci (4) **2** (1894) 379 [15]. — Über Land u. Meer **72** (1894) 1053-1054 (m. Bildn. 1049) [3; 14]. — Wiener med. Bl. **17** (1894) 531-532 [15]. — Wiener med. Wschr. **44** (1894) Sp. 1645-1647 [3]. — Z. math. u. naturwiss. Unterr. **25** (1894) 553-557 (Abdruck aus der Ztg. „Die Post“ 1894, Nr. 247) [3]. — Central-Ztg. Opt. u. Mech. **15** (1894) 205-206 (m. 1 Bildn. nach Photo) [1a]. — H. von Helmholtz in Tageszeitungen: Neue Bonner Ztg. **1894**, Nr. 217 (Richarz); Frankfurter Ztg. **1894**, Nr. 257 (Walther Koenig); Köln. Ztg. **1894**, Nr. 735.

Über das Gehirn von Helmholtz D. Hansemann: Arch. Physiol. **1899**, 371-372 [3]. — David Hansemann: Z. Physiol. u. Physiol. Sinnesorgane **20** (1899) 1-12; 2. Abdruck (Leipzig 1899) 16 S., 2 Taf. [3]. — Julian Marcuse: Umschau **3** (1899) 404-405 [14]. — Philos. Jahrb. Görres-Ges. **8** (1895) 115-116 [3; 14].

Biogr. G. Schubring: Musikal. Wochenbl. **3** (1872) 5-6 (m. Bildn.), 51-52, 67-70; F. J. Kunkel: Bedenken eines alten Musikers 129-131 [14]. — Dtsch. Prof.: Daheim **12** (1876) 679-681 [15]. — Albrecht Krause: Kant u. Helmholtz. Über den Ursprung u. die Bedeutung der Raumanschauung u. der geometr. Axiome (Lahr 1878) 94 S. [3]. — Walter Copland Perry: Prof. Helmholtz' Rectoratsrede u. die engl. Univ.: Dtsch. Rdsch. **14** (1878) 332-335; Helmholtz's Antwort vom 6. Jan. 1878: 335-336 [3; 14]. — Adolf Kohut:

Westermanns Mh. Jg. 28, Bd 55 (1885) 720-728 (m. Bildn.) [3; 14]. — Hanns von Zobeltitz: Eine Stunde bei Prof. von Helmholtz: Daheim 27 (1891) 768-770 m. Bildn. nach Gemälde von Ludwig Kraus [14]. — S. S. Epstein: Hermann von Helmholtz als Mensch u. Gelehrter: Dtsch. Rev. 21, 2 (1896) 31-41, 192-202, 328-339 [3; 14]. — Ernst Kusch: C[arl] G[ustav] J[acob] Jacobi u. Helmholtz auf dem Gymnasium. Beitr. zur Geschichte des Victoria-Gymn. (Potsdam 1896) 21-29 (Potsdam, Victoria-Gymn., Progr. 83) [3]. — E. Du Bois-Reymond: Rev. sci. (4) 8 (1897) 321-328, 360-367 [15]. — Ludwig Goldschmidt: Kant u. Helmholtz. Popularwiss. Studie (Hamburg-Leipzig 1898) XVI, 135 S. [3; 14]. — Theodor Gross: Robert Mayer u. Hermann von Helmholtz. Eine kritische Studie (Berlin 1898) X, 174 S. [14]. — John Gray M. Kendrick: Hermann Ferdinand Ludwig von Helmholtz (London 1899) XVI, 300 S. m. Bildn. (Masters of Medecine) [11]. — A. Kußmaul: Ein Dreigestirn großer Naturforscher an der Heidelberger Univ. im 19. Jahrhundert: Dtsch. Rev. 27, 1 (1902) 35-45, 173-187 [3; 14]. — Julius-V. Ludassys: Neue Freie Presse [Wien] 1902, Nr. 13758 vom 14. Dez., S. 31-35, 1903, Nr. 13902 vom 10. Mai, S. 31-34 [300]. — C. Musmacher: Kurze Biogr. berühmter Physiker (Freiburg i. Br. 1902) 228-231 [1]. — Leo Koenigsberger: Hermann von Helmholtz 1 (Braunschweig 1902) XII, 375 S. m. Titelbildn. m. Faks., Jugendbildn. nach S. 54, engl. Kupferstich von 1867 nach S. 318; 2 (1902) XV, 383 S.; 3 (1903) X, 142 S., 9 Bildn., 1 Brieffaks. [3; 14]. — Peter Langen: Westermanns Mh. 94 (1903) 782-797 (m. 3 Bildn., 1 Faks.) [3; 14]. — Carlo del Lungo: Goethe ed Helmholtz (Torino 1903) 77-150, 160-161 [3]. — Kurt Steindorff: Med. Woche 4 (1903) 185-188, 207-210 [3]. — Allg. Wiener med. Ztg. 48 (1903) 7, 21, 30, 43, 179, 213, 227 [300]. — Intimes aus dem Leben von Hermann von Helmholtz: Gartenlaube 1903, 504-507 [3; 14]. — Gaea 39 (1903) 237-243, 295-301, 615-624, 684-690 [14]. — A. Riehl: Helmholtz et Kant: Rev. Métaphys. et Morale 12 (1904) 579-603 [3]; Helmholtz in seinem Verhältn. zu Kant: Kant-Studien 9 (1904) 261-285 [3; 14]. — Julius Reiner: Hermann von Helmholtz. Hrsg. von Lothar Brieger-W. (Leipzig 1905) 203 S. (m. Titelbildn.) (Klassiker der Naturwiss., 6) [1; 14]. — Julius Bernstein: In: Badische Biogr. 1 (1906) 281-294 [3; 14]. — A. Paalzow: ADB 51 (1906) 461-472 [3]. — Fr. von Weech: Anna von Helmholtz. In: Badische Biogr. 1 (1906) 294-301 [3; 14]. — A. Linsmeier: Natur u. Offenbar. 1907, 211-236, 270-286 [1a]. — Adolf Kistner: Deutsche Physiker u. Chemiker (Kempten-München 1908) 75-84 (m. 1 Bildn.) (Sammlung Kösel, 23) [F 1]. — Wilhelm Ostwald: Große Männer, 2. Aufl. (Leipzig 1910) 256-310 (außerdem siehe Reg. S. 422) [3]. — Leo Koenigsberger: Hermann von Helmholtz. Gekürzte Volksausgabe (Braunschweig 1911) XII, 356 S., 2 Bildn. [3]. — Julius Ruska: Helmholtz-Dokumente: Süddtsch. Mh. 9, 1 (1911/1912) 683-687 [3; 14]. — G[ustav] U[hlig]: Das Abiturientenzeugnis von H. Helmholtz: Das Humanisti- Gymnasium 22 (1912) 40-41 [3; 14]. — Leopold Katscher: Himmel u. Erde 27 (1915) 258-272 [15]. — Sir Henry Roscoe: Ein Leben der Arbeit. Erinnerungen. Autor. Übersetzg. von Rose Thesing. Mit einer Einführung von Wilhelm Ostwald (Leipzig 1919) 84-89 (m. 1 Bildn.) (Große Männer. Studien zur Biol. des Genies, 7); darin Briefe von Helmholtz an Roscoe vom 21. Nov. 1880, 3. Jan. 1881 u. aus Paris ohne Datum [3; 14]. — Felix Ehrenhaft: Neue Freie Presse (Wien) Morgenbl. vom 31. Aug. 1921, 1-4, Nr. 20476 [300]. — Paul Diergart: Frühreife von Helmholtz: Bonner Ztg. Hochschule u. Wiss. 1922 vom 31. Juli, Montagsbeil. — Ernst Lau: Sozial. Mh. Jg. 28, Bd 58 (1922) 48-49 [3; 14]. — W. Möller: Natur 13 (1923) 46-54 (m. Bildn. u. 3 Abb.) [14; 101]. — Hermann von Helmholtz: Natur u. Naturwiss. (München 1925) 232 S. (Bücher der Bildung, 11); darin: Erinnerungen 7-24, Biogr. Nachwort von Joseph Bernhart 227-232 [14]. — Sir Arthur Schuster: Biographical Byways: Nature [London] 115 (1925) 342-343 [27]. — Wilhelm Ostwald: Lebenslinien. Eine Selbstbiogr. 1-3 (Berlin 1926/1927) siehe Reg. [3; 14]. — Adolf Heilborn: Bl. Volksgesundheitspflege 27 (1927) 69-70 (m. Bildn.) [14; 101]. — Anna von Helmholtz: Ein Lebensbild in Briefen. Hrsg. von Ellen von Siemens-Helmholtz 1 (Berlin 1929) 344 S.; 2 (1929) 266 S. [14]. — B. Katz: Hermann von Helmholtz, der Überwinder der Romantik: Dtsch. med. Wschr. 58 (1932) 603-604 [3; 14]. — Alfred E. Hoche: Jahresringe. Innenansicht eines Menschenlebens (München 1934) 81, 86 [3; 14]. — Paul Karlson: In: Die Großen Deutschen. Neue Dtsch. Biogr. 3 (Berlin 1936) 528-545 m. 3 Bildn., 1 Faks. Brief aus Königsberg vom 17. Dez. 1850 an den Vater [14; 101]. — H. von Steinwehr: Hermann von Helmholtz' Forschung u. Prüfung (Leipzig 1937) 49-52 (m. Bildn.) [3; 14]. — Herbert Ballin: Hermann Helmholtz. Deutsche Männer (Berlin 1938) 342-351 (m. Bildn.) [14; 101]. — Wilder D. Bancroft: Helmholtz and Nernst: J. physic. Chem. 42 (1938) 687-691 [15]. — G. Badermann: Z. angew. Meteorol. 56 (1939) 33-35 (m. Bildn.) [Ha 4; 14]. — Erich Hoffmann: 100jährige Wiederkehr des Eintritts von H. von Helmholtz u. R. Virchow in die militär. Akad.: Münchener med. Wschr. 86 (1939) 1560-1562 [3; 14]. — W. Lohmann: Dtsch. Mineralwasser-Ztg. 45 (1941) 276-277 [101]. — Hans Schimank: Deutschlands Erneuerung 25 (1941) 505-515 [1; 101]. —

Schomerus: Abbe u. Helmholtz: Zeiß-Werk-Ztg. **16** (1941) 101-103 (m. 3 Bildn.) [101]. – Hans Falkenhagen: Die Naturwiss. in Lebensbildern großer Forscher (Stuttgart 1948) 52-53 u. öfter [3]. – Hermann Ebert: Hermann von Helmholtz (Stuttgart 1949) 199 S. m. 3 Bildn., 2 Abb., 2 Faks. (Große Naturforscher, 5) [3; 14]. – P. Huber: Experientia **7** (1951) 356-360 [3]. – [Hellmuth] R[össler]: In: Biogr. Wörterbuch zur Deutschen Geschichte (München 1953) 336-337 [3; 14]. – Klamfoth: Techn. Gemeinschaft **2** (1954) 388 (m. Bildn.) [3; 14]. – Karl Leutner: Deutsche, auf die wir stolz sind, 1. Aufl. (Berlin 1955) F. 1, 256-259 m. Bildn.; 2. Aufl. (1960) F. 1, 274-277 m. Bildn. [14]. – Walther Gerlach: In: Die Großen Deutschen. Dtsch. Biogr. **3** (Berlin 1956) 456-465 m. Bildn. neben 453 [3; 14]. – Karl Brossmer: Ruperto-Carola Jg. 10, Bd **24** (1958) 147-148 (m. Abb. d. Büste von Adolf von Hildebrandt 1890) [3; 14]. – A. C. Crombie: Scient. American **198** (1958) Nr. 3, S. 94-102 (m. 3 Abb.) [ETH Zürich]. – Walther Gerlach: In: Geist u. Gestalt. Biogr. Beitr. Gesch. Bayer. Akad. Wiss. **2** (München 1959) 83, 85, 87, 90, 116, 124, 168, 221 [3]. – Max von Laue: In: Forschen u. Wirken: Festschr. zur 150-Jahrfeier der Humboldt-Univ. Berlin **1** (Berlin 1960) 359-366 (m. Bildn. u. Faks.) [3; 14]. – Hermann von Helmholtz. In: Popular scientific lectures. Selected and introduced by Morris Kline (New York 1962) 286 S. m. Abb. [3]. – J. Amer. med. Assoc. **185** (1963) 964-965 [1].

Weitere Lit. Fr. Jos. Bisko: Die neueren Apparate der Akustik (Wien 1865) [300]. – Wilhelm Tobias: Grenzen der Philosophie, constatirt gegen Riemann u. Helmholtz, vertheidigt gegen von Hartmann u. Lasker (Berlin 1875) passim [3]. – Joseph Schwertschlager: Kant u. Helmholtz, erkenntnistheoretisch verglichen (Freiburg i. Br. 1883) IV, 109 S. [14]. – Adolf Kohut: Moderne Geistesheroen, 3. Aufl. (Berlin 1886) 31-43 [14]. – Jac[ob] Moleschott: Für meine Freunde. Lebens-Erinnerungen (Gießen 1894) 204, 232, 258 [Ha 2; 14]. – Hans Prutz: Die Königl. Albertus-Univ. zu Königsberg i. Pr. im 19. Jahrhundert (Königsberg 1894) 197-198 [3; 14]. – Hans Schmidkunz: Helmholtz über Kunst: Kunst für Alle **10** (1894-1895) 21-24, 42-43 [3; 14]. – Helene Bonfort: Ann. Rep. Smithsonian Instn. **1894** (1896) 719-726. [Aus: Popular Sci. Monthly **45** (1894) Nr. 3] [Ha 2; 14]. – Wilhelm Ostwald: Elektrochem., ihre Geschichte u. Lehre (Leipzig 1896) 768 (Bildn.) 998-999, 1011-1012, 1027-1028, 1065-1066 u. öfter [3; 14]. – Max Ring: Erinnerungen **2** (Berlin 1898) 76 [3; 14]. – Robert von Mohl: Lebens-Erinnerungen 1799-1875 **1** (Stuttgart-Leipzig 1902) 63, 151, 221, 225, 240; **2** (1902) 180, 181 (2. Frau von Helmholtz ist Anna geb. von Mohl) [3; 14]. – Emil Schiff: Aus dem naturwiss. Jahrhundert. Gesammelte Aufsätze. Hrsg. von C. Posner (Berlin 1902) 17-46 [14]. – W. S. Hall: The contributions of Helmholtz to physiology and psychology: J. Amer. med. Assoc. **38** (1902) 558-561 [1a]. – B. A. Randall: The debt of otology to Helmholtz: J. Amer. med. Assoc. **38** (1902) 561-562 [1a]. – Neue Bahnen. Mschr. wiss. u. prakt. Pädagogik Leipzig **14** (1903) 493-498 [Abb. B., Rdsch. u. Mitt.] [43]. – Carl Gerhardt: Erinnerungsblätter für die Seinen (Berlin 1903) 106-107 [3]. – Heidelberger Prof. aus dem 19. Jahrhundert. Festschr. der Univ. zur Zentenarfeier ihrer Erneuerung **1** (Heidelberg 1903) XI, 41, 134; **2** (1903) 73-74, 142, 160, 193, 196, 209-210, 216, 258, 259, 447 [3; 14]. – Leo Koenigsberger: Helmholtz als Prof. der Physiol. in Heidelberg: Dtsch. Rev. **28** (1903) 100-111 [3; 14]; C. G. J. Jacobi. Festschr. zur Feier der 100. Wiederkehr seines Geburtstages (Leipzig 1904) 2, 535 [3; 14]. – Albert Neuburger: Die Erforschung u. Verwertung der Naturkräfte im Dienste der Völker. In: Weltall u. Menschheit **5** (Berlin-Leipzig 1904) 226 (m. 1 Bildn. u. 1 Abb.) [14; 101]. – Nahida Lazarus u. Alfred Leicht (Bearb.): Moritz Lazarus: Lebenserinnerungen (Berlin 1906) 426 [3; 14]. – Franz Strunz: Poesie u. Philosophie in der Natur: Mitt. Gesch. Med. ⟨u.⟩ Naturwiss. **5** (1906) 420 [3]. – [P. S.] Unna: Helmholtz u. unsere heutige Weltanschauung. 2 Vorträge am 27. 3. u. 10. 4. 1908 . . . (Hamburg 1908) 64 S. (Flugschr. Dtsch. Monistenbund 13, 14 der Ortsgr. Hamburg, 3, 4) [14]. – E. Schwarz: H. Helmholtz' Ansicht über die Notwendigkeit einer Gymnasialreform: Korrespondenzbl. gebild. Lehrerstand **17** (1909) 326-327, 338-339, 350-351 [1a]. – Wilhelm Ostwald: Die Forderung des Tages (Leipzig 1910) 290-291, 303-314 [3; 14]. – E. T. Whittaker: A history of the theories of aether and electricity from the age of Descartes to the close of the 19th century (London-Dublin 1910) siehe Reg. S. 473 [3]. – J. Wiesner: Natur - Geist - Technik (Leipzig 1910) 60, 135, 341, 343 [3; 14]. – Arend Buchholtz: Ernst von Bergmann (Leipzig 1911) 118, 147, 195, 495 [3; 14] – Max Geitel: Entlegene Spuren Goethes (München-Berlin 1911) 137, 141 [3; 14]. – Sigmund Günther: Die Geschichte der Naturwiss. im Unterricht der Hochschulen. In: Mitt. Gesch. Med. ⟨u.⟩ Naturwiss. **10** (1911) 4 [3; 14]. – Pierre Duhem: Die Wandlungen der Mechanik u. der mechan. Naturerklärung. Autor. Übers. von Philipp Frank (Leipzig 1912) siehe Reg. S. 341 [3]. – Friedrich Dannemann: Die Naturwiss. in ihrer Entwicklung u. in ihrem Zusammenhange **4** (Leipzig-Berlin 1913) Titelbild ⟨Taf.⟩ m. Faks. (nach Gemälde von Franz von Lenbach); 2. Aufl. **4** (1923) [14]. – Heinrich Rubens: Die Entwickelung der Atomistik. Festrede am

Stiftungstage der Kaiser-Wilhelm-Akad. für das militärärztl. Bildungswesen am 2. Dez. 1912 (Berlin 1913) 19-28 [11]. – Heinrich Klenz: Gelehrten-Kuriositäten: Z. Bücherfreunde (Leipzig) N.F. 7, 1 (1915) 63 [14; 101]. – Jakob J. Weyrauch: Robert Mayer zur Jahrhundertfeier seiner Geburt (Stuttgart 1915) 67-88 [3; 14]. – W[alter] Herz: Grundzüge der Geschichte der Chem. (Stuttgart 1916) 113, 114, 120, 125 [3]. – Richard Meyer: Victor Meyer (Leipzig 1917) 438 (m. Bildn. auf S. 49) (W. Ostwald, Große Männer, 4) [3; 14]. – Jugendbriefe von Emil Du Bois-Reymond an Eduard Hallmann (Berlin 1918) 122, 127, 130, 143 [3; 14]. – Heinrich Schmidt: Geschichte der Entwicklungslehre (Leipzig 1918) 133, 174, 212, 449 [3; 14]. – Leo Koenigsberger: Mein Leben (Heidelberg 1919) 77-78, 85-89, 108-111, 185-186, 190-191, 194-197 u. öfter [3; 14]. – Carl Jellinek: Das Weltengeheimnis. Vorlesungen zur harmon. Vereinigung von Natur- u. Geisteswiss., Philosophie, Kunst u. Religion (Stuttgart 1921) 198 m. Bildn., Faks. [14]. – A. Tschirch: Erlebtes u. Erstrebtes (Berlin 1921) 140 (m. Bildn. Taf. 9) [3; 14]. – Paul Diergart: Über die Frühreife von Helmholtz: Hochschule u. Wiss. (Bonn) 1922, 31. Juli. – Emil Fischer: Aus meinem Leben (Berlin 1922) 126, 142, 158, 159, 161 (Emil Fischer, Gesammelte Werke, 1) [3; 14]. – Alois Riehl: Führende Denker u. Forscher Leipzig (1922) 223-240 [3; 14]. – Charles M. van Deventer: Grepen uit de Historie der Chemie (Haarlem 1924) 423, 424, 443 [1a]. – A[dolf] Kistner: Deutsche Meister der Naturwiss. u. Technik 1 (München 1925) 170-179 (m. 1 Abb. der Büste) [14; 101]. – Johannes Reinke: Mein Tagewerk (Freiburg i. Br. 1925) 107, 415, 423 [3; 14]. – Zwei große Naturforscher des 19. Jahrhunderts. Ein Briefwechsel zwischen Emil Du Bois-Reymond u. Karl Ludwig (Leipzig 1927) 102-215 u. öfter [3; 14]. – F. Gumprecht: In: Leben u. Gedankenwelt großer Naturforscher (Leipzig 1927) 31-64 (Wiss. u. Bildung, 232) [3; 14]. – Benjamin Harrow: Eminent Chemists of our time, 2. Aufl. (New York 1927) 98, 99, 122, 124, 125, 126, 178, 190, 233, 343, 345 [3]. – Otto Gramzow: Die Philosophie der Gegenwart, 2. Aufl. (Charlottenburg 1928) 31, 197, 284, 365 (m. Bildn.) [3]. – Das akad. Deutschland 1 (Berlin 1930) 78, 88, 90, 222, 285 (m. Abb. des Denkmals S. 69); 2 (1931) 542; 3 (1930) 12, 101 [3; 14]. – Emil Ludwig: Geschenke des Lebens (Berlin 1931) 28, 75, 86, 679 [3; 14]. – Aus der Vergangenheit der Univ. Würzburg: Festschr. zum 350jährigen Bestehen der Univ. (Berlin 1932) 672 [3; 14]. – Bernhard Lepsius: Das Haus Lepsius (Berlin 1933) 220 [14]. – Franz Schnabel: Deutsche Geschichte im 19. Jahrhundert 3 (Freiburg i. Br. 1934) 228, 232, 234-236 [3; 14]. – Cassius J. Keyser: Mathematics and the dance of life: Scripta math. 3 (1935) 120-131 [15]. – Max Planck: Persönliche Erinnerungen: Festsitzung zur Feier des 90jährigen Bestehens der physikal. Gesellschaft Berlin am 25. Jan. 1935: Verh. Dtsch. physik. Ges. (3) 16 (1935) 11-16 [101]. – [Stengel]: Wilhelm von Humboldt-Gedächtnis-Ausstellung im Märkischen Museum. Lebensbilder aus der Geschichte der Berliner Univ., 9. Apr. bis 15. Mai 1935 (Berlin o. J.) 39 [105]. – Hellmuth Unger: Wunder u. Geheimnis (München 1935) 86-96: Der Augenspiegel [14]. – K. J. Harder: Einige Bemerkungen zum Helmholtz-Slaby-Buch: Lokomotive 33 (1936) 148-149 [101]. – Fritz Lange: Die Denkerstirn: Umschau 40 (1936) 722-724 (m. Bildn.) [14]. – Rudolf Thiel: Männer gegen Tod u. Teufel (Berlin 1936) 313-318 [3]. – R. Drenkhahn: Liebigs u. Helmholtz' Äußerungen über den Wunderglauben: Münchener med. Wschr. 85 (1938) 66 [3; 14]. – Theodor Heuß: Anton Dohrn in Neapel (Berlin-Zürich 1940) 81, 104, 151, 175, 201, 253 [3; 14]. – K. Maier: Johann Ambrosius Barth. Ein wiss. Verlag im Geistesleben. seiner Zeit: Leipz. Jahrb. 1940, 125-132 m. 1 Bildn. u. Faks. d. Gründers, 6 Abb., Faks.-Entwurf von Helmholtz für den 50. Band der Annalen der Physik [14; 15]. – Philipp Lenard: Große Naturforscher, 4. Aufl. (München 1941) 262-266 (m. Bildn.) [3; 14]. – Max Planck: Persönl. Erinnerungen aus alten Zeiten: Naturwiss. 33 (1946) 231-232 [3; 14]. – Georg Siegmund: Auf der Spur des Lebensgeheimnisses: Philos. Jahrb. 57 (1947) 37, 39 [3; 14]. – Georg Siemens: Geschichte des Hauses Siemens 1 (1947) 264, 285; 3 (1947) 30 [101]. – Rudolf Creutz u. Johannes Steudel: Einführung in die Geschichte der Med. u. Einzeldarst. (Iserlohn 1948) 297-302 [3; 14]. – Fritz Bolle: Köpfe u. Begriffe: Orion 5 (1950) 424-425 (m. Bildn.) [14; 101]. – Philosophenbilder. Hrsg. von Karl Thieme (Basel 1952) 258 [14; 101]. – Aus einem reichen Leben. Werner von Siemens in Briefen an seine Familie u. an seine Freunde. Ausgew. u. hrsg. von Friedrich Heintzenberg (Stuttgart 1954) 322, 325 [3]. – Große Physiker, Optiker, Techniker u. Ärzte: Zeiß Werk-Ztg. 3 (1955) H. 17, S. 59 (Kurzbiogr., Bildn.) [101]. – A. A. Zworykin: Biografičeskij slovar' dejatelej estestvoznanija i techniki [Biogr. Wörterbuch der Naturforscher u. Techniker) 1 (Moskva 1958) 223-225 (m. Bildn.) [Ha 2]. – Gerhard Holland: Über das Helmholtzsche Phakoskop: Pflügers Arch. ges. Physiol. 268 (1958/1959) 412-414 (m. 1 Abb.) [3]. – Karl Heinrich Wiederkehr: Wilhelm Webers Stellung in der Entwicklung der Elektrizitätslehre (Hamburg 1960) 5, 96, 106, 136-137, 158, 159, 163, 164, 211 (Diss.) [3]. – Walther Gerlach: Hermann Helmholtz als Naturforscher. In: Humanität u. naturwiss. Forschung (Braunschweig 1962)

123-132 (Die Wissenschaft, 118) [3]. – Geschichte der Mikroskopie. Leben u. Werk großer Forscher. Biologie. Hrsg. von Hugo Freund u. Alexander Berg **1** (Frankfurt/M. 1963) 17, 38, 52, 53, 62 [101]. – Von Liebig zu Laue. Ethos u. Weltbilder großer deutscher Naturforscher u. Ärzte. Hrsg. von Otto Finger u. Friedrich Herneck (Berlin 1963) siehe Reg.; Bildn. im Anhang S. 6 [14]. – Friedrich Herneck: Bahnbrecher des Atomzeitalters. Große Naturforscher von Maxwell bis Heisenberg (Berlin 1965) siehe Reg. S. 484 (m. Faks. Brief vom 12. Apr. 1864 von J. C. Maxwell an H. von Helmholtz) [3; 14]. – F. C. Ormerod: Research in Otology one hundred years after Helmholtz. The James Yearsley memorial lecture 1965: J. Laryngol. Otology **79** (1965) 845-869 (m. 8 Abb.) [1]. – P. F. Cranefield: The philosophical and cultural interests of the biophysics movement of 1847: J. Hist. Med. **21** (1966) 1-7 (m. Faks.) [1]. – Otto Mayr, in: Schätze im Deutschen Museum. Hrsg. von Hermann Auer u. Friedrich Klemm (Düsseldorf 1968) 98-99 (m. Bildn. u. Abb.) [101].

Zum 100. Geburtstag Gustav Eichhorn: Wissen u. Leben **24** (1921/1922) 86-94 [16]. – H. Erggelet: Hermann von Helmholtz u. die Augenheilkunde: Naturwiss. **9** (1921) 967-972 (m. 4 Abb.) [3; 14]. – F. M. Feldhaus: Illustr. Ztg., Leipzig **157** (1921) 167 [3; 14]. – E. Goldstein: Helmholtz. Erinnerungen eines Laboratoriumspraktikanten: Naturwiss. **9** (1921) 708-711 [3; 14]. – Julius Hirschberg: Berliner klin. Wschr. **58** (1921) 1116-1118 [3; 14]. – R. Höber: Dtsch. med. Wschr. **47** (1921) 1001-1002 (m. Bildn.) [3; 14]. – Louis C. Karpinski: Scientific Monthly **1921**, Juli S. 24-32 [15]. – [Heinrich] Konen u. [August] Pütter: Hermann von Helmholtz 1855-1858 Prof. . . . an der Univ. Bonn. Reden, gehalten am 17. Dez. 1921 (Bonn 1922) 20 S. (m. Titelbildn. aus dem Jahre 1857) [101]. – Paul Krannhals: Vom Genie in der Wiss.: Hellweg. Westdtsch. Wschr. Dtsch. Kunst **1** (1921) 165-167 [15]. – E. Krückmann: Med. Klinik **18** (1922) 30-32 [3; 14]. – G. Mamlock: Helmholtz als Klassiker der Naturwiss.: Dtsch. med. Wschr. **47** (1921) 1002-1003 [3; 14]. – C. Matschoß: Helmholtz-Gesellschaft zur Förderung der physikal.-techn. Forschung: Stahl u. Eisen **41** (1921) 1383-1384 [101]. – Max Schoen: Neue Zeit **39**, 2 (1921) 505-510 [3; 14]. – Hermann Schröder: Münchener med. Wschr. **68** (1921) 1086-1087 [3; 14]. – Emil Warburg, Max Rubner u. Moritz Schlick: Helmholtz als Physiker, Physiologe u. Philosoph. 3 Vorträge (Karlsruhe 1922) 40 S. [14]. – W. Wien: Z. VDI **65** (1921) 1239-1240 [3; 14]. – Otto Wiener: Dtsch. Rev. **46**, 4 (1921) 97-114 [3; 14]. – L.: Zur Erinnerung an Helmholtz u. Virchow: Allg. med. Zentral-Ztg. **90** (1921) 251-252 [3]. – Dresdner Anzeiger Jg. **191** (1921) Nr. 408 vom 31. 8. (Morgenausg.) S. 2 [14]. – Berliner Ges. Gesch. Naturwiss. Med. 109. Sitzg. 9. Dez. 1921: In: Mitt. Gesch. Med. ⟨u.⟩ Naturwiss. **21** (1920) 154-155 [3]. – Naturwiss. **9** (1921) 673-711 (m. Bildn. m. Faks., Taf.); darin: Johannes von Kries: H. als Physiolog 673-693; Wilhelm Wien: H. als Physiker 694-699; Walter Nernst: Die elektrochem. Arbeiten von H. 699-702; Alois Riehl: H. als Erkenntnistheoretiker 702-708; Eugen Goldstein: Helmholtz. Erinnerungen eines Laboratoriumspraktikanten 708-711 [3; 14]. – K. R.: Umschau **25** (1921) 512-513 [14]. – Sz.: Z. VDI **65** (1921) 952 [3; 14]. – Vier Ansprachen gehalten bei der Helmholtzfeier am 4. Dez. 1921: Ber. Oberhess. Ges. Natur- u. Heilkunde (Gießen) Naturwiss. Abt. N.F. 8, 1920-1922 (1922) 5-28, u. zwar: K. Bürker: Helmholtz als Physiolog 5-12; F. Engel: Helmholtz als Mathematiker 13-16; E. von Aster: Helmholtz als Philosoph 17-21; W. König: Helmholtz als Physiker 21-28 [14; Ha 2].

Zum 120. Geburtstag Fritz Hansen: Dtsch. Optiker-Ztg. **17** (1941) 133 (Bildn.) [101]; Wie der Augenspiegel erfunden wurde: Wissen u. Fortschr. **15** (1941) 442 (m. Bildn.) [101]. – H. Pistor: Opt. Rdsch. u. Photo-Optiker **32** (1941) 275-277 (m. Bildn.) [101]. – W. M. Schering: „Vertraue und handle"!: Lebenserfolg **37** (1941) 149-151 [101]. – Johannes Steudel: Wiener pharmaz. Wschr. **74** (1941) 371-372 [101]. – Friedrich A. Zschau: Leipz. popul. Z. Homöopath. **72** (1941) 112-114 [101]. – Blindenwelt **29** (1941) 206-207 [101]. – Technik für Alle **32** (1941/1942) 207 [101]. – Handbuch der Biol. Hrsg. von Ludwig von Bertalanffy **1** (Potsdam 1942) 50 (m. Bildn. S. 49) [3; Ha 2; 14].

Zum 130. Geburtstag H. Pupke: Hermann von Helmholtz als Physiker: Math. u. naturwiss. Unterr. **4** (1951/1952) 211-212 [5; 101].

Zum 60. Todestag Emil Heinz Schmitz: Augenoptiker **9** (1954) Nr. 9, S. 11-13 (m. Bildn.) [101]. – H. Klamfoth: Techn. Gemeinsch. **2** (1954) 388 (m. Bildn.) [101].

100 Jahre Augenspiegel 5 Vorträge von Augenärzten der DDR gelegentl. einer Gedenkfeier zu Berlin am 10. Dez. 1950 (Leipzig 1951) 68 S. m. 61 Abb., Titelbildn. nach Portr. von Franz von Lenbach 1876; darin: W. Comberg: H. von Helmholtz als Erfinder des Augenspiegels 7-17 (m. Jugendbildn.) [1]. – Richard Bochalli: Hippokrates **21** (1950) 724-726 [3]. – F. Rintelen: Schweizer. med. Wschr. **81** (1951) 16-20 (m. 2 Bildn.) [101]. – Gernot Rath: Helmholtz in Königsberg: Med. Mschr. **5** (1951) 208-210 [3]. – H. J. Voß: Bericht über die 56. Zusammenkunft der Dtsch. Ophthalmol. Ges. in München am 18., 19. u. 20. Sept. 1950: Ophthalmologica

121 (1951) 228-230; darin: Engelking: von Helmholtz' Bedeutung für die Augenheilkunde 229-230 [101]. – W. Rohrschneider: Dtsch. med. Wschr. 76, 2 (1951) 1409-1410 (m. Lit.Verz.) [3; 14]. – Naumann T. Mascati: Indian med. Gaz. (Calcutta) 87 (1952) 307-308 [1a]. – Johannes Karsch: Dtsch. Gesundheitswes. 5 (1950) 1267-1269 [3; 14]. – Karl vom Hofe: Forsch. u. Fortschr. 26 (1950) 102-103 [Ha 2; 14]. – K. T. A. Halbertsma: Het Eeuweest van de Oogspiegel (1851-1951): Nederl. T. Geneeskunde 95 (1951) 3413-3420 (m. Bildn. u. Faks., 3 Fig., Lit.-Verz.) [15]. – Albert Esser: Klin. Mbl. Augenheilkunde 11, 6 (1950) 1-14 (m. 1 Bildn., 1 Faks.-Brief an den Vater aus Königsberg vom 17. Dez. 1850) [3; 14]. – H. Erggelet: Gab es schon vor Helmholtz einen Augenspiegel? Z. ophthalmol. Opt. 11 (1923) 1-9 [101]. – E. Engelking: Dokumente zur Erfindung des Augenspiegels durch Hermann von Helmholtz im Jahre 1850 (München 1950) 61 S., 4 Bildtaf., 1 Faks.-Brief, 8 Fig., 2 Abb. [101]. – K. Vogelsang: 100 Jahre Helmholtzsche Akkomodationstheorie: Klin. Mbl. Augenheilkunde 126 (1955) 762-765 (m. Schr.-Verz.) [3]. – Paul Diepgen: Du u. die Welt 1950, Nr. 12, S. 7 (Bildn.) [101]. – Comberg: Klin. Mbl. Augenheilkunde 120 (1952) 182-183 [3; 14].

Helmholtz u. die Physik August Heller: Geschichte der Physik 2 (Stuttgart 1884) 283, 421, 442, 561, 563, 622, 674, 675, 691, 692, 728 [3; 14]. – Theodor Groß: Über den Beweis des Prinzips von der Erhaltung der Energie (Berlin 1891) 56 S. [11]; Hermann von Helmholtz u. die Erhaltung der Energie. In: Kritische Beitr. zur Energetik 2 (Berlin 1902) VII, 59-236 [1a; 14]. – Ernest Lebon: Histoire abrégée de l'Astronomie (Paris 1899) 93, 94, 247 [11]. – J. Classen: Moderne Physik. Helmholtz, Boltzmann, Poincaré. In: Vorlesungen über med. Naturphilos. (Hamburg 1908) 108-128 [14; 27]. – Wilhelm Ostwald: Erfinder u. Entdecker (Frankfurt/M. 1908) 42-44 (Die Gesellschaft. Sammlung sozialpsychol. Monogr., 24) [3]. – F. A. Schulze: Die großen Physiker u. ihre Leistungen (Leipzig 1910) 82-107 (m. Bildn.); 2. Aufl. (Leipzig 1917) (Aus Natur u. Geisteswelt, 324) [15]. – Hans Keferstein: Große Physiker. Bilder aus der Geschichte der Astron. u. Physik (Leipzig 1911) 189-233 (m. Bildn.) (Teubners naturwiss. Bibl., 4) [101]. – Max Planck: Das Prinzip der Erhaltung der Energie (Leipzig-Berlin 1921) 38-56 (Wiss. u. Hypothese, 6) [3]. – W. Kaufmann: Hermann von Helmholtz als Physiker: Dtsch. Rev. 47 (1922) 263-267 [14; 101]. – R. Wenger: Helmholtz als Meteorologe: Naturwiss. 10 (1922) 198-202 [3; 14]. – Walter Israel: Substanzbegriff u. Energieproblem in der modernen Physik. Eine erkenntnistheoretische Studie über Robert Mayer, Hermann von Helmholtz u. Max Planck (Berlin 1923) 35-61 [101]. – Heinrich Wiesenthal: Führende Männer 2 (Leipzig 1924) 15-22 (m. Bildn.) [101]. – E. Goldstein: Aus vergangenen Tagen der Berliner physikal. Gesellsch.: Naturwiss. 13 (1925) 39-45 (m. Bildn. u. Faks. 40) [3; 14]. – Arthur Schuster: Hermann Helmholtz, Heinrich Hertz and Röntgen: Nature [London] 115 (1925) 342-343; Alice Everett: The translation of Helmholtz's physiological optics: ebda 424 [15]. – R. von Kehler: Helmholtz in seinem Urteil über Flugzeuge u. Luftschiffe: Z. Flugtechn. u. ⟨Motorluftsch.⟩ 17 (1926) 407-409 [101]. – Wilhelm Ahrens: Kleine Geschichten von Astronomen u. Mathematikern, von Meteorologen u. Physikern. II. Hermann von Helmholtz u. Felix Klein: Weltall 26 (1927) 137 [3]. – Annals med. Hist. N.S. 3 (1931) 300-307 [1]. – Festsitzung zur Feier des 90jährigen Bestehens der physik. Ges. zu Berlin am 25. Jan. 1935: Verh. Dtsch. physik. Ges. 16 (1935) 1-17 (2 Abb.) [15; 101]. – Hugo Dingler: Nochmals H. Helmholtz u. die Grundlagen der Geom.: Z. Physik 94 (1935) 674-676 [101]. – Heinrich Konen: Physikal. Plaudereien. Gegenwartsprobl. u. ihre techn. Bedeutung (Bonn 1937) 180-181 u. öfter (m. Bildn. S. 179) [3; 14]. – Artillerie u. Ballistik in Stichworten. Hrsg. Hans Hermann Kritzinger u. Friedrich Stuhlmann (Berlin 1939) 147 [101]. – Georg Dettmar: Die Entwicklung der Starkstromtechn. in Deutschland 1 (Berlin-Charlottenburg 1940) siehe Reg. [14]. – Karl Reger: Meister der Physik (Stuttgart 1944) 171-203 (m. Bildn. u. Faks.) [3]. – E. Rüchardt: Zum Erscheinen der Helmholtzschen Arbeit „Über die Erhaltung der Kraft" vor hundert Jahren: Naturwiss. 33 (1946) 321-325 [3; 14]. – ck: Hermann von Helmholtz u. die moderne Physik: Kosmos 42/43 (1946/1947) 129-130 (m. Bildn.) [3]. – Br.: Helmholtz u. Rutherford: Physikal. Bl. 4 (1948) 21-22 [3; 14]. – Max F. Meyer: Tartini versus Helmholtz judged by modern sensory observation: J. acoust. Soc. Amer. 26 (1954) 761-764 [3]. – A. Paalzow u. M. Planck: Helmholtz' Leistungen auf dem Gebiet der theoret. Physik. In: Max Planck, Physikal. Abh. u. Vorträge 3 (Braunschweig 1958) 321-323 [3]. – Pioniere der Flugwissenschaften: Z. Flugwiss. 6 (1958) 364-372 (m. 12 Bildn., Lit.Verz.) [101]. – Armin Hermann: Große Physiker. Vom Werden des neuen Weltbildes (Stuttgart 1959) 42-43 (m. Bildn.) [101]. – Wolfgang Baier: Quellendarst. zur Geschichte der Fotografie (Leipzig 1965) 170, 374 [3].

Helmholtz u. die Medizin R. Liebreich: Ophthalmol. Notizen: Graefes Arch. Ophthalmol. 1, 2 (1855) 351-353 [3]. – F. C. Donders: De jongste Aera der Oogheelkunde. Albrecht von Graefe en Hermann von Helmholtz: Nederl. T. Geneeskunde 1887, 2-23 [7]. – J. Bjerrum: Anleitung zum Gebrauch des

Augenspiegels für Studierende u. Ärzte. Dtsch. Ausgabe von O. Schwarz (Leipzig 1892) 4, 12, 16 [15]. – Maximilian Sternberg: Helmholtz u. die Methodik der med. Forschung: Wiener med. Presse **35** (1894) Sp. 1727-1732, 1765-1767 [3]. – Adolf Kussmaul: Jugenderinnerungen eines alten Arztes. 1.-3. Aufl. (Stuttgart 1899) VIII, 496 S.; Helmholtz 255-257 [3; 14]. – Otto Braus: Akad. Erinnerungen eines alten Arztes an Berlins klinische Größen (Leipzig 1901) 88 [15]. – Wilhelm Uhthoff: Eröffnungsansprache. Ber. 29. Vers. Ophthalmol. Ges. Heidelberg **1901** (1902) 3-7 [3; 14]. – Richard Greef: Historisches zur Entdeckung des Augenspiegels: Mitt. Gesch. Med. ⟨u.⟩ Naturwiss. **1** (1902) 44 [3]. – H. Friedenwald: The history of the invention and of the development of the Ophthalmoscope: J. Amer. med. Assoc. **38** (1902) 549-552 [1a]. – C. A. Wood: Hermann von Helmholtz, the inventor of the opthalmoscope: J. Amer. med. Assoc. **38** (1902) 552-557 [1a]. – H. Knapp: A few personel recollections of Helmholtz: J. Amer. med. Assoc. **38** (1902) 557-558 [1a]. – Richard Perlia: Hermann von Helmholtz u. die Med.: Jber. naturwiss. Ver. Krefeld **1910-1911** (1911) 73-76 [Ha 2]. – J. Hirschberg: Geschichte der Augenheilkunde. In: Alfred Graefe u. Th. Saemisch: Handbuch der gesamten Augenheilkunde, 2. Aufl. (Berlin 1918) Teil 2, Bd **15** Abt. 1, S. 73-101 (§1021-1024) (m. Bildn.) [3; 14]. – Adolf Strümpell: Aus dem Leben eines deutschen Klinikers (Leipzig 1925) 24-25, 78, 199 [3; 13]. – Eugen Holländer: Anekdoten aus der med. Weltgeschichte, 2. Aufl. (Stuttgart 1931) 186-187 [14; 101]. – Alfred Bader: Entwicklung der Augenheilkunde im 18. u. 19. Jahrhundert m. besonderer Berücksichtigung der Schweiz (Basel 1933) 220; Bildn. nach Ölstudie von Franz von Lenbach 1884; S. 215-218 faks. Brief [14]. – G. Panconnelli-Calzia: Die tuba sphaerica von Kircher u. die Resonatoren von Helmholtz: Z. Laryngol. **25** (1934) 162-167 (m. 1 Abb.) [101]. – G. Schaefer u. W. Naumann: Technische Leistungen von Ärzten: Ciba-Z. **6** (1938) Nr. 64, S. 2219-2220 [Ha 2]. – Bruno Wachsmuth: Der Arzt in der Dichtung unserer Zeit (Stuttgart 1939) 9, 58, 65, 66, 239 [3; 14]. – Fritz Lejeune: Prakt. Gesundheitspflege Schule u. Haus **10** (1941) 37 [101]. – Carl Hans Sasse: Geschichte der Augenheilkunde (Stuttgart 1947) 43-45 (m. 1 Abb. von Helmholtz' Augenspiegel) (Bücherei des Augenarztes, 18) [14; 101]. – Leopold Schönbauer: Das med. Wien. Geschichte – Werden. Würdigung, 2. Aufl. (Wien 1947) 15, 230, 259, 260, 262, 320, 345, 414, 418, 430 [3; 14]. – F. Henning: Ärztl. Praxis **1949**, Nr. 10, S. 12 (m. Bildn.) [101]. – Michael Nowikoff: Grundzüge der Geschichte der biol. Theorien. Werdegang der abendländ. Lebensbegriffe (München 1949) 102, 162, 164, 165, 166, 201 [3; 14]. – F. Rössler: Vom Helmholtzschen Kobaltversuch: Ophthalmologica **118** (1949) 149-160 [101]. – Hugo Glaser: Pioniere der Heilkunst (Wien 1950) 99-109 (m. Bildn.) [101]. – C. P. Tingwaldt: Optik **9** (1952) 248-253 [3; 14]. – Karl Kisskalt: Theorie u. Praxis der med. Forschung, 3. Aufl. (Wiesbaden 1952) 11, 34, 70, 74, 117, 179, 188, 206, 221, 246, 260 [3; 14]. – Chauncey D. Leake: H. L. F. von Helmholtz. Founders of Neurology (Springfield 1953) 135-138 m. Bildn. [L 5]. – Henry E. Sigerist: Große Ärzte. Eine Geschichte der Heilkunde in Lebensbildern, 3. Aufl. (München 1954) 292-298 (m. Bildn. u. Faks.) [14; 101]. – Demetrio Sodi-Pallares: The influence of the investigations of Helmholtz on electrocardiography: Amer. Heart J. (St. Louis) **51** (1956) 647-653 (m. 3 Abb.) [UB Basel]. – Bernt Karger-Decker: Mit Skalpell u. Augenspiegel. Großtaten der Chirurgie (Leipzig 1957) 238 S. m. 20 Taf. u. Illustr. im Text. Mit Worterläuterungen u. Zeittafel 220-237; Jugendbildn. vor S. 65 [14]. – George Rosen u. Beate Caspari-Rosen: Ich der Doktor. 400 Jahre aus dem Leben des Arztes (München 1957) 314-316 [101]. – Kurt Kolle: Große Nervenärzte **2** (Stuttgart 1959) 67-77 (m. Bildn. u. Faks.) [14; 101]. – W. Baranowsky: Helfer der Menschheit. Hermann von Helmholtz: Neue Familie **12** (1960) Nr. 9, S. 6-7 [292]. – R. Bachelli: Hermann von Helmholtz als Militärarzt: Ärztl. Praxis **15** (1963) 2832 [101]. – Gerhard Dunkmann: Rektoratsreden bedeutender Ärzte aus der 2. Hälfte des 19. Jahrhunderts (Heidelberg 1963) 66-68, 103 (Heidelberg, Med. Diss. Masch. schr.) [101]. – R. A. Weale: New Light on old eyes [Theories of accomodations]: Nature [London] **198** (1963) 944-946 (m. 3 Abb.) [Ha 2]. – Karl E. Rothschuh: In: Die berühmten Ärzte. Hrsg. von René Dumesnel u. Hans Schadewaldt **2** (Köln 1964) 280-282 (m. 1 Bildn. u. 1 Abb.) [101]. – C. Snyder: Helmholtz at Columbia University: Graefes Arch. Ophthalmol. **72** (1964) 573-576 (m. Bildn.) [Augenklinik Jena]. – W. Blasius: Die Bestimmung der Leistungsgeschwindigkeit im Nerven durch Hermann von Helmholtz am Beginn der naturwiss. Ära der Neurophysiologie. In: Medizin in Geschichte u. Kultur **5** (Stuttgart 1964) 71-84 m. Bildn., 3 Abb. u. Lit.Verz. [101]. – R. H. Wilkins: H. von Helmholtz: The description of an ophthalmoscope. Being an English transl. by T. H. Shastid (Chicago 1916) and A. von Graefe: About the complication of the optic nerve with diseases of the brain. Transl. from Graefes Arch. Ophthalmol. **7** (1860) 51-71: J. Neurosurg. **23** (1965) 241-261 (Neurosurgical Classic, 38) [25].

Helmholtz u. die Psychologie Carl Stumpf: Hermann von Helmholtz u. die neuere Psychol.: Arch. Gesch. Philos. **8** (1895) 303-314

[3; 14]. – Friedrich Conrat: Hermann von Helmholtz' psychol. Anschauungen (Halle 1904) VII, 278 S. (m. Lit.Verz.) (Abh. Philos. u. ihrer Geschichte, 18) [14]. – Stanley Hall: Die Begründer der modernen Psychol. (Lotze, Fechner, Helmholtz, Wundt) (Leipzig 1914) 123-191 (Wissen u. Forschen, 7) [3; 14]. – Leo M. Hurvich, Dorothea Jameson: Helmholtz and the three-color theory: an historical note: Amer. J. Psychol. (Austin/Texas) **62** (1949) 111-114 [1]. – F. E. Hoff and L. A. Geddes: Ballistics and the instrumentation of physiology: The velocity of the projectile and of the nerve impulse: J. Hist. Med. **15** (1960) 133-146 (m. 3 Abb.) [L 5].

Helmholtz u. die Philosophie Ernst Laas: Idealismus u. Positivismus **3** (Berlin 1884) 572-597 [3; 14]. – Leo Koenigsberger: Hermann von Helmholtz' Untersuchungen über die Grundlagen der Math. u. Mechanik (Leipzig 1896) 58 S., Titelbildn. m. Faks. [15]. – Victor Heyfelder: Über den Begriff der Erfahrung bei Helmholtz (Berlin 1897) 81 S. [15]. – Otto Siebert: Hermann von Helmholtz als Philosoph: Naturwiss. Wschr. **14** (1899) 549-552 (m. Bildn.) [3; 14]. – Max Isserlin: Helmholtz als Philosoph: Gegenwart **58** (1900) 198-202 [3; 14]. – Wilhelm Wirth: Der Fechner-Helmholtzsche Satz über negative Nachbilder u. seine Analogien (Leipzig 1900) VI, 103 S. (Philos. Studien, 16, 4) [14]. – H[ans] Kleinpeter: Die Erkenntnistheorie der Naturforschung der Gegenwart. Unter Zugrundelegung der Anschauungen von Mach, Stallo, Clifford, Kirchhoff, Hertz, Pearson u. Ostwald (Leipzig 1905) 6, 70, 83, 143, 148 [3; 14]. – Ernst Haeckel: Monismus u. Naturgesetz (Brackwede 1906) 8, 18, 20, 22, 23, 24 (Flugschr. des Dtsch. Monistenbun des, 1) [Jena, Haeckel-Haus]. – Friedrich Albert Lange: Geschichte des Materialismus u. Kritik seiner Bedeutung in der Gegenwart, 8. Aufl. (Leipzig 1908) siehe Reg. 571 [3]. – Alfred Kühtmann: Zur Geschichte des Terminismus Wilhelm von Occams, Etienne Bonnot de Condillac, Hermann von Helmholtz, Fritz Mauthner (Leipzig 1911) 63-78 (Abh. Philos. u. ihrer Gesch., 20) [14]. – Benno Erdmann: Die philos. Grundlagen von Helmholtz' Wahrnehmungstheorie: Abh. Preuß. Akad. Wiss., philos.-histor. Kl. **1921**, Nr. 1, S. 1-45 [3; 14]. – Herbert Hörz: Über die Erkenntnistheorie von Helmholtz: Aufbau **13** (1957) 423-432 [3; 14].

Helmholtz u. die Musik Ernst Mach: Einleitung in die Helmholtzsche Musiktheorie. Populär für Musiker dargest. (Graz 1866) VII, 98 S., 14 Abb. u. 2 Taf. [1; 14]. – Gerhard Schjelderup: Helmholtz u. die Musik: Allg. Musikztg. **23** (1896) 703-704, 721-722, 737-738, 751-753 [11]. – M. Steuer: Zur Geschichte der Hermann von Helmholtzschen Lehre von den Tonempfindungen: Signale für die musikal. Welt **61** (1903) 689-691 [15]. – Gustav Manz: Hermann von Helmholtz u. die Musik: Die Musik **10** (1904) 17-25 [14]. – Georg Zurmühl: Abhängigkeit der Tonhöhenempfindung von der Lautstärke u. ihre Beziehung zur Helmholtzschen Resonanztheorie des Hörens: Z. Sinnesphysiol. **61** (1930-1931) 40-86 (Diss. Marburg 1930) [3]. – Ernst Fischer: A historical note on Helmholtz's theory of hearing: Ann. med. hist. N. S. **8** (1936) 357-358 [1].

Bildn., Denkmal, Büste Illustr. Ztg., Leipzig **53** (1869) 428-430 (m. Bildn.); **103** (1894) 293-294 (m. Bildn.) [14]. – Über Land u. Meer **33** (1875) 451 (m. Bildn., Orig.-Zeichnung von H. B. Hansen S. 441) [14]. – Worte mit Unterschrift in Faks.: Deutsche Dichter u. Denker der Gegenwart (Berlin 1884) 98 [14]. – Ludwig Pietsch: Ludwig Knaus: Velhagen u. Klasings Mh. Jg. **4**, Bd 2 (1889-1890) 641-668 (m. Bildn. S. 659) [14]. – Titelbildn. ⟨Taf.⟩ m. Faks.: Ann. Physik u. Chemie N. F. **44** (1891) [14]. – Leipziger Gerichtsztg. u. Reichsgerichts-Correspondenz **9** (1891) Nr. 69, S. 1 [14]. – Universum **10**, 2 (1894) Sp. 2505-2508 (m. Bildn.) [14]). – Gustav Könnecke: Bilderatlas zur Geschichte der deutschen Nationalliteratur, 2. Aufl. (Marburg 1895) 408 (m. Kurzbiogr.) Photogr. von **1893** [14]. – Wilhelm Bölsche in: Das 19. Jahrhundert in Bildn. **1** (Berlin 1898) 13-14 m. Bildn. Nr. 16 [3; 14]. – Das Helmholtz-Denkmal [von Ernst Herter] in Berlin: Illustr. Ztg., Leipzig **112** (1899) 812 (m. Abb. des Denkmals) [14]. – Siegmund Günther: Geschichte der anorg. Naturwiss. (Berlin 1901) Bildn. vor S. 1 (Das 19. Jahrhundert in Deutschlands Entwicklung, 5) [14]. – Alexander Heilmeyer: Adolf Hildebrand (Bielefeld-Leipzig 1902) 92 (m. Abb. der Büste S. 83) (Künstler-Monographien, 60) [3; 14]. – Weltall **5** (1904) 225, dazu 135, 226, 366, 386; **3** (1904) 228-229 [14]. – Bildn. (Gemälde von Louis Jacoby) m. Beschreibung: Spemanns Kunstkalender **1908**, S. 245 [14]. – Bildnis von Menzel, Salon der Frau von Schleinitz in: Max von Boehm: Die Mode. Menschen u. Moden im 19. Jahrhundert 1843-1878 (München 1910) vor S. 18 [3; 14; 15]. – Heinz Amelung: Westermanns Mh. **60** (119) I (1915) Gemälde von Ludwig Knaus S. 47 [14]. – Adolf von Hildebrand. Hrsg. von Alexander Heilmeyer (München 1922) Taf. 20, Num. Ex. 386 (Marmorbüste 1891) [11]. – Carl Sudhoff: 100 Jahre deutsche Naturforscher-Versammlungen (Leipzig 1922) Plakette Abb. 9 nach S. 72 [14]. – Anna von Helmholtz: Ein Lebensbild in Briefen. Hrsg. von Ellen von Siemens-Helmholtz **2** (Berlin 1929) nach S. 96 Pastellzeichnung von Franz Lenbach 1894 (m. Faks.) [14]. – Abb. der Büste in: Kunst in Leverkusen (Leverkusen 1933) 14 [101]. – J. Gebbing: Die Wiederbeseelung der Welt (Leipzig 1934) 172 (m. Bildn. S. 129) [101]. – Aus der Geschichte der Berliner Physik. Bildn. Sammlung zur Feier des 90jährigen Bestehens der Berliner Physikal. Ges. hrsg. von der Bild- u. Filmsammlung Deutscher Physiker [durch E. Brüche] (Leipzig 1935) Textheft (24 Bildn.) Nr. 4 m. Faks. (Physiker-Bildserie, 1) [101]. — Die Großen Deutschen im Bild. Hrsg. von Alfred Hentzen u. Niels von Holst (Berlin 1936) 371 (Gemälde von Ludwig Knaus) [3; 14]. — Physik. Bl. **1** (1940) nach S. 52 Gemälde von Lenbach (m. Faks.) m. biogr. Notiz S. 69 u. Anekdoten S. 71 [14]. — Hanseat. Hochschul-Ztg. **21** (1940) 233 [101]. — Bildnisse berühmter Mitglieder der Deutschen Akad. Wiss. Berlin (Berlin 1950) Taf. 52 [3; 14]. — Jonathan Zenneck: 50 Jahre Deutsches Museum (München 1953) 113, Abb. 192 [14]. — Radio u. Fernsehen **5** (1956) 504 [14]. — Georg Pietruschka: Das gesunde u. das kranke Auge (Berlin 1961) Jugendbildn. vor S. 9 (Das geht auch dich an, 2) [14]. — Handbuch der Biol. **1**, 1(Konstanz 1965) Gemälde von Ludwig Knaus 1881, S. 49 [14]. — Učebnik fiziologi [Lehrbuch der Physiol.] Hrsg. von K. M. Bykow unter Mitarbeit von . . . (Berlin 1965) 845, dazu viele Seitenangaben im Reg. [14].

Archivalien Gelehrten- u. Schriftstellernachlässe in den Bibliotheken der DDR **1** (Berlin 1959) 44, Nr. 268 [3; 14].

I **HENSOLDT,** Moritz Carl. Mechanik, Optik. — Ausbildung als Mechaniker in Saalfeld; 1842–1843 bei F. W. Breithaupt in Kassel, 1843–1845 bei Repsold u. Söhne in Hamburg, 1849 in der Spielwaren-Industrie in Sonneberg tätig; kurz darauf arbeitet er dort am Bau opt. Instrumente u. gründet 1852 eine opt. Werkstätte in Sonneberg, die 1861 mit Engelbert (dessen Cousine er 1854 geheiratet hatte) zu einer Fa in Braunfels zusammengeschlossen wurde, 1865 nach Wetzlar verlegt; 1878 entstand das Hensoldtsche Ablese-Mikroskop; 1896 Begründung der Fa M. Hensoldt u. Söhne [Waldemar u. Carl] Optische Werke Wetzlar (später AG).

*1821, Nov. 11, Friedrichshall/Thür.;
†1903, Okt. 10, Wetzlar.

Biogr. G. A. Jahn: Unterhaltungen auf dem Gebiete der Astron., Geogr. u. Meteorol. **9** (1855) 45; **10** (1856) 158-161, 164, 180 [14]. — Carl Hensoldt: Das Hensoldt-Werk u. seine Beziehungen zur allgemeinen Fernrohrtechnik (Wetzlar 1908). — Dtsch. opt. Wschr. **7** (1921) 838-839 [101]. — W. Homberg: Die opt. Industrie in Wetzlar (Darmstadt 1928) 67 S. (Diss. TH Darmstadt) [101]. — M. Wiedling: 100 Jahre Optik u. Feinmechanik in Wetzlar (Wetzlar 1949) 36-40 (m. Bildn. nach S. 48) [101]. — Ernst Voege: 100 Jahre M. Hensoldt u. Söhne 1852-1952 (Darmstadt 1952) 45 S. — Schriftleitung der Mikroskopie: 100 Jahre M. Hensoldt u. Söhne, Opt. Werke AG, Wetzlar: Mikroskopie **7** (1952) 295 [3; 101].

V **HERAEUS,** Wilhelm Carl. Chem. — Nach Besuch des Gymn. in Hanau in Apotheken tätig: Frankfurt/M., 1845–1846 in Basel, 1847–1849 in Kassel; 1849–1851 stud. Univ. Göttingen (bei Friedr. Wöhler); 1851–1888 Besitzer der väterl. Einhorn-Apotheke in Hanau (seit 1660 Familienbesitz, 1944 durch Bomben zerstört); richtete zugleich einen chem. Betrieb ein; 1856 gelang es ihm 2 kg Platin im Knallgasgebläse zu schmelzen; Begründer der deutschen Platinindustrie; Dr.-Ing. e. h. TH Danzig.

*1827, März 6, Hanau;
†1904, Sept. 14, Hanau.

Genealog. Wilhelm Heraeus: Geschichte der Familie Heraeus (Offenbach/M. 1910) 75 S. (als Manuskr. gedruckt). — Viktor Würth: Wappen blühender hess. Bürgergeschlechter: Hessische Chronik **5** (1916) 116-117 (m. Abb.) [15]. — Albert Funk: Die Apotheker der Familie Heraeus: Dtsch. Apotheker-Ztg. **103** (1963) 94-100 (m. 2 Bildn. von Wilhelm Carl Heraeus 1827-1904 u. Wilhelm Heraeus 1860-1948), 2 Abb., Stammtaf.) [101].

Bibliogr. Cat. gén. Bibl. nat. **70** (1919) Sp. 1033 (3 Nr.) [3].

Biogr. Karl Siebert: Hanauer Biogr. aus drei Jahrhunderten: Hanauer Gesch.bl. N. F. **3/4** (1919) 81-83 (m. Bildn. u. Faks.). — M. A. Bloch: Biogr. spraw. **1** (Leningrad 1929) 288 [15]. — Fritz Heip: Z. angew. Chem. **43** (1930) 19-21 [101]. — Georg Urdang: Die deutsche Apotheke als Keimzelle der deutschen pharmazeu. Industrie (Mittenwald 1932) 51-53 (m. 1 Bildn., 1 Abb.) [101]. — L. Busch: W. C. Heraeus 100 Jahre: Phototechn. u. Wirtsch. **2** (1951) 198-199 [1]. — Franz Gräser: Heraeus-Gärtner-Glauber. Drei große Apotheker vom Main: Dtsch. Apotheker **6** (1954) 295-297 [84]. — Otto Zekert: Berühmte Apotheker **2** (Stuttgart 1962) 44-45 (m. Bildn.) [101].

VI **HERAEUS,** Jean August Wilhelm. Chem. — Studium Univ. Göttingen; 1886 Dr. phil. u. Apotheker-Staatsexamen in Berlin; 1887 Eintritt in das väterl. Ge-

schäft; bis 1910 Leitung von Apotheke u. Fabrik (ab 1889) zusammen mit seinem Bruder Heinrich (1861–1910); dann alleinige Leitung; Dr.-Ing. e. h.
*1860, Jan. 9, Hanau;
†1948, Okt. 20,

Sohn des vorigen.

III, IV **HERING,** Arnold[1]) Gustav. Math. — 1862 Dr. phil. Univ. Leipzig; 1872 Lehrer, 1878 Prof. Math. Gymnasium Freiberg; 1899 i. R.
*1837, Juli 30, Liebstadt bei Pirna;
†1906, Jan. 13, Dresden.

1) nicht Hering, Gottlieb, wie in VIIa angegeben.

I **HERLICIUS** (Herlitz), David. Math. Astron., Arzt, latein. Dichter. — Magister in Rostock; 1581 Conrector der Schule zu Güstrow, 1582 Stadtphysikus zu Prenzlau, 1583 zu Anklam; 1585– 1598 Prof. Math. (Astrologie u. Logik), 1596 Dr. med. Univ. Greifswald; 1598–1606, 1614–1636 Stadtphysikus in Stargard; 1606–1614 in Lübeck.
*1557, Dez. 28, Zeitz;
†1636, Aug. 15, Stargard/Pommern.

Bibliogr. Cat. gén. Bibl. nat. **70** (1919) Sp. 6 (1 Nr.) [3]. — Brit. Mus. Gen. Cat. **101** (1961) Sp. 440 (11 Nr.) [3].

Biogr. Amoribus honoribus Davidis Herlicii philosophi, medici, astronomi . . . secundum sponsi . . . Ursulae, Jacobi Fhurmanni filiae, sponsae acclamant amici. Ad. d. XIV. Jan. Stetini 1611 [14]. — Paul Freher: Theatrum virorum eruditione clarorum **2** (Nürnberg 1688) 1366-1368 (m. Schr.Verz.) [3]. — Johann Carl Dähnert: Pommersche Bibl. T. 1, Stück 2: Von den Pommerschen Geschichtsschreibern 7. David Herlicii Erster Vortrab oder Muster des großen Pommerschen Historischen Calenders (Stettin 1617) 141 S. (Greifswald 1750) 10 [15]. — Christian Gottlieb Jöcher: Allgemeines Gelehrten-Lexicon **2** (Leipzig 1751) Sp. 1533-1534 [3]. — [Joh. Christ. Adelung]: Geschichte der menschl. Narrheit **4** (Leipzig 1787) 323-342 (m. Schr.-Verz.) [3]. — Christian Friedrich Möller: Verzeichn. der in den beiden Städten Zeitz u. Naumburg gebohrnen Künstler, Gelehrten u. Schriftsteller (Zeitz 1805) 11 [3]. — De L'Aulnaye: Biographie universelle, ancienne et moderne **20** (Paris 1817) 251-252 [3]. — [Brief] Wallensteins an den Feldmarschall von Arnimb [Gitschin, 21. Mai 1628]. In: Albrechts von Wallenstein Briefe, hrsg. Friedrich Förster, Teil 1 (Berlin 1828) 338, No. 195 [3]. — Joh. Gotth. Ludw. Kosegarten: Geschichte der Univ. Greifswald. Theil 1 (Greifswald 1857) 223-224 [3]. — Pyl: ADB **12** (1880) 118 [3]. — Otto Heinemann: David Herlitz' Fasti Pomeranici: Baltische Studien N. F. **7** (1903) 223-254 [14]. — W. Schönfeld: David Herlicius, weiland Stadtphysikus von Prenzlau, Anklam, Stargard, Lübeck, Prof. der Math. Univ. Greifswald, Astrologe u. Poeta laureatus: Mbl. Ges. Pommer. Gesch. u. Altertumskunde **44** (1930) 142-153; Nachträge dazu von H. Frederichs 162-166 [14]. — David Herlicius, weiland Stadtphysikus von Prenzlau, Anklam, Stargard, Lübeck, Prof. der Math. Univ. Greifswald, Astrologe u. Poeta laureatus (1557-1636): Die Mark Zeitz (Beil. Zeitzer Neuesten Nachrichten) **1931**, Sept. 9 [S. 3] [101]. — Ernst Zinner: Geschichte u. Bibliogr. der astron. Literatur in Deutschland zur Zeit der Renaissance (Leipzig 1941) siehe Reg. S. 432 [3].

Bildn. Allg. hist. Lexicon. 3. Aufl. Th. 2 (Leipzig 1730) Taf. nach S. 850 [14].

I **HERSCHEL,** Caroline Lucretia. Astron. — 1772–1782 in Bath; unterstützte ihren Bruder in seinen astron. Arbeiten. Nach seinem Tode 1822 kehrte sie nach Hannover zurück u. erhielt von Georg III. eine kleine Pension. Sie entdeckte 8 Kometen. 1835 Mitgl. Royal Astronomical Society London.
*1750, März 16, Hannover;
†1848, Jan. 9, Hannover.

Schwester von Friedr. Wilh. Herschel.

Bibliogr. Cat. scient. Papers **3** (1869) 322 (1 Nr.) [3]. — Cat. gén. Bibl. nat. **71** (1920) Sp. 433 (2 Nr.) [3]. — Brit. Mus. Gen. Cat. **102** (1961) Sp. 827-828 (9 Nr.) [3].

Briefe Mrs. John Herschel: Memoir and correspondence of Caroline Herschel (London 1876) XII, 355 S. Titelbildn. <Taf.> m. Faks. [14]. — Caroline Herschel: Memoiren u. Briefwechsel. Aus dem Engl. von A. Scheibe (Berlin 1877) [II], 364 S., Titelbildn. u. Faks. [15].

Biogr. Johann Georg Meusel: Das gelehrte Teutschland im 19. Jahrhundert **10** (22) (1831) 720 [3]. — Hermann J. Klein: Friedrich Wilhelm Herschel u. Karoline Herschel: Gaea **13** (1877) 43-55, 105-112, 169-178, 235-242 [Ha 2]. — Ausland **50** (1877) 461-462 [15]. — Bruhns: ADB **12** (1880) 222-229 [3]. — A. M. C[lerke]: Dictionary of National Biography **26** (London 1891) 260-263 [3]. — Anna Wendland: Ein einsames Grab: Hannov.

Gesch. Bl. 2 (1899) 300-303; S. 311: Nutzhorn, Zu den Bildern von Caroline Herschel [15]. – Regine Busch: Daheim 37 (1901) Nr. 51, S. 15-17 [14]. – L. Häpke: Karoline Herschel u. ihr Kometensucher: Himmel u. Erde 22 (1910) 156-164 m. 1 Bildn., Faks. Brief vom 5. Aug. 1831 an Medizinalrat Mühry in Hannover [3]. – A. Vetter: Karoline Herschel u. ihr math. Talent: Neues Frauenleben 19 (1917) 173-176 [101]. – Constance A. Lubbock: The Herschel Chronicle. The life-story of William Herschel and his sister Caroline. Ed. by his granddaughter C.A. Lubbock (Cambridge 1933) X, 388 S. Bildn. ⟨Taf.⟩ vor S. 375 (97 Jahre alt) [3; 14]. – Marie Silling: Die Frau 43 (1935/1936) 343-352 [3]. – Irmgard Deichen: Karoline Herschel, die Arbeits- u. Lebensgefährtin eines großen Forschers (Leipzig 1941) 49-64 m. Bildn. (Deutsche Frauen: Lebensbilder aus 2 Jahrtausenden. Hrsg. von Lotte Esau, Nr. 22) [101]. – Rudolf Hiller: Die Schwester des großen Bruders (Berlin 1944) 206-220 (m. Bildn.) [101]. – Rudolf Brandt: Sterne 25 (1949) 180-181 [3]. – Discovery 11 (1950) 99 [1]. – A. A. Zworykin: Biografičeskij slovar' dejatelej estestvoznanija i techniki [Biogr. Wörterbuch der Naturforscher u. Techniker] 1 (Moskva 1958) 234 [Ha 2].

Zum 150. Geburtstag W. Schleyer: Mitt. Vereinig. Freunde Astron. u. kosm. Physik 10 (1900) 44-47 [12].

Zum 200. Geburtstag Martin Dänling: Sie entdeckte Kometen: Zeit 5 (1950) Nr. 11, S. 11 [101]. – W. Sandner: Sternenwelt 2 (1950) 66-67 (m. 1 Bildn., 1 Abb.) [101].

Zum 50. u. 100. Todestag Clara Forstenheim: Dtsch. Rdsch. Geogr. u. Statistik 20 (1898) 323-328 (m. 1 Bildn.) [3]. – Erich Rosendahl: Niedersächs. Heimatkalender Goslar 2 (1948) 101-104 [1].

Weitere Lit. J. H. von Mädler: Der Wunderbau des Weltalls, 6. Aufl. (Berlin 1867) 678 [3]. – Franz Klein: Die Frauen in der Naturwiss.: Schr.Ver. Verbreit. naturwiss. Kenntn. Wien 24, 1883/1884 (1884) 1-26 m. Bildn. ⟨Taf.⟩ m. Faks. [14]. – Ernest Lebon: Histoire abrégée de l'astronomie (Paris 1899) 81, 247 [11]. – P. J. Möbius: Über die Anlage zur Math. (Leipzig 1900) 80 (m. Bildn.) [14; 15]. – Wilhelm Schur: Beitr. Gesch. Astron. in Hannover: Festschr. Feier 150jähr. Bestehens Ges. Wiss. Göttingen (Berlin 1901) 113 [13]. – S. D. Gallwitz: Schwestern berühmter Männer: Gartenlaube 1922, 461 (m. Bildn.) [14]. – Günther von Stempell: Geistreiche Förderinnen der Himmelskunde des 17. u. 18. Jahrhunderts: Weltall 35 (1935-1936) 21-25 (m. Abb.) [101]. – Christian Jonssen: Kraft des Herzens. Lebenswege deutscher Frauen (Hamburg 1940) 37-60 (m. Bildn.) [14]. – Otto Urbach: Wilhelm u. Caroline Herschel (Osnabrück 1941) 72 S., Titelbildn. (Schöpferische Niederdeutsche, 5) [101].

Bildn., Medaillen Notiz über den 98. Geburtstag. Überreichung der großen goldenen Preismedaille für Erweiterung der Wiss. des Königs von Preussen durch Alexander von Humboldt: Wöchentl. Unterhaltgn. Astron. 1 (1847) 120 [15]. – Lucretia Caroline Herschel: Illustr. Ztg., Leipzig 10 (1848) 108 m. Bildn. von Sir John Herschel u. Caroline [14]. – A list of persons to whom the Medals of Testimonials of the Society have been adjudged: Mem. R. Astron. Soc. (London) 18 (1850) 224 (4. Febr. 1828) [Ha 2]. – Lydia Ganzer-Gottschewski: Das deutsche Frauenantlitz, 3. Aufl. (München-Berlin 1939) 57 (Bildn. nach dem Leben gezeichnet u. gestochen von G. Busse 1847) [14].

I **HERSCHEL,** Friedrich Wilhelm. Astron. – Kam 1757 als Militär-Musiker von Hannover nach London, wurde Musiklehrer in Leeds, 1765 Organist in Halifax, 1766 in Bath, wo er 1781 den Uranus entdeckte; seit 1782 Privatastronom des Königs Georg III.; 1781 Mitgl. Royal Soc. London.

*1738, Nov. 15, Born bei Hannover;

†1822, Aug. 25, Slough bei Windsor.

Genealog. I. H. von Mädler: Die Familie Herschel: Westermanns Mh. 20 (1866) 55-60 (m. Bildn.) [3]. – M. Arago: Ann. Rep. Board of Regents Smithsonian Instn. 1870 (1871) 197-222 [3]. – R. Zaunick: Kritisches zu den Vorfahren Sir William Herschels: Actes Symp. int. Sci. nat., Chim. Pharm. 1630 au 1850, Florence 1960 (Vinci 1962) 96-98 [Florenz, Bibl. Naz. Centr.].

Bibliogr. Cat. scient. Papers 3 (1869) 328-329 (29 Nr.) [3]. – Edward S. Holden and Charles S. Hastings: A synopsis of the scientific writings of Sir William Herschel: Annual Report Board Regents Smithsonian Instn. 1880 (1881) 509-622 [Ha 2]. – Descriptive Catalogue of a Collection of William Herschel Papers presented to the Royal Astronomical Society by the late Sir W. J. Herschel: Monthly Notices Roy. astron. Soc. 78 (1918) 547-568 [12]. – Alfr. Krarup: Katalog over Universitetsbibliotekets Haandskrifter i Samlingerne e donatione variorum Additamenta, Rostgaards, Schiennings og Ørsteds Samling 1 (København 1929) 224 S.; 2 (1935) 360 S. [15]. – Cat. gén. Bibl. nat. 71 (1920) Sp. 437-440 (20 Nr.) [3]. – H. G. King: Wilhelm Herschel opt. Arbeiten (Aus: The Dioptric Review 1938): Dtsch. opt. Wschr. 66 (1949) 19-21 (1 Abb.), 27-29 (3 Abb.) [101]. – Encyclopaedia Britannica **11** (1955) 520 (m. Lit.Verz.) [3]. – Brit. Mus. Gen. Cat. **102** (1961) Sp. 832-834 (31 Nr.) [3].

Briefe Nachricht von den Lebensumständen Wilhelm Herschels, des Entdeckers des neuen Sterns, aus einem Sendschreiben desselben an Lichtenberg: Götting. Mag. Wiss. Literat. **3**, 1 (1782) 584-588 [3]. – Lichtenbergs Briefe. Hrsg. von Albert Leitzmann u. Carl Schüddekopf **1-3** (Leipzig 1901, 1902, 1904) siehe Reg. [3]. – Briefe aus G. Chr. Lichtenbergs engl. Freundeskreis (Göttingen 1925) 50-52 (Brief von W. H. aus Datchet near Windsor vom 20. May [1785] u. aus Clay-Hall near Windsor vom 18. July 1785) (Vorarbeiten zur Geschichte Göttinger Univ. u. Bibl., 2) [15]. – Brief an Georg Heinrich Nöhden o. J. o. O.: Goethes Autographen-Sammlung (Weimar 1961) 100, Nr. 722 [3].

Nekr. Wilhelm Hennings: Deutscher Ehrentempel (Gotha 1823) 69-88 m. Bildn. [14]. – J. Fourier: Éloge historique de Sir William Herschel, prononcé ... le 7 juin 1823: Mém. Acad. Royale Sci. de France **6** (1823) LXI-LXXXI [14]. – O.: Edinburgh Philos. J. **8** (1823) 209-226 [15]. – Luthmer: Astron. Nachrichten [über Grabstätte u. Epitaph]: Astron. Jahrb. **51**, 1823 (1826) 221-224 [3]. – Philos. Mag. **60** (1822) 236-238 [1a].

Biogr. Johann Georg Friederich Krafft: Kurze Nachricht von dem berühmten Astronomen Herschel u. einigen seiner durch unvergleichl. Telescope gemachten Entdeckungen: Schulschr. des Collegium Christian-Ernestinum Bayreuth (Bayreuth 1787) 1-15 [14]. – Public Characters of 1798/1799 (London 1799) 397-404 (m. Bildn. Nr. 16 auf Falttafel) [14]. – Monatl. Korrespondenz zur Beförderung der Erd- u. Himmelskunde hrsg. von F. von Zach **5** (1802) 70-77 (Aus "Public Characters" übersetzt) [3]. – J. W. Pfaff: W. Herschels Entdeckungen in der Astron. u. den ihr verwandten Wiss. (Stuttgart-Tübingen 1828) VIII, 308 S. [3]. – Johann Georg Meusel: Das gelehrte Teutschland im 19. Jahrhundert **10** (22) (1831) 719-720 [3]. – Arago et Parisot: Biographie universelle, ancienne et moderne suppl. **67** (Paris 1840) 127-144 [3]. – D. François Arago: Analyse historique et critique de Sir William Herschel: Annuaire publ. bureau longitudes (Paris) **1842**, 249-308 [F 1]. – François Arago: Oeuvres. Notices biographiques **3** (Paris 1855) 390-394 Tableau chronologique des mémoires de W. Herschel [3; 14]. – François Joseph Fétis: Biographie universelle des musiciens, 2. Aufl. **4** (1862) 312-313 [3; 14]. – Rudolf Wolf: William Herschel (Zürich 1867) 19 S. [ZB Zürich]. – Bruhns: ADB **12** (1880) 227-238 [3]. – Edward S. Holden: Sir William Herschel. His life and works (London 1881) VI, 238 S., Titelbildn., Bibliogr. 215-232 [14; 15]. – A. M. C[lerke]: Sir William Herschel. In: Dictionary of National Biography **26** (London 1891) 268-274 [3]. – Agnes M. Clerke: The Herschels and modern Astronomy (London-Paris-Melbourne 1895) VI, 224 S., Titelbildn., 2 Bildn. [15]. – The Musician Astronomer: Z. internat. Musikges. **9** (1907/08) 22-27 [3]. – Warren D. Smith: Science **36** (1912) 97-109 [27]. – Otto Hoffmann: Von Herschels Lebenswerk: Prometheus **24** (1913) 252-254, 265-266 [3]. – W. L. Webb: Brief Biography and popular account of the unparalleled discoveries of T. J. J. See (Lynn/Mass. 1913) XII, 298 S.; darin 214-224: T. J. J. See, The Herschel-See Researches on the origin of clusters and on the breaking up of the Milky Way, under the clustering power of universal gravitation (m. Bildn. Herschels nach Pastell von J. Rusell, R. A., 1794 ⟨Taf.⟩) [14]. – S. Winninger: Große jüdische National-Biographie **3** (Cernauți 1928) 64-65 [3]. – M. A. Bloch: Biogr. spraw. **1** (Leningrad 1929) 291 [15]. – Constance A. Lubbock: The Herschel Chronicle. The life-story of William Herschel and his sister Caroline. Ed. by his granddaughter C. A. Lubbock (Cambridge 1933) X, 388 S. m. 3 Bildn. (46 J., 56 J., 81 J.) [3; 14]. – Sir Frank Dyson: Nature [London] **142** (1938) 859-862 [3]. – Carlos A. Etchecopar: Sir William Herschel (Montevideo 1939) 35 S., 1 Bildn. (Publicaciones de Observatorio astronómico de Montevideo, 2) [UB Groningen]. – Otto Urbach: Wilhelm u. Caroline Herschel (Osnabrück 1941) 72 S., Titelbildn. (Schöpferische Niederdeutsche, 5) [101]. – John Benson Sidgwick: William Herschel. Explorer of the Heavens (London 1953) 228 S. [16]. – Memorial Tablet to Sir William Herschel [in Westminster-Abbey]: Nature [London] **174** (1954) 908 [3]. – Hans Kienle: In: Die Großen Deutschen. Deutsche Biogr. **2** (Berlin 1956) 255-264 (m. Bildn.) [3]. – Groves Dictionary of Music and Musiciales, 5. ed. **4** (London-NewYork 1954) 256 [1]. – A. A. Zworykin: Biografičeskij slovar' dejatelej estestvoznanija i techniki [Biogr. Wörterbuch der Naturforscher u. Techniker] **1** (Moskva 1958) 233-234 (m. Bildn.) [Ha 2]. – Günther Buttmann: Wilhelm Herschel. Leben u. Werk (Stuttgart 1961) 253 S. m. 3 Bildn., 1 Faks., 9 Abb., Schr.Verz. (Große Naturforscher, 24) [Ha 2]. – Angus Armitage: William Herschel (Garden City 1963) XII, 158 S. m. Abb. [B 4].

Zum 100. Todestag Felix Linke: Der größte astron. Entdecker: Kosmos **19** (1922) 225-228 m. 1 Bildn. u. 1 Abb. [3]; Natur **13** (1922) 346-347 (m. Bildn. u. 3 Abb.) [101]. – Oswald Thomas: Neue Freie Presse Wien **1922**, Nr. 20828 vom 24. Aug. [300]. – Erich D.: Deutsch-österr. Tages-Ztg. **32** (1922) Folge 233 vom 25. Aug., S. 3-4 [300]. – VDI-Nachr. **1922**, 371-372 (m. Bildn.).

Zum 120. Todestag Paul Ahnert u. Rudolf Brandt: Opt. Rdsch. **33** (1942) 43-44 [101].

Zum 125. Todestag Diedrich Wattenberg: Wilhelm Herschels Sterneichungen u. Ansichten vom Bau des Sternsystems: Naturwiss. **34** (1947) 161-165 (m. 3 Tab., 1 Fig., Lit.Verz.) [101].

Zum 150. Geburtstag A. M. Clerke: Central-Ztg. Opt. u. Mech. **9** (1888) 277-278 [1a].

Zum 200. Geburtstag E. S. Cornell: The radiant heat spectrum from Herschel to Melloni: Ann. of Sci. **3** (1938) Nr. 1, S. 119-137 [1; 11]. — E. Doublet: Le bi-centenaire de William Herschel: Rev. sci. **75** (1937) 445-447 [15]. — Frank Dyson: J. astron. Soc. Canada **32** (1938) 441-446; auch in: Nature [London] **142** (1938) 859-862 [B 97]. — Gabrielle Camille Flammarion: L'Astronomie: Bull. Soc. astron. France **52** A (1938/1939) 481-490 (m. Bildn. u. Abb.) [Stadt- u. UB Bern]. — Paul Guthnick: Forsch. u. Fortschr. **14** (1938) 373 [3]; Res. and Progr. **5** (1939) 73-76 [15]. — Edgar C. Smith: Scientific centenaries in 1938: Nature [London] **141** (1938) 13-15 [15]. — Günther von Stempell: Dtsch. opt. Wschr. **59** (1938) 329-330 [101]. — Stth.: Umschau **42** (1938) 1063-1064 [3]. — Himmelswelt **48** (1938) 228-229 [82]. — N. R. S.: Sci. and cult. (Calcutta) **4** (1938/1939) 443-444 [1a].

Weitere Lit. Zach: De la nouvelle planète de Mr. Guillaume Herschel: Für aeltere Litteratur u. neuere Lectüre. Hrsg. von Canzler u. Meißner **2** (1884) Quart. 2, H. 2, S. 72-86 [3]. — Männer der Zeit **2** (Leipzig 1862) Sp. 521-522 [14]. — J. H. von Mädler: Der Wunderbau des Weltalls, 6. Aufl. (Berlin 1867) 676-678 [3]. — Johannes Frischauf: Grundriß der theoret. Astron. u. der Geschichte der Planetentheorien (Graz 1871) 139 [3; LB Graz]. — Hermann J. Klein: Friedrich Wilhelm Herschel u. Karoline Herschel: Gaea **13** (1877) 43-55, 105-112, 169-178, 235-242 [Ha 2]. — Rudolf Wolf: Geschichte der Astron. (München 1877) siehe Reg. (Geschichte der Wiss. in Deutschland. Neuere Zeit, 16) [3]. — Zöckler: Wilhelm Herschel. Eine Säcular-Erinnerung: Evang. Kirchen-Ztg. **108** (1881) Sp. 249-261 [3]. — Herschel als Organist: Signale für die musikal. Welt **43** (1885) **44** [15]. — A[gnes] M. Clerke: Geschichte der Astron. während des 19. Jahrhunderts (Berlin 1889) 59-65, 75-77 u. öfter [3]. — Hermann A. Schumacher: Die Lilienthaler Sternwarte. Ein Bild aus der Geschichte der Himmelskunde in Deutschland: Abh. naturwiss. Ver. Bremen **11** (1890) 161 [Ha 2]. — Oliver Lodge: Pioneers of Science (London 1893) 273-293 (m. 2 Bildn., 6 Abb.) [1]. — Ernest Lebon: Histoire abrégée de l'astronomie (Paris 1899) 78-86 [11]. — Wilhelm Schur: Beitr. Gesch. der Astron. in Hannover: Festschr. zur Feier des 150jährigen Bestehens der Ges. Wiss. Göttingen (Berlin 1901) 112-113 (m. Bildn.) [3]. — Jac. Berzelius: Reseanteckningar. Utgifna af Kungl. svenska vetenskapsakademien genom H. G. Söderbaum (Stockholm 1903) 12, 34, 35, 102-104 [Ha 2]. — A. Barleau: Une ville d'eaux anglaise au XVIIIe siècle. La société élégante et littéraire à Bath sous la reine Anne et sous les Georges (Paris 1904) 296-297 [3]. — Weltall u. Menschheit. Hrsg. von Hans Kraemer **3** (Berlin-Leipzig-Wien-Stuttgart 1904) 187 Bildn. nach Kupferstich von James Godby [14]. — Hermann Kobold: Der Bau des Fixsternhimmels mit besonderer Berücksichtigung der photometr. Resultate (Braunschweig 1906) 85-90 u. öfter [11; 14]. — Walther May: Festvortr. zu Darwins 100. Geburtstag: Mitt. Gesch. Med. Naturwiss. **8** (1909) 365-368 [3]. — S. Günther: Vergleichende Mond- u. Erdkunde (Braunschweig 1911) 8, 10, 63, 78, 169, 170 [15]. — Ferdinand Meisel: Wandlungen des Weltbildes u. des Wissens von der Erde (Stuttgart-Berlin 1913) passim (Das Weltbild der Gegenwart, 1) [3]. — W. S. Franks: Sir W. Herschel's Double Star Measures...: Monthly Notices Roy. astron. Soc. **77** (1916) 54-55 [12]. — Heinrich Schmidt: Geschichte der Entwicklungslehre (Leipzig 1918) 120, 140-141 [3]. — H. Kobold: Das Sternsystem. In: Die Kultur der Gegenwart T. 3, Abt. 3, Bd 3: Astron. (Leipzig-Berlin 1921) passim [3]. — Bruno H. Buergel: Aus fernen Welten (Berlin 1920) 31-32, 33, 41, 42 m. 2 Bildn. [14]. — Walter Möller: Angewandte Menschenkenntnis. Einführung in die Handschriften-, Gesichtsausdruck- u. Schädelkunde, 3. Aufl. (Oranienburg 1921) 88 [14]. — Max Blücher: Führende Männer **9** (Leipzig [1924]) 59-72 (m. 1 Bildn.) [101]. — G. Archenhold: Die Auffindung von 9 kurzbrennweitigen Okularen von Wilhelm Herschels Hand: Weltall **24** (1924/1925) 97-98 [3]. — W. H. Steavenson: A peep into Sir William Herschel's workshop: Chem. news and J. industr. sci. **130** (1925) 92 [84]. — M. Berek: Entwickelung u. gegenwärtiger Stand der Lehre von der Abbildung im Mikroskop: S.-Ber. Ges. Beförd. ges. Naturwiss. Marburg **61** (1926) 251-282 [Ha 2]. — H. Hartung: Ein Blick in Herschels Werkstatt: Central-Ztg. Opt. u. Mech. **47** (1926) 177-180, 196-197 [101]. — M. von Rohr: Die Entwicklungsjahre der Kunst, opt. Glas zu schmelzen: Naturwiss. **12** (1924) 781-797 [3]. — J. G. Hagen: First Note on W. Herschel's Observations of extended nebulous fields: Monthly Notices Roy. astron. Soc. **86** (1926) 144-146 [12]. — M. von Rohr: Sir William Herschel Number: Transact. opt. Soc. **26** (1924/1925) 209-238 (m. 1 Bildn. u. 12 Abb.) [1]. — Albert Schaeffer [Urgroßneffe]: Herschel u. das Gespenst: Propyläen **25** (1927) 167 [101]. — Ernst Zinner: Die Geschichte der Sternkunde. Von den ersten Anfängen bis zur Gegenwart (Berlin 1931) 516-520, 528-535 u. öfter [3; 101]. — H. Coupin: William Herschel: La Nature [Paris] 62, I (1934) 82 [Bibl. Dt. Patentamt]. – Dorothea Klumpke Roberts: Presentation of photographs of Sir William Herschel's fields H 12, H 14-15, H 20-21, H 23, H 41,of extensive diffuse nebulosity and of the Baxendell nebulosity NGC 7088: Vjschr. astron. Ges., Leipzig 70 (1935) 330-335 [15]. – E. S. Cornell: Early studies in radiant heat: Ann. of Sci. 1 (1936) 217-225 [1; 11]. – Albert König: Die Fernrohre u. Entfernungsmesser, 2. Aufl. (Berlin 1937) 75 (Bildn.), 226 [101]. – Gert von Natzmer: Wilhelm Herschel, Musiker von Beruf, Astronom aus Leidenschaft (Berlin [1937]) 16, 46 S., Bildn. ⟨Taf.⟩ nach Kupferst. von James Godby nach S. 16, Bildn. von Caroline nach S. 32 (Menschen u. Menschenwerk) [14; 101]. – Niedersachsen. Gestalten u. Zeiten 9/10 (1939) 36/39 (Große Männer Niedersachsens) [1a]. – G. von Natzmer: Wilhelm Herschel, der Erforscher der Milchstraße: Geist. Arb. 7 (1940) Nr. 5, S. 7-8 [3]. – Newcomb-Engelmann: Populäre Astronomie, 8. Aufl. (Leipzig 1948) 617-622 u. öfter [3]. – Rudolf Kühn: Die Entdeckung des Uranus: Sternenwelt (München 1949) 57-59 (m. Bildn.) [19]. – M. Risco: Étude théorique de la formation d'images mobiles ponctuelles. Rôle cinématique des conditions d'Abbe et de Herschel: J. Physique Radium (Paris) (8) 11 (1950) 159-163 [1]. – Eric John Holmyard: British scientists (London 1951) 42-44 (m. Bildn.) [11]. – Ernst Zinner: Astron. Geschichte ihrer Probleme (Freiburg-München 1951) 316-323 u. öfter (Orbis academicus, 2, 1) [3]. – H. C. King: Sir William Herschel and the discovery of radiant heat: J. Brit. astron. Assoc. (Oxford) 65 (1954/1955) Nr. 7, S. 298-304 [1]. – Helmut Gernsheim and Alison Gernsheim: The history of Photography (London-New York-Toronto 1955) 24, 30, 32 [3]. – Henry C. King: The history of the telescope (London 1955) 142, 188, 191, 226, 257, 268, 272, 282 (m. Bildn. nach 120) [3]. – Karl Leutner: Deutsche, auf die wir stolz sind (Berlin 1955) 74-77 (m. Bildn.); 2. Aufl. (1960) [14]. – Rolf Riekher: Fernrohre u. ihre Meister. Eine Entwicklungsgeschichte der Fernrohrtechnik (Berlin 1957) 127-143 u. öfter (m. 1 Bildn., 3 Abb.) [3]. – Charles L. Cudworth: In: Die Musik in Geschichte u. Gegenwart 6 (Kassel 1957) Sp. 280-284 (m. Bildn. u. Lit.) [3]. – L. R. C. Agnew: The Herschel papers: Isis [Bruges] 49 (1958) 439-440 [L 5]. – Walther Gerlach in: Geist u. Gestalt. Biogr. Beitr. Gesch. Bayer. Akad. Wiss. 2 (München 1959) 75-76 [3]. – Michael A. Hoskin: William Herschel. Pioneer of sidereal astronomy (London 1959) 48 S. (Newman History and philosophy of Science series, 5) [1]. – E. Scott Barr: The infrared pioneers. Sir William Herschel: Infrared Physics (Oxford) 1 (1961) Nr. 1/2, S. 1-4 (m. Abb.) [82]. – Werner A. Kral: Der musische Astronom Friedrich Wilhelm Herschel: Christ u. Welt 15 (1962) Nr. 31, S. 14 [101]. – W. Baron u. B. Sticker: Ansätze zur histor. Denkweise in der Naturforschung an der Wende vom 18. zum 19. Jahrhundert: Sudhoffs Arch. Gesch. Med. ⟨u.⟩ Naturwiss. 47 (1963) 26-35 [3]. – Michael Hoskin: William Herschel and the Construction of the Heavens. With astrophysical notes by D. W. Dewhirst (London 1963) 192-199 [11]; William Herschel u. die siderische Astron.: Endeavour (London) 23 (1964) 18-21 (m. 3 Abb.) [3]. – Wolfgang Promies: Georg Christoph Lichtenberg in Selbstzeugn. u. Bilddokumenten (Reinbek bei Hamburg 1964) 23, 64, 72, 80 (m. Bildn. S. 75) [101]. – Wolfgang Baier: Quellendarst. zur Geschichte der Fotografie (Leipzig 1965) 29, 408 [3]. – A(lina) J(osifavma) Eremejewa: Oselennaja Geršelja. Kosmologičeskie i kosmogoničeskie idei i otkrytija [Herschels Universum. Kosmolog. u. kosmogon. Ideen u. Entdeckungen] (Moskva 1966) 320 S., Titelbildn., 3 Abb. [Ha 2]. – J. Erik Jorpes: Jac. Berzelius. His Life and Work (Stockholm 1966) 59, 81 (Bidrag till Kungl. Svenska Vetenskapsakademiens Historia, 7) [3].

Bildn. Allg. dtsch. Bibl. 88 (1789) [14]. – Wilhelm Hennings: Deutscher Ehrentempel 4 (1823) 69-88 (m. Bildn. ⟨Taf.⟩ gemalt von Fr. Rehberg, gestochen von Fr. Müller) [14]. – O[tto] L[inné] Erdmann: Wilhelm Herschel (Leipzig 1829) 93-106 m. Bildn. ⟨Taf.⟩ (Denkmäler verdienstvoller Deutschen des 18. u. 19. Jahrhunderts, 3) [14]. – 200 Bildn. u. Lebensbeschreibungen berühmter deutscher Männer, 2. Aufl. (Leipzig 1875) 85 [3]. – Mrs. John Herschel: Memoir and correspondence of Caroline Herschel (London 1876) XII, 355 S., Taf. nach S. 118 from a drawing by Lady Gordon, after a painting by L. T. Abbott in the National Portrait Gallery, Joseph Brown sc. [14]. – Woldemar von Seidlitz: Allg. hist. Porträtwerk. Ser. 11 (1888) Taf. 67 Stich von C. Müller. Biogr. auf Deckblatt [14]. – Wilhelm Bölsche: In: Das 19. Jahrhundert in Bildn. 1 (1898) 75-76 (m. Bildn. Nr. 70) [3]. – Die Großen Deutschen im Bild. Hrsg. von Alfred Hentzen u. Niels von Holst (Berlin 1936) 316 (Kupferstich von James Godby nach einer Zeichnung von Friedrich Rehberg 1814) [3]. – Gabriele Camille Flammarion: William Herschel. Fondateur de l'astronomie sidérale: L'Illustration 96 (1938) 422 m. 1 Bildn., 3 Abb. [15]. – Umschau 42 (1938) H. 46 Umschlagbild [14]. – Antlitze großer Schöpfer. Geplant u. eingeleitet von Bettina Holzapfel. Fortges. u. hrsg. von Heinz Balmer (Basel 1961) 128-137 m. 1 Bildn. von ihm u. 1 Bildn. von seiner Schwester, 2 Faks., 1 Abb. [3; 14]. – A. Wißner in: Schätze im Deutschen Museum. Hrsg. von H. Auer u. F. Klemm (Düsseldorf (1968) 48-49 (m. 1 Bildn., 1 Abb. [101].

III, IV, VI **HERTZ,** Heinrich Rudolph. Physik. – 1877–1878 stud. Univ. München, 1878–1880 Univ. Berlin; 1880 Dr. phil. Univ. Berlin; 1880 Ass. bei Helmholtz; 1883 PDoz. theoret. Physik Univ. Kiel; 1885 Polytechn. Karlsruhe; 1889 o. Prof. Physik Univ. Bonn.
*1857, Febr. 22, Hamburg;
†1894, Jan. 1, Bonn.

1886 experimentelle Bestätigung der Maxwellschen Theorie.

Genealog. Percy E. Schramm u. Ascan W. Lutteroth: Verzeichn. gedruckter Quellen zur Geschichte Hamburgischer Familien (Hamburg 1921) 41 [101]. – P. E.: Zur Abstammung von Heinrich Hertz: Jüd. Familien-Forsch. 4 (1928) H. 14, S. 63-64 [101]. – Peter von Gebhardt: Ahnentafel des Physikers Heinrich Hertz: Jüd. Familien-Forsch. 5 (1929) H. 19, S. 171-172 [101].

Briefe Ludwig Hartmann: Ein unbekannter Briefwechsel Röntgens mit Heinrich Hertz: Natur u. Kultur **23** (1926) 331-333: Röntgen an Hertz 1. März 1888, 31. Juli 1888, 27. Sept. 1888 (betr. Berufung von Hertz nach Gießen) [15; 101]. – Paul Elbogen: Geliebter Sohn. Elternbriefe an berühmte Deutsche (Berlin 1931) 269-272 (Kurzbiogr. u. Erstabdruck des Briefes von Vater u. Mutter Hertz, vom 3. Nov. 1877) [3]; Liebster Sohn ..., liebe Eltern. Briefe berühmter Deutscher (Hamburg 1956) 221-222 (Brief des Vaters an Heinrich Hertz m. Nachschrift der Mutter, Hamburg, 3. Nov. 1897) [3].

Autobiogr. Heinrich Hertz: Erinnerungen, Briefe, Tagebücher. Zusammengestellt von Johanna Hertz [älteste Tochter] (Leipzig 1927) VI, 263 S., 5 Bildn., 3 Abb., 3 Faks. [3].

Bibliogr. Edward L. Nichols: Nachruf auf Heinrich Hertz u. chronologisches Verzeichnis seiner Werke: Physic. Rev. (London) **1** (1894) 383-386. – Cat. scient. Papers **10** (1894) 210-211 (10 Nr.); **12** (1902) 330 (4 Nr.); **15** (1916) 802 (26 Nr.) [3]. – Cat. Gén. Bibl. nat. **71** (1920) Sp. 507 (3 Nr.) [3]. – Brit. Mus. Gen. Cat. **101** (1961) Sp. 897-898 (11 Nr.) [3].

Nekr. Helene Bonfort: Ann. Rep. Smithsonian Instn. **1894** (1896) 719-726 [Ha 2]. – M. Doll: Verh. naturwiss. Ver. Karlsruhe, Abh. **11** (1888-1895) 355-359 [Ha 2]. – Hermann Ebert: S.-Ber. physik.-med. Soz. Erlangen **26** (1894) 15-39 [Ha 2]. – L. Graetz: Beil. Allg. Ztg. **1894,** Nr. 99 vom 11. Apr., S. 1-5 [3]. – Julius Hann: Alm. Akad. Wiss. Wien **44** (1894) 263-268 [Ha 2; 3]. – D. E. J[ones]: Nature [London] **49** (1894) 265-266 [Ha 2]. – Oliver Lodge: Nature [London] **50** (1894) 133-139, 160-161 [Ha 2]. – Max Planck: Heinrich Rudolf Hertz. Rede zu seinem Gedächtnis ... am 16. 2. 1894 (Leipzig 1894) 23 S. [14]; Naturwiss. Rdsch. **9** (1894) 140-143 [Ha 2]; Verh. physik. Ges. Berlin **13**, 1894 (1895) 9-29 [Ha 2]. – K. E. Schmidt: Nachruf am 11. Jan. 1894 im naturwiss. Verein für Sachsen u. Thüringen: Z. Naturwiss. **66** (1893) 370-381 [Ha 2]. – Ch. Soret: Mém. Soc. Physique Hist. natur. Genève **32** (1894-1895) LXIX-LXXIII [Ha 2]. – C. von Voit: S.-Ber. Bayer. Akad. Wiss. (München) **24** (1894) 146-148 [Ha 2]. – Chemiker-Ztg. **18** (1894) 21 [15]. – Chronik der Haupt- u. Residenzstadt Karlsruhe **10** (1894) 2 Bildn. 36/37, 66/67 [31]. – Chronik der Rhein. Friedrich-Wilhelms-Univ. Bonn **19** (1893-1894) 2-8 [5]. – Electrician **32** (1894) 273; **33** (1894) 272-274, 299, 332-335, 415-417 [ETH Zürich]. – Gartenlaube **1894,** 83 (m. Bildn.) [3]. – Leopoldina **30** (1894) 54-55 [Ha 2]. – Mem. and Proc. Manchester lit. and philos. Soc. (4) **8** (1893-1894) 214-215 [Ha 2]. – Lumière électr. **51** (1894) 150, 241-246 [Genf, Classe de l'Industrie et du Commerce]. – Nature [London] **50** (1894) 8-11 [Ha 2]. – C.-M. G.: Rev. sci. (4) **1** (1894) 123-124 [15]. – Science **13** (1889) 79. – L. H.: Über Land u. Meer **71** (1894) 382 (m. Bildn.) [3]. – Riv. scient e industr. (Florenz) **26** (1894) 32.

Biogr. Eduard Alberti: Lexikon der Schleswig-Holstein-Lauenburg. u. Eutin. Schriftsteller von 1866-1882, **1** (Kiel 1885) 294 [3]. – D.: Les expériences de M. Hertz au laboratoire central d'électricité: Rev. sci. (3) **17** (1889) 807-808 [15]. – Agost Heller: Természettudomanyi Közlöny **26** (1894) Suppl. 49-60 [F 1]. – A. Schleiermacher: Heinrich Hertz. Biogr. Skizze: Verh. naturwiss. Ver. Karlsruhe **15**, 1901-1902 (1902) Abh. 19-32 (m. 1 Bildn. u. Faks. u. 2 Abb.) [Ha 2]. – Leo Koenigsberger: Hermann von Helmholtz **2** (Braunschweig 1903) 260-262, 304-309, 343-345; **3** (1903) 7-9, 63-65, 97-100 [15]. – Ernst Mach: Die Mechanik in ihrer Entwicklung (Leipzig 1904) XVI, 561 S. (m. 257 Abb.); 8. Aufl. (Leipzig 1921) X, 521 S. (m. 257 Abb.), besonders S. VIII, 252-258, 474 [3]. – Ritter Joseph von Geitler: Elektromagnet. Schwingungen der Wellen (Braunschweig 1905) VII, 154 S. (Wiss., 6); 2. Aufl. X, 218 S. (m. 113 Abb.); Heinrich Rudolf Hertz 79-110 u. passim [3]. – Rob. Knott: ADB **50** (1905) 256-259 [3]. – A. Schleiermacher, in: Badische Biogr. **5** (Heidelberg 1906) 301-306 [3]. – E. Th. Whittaker: A history of the theories of aether and electricity from the age of Descartes to the close of the 19th century (London-Dublin 1910) 347, 353-366, 396, 399, 405, 411, 429, 431, 432 [3]. – Hans Keferstein: Große Physiker. Bilder aus der Geschichte der Astron. u. Physik (Leipzig [1911]) 189-233 (m. Bildn.) (Teubners naturwiss. Bibl., 4) [101]. – Leo Graetz: Die Physik (Leipzig 1917) 378, 379, 380, 383, 386, 389, 476 (m. 1 Bildn.) (Die

Naturwiss. u. ihre Anwendung, 1) [3; 14]. – Arthur Schuster: Hermann Helmholtz, Heinrich Hertz and Röntgen: Nature [London] **115** (1925) 342-343 [15]. – Hanns Günther [d. i. W. De Haas]: Pioniere der Radiotechnik (Stuttgart 1926) 16-19 (m. Bildn.) [101]. – S. Wininger: Große jüdische National-Biogr. **3** (Cernăuţi 1928) 69-70 [3]. – Karl Willy Wagner: Das Heinrich-Hertz-Inst. für Schwingungs-Forschung: Elektr. Nachr.-Techn. **7** (1930) 174-191 (m. 23 Abb.); Einweihung des Heinrich-Hertz-Inst. für Schwingungsforschung am 7. März 1930: 212-215 [101]. – J[onathan] Zenneck, in: Aus Physik u. Technik. Vorträge u. Aufsätze (Stuttgart 1930) 25-59 (m. 3 Bildn., 5 Abb.) [3; 101]. – Max Planck: Persönl. Erinnerungen. Festsitzung ... am 25. Jan. 1935: Verh. Dtsch. physik. Ges. **16** (1935) 11-16 [101]. – N. Malov: Genrich Gerc: Uspechi fizičeskich Nauk **19** (1937/1938) vyp **4**, 553-570 [1a]. – Jonathan A. W. Zenneck: Die Entdeckung der elektr. Wellen vor 50 Jahren: Forsch. u. Fortschr. **14** (1938) 335-336 (m. 2 Abb.) [3]. – J. G. Kljackin: Iz istorii elektrotechniki: Genrich Gerc i sovremennaja radiotechnika: Električestvo **60** (1939) 48-52 [1a]. – Hans Kopfermann: Die Vertreter der Physik u. Astron. an der Univ. Kiel. In: Festschr. zum 275jähr. Bestehen der Christian-Albrechts-Univ. Kiel (Leipzig 1940) 344-348 [101]. – Hans Falkenhagen: Die Naturwiss. in Lebensbildern großer Forscher (Stuttgart 1948) 138-141 [3]. – Giovanni Lampariello: Das Leben u. das Werk von Heinrich Hertz: Veröff. Arbeitsgemeinsch. Forsch. des Landes Nordrh.-Westf. **43** (1954) 7-27 [101]. – Hermann von Helmholtz: Physik. Bl. **10** (1954) 219-226 [3]; Heinrich Hertz. Vorwort zu dessen Prinzipien der Mechanik, Berlin, Juli 1894: Vortr. u. Reden, 4. Aufl. **2** (1896) 363-378 [26]. – Karl Leutner: Deutsche, auf die wir stolz sind (Berlin 1955) F. 1, 328-331 m. Bildn.; 2. Aufl. (1960) F. 1, 348-351 m. Bildn. [14]. – Max von Laue, in: Die Großen Deutschen. Deutsche Biogr. **4** (Berlin [1957]) 103-112 (m. Bildn.) [3]; auch in: Abh. Fritz-Haber-Inst. Max-Planck-Ges. **34** (1958) 235-244 [Ha 2]. – Edgar Hunger: Von Demokrit bis Heisenberg: Quellen u. Betrachtungen zur naturwiss. Erkenntn. **3** (Braunschweig 1958) 2-3 (m. Bildn.) [14]. – Max Planck: Heinrich Rudolf Hertz. Gedächtnisrede 16. 2. 1894. In: Max Planck, Physikal. Abh. u. Vorträge **3** (Braunschweig 1958) 268-288 [3]. – A. A. Zvorykin: Biografičeskij slovar' dejatelej estestvoznanija i techniki [Biogr. Wörterbuch der Naturforscher u. Techniker] **1** (Moskva 1958) 232 (m. Bildn.) [Ha 2]. – Wilhelm Wenk: Forschung - Wagnis u. Abenteuer: Ruperto-Carola **25** (1959) 187-197 (m. Bildn. 197) [3; 14]. – Max von Laue: Gesammelte Schriften u. Vorträge **3** (Braunschweig 1961) 247-256 [Ha 2]. – Walther Gerlach, in: Humanität u. naturwiss. Forschung (Braunschweig 1962) 133-147 (Die Wiss., 118) [3]. – Friedrich Herneck, in: Bahnbrecher des Atomzeitalters. Große Naturforscher von Maxwell bis Heisenberg (Berlin 1965) siehe Reg. S. 484, besonders 35-74 (m. Faks.-Brief an Ernst Mach vom 23. Sept. 1890 u. Bildn. nach S. 32) [3].

Zum 50. Geburtstag Max Iklé: Himmel u. Erde **19** (1907) 193-210 (m. 2 Bildn., 1 Bildn. von Michael Faraday, James Clerk Maxwell, 1 Abb. u. Faks. von Hertz) [Ha 2].

Zum 70. Geburtstag Joseph Mendel: Bl. Volksgesundheitspflege **27** (1927) H. 4, S. 53-54 (m. Bildn.) [Ha 2; 101]. – von Simson: Forsch. u. Fortschr. **3** (1927) 48 [Ha 2]. – K. W. Wagner: Die silberne Heinrich-Hertz-Medaille für 1927: Radio-Umschau **4** (1927) 117-118 (m. Bildn.) [101]; VDI-Nachr. **9** (1929) Nr. 9, S. 2 (m. Abb. der Büste) [101]. – Jonathan Zenneck: H. Hertz. Rede bei der H. Hertz-Feier der Univ. Bonn am 9. 11. 1927 (München 1929) 36 S.; darin 34-36 Inh.-Verz. der gesammelten Werke von H. Hertz; Bildn. von 1886 u. Büste im Dtsch. Museum (Abh. u. Ber. Dtsch. Mus. **1**, 2) [Ha 2; 3; 14].

Zum 75. Geburtstag W. Gerlach u. A. Sommerfeld: Metallwirtschaft **11** (1932) 119-121 (m. Bildn.) [101]. – Hanns Günther: Radio Bildfunk, Fernsehen für Alle **11** (1932) 120-122 (m. Bildn.) [101]. – Felix Linke: Weltall **31** (1932) 82-84 [101]. – Herbert Rosen: Umschau **36** (1932) 153-154 (m. 3 Bildn.) [3; 14]. – K. Skowronnek: Funk, Beilage Funkbastler **9** (1932) 113-115 [89]; Helios **38** (1932) 57-59 (m. 1 Bildn. u. 1 Abb.) [101]; Ingenieur-Z. **12** (1932) H. 3, S. 19-20 [101]. – Karl Willy Wagner: Funktechn. Mh. **1932**, H. 2, S. 49-50, 1 Bildn. (Büste von Mathilde Hertz) [89; 101].

Zum 80. Geburtstag Suse Michael: Central-Ver.-Ztg. **16** (1937) Nr. 7 Beibl. 2 (m. Abb. der Büste von K. H. Isenstein) [101].

Zum 90. Geburtstag -geri-: Neue Post **1** (1947) Nr. 2, S. 4 [101]. – J. Zenneck: Naturwiss. **33** (1946) 225-230 (m. 1 Bildn. u. 2 Abb.) [3]. – G. Leithäuser: Funktechnik **2** (1947) Nr. 3, S. 3 [101].

Zum 100. Geburtstag R. Aeschliemann: Die Entwicklung der Mikrowellentechnik seit Heinrich Hertz: Schweiz. techn. Z. **54** (1957) 638-643 [ETH Zürich]. – Georg Anders: Bild u. Ton **10** (1957) 47-48 (m. 1 Bildn.) [3; 101]. – W. R. Bett: Med. Press (London) **237** (1957) 160-161 [1]. – Fritz Bopp u. Walther Gerlach: Naturwiss. **44** (1957) 49-52 [3]. – Heinz Degen: Naturwiss. Rdsch. **10** (1957) 95-96 [Ha 2]. – B. Dibner: Electr. Engng. **76** (1957) 633-635 [1]. – Hans Falkenhagen: Gedächtnisrede ... am 22. Febr. 1957: Wiss. Ann. **6** (1957) 217-224 [3]. –

Franz M. Feldhaus: Elektrotechn. Z. (B) 9 (1957) 38 (m. Bildn.) [101]. – Martin Frank: Techn. Gemeinschaft 5 (1957) 86 (m. Bildn. u. 2 Abb.) [3]. – Heinrich Gerwig: Jahrb. elektr. Fernmeldewes. 9 (1956/1957) 379-397 (m. 1 Bildn., 3 Abb., Lit.Ang.) [101]. – Fr. Haßler: VDI-Nachr. 11 (1957) Nr. 4, S. 6 (m. 1 Bildn., 1 Abb.) [101]. – Ernst H. Haux: Die unsichtbare Brücke: Christ u. Welt 10 (1957) H. 8, S. 9 (m. 1 Bildn., 1 Abb.) [101]. – Berthold Lammert: Entdeckung des Äthers: Zeit (Hamburg) 12 (1957) Nr. 8 vom 21. 2., S. 19-20 [B 475]. – Rudolf Mayer: Badische Heimat. Mein Heimatland 37 (1957) 299-300 [101]. – B. Mirow: Math. <u.> naturwiss. Unterr. 9 (1956/1957) 391-394 (m. 1 Bildn., 1 Abb.) [101]. – Ernst Missler: Dtsch. Elektrotechn. 11 (1957) 54-58 (m. Bildn. u. Lit.-Verz.) [3; 14]. – Ludwig Mollwo: Die moderne Erzeugung Hertzscher Wellen. Vortrag, am 22. Febr. 1957 ...: Wiss. Ann. 6 (1957) 433-449 (m. 15 Abb.) [3]. – E. Neumann: Wiss. u. Fortschr. 7 (1957) 177-179 (m. 1 Bildn., 2 Abb.) [2]. – Georg Richtsteig: Ausbau 10 (1957) 228-230 (m. Bildn.) [101]. – Horst Rothe: Elektrotechn. Z. (A.) 78 (1957) 247-251 (m. 10 Abb.) [101]. – W. T. Runge: Telefunken-Ztg. 30 (1957) H. 115, S. 3-4 (m. Abb. seiner Büste vor der TH Karlsruhe) [89]. – Hans Schimank: Röntgenstrahlen 6 (1957) 37-42 (m. Bildn.) [Hamburg-Eppendorf, Ärztl. Bibl.]. – Stephan Schwarz: Münchner jüd. Nachr. 7 (1957) Nr. 8, S. 2, Sp. 1-3 [12]. – M. Ss. Ssominski: Physik in der Schule 17 (1957) 22-26 (m. Bildn.) [russ.] [1]. – P. Stoll: Schweiz. techn. Z. 54 (1957) 634-638 [ETH Zürich]. – Horst Teichmann: Fernmeldepraxis 34 (1957) Abt. Funk-Praxis Nr. 2, S. 97-99 (m. Bildn.), Nr. 3, S. 188-194; Nr. 4, S. 270-272 [83]. – Hermann Waechter: Elektrotechn. 39 (1957) Nr. 7, S. 47 [89]. – Trevor I. Williams: Endeavour (London) 16 (1957) 3-4 [Ha 2]. – Franz Wolf: Elektrotechn. Z. (A.) 78 (1957) 242-246 (m. 1 Bildn., Schr.Verz.) [101]. – Gedenkfeier der Freien u. Hansestadt Hamburg am 24. Febr. 1957 (Hamburg 1957) 45 S. (enthaltend Vorträge von H. Raether, H. Wenke, Gustav Hertz) [Ha 2; 14]. – dck: Sprachschöpferisches Karlsruhe: Baden-Württemberg 1957, H. 6, S. 38 (m. 3 Bildn.) [24]. – Heinrich Hertz: Drei Bilder der Mechanik: Physik. Bl. 13 (1957) 49-59 [101]. – Hertz u. Lenard: Physik. Bl. 13 (1957) 567-569 (Brief von L. an Max Wolf nach dem Tode von Hertz, Bonn 1894, Jan. 27) [101]. – Heinrich-Hertz-Gedenkfeier: Bull. Presse- u. Informationsamt 1957, S. 342-343 [101]. – The discoverer of radio waves: Chem. and Ind. 1957, Nr. 10, S. 273 [Ha 15]. – Gedenkfeier in Karlsruhe: Elektrotechn. Z. (A.) 78 (1957) 241 [101]. – P. S.: Radio u. Fernsehen 6 (1957) 97 (m. Bildn.) [3]. – Mikrowellen. Richtfunk in Großvaters Zeiten: Radio mentor 23 (1957) 74 (m. 4 Abb.) [101]. – Wiss. u. Fortschr. 7 (1957) 457-458 [3]. – Z. Kurzwellen-Amateur 28 (1957) 120-121 (m. 1 Bildn.) [101]. – Heinrich-Hertz-Gedenkfeier: Z. Post- u. Fernmeldewesen 9 (1957) 185-190, 4 Bildn., Abb. des Denkmals vor TH Karlsruhe [101].

Zum 25. Todestag M. Abraham: Naturwiss. 7 (1919) 1-2 [3].

Zum 40. Todestag Herbert Rosen: Schweiz. techn. Z. 9 (1934) 3-6 (1 Bildn., 4 Abb.) [101].

Zum 60. Todestag G. Dogigli: Fernmeldepraxis 31 (1954) 145-146 [101]. – H. Köppen: Nachrichtentechnik 4 (1954) 33 (m. Bildn.) [Techn. Zbl.]. – Karl Radunz: Heinrich Hertz in Kiel: Heimat 61 (1954) 12-14 [101].

Weitere Lit. Bibliogr. Jahrbuch der deutschen Hochschulen. Hrsg. von Richard Kukula (Innsbruck 1892) 344 [3]. – Otto Lehmann: Geschichte des physikal. Instituts der TH Karlsruhe. In: Festgabe zum Jubil. der 40jährigen Regierung des Großherzogs Friedrich von Baden (Karlsruhe 1892) 262-263 [3]. – Hans Kleinpeter: Über Ernst Machs u. Heinrich Hertz' principielle Auffassung der Physik: Arch. system. Philos. 5 (1899) 158-184 [3]. – Franz Bendt: Westermanns Mh. 87 (1899/1900) 560-574 (m. 5 Abb.) [3]. – C. Musmacher: Kurze Biogr. berühmter Physiker (Freiburg i. Br. 1902) 259, 268-271 [1]. – Georg Helm: Die Theorien der Elektrodynamik nach ihrer geschichtl. Entwickelung (Leipzig 1904) 101, 121, 129, 140 [15]. – H[ans] Kleinpeter: Die Erkenntnistheorie der Naturforschung der Gegenwart. Unter Zugrundelegung der Anschauungen von Mach, Stallo, Clifford, Kirchhoff, Hertz, Pearson u. Ostwald (Leipzig 1905) XI, 3, 16, 49, 70, 73, 108, 111, 112, 150, 151 [3]. – Harald Höffding: Moderne Philosophen. Vorlesungen, übersetzt von F. Bendixen (Leipzig 1905) 110-114 [3]. – Wilhelm Ostwald: Große Männer (Leipzig 1910) 132, 286, 296, 367, 397, 403, 406 [3]. – Pierre Duhem: Die Wandlungen der Mechanik u. der mechan. Naturerklärung. Autor. Übers. von Philipp Frank (Leipzig 1912) 156-157, 161, 162, 175, 323, 335 [3]. – Franz Artur Schulze: Große Physiker, 2. Aufl. (Berlin-Leipzig 1917) 104-114 (m. Bildn.) (Aus Natur u. Geisteswelt, 324) [14; 101]. – Leo Koenigsberger: Mein Leben (Heidelberg 1919) 184, 185-186, 198 [3]. – A[dolf] Kistner: Deutsche Meister der Naturwiss. u. Technik 1 (München 1925) 180-190 [101]. – Johannes Reinke: Mein Tagewerk (Freiburg i. Br. 1925) 435 [3]. – Adolf Strümpell: Aus dem Leben eines deutschen Klinikers (Leipzig 1925) 199 [3]. – Felix Linke: Der Heinrich-Hertz-Pavillon auf der letzten großen deutschen Funkausstellung in Berlin: Braunschweiger G. N. C. Monatsschrift **1928**, 468-473 m. 5 Abb. [15]. – Wilhelm Ostwald: Umschau **32** (1928) 513-515 [3]. – Max Planck: Maxwells Einfluß auf die theoretische Physik in Deutschland [insbes. auf Boltzmann u. H. H.]. In: James Clark Maxwell. A Commemoration Volume. 1831-1931. Essays (Cambridge 1931) 45-65 [3]. – Jg. Koncius: Kosmos [Kowno] **13** (1932) Nr. 4, 113-115 [litauisch]. – Aus der Vergangenheit der Univ. Würzburg: Festschr. zum 350jährigen Bestehen der Univ., hrsg. von Max Buchner (Berlin 1932) 658 [3]. – Buch der Natur. Eine allgemeinverständl. Einführung in die wichtigsten Tatsachen der Naturforschung (Berlin 1935) siehe Reg. (m. Bildn., Taf. 42) [101]. – F. Schnabel: Aus der Geschichte der TH Karlsruhe (Karlsruhe 1936) 3-16 (m. Abb. der Büste S. 8) [15]. – E[ric] T[emple] Bell: Men of mathematics (London 1937) 31 [1]. – Heinrich Konen: Physikal. Plaudereien. Gegenwartsprobl. u. ihre techn. Bedeutung (Bonn 1937) 20, 23, 42, 75, 85, 142, 293, 305, 306, 320-321, 340, 343, 358 [3]. – Julian Blanchard: Hertz, the discoverer of electric waves: Bell System techn. J. **17** (1938) 327-337; auch in: Proc. Instn. Radio Engrs. **1938**, 505-515 [3]. – Fr. W. Landgraeber: Z. Betriebswirtsch. **16** (1939) 95-96 [101]. – Hans Kopfermann: Die Vertreter der Physik u. Astron. an der Univ. Kiel: Festschr. zum 275jähr. Bestehen der Christian-Albrechts-Univ. Kiel (Leipzig 1940) 344-345 [101]. – Philipp Lenard: Große Naturforscher, 4. Aufl. (München 1941) 321-330 (m. 1 Bildn.) [3]. – Georg Siemens: Geschichte des Hauses Siemens **1** (1947) 285-286; **3** (1949) 229 [101]. – s. t.: Klassische Pioniere der Funktechnik: Radio-Illustrierte **2** (1948) H. 41, S. 3; H. 42, S. 3 [101]. – Werner Ziegenfuß: Philosophenlexikon. Handwörterbuch der Philosophie nach Personen **1** (Berlin 1949) 522-523 (m. Lit.Verz.) [3]. – Franz Wolf: In: Festschr. 125-Jahrfeier TH Fridericiana Karlsruhe (Karlsruhe 1950) 67-73 (m. Bildn.) [3]. – Frank Löchner: Lehrbuch der Rundfunktechnik, 4. Aufl. (Leipzig 1948/1949) 272 (m. Bildn. 273) [14]. – Rolf Gustav Haebler: Badische Geschichte (Karlsruhe 1951) 114 (m. Bildn. 143) [14]. – J. J. C. Smart: Austral. J. Philos. (Sidney) **29** (1951) 36-45 [1a]. – Carl Ramsauer: Grundversuche der Physik in histor. Darst. **1** (Berlin-Göttingen-Heidelberg 1953) 169-173, 185 [3]. – Egon Larsen: Abenteuer der Technik. Ein Buch von Erfindern u. Erfindungen (Frankfurt/M. 1954) 166-169 (m. 1 Abb.) [101]. – Wilhelm Lehr: Zum 1. Mal drahtlos: Bosch-Kurier **1956**, Nr. 15, S. 19 (m. 4 Abb.) [101]. – Hans M. Schulze: Pioniere des Nachrichtenwesens (Wolfshagen-Scharbeutz 1956) 48-49 [1]. – Heinrich Manlik: Universum Natur u. Techn. **12** (1957) 429-431 [101]. – Ehrlich: Funkamateur **7** (1958) Nr. 6, S. 15 (m. Bildn.), S. 27 [3]. – Walther Gerlach, in: Geist u. Gestalt. Biogr. Beitr. Gesch. Bayer. Akad. Wiss. **2** (München 1959) 79, 101, 103, 108 [3]. – Armin Hermann: Große Physiker. Vom Werden des neuen Weltbildes (Stuttgart 1959) 38-39 (m. Bildn.) [101]. – Karl Heinrich Wiederkehr: Wilhelm Webers Stellung in der Entwicklung der Elektrizitätslehre (Hamburg 1960) 155-164 (Diss.) [3]. – G. Hertz: Wirtsch. (Berlin) **17** (1962) H. 10, S. 9 (m. Bildn.) [101]. – K. Goetschi, in: Schätze im Deutschen Museum (Düsseldorf 1968) 132-133 (m. 1 Bildn. u. 1 Abb.) [3].

Bildn., Denkmal Titelbildn. ⟨Taf.⟩ m. Faks. in H. Hertz: Gesammelte Werke **1** (Leipzig 1895) [14]. – Chronik der Haupt- u. Residenzstadt Karlsruhe (Karlsruhe 1895) Bildn. nach S. 68 [14]. – Franz Bendt: Das 19. Jahrhundert in Bildn. **4** (1900) 524-526 (m. Bildn. Nr. 363) [3]. – Hans Keferstein: Große Physiker. Bilder aus der Geschichte der Astron. u. Physik (Leipzig-Berlin 1911) 233 (B. Schmids naturwiss. Schülerbibl., 4) [11]. – Errichtung eines Denkmals für H. H. im Ehrensaal des Deutschen Museums. Mit Reden von Walter von Dyck, A. Voller, Otto Lehmann, C. Duisberg (Abb. der Originalapp. von H. H.). In: Verwaltungsbericht über das 10. Geschäftsjahr 1912-1913 u. Bericht über die 10. Ausschußsitzung des ... Deutschen Museums München (1913) 36-40 [101]. – W. Gaede: Die Jahrhundertfeier der TH Karlsruhe. Einweihung des Heinrich Hertz-Denkmals: Z. techn. Physik **7** (1926) 8-12 (m. 2 Abb.) [15]. – Jahrb. Lautwesen **1931** (1930) 11 [12; 101]. – Buch der Natur (Berlin 1935) Bildn. m. biogr. Angaben S. 209, viele Seitenzahlen im Reg. [14]. – J. Zenneck: 50 Jahre Deutsches Museum München (München 1953) Bildn. S. 109 [14; 101]. – Helmut Lindner: Lehrbuch der Physik für Techniker u. Ingenieure, 4. Aufl. **3** (Leipzig 1960) 158 [14].

Briefmarke Nachr. Chem. u. Techn. **5** (1957) Nr. 9, S. 137. – Sondermarke: 100. Geburtstag Heinrich Hertz Dtsch. Bundesrepublik 1957: 10 Pfg. grün/schwarz. In: Lipsia Briefmarken-Katalog 1959 **2** (Leipzig 1959) 51. – 1959, 7. Dez. Erscheinen der Hertz-Marke ČSR (1 Krone).

HERZFELD, Alexander Leopold. Zuckerchem. — 1874–1878 stud. Univ. Halle u. Berlin; 1879 Dr. phil. Univ. Halle (bei M. Märcker, dessen Ass. 1878–1883); 1883 Ass., 1887 Leiter des Labors des Ver. für die Rübenzucker-Industr. des Dtsch. Reichs (in der Landw. Hochsch. Berlin); seit 1904 Dir. des neugegr. Inst. für Zuckerindustrie Berlin; 1884 PDoz. TH Ber-

lin, 1887 Hon.Doz.; 1892 Prof. Berlin; 1926 i. R. [Mitt. Frl. E. Knöchel, Berlin].
*1854, Sept. 7, Sprottau i. Schl.;
†1928, Sept. 1, Berlin.

Herausgeber Z. Ver. Dtsch. Zuckerind. **38** (1888)-**78** (1928) (hierin auch die meisten seiner Veröffentlichungen) [3].

Werke Alexander Herzfeld: Über Maltodextrin. Ein Beitr. zur Kenntn. der chem. Veränderung der Stärke durch Diastase. Diss. (Halle/Sa. 1879) 48 S. (m. latein. Vita) [3].

Bibliogr. Cat. scient. Papers **10** (1894) 213 (6 Nr.); **15** (1916) 807-808 (75 Nr.) [3].

Zum 25jähr. Dienstjubiläum H. Claasen: Zbl. Zuckerind. **16** (1908) 843 (m. Bildn.) [3]. – Dtsch. Zuckerind. **33** (1908) 402-404 [Ha 4].

Nekr. Edmund von Lippmann: Dtsch. Zuckerind. **53** (1928) 1009 (m. Bildn.) [Ha 4]. – H. Claasen: Zbl. Zuckerind. **36** (1928) 1019-1020 (m. Bildn.) [3]. – O. Spengler: Z. Ver. Dtsch. Zuckerind. **78** (1928) 255-260 (m. Bildn. u. Faks.) (hierin auch die meisten seiner Veröff.) [3].

Biogr. S. Wininger: Große Jüdische National-Biogr. **3** (Cernăuţi 1928) 82 [3]. – F. Harney, in: 100 Jahre der Dtsch. Zuckerindustrie 1850-1950 (Berlin 1950) 325-326 [89].

Zum 70. Geburtstag Adolf Hinze: Zbl. Zuckerind. **32** (1924) 1015 (m. Bildn.) [3]. – Edmund O. von Lippmann: Dtsch. Zuckerind. **49** (1924) 1032; H. C. Prinsen Geerligs: 1032-1034 [3].

Zum 100. Geburtstag Fritz Tödt, Carl Neuberg, A. Wüsthoff: Z. Zuckerind. **4** (1954) 343-347 (m. Bildn.) [101]. – Jakob Baxa: Zucker **7** (1954) 385-388 (m. Bildn.) [101].

Weitere Lit. Die Königl. Landwirtschaftl. Hochschule in Berlin: Festschr. zur Feier des 25jährigen Bestehens. Hrsg. von L. Wittmack (Berlin 1906) 47-48, 242-248 (m. 3 Abb.) [11]. – Woche **8** (1906) 178 (m. Bildn.) [15].

HEUSLER Die Familie stammt in männl. Linie aus einem alten Basler Geschlecht. Theodor Heusler (*1690) wanderte um 1704 über Straßburg nach Frankfurt u. kam 1731 nach Dillenburg, wo er Finanzberater der Dillenburger Linie der Fürsten von Nassau wurde. Sein Sohn, Johann Jacob Heusler (1727–1799), trat als Oberkammerrat ebenfalls in die Dienste des Fürstenhauses. Seine Witwe erwarb 1827 die Isabellenhütte aus fürstlichem Besitz. Die Hütte ist seitdem Heuslerscher Familienbesitz (1899 GmbH, jetzt K.-G.).

Die Hütte wird urkundlich erstmals 1481 als Kupferhütte erwähnt. Infolge der Krise im Kupferbergbau stellte Conrad Heusler (1826–1907) den Betrieb auf Mangan u. Mn–Cu-Legierungen um u. schuf damit die Grundlage für den heutigen Betrieb [Mitt.: Isabellen-Hütte Heusler K.-G. Dillenburg].

HEUSLER, Carl Ludwig. Bergmann. – 1810 stud. BA Freiberg/Sa.; seit 1811 im rhein. Bergdienst (1817 Oberbergamtsassessor, 1822 Oberbergrat, 1828 Leiter des Bergamtes Siegen, 1847 Geh. Bergrat).
*1790, Okt. 9, Dillenburg;
†1851, März 29, Siegen.

Sohn von Johann Jacob Heusler (1727-1799).

Nekr. Intelligenz-Bl. für die Kreise Siegen, Wittgenstein u. Altenkirchen **28** (1851) 143-144.

Biogr. Walter Serlo: Westdtsch. Berg- u. Hüttenleute u. ihre Familien (Essen 1938) 33-34 [101]. – C. Schiffner: Freiberger Bergstudenten **3** (1940) 45 [101].

IV **HEUSLER,** Conrad. Geol., Metallurg. – 1854 Bergreferendar, 1860 Bergassessor, 1871 Oberbergrat, 1883 Geh. Bergrat, dann Geh. Oberbergrat am Oberbergamt Bonn; seit 1897 i. R. Er leitete nebenberufl. die Isabellen-Hütte in Dillenburg, für die er die Präzisions-Widerstandslegierung Manganin entwickelte.
*1826, Dez. 22, Bonn;
†1907, Nov. 30, Bonn.

Sohn von Carl Ludwig Heusler (1790-1851).

Ergänzungen zu Pogg. IV Conrad Heusler: Mangan-Legirungen in: Verh. Ver. Beförderung Gewerbefleiß Preussen **1881**, 68-81. – Conrad Heusler: Heuslers Herstellung von Silicium-Kupfer u. seine Verwendung zu Legirungen, in: Dinglers Polytechn. J. **261** (1886) 478-479. – K. Feußner u. St. Lindeck: Wiss. Abh. physik.-techn. Reichsanst. **2** (1895) 509-516.

IV–VIIa **HEUSLER,** Carl Ludwig David Friedrich. Chem. – 1902–1945 Leiter

Isabellen-Hütte Dillenburg; 1941 Inh. Heyn-Gedenkmünze (Dtsch. Ges. Metallkunde).

*1866, Febr. 1, Bonn;

†1947, Okt. 25, Dillenburg.

Sohn von Conrad Heusler (1826-1907).

Er entdeckte 1898 ferromagnetische Legierungen: *Heusler-Legierungen.*

Lit. in Pogg. IV-VIIa.

VI, VIIa **HEUSLER**, Konrad Otto. Chem. – Seit 1945 Leiter Isabellen-Hütte Dillenburg.

*1901, Juli 7, Bonn.

Sohn von Friedrich Heusler (1866-1947).

Lit. in Pogg. VI, VIIa.

II Erg. **HEVELIUS** (Hevel, Hewelcke), Johannes. Astron. – 1630 stud. Jura in Leyden, geht bis 1634 auf Reisen nach London, Paris u. Avignon; dann wieder in Danzig; 1636 Aufnahme in die Brauerzunft; 1639 beobachtet er die Sonnenfinsternis; 1641 Schöffe u. 1651 Ratsherr in seiner Vaterstadt; 1641 Bau einer Sternwarte, von ihm Stellaeburgum genannt, die damals als die vollkommenste in Europa galt; 1664 Mitgl. Royal Soc. London.

*1611, Jan. 28, Danzig;

†1687, Jan. 28, Danzig.

Genealog. Gotthilf Loeschin: Genealog. Nachrichten, Johann Hevelius betreffend: Beitr. Gesch. Danzig **1** (1837) 52-56 [1]. – Johannes Hevelke: Gert Hevelke u. seine Nachfahren. Geschichte der Familie Hevelke-Hewelcke u. des Astron. Johannes Hevelius (1434-1927) (Danzig 1927) 430 S. (Titelbild von Hevelius u. seiner Frau, 1 Stammtaf.) [101].

Bibliogr. Anton Freyh. von Zach: Etwas von Hevelius u. Harriots Handschriften, in: Monatl. Correspondenz zur Beförderung der Erd- u. Himmels-Kunde, hrsg. von Freyh. von Zach 8 (1803) 30-60; Dir. Bernoulli in Berlin: Noch etwas über H. gelehrten Nachlaß: 362-368, 403-410; Aus einem Schreiben C. G. von Murrs: 474-475 [3; 14]. – Cat. Gén. Bibl. Nat. **71** (1920) Sp. 998-1001 (19 Nr.) [3]. – Brit. Mus. Gen. Cat. **103** (1961) Sp. 254-256 (34 Nr.) [3].

Briefe Theophil Sigfried Bayer: Museum sinicum **1** (Petropoli 1730) 92-93 (Brief von Hevelius an Müller, Gedani 1679, die 6. Julii) [3]. – Briefe an ihn: Deliciae epistolicae sive epistolarum ... fasciculus Maioragii, Graevii, Bartholini, Schefferi aliorumque virorum ... praefatus est Ioan. Petr. Kohlius ... (Lipsiae 1731) 179-180 von Claus Rudbeck, Uppsala, Aug. 1679; S. 180-181 von Jo. Petr. Titius, Gedani 28. Nov. 1679; S. 184-187 von Erasmus Bartholinus, Kopenhaven, 25. Okt. 1679; S. 187-189 von Georg Caspar Kirchmayer, o. O., o. D.; S. 189-190 von Gottfr. Wilh. Leibniz, Frankfurt, 3. Mai 1671 [15]. – F. Schwarz: Hevelius-Briefe (1. Teil): Mitt. Westpreuß. Geschichtsver. **24** (1925) 64-72 [3].

Biogr. Joachim Pastorius: Johannis Hevelii in Palaeopolitans Gedanensi consulis (Gedani 1663) 1 Bl. [14]. – Johannes Ericus Olhoff: Excerpta ex literis illustrium, et clarissimorum virorum ad Dr. Johannem Hevelium Cons. Gedanensem perscriptis (Gedani 1683) [VIII], 212 S. [ohne Reg.] [14]. – Johannis Ernesti Schmieden: Cenotaphium Viro Joanni Hevelio, Consuli Gedanensi, Mathematico Principi ... [Gedani 1688] 2 Bogen. – Erleutertes Preußen ... 2 (Königsberg 1725) 235-268 (2 Abb. von Medaille, Schr.Verz. 266-268) [3]. – Johann David Köhler: Eine Schau Münze auf der in der Sternseher Kunst Weltberühmten Johann Hevelium zu Danzig: Histor. Münz-Belustigung **7** (1735) 305-312 (m. 1 Abb.) [3]. – Christian Gottlieb Jöcher: Allgemeines Gelehrten-Lexicon **2** (Leipzig 1750) Sp. 1576-1577 [3]. – Carl Benjamin Lengnich: Hevelius, oder Anekdoten u. Nachrichten zur Geschichte dieses großen Mannes. In Briefen mit erläuternden Zusätzen u. Beylagen (Danzig 1780) Briefe 1-6, S. 4-60; Zusätze S. 63-114; Beylagen S. 117-128; Medaillon auf Titelbl., Rücks. m. Datum 1687 [3; 14]. – Delambre: Biographie universelle, ancienne et moderne **20** (Paris 1817) 339-343 [3]. – Johann Heinrich Westphal: Leben, Studien u. Schriften des Astron. Johann Hevelius (Königsberg 1820) 122 S. [3; 14]. – Franz. August Brandstäter: Johannes Hevelius, der berühmte Danziger Astron. Sein Leben u. seine Bedeutsamkeit (Danzig 1861) 16, XLVIII S. [14]. – G. A. Seidemann: Johannes Hevelius. Ein Beitr. zur Geschichte der Astron. des 17. Jahrhunderts: Progr. Gymn. u. Realsch. Zittau (Zittau 1864) 1-40 (m. Lit.) [14]. – L. C. Béziat: La vie et les travaux de Jean Hevélius: Bull. di Bibliographia et d'istoria dello sci. matem. e fisiche 8 (1875) 497-558, 589-669 [15]. – Bruhns: ADB **12** (1880) 341-343 [3]. – [Rodgero] Prümers: Johann Hewelke über die preuß. u. poln. Meile im Jahre 1681: Z. hist. Ges. Provinz Posen **5** (1890) 85-89 [3]. – Ernest Lebon: Histoire abrégée de l'Astronomie (Paris 1899) 32-33, 80, 231, 248 [11]. – Ludwig Günther: Johannes Hevelius. Ein Lebensbild aus dem 17. Jahrhundert: Himmel

u. Erde **15** (1903) 529-542 (m. 2 Bildn. u. 1 Abb.) [Ha 2]. — F. Schwarz: Himmel u. Erde **23** (1911) 507-517 (8 Abb., 6 Bildn.) [15]. — Stephan Kekulé von Stradonitz: Das Exemplar der „Selenographia" des Helvelius in der Bibl. der Treptow-Sternwarte: Weltall **11** (1911) 216-218 (m. 1 Abb.), 308-310 (m. 2 Abb.) [3]. — F. Schwarz: De sterrenkundige Johannes Hevelius: Wetenschappelijke bladen **1** (1912) 120-127 [18]. — Walter Domansky: Alte Danziger (Danzig 1923) 9-12 (Ostdtsch. Heimatbücher, 9) [1]. — E. Przybyllok: Hevelius u. seine Instrumente: Z. techn. Physik **6** (1925) 399-404 [11]. — Ludwig Darmstaedter: Johann Hevelius, der Vater der Mondbeschreibung: Naturforscher **3** (1926/1927) 606-608 [3]. — Selma von Lengefeld: Leichenpredigten der Thüringer Landesbibl. zu Weimar: Ekkehard **8** (1932) 102 [3]. — Ernst Wermke: Bibliogr. der Geschichte von Ost- u. Westpreußen (Königsberg 1933) 14002-14018 [15]. — Abraham Wolf: A history of science, technology, and philosophy in the 16th and 17th centuries. With the cooperation of F. Dannemann and A. Armitage (London 1935) Bildn. 180, 181-183 (History of Science Library) [16]. — Berta Witt: Ostdtsch. Mh. **19** (1938/1939) 329-332 [1a]. — Schwarz in: Altpreuß. Biogr. **1** (Königsberg 1941) 273-274 (m. Lit.) [3].

Zum 100. Todestag Ephraim Philipp Blech: Rede bey der Gedächtnisfeyer Hevelii den 28. Jan. 1787 gehalten (Danzig um 1787) 34 S. [3].

Zum 250. Todestag W. von Bezold: Weltall **37** (1937) 69-70 [101]. — K. Liebermann: Sterne **17** (1937) 121-126 (1 Abb.) [101]. — D. Wattenberg: Himmelswelt **47** (1937) 2-9 [82]. — Zb. Woźniewski: Uranja **15** (1937) 61-68 [poln.].

Zum 300. Geburtstag F. S. Archenhold: Weltall **11** (1911) 137-160 (m. 6 Bildn., 17 Abb., Faks., Schr.Verz. 158-160, Lit.Verz. 160) (Auszüge von Briefen an u. über H. 152-158) [3]. — Anton Bertling: Astronom u. Bierbrauer: Dresdner Anz. **1911**, 8. Febr. (Beil.) Jg **181** (1911) Nr. 39. Rückseite der Reichstagsbeil. vom 8. 2. 1911 [14]. — A. von Brunn: Johannes Hevelius' wiss. Tätigkeit: Schr. naturforsch. Ges. Danzig N.F. **13**, 1 (1911) 30-44 (m. 7 Abb. auf 4 Taf.) u. J. Hevelke, Johannes Hevelius als Mensch: **13**, 2 (1912) XV-XVII [3]. — E. S.: Nordisk astron. Tidskr. N.R. **22**, 3 (1941) 97 [15].

Weitere Lit. Gerard Johannes Vossius: De universae mathesios natura et constitutione liber (Amsterdam 1650) 391 [3]; De artium et scientiarum natura ac constitutione libri quinque (Amsterdam 1696) 194 [3]. — Johann Gabriel Doppelmayr: Histor. Nachricht von den Nürnberger Mathematicis u. Künstlern ... (Nürnberg 1730) 25, 50, 109, 110, 112, 124, 147, 150, 151, 174 [15]. — Joh. Friedrich Weidler: Historia astronomiae (Wittenberg 1741) 485-488 (m. Schr. Verz.) [3]. — I. S. Bailly: Histoire de l'astronomie moderne depuis la fondation de l'école d'Alexandrie jusqu'à l'époque de 1730 **2** (Paris 1779) 216-227 [3]. — Geschichte der Astron. Von den ältesten bis auf gegenwärtige Zeiten **1** (Chemnitz 1792) 419-421 [3]. — François Arago: Oeuvres **3** (Paris 1855) 309-313 [3]. — P[ieter] Harting: Das Mikroskop. Theorie, Gebrauch, Geschichte u. gegenwärtiger Zustand desselben **3** (Geschichte u. gegenwärtiger Zustand des Mikroskops), 2. Aufl. (Braunschweig 1866) 34, 104 [3]. — R[udolf] Bergau: Das Hevelius-Kästchen: Altpreuß. Mschr. **4** (1867) 474-478 [3]. — Rudolf Wolf: Geschichte der Astron. (München 1877) 320-322, 384-385, 395-399, 409-411, 416-417 (Geschichte der Wiss. in Deutschland. Neuere Zeit, 16) [3]. — August Heller: Geschichte der Physik **1** (Stuttgart 1882) 305; **2** (1884) 313-315 [3]. — Matteo Fiorini: Erd- u. Himmelsgloben, ihre Geschichte u. Konstruktion. Nach dem Italien. frei bearb. von Siegmund Günther (Leipzig 1895) 107, 111, 128 [3]. — Mathias Bersohn: Kulka słòw o Janie Heweliuszu (Warszawa 1898) 34 S. (m. Titelbildn., Abb. der Büste, Faks.Brief vom 22. März 1689) [15]. — Joh. A. Repsold: Zur Geschichte der astron. Meßwerkzeuge von Purbach bis Reichenbach 1450-1830 (Leipzig 1908) 36-41 (12 Abb.) [15]. — Max Schneider: Die Themata der von Schülern des Gymnasium Illustre zu Gotha 1728-1765 öffentl. gehaltenen Reden: Mitt. Ges. dtsch. Erziehungs- u. Schulgesch. **19** (1909) 242 [15]. — S. Günther: Vergleichende Mond- u. Erdkunde (Braunschweig 1911) 55, 56, 59, 62, 63, 65, 66, 101, 103 (Die Wiss., 37) [15]. — Walter Friedensburg: Geschichte der Univ. Wittenberg (Halle 1917) 517 [3]. — Edward Luther Stevenson: Terrestrial and celestial globes, their history and construction including a consideration of their value as aids in the study of geography and astronomy **2** (New Haven 1921) 209 (m. Bildn. u. Abb. S. 212) (Publications of the Hispan. Soc. of America, 86) [3; 14]. — Gottfried Wilhelm Leibniz: Sämtl. Schriften u. Briefe **2** (Darmstadt 1927) 359, 362, 377, 385, 387, 389, 394-395, 414, 418, 421, 465, 470, 472, 513, 519, 520, 522; **3** (Leipzig 1938) 338 [3]. — Hans Schimank: Zur Geschichte der exakten Naturwiss. in Hamburg (Hamburg 1928) 77 [101]. — Gdansk, Peresziość i teraźniejsźóśe (Lwow, Warszawa, Kraków ... 1928) 389 Gemälde von Helmich u. Iwenhusen, ryt. J. Falk [Danzig, Vergangenheit u. Gegenwart. Gesammelte Arbeiten unter Red. von Stanislaus Kutrzeba]. Mit Karte, 181 Zeichn. u. 10 Taf. [14]. — Ernst Zinner: Die Geschichte der Sternkunde von den ersten Anfängen bis zur Gegenwart (Berlin 1931) siehe Reg. S. 652

[15]. – Albert König: Die Fernrohre u. Entfernungsmesser 2. Aufl. (Berlin 1937) 224, 225 (m. Bildn. S. 101) [101]. – Walter Ziesemer: 1. Vorlesung in deutscher Sprache [durch A. Linnemann 1641 in Königsberg]: Muttersprache **52** (1937) Sp. 225-227. [Über Thomasius u. Linnemann. „Deliciae Calendariographicae" 1654 m. Widmung an den Freund Hevelius] [101]. – Paul Diergart: Über die Danziger Brauereien der Familie Hewelke u. über den großen Himmelsforscher Hevelius als Brauer u. Deutscher: Jahrb. Ges. Gesch. u. Bibliogr. Brauwes. **1938**, 133-142 (m. Bildn. u. Auszug aus der Stammtaf.) [101]. – Eugene Fairfield Macpike: Hevelius, Flamsteed and Halley. Three contemporary astronomers and their mutual relations (London 1937) IX, 140 S. [Brit. Mus.]. – K. W.: Der Danziger Bierbrauer Johann Hewelcke. Gründer einer deutschen Sternwarte u. Astronom von hohem Ansehen in Europa: Allg. Brauer- u. Hopfen-Ztg. **81** (1941) 387-388 (Bildn.) [101]. – R. Brandt: Opt. Rdsch. **32** (1941) 211-212 [101]. – Astron. vor 300 Jahren [Elisabeth Hewelcke]: Dtsch. Wochenschau **19** (1942) Nr. 12, S. 7 (1 Bildn., 1 Abb.) [101]. – Ernst Zinner: Entstehung u. Ausbreitung der coppernicanischen Lehre (Erlangen 1943) 396, 477, 512, 535, 559 [101]. – J. O. Fleckenstein: Experientia majorum. 300 Jahre Mondforschung: Experientia **3** (1947) 83-84 (m. 1 Abb.) [15]. – Newcomb-Engelmann: Populäre Astron., 8. Aufl. (Leipzig 1948) 108, 113, 358-359, 397 [3]. – Bruno H. Bürgel: Aus fernen Welten. Eine volkstüml. Himmelskunde (Berlin 1949) 53-54 (1 Bildn., 1 Abb.) [3]. – Henry C. King: The history of the telescope (London 1955) 50-54, 58, 98, 100-101 (m. Bildn.) [3]. – Ernst Zinner: Astron. Instrumente des 11. bis 18. Jahrhunderts (München 1956) 218-225, 302-303, 375-382, 406-407, 459-460, 475-476, 603-604 u. öfter (m. Taf. 39, 67) [Ha 2]. – Rolf Riekher: Fernrohre u. ihre Meister. Eine Entwicklungsgeschichte der Fernrohrtechnik (Berlin 1957) 43, 47, 48, 59, 61 (m. 1 Bildn., 2 Abb.) [3]. – Andrzej Wosczyk: L'astronomie en Pologne: Ciel et Terre **75** (1959) 110-111 [1]. – Ernst Brüche: Aus der Jugend des Fernrohrs. Zur Erinnerung an J. Hewelcke: Physik. Bl. **16** (1960) 28-29 (m. 1 Abb.) [3]. – Ju. G. Perel': Osnovopoložnik nauki o lune. 350 let so dnja roždenija Jana Gevelija: Priroda (Moskva) **1961**, Nr. 6, S. 98-99 [F 1]. – Adolf Wißner, in: Schätze im Dtsch. Museum. Hrsg. von Hermann Auer u. Friedrich Klemm (Düsseldorf 1968) 22-23 (m. 1 Bildn. u. 1 Abb.) [3].

Bildn. Fr. Rothscholz: Icones virorum omnium ordinum eruditorum (Norimbergae, A[ltdorfii] 1725) P. IV, Taf. 48 [14]. – Willi Drost: Danziger Malerei vom Mittelalter bis zum Ende des Barock (Berlin-Leipzig 1938) Taf. 77 Bildn. von Daniel Schulte 1677 [3; 14].

HEYDEN, Friedrich **von.** Chem. – 1857–1865 Militärdienst, dann als Leutnant a. D. Gutsbesitzer in Groß-Welka bei Bautzen; 1871–1873 stud. Polytechn. (TH) Dresden (R. Schmitt); 1873 Dr. phil. Univ. Jena; 1874 Gründung der Salicylsäurefabrik Dr. F. von Heyden in Dresden (1875 nach Radebeul/Dresden verlegt); 1885 Verkauf der Fabr. an Carl Kolbe (1855–1909), 1896 GmbH, 1899 AG. – Dr.-Ing. e. h.

*1838, Jan. 4, Breslau;
†1926, Mai 1, Dresden.

Sohn des Oberreg.Rats u. Dichters Friedr. Aug. von Heyden (1789-1851).

Werke Diazophenol. Diss. (Jena 1873) 23 S. [27].

Zum 100. Geburtstag Clara Kantmann: Vater u. Söhne von Heyden: Dresdner Neue Presse **14** (1938) Nr. 3.

Lit. Zum 50jähr. Jubil. Chem. Fabr. von Heyden AG Dresden-Radebeul: Pharmaz. Ztg. **69** (1924) 817-818 [101]. – O. Schlenk: Chem. Fabr. von Heyden AG Radebeul-Dresden 1874-1934 (Radebeul 1934) 91 S. (m. 2 Bildn. u. Faks.), besonders 14-33, 65 [14]. – O. Schlenk: Hermann Kolbe u. Friedr. von Heyden: Werk-Ztg. Chem. Fabr. von Heyden AG **2** (1940) 38-40 (m. 2 Bildn.). – O. Schlenk: Jubil. der Salizylsäure: Z. ärztl. Fortbild. **37** (1940) 215 [101].

HEYNFOGEL, Conrad → **HEINFOGEL,** Conrad

I **HOFF,** Karl Ernst Adolph **von.** Mineral., Geol. – 1788–1790 stud. Univ. Jena, 1790–1791 Univ. Göttingen; 1791 Legationssekretär der Geh. Staatskanzlei in Gotha; 1826–1827 Geh. Konferenzrat in Coburg; 1829 Direktor des Oberkonsistoriums zu Gotha; Kurator der Seeberger Sternwarte; Mitgl. Gesellsch. Wiss. Göttingen.

*1771, Nov. 1, Gotha;
†1837, Mai 24, Gotha.

Genealog. Paul von Hoff: Die von Hoff: Arch. Stamm- u. Wappenkunde **5**, 1904-1905 (1905) 129-132, 147-149 [3].

Bibliogr. E. G. Gersdorf: Repertorium der gesammten deutschen Literatur für das Jahr 1837 **12** (1837) Lit. Misc. S. 42 [3]. – Cat. scient. Papers **3** (1869) 383-385 (46 Nr.); **7**

(1877) 996 (1 Nr.) [3]. — Cat. Gén. Bibl. Nat. 72 (1920) Sp. 761 (9 Nr.) [3]. — Brit. Mus. Gen. Cat. **105** (1961) Sp. 18 (12 Nr.) [3].

Biogr. Johann Georg Meusel: Das gelehrte Teutschland oder Lexikon der jetztlebenden teutschen Schriftsteller **9** (1801) 608; **14** (1810) 162; **18** (1821) 184; **22** (1831) 793-794 [3]. — Neuer Nekrolog der Deutschen **18**, 1837, 1 (Weimar 1839) 586-590 [3]. — F. Th. Bratranek: Goethes Naturwiss. Correspondenz (1812-1832) **1** (Leipzig 1874) 200-218 [3]. — [F.] Ratzel: ADB **12** (1880) 564-565 [3]. — Johann Wolfgang von Goethe: Herrn von Hoffs geol. Werke: Naturwiss. Schriften **9** (Weimar 1892) 280-287 (Goethes Werke Abt. II, Bd 9) [3]. — Gottlob Schneider: Gothaer Wegweiser, 2. Aufl. (Gotha 1900) 27-28 [15]. — Otto Reich: Karl Ernst Adolf von Hoff, der Bahnbrecher moderner Geol. (Leipzig 1905) VI, 144 S. m. Schr.- u. Lit. Verz.) [3; 14]. — Gotha. Das Buch einer deutschen Stadt **1** (Gotha 1927) 219, 370, 375, 378; **2** (Gotha 1929) 84 [101]. — K[arl] Andrée: Karl Ernst Adolf von Hoff als Schriftgelehrter u. die Begründung der modernen Geol. (Königsberg 1930) 28 S. (Schriften Dtsch. Ges. Königsberg, 4) [101]. — B[runo] von Freyberg: Die geol. Erforschung Thür. in älterer Zeit (Berlin 1932) passim (m. Bildn. S. 88) [3]. — W. von Seidlitz: Füchsel - Goethe - Hoff: Z. Dtsch. geol. Ges. **84** (1932) 663-673 m. 1 Bildn. (Hoff), 1 Abb. [15]. — Fossilium Catalogus I: Animalia. Pars 72: K. Lambrecht †, W. et A. Quenstedt, Palaeontologi, Catalogus bio-bibliographicus ('s-Gravenhage 1938) 205 [Ha 2; 3]. — V. V. Tichomirov u. N. A. Voskresenskaja: Iz istorii geologičeskich nauk. Obzor 35 [Aus der Geschichte der geol. Wiss., 35]: Sovetskaja Geol. **1962**, Nr. 7, S. 153-154 (125. Todestag des deutschen Naturforschers) [14].

Zum 100. Todestag Edgar C. Smith: Scientific Centenaries in 1937: Nature [London] **139** (1937) 13 [3].

Weitere Lit. August Beck: Ernst II., Herzog zu Sachsen-Gotha u. Altenburg als Pfleger u. Beschützer der Wiss. u. Kunst (Gotha 1854) 97, 126 [3]. — K. C. von Leonhard: Aus unserer Zeit in meinem Leben **1** (Stuttgart 1854) 189, 423, 620 [3]. — Archibald Geikie: Life of Sir Roderick Murchison **1** (London 1875) 110, 169 [3]. — H. Proescholdt: Geschichte der Geol. in Thüringen. Progr. Realschule Meiningen (Meiningen 1881) 25-27 [3]. — Nikolaus Kempf: Die Entwicklung der Theorien über den Höhenrauch. Diss. TH München (Leipzig 1914) 15-16 [101]. — Wilhelm Huber: Die Erörterungen über die Küstenerhebung Schwedens im 18. Jahrhundert (Augsburg 1916) 77-79 (Diss. TH München 1916) [3]. — Heinrich Schmidt: Geschichte der Entwicklungslehre (Leipzig 1918) 193, 209, 227 [3]. — Briefwechsel des Herzogs-Großherzogs Carl August mit Goethe. Hrsg. von Hans Wahl **2** (Berlin 1916) 229, 254, 432; **3** (1918) 179, 260, 380 [3]. — Karl Andrée: Aus der Geschichte der Deutschen Geol. Gesellsch.: Z. Dtsch. geol. Ges. **100**, 1948 (1950) 16, 21 [15]. — Carl Christoph Beringer: Geschichte der Geol. u. des geol. Weltbildes (Stuttgart 1954) 3, 30, 61, 86, 92, 95, 110, 117, 133, 143 [3]. — Conrad Vollmer: Funde, Forscher u. Frühmenschen (Leipzig 1958) 7-13 [3]. — Albert Maucher, in: Geist u. Gestalt. Biogr. Beitr. Gesch. Bayer. Akad. Wiss. 2 (München 1959) 270, 274 [3]. — Helmut Hölder: Geol. u. Paläontol. in Texten u. ihrer Geschichte (Freiburg-München 1960) passim [101].

III–V **HOFF, Jacobus Henricus van't.** Physikal. Chem. — 1869–1871 stud. Polytechn. Delft, 1871 Univ. Leiden, 1872 bei Kekulé Univ. Bonn, 1873 bei Wurtz Univ. Paris, 1874 bei Mulder Univ. Utrecht; 1874 Dr. phil. Univ. Utrecht; 1876 Doz. Physik Tierarzneischule Utrecht; 1878 Prof. Chem., Mineral. u. Geol. Univ. Amsterdam; 1896 Prof. Chem. Univ. Berlin; 1896 o. Mitgl. Preuß. Akad. Wiss. Berlin; 1901 Nobelpreis für Chemie.

*1852, Aug. 30, Rotterdam;
†1911, März 1, Steglitz bei Berlin.

Begründer der Stereochemie.

Bibliogr. Cat. scient. Papers **7** (1877) 906 (1 Nr.); **10** (1894) 248 (11 Nr.); **12** (1902) 338-339 (12 Nr.); **15** (1916) 888-890 (59 Nr.) [3]. — P. Duhem: L'œuvre de M. Jacobus Henricus van't Hoff. A propos d'un livre récent: Rev. Quest. sci. (2) **17** (1900) 5-27 [1a]. — De promotie van Professor Van't Hoff en de opening van het Van't Hoff-Laboratorium: Chem. Weekbl. **1** (1904) 511-517 [Le 1]. — G. Bruni: L'Opera di J. H. van't Hoff: Scientia **10** A (1911) 55-83 [25]; The work of J. H. van't Hoff: Ann. Rep. board regents Smithonian Instn. **1913**, 767-789 [Ha 2].

Briefe W. P. Jorissen: Eenige brieven van van't Hoff: Chem. Weekbl. **21** (1924) 495-501 [82].

Zum 25jährigen Doktorjubiläum R. Abegg: Z. Elektrochem. **6** (1899/1900) 381-382 [15]. — H. M. Dawson: Nature [London] **61** (1900) 321-322 (m. Bildn.) [Ha 2]. — J. W. Doyer: Album der Natuur (Harlem) **1900**, S. 97-104 [UB Leiden]. — Wilhelm Hittorf: Z. Elektrochem. **6** (1899/1900) 341 [15]. — W. Ostwald: Jubelband Jacobus Henricus van't Hoff zum 25jähr. Doktorjubiläum: Z. physik.

Chem. **31** (1899) V-XVIII [Ha 15]; auch in: W. Ostwald: Abh. u. Vorträge (Leipzig 1904) 404-417 [3]. — E. Cohen: Z. physikal. Chem. **31** (1899) XIX-XXV (Schriften van't Hoff) [Ha 15].

Biogr. Ernst Cohen: J. H. van't Hoff: Amsterdamsch Studentenweekbl. „Propria Cures" **15** (1904) 289-293 [UB Leiden]. — E[rnst] Cohen: Die Promotion von Professor Van't Hoff u. die Einweihungsfeier des Van't Hoff-Laboratoriums: Z. Elektrochem. **10** (1904) 479-481 [15]. — C. A. Pekelharing: Openbare Senaatszitting op 16. Mai 1904 bÿ gelegenheid van de Promotie van J. H. Van't Hoff: Jaarboek 1904-1905 ter Rijksuniversiteit te Utrecht 29-36 [3]. — Ernst Cohen: Van't Hoff in Deutschland: Zukunft **79** (1912) 431-437 (m. Brief von van't Hoff an E. Cohen aus Charlottenburg, 23. Apr. 1896) [3]; van't Hoff in Amsterdam: Chemiker-Ztg. **36** (1912) 665-667 [Ha 15]; Jacobus Henricus van't Hoff. Sein Leben u. Wirken (Leipzig 1912) XV, 638 S. m. 2 Grav. u. 90 Abb. (Große Männer. Hrsg. Wilhelm Ostwald, 3) [3]. — Emil Fischer: Jacobus Henricus van't Hoff. In: J. H. van't Hoff, Untersuchungen über die Bildungsverhältn. der ozean. Salzablagerungen insbesondere des Staßfurter Salzlagers (Leipzig 1912) IX-XX [3]. — W. P. Jorissen u. L. Th. Reicher: J. H. van't Hoff Amsterdamer Periode 1877-1895 (Helder 1912) 106 S. [TH Delft]. — E. Wiersum: Uit de jeugd van J. H. van't Hoff: Rotterdamsche Jaarboekje voor **1912** 1-6 [Aus der Jugend von J. H. van't Hoff] [Kon. Bibl. Den Haag]. — Jan Zawidzki: Jacobus Henricus Van't Hoff i jego prace. Wspomnienie pośmiertne [Jacobus Henricus Van't Hoff u. seine Arbeiten. Erinnerung post mortem]: Chemik Polski (Warszawa) **12** (1912) 97-102 (m. Bildn.), 128-133, 152-159, 180-188, 200-208, 228-236, 257-259 [Bibl. Narodowa Warschau]. — Jänecke: Vorschläge zur Fortsetzung der van't Hoffschen Forschungen: Kali **7** (1913) 393-396 (m. 13 Abb.) [3]. — Heinrich Baumhauer: Hochland **11** (1913/1914) 215-219 [101]. — Ernst Zerner, in: Biogr. Jahrb. u. Dtsch. Nekrolog **16**, 1911 (1914) 185-194 u. Totenliste 1911, S. 34 [3]. — Maks Abramovič Bloch: Žizn'i tvorčestvo Vant-Goffa (Leningrad 1924) 186 S. m. Bildn. [Leben u. Wirken van't Hoff's] [1a]. — Wilhelm Ostwald: Lebenslinien. Eine Selbstbiogr. (Berlin 1927) siehe Reg. (m. Gruppenbild nach S. 256) [3]. — M. A. Bloch: Biogr. Lexikon der hervorragenden Chemiker des 19. u. 20. Jahrhunderts [russ.] **1** (Leningrad 1929) 303-305 (m. Bildn.) [15]. — J. chem. Educat. **6** (1929) 826-827 (m. Bildn.) [210]. — B. Harrow: The meeting of Ostwald, Arrhenius and van't Hoff: J. chem. Educat. **7** (1930) 2697-2700 [210]. — N. S. Kurnakow, N. D. Zelinsky, I. A. Kablukow u. I. I. Tschernijajew: Uspechi Chim. **6** (1937) 121-136 [russ.] [1a]. — The Nobel-Prize-Winners and the Nobel-foundation 1901-1937 (Zürich 1938) 111 (m. Bildn. S. 439) [ETH Zürich]. — Jan van Alphen: In: T. P. Sevensma, Nederlandsche helden der wetenschap (Amsterdam 1946) 11-52 [UB Leiden]. — W. P. Jorissen: Jacobus Henricus van't Hoff en de koninklijke Akademie van Wetenschappen te Amsterdam: Chem. Weekbl. **44** (1948) 474-477 (m. 44 Zitaten) [Le 1]. — Ernest H. Huntress: Biographical digests 4: Centennials and polycentennials during 1952 with interest for chemists and physicists: Proc. Amer. Acad. Arts Sci. (Boston) **81** (1951-1952) 62-67 [Ha 2]. — W. P. Jorissen: Mÿn herinneringen van Jacobus Henricus van't Hoff en de studie der chemia van de Universiteit van Amsterdam onder zyn leiding: Chem. Weekbl. **48** (1952) 647-658 (m. Abb.) [TH Delft]. — Karl Sandved: T. Kjemi Bergves. (Oslo) **13** (1953) 3-4 (m. Bildn.) [UB II Kopenhagen]. — Th. Sabalitschka: J. van't Hoff, Gast des Thomsschen pharmazeut. Inst. der Univ. Berlin: Pharmaz. Ztg. **90** (1954) 304-305 [101]. — Ernst Cohen, in: Günther Bugge: Das Buch der großen Chemiker **2** (Weinheim 1955) 391-407, Lit.Verz. 512-514 (m. 1 Bildn. u. Faks., 1 Abb. des Reliefs) [3]. — R. Sachtleben, A. Hermann: Große Chemiker. Von der Alchemie zur Großsynthese (Stuttgart 1960) 80 (m. Bildn.) [101]. — Wolfgang Langenbeck: Die Bedeutung J. H. van't Hoffs für die theoret. Chem. (Berlin 1962) 18 S. m. 7 Abb. (Dtsch. Akad. Wiss. Berlin. Vorträge u. Schriften, 81) [3]. — Eduard Farber: Nobel-Prize Winners in Chemistry 1901-1961, 2. Aufl. (London-New York-Toronto 1963) 1-4, 13, 38, 57, 112, 150, 317 [21]. — A. Hermann: Wilhelm Ostwald, Svante Arrhenius u. van't Hoff. Die Begründer der Physikal. Chem.: Physik. Bl. **20** (1965) 524-527 (m. 3 Bildn.) [3].

Nekr. N. N. Beketov: Bull. Acad. Imp. Sci. St. Pétersbourg (6) **5** (1911) 295-296 [Ha 2]. — G. Bredig: Z. angew. Chem. **24** (1911) 1074-1087 [Ha 15]. — Le Chatelier: Rev. gén. Sci. pures appl. **22** (1911) Nr. 9, 353-359 [1a]; Rev. Métallurgie (Paris) **8** (1911) 340 [89]. — Alfred Coehn: Naturwiss. Rdsch. **26** (1911) 244-247 [3]. — Ernst Cohen: Chemiker-Ztg. **35** (1911) 289-290 (m. Bildn. u. Faks.) [3]; Illustr. Ztg., Leipzig **136** (1911) 472 (m. Bildn.) [14]; Natuur **31** (1911) 97-99 (m. 1 Abb.) [UB Amsterdam]; Z. Elektrochem. **17** (1911) 210-211 [15]. — Albert Colson: C.R. Acad. Sci. Paris **153** (1911) 1074-1076 [3]. — Ch. M. van Deventer: De Gids **75**, 2 (1911) 138-155 [15]. — F. G. D[onnan]: Nature [London] **86** (1911) 84-86 [Ha 2]. — Emil Fischer: Abh. Preuß. Akad. Wiss., physik.-math. Cl. **1911**, 1-16 [Ha 2]. — Armand Gautier: C.R. Acad. Sci. Paris **152** (1911) 545-546 [3]. — Icilio Guareschi: Atti Accad. Sci. Torino **46**, 1910-1911 (1911) 439-440

[Ha 2]. – P[h]. G[uye]: J. Chim. physique 9 (1911) 503-504 [1a]. – A. F. Holleman: Sÿn invloed op de org. chemie: Chem. Weekbl. 8 (1911) 228-238 [TH Delft]. – Harry C. Jones: Amer. Chem. J. 45 (1911) 403-411 [Ha 2]; Proc. Amer. philos. Soc. (Philadelphia) 50 (1911) Obit. notices III-XII (m. Bildn.) [Ha 2]; Pop. Sci. Monthly 79 (1911) 94-97 (m. Bildn.) [15]. – W. P. Jorissen: Chem. Weekbl. 8 (1911) 197 [Le 1]; Eigen Haard (Amsterdam) 37 (1911) 196-199 [UB Leiden]; Nieuwe Gids 26, 1 (1911) 691-697 [UB Leiden]. – J. Kraus: Ingenieur ['s-Gravenhage] 26 (1911) Nr. 23, Bijblad S. 2 [UB Amsterdam]. – W. P. Jorissen en G. L. Voerman: Chem. Weekbl. 8 (1911) 322-329 [TH Delft]. – Krische: Ernährung der Pflanze 7 (1911) 93-94 (m. Bildn.) [3]. – J. H. van Laar: De Amsterdamer **1911**, Nr. 1758, S. 6 m. Abb. [TH Delft]. – C. Liebermann: Ber. Dtsch. Chem. Ges. 44 (1911) 2217-2218 (m. Bildn. u. Faks.) [3]. – Z. physik. u. chem. Unterr. 24 (1911) 176-177 [3]. – H. A. Lorentz: Versl. gewone Vergadering Akad. Amsterdam 19 (1911) 1212-1216 [Ha 2]. – Hugo Milrath: Lotos 59 (1911) 91-93 [Ha 2]. – Wilhelm Ostwald: Ber. Dtsch. chem. Ges. 44 (1911) 2217-2252 (m. Bildn. u. Faks.) [3]; Z. physik. Chem. 76 (1911) 641-642 (m. Bildn. u. Faks.) [Ha 13]. – Heinrich Precht: Kali 5 (1911) 113-118 (m. Bildn., Faks., Teil-Schr. Verz.) [3]. – H. Schade: Münchener med. Wschr. 58 (1911) 803-804 [3]. – J. D. van der Plaats: Veterinair-Studenten-Maandbl. 1 (1911) Nr. 6, S. 2-6 [TH Delft]. – A. Skrabal: Österr. Chemiker-Ztg. 14 (1911) Nr. 11, S. 145 [TH Wien]. – P. R. Sollied: Naturen, for Mai **1911**, 153-158 (m. Bildn.) [Ha 2]. – James Walker: J. Chem. Soc. Transactions 103, 1 (1913) 1127-1143 (m. Bildn.) [15]. – Proc. Roy. Soc. London 86 (1912) A XXXIX-XLIII [Ha 2]. – Chem. News and J. of physic. sci. 103 (1911) 119 [1a]. – J. Soc. chem. Ind. 30 (1911) 405-406 [89]. – J. de Chimie, physique, electrochimie, thermochimie, radiochimie, mécanique, chimique (Genève) 9 (1911) 503-504 [1a]. – W. Jakowleff, G. Tschugajeff, Lewinson-Lessing, W. Kistjakowsky u. A. Baikoff über Leben u. Werk von van't Hoff: J. physik.-chem. Ges. [russ]. 43 (1911) 497-498. – N. S.: Mem. and Proc. Manchester lit. and philos. Soc. 55 (1910-1911) Part 3, Proc. XXXVII-XXXIX [Ha 2]. – F. G. D.: Proc. Roy. Soc. London (A) 86 (1912) XXXIX-XLIII [Ha 2]. – A. R.: Rev. sci. 49 (1911) 313 [15].

Zum 70. Geburtstag Ernst Cohen: Verh. Ges. Dtsch. Naturforsch. u. Ärzte 87, 1922 (1923) 319-323 (m. Bildn. u. Faks.) [3; Ha 2].

Zum 100. Geburtstag J. d'Ans: Angew. Chem. 65 (1953) 149-155 (m. Bildn.) [15]; Chem. Weekbl. 48 (1952) 640-643 [TH Delft]; J. H. van't Hoffs Jahre in Berlin 1896-1911: Chemiker-Ztg. 76 (1952) 545-548 (m. 1 Bildn.) [3]; Physik. Bl. 8 (1952) 510-512 [101]; Die Bedeutung von van't Hoffs Arbeiten über Lösungsgleichgewichte u. der Methoden ihrer Untersuchung u. graphischen Darst.: Z. Elektrochem. 56 (1952) 497-505 (m. Bildn., 5 Abb. u. Lit.Verz.) [101]. – D. van Baaben: Bÿ de kwartierstaat van Prof. Dr. Jacobus Henricus van't Hoff: Gens nostra „Ons Geslacht", Maandbl. Nederl. Geneal. Vereenig. (Amsterdam) 7 (1952) 200-206 [UB Leiden]. – F. G. Donnan: Chem. Weekbl. 48 (1952) 643-644 [TH Delft]. – A. F. Holleman: J. chem. Educat. 29 (1952) 379-382 (m. Bildn.) [Le 1]; Chem. Weekbl. 48 (1952) 638-640 [TH Delft]. – H. S. van Klooster: J. chem. Educat. 29 (1952) 376-379 (m. Bildn.) [Le 1]. – Maria Rooseboom en W. P. Jorissen: Chem. Weekbl. 48 (1952) 557-558; 659-663 [TH Delft]. – K. Schmorl: Naturwiss. Rdsch. 6 (1953) 85-86 [3]. – Eero Tommila: Suomen Kemistilehti A 25 (1952) 237-238 [1]. – A. J. J. Van de Velde: Meded. Kon. vlammse Acad. Wetensch., Letteren, schone Kunsten Belgie, Kl. Wetensch. 14 (1952) Nr. 6, S. 3-17 [B 4]. – J. E. Verschaffelt: Chem. Weekbl. 48 (1952) 646-647 [TH Delft]. – J. P. Wibaut: Chem. Weekbl. 48 (1952) 630-637 (m. Abb.) [TH Delft]. – Chem. Weekbl. 48 (1952) 773-777 (m. 7 Abb.) [Le 1].

Zum 20. Todestag E. Abel: Gedenkrede . . . : Österr. Chemiker-Ztg. 34 (1931) 54-56 (m. Bildn. u. Faks.) [Le 1]. – D. Bader: Persönl. Erinnerungen an van't Hoff: Österr. Chemiker-Ztg. 34 (1931) 56-59 (m. 2 Abb.) [Le 1].

Zum 25. Todestag R. S.: J. H. van't Hoff hält durch: Werk 16 (1936) 371 [61].

Zum 30. Todestag A. E. Klijnhout: Chem. Weekbl. 38 (1941) 116-117; anonym: 146-148 (1 Bildn.) [Le 1]. – B. J. Stepanoff: Chimija i industrija (Sofija) 20 (1941) 36-43 [russ.] [3].

Zum 50. Todestag R. Lepsius: Chemiker-Ztg. / Chem. Apparatur 85 (1961) 293-295 (m. 1 Abb.) [Le 1]. – Peter A. Thießen: Forsch. u. Fortschr. 35 (1961) 188-189 [Ha 2]. – Richard Kuhn: Chemie (Frankfurt) 13 (1962) 133-138 (m. Bildn.) [Ha 2]; Naturwiss. Rdsch. 15 (1962) 1-8 (m. 4 Bildn., 1 Faks., 2 Abb.) [3].

Weitere Lit. J. W. Brühl: Zukunft 16 (1896) 151-159, 213-222 [3]. – Antrittsrede von van't Hoff: S.-Ber. Preuß. Akad. Wiss. 1896, 745-747 [3]. – Paul Walden: 25 Jahre stereochem. Forschung: Naturwiss. Rdsch. 15 (1900) 145-150, 157-160, 169-173, 185-190, 197-199 [Ha 2]. – E. Paternò: Salle origini della stereochimica: Atti Accad. naz. Lincei Rend. (5) 16, 2 (1907) 717-719 [Ha 2]. –

Ernst Cohen: Ein Vierteljahrhundert moderner Chem.: Z. Elektrochem. 16 (1910) 857-865 (m. 1 Bildn. von Van't Hoff m. Faks., 3 Bildn., 3 Abb.) [15]. — H. J. Hamburger: 25 Jahre „Osmotischer Druck" in den med. Wiss.: Janus 15 (1910) 787-796 (m. 5 Bildn.) [15]. — B. Laquer: Über die Subtemperaturen von Rekonvaleszenten: Berliner klin. Wschr. 49 (1912) 1870-1871 [3]. — R. Marc: Die Arbeiten van't Hoffs über die ozean. Salzablagerungen: Ernähr. der Pflanze 8 (1912) 209-213 (m. 1 Abb.) [3]. — Ernst Cohen: Chem.-histor. aanteekeningen, V. Van't Hoff's bezoek aan het slagveld van Sedan (1870): Chem. Weekbl. 11 (1914) 870-883 [82]. — Ernst von Meyer: Geschichte der Chem. von den ältesten Zeiten bis zur Gegenwart 4 (Leipzig 1914) 311, 326, 346-348, 456, 467-468, 470, 472, 491, 502, 545 [3]. — W. Herz: Grundzüge der Geschichte der Chem. (Stuttgart 1916) passim [3]. — Edv. Hjelt: Geschichte der org. Chem. von ältester Zeit bis zur Gegenwart (Braunschweig 1916) 546 [3]. — Richard Meyer: Victor Meyer (Leipzig 1917) 439-441 (m. Bildn. auf S. 302) [3]. — J. P. Kuenen: Het Aandeel van Nederland in de Ontwikkeling der Natuurkunde gedurende de laatste 150 Jaren: Nieuwe Verh. Bataafsch Genootschap Proefondervindel. Wijsbegeerte (2) 8 (1919) 153, 175, 177, 222, 252, 253, 256, 257, 259, 260 [14; UB Leiden]. — Carl Graebe: Geschichte der org. Chem. 1 (Berlin 1920) 388-403 [3]. — Eduard Färber: Die geschichtl. Entwicklung der Chem. (Berlin 1921) 200, 234, 242, 272, 273, [101]. — Emil Fischer: Aus meinem Leben [hrsg. von M. Bergmann] (Berlin 1922) 155, 158, 161, 162, 165, 178 (Emil Fischer, Gesammelte Werke, 1) [3]. — Richard Meyer: Vorlesungen über die Geschichte der Chem. (Leipzig 1922) 263, 271-272, 273, 276, 281-282, 293, 324, 361 [3]. — Ralph H. McKee: Some cartoons of van't Hoff: Ind. Engng. Chem. 15 (1923) 192-193 (Industrial and engineering Chemistry) [105]. — Charles M. van Deventer: Grepen uit de Historie der Chemie (Haarlem 1924) siehe Reg. 536 [1a]. — T. M. Lowry: The Pegasus of Van't Hoff: Chem. and Ind. 43 (1924) 1048-1050 [89]. — M. Bloch: Zum 50jährigen Jubil. der Stereochem.: Priroda Nr. 10-12 (1925) 95-102; Techniko-ekonomitschesky Vestnik 5 (1925) Nr. 8-9, S. 646-650 [russ.]. — Ernst Cohen: Vijftig Jaren iut de Geschiedenis eener Theorie (1874-1924). Hare grondleggers: Chem. Weekbl. 21 (1924) 482-490 (m. 5 Abb.) [Le 1]; Naturwiss. 13 (1925) 284-290 [3]. — Johannes Reinke: Mein Tagewerk (Freiburg i. Br. 1925) 50 [3]. — P. Walden: Vergangenheit u. Gegenwart der Stereochem.: Naturwiss. 13 (1925) 301-312, 331-336, 352-359, 376-384 [3]. — Benjamin Harrow: Eminent Chemists of our time, 2. Aufl. (New York 1927) 70-109, 337-355 (m. 2 Bildn. u. Faks.) [3]. — Ernst Cohen: Eene Halve Eeun osmotische Druk: Chem. Weekbl. 31 (1934) 782-788 m. 1 Bildn, von Van't H. u. 1 Bildn. von Arrhenius. 5 Abb.) [Le 1]. — C. W. Foulk: Ostwald-van't Hoff photograph and other memories of Ostwalds laboratory: J. chem. Educat. 11 (1934) 355-359 [210]. — Max Abramovich Bloch: A short sketch of the life and genius of van't Hoff (preface, to the Russian translation of Van't Hoff's "Survey of Chemical Dynamics"): Khimteoret 1936, 11-31. — C. A. Crommelin: Modellen van verbindingen met een of meer asymmetr. koolstofatomen: Chem. Weekbl. 34 (1937) 416-417 [TH Delft]. — Heinrich Konen: Physikal. Plaudereien. Gegenwartsprobl. u. ihre techn. Bedeutung (Bonn 1937) 299, 371 [3]. — Avogadro, Ampère, Raoult, van't Hoff, Berthelot. Déterminations des poids moléculaires: Avantpropos par Robert Lespieau. Collection classique de la découverte scientifique (Paris 1938) VI, 165 S. [13]. — Geschiedenis van Nederland 8 (Amsterdam 1938) 49 (m. Bildn. S. 67) [3]. — Alwin Mittasch: Kurze Geschichte der Katalyse in Praxis u. Theorie (Berlin 1939) passim [3]. — Ernst Cohen: Chem.-Histor. Aanteekeningen XVII: Chem. Weekbl. 37 (1940) 486-502 m. Bildn. S. 494 u. 496 [Le 1]. — Paul Walden: 3000 Jahre Chem. (Berlin 1944) 255-256 [3]. — C. A. Browne: Dr. Ernst Cohen as historian of chemistry: J. chem. Educat. 25 (1948) 303 [7]. — Hans Falkenhagen; Die Naturwiss. in Lebensbildern großer Forscher (Stuttgart 1948) 71-73 [3]. — J. J. Blanksma: J. H. van't Hoff en de physische richting in de organische chemie: Chem. Weekbl. 45 (1949) 393-394 [TH Delft]. — H. von Euler: In van't Hoffs Laboratorium in Berlin 1899 u. 1900: Chem. Weekbl. 48 (1952) 644-645 [TH Delft]. — J. A. A. Ketelaar: J. H. van't Hoff en de physische Chemie: Chem. Weekbl. 48 (1952) 622-629 (m. Abb.) [TH Delft]. — Henry M. Leicester and Herbert S. Klickstein: A source book in Chemistry 1400-1900 (New York-Toronto-London 1952) 445-458 (m. 1 Abb.) [3]. — Claude S. Hudson: The basic work of Fischer and van't Hoff in carbohydrate chemistry: J. chem. Educat. 30 (1953) 120-121 [Le 1]. — Ju. J. Solorev: Istorija učenija o rastvorach [Geschichte der Lehre von den Lösungen] (Moskva 1959) (m. Bildn. S. 89) passim. — Milestones of modern chemistry. Original reports of the discoveries. Selected and introduced by Eduard Farber (New York-London 1966), 161-163, 167, 185, 186, 192 [3].

Bildn., Denkm., Medaille Kurzer Sinnspruch m. Faks. Unterschr. u. Bildn., in: Das Goldene Buch des Deutschen Volkes an der Jahrhundertwende (Leipzig 1899) S. Wiss. 70 [15]. — Bildnis (Photo von Höffert): Daheim 38 (1902) Hj. 1, Nr. 12, S. 5 [14]. — Aufstellung des Denkmals in Rotterdam: Science [New York] 41 (1915) 785-790 [3; 27]. — George Sarton: Medallic illustrations of the history of science: Isis [Bruges] 8 (1926) 334-335 (m. 1 Abb. der Medaille von Pierre Pander) [3]. — Abb. seines Reliefs in: R. Hartnauer: Kunst in Leverkusen (Leverkusen 1933) 16 [101]. — Bildn. berühmter Mitglieder der Deutschen Akad. Wiss. Berlin (Berlin 1950) 78 [3].

I, I Erg. **HUMBOLDT,** Friedrich Wilhelm Heinrich Alexander **von.** Naturforsch. — 1787–1788 stud. Frankfurt/O., 1789–1790 Göttingen; 1790 mit Georg Forster u. van Geuns auf einer Reise über Mainz nach der Niederlande, England, Frankreich; 1790–1791 stud. Handelsakad. Hamburg, 1791–1792 Schüler von Abraham Gottlob Werner an der Bergakad. Freiberg; 1793 Oberbergmeister in Franken, 1794 Bergrat, 1795–1796 Oberbergrat; 1799–1804 moderne Forschungsreise mit Aimé Bonpland über Spanien, Teneriffa nach Amerika (Venezuela, Kuba, Kolumbien, Ecuador, Peru, Kuba, USA); 1804–1827 mit Unterbrechungen in Paris; 1827 in Berlin; 1829 Forschungsreise mit Christian Gottfried Ehrenberg u. Gustav Rose nach dem Ural, Altai, Dsungarei, Kaspisee; seit 1830 wieder in Berlin. — 1793 Mitgl. Akad. Naturforscher (Leopoldina); 1800 ao. Mitgl., 1805 o. Mitgl. Preuß. Akad. Wiss.; 1810 Mitgl. der Pariser Akad.

*1769, Sept. 14, Berlin;
†1859, Mai 6, Berlin.

Er gab allen Naturwissenschaften wichtige Impulse u. war Wegbereiter der modernen Geogr.; eifriger Förderer junger Gelehrter.

Es folgt eine kleine Auswahl aus der umfangreichen Literatur über Alexander von Humboldt.

Genealog. Heinrich Frhr. von Massenbach: Ahnentafel der Brüder Wilhelm u. Alexander von Humboldt (Leipzig 1942) 24 S., 2 Taf. (Ahnentaf. berühmter Deutscher, F. 5, 11) [15].

Bibliogr. The Humboldt Library. A catalogue of the library of Alexander von Humboldt. With a bibliographical and biographical memoir by Henry Stevens. London 1863. Nachdruck (Leipzig 1967) 9, 791 S. — Katalog einer Sammlung seiner Werke, Porträts, Schriften über ihn (Frankfurt a. M. 1913) 24 S. (178 Nr.) [Ha 2]. — Literaturzusammenstellung über Alexander von Humboldt. Schrifttum der Jahre 1859-1958. 3. Ausg. (Jena 1959) 67 gez. Bl. [101]. — Alexander von Humboldt: Bibliogr. seiner ab 1860 in dtsch. Sprache hrsg. Werke u. der seit 1900 erschienenen Veröff. über ihn. Im Auftr. des Alexander-von-Humboldt-Komitees DDR. Hrsg. von Dtsch. Bücherei (Leipzig 1959) 44 S., 1 Portr. [15; 101]. — J. Löwenberg: Alexander von Humboldt. Bibliogr. Übersicht seiner Werke, Schriften u. zerstreuten Abh. Unveränderter Neudr. der Biogr. von Carl Bruhns (1872) (Stuttgart 1960) 68 S. — N. G. Suchova: Alexander von Humboldt in der russ. Literatur. Bibliogr. Dtsch. Red. Johannes Müller (Leipzig 1960) 96 S. [15]. — Brit. Mus. Gen. Cat. **109** (1962) Sp.42-55 [3]. — Kurt-R. Biermann, Ilse Jahn, Fritz G. Lange: Chronologische Übersicht über wichtige Daten seines Lebens (Berlin 1968) XVII, 86 S. [101].

Werke Alexander von Humboldt: Gesammelte Werke. Bd **1-12** (Stuttgart 1889): **1-4** (Kosmos. Entwurf einer physischen Weltbeschreibung); **5-8** (Reise in die Äquinoktialgegenden des neuen Kontinents. In deutsch. Bearb. von Hermann Hauff); **9-10** (Versuch über den politischen Zustand des Königreichs Neuspanien); **11** (Ansichten der Natur m. wiss. Erläuterungen); **12** Versuch über den polit. Zustand der Insel Cuba [101]. — Alexander von Humboldt: Kosmos. Entwurf einer physischen Weltbeschreibung. Mit einer biogr. Einleitung von Bernhard von Cotta 4 Bde (Stuttgart 1870) XVI, 323, 348, 432, 537 S. — Alexander von Humboldt: Kosmos. Entwurf einer physischen Weltbeschreibung. Ausgew. u. eingel. von Wilh. Bölsche (Berlin 1913) XXI, 324 S. (Dtsch. Bibliothek, 61) [101]. — Alexander von Humboldt: Reise in die Aequinoctial-Gegenden des neuen Continents. In dtsch. Bearb. von Hermann Hauff. Nach der Anordnung u. unter Mitwirkung des Verf. Einzige von Alexander von Humboldt anerkannte Ausgabe in dtsch. Sprache. 6 Bde (Stuttgart 1861-1862) XVI, 260, 300, 242, 293, 267, 396 S. (Deutsche Volksbibl. 3. Reihe). — Alexander von Humboldt: Auf Steppen u. Strömen Südamerikas [Voyage aux régions équinoxiales du nouveau continent, fait en 1799-1804, dtsch.] Hrsg. von Anneliese Dangel. Mit 25 Bildtaf. 1. Aufl. (Leipzig 1959) 351 S.; 4. Aufl. (Leipzig 1968) 363 S. [101]. — Alexander von Humboldt: Tagebuch vom Orinoko. Ausw. von Herbert Scurla 2. Aufl. (Berlin 1966) 206 S. [101]. — Alexander von Humboldt: Vom Orinoko zum Amazonas [Relation historique du Voyage aux régions équinoxiales du nouveau continent, fait en 1799-1804 deutsch] Nach der Übers. von Herm. Hauff, bearb. von A. Plott, hrsg. m. Einf. von A. Meyer-Abich (Wiesbaden 1958) 420 S. [101]. — Alexander von Humboldt: Südamerikan. Reise. Hrsg. u. bearb. von Kurt-L. Walter-Schomburg. Neudr. (Berlin 1967) 576 S. [101]. — Alexander von Humboldt: Die Wiederentdeckung Amerikas. Zsgest., bearb. u. m. einem Abriß von Alexander von Humboldts Leben u. Werken versehen von Paul Kanut Schäfer 1. Aufl. (Berlin 1959) 142 S.; 6. Aufl. (Berlin 1968) 141 S. [101]. – Alexander von Humboldt: L'Amérique espagnole en 1800. Vue par un savant allemand. Présentation de Jean Tullard (Paris 1965) 298 S., 1 Titelbildn., mehr Bl. Abb. [101]. – Alexander von Humboldt: Natur- u. Kulturschilderungen. Ausgew. u. eingel. von Karl Heinr. Dietzel (Leipzig 1924) 260 S., 8 Taf., 1 Faks. Taf. [101]. – Alexander von Humboldt: Ansichten der Natur m. wiss. Erläuterungen. 3. verb. u. verm. Aufl. Bd. 1. 2 (Stuttg. u. Tübingen 1849) [101]. – Alexander von Humboldt: Ansichten der Natur. Hrsg. von Wilh. Bölsche. Mit Bildn. des Verf. (Leipzig 1920) 434 S. (Reclams Universal-Bibl. 2948-2950) [101]. – Alexander von Humboldt: Ansichten der Natur [russ.] (Moskva 1959) 267 S., 1 Titelb., mehrere Taf. [101]. – Alexander vonHumboldt: Ansichten der Natur. Ein Blick in Humboldts Lebenswerk. Ausgew. u. eingel. von Herbert Scurla (Berlin 1959) 549 S., mehr. Bl. Abb., 1 Karte; 2. Aufl. 1962 [101]. – Alexander von Humboldt: Ideen zu einer Physiognomik der Gewächse. Hrsg. von Mauritz Dittrich. 1 Titelbildn. (Leipzig 1959) 46 S. (Ostwalds Klassiker der exakt. Wiss. Nr. 247) [101]. – Alexander von Humboldt: Ideen zu einer Geogr. der Pflanzen. Hrsg. von Mauritz Dittrich. Mit 1 Titelbildn. (Leipzig 1960) 180 S.; Verz. der wichtigsten Werke von u. über Humboldt S. 14-19 (Ostw. Klassiker der exakt. Wiss. Nr. 248) [101]. – Alexander von Humboldt: Über „Ausdünstungsgefäße" (Spaltöffnungen) u. „Pflanzenanatomie" sowie „Plantae subterraneae Europ. 1794. Cum iconibus". Ein bisher unveröff. botan. Ms. Hrsg. von Klaus Dobat (Wiesbaden 1967) 26 S. m. IV S. Abb. (Abh. math. nat. Kl. Akad. Wiss. u. Lit. 1967, Nr. 6) [101]. – Alexander von Humboldt u. J. F. Gay-Lussac: Das Volumgesetz gasförmiger Verbindungen. Abh-en (1805-1808) Hrsg. v. Wilh. Ostwald (Leipzig 1921) 42 S. (Ostwalds Klassiker exakt. Wiss. Nr. 42) [101]. – Alexander von Humboldt: Über den Zustand des Bergbaus u. Hüttenwesens in den Fürstentümern Bayreuth u. Ansbach im J. 1792. Eingel. u. bearb. von Herbert Kühnert in Verbindung m. O. Oelsner (Berlin 1959) 219 S., 1 Taf. (Freiberger Forschgshefte D 23) [15].

Darstellungen von Leben u. Wirken Philipp Friedr. Hermann Klencke: Alexander von Humboldt. Ein biogr. Denkmal (Leipzig 1851) 252 S. (m. Bildn.) [15]; 6. Aufl. (Leipzig 1870) [14]. – W. F. A. Zimmermann: Das Humboldt-Buch. Alexander von Humboldt. Eine Darst. seines Lebens u. wiss. Wirkens sowie seiner persönl. Beziehungen zu 3 Menschenaltern. 2. Aufl., 3 Teile (Berlin 1859) 128, 124, 116 S. [15]. – W. Hornay: Alexander von Humboldt. Sein Leben u. Wollen für Volk u. Wiss. Nach Originalien (Hamburg 1860) XV, 163 S. – Briefe über Alexander von Humboldts Kosmos. Suppl.-Teil (Leipzig 1861) XIV, 440 S.; darin: W. C. Wittwer: Alexander von Humboldt. Sein wiss. Leben u. Wirken. – Wilhelm Buchner: Alexander von Humboldt. Ein Lebensbild (Lehr 1869) 143 S., 1 Karte, 1 Titelbild [15]. – Alexander von Humboldt. Eine wiss. Biogr. im Verein m. R. Avé-Lallemant, J. V. Carus, A. Dove, H. W. Dove, J. W. Ewald, A. H. R. Grisebach, J. Löwenberg, O. Peschel, G. H. Wiedemann, W. Wundt bearb. u. hrsg. von Karl Bruhns: **1** (Leipzig 1872) XX, 480 S. (m. Portr. im 27. Lebensj.); **2** (1872) VII, 552 S. (m. Portr. im 45. Lebensj.); **3** (1872) 314 S. (m. Porträt im 81. Lebensj.) [15; 101]. – Alfred Dove: Die Forsters u. die Humboldts. Zwei Paar bunter Lebensläufe, zur allg. dtsch. Biogr. beigetragen (Leipzig 1881) VII, 136 S. [15]. – Alfred Dove: ADB **13** (1881) 358-383 [15]. – Hermann Graef: Wilh. u. Alexander von Humboldt (Leipzig 1907) 45 S. (Beitr. zur Literaturgesch., 29) [15]. – Alexander von Humboldt: Aus Leben u. Werken. Mit Einf. u. Anm. hrsg. von Erwin Anders (Leipzig 1929) 143 S. [101]. – Walther Linden: Alexander von Humboldt. Weltbild der Naturwiss. (Hamburg 1946) 92 S. [101]. – Rudolf Borch: Alexander von Humboldt. Sein Leben in Selbstzeugn., Briefen u. Berichten (Berlin 1948) 385 S., 1 Ahnentaf., 65 Abb. [15; 101]. – Möbus, Willy: Alexander von Humboldt, der Monarch der Wiss. Mit einer Ausw. aus seinen Schriften (Berlin-Stuttgart 1948) 140 S. [15; 101]. – Ernst Plewe: Alexander von Humboldt. Rede ... Wirtschaftshochsch. Mannheim 7. Dez. 1949 (Heidelberg 1951) 37 S. (Schriftenreihe Wirtschaftshochsch. Mannheim, 2) [101]. – Ewald Banse: Erschließer einer neuen Welt (Stuttgart 1953) 146 S. m. 10 Abb., 3 Karten, 2 Faks., 1 Ahnentaf. (Große Naturforscher, 14) [15]. – Mario Krammer: Alexander von Humboldt. Mensch-Zeit-Werk (Berlin, München 1954) 439 S. [101]. – Friedrich Muthmann: Alexander von Humboldt u. sein Naturbild im Spiegel der Goethezeit (Zürich, Stuttgart 1955) 154 S., 12 Bl. Abb., 1 Titelbildn. (Erasmus-Bibl.) [101]. – Helmut de Terra: Alexander von Humboldt u. seine Zeit (Wiesbaden 1956) 279 S., 27 Abb., 3 Karten-Skizzen [101]; Deutsche Ausg. von: The life and times of Alexander von Humboldt (New York 1955) XII, 386, IX S. [101]. – Alexander von Humboldt: Kosm. Naturbetrachtg. Sein Werk im Grundriß, hrsg. von Rudolph Zaunick (Stuttgart 1958) XXXII, 422 S., 1 Titelbildn. (Kröners Taschenausg. 266) [101]. – Hanno Beck: Alexander von Humboldt **1** (Wiesbaden 1959) Von der Bildungsreise zur Forschungsreise 1769-1804: XVI, 303 S. m. 25 Abb., Faltkarte, 2 Abb., 2 Karten; **2** (1961) Vom Reisewerk zum „Kosmos". 1804-1859: XII, 439 S.

m. 16 Abb., chronol. Taf., 4 Abb., 1 Faltkarte. [15; 101]. – Hanno Beck: Gespräche Alexander von Humboldts (Berlin 1959) XXXII, 492 S. m. Titelbildn. m. Faks. [101]. – Richard Bitterling: Alexander von Humboldt (München, Berlin 1959) 116 S. m. zahlr. Abb., 1 Titelbildn. (Lebenswege in Bildern) [15; 101]. – Anneliese Dangel: Alexander von Humboldt. Sein Leben in Bildern. 1769-1859 (Leipzig 1959) 47 S., 79 Abb. [15; 101]. – Karl Fouquet: Alexander von Humboldt 1769-1859. Bildn. eines großen Mannes (São Paulo 1959) 46 S., mehr. Abb. [15]. – Alexander von Humboldt. Eine Auswahl. Hrsg. von Gerhard Harig (Leipzig-Jena 1959) 376 S., 16 S. Abb.; 2. Aufl. (Leipzig-Jena-Berlin 1964) 354 S., 16 S. Abb. [101]. – (Krüger, Gerhard): Alexander von Humboldt. Ein großer Naturforscher u. Humanist. (Zsgest. unter bes. Mitarb. von Ilse Gärtner.) Als Ms. gedr. (Berlin 1959) 115 S., mehr. Bl. Abb., 2 Karten [15; 101]. – Ernst Plewe, Rudolf Plank: Alexander von Humboldt (Karlsruhe 1959) 34 S. (Karlsruher Akad. Reden N. F., 17) [101]. – Vadim Andreevič Safonov: Alexander von Humboldt (Moskva 1959) 188 S., 6 Bl. Abb. [russ.] [15]. – Alexander von Humboldt. Studien zu seiner universalen Geisteshaltung. Hrsg. von Joachim Heinrich Schultze (Berlin 1959) XXIV, 277 S., 1 Bildn., 18 Abb., 4 Karten (Festschr. zur Alexander von Humboldt-Feier in Berlin, Humboldt-Komitee der Bundesrep. Deutschland, 18. u. 19. 5. 1959) [15]. – Herbert Scurla: Entdeckungen auf 4 Kontinenten. Georg Forster, Alexander von Humboldt, Ludw. Leichhardt, Herm. Schlagintweit, Heinrich Barth. Berichte dtsch. Forschungsreisender (Berlin 1959) 789 S.; darin 169-319 Alexander von Humboldt; 3. Aufl. (1963) 635 S. [14]. – Alexander von Humboldt: Werke, Briefe, Selbstzeugnisse. Ausw. u. Anordng: Ludw. Sroka (Hamburg 1959) 199 S., mehr. Bl. Abb. [101]. – Alexander von Humboldt 1769-1859. Gedenkschr. zur 100. Wiederkehr seines Todestages (Berlin 1959) 471 S. (m. Titelbildn., 23 Taf.) [101]. – Alexander von Humboldt: Den Geist der Natur ergreifen. Das Werk in Auswahl (München 1959) 281 S. (Humboldts Taschenbücher, 100) [101]. – Alexander von Humboldt. Ein großer dtsch. Humanist u. Wissenschaftler. 1769-1859 (Berlin 1959) 40 S. m. Abb. [15]; franz. u. russ. Ausg. [15]. – Alejandro de Humboldt. Un gran humanista y científica alemán. 1769-1859 (Berlin 1959) 40 S. m. Abb. [101]. – Alexander von Humboldt. Vortr. u. Aufsätze anläßl. der 100. Wiederkehr seines Todestages. Hrsg. von Johannes Fürchtegott Gellert (Berlin 1960) 107 S. m. Abb., 2 Taf. (Geogr. Ges. DDR, Wiss. Abh., Bd. 2) [15; 101]. – Alexander von Humboldt: Kosmos u. Humanität. Werk in Auswahl. Hrsg. u. eingel. von Fritz Kraus (Bremen 1960) XL, 452 S., 1 Titelbildn. (Slg Dieterich, 236) [101]. – Val Gendron: The Dragon Tree. A life of Alexander von Humboldt. (NewYork 1961) VI, 214 S., 4 Bl. Abb.; Lit.Verz. 203-206 [1]. – Charlotte Kellner: Alexander von Humboldt (London 1963) 246 S., 1 Titelbildn. [15]. – Adolf Meyer-Abich: Alexander von Humboldt in Selbstzeugnissen u. Bilddokumenten (Reinbek bei Hamburg 1967) 187 S. (Rowohlts Monogr. 131) [15; 101]. – Herbert Scurla: Alexander von Humboldt – Sein Leben u. Wirken. 6. Aufl. (Berlin 1968) 419 S. m. 34 Abb. [101].

Beziehungen von Alexander von Humboldt zu einzelnen Gelehrten, vor allem Briefwechsel

Die Zahl der Briefe, die A. v. H. geschrieben hat, wird auf 35000 bis 50000 geschätzt. – Alexander von Humboldt: Briefwechsel u. Gespräche m. einem jungen Freunde. Aus den Jahren 1848-1856 (Berlin 1861) X, 141 S. – Briefe von Alexander von Humboldt an Varnhagen von Ense aus den Jahren 1827 bis 1858. Nebst Auszügen aus Varnhagens Tagebüchern, und Briefen von Varnhagen u. anderen an Humboldt 1.-5. Aufl. Hrsg. von Ludmilla Assionos (Leipzig 1861) XXIII, 400 S. [15]. – Briefwechsel Alexander von Humboldts m. Heinrich Berghaus aus den Jahren 1825 bis 1858. 3 Bde. (Leipzig 1863) XXXVII, 992 S. [15]. – Humboldt. Correspondance scientifique et littéraire ... d'une notice et d'une introduction par M. de Roquette (Paris 1865) XLIV, 461 p. [15]. – Briefe von Alexander von Humboldt an Christian Carl Josias Freiherr von Bunsen (Leipzig 1869) 212 S. [15]. – Karl Bruhns: Briefe zwischen Alexander von Humboldt u. Gauß (Leipzig 1877) IV, 79 S. [15]. – Briefe Alexander von Humboldts an seinen Bruder Wilhelm. Hrsg. von der Familie von Humboldt in Ottmachau (Stuttgart 1880) XXXVIII, 228 S. [15]; (Berlin 1923) VI, 229 S. [101]. – Fünf Briefe der Gebrüder Humboldt an Joh. Reinhold Forster. Nebst Anhang. Hrsg. von Fritz Jonas (Berlin 1889) 48 S. [15]. – Jugendbriefe Alexander von Humboldts an Wilhelm Gabriel Wegener. Hrsg. von Albert Leitzmann (Leipzig 1896) IX, 126 S. [15]. – Lettres américaines d'Alexandre de Humboldt 1798-1807. Publiées avec une introduction et des notes par E. T. Hamy (Paris [1904]) XXXIX, 309 S. [15]. – Correspondance d'Alexandre de Humboldt avec François Arago (1809-1853). Publiée avec une préface et des notes par E. T. Hamy (Paris 1908) XVI, 377 p. (Bibliothèque d'histoire scient., 1) [15]. – Goethes Briefwechsel m. Wilhelm u. Alexander von Humboldt. Hrsg. von Ludwig Geiger (Berlin 1909) XXXI, 360 S. m. 1 Gravüre, die beiden Standbilder in Berlin darstellend. – Walther May: Alexander von Humboldt u. Charles Darwin (Brackwede 1911) 55 S. (Humboldt-Bibl., 5). – Briefe von Alexander von Humboldt an Ignaz von Olfers, Generaldirektor der Kgl. Museen in Berlin. Hrsg. von Ernst Werner

Maria von Olfers (Nürnberg, Leipzig [1913]) XVII, 237 S. [15; 101]. – Lettres inédites de Alexander von Humboldt. Avec préface de Henri Cordier (Buenos Aires 1914) (Archives inédites de Aimé Bonpland, T. 1) [15]. – Alexander von Humboldt u. das preuß. Königshaus. Briefe aus den Jahren 1835-1857. Hrsg. u. erläutert von Conrad Müller (Leipzig 1928) XVI, 346 S. m. 11 Bildtaf. u. 1 Faks. [101]. – Albert Leitzmann: Georg u. Therese Forster u. die Brüder Humboldt. Urkunden u. Umrisse (Bonn 1936) X, 216 S. [101]. – R. Zaunick: Briefe Alexander von Humboldts aus seiner Frühzeit an Georg Christoph Lichtenberg: Sudhoffs Arch. Gesch. Med. Naturwiss. **32** (1940) 399-408 [3; 14]. – Hanno Beck: Graf Georg von Cancrin u. Alexander von Humboldt: In: Alexander von Humboldt: Gedenkschr. Dtsch. Akad. Wiss. Berlin (Berlin 1959) 69-82 [101]; Wilhelm Ludwig von Eschwege u. Alexander von Humboldt: ebenda 37-68 [101]. – Kurt-R. Biermann, H.-G. Körber: Ein bisher unveröffentl. wiss. Brief von Carl Friedr. Gauß an Alexander von Humboldt: Forsch. u. Fortschr. **33** (1959) 136-140 [15]. – Herbert Böttger: Alexander von Humboldt u. Aimé Bonpland: Therapeut. Ber. **31** (1959) 114-119 (m. 2 Bildn., 4 Abb., Lit. Verz.) [3; Ha 2]. – K. Busse: Alexander von Humboldt u. Werner Siemens. Mit Wortlaut u. Faks. eines Briefes von Alexander von Humboldt an W. S. im Jahre 1851: Siemens-Z. **33** (1959) 424-425 [Ha 2]. – Bruno von Freyberg: Brief Alexander von Humboldts [vom 10. Febr. 1859, S. 210] an den Geologen Friedrich Pfaff in Erlangen: Erlanger Bausteine fränkische Heimatforsch. **6** (1959) 208-212 (m. 1 Bildn.) [B 4]. – Theo Gerardy: Ein unveröffentl. Brief von C. F. Gauß an Alexander von Humboldt [Göttingen, 11. Aug. 1828]: Nachr. Akad. Wiss. Göttingen, math.-phys. Kl. **1959**, H. 4, S. 64-66 [14; Ha 2]. – Hans-Günther Körber: Aus der Korrespondenz Alexander von Humboldts u. Carl Friedrich Gauß' mit Teilnehmern an geomagnet. Beobachtungen: Forsch. u. Fortschr. **33** (1959) 298-303 [3]. – Eugénie Lange: Aus dem Briefwechsel Alexander von Humboldts (1769-1859) m. Thomas Jefferson (1743-1826): Bull. Soc. Suisse Américanistes **1959**, Nr. 18, S. 32-45 (m. Brieffaks.). – Eugen Lendl: Ein unbekannter Humboldtbrief. [v. 21. 1. 1859 an Wilhelm Haidinger]: Mitt. Österr. geogr. Ges. Wien **101** (1959) 241-243 [Ha 2]. – O. Maull: Alexander von Humboldt/Carl Ritter: Geogr. Rdsch. **11** (1959) 169-171 [Ha 2]. – Heinrich Reintjes: Alexander von Humboldt u. Georg Forster: Geist u. Zeit [Düsseldorf] **1959**, 109-114 [61]. – Walter Schellhas: Alexander von Humboldt u. Freiberg in Sachsen: In: Alexander von Humboldt Gedenkschr. Dtsch. Akad. Wiss. Berlin (Berlin 1959) 337-422 (m. Brief-Faks. Alexander von Humboldts an A. G. Werner, Freiberg, 25. Juli 1790) [101]. – Walter Schellhas: Alexander von Humboldt als Freiberger Bergstudent: Fundgrube [Freiberg] **1959**, 103-104, 110-112 (m. Bildn.) [14]. – Franz Schnabel: Briefe Alexander von Humboldts in der Bibl. Dtsch. Museums (München, Düsseldorf 1959) 35 S. (Abh. u. Ber. Dtsch. Mus., 27, 2) [15; 101]. – J. Seidel: Une lettre du savant Alexander von Humboldt (1769-1859) en faveur de Robert Remak (1815-1865): Rev. Hist. Méd. hébr. **12** (1959) 155-158. – De Terra: Alexander von Humboldts correspondence with Jefferson, Madison, and Gallatin: Proc. Amer. philos. Soc. **103** (1959) 783-806 [Ha 2]. – Adolf Watznauer: Alexander von Humboldt u. der Freiberger Kreis: Bergakademie [Freiberg] **11** (1959) 579-585 (m. Bildn.) [14]. – W. A. Jessakow: Die wiss. Beziehungen Alexander von Humboldts zu russ. Gelehrten: Wiss. Z. Humboldt-Univ., math.-nat. R. **9** (1959/1960) 139-143 [Ha 2]. – Aufruf zur Unterstützung der von den dtsch. Akademien u. der Österr. Akad. Wiss. beschlossenen Herausgabe der Briefe Alexander von Humboldts (Berlin 1960) 40 S. (Text auch in engl., franz., russ. u. span. Sprache) [101]. – Briefe Alexander von Humboldts an Johannes von Müller. Hrsg. von Edgar Bonjour: Schweiz. Z. Gesch. **10** (1960) 422-429 [3; 14]. – Fritz Rossmann: Ein bisher unbekannter, aufschlußreicher Brief Alexander von Humboldts an Joseph Gay-Lussac: Sudhoffs Arch. Gesch. Med. **44** (1960) 321-328. – Wilh. Schulz: Aimé Bonpland. Alexander von Humboldts Begleiter auf der Amerikareise 1799-1804 (Mainz 1960) 53 S. m. Bildn., Faks. (Abh. Akad. Wiss. u. Lit., math.-nat. Kl. **1960**, Nr. 9) [14]. – Hanno Beck: Thaddaeus Haenke u. Alexander von Humboldt: Forsch. u. Fortschr. **35** (1961) 65-71 (m. Bildn. von Haenke) [101]. – J. Théodoridès: A propos d'une lettre de Alexander von Humboldt (Adressed to Bonpland and not to Gay-Lussac as held by F. Rossmann **44** (1960) 321-328): Sudhoffs Arch. Gesch. Med. **45** (1961) 373-374. – Une lettre peu connue de Humboldt concernant Jacquemont (Mars 1832): Rev. Hist. Sci. appl. **14** (1961) 29-30. – Kurt-R. Biermann: Alexander von Humboldts „Kosmos"-Vorhaben in Briefen an Bessel: Monatsber. Dtsch. Akad. Wiss. **4** (1962) 318-324 [1]. – Kurt-R. Biermann, H.-G. Körber: Zum wiss. Briefwechsel zwischen Carl-Friedrich Gauß u. Alexander von Humboldt: Forsch. u. Fortschr. **36** (1962) 41-44 [15]. – Kurt-R. Biermann, F. G. Lange: Die Alexander von Humboldt-Briefausgabe: Forsch. u. Fortschr. **36** (1962) 225-230 [15]. – Der Briefwechsel Alexander von Humboldts mit den Gelehrten u. Staatsmännern Rußlands [russ.] Red.-Koll.: Dmitrij Ivanovič Ščerbakov, V. A. Esakov u. a. (Moskva 1962) 222 S. m. Abb., 1 Titelbildn. [15]. – W. Coleman: A. G. Werner vu par Alexander von Humboldt, avec des notes de Georges Cuvier: Sudhoffs Arch. Gesch. Med. u. Naturwiss. **47** (1963) 465-478 [3]. – Kurt-R. Biermann: Neue Briefe Alexander von Humboldts: Spektrum **9** (1963) 404-405 (span. Übers. in: Revista 1964, H. 4, S. 27) [1]. – Fritz G. Lange: Alexander von Humboldt u. Paulus Usteri. Unbekannte Jugendbriefe Humboldts. In: Beitr. Gesch. Naturwiss., Techn. u. Med. (Leipzig 1964) 217-225 [101]. – Kurt-R. Biermann: Ein Urteil Alexander von Humboldts über Peter Simon Pallas u. die Zuwahlen zur Berliner Akad.: Monatsber. Dtsch. Akad. Wiss. **6** (1964) 859-863 [1]. – J. Théodoridès: Une amitié de savants au siècle dernier: Alexander von Humboldt et Achille Valenciennes (correspondance inédite): Biol. med. 1965 [1964] Nr. Hors Série, S. 1-129 (m. 17 Bildn. u. 20 Abb., 2 Faks., 1 Kt.) [1]. – Kurt-R. Biermann: Die Probl. der Schwereänderung u. der Polhöhenschwankung sowie Fragen der Sterblichkeits- u. Blitzstatistik in einem Brief von C. F. Gauß an Alexander von Humboldt: Forsch. u. Fortschr. **39** (1965) 357-361 [15]. – Kurt-R. Biermann: Der Zugang an Briefen Alexander von Humboldts hält an: Spektrum **11** (1965) 55-58 [101]. – Kurt-R. Biermann: Carl Friedrich Gauß im Spiegel seiner Korrespondenz mit Alexander von Humboldt: Mitt. Gauß-Ges. Göttingen **4** (1967) 5-18 m. Bildn. [101]. – Ilse Jahn: Die Jugendbriefe Alexander von Humboldts: Spektrum **13** (1967) 57-60 (m. 1 Bildn. u. 2 Faks.) [1]. – Kurt-R. Biermann: Die Datierung der Briefe Alexander von Humboldts – dargest. als Modellfall für die editorische Bearb. naturwiss. Briefe u. Dokumente: Monatsber. Dtsch. Akad. Wiss. **10** (1968) 639-647 [1]. – Briefe Alexander von Humboldts an Johann Karl Freiesleben (Sammlung Dr. Karl Christian Freiesleben, Hamburg).

Beziehungen von Alexander von Humboldt zu Mathematikern Kurt-R. Biermann: Alexander von Humboldt als Protektor Gotthold Eisensteins u. dessen Wahl in die Berliner Akad. Wiss.: Forsch. u. Fortschr. **32** (1958) 78-81 [101]; Zum Verhältnis zwischen Alexander von Humboldt u. Carl Friedrich Gauß: Wiss. Z. Humboldt-Univ., math.-nat. R. **8** (1958/1959) 121-130 [101]; Über die Förderung deutscher Mathematiker durch Alexander von Humboldt: In: Alexander von Humboldt. Gedenkschr. zur 100. Wiederkehr seines Todestages (Berlin 1959) 83-159 (m. Anhang: Briefe Alexander von Humboldts an Gotthold Eisenstein) [101]. – Joseph E. Hofmann: Alexander von Humboldt in seiner Stellung zur reinen Math. u. ihrer Geschichte: ebda 237-287 [101]. – Kurt-R. Biermann: Aus der Vorgeschichte der Aufforderung Alexander von Humboldts von 1836 an den Präsidenten der Royal Society zur Errichtung geomagnet. Stationen. Dokumente zu den Beziehungen zwischen Alexander von Humboldt u. C. F. Gauß: Wiss. Z. Humboldt-Univ., math.-nat. R. **12** (1963) 209-227 [101]. – Kurt-R. Biermann: Lagrange im Urteil u. in der Erinnerung Alexander von Humboldts: Monatsber. Dtsch. Akad. Wiss. **5** (1963) 445-450 [1]. – Kurt-R. Biermann: N. H. Abel u. Alexander von Humboldt: Nordisk Mat. Tidskr. **11** (1963) 59-63. – Kurt-R. Biermann: K. Weierstraß u. Alexander von Humboldt: Monatsber. Dtsch. Akad. Wiss. **8** (1966) 33-37 [1]; Die Beziehungen Alexander von Humboldts zu französischen Mathematikern: **11** (1969) 458-463 [1].

Beziehungen von Alexander von Humboldt zu verschiedenen Wissenschaften Georg Heller: Die Weltanschauung Alexander von Humboldts in ihren Beziehungen zu den Ideen des Klassizismus. Diss. (Leipzig 1910) VIII, 273 S. (Beitr. Kultur- u. Universalgesch. Hrsg. von Karl Lamprecht, 12) [15]. – René Bouvier u. Edouard Maynial: Der Botaniker von Malmaison. Aimé Bonpland, ein Freund Alexander von Humboldts. Aus dem Französ. übertragen von Fritz Montfort (Neuwied/Rhein 1949) 287 S. [101]. – Josef Staszewski: Alexander von Humboldts Gedanke der isothermen Linien: Wiss. Z. Humboldt-Univ., math.-naturwiss. R. **8** (1958/1959) 509-518 [Ha 2]. – Hans Baumgärtel: Alexander von Humboldt u. der Bergbau: In: Alexander von Humboldt: Gedenkschr. Dtsch. Akad. Wiss. Berlin (Berlin 1959) 1-35 [101]. – Kurd von Bülow: Die Geognosie im Weltbild Alexander von Humboldts: Z. Geologie **8** (1959) 355-365 (m. Bildn., Faks.) [Ha 2]. – Hanno Freydank: Alexander von Humboldt u. der Bergbau: Z. Erzbergbau u. Metallhüttenwes. **12** (1959) 381-388 (m. 9 Bildn.) [101]. – F. A. Henglein: Alexander von Humboldt u. die Chemie: Chemiker-Ztg. **83** (1959) 289-298 (m. Abb.) [15]. – H. G. Körber: Bem. über die Erstveröffentl. der schemat. Jahresisothermenkarte Alexander von Humboldts: Forsch. u. Fortschr. **33** (1959) 355-358 [15]. – Hans-Günter Körber: Über Alexander von Humboldts Arbeiten zur Meteorolog. u. Klimatologie: In: Alexander von Humboldt: Gedenkschr. Dtsch. Akad. Wiss. Berlin (Berlin 1959) 289-335 [101]. – A. Kühn: Alexander von Humboldt u. das geogr. Weltbild seiner Zeit: Geogr. Rdsch. **11** (1959) 172-179 [Ha 2]. – Fr. Model: Alexander von Humboldts Isothermen: Dtsch. hydrogr. Z. **12** (1959) 29-33 [Ha 2]. – E. F. Podach: Alexander von Humboldt, Geol. u. südamerik. Pläne, Urkunden u. Tatsachen: Z. Dtsch. geol. Ges. **111** (1959) 311-322 [Ha 2]. – K. E. Rothschuh: Alexander von Humboldt u. die Physiol. seiner Zeit: Sudhoffs Arch. Gesch. Med. u. Naturwiss. **43** (1959) 97-113 (m. Lit.Verz.) [101]. – H. Schipperges: Humboldts Beitr. zur Med. des 18. Jahrhunderts. In: Alexander von Humboldt. Studien zu seiner universalen Geisteshaltung. Hrsg. von Joachim H. Schultze (Berlin 1959) 36-68 (m. Abb. u. Bibliogr.) [101]. — H. Schipperges: Ärzte um Alexander von Humboldt: Dtsch. med. Wschr. **84** (1959) 1653-1657 [101]; Alexander von Humboldt u. die Med. seiner Zeit: Arch. Kulturgesch. **41** (1959) 166-182 [101]; Alexander von Humboldt zur Geschichte der Natur: Janus **48** (1959) 264-278 [101]; Alexander von Humboldt u. die Paramedizin: Sudhoffs Arch. Gesch. Med. u. Naturwiss. **43** (1959) 185-186 [3]; Arabische Wiss. im Aspekt Alexander von Humboldts: ebenda 368-370 [3]; Quellen zu Humboldts med. Weltbild: ebenda 147-171 [3]. — Herbert Schriefers: Zur Methodik chem. Untersuchungen bei Alexander von Humboldt: Sudhoffs Arch. Gesch. Med. u. Naturwiss. **43** (1959) 114-120 [3]. — Adrian Steleanu: Alexander von Humboldt u. die Bedeutung seines wiss. Werkes für die Hydrobiol.: In: Alexander von Humboldt: Gedenkschr. Dtsch. Akad. Wiss. Berlin (Berlin 1959) 423-444 [101]. — Dušan Trávniček: Alexander von Humboldt u. die die tschech. Geogr.: Petermanns Mitt. **103** (1959) 113-114 [Ha 2]. — Robert Watermann: Alexander von Humboldts Untersuchungen über die Zusammensetzung des Luftkreises: Sudhoffs Arch. Gesch. Med. u. Naturwiss. **43** (1959) 121-146 [3]. — Diedrich Wattenberg: Alexander von Humboldt u. die Astronomie (Berlin-Treptow 1959) 42 S. m. Bildn. u. Faks. [15]. — Hans-Günther Heinze: Geogr. Betrachtungen zur europäisch-asiat. Rußland-Reise Alexander von Humboldts: Wiss. Z. Hochsch. Verkehrswes. Dresden **18** (1959/1960) 229-234 [15]. — Will Kleber: Alexander von Humboldt u. seine Bedeutung für die Mineral.: Wiss. Z. Humboldt-Univ., math.-nat. R. **9** (1959/1960) 303-312 [Ha 2]. — Hans-Günther Körber: Ansichten Alexander von Humboldts zu Fragen der meteorol. Optik u. der Luftelektrizität: Wiss. Z. Humboldt-Univ., math.-nat. R. **9** (1959/1960) 33-50 [Ha 2]. — Max Trénel: Alexander von Humboldt u. die Agrikulturchemie: Wiss. Z. Humboldt-Univ., math.-nat. R. **9** (1959/1960) 13-26 (m. 2 Abb.) [Ha 2]. — G. Raht: Alexander von Humboldt als Spiegel der Medizin: Münchener med. Wschr. **7** (1960) 328-333 [101]. — B. de Rudder: Über Problemkreise med. Klimatol.: S.-Ber. physik.-med. Soz. Erlangen **80**, 1959 (1960) 8-14 [Ha 2]. — Heinz Sanke: Gesellschaftl.-geogr. Anschauungen der großen Geographen Berlins u. seiner Univ.: In: Forschen u. Wirken. Festschr. zur 150-Jahr-Feier der Humboldt-Univ. Berlin **1** (Berlin 1960) 319-338, besonders 322-329 m. Bildn. [3]. — Alexander von Humboldt: Seine Bedeutung für den Bergbau u. die Naturforschg. (Berlin 1960) 317 S. m. 16 Bildern u. 2 Tab. (Freiberger Forschgsh. D 33) [101]. — Gerhard Dunken: Alexander von Humboldt u. die Vertretung der wiss. Disziplinen in der Berliner Akad.: Forsch. u. Fortschr. **35** (1961) 269-271 [101]. — P. Huard et J. Théodoridès: Humboldt et l'anthropologie: Sudhoffs Arch. Gesch. Med. u. Naturwiss. **46** (1962) 69-81 [3]. — Eduard Wenzel: Luigi Galvani — Alexander von Humboldt — Hans Berger: Münchener med. Wschr. **104** (1962) 1146-1150 [1; 3]. — R. Watermann: Alexander von Humboldt u. die chem. Erforschung der Gesundheit der Luft: Centaurus **8** (1963) 46-68 (m. Bildn. u. Abb.) [101]. — Fritz Welsch: Alexander von Humboldt als Bergbaubeamter in den fränkischen Fürstentümern Preußens (1792-1797): NTM (Leipzig) **1964**, Beih. 226-247 (m. Lit.Verz.) [101]. — Ilse Jahn: Die physiol. Experimente des jungen Alexander von Humboldt in den Jenaer Laboratorien: Mitt. Bl. Ges. exper. Med. DDR **3** (1965) 44-45 [101]. — Hanno Beck: Alexander von Humboldt u. Mexiko. Beitr. zu einem geogr. Erlebnis (Bad Godesberg 1966) 58 S., 7 Abb., Titelbildn.; (auch span.) [15; 101]. — Ilse Jahn: Dem Leben auf der Spur — Die biol. Forschungen Alexander von Humboldts (Leipzig, Jena, Berlin 1969) 212 S. m. Bildanhang [101].

Weitere Lit. Rudolf Benfey: Alexander von Humboldt u. seine Bedeutung für die Volksbildung. Festschr. zu seinem 100jähr. Geburtstage am 14. Sept. 1869 (Berlin 1869) IV, 83 S. — Alexander von Humboldt: Zum 14. Sept. 1869 ... 1.-4. Aufl. m. 2 Portr. u. einer Ansicht der Grabstätte Humboldts in Tegel (Leipzig 1869) 32 S. — C. G. Ehrenburg: Gedächtnisrede auf Alexander von Humboldt. Im Auftr. der Akad. Wiss. Berlin am 7. Juli 1859 (Berlin 1870) 46 S. [101]. — Adolph Kohut: Alexander von Humboldt u. das Judenthum. Ein Beitr. zur Culturgesch. des 19. Jahrhunderts (Leipzig 1871) XV, 194 S. — Walther May: Goethe, Humboldt, Darwin. Vier Vorträge (Berlin 1904) VIII, 255 S. m. 16 Taf. — Hellmuth Baumgärtel: Sächs. Heimatbl. **5** (1959) 439-447 (m. 4 Bildn.) [3]. — Kurt-R, Biermann: Zur Anwendung einer math. Sprachcharakteristik auf Texte Alexander von Humboldts: Sudhoffs Arch. Gesch. Med. Naturwiss. **43** (1959) 183-185 [101]. — Erich Busch: Glückauf **95** (1959) 609-629 (m. Lit.Verz.). — Sidney Chapman: Alexandre de Humboldt et l'étude du géomagnétisme: Ciel et Terre **75** (1959) 269-284 (m. Lit.Verz.) [1; 11]. — Gerhard Dunken: Die Geschichte der „Humboldt-Stiftung für Naturforsch. u. Reisen". In: Alexander von Humboldt: Gedenkschr. Dtsch. Akad. Wiss. Berlin (Berlin 1959) 161-179 [101]. — Gerhard Dunken: Alexander von Humboldt u. der Plan der Gründung einer höh. techn. Lehranstalt in Berlin: Wiss. Z. Humboldt-Univ., math.-nat. R. **8** (1959) 131-134 [Ha 2]. — Johannes Eichhorn: Die wirtschaftl. Lebensverhältnisse Alexander von Humboldts: In: Alexander von Humboldt: Gedenkschr. Dtsch. Akad. Wiss. Berlin (Berlin 1959) 181-215 [101]. — Victor W. von Hagen: Südamerika ruft. Entdeckungsreisen großer Naturforscher (Berlin-Frankfurt-Wien 1959) 171 S., 28 Abb. [101]. — Hans Hartmann: Alexander von Humboldts Bedeutung für die Wiss.: Naturwiss. Rdsch.: **12** (1959) 180-181 [15]. — Hans Kinzl: Alexander von Humboldt als Bergsteiger: Mitt. Österr. Alpenver. **14** (1959) 109-111 (m. 1 Abb.) [Ha 2]. — Robert Mertens: Alexander von Humboldt u. Frankfurt am Main (Frankfurt/M. 1959) 16 S., 2 Abb. (Aufs. u. Reden der Senckenbergisch. naturforsch. Ges., 10) [15]. — Ernst Plewe: Alexander von Humboldt-Feier Berlin: Erde **90** (1959) 299-301 [Ha 2]. — Walther Sauer: Auf den Spuren Alexander von Humboldts am Chimborazo: Natur u. Volk **89** (1959) 161-169 (m. 9 Abb.) [Ha 2]. — H. Schipperges: Neue Z. ärztl. Fortbildung **48** (1959) 358-359, 889-894 (m. Bildn.). — Ludwig Sroka: Alexander von Humboldts wiss. Sendung. Vermächtnis u. Leitbild: Abh. u. Verh. naturwiss. Verein Hamburg N. F. **1959**, 1960, 5-18 (m. Titelbildn., Faks.) [Ha 2]. — Bernhard Sticker: Humboldts Kosmos. Rede (Bonn 1959) 28 S. [Ha 2]. — Carl Troll: Alexander von Humboldts wiss. Sendung: In: Alexander von Humboldt. Studien zu seiner universalen Geisteshaltung, hrsg. von Joachim H. Schultze (Berlin 1959) 258-277 [Ha 2]. — V. Vareschi: Geschichtslose Ufer. Auf den Spuren Humboldts am Orinoko (München 1959) 199 S., 67 Abb. [Ha 2]. — Ludwig Weickmann: Die geistesgeschichtl. Bedeutung Alexander von Humboldts: Ber. Dtsch. Wetterdienst **8** (1959) Nr. 59, S. 5-8 [Ha 2]. — Helmuth Wolff: Die Sibirische Reise von Alexander von Humboldt im Jahre 1829: Wiss. Z. Univ. Halle, math.-nat. R. **8** (1959) 1127-1135 (m. Bildn.) [Ha 2]. — W. E. Ankel: Alexander von Humboldt als Persönlichkeit: Nachr. Gießen. Hochschulges. **29** (1960) 56-65 (m. Bildn.) [Ha 2]. — Karl Mägdefrau: Vom Orinoco zu den Anden (Humboldt-Gedächtnis-Expedition 1958): Vjschr. naturforsch. Ges. Zürich **105** (1960) 49-71 [Ha 2]. — Kurt-R. Biermann: Alexander von Humboldts Pläne für eine Forschungsreise nach Indien, Ceylon u. Indonesien (engl.): Picture News **1962**, Nov., S. 26-27. — M. Z. Thomas (Thomas Michael Zottmann): Alexander von Humboldt erforscht die Welt (München 1962) 255 S. [101]. — Hans Baumgärtel: Die Ausarbeitungen Alexander von Humboldts für den Unterricht an der Bergschule Steben: NTM (Leipzig) **1964**, Beih. 194-216 (m. Lit. Verz.) [101]. — Gerhard Engelmann: Alexander von Humboldts Plan einer geogr. Zeitschr.: Geogr. Z. **52** (1964) 317-325 [3]. — Kurt-R. Biermann: Alexander von Humboldt u. Cuba: Revista ilustrada de la RDA **6** (1965) H. 3, 35-36. — J. J. Bikerman: A book Humboldt gave to Schiller: Ann. of Sci. **21** (1965) 131-134 [1]. — Kurt-R. Biermann: Aus den Arbeiten der Arbeitsstelle der Alexander-von-Humboldt-Kommission: Spektrum **12** (1966) 356-359 [1]. — Ursula Goetzl: Alexander von Humboldt als Geschichtsschreiber Amerikas (München 1966) 169 S. (Diss. Univ. München) [101]. — Rainer Schwarz: Der chines. Kompaß Alexander von Humboldts: Forsch. u. Fortschr. **41** (1967) 76-78 (m. 3 Abb.) [3]. — Kurt-R. Biermann: Alexander von Humboldts wissenschaftsorganisatorisches Progr. bei der Übersiedlung nach Berlin: Monatsber. Dtsch. Akad. Wiss. **10** (1968) 142-147 [101]. — Kurt-R. Biermann u. Cl. Werner: Zur 200. Wiederkehr des Geburtstages von Alexander von Humboldt: Spektrum **15** (1969) 257-260 m. Bildn. [101].

Zeitschriften Humboldt. Monatsschr. für die gesamten Naturwiss. 1.-9. Jg. (Stuttgart 1882-1890). — Humboldt. Revista para el mundo ibérico. Zeitschr. für die iberische Welt. Dirección: Alberto Theile. Erscheint seit 1960 in Hamburg [101].

Bildn. Fritz G. Lange: Bildn. Alexander von Humboldts in: Alexander von Humboldt 1769-1859. Gedenkschr. zur 100. Wiederkehr seines Todestages (Berlin 1959) 445-458 m. Titelbildn., 23 Bildn. von Alexander von Humboldt [101].

Denkmal Wilhelm Förster: Alexander von Humboldt. Gedächtnisrede zur Feier der Denkmalsenthüllung am 28. Mai 1883 in Berlin (Berlin 1883) 24 S.

Nachlaß Gelehrten- u. Schriftstellernachlässe in den Bibliotheken der DDR **1** (1959) 48, Nr. 303; 29, Nr. 153 [3].

Briefmarken Deutsche Demokratische Republik 1959, 6. Ausg.: 10 Pfg (grün), 20 Pfg (rot). — Bundesrepublik Deutschland 1959, 3. Ausg.: 40 Pfg (blau).

IV **HUNGER,** Karl Gottlob. Math. — 1837–1841 stud. Univ. Halle; 1845–1867 Lehrer (seit 1857 Prof.) Progymnasium Saalfeld; 1859 Dr. phil. h. c. Univ. Jena; seit 1867 Prof. Gymnasium Georgianum Hildburghausen.

*1818, März 3, Naumburg;
†1887, Dez. 21, Hildburghausen.

Nekr. Rittweger: In: Progr. Gymn. Georgianum Hildburghausen **1888**, 14 (auch Festschr. zum 100jähr. Jubil. Gymn. Georgianum Hildburghausen 1812-1912 S. 110).

Werke Die arithm. Terminologie der Griechen als Kriterium für das System der griech. Arithmetik in: Progr. Gymn. Georgianum Hildburghausen **1874**.

J

I, I Erg., III, IV **JACOBI,** Carl Gustav Jacob. Math. – 1821–1825 stud., 1825 Dr. phil. Univ. Berlin; 1826 Doz., 1827 ao. Prof., 1829–1842 o. Prof. Univ. Königsberg/Pr.; 1829 korresp., 1836 ao., 1844 o. Mitgl. Preuß. Akad. Wiss. Berlin.
*1804, Dez. 10, Potsdam;
†1851, Febr. 18, Berlin.

Werke Gesammelte Werke. Hrsg. von C. W. Borchardt, A. Clebsch u. K. Weierstrass Bd 1-8 (Berlin 1881-1891) [3]. – Vorlesungen über Dynamik nebst 5 hinterlassenen Abh. Hrsg. von A. Clebsch. 2. Ausg. (Berlin 1884) (Suppl. Band von C. G. J. Jacobis Gesammelte Werke). – Newton, Cotes, Gauß, Jacobi. Vier grundlegende Abh. über Interpolation u. genäherte Quadratur (1711, 1722, 1814, 1826) übersetzt u. hrsg. u. m. erläuterndem Anhang von Arnold Kowalewski (Leipzig 1917) VIII, 104 S. m. 6 Fig., besonders 69-78, 102-104 [3]. – C[arl] G[ustav] J[acob] Jacobi: Canon arithmeticus. Nach Berechnungen von Wilhelm Patz. Neu hrsg. von Heinrich Brandt (Berlin 1956) 16, 432 S. (Math. Lehrbücher u. Monogr., Abt. 2, 2) [88]. – Kurt-R. Biermann: Eine unveröffentl. Jugendarbeit C. G. J. Jacobis über wiederholte Funktionen: J. reine u. angew. Math. **207** (1961) 96-112 (m. 2 S. Faks.) [3].

Genealog. August Dahm: Die Familie Jacobi: Heimat **8** (Düsseldorf-Eller 1957) Nr. 6, 141-145 (m. 1 Bildn., 1 Abb.); Nr. 7, 173-177 (m. 1 Bildn., 1 Abb.) [61].

Bibliogr. Cat. scient. Papers **3** (1869) 512-517 (129 Nr.); **8** (1879) 78 (6 Nr.); **10** (1894) 315 (Biogr.); **16** (1918) 44 (7 Nr.) [3]. – Cat. Gén. Bibl. Nat. **76** (1922) Sp. 332-335 (15 Nr.) [3]. – R. C. Archibald: Bibliographia de mathematicis 5: Scripta math. **2** (1934) 181-187, C. G. J. Jacobi: 184-185 [7; 15]. – Brit. Mus. Gen. Cat. **113** (1962) Sp. 894-895 (22 Nr.) [3].

Briefe Lettres sur la théorie des fonctions eliptiques. Correspondance mathém. avec Legendre 1827-1832: Ann. École Normale Supérieure (3) **6** (1869) 127-175 [1a]. – C. Borchardt: Correspondance mathématique entre Legendre et Jacobi: Bull. Sci. math. **8** (1875) 287-303; **9** (1875) 38-47, 51-95, 126-142 [3]. – E. Lampe: Zwei Briefe von C. G. J. Jacobi, die in den gesammelten Werken desselben nicht abgedruckt sind: Arch. Math. u. Physik (3) **2** (1902) 253-256 (an Reuschle vom 13. Dez. 1846 u. 15. Nov. 1850) [3]. – Briefwechsel zwischen C. G. J. Jacobi u. M. H. Jacobi hrsg. von W. Ahrens (Leipzig 1907) XX, 282 S. m. 2 Titelbildn. u. 2 Faks. [3]. – Briefwechsel zwischen C. G. J. Jacobi u. P. H. von Fuss über die Herausgabe der Werke Leonhard Eulers. Hrsg., erläutert u. durch Abdruck der Fußschen Liste der Eulerschen Werke ergänzt von Paul Stäckel u. Wilhelm Ahrens (Leipzig 1908) XII, 184 S. m. Reg. [14]. – Karl Rosenkranz: Politische Briefe u. Aufsätze, 1848-1856. Hrsg. von Paul Herre (Leipzig 1919) 34 [3]. – Kurt-R. Biermann: Der Briefwechsel zwischen Alexander von Humboldt u. C. G. J. Jacobi über die Entdeckung des Neptun: Z. Gesch. Naturwiss., Techn., Med. (1969) [101].

Biogr. J. Todhunter: History of the progress of the calculus of variation during the 19th century (Cambridge 1861), darin: 243-253 Jacobi, 254-332 Commentators on Jacobi [Brit. Mus.]. – [P.] Lejeune Dirichlet: Gedächtnisrede auf Carl Gustav Jacob Jacobi, in: C. G. J. Jacobi, Gesammelte Werke **1** (Berlin 1881) 1-28 (m. Titelbildn. u. Faks.) (Abh. Preuß. Akad. Wiss. 1852) [3]. – L. Kronecker: Über die Zeit u. die Art der Entstehung der Jacobischen Thetaformeln: S.-Ber. Preuß. Akad. Wiss. **1891**, 653-659 [3]. – Ernst Kusch: C. G. J. Jacobi u. Helmholtz auf dem Gymnasium. Beitr. zur Gesch. des Victoria-Gymn. (Potsdam 1896) 3-21 Potsdam, Victoria-Gymn. Progr., 83) [3]. – Adolf Harnack: Geschichte Preuß. Akad. Wiss. Berlin **1** (Berlin 1900) 798-801, 924-927 u. öfter [3]. – Walther von Dyck: Eine in den hinterlassenen Papieren Franz Neumanns vorgefundene Rede von C. G. J. Jacobi: S.-Ber. Bayer. Akad. Wiss., math.-physik. Kl. **31**, 1901 (1902) 203-208 [3]. – M. Cantor: ADB **50** (1905) 598-602 [3]. – Karl Schellbach: Rückblick auf sein wiss. Leben nebst 2 Schriften aus seinem Nachlaß u. Briefen von Jacobi, Joachimsthal u. Weierstrass hrsg. von Felix Müller (Leipzig 1905) 86 S. m. Bildn., besonders 76-78 (Abh. Geschichte math. Wiss., 20, 1) [3]. – W. Ahrens: Jacobi u. Steiner: Math.-naturwiss. Bl. **3** (1906) 191-194, 209-213 [3]; Ein Beitr. zur Biogr. C. G. J. Jacobis: Bibliotheca math. 3. F., 7 (1906/1907) 157-192 [15]; C. G. J. Jacobi als Politiker. Ein Beitr. zu seiner Biogr. (Leipzig 1907) 45 S. m. Reg. Erw. Sonderdr. aus: Bibliotheca Math. F. 3, **7** [14]. – Correspondance d'Alexandre de

Humboldt avec François d'Arago (Paris 1909) 79, 207, 332, 335 [3]. – Ganesh Prasad: Some great mathematicians of the 19th century 1 (Benares 1933) XI-XII, 166-219 (m. Bildn. u. Schr.Verz.) [1a]. – David Eugene Smith: Portraits of eminent mathematicians with brief biographical sketches. Portfolio Nr. 2 (New York 1938) 2 S., 1 Bildn. [Portrait 9] [210]. – Kurt-R. Biermann: Über die Förderung deutscher Mathematiker durch Alexander von Humboldt. In: Alexander von Humboldt. Gedenkschrift zur 100. Wiederkehr seines Todestages (Berlin 1959) C. G. J. Jacobi: 7, 12, 39, 40, 41, 45, 47, 48, 57 [3]. – Abraham A. Fraenkel: Jewish mathematics and astronomy: Scripta math. **25** (1960) 38 [7].

Zum 100. Geburtstag Leo Koenigsberger: Carl Gustav Jacob Jacobi. Rede zu der ... in Heidelberg veranstalteten Feier der 100. Wiederkehr seines Geburtstages am 9. Aug. 1904: Jber. Dtsch. Math.-Ver. **13** (1904) 405-433 (m. Titelbildn.) [11]; Carl Gustav Jacob Jacobi. Festschr. zur Feier der 100. Wiederkehr seines Geburtstages (Leipzig 1904) XVIII, 554 S. (m. Bildn., Faks. u. Faks. eines Briefes) [3]. – H. A. Schwarz: Die Grabstätte C. G. J. Jacobis: Jber. Dtsch. Math. Ver. **13** (1904) 433-435 (m. Bildn.) [11]. – Leo Koenigsberger: Gedächtnisrede auf C. G. J. Jacobi: Vortr. 3. internat. Math. Kongreß Heidelberg 8.-13. 8. 1904 (Heidelberg 1905) 55-85 [3].

Zum 100. Todestag Ernest H. Huntress: Centenials and sesquicentennials during 1951 with interest for chemists and physicists: Jacobi, Karl Gustav Jacob: Proc. Amer. Acad. Arts Sci. **79** (1950-1951) 21 [Ha 2]. – K. W. Wagner: Arch. elektr. Übertr. **5** (1951) 105-106 (m. 1 Bildn.) [3].

Weitere Lit. August Heller: Geschichte der Physik **2** (Stuttgart 1884) 584, 587-588, 621, 649 [3]. – Hans Prutz: Die Königl. Albertus-Univ. zu Königsberg i. Pr. im 19. Jahrhundert. Zur Feier ihres 350jährigen Bestehens (Königsberg 1894) 118 [3]. – Ernest Lebon: Histoire abrégée de l'Astronomie (Paris 1899) 75-76, 207, 208, 249 [11]. – Paul Julius Möbius: Über die Anlage zur Math. (Leipzig 1900) 162 m. Bildn. [14]; 2. Aufl. (Leipzig 1907) Taf. nach 172 [14; 15]. – Moritz Cantor: Ferdinand Schweins u. Otto Hesse in der Festschr. Heidelberger Prof. aus dem 19. Jahrhundert **2** (Heidelberg 1903) 230, 234, 235, 239 [3]. – Ludwig Friedländer: Erinnerungen, Reden u. Studien **1** (Straßburg 1905) 46, 50, 62-63, 78 [3]. – W. Ahrens: Mathematiker-Anekdoten, 2. Aufl. (Leipzig-Berlin 1920) 17-20, 21 (m. 1 Bildn.) (Math.-phys. Bibl., 18) [101]. – Paul Boerner: Erinnerungen eines Revolutionärs **2** (Leipzig 1920) 61, 63-64 [3]. – David Eugene Smith: History of Mathematics **1** (Boston-New York-Chicago-London 1923) 506-507 (m. Bildn.) [3; 14]. – E[ric] T[emple] Bell: Men of mathematics (London 1937) siehe Reg. S. 648 [1]. – F. Gudian: E. E. Kummer u. C. G. J. Jacobi: Z. ges. Naturwiss. **3** (1937/1938) 70-80 [3]. – Kurt-R. Biermann: Johann Peter Gustav Lejeune Dirichlet. Dokumente für sein Leben u. Wirken: Abh. Dtsch. Akad. Wiss., Kl. Math. Physik Techn. **1959**, Nr. 2, siehe Reg. S. 83 [3].

Bildn. Friedrich Schulze: B. G. Teubner 1811-1911. Geschichte der Firma (Leipzig 1911) Bildn. S. 272 [3; 14]. – Bildn. berühmter Mitglieder der Deutschen Akad. Wiss. Berlin (Berlin 1950) Taf. 40 [3].

Archivalien Gelehrten- u. Schriftstellernachlässe in den Bibliotheken der DDR **1** (Berlin 1959) 50, Nr. 315 [3].

JAHNS, Ernst Friedrich. Pharmaz. Chem. – Apothekerpraxis in Hannover (bis 1863), dann Gehilfe in Verden; 1865–1867 stud. Univ. Bern, 1867–1869 Univ. Göttingen; 1869 pharmaz. Staatsexamen Göttingen; dann in der Apotheke zu Clausthal, 1871 in der Universitäts-Apotheke Göttingen tätig, die er 1874 käuflich erwirbt (bis 1901 Familienbesitz).

*1844, Febr. 27, Hannover;

†1897, Apr. 17, Göttingen.

Zeitschriften-Aufsätze Arch. Pharmaz. 1878-1897; Ber. Dtsch. chem. Ges. 1881-1896; Pharmaz. Ztg. 1889, 1891.

Bibliogr. Cat. scient. Papers **10** (1894) 320 (3 Nr.); **12** (1902) 363 (10 Nr.); **16** (1918) 62 (11 Nr.) [3].

Nekr. Emil Fischer: Ber. Dtsch. chem. Ges. **30** (1897) 907-908 [15]. – Alexander Tschirch: Dtsch. Apotheker-Ztg. **12** (1897) 372-373.

Biogr. Alexander Tschirch: Vorträge u. Reden (Leipzig 1915) 630-636 [14]. – M. A. Bloch: Biogr. spraw. **1** (Leningrad 1929) 328 [15]. – Ernst Kelterborn: Aus der Geschichte der Universitäts-Apotheke zu Göttingen (Göttingen 1937) 29-31 (m. Abb.) [101]; auch in: Pharmaz. Zentralhalle **78** (1937) 561-567 [3]. – Hans Dietmann: Süddtsch. Apotheker-Ztg. **90** (1950) 557-564 (m. Bildn. u. Lit. Nachweis) [101]. – Walther Awe: Dtsch. Apotheker-Ztg. **92** (1952) 734-735 [101]. – Otto Zekert: Berühmte Apotheker **2** (Stuttgart 1962) 63-64 (m. Bildn.) [101].

IV **JANSEN,** Karl. Math. – 1893–1904 Direktor Ratsgymnas. Münster/Westf.; 1904–1908 Geh. Reg.Rat u. Vortragender

Rat im Preuß. Kultusministerium Berlin; seit Anfang 1909 als Geh. Oberreg. Rat i. R. (Mitt.: Stadtarch. Münster).

*1844, Febr. 10, Düsseldorf;

†1910, März 17, Berlin-Großlichterfelde.

III, IV **JENTZSCH,** Karl Alfred. Geol., Mineral. — 1867–1872 stud. Polytechn. Dresden u. Univ. Leipzig; 1872 Dr. phil. Univ. Leipzig; 1875 Doz., 1889 Prof. Univ. Königsberg; 1881–1899 Geologe Preuß. Geol. Landesanst. Königsberg; seit 1899 Landesgeologe in Berlin.

*1850, März 29, Dresden;

†1925, Aug. 1, Gießen.

Biogr. Deutschlands, Oesterreich-Ungarns u. der Schweiz Gelehrte, Künstler u. Schriftsteller in Wort u. Bild (Leipzig-Gohlis 1908) 227 (m. Bildn.) [3]. — J. Behr: Alfred Jentzsch: Jahrb. Preuß. geol. Landesanst. 1926 **49**, 2 (1927) IXX–LV (m. Titelbildn. u. Faks.Schr.Verz.) [3].

Weitere Lit. Karl Alfred von Zittel: Geschichte der Geol. u. Paläontol. bis Ende des 19. Jahrhunderts (München-Leipzig 1899) 345, 506, 714. (Geschichte der Wiss. in Deutschland, Neuere Zeit, 23) [3].

IV **JETTMAR,** Heinrich Ritter von. Math. — 1873 Gymnasialprof. in Marburg/Steiermark; 1883 Prof. Math. u. Physik Piaristengymnasium Wien VIII; zuletzt Schulrat.

*1849, Sept. 17, Lemberg;

†1926, Sept. 25, auf der Fahrt von Rohrbach nach Neufelden (Oberösterreich).

Mitt. des Sohnes Prof. Dr. H. M. Jettmar, Wien.

I **JOHANNES VON GMUNDEN** (Joannes de Gamundia). Math., Astron. — Seit 1400 in Wien; 1406 Magister artium, 1409 Magister stipendiatus Univ. Wien (seit 1408 Math. u. Astron. lesend); daneben 1425 Domherr von St. Stephan Wien. — Erster Fachprof. u. Begründer der Älteren Mathematikschule an der Univ. Wien.

*1380 ? (vor 1385) Gmunden/Traunsee;

†1442, Febr. 23, Wien.

Bibliogr. Brit. Mus. Gen. Cat. **171** (1963) Sp. 898 (4 Nr.) [3].

Zum 500. Todestag R. Klug: Welt u. Heimat (Linz) **10** (1942) Nr. 9 (S. 2) (m. 2 Faks.-Seiten) [101].

Biogr. Johann Friedrich Weidler: Historia Astronomiae **1** (Vitembergae 1741) 293–294 [3]. — Franz Constantin Florian von Khautz: Versuch einer Geschichte der Oesterreichischen Gelehrten (Frankfurt-Leipzig 1755) 28–32 [3]. — Abraham Gotthelf Kaestner: Geschichte der Math. **2** (Göttingen 1797) 529 (Geschichte der Künste u. Wiss. 7, 2) [3]. — Ein Beitrag zur Geschichte der ersten Kalender: F. X. von Zach: Monatl. Correspond. Beförderg. Erd- u. Himmelskde **18** (1808) 583–593 [3]. — F. D. Gräter: Iduna u. Hermode. Eine Althertums-Ztg. (Breslau 1813) 118 [3]. — M. Koch: Literarhistor. Notiz in: Bl. literar. Unterhaltg. **1841**, Nr. 90, S. 364 [3]. — Stern: Johannes de Gmunden. In: Ersch-Gruber Sect. 2, Th. 22 (1843) 188–190 [3]. — Joseph Aschbach: Geschichte der Wiener Univ. **1** (Wien 1865) 455–467 [3]. — Ferdinand Kaltenbrunner: Die Vorgeschichte der Gregorianischen Kalenderreform (Wien 1876) 74–81 [3]. — Rudolf Wolf: Geschichte der Astron. (München 1877) 86, 94 (Geschichte der Wiss. in Deutschland. Neuere Zeit, 16) [3]. — Joh. Müller: Der Astronom Johann von Gmunden: Anz. Kunde dtsch. Vorzeit **1878**, Nr. 1, Sp. 1–2 (Nürnberg) [Nürnberg, Germ. Nat. Museum]. — C. Bruhns: ADB **14** (1881) 456–457 [3]. — Albrecht Penck: Die Geogr. an der Wiener Univ.: Geogr. Abh. **5** (1896) VII [3]. — Siegmund Günther: Geschichte der Erdkunde (Leipzig-Wien 1904) 113 [15]. — Eugen Diederich [Hrsg.] Deutsches Leben der Vergangenheit in Bildern. Ein Atlas mit 1760 Nachbildungen alter Kupfer- u. Holzschnitte aus dem 15. bis 18. Jahrhundert m. Einführung von Kienzle **1** (Jena 1908) 43 (m. Abb. Nr. 126) [3]. — Rudolf Klug: Der Astronom Johannes von Gmunden u. sein Kalender: Progr. Staatsgymnas. Linz 1912 (Linz 1912) 35 S. [Stadtbibl. Linz]. — Ernst Zinner: Die Geschichte der Sternkunde von den ersten Anfängen bis zur Gegenwart (Berlin 1931) 351, 379, 391, 392, 402–405 [15]. — Wilhelm Voss: Das Vermächtnis des Mag. Johann von Gmunden: Himmelswelt **45** (1935) 178–181 [LB Bern]. — Arnold C. Klebs: Incunabula scientifica et medica: Osiris 4 (1938) 1–359 (besonders 187) [3]. — Rudolf Klug: Johannes von Gmunden, der Begründer der Himmelskunde auf deutschem Boden. Nach seinen Schriften u. den Archivalien der Wiener Univ. Beitr. z. Geschichte der Stadt Wien 1: S.-Ber. Akad. Wiss. Wien, philos.-histor. Kl. **222** (1943) Abh. 4 93 S. (m. 23 Abb., Schr.Verz. 91–92) [101]. — Ernst Zinner: Entstehung u. Ausbreitung der Coppernicanischen Lehre (Erlangen 1943) 84, 85, 91, 92, 101, 103, 116, 143, 147, 267 [101]. — Hugo Hassinger: Österreichs Anteil an der Erforschung der Erde. Ein Beitrag zur Kulturgeschichte Österreichs (Wien 1949) 29, 33, 51, 55, 57 [3]. – Hugo Hassinger: Johannes von Gmunden, Georg von Peuerbach u. Regiomontanus: Österr. Naturforsch. u. Techniker (Wien 1950) 28-30 (m. 1 Bildn., 3 Abb.) [3]. – Ernst Zinner: Astron. Instrumente des 11. bis 18. Jahrhunderts (München 1956) siehe Reg.; Taf. Nr. 46 [Ha 2].

III, IV, VI **JORDAN.** Wilhelm. Geodäsie. – 1863 Geometer 1. Klasse, 1866 Ass. Polytechn. Stuttgart; 1868–1881 Prof. TH Karlsruhe, 1882–1985 o. Prof. TH Hannover. Er nahm 1873–1874 an Rohlfs Expedit. in die Libysche Wüste teil; seit 1873 Redakteur der Zeitschr. für Vermessungswesen.

*1842, März 1, Ellwangen (Württ.);
†1899, Apr. 17, Hannover.

Werke Handbuch der Vermessungskunde. Unter Mitarbeit von ... hrsg. von Max Kneißl. 10. neu bearb. Ausg. **1** (Stuttgart 1961) XIV, 808 S.; **2** (1963) XIV, 816 S.; **3** (1955/56) XIV, 749 S.; **4** (1958/59) 1296 S. [101].

Bibliogr. Cat. scient. Papers **3** (1869) 580 (6 Nr.); **8** (1879) 39 (10 Nr.); **10** (1894) 356 (8 Nr.); **12** (1902) 373 (2 Nr.); **16** (1918) 144 (11 Nr.) [3]. – Cat. Gén. Bibl. nat. **78** (1923) Sp. 1126-1128 (12 Nr.) [3]. – Brit. Mus. Gen. Cat. **119** (1962) Sp. 87-88 (9 Nr.) [3].

Nekr. Helmert: Z.Vermess.-Wes. **28** (1899) 322-328 (m. Bildn.) [11]. – C. Runge: Z. Architektur u. Ing.-Wes. **45** (1899) Nr. 17, S. 265-266 [1]; Astron. Nachr. **149** (1899) Sp. 319-320 [3]. – W. Wolkenhauer: Geogr. Jahrb. **22** (1899) 443 [3]; Biogr. Jahrb. u. Dtsch. Nekr. **4** (1900) 207-208, Totenliste S. 151 [3]. – Dtsch. Rdsch. Geogr. **21** (1899) 473 [3]. – Illustr. Ztg., Leipzig **112** (1899) 589 [3]. – Leopoldina **35** (1899) 160 [Ha 2].

Biogr. Ernst Metzger: Jber. Württ. Ver. Handelsgeogr. Stuttgart Nr. 7 u. 8 (1888-1889) 120-121 [24]. – Wilhelm Schur: Beitr. zur Gesch. der Astron. in Hannover: Festschr. zur Feier des 150jährigen Bestehens Ges. Wiss. Göttingen (Berlin 1901) 151 [3]. – Günther: ADB **51** (1906) 476-479 [3]. – Hermann Jordan: Wilhelm Jordan: Z. Vermess.-Wes. **51** (1922) 577-585 [7]. – H. P. von Humboldt-Dachröden: Erinnerungen an ... Wilhelm Jordan: Germania **1925**, Morgenausg., 26. Apr. [28]. – Lüdemann: Urkunde u. Jordans Tätigkeit als Forschungsreisender: Z. Vermess.-Wes. **58** (1929) 71 [11]. – A. Nüsse: Allg. Vermess.-Nachr. **54** (1942) 66-70 [3]. – Gustav Widenmann: In: Schwäb. Lebensbilder **4** (Stuttgart 1948) 67-75 m. Bildn. u. Faks., Schr.-Verz. 74-75 [3; 14]. – Konrad Peters: Geodäten in der Libyschen Wüste: Fluchtstab **9** (1958) Nr. 1/2, S. 2-6 (m. 1 Karte) [101]. – Harbert: Z. Vermess.-Wes. **85** (1960) 138.

Zum 100. Geburtstag Gustav Widenmann: Kocher- u. Nationalztg. [Aalen] **1942**, Nr. 50 vom 28. Febr. S. 4 (m. Bildn. 1888); Nr. 52 vom 3. März (m. Schr.Verz.) [Stadtarchiv Aalen]. – Wilhelm Jordan. 1842-1899. Gedenkschr. zum 100. Geburtstage. Hrsg. vom Dtsch. Ver. für Vermessungswesen (Stuttgart 1942) 31 S. [24].

I **JUNGIUS** (Jung, Junge), Joachim. Naturforsch., Math. – 1606 Studien in Rostock; 1608 Magister, 1609–1612 Prof. Math. Univ. Gießen; 1614 Aufenthalt in Augsburg, 1615 in Lübeck; 1616–1618 stud. Med. Univ. Rostock; 1618 Dr. med. Univ. Padua; 1624–1628 Prof. Math. Univ. Rostock, mit halbjähriger Unterbrechung als Prof. Med. Univ. Helmstedt; 1629–1657 Rektor des Gymnasiums, von 1626–1640 auch des Johanneums in Hamburg. Er gründete 1622 in Rostock die 1. wiss. Gesellschaft in Deutschland zur Pflege der Math. u. der Naturwiss., die societas heuretica.

*1587, Okt. 22, Lübeck;
†1657, Sept. 23, Hamburg.

Genealog. Percy E. Schramm u. Ascan W. Lutteroth: Verzeichn. gedruckter Quellen zur Geschichte Hamburgischer Familien (Hamburg 1921) 47-48 [101].

Bibliogr. Cat. Gén. Bibl. nat. **79** (1924) Sp. 1112-1114 (11 Nr.) [3]. – Heinrich Lüdtke: Joachim Jungii Lubecensis ... handschriftl. Nachlaß in der Bibl. der Freien u. Hansestadt Hamburg. Ein Katalogisierungs-Versuch: Sudhoffs Arch. Gesch. Med. u. Naturwiss. **29** (1937) 366-405 [3]. – Brit. Mus. Gen. Cat. **119** (1962) Sp. 836-838 (19 Nr.) [3]. – Heinrich Parthey u. Heinrich Vogel: Joachim Jungius u. Moritz Schlick (Rostock 1969) 46 S., besonders 8-21 (Rostocker Philos. Manuskr., Sonderh.) [101].

Briefe Des Joachim Jungius aus Lübeck Briefwechsel mit seinen Schülern u. Freunden. Zsgst. von Robert C. B. Avé-Lallemant. (Lübeck 1863) XXVIII, 456 S. [3].

Nekr. Martin Vogel: Memoriae Joachimi Jungii, Mathematici summi ceteraque incomparabilis philosophi (Hamburg 1657) [16 S.] [3; 23]. – J. et V. Pl. [Johannes u. Vinzenz Placcius]: Viro clarissimo et excellentissimo Dr. Joachimo Jungio, Lubec. Phil. et med. Doct. ... hanc pietatem ultimam exhibuere 1657 [Hamburg Commerzbibl.].

Biogr. Martin Vogel: Historia vitae et mortis Joachimi Jungii ... In: Henning Witte Memoriae philosophorum, oratorum, poetarum ... (Frankfurt/M. 1679) 261-280 [3]. – Henning Witte: Diarium biographicum ... (Danzig 1688) 23. Sept. 1657 [3]. – Jacob Friderich Reimann: Versuch einer Einleitung in die Historiam Literariam derer Teutschen (Halle 1709) 473-482 [3]. – Johann Albert Fabricius: Memoriarum Hamburgensium **2** (Hamburg 1710) 1068, 1073-1074, 1121 [3]. – Justus Christoph Boehmer: Memoriae professorum Helmstadiensium in medicorum ordine qui diem suum obierunt prolusionibus binis descriptae (Wolfenbüttel 1719) 38-40 [3]. – Johann Heinrich von Seelen: Athenarum Lubecensium p. **3** (Lübeck 1721) 431-446 [15]. – Allgemeines histor. Lexikon ... Teil 2 (Leipzig 1722) 878 [3]. – Daniel Georg Morhof: Polyhistor, Literarius, Philosophicus et Practicus. 3. Aufl. (Lübeck 1732) II, 1, 9, 1. II, 1, 14, 63. II, 2, 2, 11. II, 2, 12, 2. II, 2, 4, 5. II, 2, 6, 6. II, 2, 45, 5 [3]. – Johannes Moller: Cimbria literata (Hauniae 1744) **1**, S. 289; **3**, S. 342-353 [3]. – Chr. Gottl. Jöcher: Allgemeines Gelehrten-Lexikon ... Teil **2** (Leipzig 1750) Sp. 2020-2021 [3]. – Gottfried Wilhelm Leibniz: Opera omnia **5** (Genf 1768) 183, 370, 540; **6** (1768) 7, 8, 17, 18, 32, 33, 40, 42, 43, 51, 54, 71, 72 [3]. – Nicolaus Wilckens: Hamburgischer Ehren-Tempel ... (Hamburg 1770) 480-487 [3]. – Johann Martin Müller: Beytr. zur Geschichte des Johannei (Hamburg 1779) 20-21 [18]. – Johann Otto Thieß: Versuch einer Gelehrtengeschichte von Hamburg **1** (Hamburg 1780) 339 [3]. – Friedrich Wilhelm Strieder: Grundlage zu einer Hessischen Gelehrten- u. Schriftsteller-Geschichte **6** (Cassel 1786) 395-405 (m. Schr.Verz. 398-405) [3]. – Christian Philipp Ripke: Dissertatio solemnis historico litteraria de meritis Hamburgensium in historiam naturalem quam annuente Deo T. O. M. (Hamburg 1791) 15-26. – H.-A.: Chr. Phil. Ripke-Dissertatio de meritis Hamburgensium in historiam naturalem Hamburgi 1791: Ann. Botanik **1** (1791) 87-91 [Angebl. Rezensent: A. von Humboldt] [3]. – Weiss: Biographie universelle, ancienne et moderne **22** (Paris 1818) 150-152 [3]. – J. A. R. Janssen: Ausführl. Nachrichten über die ... Kirchen u. Geistlichen der freyen u. Hansestadt Hamburg ... sowie über deren Johanneum, Gymnasium, Bibl. u. die dabey angestellten Männer (Hamburg 1826) 377, 435, 457 [3]. – E. Ph. L. Calmberg: Geschichte des Johanneums zu Hamburg (Hamburg 1829) 99-111, VI [3]. – A. W. E. Th. Henschel: Joachim Jungius, der Baco der Deutschen: Janus **1** (1846) 812-822 [3]. – G. E. Guhrauer: De Joachimo Jungio commentatio historico-literaria (Vratislavia [1846]) 40 S. [15]. – G. E. Guhrauer: Aus Goethes Archiv: Dtsch. Vjschr. Literaturwiss. u. Geistesgesch. (1849) H. 3, S. 366-374 [3]. – G. E. Guhrauer: Joachim Jungius u. sein Zeitalter. Nebst Goethes Fragmenten über Jungius (Stuttgart-Tübingen 1850) XII, 383 S. [3]. – [Heinrich] Döring: Joachim Jung, auch Junge oder Jungius. In: Ersch-Gruber, Allgemeine Encyklopädie der Wiss. u. Künste. Sect. 2, Th. **28** (1851) 420-430 [3]. – Hans Schröder: Lexikon der hamburg. Schriftsteller **2** (Hamburg 1854) 518-524 (m. Schr. Verz. 520-524) [3]. – General-Bericht über die Thätigkeit der Naturwiss. Gesellschaft in Hamburg. Mit einem Vorwort von K[arl] G[ottfried] Zimmermann enthaltend: Biogr. u. Skizzen hamburgischer Naturforscher in älterer Zeit (Hamburg 1865) 9-10 [3]. – Richard Hoche: ADB **14** (1881) 721-726 [3]. – Robert Ch. B. Avé-Lallemant: Yn Gudes Namen. Das Leben des Joachim Jungius aus Lübeck (Breslau 1882) 184 S. [3]. – Th. Schrader: Die Abrechnung über den Nachlaß des Joachim Jungius: Mitt. Ver. Hamburg. Gesch. **11** (1888) 274-284 [3]. – V.: Einiges [aus den Ausgabebüchern der Hamburgischen Kämmerei] über Joachim Jungius: Z. Ver. Hamburg. Gesch. **5** (1891) 205-206 [14]. – Goethes Werke, Sophienausgabe Abt. 2, Bd. 7 (Goethes naturwiss. Schriften Bd. 7) T. 2 (Weimar 1892) 105-129 (m. Schr.Verz. S. 123-129): Leben u. Verdienste des Doctor Joachim Jungius, Rectors zu Hamburg [3]. – L. S.: La Grande Encyclopédie **21** (1895/96) 298-299 [3]. – W. Ruhland: Joachim Jungius. In: Handwörterbuch der Naturwiss. 2. Aufl. **5** (Jena 1933) 723 [3]. – H. Krüger-Westend: Goethe u. Joachim Jungius: Hamburger Nachr. 18. März **1906**, Belletrist.-liter. Teil, Nr. 11, S. 2-3 [18]. – Die 500-Jahrfeier der Univ. Rostock. Amtl. Bericht (Rostock 1920) 49-51 (m. 1 Bildn. S. 47) [28]. – Adolf Meyer-Abich: Joachim Jungius' geistesgeschichtl. Gestalt. In: Naturforschung u. Naturlehre im alten Hamburg (Hamburg 1928) 81-95 (m. Titelbildn., Faks., Taf. V) darin: Hamburger Naturforscher u. ihre Werke, S. **3**, 5, 9, 10-19, 26, 27, 28, 29, 30, 31, 32, 33, 36, 80 [3]. – Beitr. zur Jungius-Forschung. Prolegomena zu der von der Hamburg. Univ. beschlossenen Ausgabe der Werke von Joachim Jungius (Festschr. der Hamburg. Univ. anläßlich ihres 10jährigen Bestehens). Im Auftr. d. Jungius-Kommission hrsg. von Adolf Meyer (Hamburg 1929) 120 S. [3]; darin: Ernst Cassirer: Leibniz u. Jungius 21-26; Joachim Jungius: Über den propädeutischen Nutzen der Math. für das Studium der Philosophie. Rede beim Antritt des Rektorats in Hamburg am 19. März 1629. Hrsg. u. übersetzt von J. Lemcke u. A. Meyer 94-120; Erich von Lehe: Jungius-

Archivalien aus dem Staatsarchiv Hamburg 62-87; Johannes Lemcke: Versuch einer Jungius-Bibliogr. 88-93; Hermann Rose: Zur Gesch. der Mineral. in Hamburg mit besonderer Berücksichtigung von Jungius 56-61; Richard Schorr: Die Astronomie in Hamburg in früheren Jahrhunderten 51-55; Julius Schuster: Jungius' Botanik als Verdienst u. Schicksal 27-50; Emil Wohlwill: Für eine Veröffentlichung von Jungius Werken u. seine künftige Biogr. 15-20. – Heinrich Lüdtke u. Adolf Meyer: Zur Aktualität des Joachim Jungius: Sudhoffs Arch. Gesch. Med. u. Naturwiss. **29** (1937) 406-408 (m. 1 Abb., 1 Faks.) [3]. – Heinrich Lüdtke: Materialien über die Beziehungen zwischen Jungius u. Descartes: Sudhoffs Arch. Gesch. Med. u. Naturwiss. **29** (1937) 409-422 [3]. – Adolf Meyer: Neue Beitr. zur Jungius-Forschung: Sudhoffs Arch. Gesch. Med. u. Naturwiss. **29** (1937) 363-422: 1. Beitr.: Heinrich Lüdtke: Des Joachimi Jungii Lubecensis handschriftl. Nachlass 366-405; 2. Beitr.: Heinrich Lüdtke u. Adolf Meyer: Zur Aktualität des Joachim Jungius. 406-408; 3. Beitr.: Heinrich Lüdtke: Materialien über die Beziehungen zwischen Jungius u. Descartes. 409-422 [3]. – Walter Müller: Ein Beitr. zur Jungius-Forschung. Sein handschriftl. Nachlaß, soweit er sich mit pharmazeut. Wissen beschäftigt (Hamburg 1939) 80 S. m. Faks. (Niederelbische Heimatbücher, 12); dasselbe: (Glückstadt-Hamburg-New York 1939) (Hamburg, Math.-nat. Diss. 1939) [18]. – M. B. S. Partington u. D. Mckie: Historical studies on the phlogiston theory. IV. Last phases of the theory: Ann. of Sci. **4** (1939) 113-149 [1a]. – Walter Görlitz: Beitr. Gesch. Rostock **22**, 1940/1941 (1941) 154-163 (m. 1 Bildn.) [3]. – Adolf Meyer-Abich: Hanseat. Hochschul-Ztg. **21** (1940) 61-64, 81-83 [101]. – Hellmuth Rössler u. Günther Franz: Biogr. Wörterbuch zur deutschen Geschichte (München 1953) 418-419 [3]. – Rupprecht Matthaei: Joachim Jungius u. Goethes Farbenlehre: Neue H. Morphol. **1** (1954) 60-66 [3].

Zum 300. Geburtstag Das Testament des Dr. Joachim Jungius, seine Verwaltung u. seine Stipendiaten. Zum 22. 10. 1887 i. A. der Verwalter des Testaments hrsg. von Konrad Friedlaender (Hamburg 1887) 55 S. nebst dem Bildn. des Testators u. einen Facs. der Unterschriften der Testamentszeugen [14]. – Emil Wohlwill: Joachim Jungius. Festrede. Mit Beitr. zu Jungius' Biogr. u. zur Kenntnis seines handschriftl. Nachlasses (Hamburg-Leipzig 1888) 85 S. [3].

Zum 300. Todesjahr Die Entfaltung der Wiss. Zum Gedenken an J. Jungius. Vorträge, gehalten auf der Tagung der J. Jungius-Gesellsch. der Wiss. am 31. Okt. u. 1. Nov. 1957 (Hamburg 1957) 160 S. (m. Bildn. u. Plakette von Hans M. Ruwoldt) [3; 14], darin: Otto Brunner: Hamburgs geschichtl. Stellung im Zeitalter des Joachim Jungius: 141-159 (m. 3 Abb.); Wilhelm Flitner: Die wiss. u. didakt. Reform des 17. Jahrhunderts: 97-107; K. Heyns: Ansprache des Präsidenten der Joachim-Jungius-Gesellsch. der Wiss.: 7-15 (m. 1 Bildn., 2 Abb.); R. Hooykaas: Elementenlehre u. Atomistik im 17. Jahrhundert: 47-65; Walther Mevius: Der Botaniker Joachim Jungius u. das Urteil der Nachwelt: 67-77 (m. Lit.Verz.); Rudolf W. Meyer: Joachim Jungius u. die Philosophie seiner Zeit: 17-32; Kurt Dietrich Schmidt: Theolog. Auseinandersetzungen in Hamburg im beginnenden 17. Jahrhundert: 109-116; Johannes Steudel: Das Experiment in der Medizin des 17. Jahrhunderts: 79-96 (m. 11 Abb.); Kurt Vogel: Math. Forschung u. Bildung im frühen 17. Jahrhundert: 33-46. – J. H. S. Green: Nature [London] **180** (1957) 570-571 (m. Lit.Verz.) [3]. – Douglas Guthrie: ebda **183** (1959) 1435-1436 [3]. – Hans Schimank: Physik. Bl. **13** (1957) 551-558 [15].

Jungius u. die Atomistik Emil Wohlwill: Joachim Jungius u. die Erneuerung atomistischer Lehren im 17. Jahrhundert: Abh. Geb. Naturwiss. **10** (1887) H. 2, 66 S. [Ha 2]. – Kurd Lasswitz: Geschichte der Atomistik vom Mittelalter bis Newton **2** (Hamburg-Leipzig 1890) 245-261 [3]. – Ernst Bloch: Die antike Atomistik in der neueren Geschichte der Chemie: S.-Ber. Isis Dresden **1** (1913) 377-417, besonders 381-382, 384, 385, 386, 390 [L 5]. – Rembert Ramsauer: Joachim Jungius u. Robert Boyle. Das Schicksal der deutschen Atomlehre. Zur Geschichte der Naturanschauung in Deutschland, VII: Z. ges. Naturwiss. **2** (1937) 373-388 [3]. R. Ramsauer: Der Weg der Atomlehre von Joachim Jungius zu Robert Boyle: Verh. Ges. Dtsch. Naturf. u. Ärzte **94**. Vers. Dresden **1936** (1937) 177 [Ha 2].

Jungius u. die Botanik Johannes Ray: Historia plantarum generalis (London 1693) 11-12, 13-16, 18-19, 21 [3]. – Sydney Howard Vines: Robert Morison and John Ray in: Makers of British Botany. Hrsg. T. W. Oliver (o. O. 1913) 15 [1]. – Joachim Jungius: Opuscula botanico-physica . . . (Coburg 1747) 156 S.; anschließend: Martin Fogelius: Annotationes generales ad Joachimi Jungii doxoscopias physicas minores 157-162; Derselbe: Annotationes speciales ad Joachimi Jungii doxoscopias physicas minores de plantis 163-178 [15]. – Kurt Sprengel: Geschichte der Botanik **2** (Altenburg-Leipzig 1818) 27-29 [3]. – Karl F. W. Jessen: Botanik der Gegenwart u. Vorzeit in culturhistor. Entwicklung (Leipzig 1864) 215-222 u. öfter [3]. – Julius Sachs: Geschichte der Botanik vom 16. Jahrhundert bis 1860 (München 1875)

43, 63-71 (Gesch. Wiss. Dtschld. Neuere Zeit, 15) [3]. – Adolf Hansen: Die Entwicklung der Botanik seit Linné. Akad. Festrede (Gießen 1902) 24 S. besonders 16 [3]. – B. Schorler: Geschichte der Floristik bis auf Linné: S.-Ber. Isis Dresden **1902** (1903) 3-22 (Jungius S. 15, 18) [Ha 2].

Jungius u. die Biologie Julius Schuster: Jungius Stellung in der Geschichte der biol. Theorien: Forsch. u. Fortschr. **4** (1928) 333-335 (m. 2 Abb.) [3]; gekürzt in: Janus **32** (1928) 390-391 [15]. – Charles Singer: A short history of biology (Oxford 1931) 174, 179-181, 184, 189, 288 [15]. – Jean Anker u. Svend Dahl: Werdegang der Biol. (Leipzig 1938) 112 [3].

Weitere Lit. Johannes Möller: Isagoge ad historiam Chersonesi Cimbricae . . . (Hamburg 1691) 586-599, 610, 611, 618, 619, 620 [3]. – Johannes Klefeker: Bibliotheca eruditorum praecocium sive ad scripta huius argumenti specilegium et accessiones (Hamburg 1717) 186 [15]. – Johann Friedrich Blumenbach: Introductio in historiam medicinae litterariam (Göttingen 1786) 209-210 [3]. – Gottlob Wilhelm Meyer: Geschichte der Schrifterklärung seit der Wiederherstellung der Wiss. **3** (Göttingen 1804) 344-345 [3]. – Johann Bernhard Krey: Andenken an die Rostockschen Gelehrten aus den 3 letzten Jahrhunderten, Stück 8 (Rostock 1816) 63-64, Anh.: S. 45 [3]. – [Joh.] Geffcken: Die Leichenbegängnisse in Hamburg im 17. Jahrhundert: Z. Ver. Hamburg Gesch. **1** (1841) 497-522 [3]. – W. Whewell: Geschichte der induktiven Wiss. der Astron., Physik, Mechanik, Chemie, Geol. etc. von der frühesten bis zu unserer Zeit. Nach dem Engl. mit Anm. von J. J. von Littrow Th. **3** (Stuttgart 1841) 339-340 [3]. – Friedr. Carl Kraft: Brevis historia Joannei Hamburgensis: Festschr. des Johanneums zu Hamburg zur Philologen-Versammlung 1855 (Hamburg 1855) 8-12 [11]. – A. Philippe: Geschichte der Apotheker bei den wichtigsten Völkern der Erde. Aus dem Französ. übersetzt von Herm. Ludwig (Jena 1858) 526 [39]. – K. W. M. Wiebel: Das physikal. Kabinet u. chem. Labor des Akadem. Gymnasiums zu Hamburg. In: Verzeichn. der Vorlesungen, welche am Hamburgischen Akad.- u. Real-Gymnasium von Ostern 1863 bis Ostern 1864 gehalten werden (Hamburg 1863) 17 [3]. – Johannes Geffcken: Joachim Jungius. Über die Originalsprache des Neuen Testaments vom Jahre 1637: Z. Ver. Hamburg. Gesch. **5** (1866) 157-185 [3]. – Kirchenpauer: Eröffnungsrede zur 49. Vers. Dtsch. Naturforsch. u. Ärzte in Hamburg: Allg. Wiener med. Ztg. **21** (1876) 346-347 [15]. – F. Bubendey: Math. Bestrebungen in Hamburg am Ende des 17. Jahrhunderts u. die Gründung der hiesigen Math. Gesellsch.: Mitt. Ver. Hamburg. Gesch. **1** (1878) 25-28 [3]. – Max Heraeus: Hamburger Studenten auf deutschen u. ausländischen Hochschulen in dem Zeitraum von 1290-1650: Z. Ver. Hamburg. Gesch. **9** (1894) 592 [3]. – Rudolf Kobert: Aus dem 2. Jahrhundert des Bestehens der Med. Fakultät zu Rostock (Stuttgart 1907) 36 [3]. – Erich Marcks: Hamburg u. das bürgerliche Geistesleben in Hamburg (Hamburg 1907) 17 [15]. – Edmund O. von Lippmann: Zur Geschichte der Pottasche u. ihres Namen: Chemiker-Ztg. **34** (1910) 1217 [Jungius erwähnt u. erklärt erstmalig das Wort Pottasche] [3]. – Max Speter: Zur Geschichte der Pottasche u. ihres Namens: Arch. Gesch. Math., Naturwiss., Techn. **2** (1910) 201-213 (Jungius 204-205) [3]. – G. Vailati: Scritti (Leipzig-Florenz 1911) 621-622 [3]. – Johannes Kiessner: Beziehungen Goethes zu Hamburg (Hamburg (1912) 35-41 [15]. – Dietrich Mahnke: Aus dem 1. Jahrhundert der Verdener Domschule: Verdener Anzeigenbl. **1913**, 2. Bl. vom 7. Okt. [Stadtarchiv Verden/Aller]. – Ernst von Meyer: Geschichte der Chem. von den ältesten Zeiten bis zur Gegenwart. 4. Aufl. (Leipzig 1914) 100 [3]. – Friedrich Paulsen: Geschichte des gelehrten Unterrichts. 3. Aufl. **1** (Leipzig 1919) 471 [3]. – Friedrich Ueberwegs Grundriss der Geschichte der Philosophie. F. 3. Die Philosophie der Neuzeit bis zum Ende des 18. Jahrhunderts. 12. Aufl. (Berlin 1924) 122, 133, 645 [3]. – Ernst Bloch: Das chem. Affinitätsproblem geschichtl. betrachtet: S.-Ber. Isis Dresden **8** (1926) 119-157 [3]. – J. Strohl, J. Ray: Neue Zürcher Ztg. **1927**, Nr. 2028 vom 29. Nov. u. Nr. 2035 vom 30. Nov. [ZB Zürich]. – Edmund Kelter: Hamburg u. sein Johanneum im Wandel der Jahrhunderte (1529-1929) (Hamburg 1928) 36-47, 74, 105, 196 (m. 2 Bildn., 5 Abb.) [101]. – Hans Schimank: Zur Geschichte der exakten Naturwiss. in Hamburg (Hamburg 1928) 11, 33-39, 42-53 (m. Bildn.) [101]. – Zwei Disputationen über die Prinzipien (Teile) der Naturkörper. In der Übersetzung von Emil Wohlwill hrsg. u. mit einer Einleitung versehen von Adolf Meyer (Hamburg 1928) 35 S. m. 1 Abb. [3]. – Heinrich Schneider: Joachim Morsius u. sein Kreis. Zur Geistesgeschichte des 17. Jahrhunderts (Lübeck 1929) 15, 17, 18, 92, 112, 115 (m. 1 Stammbuch-Eintragung) [48]. – Fritz Ferchl u. A. Süssenguth: Kurzgeschichte der Chem. (Mittenwald 1936) 83, 179 [3]. – Paul Walden: Überwindung der Antike in der Chem.: Angew. Chem. **53** (1940) 151-152 [101]; Drei Jahrtausende Chem. (Berlin 1944) 97-99 (m. Bildn. S. 52) [3; 14]. – Adolf Meyer-Abich: Joachim Jungius. Ein Philosoph vor Leibniz: Monographien philos. Forsch. **1** (1947) 138-152 [3]. – Paul Walden: Geschichte der Chem. (Bonn 1947) 33, 34, 47, 52, 59, 83, 107 [3]. – George Sarton: Boyle and Bayle. The sceptical chemist" and the sceptical historian: Chymia **3** (Philadelphia 1950) 155-189, besonders 164 [9]. — G. Simon: Naturlehre **5** (1957) 244-245 [101]. — H.: Der universelle Gelehrte u. Arzt Joachim Jungius: Ärztl. Praxis **9** (1957) Nr. 41, S. 30 [101]. — Herbert Weidner: Geschichte der Entomologie in Hamburg (Hamburg 1967) 17-22 (m. Bildn. S. 7 nach einem Kupferstich im Staatsarch. Hamburg) (Abh. u. Verh. Naturwiss. Ver. Hamburg N.F. 9, Suppl.) [18].

Bildn. Die hansische Univ. Hrsg. von der Landesbildstelle Hansa u. der hans. Univ. Text von A[dolf] Rein (Hamburg 1937) 6 (m. Bildn.) [14]. — Personen- u. Vorlesungsverz. d. Univ. Rostock Frühj.-Sem. 1951/1952 nach S. 2 (Druck nach Kupferstich von unbekanntem Meister) [14].

VI **JUNKERS,** Heinrich Hugo. Ing.-Wiss. — 1878–1883 stud. TH Berlin, Karlsruhe u. Aachen; 1884–1888 Konstrukteur in verschiedenen Maschinenfabriken in Berlin u. im Rheinland, 1897–1912 o. Prof. Wärmetechn. u. Leiter des Maschinenlabors TH Aachen; Schöpfer u. Leiter Junkerswerke in Dessau; von 1915 an Bau von Ganzmetallflugzeugen mit freitragenden Flügeln; Dr. Ing. e. h. TH München; Dr. phil e. h. Univ. Gießen; 1927 Grashof-Denkmünze.

*1859, Febr. 3, Rheydt;
†1935, Febr. 3, Gauting bei München.

Zum 70. Geburtstag Paul Flatau u. Robert Platow: Mittelland, Deutschlands aufstrebendes Wirtschaftsreich (Magdeburg 1929) 154-157 (m. 1 Bildn., 2 Abb.) [3; 14]. — Ernst Schäffer: Koseritz' Deutscher Volkskal. Brasilien (Porto Allegre) **55** (1930) 76-78 (m. Bildn.) [212]. — Ch.: Hansa, Dtsch. Schiffahrtsz. **66** (1929) 279 [18]. — Illustr. Flug-Woche **11** (1929) 1-3 (m. Bildn.) [101]. — Räder **10** (1929) 46 [E 1]. — VDI-Nachr. **9** (1929) Nr. 6, S. 5 [101]. — Junkers Festschr. Hugo Junkers zum 70. Geburtstage (Berlin 1929) 99 S., 117 Abb., 2 Faks. [101].

Nekr. Bössner: Z. Österr. Ver. Gas- u. Wasserfachmänner **75** (1935) 37-39 (m. Bildn.) [101]. — Werner von Langsdorff: Umschau **39** (1935) 150-153 (m. 2 Bildn.) [3; 14]. — A. Nägel: Z. VDI **79** (1935) 315-316 (m. Bildn. u. Faks.) [3]. — Trefftz: Z. angew. Math. u. Mech. **15** (1935) 184 [Ha 110]. — Aeroplane (London) **48** (1935) 146 (m. Bildn.) [81]. — Ber. naturwiss. Ver. Dessau **4** (1937) 8. — Jahrb. schiffbautechn. Ges. **37** (1936) 67-69 [101]. — Jahrb. wiss. Ges. Luftfahrt (Berlin) [16] **1935/1936,** S. 25. [89]. — Luftreise **4** (1935) 68 (m. Bildn.) [15]. — Metallwirtsch. **14** (1935) 168-169 [101]. — Naturwiss. **23** (1935) 201-202 (m. Bildn.) [3]. — K. E.: Niederrhein [Krefeld] **11** (1939) 124-125 [1a]. — RTA Rdsch. **15** (1935) Nr. 6, S. 5 (m. Bildn.) [101]. — M. Sch.: Schweiz. techn. Z. **10** (1935) 314 [101]. — Stahl u. Eisen **55** (1935) 296 (m. Bildn. u. Faks.) [101]. — Werft, Reederei, Hafen **16** (1935) 112-113 [18].

Biogr. Verleihung der Grashof-Denkmünze durch VDI: VDI-Nachr. **7** (1927) Nr. 22, S. 1 (m. Bildn.) [101]. — A. Berson: Z. techn. Physik **10** (1929) 33-35 (m. Bildn.) [15]. — W. Bernhard: Der Junkers-Fahrzeugmotor: Wärme **51** (1928) 886-887 [101]. — Freitag: Der Siemens-Ring für Hugo Junkers: VDI-Nachr. **10** (1930) Nr. 51, S. 2 (m. Abb.) [101]. — L. Reissner: Hugo Junkers u. seine Mitarbeiter: Bücherwurm **25** (1930) 40-44 [1a]. — J. W[eigelt]: Einiges über die Forschungsarbeit von Junkers: Ber. naturwiss. Ver. Dessau **2** (1930) 65-69; Einiges über Höhenflüge: 69-71 [Ha 2]. — Der Weg voran (Leipzig 1931) 10 (m. Bildn.) [101]. — Hugo Junkers: Principes de la recherche dévelopée selon ses buts et d'après des résultats (Auszüge aus seiner letzten Rede): Aéronautique **17** (1935) Nr. 190, S. 72 (m. Bildn.) [89]. — Conrad Matschoß: Große Ingenieure. Lebensbeschreibungen aus der Geschichte der Technik. 2. Aufl. (München-Berlin 1937) 324; 3. Aufl. 392-404 [101]. — Sven Hedin: Junkers: Der Goldene Reiter **2** (1939) 112-113 (m. 2 Abb.) [101]. — Richard Blunck: Hugo Junkers. Der Mensch u. sein Werk (Berlin 1940) 299 S., 4 Bildn. u. 18 Abb. [3; 14]. — Herbert Pönicke: Deutsche Männer der Technik. Hugo Junkers: Fortbildg. **51** (1943) 228-229 [101]. — Junkers als Pionier des Groß- u. Riesenflugzeugbaues: Junkers-Nachr. **14** (1943) 69-100 (m. 23 Abb.) [101]. — Richard Blunck: Hugo Junkers. Ein Leben für Technik u. Luftfahrt (Düsseldorf 1951) 312 S., 1 Bildn. [101]. — Sven Hedin: Große Männer, denen ich begegnete **2** (Wiesbaden 1951) 233-239 (m. Bildn.) [1; 101]. — Ein Leben für Forschung u. Technik. Hugo Junkers als Wirtschaftspionier: Handelsblatt **6** (1951) Nr. 16, S. 2 [61]. — DN 1779/Ha/Kl.: Hugo Junkers. Der Schöpfer des Ganzmetallflugzeuges: VDI-Nachr. **7** (1953) Nr. 2, S. 3 (m. 1 Bildn.) [101]. — Gas- u. Wasserfach **96** (1955) 260 (m. Bildn.) [101]. — Wilhelm Junkers: Hugo Junkers: Heimat, Z. Niederrhein. Heimatpflege **26** (1955) 59-60 [72]. — Hans Peugler: Hugo Junkers - Bahnbrecher der modernen Luftfahrt: Ausbau **9** (1956) 389-396 (m. Bildn. u. Faks., 5 Abb.), 453-461 (m. 10 Abb.) [101]. — Hans Schimank: In: Die Großen Deutschen. Deutsche Biogr. **5** (Erg.Bd.) (Berlin 1957) 422-435 (m. 1 Bildn. u. 5 Abb.) [3]. — W. Gruhnwald: In: Deutsche Techniker aus 6 Jahrhunderten. Hrsg. von Alfons Kauffeldt (Leipzig 1963)

128-133 m. Bildn. vor S. 97 (Taschenbuch, 28) [14].

Zum 100. Geburtstag H. Blenk: Z. Flugwiss. **7** (1959) 21-22 (m. 1 Bildn.) [3]. — Günther Bock: Z. VDI **101** (1959) 113-116 (m. Bildn.) [101]. — F[riedrich] H[errnleben]: Techn.-wiss. Mitt. **1959**, Febr., S. 1 [6]. — Johannes Körting: Gas- u. Wasserfach **100** (1959) 168-169 (m. 1 Bildn., 1 Abb., Lit.Verz.) [3]. — Hans Schimank: Hugo Junkers, der Mann u. sein Werk: VDI-Nachr. **13** (1959) Nr. 3, S. 6 (m. Bildn.) [101]. — Junkers Pressedienst, Hugo Junkers u. sein Werk: Ausbau **12** (1959) 209-210 (m. Bildn.) [101]. — Ein Pionier auf vielen Gebieten: Schweinfurter Tagbl. **1959**, 2. Febr. (m. Bildn.). — Gas, Wasser, Wärme **13** (1959) 52 [101]. — Gesundheits-Ing. **80** (1959) 124 (m. Bildn.) [101]. — Ingenieur, Hamburg **13** (1959) 16 [101].

Weitere Lit. Im Flugzeug dem Nordpol entgegen. Junkers' Hilfsexpedition für Amundsen nach Spitzbergen 1923. Hrsg. von Walter Mittelholzer. Mit Beitr. von Kurt Wegener, A. Miethe u. H. Boykow (Zürich 1924) VIII, 106 S. m. 48 Bildn. [14]. — Konrad Widerhold: Die Wahrheit über Junkers: Weltbühne **22** (1926) 806-810 [101]. — Die Junkers-Werke (Berlin 1926) 35 S. (Industrie u. Handel, 20) [14]. — Solneman: Querkopf Junkers: Weltbühne **24** (1928) 840-842 [101]. — Carl Hanns Pollog: Hugo Junkers. Ein Leben als Erfinder u. Pionier (Dresden 1930) 207 S. m. Titelb. (Taf.) u. Gruppenbild nach S. 112 (Taf.) [14]. — Ernst Schäffer: Glück ab. Bahnbrecher der Lüfte (Berlin 1931) 113-130 (m. 1 Bildn.) [101]. — Irma Naumann: Prof. Junkers - Prof. Piccard: Astrol. Rdsch. **23** (1931/1932) 169-171 [101]. — F[riedrich] A[ndreas] Fischer von Poturzyn: Junkers u. die Weltluftfahrt. 2. Aufl. Bildbearb. von August Dresel (München [1934]) 183 S. m. Abb. [101]. — Franz Ludwig Neher: Das Wunder des Fliegens. Ein Buch vom Fliegen u. Flugzeugen (München 1936) 151-163 (m. 9 Abb.) [101]. — Heinrich Konen: Physikal. Plaudereien. Gegenwartsprobl. u. ihre techn. Bedeutung (Bonn 1937) 227, 360 [3]. — Walter Zuerl: Deutsche Flugzeugkonstrukteure u. Erfolge unserer Flugzeug- u. Flugmotorenbauer (München [1943]) 49-79 (m. 1 Bildn. u. Faks., 31 Abb.) [101]. — Fritz Vollmar: In: Schätze im Deutschen Museum (Düsseldorf 1968) 138-139 (m. 1 Bildn. u. 1 Abb.) [3].

Bildn. Industrieblatt **32** (1927) H. 2, S. VIII (J. erhielt die Bunsen-Pettenkofer-Ehrentafel) [101]. — Umschau **31** (1927) 553 (J. erhielt die Grashof-Denkmünze 1927); Umschau **38** (1934) 94 (zum 75. Geburtstag) (m. Bildn.) [3; 14]. — Menschen der Zeit. 101 Lichtbildn. wesentl. Männer u. Frauen aus deutscher Gegenwart u. jüngster Vergangenheit (Königstein [1930]) 46 [3]. — Die Großen Deutschen im Bild. Hrsg. von Alfred Hentzen u. Niels von Holst (Berlin 1936) 449 (Gemälde von H. Schmidt - Rom 1935) [3]. — Jonathan Zenneck u. Friedrich Klemm: 50 Jahre Deutsches Museum München (München 1953) 116, Nr. 207, Bildn. [14].

K

I **KÄMPFER,** Engelbert. Forschungsreisender, Arzt. — Stud. Med., Chirurgie u. Naturwiss. Univ. Danzig, Krakau, Königsberg; 1680 in Upsala; 1683 als schwedischer Legationssekretär in Persien, dann bis 1693 Reisen nach Rußland, Persien, Indonesien u. Japan, dabei auch als Schiffsarzt auf der niederländischen Flotte tätig; Dr. med. Univ. Leiden; ließ sich auf dem Gute Steinhof bei Lemgo nieder u. wurde zum Leibarzt des Grafen zur Lippe ernannt.

*1651, Sept. 16, Lemgo;

†1716, Nov. 2, Lemgo.

Werke Engelbert Kämpfer: Die erste Erforschung Japans durch ... Bearb. von Karl Meier-Lemgo (Köln 1929) 82 S. (Schaffstein Grüne Bändchen, Nr. 79) [1a]. — Engelbert Kämpfer: Seltsames Asien ⟨Amoenitates exoticae⟩. In Auswahl übers. von Karl Meier-Lemgo (Detmold 1933) 172 S., 18 Abb., 1 Karte [101]. — Karl Meier: Ein bisher unveröffentl. Reisebericht Engelbert Kaempfers: Baessler Arch. N.F. **5** (1957) 285-287 [101]. — Engelbert Kaempfer: Geschichte u. Beschreibung von Japan. Aus den Original-Handschr. des Verf. hrsg. von Christian Wilhelm Dohm. Mit einer Einführung von Hanno Beck. Unveränd. Neudruck des 1777-1779 im Verlag der Meyerischen Buchhandlung in Lemgo ersch. Original-Werks. **1** (Stuttgart 1964) LXVIII, 310 S., 18 Kupfer; **2**, 498 S. m. 27 Kupfern (Quellen u. Forsch. zur Gesch. der Geogr. u. der Reisen, 2) [101]; das Original von 1777, 1779 ist in [3].

Briefe Karl Meier-Lemgo: Engelbert Kämpfer in seinen bisher nie veröffentl. Briefen an seinen Freund Daniel Parve: Westfäl. Heimat, Z. westfäl. Heimatbund **13** (1931) 216-219 [1a]. – Karl Meier-Lemgo: Die Briefe E. Kaempfers (Mainz-Wiesbaden 1965) 50 S. Mit biogr. Einleitung u. Lebensbeschreibung, Briefe von 1683-1706 (Akad. Wiss. u. Lit. Mainz, math.-naturwiss. Kl. **1965**, Nr. 6, S. 265-314) [14; 101].

Bibliogr. Cat. Gén. Bibl. nat. **80** (1924) Sp. 504-506 (12 Nr.) [3]. – Brit. Mus. Gen. Cat. **120** (1962) Sp. 314-316 (32 Nr.) [3].

Nekr. Johann Berthold Haccius: Die beste Reise eines christl. Kämpfers nach dem himml. Orient. Leichenpredigt auf Dr. med. Engelbert Kämpfer, Gräfl. Lipp. Leib-Medicus, gest. 2. 11. 1716 (Lemgo 1716) [51].

Biogr. Christian Gottlieb Jöcher: Allgemeines Gelehrten-Lexicon **2** (Leipzig 1750) Sp. 2043-2044 u. Johann Christoph Adelung: Fortsetzung u. Ergänzungen zu Christian Gottl. Jöchers allg. Gelehrten-Lexikon **3** (Delmenhorst 1810) Sp. 9-12 [3]. – Eyriès: Biographie universelle, ancienne et moderne **22** (Paris 1818) 200-205 [3]. – Friedrich von Adelung: Kritisch-literarische Übersicht der Reisenden in Russland bis 1700, **2** (St. Petersburg-Leipzig 1846) 367-369 [3]. – Moritz Leopold Petri: Erinnerung an Engelbert Kämpfer u. seine noch ungedruckten Schriften: Vaterländ. Bl. **4** (1847) Nr. 2 vom 11. Apr. 1846, Sp. 17-22; Nr. 3 vom 18. Apr. 1846, Sp. 33-40 [51]. – H[einrich] Clemen: Engelbert Kämpfer. Zur Erinnerung seinen Mitbürgern u. Landsleuten dargest. (Lemgo 1862) [51]. – Falkmann: ADB **15** (1882) 62-64 [3]. – Pierre Bons d'Anty: Les grands voyageurs au Japon. Essais bio-bibliographiques: Rev. extrême orient [Paris] **2** (1883/1884) 494-504; **3** (1887) 144–158 [7]. – Heinrich Schwanold: Engelbert Kämpfers Testament: Mitt. Lipp. Gesch. u. Landeskunde **5** (1907) 41-61 [3]. – H. Schwanold: Engelbert Kämpfer: Niedersachsen **17** (1911/1912) 79-81 [15]. – Carl Meier: Engelbert Kämpfer - ein großer Unbekannter: Heimatbl. Rote Erde **5** (1926) 175-177, 275-279 [1a]. – Mark Neven-Du Mont: Engelbert Kaempfer. Ein vergessener deutscher Weltreisender: Böttcherstraße **1** (1928) H. 9, S. 9-11 [101]. – Karl Meier: Engelbert Kämpfers Lehrjahre: Vaterländ. Bl., Lipp. Mag. **1929**, Nr. 11, S. 41-43; Nr. 12, S. 46-48; Nr. 13, S. 51-52 [51]. – Karl Meier-Lemgo: Engelbert Kämpfer. In: Westfäl. Lebensbilder **2**, 2 (1931) 197-218 (m. 1 Abb.) [3]. – Meier: Mitt. Lipp. Gesch. u. Landeskunde **14** (1933) 164-165 [3]. – Karl Meier: Engelbert Kämpfers Begegnung mit Zar Peter „dem Kleinen": Vaterl. Bl. Lipp. Mag. **1933** Nr. 7, S. 26-27 [51]. – Karl Meier-Lemgo: Der erste deutsche Forschungs- u. Weltreisende. Meine Fahrt nach Engelbert Kämpfers unveröfffentl. Handschriften: Türmer **36** (1933/34) 534-540 (m. 5 Abb., 1 Karte) [3]. – Karl Meier-Lemgo: Der Asienforscher Engelbert Kämpfer. Nach seinen bisher nie veröffentl. Handschriften im Brit. Museum: Atlantis **6** (1934) 174-177 (m. 2 Abb.) [Ha 2]. – H. S. Thielen: [d. i. Hedwig Thun-Schelp]: Der Medicus Engelbert Kämpfer entdeckt das unterhimmlische Reich (Leipzig [1935]) 331 S. (m. 1 Karte) (Die Welt der Fahrten u. Abenteuer) [14; 101]. – Carl Meier: Engelbert Kämpfer (Hannover 1936) 23 S. [101]. – H. S. Thielen: Der Medicus Engelbert Kämpfer entdeckt „das äusserste der Reiche": Dtsch. Ärztebl. **66** (1936) 921-923 [101]. – Menschen vom Lippischen Boden. Lebensbilder, hrsg. von Max Staercke (Detmold [1936]) 89-91 [3]. – Max Apffelstaedt: Engelbert Kämpfer. Der erster deutsche Forschungsreisende: Heimat u. Reich **19** (1937) 246-250 (m. 2Abb.) [15]. – Karl [Ernst] Meier-Lemgo: Engelbert Kämpfer, der erste deutsche Fotschungsreisende. Leben, Reisen, Forschungen nach den bisher unveröffentl. Handschriften Kämpfers im Brit. Museum (Stuttgart 1937) 211 S. m. 28 Abb. auf 11 Taf. [101]. – Fred A. Barkley u. Elizabeth Ducker Barkley: A short history of Rhus to the time of Linnaeus: Amer. Midland Naturalist **19** (1938) 265-333 (m. Abb. u. Faks.) [25]. – W. Gräfer: Der Japanforscher Engelbert Kämpfer u. das Lemgoer Heimat-Museum: Weserbergland **12** (1938) Nr. 1, S. 14-17 (m. 2 Abb.) [101]. – Fossilium Catalogus I: Animalia. Pars 72: K. Lambrecht†, W. et A. Quenstedt; Palaeontologi, Catalogus bio-bibliographicus ('s-Gravenhage 1938) 227 [Ha 2; 3]. – Karl Meier-Lemgo: Therapeut. Ber. **15** (1938) 120-123 (5 Abb.) [101]. – Birgit Lunelund: Engelbert Kämpfer och hans resa genom Finland 1683: Histor. Tidskr. Finland **23** (1938) 163-176 [9]. – Karl Meyer: Westfäl. Erzieher **14** (1938) 328-331 [101]. – K. T. Halbertsma: Janus [Leiden] **45** (1941) 40-55 m. 4 Abb., Lit. Verz. [101]. – K. T. A. Halbertsma: De Beteekenis van de Hollandsche geneeskunde voor Japan in haar historische ontwikkeling. 2. Engelbert Kaempfer: Nederl. T. Geneeskunde **86** (1942) 320-330 [15]. Theodor Heuß: Schattenbeschwörung. Randfiguren der Geschichte (Tübingen-Stuttgart [1950]) 19-27 [101]. – Th. Heuß: Ein Westfale entdeckt Japan: Westfalenspiegel **1** (1951) H. 2, S. 5-7 [101]. – Karl Meier-Lemgo: Das Stammbuch Engelbert Kämpfers: Mitt. Lipp. Gesch. u. Landeskunde **21** (1952) 142-200 [101]. – Karl Meier: Wie kam der handschriftl. Nachlaß Engelbert Kämpfers nach England ?: Sinologica (Basel) **5** (1958) 93-100 (m. Verz. der Kämpfer-Handschr.) [UB Basel]. – K. B. Gardner: Engelbert Kaempfer's Japanese Library: Asia Major (London) **7**

(1959) 74-78 [15]. – W. Schulte: Westfälische Köpfe. 300 Lebensbilder bedeutender Westfalen (Münster 1963) 144-146 (m. Bildn.) [101]. – Karl Meier-Lemgo: Die Wirkung u. Geltung Engelbert Kämpfers bei der Nachwelt: Mitt. Lipp. Gesch. u. Landeskunde **34** (1965) 192-228 [101]; Neues von Engelbert Kämpfer **35** (1966) 252-255 [101]. – Franz Flaskamp: Arch. Kulturgeschichte **48** (1966) 84-113 [101]. – John Z. Bowers: Engelbert Kaempfer: physician, explorer, scholar and author: J. Hist. Med. **21** (1966) 237-259 (m. Abb.) [7].

Zum 300. Geburtstag Theodor Heuß: Lippischer Kalender **1951**, S. 48-51 (m. 2 Abb.) [101]. – Karl Meier: Weser-Bote **1951**, 97-99 [101]. – Kurt Quecke: Med. Mschr. **6** (1952) 472-474 (m. Lit.Verz.) [15].

Weitere Lit. Theophil Sigfried Bayer: Museum sinicum **1** (Petropoli 1730) 73-74 [3]. – Albrecht von Haller: Bibliotheca botanica **2** (Zürich 1772) § 862, S. 23-24 [3]. – Joh. Friedrich Blumenbach: Introductio in historiam medicinae litterariam (Göttingen 1786) 329-330 [3]. – [C. G. Salzmann]: Denkwürdigkeiten aus dem Leben ausgezeichneter Teutschen des 18. Jahrhunderts (Schnepfenthal 1802) 282-284 [3]. – Hugh Murray: Historical Account of Discoveries and Travels in Asia **3** (Edinburgh 1820) 382-385 [3]. – Dezeimeris: Dict. hist. méd. **3**, 1 (Paris 1836) 302 [3]. – Karl F. W. Jessen: Botanik der Gegenwart u. Vorzeit in culturhistor. Entwicklung. Ein Beitrag zur Geschichte der abendländ. Völker (Leipzig 1864) 273 [3]. – Léon de Rosny: Variétés orientales historiques, géographiques, scientifiques, bibliographiques et littéraires. 3. éd. (Paris 1872) 98-122 [Paris, Bibl. nat.] – Hermann L. Schaefer: Engelbert Kämpfer. Der bedeutendste Asienforscher des 17. Jahrhunderts: Vaterländ. Bl., Lipp. Mag. **1928**, Nr. 17, S. 65-66; Nr. 18, S. 70-71 [51]. – Karl Meier: Wie kamen Kämpfers Handschriften nach England? Vaterländ. Bl., Lipp. Mag. **1930**, Nr. 11, S. 41-42 [51]. – Curt Schelenz: Hofrat Rudolf Brandes in Briefen von 1842: Vaterl. Bl. Lipp. Mag. **1932**, Nr. 10, S. 81-83 [51]. – F. M. Trautz: Eine japan. Natur- u. Lebensschilderung aus der Zeit Engelbert Kämpfers. In: Jubiläumsband hrsg. v. d. Deutschen Gesellschaft für Natur- u. Völkerkunde Ostasiens anläßlich ihres 60jährigen Bestehens 1873-1933 **1** (Tokio 1933) 207-246 (m. 21 Taf.) [101]. – Olpp: Charakterköpfe in der Tropenmedizin: Dtsch. Kolonial-Ztg. **47** (1935) 265-269 (m. 2 Bildn., 6 Abb.) besonders 265-266 (m. 1 Abb.) [101]. – Werner Kulz: Ärztebl. Sachsen, Sachsen-Anh. u. Thüringen **1937**, S. 254 [101]. – F. M. Trautz: Kaempfer u. Siebold: Mitt. Dtsch. Akad. **12** (1937) 11-24 [3]. – Karl Meier u. P. M. Edmond Schmitz: Engelbert Kämpfer u. das Persische Bitumen: Bitumen **9** (1939) 49-50, 76-79 [101]. – Karl Meier: Wie Engelbert Kämpfer Japan erforschte: Westfalen im Bild **16** (1942) H. 4/6, S. 2-4 (m. 4 Abb.) [101]. – G. Jung: Glaube u. Heimat **6** (1951) Nr. 45, S. 4 [101]. – Claus Nissen: Die botan. Buchillustration (Stuttgart 1951) **1**, S. 78, 79, 89-91, 114, 184; **2**, S. 94 [3]. – Kurt Müller: Gottfried Wilheln Leibniz u. Nicolaas Witsen: S.-Ber. Dtsch. Akad. Wiss., Kl. Philos., Gesch., Staats-, Rechts- u. Wirtschaftswiss. **1955**, 1, 45 S., besonders 9, 17, 44, 45 [3]. – A. Plott: Naturwiss. Rdsch. 8 (1955) 454-455 [Ha 2]. – Karl Meier-Lemgo: Merian **9** (1956) H. 4, S. 78-80 (m. 1 Abb.) [101]. – Paul Hermann: Zeigt mir Adams Testament. Wagnis u. Abenteuer der Entdeckungen, 2. Aufl. (Hamburg 1957) 298 [14]. – Karl Maier: Aus Engelbert Kaempfers Leben u. Forschung: Lippische Mitt. Gesch. u. Landeskde **26** (1957) 264-276 [101]. – Karl Meier-Lemgo: E. Kaempfer erforscht das seltsame Asien, 2.Aufl. (Hamburg 1960) 193 S. m. 20 Abb., 11 Zeichn., 1 Karte, Lit.Verz. u. Reg. [14; 101]. – K[arl] Meier: Engelbert Kämpfer berichtet über die Ernte der Asia foetida: Zur Geschichte der Pharmazie [Beil. d. Dtsch. Apotheker-Ztg.] **16** (1964) 1-3 (m. 2 Abb.)] [15].

Bildn., Denkmal Kurze Notiz über für das Denkmal eingegangene Beträge: Vaterländ. Bl. **3** (1845/1846) 155, 203, 239 [15]. – Blanche Henrey: Kaempfer's „Icones": J. Soc. Bibliogr. Nat. Hist. **3** (1953-1960) 104 [Basel, Schweizer Tropeninst.].

I **KAMMERER,** Jacob Friedrich. Fabrikant u. Chemiker. – Übernahm 1815 das väterl. Geschäft eines Siebmachers, wandte sich später der Fabrikation von Seidenhüten zu. Angebl. Erfinder der Phosphorzündhölzer (um 1833). 1833 wegen Hochverrats verhaftet, 1838 zu 2 Jahren Festungshaft verurteilt, der er sich durch Flucht nach Zürich entzog, wo er eine Zündholzfabrik gründete; seit 1853 in einer Nervenheilanstalt.

*1796, Febr. 24, Ehningen/Oberamt Böblingen;
†1857, Dez. 5, Ludwigsburg, □ Dez. 8.

Bibliogr. Cat. scient. Papers **3** (1869) 602 (1 Nr.); **10** (1894) 370 (1 Nr.) [3].

Biogr. Otto Schanzenbach: Jakob Friedrich Kammerer von Ludwigsburg u. die Phosphorstreichhölzer (Ludwigsburg 1896) 39 S. [24]. – Gustav Zacher: Der Erfinder der Streichzündhölzchen: Prometheus **7** (1896) 309-310 [3]. – Karl Emil Schönfeld: Kapital u. Erfindg. **1** (1907) Sp. 247-252 [201]. –

F. M. Feldhaus: Die Erfindung der Streichhölzer: Techn. Rdsch., Wochenbeil. z. Berliner Tagebl. **14** (1908) Nr. 22 [3]; Kammerer u. die Erfindung der Streichhölzchen: Chemiker-Ztg. **32** (1908) 487-488 [3]; Deutsche Techniker u. Ingenieure (Kempten-München 1912) 197 [101]. — W. Niemann: Die ersten chem. Feuerzeuge: Arch. Gesch. Math. Naturwiss. Techn. **7** (1916) 299-309, 390-403 [3; 14]; J. F. Kammerer, der Erfinder der Phosphorzündhölzer (m. Bildn. u. faks. Seite aus seinem Rezeptbuch): Arch. Gesch. Math., Naturwiss. Techn. **8** (1918) 206-221 [3; 14]. — M. A. Bloch: Biogr. spraw. **1** (Leningrad 1929) 344 [15].

Weitere Lit. K. Bachem: Untersuchungen über die Giftigk. des Phosphorsesquisulfids (Bonn 1904) 34 S. (Kammerer 5-9) Diss. [15]. — Thieme: Die Entwicklung u. wirtschaftl. Bedeutung der Zündholzindustrie: Chemiker-Ztg. **1912**, 915 [15]. — W. Niemann: Die Erfindung des Zünholzes: Umschau **21** (1917) 467-472 m. 1 Bildn. u. 2 Abb. [3]. — Der 90-jährige Geburtstag des Phosphor-Zündhölzchens: Umschau **26** (1922) 678-680 m. 1 Bildn. 2 Abb. [3; 14]. — Kl.: 100 Jahre Zündholz ?: Dtsch. Allgem. Ztg. **70** (1931) Nr. 157 vom 9. Apr., Morgenausgabe, Beil., Kraft u. Stoff Nr. 14 [11]. — Hermann Helberg: 100 Jahre Phosphorreibzündholz: Ein Gedenkblatt für J. F. Kammerer (Berlin 1935) 45 S. m. 2 Bildn., 2 Abb. (Schriftenreihe der Fachgr. für Geschichte der Technik beim Verein Deutscher Ingenieure) [101]. — László Szathmáry: A Gyufa története a XIX-ik század Végéig (Budapest 1935) 63-68 (m. 1 Bildn. S. 64) (A Kis Akadémia Könyvtára, 17).

Bildn. Illustr. Ztg., Leipzig **29** (1857), 19. Dez. Nr. 755, S. 403 [14].

I **KARSTEN,** Karl Johann Bernhard. Hüttenkunde, Metallurgie. — Dr. phil. Univ. Rostock; 1804 Referendar, 1805 Assessor beim Oberbergamt Breslau; 1810 Bergrat, 1811 Oberhüttenrat u. Oberhüttenverwalter in Schlesien; 1819–1851 Geh. Oberbergrat im Ministerium des Innern Berlin; 1822 o. Mitgl. Preuß. Akad. Wiss.

*1782, Nov. 26, Bützow;
†1853, Aug. 22, Berlin.

Sohn von Franz Christian Lorenz Karsten (Pogg. I).

Bibliogr. Cat. scient. Papers **3** (1869) 610-613 (89 Nr.); **8** (1879) 53 (1 Nr.) [3]. — Cat. Gén. Bibl. Nat. **80** (1924) Sp. 733-734 (8 Nr.) [3]. — Fossilium Catalogus I: Animalia. Pars 72: K. Lambrecht †, W. et A. Quenstedt, Palaeontologi, Catalogus bio-bibliographicus ('s-Gravenhage 1938) 228 [Ha 2; 3]. — Brit. Mus. Gen. Cat. **121** (1962) Sp. 22-23 (15 Nr.) [3].

Nekr. Joh. Friedr. Ludwig Hausmann: Abh. Ges. Wiss. Göttingen **6** (1856) IX-X [3].

Biogr. [Hitzig]: Gelehrtes Berlin im Jahre 1825 (Berlin 1826) 130-131 [3]. — G. Karsten: Umrisse zu Carl Johann Bernhard Karstens Leben u. Wirken: Arch. Mineral. Geognosie, Bergbau u. Hüttenkde **26**, 2 (1855) 195-317, 323-332 [3]. — Gümbel: ADB **15** (1882) 427-430 [3]. — Konrad Wutke: Aus der Vergangenheit des Schles. Berg- u. Hüttenlebens. Ein Beitr. zur Preuß. Verwaltungs- u. Wirtschaftsgeschichte (Breslau 1913) siehe Reg. 763 (m. Bildn.) (Festschr. 12. Allg. Dtsch. Bergmannstage, 5) [101]. — [A.] Schw[emann]: In: C. Matschoß: Männer der Technik (Berlin 1925) 134-135 [14]. — M. A. Bloch: Biogr. spraw. **1** (Leningrad 1929) 348 [15]. — Walther Serlo: Lebensbilder zur Geschichte des Bergbaus: Z. Berg-, Hütten- u. Salinenwes. **82** (1934) 294 [3]. — W. Serlo: Männer des Bergbaus (Berlin 1937) 82-84 [3]. — Kleines Stadtbuch von Königshütte Oberschlesien. Hrsg. von Richard Schmidt (Berlin-Königshütte 1941) 44 (Vergangenheit u. Gegenwart. Länder-Menschen-Wirtschaft) [14]. — C. Schiffner: Männer des Metallhüttenhandwerks (Freiberg 1942) 79-81 (m. Bildn.) [101].

Weitere Lit. K. A. von Zittel: Geschichte der Geol. u. Paläontol. bis Ende des 19. Jahrhunderts (München-Leipzig 1899) 217 [3]. — Franz Kirnbauer: Die Geschichte des Metallhüttenwesens. In: Friedrich Klemm: Die Technik der Neuzeit **2** (Potsdam 1941) 43 (m. Bildn.) [3]. — F. Kolbeck: Aus dem Fremdenbuch des Werner-Museums der Bergakad. Freiberg: Bl. Bergakad. Freiberg **23** (Jan. 1941) 11-12 [101].

I **KAUP,** Johann Jacob Paläontol. u. Zool. — 1831 Dr. phil. h. c. Univ. Gießen; 1837–1873 Inspektor des Großherzogl. Naturalienkabinettes in Darmstadt; 1858 Prof.

*1803, Apr. 20, Darmstadt;
†1873, Juli 4, Darmstadt.

Bibliogr. Cat. scient. Papers **3** (1869) 620-622 (86 Nr.); **8** (1879) 55 (7 Nr.) [3]. — Cat. Gén. Bibl. Nat. **80** (1924) Sp. 890-891 (7 Nr.) [3]. — Fossilium Catalogus I: Animalia. Pars 72: K. Lambrecht †, W. et A. Quenstedt, Palaeontologi, Catalogus bio-bibliographicus ('s-Gravenhage 1938) 229 [Ha 2; 3].

Nekr. Geol. Magazine **10** (1873) 480 [15]. — Ibis (3) **4** (1874) 471-472 [15]. — Leopoldina **9** (1873/1874) 18-20 [Ha 2].

Biogr. Ferdinand Dieffenbach: Der Ultimus [Liebig, Gervinus, Kaup]: Gartenlaube **1875**, S. 790-791 [3]. — Gümbel: ADB **15** (1882) 505-506 [3]. — Walther: In: Ersch-Gruber Sect. 2, Theil 35 (Leipzig 1884) 36-40 [3]. — Encyclopaedia Britannica **15** (1911) 700 [3]. — 325 Jahre Ludwig-Georgs-Gymnasium Darmstadt: Festschr. (Darmstadt 1954) 133-140 m. 1 Bildn., 1 Abb. m. Faks., 1 Abb. [14; 101]. — [Georg] Heldmann: Johann Jakob Kaup. Leben u. Wirken des 1. Inspektors am Naturalien-Cabinet des Großherzogl. Museums (Darmstadt 1955) X, 28 S. m. 1 Bildn. u. Faks., 1 Abb., Schr.Verz. Dazu: Richtigstellungen u. Ergänzungen 1958. 8 S. [101].

Weitere Lit. August von Pelzeln: Bericht über die Leistungen in der Naturgeschichte der Vögel während des Jahres 1873: Arch. Naturgesch. Jg. **40**, 2 (1874) 1 (-106) [15]. — Robert Keller: Führer durch die paläontol. Sammlungen Winterthur. Hrsg. von der Museumsgesellschaft (Winterthur 1920) VI, 168 S., 45 Abb., 7 Taf. (bes. S. 162) [ZB Zürich]. — Oskar Haupt: Aus der paläontol. Sammlung des Hess. Landesmuseums zu Darmstadt. Die bedeutendsten vorzeitl. Säugetiere Hessens u. ihre Geschichte. In: Amtl. Adressenbuch der Stadt Darmstadt (Darmstadt **1934**) 47-55 m. 3 Bildn. von J. H. Merck, J. J. Kaup, Rich. Lepsius, 7 Abb. besonders S. 48 [17].

I **KEFERSTEIN,** Christian. Geogn. — 1803–1806 stud. Jura Univ. Halle, dann prakt. Justizdienst; 1815–1835 Justizkommissär in Halle; seitdem als Privatmann lebend.
*1784, Jan. 20, Halle;
†1866, Aug. 24, Halle.

Werke Beitr. zur Gesch. u. Kenntniß des Basaltes u. der ihm verwandten Massen: Neue Schriften d. naturforsch. Ges. zu Halle **2**, H. 5/6 (Halle 1819) VIII, 251 S. [Ha 2].

Genealog. Deutsches Geschlechterbuch **85** (1935) 231-320 (m. 1 Stammtafel) 615-620 [3].

Autobiogr. Ch. Keferstein: Erinnerungen aus dem Leben eines alten Geognosten u. Ethnographen mit Nachrichten über die Familie Keferstein; Skizze d. literar. Wirksamkeit (Halle 1855) VIII, 161 S. [3; 14].

Bibliogr. Cat. scient. Papers **3** (1869) 625-626 (23 Nr.); **8** (1879) 57 (3 Nr.); **12** (1902) 381 (2 Nr.) [3]. — Cat. Gén. Bibl. Nat. **80** (1924) Sp. 1013 (8 Nr.) [3]. — Brit. Mus. Gen. Cat. **121** (1962) Sp. 565-566 (15 Nr.) [3].

Zum 100. Todestag Walter Steiner: Ber. Dtsch. Ges. geol. Wiss. (A) Geol. Paläontol. **11** (1966) 747-748 [101].

Biogr. Gümbel: ADB **15** (1882) 522-525 [3].

Weitere Lit. K. C. von Leonhard: Aus unserer Zeit in meinem Leben **2** (Stuttgart 1856) 28 [3]. — Sir Archibald Geiki: The founders of geology (London 1897) 101, 121, 244 [3]. — Karl Alfred von Zittel: Geschichte der Geologie u. Paläontol. bis Ende des 19. Jahrhunderts (München-Leipzig 1899) 176, 219, 303, 486, 491, 494, 500, 505, 520, 572, 618, 699 [3]. — Siegmund Günther: Ein Beitr. zur Vorgeschichte der modernen Gewitterkunde: S.-Ber. Bayer. Akad. Wiss., math.-physik. Kl. **1910**, Abh. 4 (S. 16-19 Keferstein) [Ha 2]. — Briefwechsel des Herzogs-Großherzogs Carl August mit Goethe. Hrsg. von Hans Wahl **3** (Berlin 1918) 73, 305, 338 [3]. — G. Tornier: Rückblick auf die Paläontol.: S.-Ber. Ges. naturf. Freunde Berlin **1924** (1926) 57 [Ha 2]. — B. von Freyberg: Die geol. Erforschung Thür. in älterer Zeit (Berlin 1932) 415, 422, 428 [3]. — Günther Schmid: Eine unbekannte Rede auf Abraham Gottlob Werner [von Christian Keferstein]: Mitt. Freiberger Altertums-Ver. **66** (1936) 85-89 [3]. — Fossilium Catalogus I: Animalia Pars 72: K. Lambrecht †, W. et A. Quenstedt, Palaeontologi, Catalogus bio-bibliographicus ('s-Gravenhage 1938) 230 [Ha 2; 3]. — Helmut Hölder: Geol. u. Paläontol. in Texten u. ihrer Geschichte (Freiburg-München 1960) 164, 357, 439 [101].

I **KEFERSTEIN,** Georg Christoph. Papierfabrikant in Kröllwitz bei Halle.
*1723, Dez. 4, Kröllwitz bei Halle;
†1802, Jan. 4, Kröllwitz bei Halle.

Lit. Joh. Christoph Adelung: Fortsetzung u. Ergänzungen zu Christian Gottlieb Jöchers Gelehrten-Lexikon **3** (1810) Sp. 160 [3]. — (Bernhard Weißenborn): Die Cröllwitzer Papierfabrik in den 200 Jahren ihres Bestehens nebst Nachrichten über ihre Vorgängerin die hallische Papiermühle (Halle 1914) 48-96: Georg Christian Keferstein [3]. — Keferstein 1., Kaeferstein 1., aus Colditz in Sachsen. In: Dtsch. Geschlechterbuch **85** (Görlitz 1935) 231-305, besonders 246-256, 615-620 [3]. — Bernhard Weißenborn: Eine Ergänzung zur Geschichte der alten Cröllwitzer Papierfabrik: Thüring.-Sächs. Z. Gesch. u. Kunst **24** (1936) 11 S.; S. 5-7 über die literar. Tätigkeit Georg Christoph Kefersteins [3]. — Christian Keferstein: Ein Sonntag bei Georg Christoph Keferstein, geschildert von seinem Enkel, dem Geognosten u. Ethnographen Hofrat . . .: Giebichensteiner Heimatbund **1938** (1937) 60-61 (m. 1 Abb.) [3]. — Rudolf Stadelmann u. Wolfram Fischer: Die Bildungswelt des deutschen Handwerkers um 1800. Studien zur Soziol. des Kleinbürgers im Zeitalter Goethes. 4. Gestalten aus dem Handwerkerstand: Georg Christoph Keferstein aus Cröllwitz bei Halle (Berlin 1955) 117-123 [1; 3]. —

Walter Steiner: Die Geschichte der Cröllwitzer Papierfabrik (1714-1940): Hallisches Monatsheft Heimat u. Kultur 4 (1957) 104-108, 150-155 (m. 6 Abb.) [3].

I, III, IV **KEKULÉ VON STRADONITZ,** Friedrich August. Chem. — 1849 stud., 1852 Dr. phil. Univ. Gießen; Aufenthalt in Paris; 1853 Privat-Ass. London; 1856 PDoz. Univ. Heidelberg; 1858 o. Prof. Chem. Univ. Gent; 1867 o. Prof. Univ. Bonn.

*1829, Sept. 7, Darmstadt;
†1896, Juli 13, Bonn.

Genealog. Rudolf Schäfer: Ahnentafel des Chemikers August Kekulé von Stradonitz. In: Ahnentafeln berühmter Deutscher 5 (Leipzig 1939-1943) (137)-(144) [14; 101]. — Frank Baron Freytag: Über die Familie Kekulé: Herold 1 (1940) 7-16a (m. 1 Abb., 1 Stammtaf.) [3].

Bibliogr. Cat. scient. Papers **3** (1869) 629-630 (28 Nr.), **8** (1879) 58-60 (58 Nr.), **10** (1894) 381 (9 Nr.), **16** (1918) S. 225 (5 Nr. u. Bibliogr.) [3]. — Cat. Gén. Bibl. Nat. **80** (1924) Sp. 1088 (4 Nr.) [3]. — Brit. Mus. Gen. Cat. **121** (1962) Sp. 676 (11 Nr.) [3].

Nekr. Berthelot: J. Pharmac. Chim. (6) **4** (1896) 144 [15]. — J. H. van't Hoff: Biogr. Blätter **2** (1896) 414-415 [3; 15]. — Chemiker-Ztg. **20** (1896) 571 [3]. — Wilhelm Koenigs: Münchener med. Wschr. **43** (1896) Nr. 39-41, S. 920-923 (m. 1 Bildn. u. Faks.), 952-955, 983-985 [3]. — H. Landolt: Ber. Dtsch. chem. Ges. **29** (1896) II, 1971-1976 [3]. — G. M. Richardson: J. Amer. chem. Soc. **18** (1896) 1107-1109 [Ha 15]. — Wallach: Naturwiss. Rdsch. **11** (1896) 437-439 [Ha 2]. — H. Wichelhaus: Chem. Ind. **19** (1896) 313-315 (m. Bildn.) [11]. — Ann. chim. e farm. (IV) **23-24** (1896) 480 [1]. — Bull. Acad. Sci. St. Pétersbourg (5) **5** (1896) XXVII-XXVIII [3]. — Bul. Soc. sci. fiz. chim. si mineralogia din Bucuresci (Romania) **5** (1896) 125-128 [1a]. — Chronik der Rhein. Friedrich-Wilhelms-Univ. Bonn **22** (1896/1897) 6-15 [5]. — Hochschul-Nachr. (München 1896) Nr. 70, Juli, S. 57 [12]. — J. Soc. amer. Chem. **18** (1896) 789-790 [7]. — J. Soc. Dyers Colourists **12** (1896) 163-164 [Le 1]. — Illustr. Ztg. Leipzig **107** (1896) 100 (m. Bildn. S. 99) [14]. — Monit. sci. J. sci. pures et appl. (4) **10** (1896) 630-631 [Le 1]. — Julius Hann: Alm. Akad. Wiss. Wien **47** (1897) 312-315 [Ha 2]. — István Lengyel Közli: Természettudományi Közlöny **29** (1897) 632 [Nat. Bibl. Budapest]. — Otto Wallach: Nachr. Ges. Wiss. Göttingen, Geschäftl. Mitt. **1897** S. 75-82 [3]. — Francis R. Japp: J. Chem. Soc. Transact. **73** (1898) 97-138 (m. Bildn. u. Faks.) [Ha 2]. — C. Voit: S.-Ber. Bayer. Akad. Wiss., Math.-phys. Kl. **27, 1897** (1898) 414-421 [Ha 2]. — R. M.: Nature [London] **54** (1896) 297 [Ha 2]. — Leopoldina **32** (1896) 135 [Ha 2].

Biogr. Gustav Schultz: Bericht über die Feier der Deutschen Chem. Gesellschaft zu Ehren August Kekulés: Ber. Dtsch. chem. Ges. **23** (1890) 1265-1312 [3]. — Carl Boettinger: Über Kekulé u. seine Bedeutung in der Chemie (Darmstadt 1892) 25 S. [17]. — A. Kußmaul: Ein Dreigestirn großer Naturforscher an der Heidelberger Univ. im 19. Jahrhundert: Dtsch. Rev. **27** (1902) 173-187 [3]. — G. Schultz: A. W. von Hofmanns Tischrede bei der Kekuléfeier: Z. Farben- u. Textilchem. (Braunschweig) **1** (1902) 231-233 [11]. — Heidelberger Prof. aus dem 19. Jahrhundert: Festschr. der Univ. zur Zentenarfeier ihrer Erneuerung **2** (Heidelberg 1903) 171, 376 [3]. — Richard Anschütz: ADB **51** (1906) 479-486 (m. Lit.Verz.) [3]. — Wilhelm Ostwald: Große Männer. Studien zur Biol. des Genies **3** (Leipzig 1912) passim [3]. — F. Swarts: Université de Gand. Liber memorialis, Notices biogr. (Gand 1913) II, 151-161 m. Teilbibliogr. [3]. — Emil Lenk: Der Traum des Chemikers. Eine Erinnerung an Aug. Kekulé: Frankfurter Ztg. **1926**, Nr. 118 vom 13. 2.; Die Entstehung der chem. Großindustrie durch Träume: Dtsch. Allg. Ztg. Nr. 389/390 vom 20. 8. 1925 [Societäts-Druckerei Frankfurt]. — L. Darmstaedter u. R. E. Oesper: J. chem. Educat. **4** (1927) 697-702 [Le 1]. — Richard Anschütz: August Kekulé. **1**: Leben und Wirken (Berlin 1929) XXIII, 708 S. m. Titelbild. u. Faks., 119 Abb. u. 1 Faks.-Brief vom 15. 2. 1859 an Wurtz; **2**: Abh., Berichte, Kritiken, Artikel, Reden (Berlin 1929) XVI, 960 S. m. 5 Abb. u. 3 Taf. [3]. — M. A. Bloch: Biogr. spraw. **1** (Leningrad 1929) 348-350 m. Bildn. [15]. — Arthur von Weinberg: August Kekulé u. seine Bedeutung für die chem. Industrie: Z. angew. Chem. **43** (1930) 167-170 [Ha 15]. — E. Berl: Die Darmstädter Erinnerungsstätten an Justus Liebig u. August Kekulé: Z. angew. Chem. **44** (1931) 471 [Ha 15]. — E. Berl: Kekulé-Album (unveröffentl. Bilder Kekulés aus einem Album im Besitz der TH Darmstadt): J. chem. Educat. **14** (1937) 407 [210]. — Erich Lorey: August Kekulé. Sein Werk u. seine Bedeutung für die Entwicklung der Chem.: Aus der Heimat (Stuttgart) **52** (1939) 129-136 (m. 1 Bildn. u. 7 Abb.) [101]. — [Oswald] J. Walker: August Kekulé and the benzene problem: Ann. of Sci. **4** (1939) 34-46 [11]. — 325 Jahre Ludwig-Georgs-Gymnasium Darmstadt, Festschr. (Darmstadt 1954) 149-153 m. 1 Bildn., 1 Abb. [14; 101]. — R. Winderlich: Kekulé. In: Günther Bugge, Das Buch der großen Chemiker **2** (Weinheim 1955) 200-216 m. 3 Bildn., 10 Abb.; Lit.Verz. 507-508 [3]. — Rudolph Zaunick: Chem. Techn. **7** (1955) 103-105 [3]. — A. Wormall u. John L.

Thornton: Friedrich August Kekulé [and his connection with St. Bartholomew's Hospital]: St. Bart's Hosp. J. **61** (1957) 134 [London Wellcome Libr.]. — J. Gillis: August Kekulé honderd jaar geleden benoemd tot hoogleraar te Gent (1858-1867): Chem. Weekbl. **54** (1958) 365-367 m. 2 Abb. [Le 1]. — F. Giral: Dos centenarios en quimica organica. A media dos del siglo pasado tenia ya gran prestigio como una de las más valiosas revistas ...: Ciencia (Mexico) **18** (1958) 73 [7]. — P. E. Verkade: Proc. chem. Soc. (London) **1958**, 205-210 [Le 1]. — J. Gillis: Kekulé te Gent (1858-1867) (Brüssel 1959) 101 S., Titelbildn. u. 2 Bildn. von A. Kekulé, 37 versch. Bildn. u. 22 Abb. (Verh. Kkl. Vlaamse Acad. Wetensch., Letteren, schone Kunsten van Belgie, Kl. Wetensch.-Verh., No. 62) [Ha 2]. — Rudolf Pummerer in: Geist u. Gestalt. Biogr. Beitr. Gesch. Bayer. Akad. Wiss. **2** (München 1959) passim [3]. — P. Wibaut: De betekenis van de verhandeling van August Kekulé van 19. mei 1858 [Die Bedeutung der Abh. von August Kekulé vom 19. Mai 1858]: Chem. Weekbl. (Amsterdam) **55** (1959) 133-141 [Le 1]. — J. Gillis: Un grand savant étranger en Belgique: August Kekulé: Ind. chem. Belge **25** (1960) 919-936 m. Bildn. u. Abb. [1]. — J. Gillis: Kekulé's Life at Ghent (1858-1867): J. chem. Educat. **38** (1961) 118-122 m. 2 Abb. [Le 1]. — Jan Gillis: In: National-Biogr. Woordenb. **1** (1964) Sp. 645-647. — Leo Elaut: Een Bezoek aan de Kekulé-tentoonstelling te Gent: Sci. Hist. **7** (1965) 42-46. — J. Gillis: Onderzekingen van Kekulé en leerlingen te Gent (1858-1867): Pharmac. Tijdschr. **42** (1965) 65-77 (m. Bildn. S. 75) [1]. — E. Rey: August Kekulé u. seine Bedeutung für die Entwicklung der modernen org. Chem.: Chimia **20** (1966) 137-142. — W. Walter: Bild der Wissenschaft (Stuttgart) **4** (1967) 894-901 [101].

Zum 100. Geburtstag Bb.: VDI-Nachr. **8** (1928) Nr. 9, S. 2 (m. Abb. des Kekulé-Zimmers TH Darmstadt) [101]. — Richard Anschütz: Volk u. Scholle **7** (1929) 353-356 m. 2 Bildn., 1 Abb. [101]. — Henry E. Armstrong: The Riddle of Benzene. August Kekulé: J. Soc. chem. Ind. **48** (1929) 914-918 m. Bildn. [12]. — Ernst Berl u. Ralph E. Oesper: The Liebig house and the Kekulé room at Darmstadt: J. chem. Educat. **6** (1929) 1869-1881 (m. 16 Abb.) [Le 1]. — E. H. August Bernthsen: Die Heidelberger chem. Laboratorien für den Universitätsunterricht in den letzten 100 Jahren: Z. angew. Chem. **42** (1929) 382-384, 704 [Ha 15]. — E. H. August Bernthsen: Streiflichter auf Kekulés Bonner Zeit: Z. angew. Chem. **42** (1929) 891-892 [Ha 15]. — Jahrhundertfeier. Deutsche Chem. Gesellschaft: Z. angew. Chem. **42** (1929) 929-932 [101]. — E. A. Lum: Kekulé, His History and Work 1829-1929: Pharmac. J. **123** (1929) 482-483 [7]. — E. Votoček: Zum 100. Geburtstag von August Kekulé. Vorrede von Prof. Dr. Emil Votoček am 4. Okt. 1929 in der Versammlung der Tschechoslovakischen Chem. Gesellschaft für Wiss. u. Technik [tschech.]: Chem. Listy **23** (1929) 573-579 [Universitni Knihovna Praha]. — Heinrich Wieland: Gedächtnisrede auf der Jahrhundertfeier am 6. Sept. 1929 in Bonn: Z. angew. Chem. **42** (1929) 901-904 m. Bildn. [Ha 15]. — R. Winderlich: Unterrichtsbl. Math. u. Naturwiss. **35** (1929) 225-228 [101]. — Vor hundert Jahren. Peter Griess-August Kekulé: Techn. Ind. u. Schweiz. Chemiker-Ztg. **1929**, 124-125 [Le 1]. — Ernst Berl: Das Liebighaus u. das Kekulé-Zimmer in Darmstadt: Volk u. Scholle **8** (1930) 33-45 m. 19 Abb. [101]. — E. H. August Bernthsen: Z. angew. Chem. **43** (1930) 719-722 [Ha 15]. — Versammlungsberichte. August-Kekulé-Jahrhundertfeier: Z. angew. Chem. **43** (1930) 175 [Ha 15]. — Rdsch. Dtsch. Techn. **19** (1939) Nr. 37, S. 3 [101].

100 Jahre Benzolformel 1857 Vierwertigkeit des C: Ann. Chem. Pharm. **104** (1857) 129; vgl. auch Ber. Dtsch. chem. Ges. **23** (1890) 1306; 1309. — 1865 Benzolformel: Ann. Chem. Pharm. **137** (1866) 129. — O. Theodor Benfey: August Kekulé and the birth of the structural theory of organic chemistry in 1858: J. chem. Educat. **35** (1958) 21-23 [7]. — S. Mahdihassan: The probable origin of Kekulé's symbol of the Benzene Ring: Scientia **54** (1960) Febr. 48-53 m. 3 Abb. u. Lit.Verz. [Rom Consiglio Naz. Ricerche]; Kekulé's dream of the Ouroboros and the significance of this symbol: Scientia **55** (1961) 187-195 m. Abb. [ETH Zürich]. — Aug. Kekulé: Kassierte Kapitel aus der Abh.: Über die Carboxytartronsäure u. die Constitution des Benzols [Ausz.] (Faks. Druck eines unveröff. Ms.) (Weinheim 1964) 44 Bl., 1 Titelbildn. [Le 1]. — Jan Gillis: De August Kekulétentoonstelling, gehouden te Gent van 22 nov. tot 16 dec. 1964: Wetensch. Tijd. **24** (1964-1965) Sp. 209-212 (m. Abb.). — Jan Gillis: Kekulésche Benzolformel u. ihre Entstehung in Gent vor mehr als einem Jahrhundert: Mededel. Kon. vlammse Acad. Wetensch., Letteren, schone Kunsten Belgie **27** (1965) Nr. 4, S. 1-18 [fläm.] [27]. — D. M. Goldenberg: The reveries of August Kekulé: Drugs made in Germany **8** (1965) 104-107 (m. Bildn.) [292]. — Fritz Kröhnke: Chemie (Frankfurt) **16** (1965) 353-360 m. Titelbildn. nach Gemälde von Angeli [Ha 2]. — Richard Lepsius: 100 Jahre Benzoltheorie: Chemiker-Ztg. **89** (1965) 581-586 m. Bildn. u. Faks. u. 5 Abb. [3]. — D. McKie: Kekulé and the benzene ring: Pharmac. J. **195** (1965) 197-200 (m. Bildn.) [Le 1]. — F. Rogowski: Dtsch. Apotheker-Ztg. **105** (1965) 1334-1339 (m. 5 Abb.) [3]. — Karl Scherf: Kekulé u. die

Alchemie. Die Bedeutung der alchemist. Ringsymbolik für die Konzeption der Benzolformel durch Kekulé: Chemie (Frankfurt) **16** (1965) 401-408 m. 4 Abb. [Ha 2]. — R. Wizinger-Aust: 100 Jahre Benzolchemie. August Kekulé, Leben u. Werk: Dtsch. Apotheker-Ztg. **105** (1965) 1301-1302; Carl Wurster: Die heutige Bedeutung d. Benzolchemie 1339-1341 [101]. — Münchener med. Wschr. **107** (1965) 2223-2224 m. Bildn. [3]. — Kekulé u seine Benzolformel (Weinheim 1966); darin: Jean Baptiste Gillis: Leben u. Wirken von Kekulé in Gent 33-54 m. 4 Abb.; Burckhardt Helferich: Zur Geschichte der Chemie in Bonn 55-78 m. 13 Bildn., 5 Abb., 1 Karte; Carl Wurster: Die heutige Bedeutung der Benzolchemie 79-93 [101].

Weitere Lit. Karl Engler: 4 Jahrzehnte chem. Forschung unter besonderer Rücksicht auf Baden als Heimstätte der Chem. In: Festgabe zum Jubil. der 40jährigen Regierung des Großherzogs Friedrich von Baden (Karlsruhe 1892) 355-361, 374 m. Bildn. [3]. — C. Glaser: Der Einfluß August Kekulés auf die Entwicklung der chem. Industrie. Rede am 9. Juni 1903 bei der Enthüllung des Kekulé-Denkmals in Bonn: Chem. Ind. **26** (1903) 281-282 [11]. — R. Abegg: Zwei histor. Notizen. II. Zur Geschichte der spezifischen Wärmen einatomiger Gase: Z. Elektrochem. **11** (1905) 2-3 [Ha 15]. — Erwin Hüttner: Die Chem. auf der Lütticher Weltausstellung: Z. angew. Chem. **18** (1905) 1664 [Ha 2]. — Icilio Guareschi: Notizie storiche su Luigi Chiozza con lettere inedite di Ch. Gerhardt ed altri chimici: Mem. Acad. Sci. Torino (2) **58** (1908) 212-213 [1 Brief von Pavesi erwähnt Kekulé] [Ha 2]. — Richard Anschütz: Archibald Scott Couper: Arch. Gesch. Math. Naturwiss. Techn. **1** (1909) 219-261 (m. Bildn. u. Faks.) [3]. — Arthur Binz: Ursprung u. Entwickelung der chem. Industrie (Berlin 1910) 23 S., Kekulé 14-15 [3]. — Wm. Kerkovius: Kolbes Angriffe gegen die modernen chem. Anschauungen u. Lehren: Chemiker-Ztg. **35** (1911) 1117-1119, 1142-1144 [Ha 15]. — Ernst Cohen: Jacobus Henricus van't Hoff. Sein Leben u. Wirken: Wilhelm Ostwald, Große Männer **3** (Leipzig 1912) 34-35 (Kekulé erwähnt) (m. Bildn.) [14]. — James Campbell-Brown: A history of chemistry from the earliest time till the present day (London 1913) XXXI, 543 S. [Brit. Mus.]. — Ernst von Meyer: Geschichte der Chem. von den ältesten Zeiten bis zur Gegenwart (Leipzig 1889), 4. Aufl. (Leipzig 1914) siehe Reg. S. 593 [3]. — C. Graebe: Über die von August Kekulé vor 50 Jahren aufgestellte Theorie der aromat. Verbindungen: Chemiker-Ztg. **39** (1915) 980 [3]. — A. F. Holleman: 50jähriges Benzolstudium: Janus **20** (1915) 459-488 m. 3 Bildn., 2 Abb., 13 Fig. [25]. — W. Herz: Grundzüge der Geschichte der Chem. (Stuttgart 1916) 86, 87, 90-91, 92, 95, 96, 97 [3]. — Edv. Hjelt: Geschichte der org. Chem. von ältester Zeit bis zur Gegenwart (Braunschweig 1916) 177-185, 204-208, 236-238, 262-269, 286-300 [3]. — Richard Meyer: Victor Meyer (Leipzig 1917) 446 (m. Bildn. auf S. 174) [3]. — Friedrich Dannemann: Die Naturwiss. in ihrer Entwicklung u. in ihrem Zusammenhange 2. Aufl. 1-4 (Leipzig 1920-1923) passim [15]. — Carl Graebe: Geschichte der org. Chem. **1** (Berlin 1920) 177-185, 204-208, 236-238, 262-269, 286-300 [3]. — Eduard Färber: Die geschichtl. Entwicklung der Chem. (Berlin 1921) passim [101]. — Richard Anschütz: August Kekulés Ideen über die Existenzmöglichkeit sogenannter Isotopen: Z. angew. Chem. **35** (1922) 467 [Ha 2]. — Paul Kirchberger: Die Entwicklung der Atomtheorie (Kalrlsruhe 1922) 36, 42, 44, 48 (m. Bildn.); 2. Aufl. 1929, Taf. nach 48 [14; 101]. — Richard Meyer: Vorlesungen über die Geschichte der Chem. (Leipzig 1922) siehe Reg. 442 [101]. — Charles M. van Deventer: Grepen uit de historie der chemie. Voordrachten (Haarlem 1924) 368-388 [1a; UB Amsterdam]. — H. Borns: The Faraday Benzene Centenary and Kekulé: Nature [London] **116** (1925) 48 [15]. — Johannes Reinke: Mein Tagewerk (Freiburg i. Br. 1925) 46, 126 [3]. — P. Walden: 100 Jahre Benzol: Z. angew. Chem. **39** (1926) 125-132 [Ha 15]. — Benjamin Harrow: Eminent Chemists of our time 2. Aufl. (New York 1927) XIV, 82, 84, 186, 193, 219, 247, 251, 269, 340, 441 [3]. — Stephan Kekulé von Stradonitz: Zwei chem. Visionen: Z. angew. Chem. **40** (1927) 737-738 (m. 2 Fig.) [101]. — Henry Leffmann: Kekulé and his hexagon: Bull. Wagner free Inst. Sci. **2** (1927) Nr. 1, S. 51-53 (m. Abb.) [Lausanne BCU]. — P. Walden: Von der Jatrochem. zur „Org. Chem.". Histor. über Entstehung u. Namenbildung der „org. Chem.": Z. angew. Chem. **40** (1927) 15 [Ha 15]. — Eric John Holmyard: The Great Chemists (London 1928) 105-110 [Brit. Mus.]. — Eric John Holmyard: Makers of Chemistry (Oxford 1931) 256, 278, 280-281, 283-284 [15]. — E. Barth von Wehrenalp: Farbe aus Kohle (Stuttgart 1937) 23-27 (m. Bildn.) [14]. — Wilhelm Bauer: Deutsche Kultur von 1830-1870 (Potsdam 1937) 80 (m. Bildn. S. 77) (Handb. Kulturgesch. hrsg. von Heinz Kindermann, 1) [3; 14]. — Karel Pejml: Historicky vývoj pojmu organické chemie: Časopis Českoslov. Lékárnictva **17** (1937) 283-288 [UB Prag]. — Günther Bugge: Liebigs Experimentalchem. in Kekulés Kollegheft: Angew. Chem. **53** (1940) 17-19 [Ha 15]. — Robert Schwarz: Zur Entwicklung des chem. Lehrbuches: Angew. Chem. **53** (1940) 133-135 (m. Bildn.) [101]. — Hermann Schüller: Forscher zwischen Traum u. Tat. Die Geburt einer Wiss. (Berlin-Ulm 1943) Bildn. S. 401 [14]. — Paul Walden: Dreitausend Jahre Chem. (Berlin 1944) 203-208, 254-255 (m. Bildn. 276-277) [3; 14]. — Henry M. Leicester and Herbert S. Klickstein: A source book in chemistry 1400-1900 (New York-Toronto-London 1952) 417-425 [3]. — Alexander Gero: Kekulé's Theory of aromaticity: J. chem. Educat. **31** (1954) 201-202 [210]. — W. Stoetzer: Die Kekulé-Bibl. in Leverkusen: Therapeut. Ber. **27** (1955) 18-21 [Ha 2]. — J. H. S. Green, A. S. Couper: F. A. Kekulé and the Quadrivalence of Carbon: J. Royal Inst. Chem. **82** (1958) 518-525 [B 22a]. — W[olfgang] Schneider: Vor 100 Jahren. Kekulé u. die org. Strukturchem.: Pharmaz. Ind. **20** (1958) 379-383 (m. 1 Abb.) [Le 1]. — Erwin N. Hiebert: The experimental basis of Kekulé's valence theory: J. chem. Educat. **36** (1959) 320-327 [210]. — A. R. Pinder: The chemistry of carbon. Kekulé's contribution: British Steelmaker (London) **25** (1959) 88-90 (m. Bildn.) [206]. — R. Sachtleben, A. Hermann: Große Chemiker. Von der Alchemie zur Großsynthese (Stuttgart 1960) 37 (m. Bildn.) [101]. — Felix Serratosa: From Kekulé to Schrödinger: J. chem. Educat. **39** (1962) 641-643 [Le 1]. — Walter Ruske: August Kekulé u. die Entwicklung der chem. Strukturtheorie: Naturwiss. **52** (1965) 485-489 (m. Bildn.) [3]. — J. W. van Spronsen: Mit eigenen Augen: Chem. Weekbl. **62** (1966) 157-160 [Le 1]. — F. Serratosa Palet: L'industrie chimique avant et depuis Aug. Kekulé: Chim. et Ind. **97** (1967) 1803-1812 [. . .].

Bildn., Denkmal. Illustr. Ztg., Leipzig **107** (1896) 99 [14]. — A. D.: Das Kekulé-Denkmal in Bonn: Illustr. Ztg. Leipzig **120** (1903) 925 (m. Abb. 926) [3]. — E. Rimbach: Das Kekulé-Denkmal in Bonn: Ber. Dtsch. chem. Ges. **36** (1903) 4614-4640 m. 2 Abb. [3]. — Chemist and Druggist (London) **92** (1920) 483. — Das akadem. Deutschland **1** (Berlin 1930) 90 (Bildn. 91, 546) [3]. — Abb. der Büste in: Kunst in Leverkusen (Leverkusen 1933) 15 [101]. — Abb. des Denkmals vor dem Chem. Inst. in Bonn: J. chem. Educat. **11** (1934) 20 [210]. — Abb. des Grabmals in: J. chem. Educat. **12** (1935) 143 [210]. — Die Großen Deutschen im Bild. Hrsg. von Alfred Hentzen u. Niels von Holst (Berlin 1936) 378 (Gemälde von Angeli 1890) [3]. — Gedenktafel für Leopold Gmelin u. August Kekulé: Chem. Labor Betrieb **10** (1959) 176 [Ha 2].

I **KELLNER,** Carl. Optik. — 1843 Lehrzeit in den Mechan. Werkstätten Sartorius in Gießen u. 1845–1846 Fa Repsold u. Söhne Hamburg; 1846 in Braunfels, 1848 in Wetzlar; 1847 Erfindung des orthoskopischen Okulars; 1849 Begründung einer eigenen opt. Firma in Wetzlar (seit 1869 Fa Ernst Leitz).

*1826, März 26, Hirzenhayn, Hessen; †1855, Mai 13, Wetzlar.

Werke Notiz über „Das orthoskopische Ocular" von Carl Kellner Braunschweig 1849 in: Wöchentl. Unterhaltungen auf dem Gebiet der Astron., Geogr. u. Meteorol. **3** (1849) 400 [15]. — Jber. Fortschr. Chem., Physik, Mineral., Geol **1849** (1850) 131-134 m. Brief von C. F. Gauß an Kellner, Göttingen zwischen 14. u. 17. März 1850 [3; Ha 2].

Bibliogr. Cat. Gén. Bibl. Nat. **80** (1924) Sp. 1196 [1 Nr. Diss.].

Briefe Briefe Kellners an Vieweg, Braunschweig. Originale im Archiv des Verlags Vieweg u. Sohn, Braunschweig. Photokopien im Leitz-Archiv. — Brief Kellners an Steinheil, München vom 9. Nov. 1853 im Leitz-Archiv.

Biogr. Julius Hinckel: Carl Kellner, der Begründer der opt. Industrie in Wetzlar: Mitt. Wetzlarer Gesch. Ver. **3** (1910) 71-80 (m. 3 Bildn., 1 Abb.) [3]. — Julius Hinckel: In: Hess. Biogr. **1** (Darmstadt 1918) 31-32 [3]. — Alexander Berg: Ernst Leitz. Opt. Werke Wetzlar 1849-1949 (Frankfurt/M. 1949) 17-36 m. 4 Bildn., 7 Abb. u. Faks. Brief an C. F. Gauß vom 14. Jan. 1850 [101]. — Carl Metz: Entstehung u. Entwicklung der Leitzwerke. In: Festgabe für Ernst Leitz (Frankfurt/M. 1949) 131-134 (m. 3 Abb.). — M. Wiedling: 100 Jahre Optik u. Feinmech. in Wetzlar (o. O. 1949) 10-18 (m. Bildn.) [101]. — Willi Erb: Die Leitz-Werke. Opt. Werke Wetzlar. Ihre Geschichte u. ihre Bedeutung für den Wetzlarer Raum (Marburg 1955) 19-35 (Phil. Diss. Univ. Marburg) [3; 101].

Nekr. Lichtenberger: Unterhaltungen auf dem Gebiete der Astron., Geogr. u. Meteorol. **9** (1855) 184-185 [15]. — Kölner Ztg. vom 18. Mai 1855 [Leitz-Archiv].

Zum 100. Geburtstag C. Metz: Central-Ztg. Opt. u. Mech. **47** (1926) 107-108 [101].

Weitere Lit. P[ieter] Harting: Das Mikroskop. Theorie, Gebrauch, Geschichte u. gegenwärtiger Zustand desselben. **3** (Geschichte u. gegenwärtiger Zustand des Mikroskops) 2. Aufl. (Braunschweig 1866) 189-191 [3]. — Leopold Dippel: Das Mikroskop u. seine Anwendung. Teil **1**: Handbuch der allgemeinen Mikroskopie 2. Aufl. (Braunschweig 1882) 265, 451-452 [15].

I **KEMPELEN,** Wolfgang von. Mechanik. — Stud. Jura u. Philos. Univ. Wien; Hofsekretär, Hofkammerrat; 1786–1798 Hofrat bei der ungar. Hofkanzlei Wien. Bekannt durch seine mechan. Künste: 1769 Entwicklung einer Schachmaschine, 1798 einer Sprechmaschine.

*1734, Jan. 23, Preßburg; †1804, März 26, Wien.

Bibliogr. Cat Gén. Bibl. Nat. 81 (1924) Sp. 5 (2 Nr.) [3]. – Brit. Mus. Gen. Cat. **121** (1962) Sp. 994-995 (10 Nr.) [3].

Biogr. v. W.: Nachricht von einer Maschine, welche das Schach spielet. In: Anzeigen aus sämtlichen k. u. k. Erbländern (Wien). Hrsg.: Daniel Tersztyánski u. a. **3** (1773) Stück 29, S. 230-232 [300]. – Über Herrn von Kempelens Schach-Spieler u. Sprach-Maschine: Teutscher Merkur **1784**, 4: S. 178-182 [3]. – Schreiben über die Kempelische Schachspiel- u. Redemaschine. An Herrn N. in B. In: Hessische Beitr. Gelehrsamkeit u. Kunst **1**, 3 (1785) 475-487 (m. 1 Abb.) [12]. – Johann Georg Meusel: Das gelehrte Teutschland **4** (Lemgo 1794) 66-67; **10** (1803) 71; **11** (1805) 420 [3]. – Annalen der Lit. u. Kunst in d. österr. Staaten **3** (1804) Intelligenzbl. 18, S. 141. – Der Biograph **4** (1804) 235 [3]. – Karl J. Unger: Wolfgang von Kempelen: Z. von u. für Ungarn. Beförd. vaterländ. Gesch. **5** (1807) 313-317 [UB Budapest]. – Johann Christoph Adelung: Fortsetzung u. Ergänzungen zu Christian Gottlieb Jöchers allg. Gelehrten-Lexikon **3** (Delmenhorst 1810) Sp. 211-212 [3]. – Johann Georg Krünitz: Ökonom.-techn. Encyklopädie **138** (1824) 349-366 (m. Lit.Verz.) [3]. – Österreich. National-Encyclopädie **3** (1835) 179-181 [14]. – Ferd. Grassauer: Ersch-Gruber: Allgemeine Encyklopädie der Wiss. u. Künste Sekt. 2, Teil 35 (Leipzig 1884) 189-190 [3]. – Franz Maria Feldhaus: Männer deutscher Tat (München 1934) 128 (m. 1 Abb. 127) [101]. – Sándor Lamatsch: Unveröffentl. deutsche Gedichte Wolfgang von Kempelens in der Stadtbibl. Budapest (Budapest 1938) 15 S. (ungar.) [UB Budapest]. – Carl Graf von Klinckowstroem: Kempelens Schachmaschine. Versuch einer Bibliogr.: Börsenbl. Dtsch. Buchhandel, Frankfurt/M. **20** (1964) 989-992 (m. Lit.Verz.) [3]. – Egbert Meissenburg: Nochmals: Kempelens Schachmaschine: Börsenbl. Dtsch. Buchhandel, Frankfurt/M. **21** (1965) 2237-2240 [3].

Weitere Lit. Karl Gottlieb von Windisch: Geogr. des Königreichs Ungarn **1** (Preßburg 1780) 56-58 [3]. – Charles Gottlieb de Windisch: Lettres sur le joueur d'échecs de M. de Kempelen. Traduction libre de l'Allemand, accompagnée de 3 gravures ... qui représentent ce fameux automate, et publ. par Chrétien de Mechel. Lettre 1-7, (Basle 1783) VIII, 9-56 m. 3 Bildn. (Falttaf.) [14]. – Carl Gottlieb Windisch: Briefe über den Schachspieler des Herrn von Kempelen, nebst drey Kupferstichen, die diese berühmte Maschine vorstellen, hrsg. von Chr. von Mechel (Basel 1783) 1 Bl., 58 S. 3 Taf. nach W. von Kempelen von P. G. Dintz [12]. – Auszug eines Briefes aus Wien. Den 20. May 1783: Litt. u. Völkerkde **3** (1783) 170-174 [3]. – Biester: Schreiben über die Kempelischen Schachspiel- u. Redemaschinen. An Herrn xx in Berlin: Berlinische Mschr. **4** (1784) 495-514; **8** (1786) 264-265 [3]. – Jos. Frdr. von Racknitz: Über den Schachspieler des Herrn von Kempelen. Nebst einer Abb. u. Beschreibung seiner Sprachmaschine (Leipzig 1784); J. F. von Racknitz: Über den Schachspieler des Herrn von Kempelen u. dessen Nachbildung. Mit 7 Kupfertafeln (Leipzig-Dresden 1789) 48 S. [15]. – Deutsche Zeitung für die Jugend u. ihre Freunde **1** (1784) 327-328 (Gotha, den 10. Oct.) [15]. – Joh. Lohr. Böckmann: Hypothet. Erklärung des berühmten mechan. Schachspielers, des Herrn von Kempelen: Ernst Ludwig Posselts wiss. Magazin f. Aufklärung **1** (1785) 72-91 [14]. – Johann Jacob Ebert: Nachricht von dem berühmten Schachspieler u. der Sprachmaschine des Herrn von Kempelen (Leipzig 1785) [12 ungez. S.], 68 S., 2 Taf. [15]. – Johann Samuel Halle: Der mechan. Schachspieler des von Kempelen. In: Magie oder die Zauberkräfte der Natur **3** (1785) 164-172 u. in: Johann Samuel Halle: Einige Erläuterung über den mechan. Schachspieler. In: Fortgesetzte Magie **3** (1790) 610-613 (mit Titelabb.) [3; 14]. – C. F. Hindenburg: Über den Schachspieler des Herrn von Kempelen; nebst einer Abb. u. Beschreibung seiner Sprachmaschine: Leipziger Mag. Naturkde., Math. Ökonomie hrsg. von N. G. Leske u. C. G. Hindenburg **1784** (1785) 235-269 (m. 1 Taf. nach 288) [3]. – Derselbe: Allg. dtsch. Bibl. **65**, 1 (1786) 169-179, 212-213 [3]. – Etwas über den Schachspieler u. die Sprachmaschine des Hof-Cammerraths von Kempele: Mag. Neueste Physik u. Naturgesch. **3**, 2 (1785) 183-192; **3**, 3 (1786) 196 [3]. – Friedrich Nicolai: Beschreibung einer Reise durch Deutschland u. die Schweiz im Jahre 1781, **6** (1785) 420-436, **7** (1786) XXXI [3]. – Johann Christian Wiegleb: Die natürl. Magie **2** (Berlin-Stettin 1786) 231-250 [3]. – Georg Christoph Lichtenbergs Magazin für das Neueste aus der Physik u. Naturgesch. **3**, 2 (1785) 183-192: Etwas über den Schachspieler u. die Sprachmaschine des Herrn Hof-Cammerraths von Kempele; **3**, 3 (1786) 196: Anmerkg zu der ... Nachricht von dem Kempelischen Schachspieler [14]. – Johann Lorenz Boekmann: Kleine Schriften physischen Inhalts [Darin: Versuch einer Erklärung des vom Herrn von Kempele erfundenen mechan. Schachspielers] **1** (Stuttgart 1789) 85-144 [16]. – Carl von Eckartshausen: Aufschlüsse zur Magie (München 1791) 363-367: Der Schachspieler [14]. – Mechanismus der menschl. Sprache, nebst der Beschreibung seiner sprechenden Maschine. Wolfgang von Kempelen (Wien 1791) (18), 456 S., 27 Taf. [300]. – Johann Christoph Vollbeding: Archiv nützl. Erfindungen u. wichtiger Entdeckungen in Künsten u. Wiss. ... in alph. Ordnung (Leipzig 1792 u. 1793) Schachmaschine 411-

413 m. Suppl. 237-244 [14]. — Versuchte Aufklärung des bei dem künstl. Schachspieler des Herrn von Kempelen bisher am schwierigsten gehaltenen Mechanismus oder Kunstgrifs! [gez.] R.: Neues hannöversches Magazin 3 1793 (1794) Sp. 1265-1278 [14]. — Johann Caspar Lavater: Reise nach Kopenhagen im Sommer 1793. Auszug aus dem Tagebuch. Durchaus bloß für Freunde von J. C. L. Nr. 9 Dienstags, den 28. May 1793 (Hamburg 1793) 387-391 [3]. — Johann Carl Gottfried Jacobson: Technol. Wörterb. fortgesetzt von Gottfried Erich Rosenthal 7 (Berlin-Stettin 1794) 179-180: Schachspieler des Herrn von Kempele, nachgemacht vom Freyherrn zu Rackniz [14]. — Reichsanzeiger **1794**, Nr. 75, Sp. 703-704: anon. Anfrage betr. Taschenspielerey des Kempel; Nr. 83, Sp. 784 anon. Antwort: Betrug aufgedeckt durch Freiherrn von Racknitz 1789 (Über den Schachspieler des Herrn von Kempelen u. dessen Nachbildung). [14]. — Juan Andres: Sendschreiben des Abate Andres über das Literaturwesen in Wien. Mit vielen wichtigen Zusätzen des Herrn Doctor Aloys Brera aus dem Spanischen ins Deutsche übersetzt [by Joseph Richter] (Wien 1795) 194 S. [Brit. Mus.]. — Gabriel Christian Benjamin Busch: Versuch eines Handbuchs der Erfindungen 6 (Eisenach 1795) 61-65 (m. Lit.Verz.); 4. Aufl. 11 (Eisenach 1821) 151-154 (m. Lit.Verz.) [14]. — Jos. Karl Kindermann: Vollständige Anweisung, das Schachspiel gründlich zu erlernen (Grätz 1795) 5-6; 2. Aufl. 1803; 3. Aufl. 1818, S. 4-5 [LB Graz]. — J[ohann] Ch[ristoph] B. Uflacker: Über den Geist des Schachspiels (Hildesheim 1799) 40-41 [3]. — Etwas über den Kempelischen Schachspieler, eine Gruppe filosofischer Grillen, in: Johann Philipp Ostertag: Ausw. aus den Kleinen Schriften, aus dessen Nachlaß hrsg. von einigen seiner Freunde (Bössner, Leop. Frh. von Seckendorf, A. Kayser) 1 (1810) 189-218 [14]. — Die in London restaurierte von Kempelsche Schachmaschine: Morgenbl. für gebildete Stände **1819**, 613-615, 617-619 [14]. — Die wiedererstandene von Kempelen'sche Schachmaschine. In: Erneute vaterländ. Blätter für den österreich. Kaiserstaat durch die Chronik der österreich. Literatur u. deren Intelligenzblatt **1819**, Nr. 61, S. 239-242 [12]. — William Stopford Kenny: Die Schachgrammatik (Leipzig 1821) 145-147 [Aus dem Englischen] [Brit. Mus.] — Johann Heinrich Moritz Poppe: Wunder der Mechanik, oder Beschreibung u. Erklärung der berühmten Tendlerschen Figuren, der Vaucansonschen etc. u. a. merkwürdiger Automate etc. Mit 10 Kupfertaf. (Tübingen 1824) 14-19 [21]. — Johann Samuel Traugott Gehler: Physikal. Wörterbuch **1** (1825) 655-658 (m. Lit.Verz.) [3]. — August Lewald: Album aus Paris **1** (1832) 141-148 (Kempelens Schachmaschine) [11]. — David Brewster: Letters on natural magic, addressed to Sir Walter Scott. Letter 11: darin Automaton Chess-Player m. Erläuterungen (New York 1835) 243-255, dazu Fig. 61-71 [14]. — Geschichte der Schachmaschine. Nach französ. Darst.: Mag. Lit. Ausland **9** (1836) Nr. 77, S. 307-308; Nr. 78, S. 310-311 [3]. — Leben, Thaten u. Abenteuer des schachspielenden Automaten: Bibl. der neuesten Weltkunde. Hrsg. von H. Malten. **2** (1836) Tl. 6, S. 23-36 [14]. — Leben u. Abenteuer eines schachspielenden Automaten: Osterländ. Blätter u. Figaro **5** (1837) Nr. 43, S. 170-172; Nr. 44, S. 175-176 [53]. — Leben u. Abenteuer eines schachspielenden Automaten: Sammler [Wien] **1837**, Nr. 9 vom 21. Jan. S. 33-35; Nr. 10 vom 24. Jan. 37-39 [300]. — Hans Ferdinand Massmann: Geschichte des mittelalterl. vorzugsweise des dtsch. Schachspieles (Quedlinburg-Leipzig 1839) 192-194 (m. 28 Lit.Ang.) [14]. — Éliane Maingot: Les automates (Paris 1959) 15-16 [89].

I **KENTMANN,** Johannes. Mineral., Zool., Bot. — 1536 stud. Univ. Leipzig u. Wittenberg, 1543–1545 Lehrer am St. Lorenz zu Nürnberg, 1546 mag. artium Univ. Leipzig; 1547 Univ. Padua; 1549 Dr. med. Univ. Bologna; 1550 Stadt-, Schul- u. Landarzt in Meissen; seit 1554 Stadtarzt in Torgau. — 1550–1565 Briefwechsel m. Conrad Geßner (ed. Wittenberg 1584).

*1518, Apr. 21, Dresden;
†1574, Juni 14/15, Torgau.

Genealog. Deutsches Geschlechterbuch **79** (1933) 209, 212 [3]. — Deutsche Wappenrolle bürgerl. Geschlechter (Leipzig 1935) 40 (m. Abb. u. Beschreibg., angenommen in Anlehnung an das Wappen des Dr. Johann Kentmann) [15].

Bibliogr. Cat. Gén. Bibl. Nat. **81** (1924) Sp. 98 (1 Nr.) [3]. — Lambrecht-Quenstedt: Palaeontologi. Catalogus biobibliographicus ('s-Gravenhage 1938) 231 [3]. — Brit. Mus. Gen. Cat. **122** (1962) Sp. 279 (2 Nr.) [3].

Briefe Johannes Hanhart: Conrad Geßner (Winterthur 1824) (mit 21 Briefen von Geßner an Kentmann 301-350) [3].

Zum 400. Geburtstag Rudolph Zaunick: S.-Ber. Isis Dresden **1918** S. 12-13; erweitert: Mitt. Gesch. Med. u. Naturwiss. **18** (1919) 177-183 [14]; nachgedruckt in: Mitt. Ver. Gesch. Stadt Meißen **10** H. 3 (1919) 256-262 [14].

Biogr. Melchior Adam: Vitae Germanorum medicorum (Heidelberg 1620) 128-129 [3]. — Christian Gottlieb Jöcher: Allgemeines Gelehrten-Lexicon **2** (Leipzig 1750) Sp. 2065-

Kolibri 360 GmbH
Ferdinand-Jühlke-Straße 7
99095 Erfurt, Deutschland
produktsicherheit@kolibri360.de